Ingenieur-Mechanik

Lehrbuch der technischen Mechanik in vorwiegend graphischer Behandlung

von

Dr.-Ing. Dr. phil. **Heinz Egerer**

Diplom-Ingenieur, vorm. Professor für Ingenieur-Mechanik und Materialprüfung an der Technischen Hochschule Drontheim

Erster Band

Graphische Statik starrer Körper

Mit 624 Textabbildungen sowie 238 Beispielen und 145 vollständig gelösten Aufgaben

Springer-Verlag Berlin Heidelberg GmbH 1919

ISBN 978-3-662-32061-7 ISBN 978-3-662-32888-0 (eBook)
DOI 10.1007/978-3-662-32888-0

Ursprünglich erschienen bei Julius Springer in Berlin 1919

Vorwort.

Inhalt und Darstellung der „Ingenieur-Mechanik“, dessen erster Band hier vorliegt, schöpfen aus einer doppelten Quelle. Zunächst aus den Repetitorien, die ich für die Studierenden der Technischen Hochschule aus dem Gebiet der technischen Mechanik gebe, sowie aus jenen Fachgebieten, die sich auf ihr aufbauen; der reine Seminarcharakter dieser Examensvorbereitung machte mich bald bekannt mit der Denkweise der Studierenden. Und ebenso aus der steten Fühlung, die mich mit meinen ehemaligen Schülern verbindet; sie hält mich stets vertraut mit den Forderungen, die die Praxis an den wissenschaftlich arbeitenden Ingenieur stellt, und deswegen wieder mit jenen, die der Ingenieur gegenüber einem Werk erheben kann und wird, das ihm Lehrbuch sein soll und gleichzeitig Nachschlagewerk. Daß mir während meiner Lehrtätigkeit an der neuerrichteten Technischen Hochschule Drontheim Gelegenheit geboten wurde, meine Erfahrungen für den Unterricht in Ingenieur-Mechanik zu verwerten, war mir überaus willkommen. Die dabei gewonnenen neuen Erfahrungen sind sicher nicht die letzten Elemente für die Darstellung und die Abgrenzung des Stoffes der „Ingenieur-Mechanik“. Das Charakteristische dieser Lehrtätigkeit war die besondere Betonung der seminaristisch abgehaltenen Übungen, denen die Studierenden in Gruppen anwohnten. Es war für mich eine Freude, wie meine Schüler nach einem anfänglich ganz unzweideutig geoffenbarten Mißtrauen gegen die als allzu theoretisch verrufene deutsche technische Wissenschaft schließlich mit Lust und Eifer auch an theoretisch recht verwickelte Stoffe sich heranwagten, nachdem ihnen der jederzeitige Ausblick auf die Anwendung der Theorie in der Praxis und umgekehrt die stetige Herübernahme des täglichen praktischen Lebens als Untergrund der Beispiele und Übungen den Wert des wissenschaftlich-technischen Unterrichtes gezeigt hatte.

*

Darstellung und Inhalt sind bestimmt und begrenzt durch die bereits gezeichneten Forderungen des Ingenieurs. Den Nachdruck lege ich auf eine möglichst anschauliche Behandlung sowie auf die Einflechtung von zahlreichen Beispielen und Aufgaben, erstere zur Erläuterung des jeweils besprochenen Themas, diese als Übungsstoff. In der Natur der Dinge liegt es wieder, daß gerade im ersten Band die anschauliche Behandlung in den Vordergrund treten muß; freilich wird sie im Verein mit der Fülle der Beispiele und Aufgaben dem Buch eine eben nicht zu umgehende Breite geben. Aber man beachte das Ziel: mit einem geringsten Aufwand geistigen Schaffens soll der Leser sich ein Höchstmaß erreichbaren Wissens vermitteln; und urteile dann, ob noch viele andere Wege zu diesem Ziele leiten. Weiter beachte man noch, daß eine Mechanik für Ingenieure eine vorwiegend graphische sein muß; soll aber dieser graphischen Behandlung nicht die Gefahr erwachsen, daß sie rein handwerksmäßig wird und schablonenhaft, dann müssen Wort und Bild von Anfang an weit ausholen. Die gleichen Erwägungen gelten für die heute nicht mehr zu umgehende Verwendung der Vektoren, deren Einführung eine sorgfältige Behandlung verlangt, um sie dem Ingenieur nicht nur verständlich, sondern mit der Zeit auch vertraut und schließlich unentbehrlich zu machen. Die Vektoren steigen im Wert eben leider erst in den schwierigeren Teilen der Mechanik, bei Beginn eines technisch-mechanischen Studiums ist dem Studierenden der Wert der vektoriellen Rechnung gegenüber der gewöhnlichen analytischen nur schwer plausibel zu machen. Für die Abgrenzung des Stoffes galt mir als erstes Gesetz: Nicht mehr, als der Ingenieur in praktischer wie wissenschaftlicher Hinsicht benötigt. Für den Gebrauch der „Ingenieur-Mechanik" als Nachschlagewerk werden in einem eigenen Teil in Verbindung mit einer Formelsammlung alle in Betracht kommenden Tabellen erscheinen; ihre Einrichtung soll ein möglichst einfaches Nachschlagen ermöglichen. Jeder Band hat überdies noch ein eigenes ausführliches Sachverzeichnis.

Von der üblichen Einteilung des Stoffes abweichend beginnt die „Ingenieur-Mechanik" mit der Statik starrer Körper. Einmal setzt diese keine Kenntnisse der höheren Mathematik und insbesonders der höheren Analysis voraus; es war mir daher auch möglich, in vier aufeinanderfolgenden Semestern, vom ersten Semester an bereits beginnend, den üblichen Stoff der Ingenieur-Mechanik vorzutragen. Weiter war für mich maßgebend die Erkenntnis, daß die allgemeinen Gesetze der Mechanik sich fast durchweg auf zwei einfache Prinzipien zurückführen lassen, auf die lineare und polare Zuordnung zwischen Ursache und Wirkung. Die Statik starrer Körper stellte ich an die Spitze, weil sie nur mit den einfachst möglichen, den linearen Zuordnungen, arbeitet. Nebenbei spielt noch die Erwägung mit, daß die Statik starrer Körper an sich keine verwickelten Probleme stellen kann, wenn nicht räumliche Vorstellungen sie erschweren; sie bietet daher die beste Gelegenheit, mit den Grundbegriffen der Mechanik — Resultante, Arbeit, Moment — durch zahlreiche Beispiele und Übungen sich vollkommen vertraut zu machen. Der zweite und dritte Band werden von der gesamten Mechanik starrer und nichtstarrer Körper die einzelnen Teile (Massenmoment, Schwerpunkt, Reibung, Hydrostatik, Dynamik starrer Körper, Hydrodynamik, Festigkeitslehre, Fachwerke, Erddruck, Stützmauern, Pfeiler, Gewölbe, einfachere Eisenbetonkonstruktionen, einfachere Tragkonstruktionen) soweit bringen, als sie den gewöhnlichen täglichen Forderungen des Ingenieurs genügen. Der vierte Band bringt die Erweiterung der Festigkeitslehre und Dynamik für Tiefbau-, Maschinen- und Elektroingenieure.

München, den 10. Januar 1919.

Heinz Egerer.

Anleitung zum Studium

des Werkes: Das Hauptaugenmerk ist auf die selbständige Lösung der Aufgaben zu richten. Folgenden Erfahrungssatz bitte ich recht einzuprägen: Eine einzige vom Anfang bis zum Ende selbständig gelöste Aufgabe ist mehr wert als zwanzig „verstandene", d. h. mehr wert als zwanzig Aufgaben, deren Lösung nach dem Buch keinem Zweifel begegnete. Nur wer eine Lösung selbständig und gleichzeitig auch vollständig vom ersten bis zum letzten Bleistiftstrich durchführt, hat eine Garantie dafür, daß er den Stoff der Aufgabe beherrscht. Praktisch ist es, die Zeichnungen groß zu machen, ich empfehle mindestens viermal so groß wie die Zeichnungen des Buches. Auf anderem wie quadriertem Papier (die einzelnen Quadratseiten genau 5 mm oder 10 mm groß) zu zeichnen, ist Zeitverlust.

Einigen wird die vektorielle Behandlung des Momentenbegriffes zu schwierig erscheinen. Sie können die Nummern und Nummernteile, die mit einem Stern versehen sind, einstweilen überschlagen; wer nicht das Studium des vierten Bandes (erweiterte Festigkeitslehre und Dynamik) notwendig hat, also Architekten, Bergbau- und Kulturingenieure, überschlägt sie für immer.

Welche Sätze und Formeln soll man auswendig wissen? Ich wiederhole die entsprechende Stelle aus meiner „Ingenieur-Mathematik“:

> alle diejenigen, von denen man selbst wahrnimmt, daß sie oft auftreten und angewandt werden. Man vermeide einen Ballast von auswendig gelernten Formeln; der Ingenieur ist mehr als irgend ein anderer Berufsmensch auf stetes Nachschlagen hingewiesen; für ihn kommt es nicht darauf an, eine Formel zu wissen, sondern sie zu verstehen und anzuwenden.

Deswegen benötigt er auch ausgezeichnet eingerichtete und möglichst einfach zu handhabende Nachschlagetabellen; gegen dieses Gebot wird noch sehr gesündigt.

Wenn es notwendig war, habe ich bei der mathematischen Beweisführung auf meine „Ingenieur-Mathematik“ verwiesen, durch Angabe des Bandes und der Nummer bzw. der Formel.

Die Bezeichnungen habe ich möglichst an die „Hütte“ und das „Taschenbuch für Ingenieure“ angelehnt. Sie stimmen auch mit den vom **AEF** (Ausschuß für Einheiten und Formelgrößen) aufgestellten überein.

Inhaltsverzeichnis.

Erster Abschnitt.

Einleitung. Vektoren und Vektorenrechnung.

Zweiter Abschnitt.

Statik des materiellen Punktes.

Dritter Abschnitt.

Allgemeine Sätze der Statik starrer Körper.

Vierter Abschnitt.

Statische Aufgaben der Ebene.

Seileck.

Erster Abschnitt.

Einleitung. Vektoren und Vektorenrechnung.

1. Die Naturwissenschaften haben den Gesamtinhalt aller Naturerscheinungen als Grundlage ihrer Untersuchungen. Die Mechanik ist jenes Teilgebiet der Naturwissenschaften, das die einfachste und vollständigste Beschreibung der Bewegungen der wägbaren Körper und deren Ursache als ihre Aufgabe hat. Die als möglich angenommenen Körper unterscheiden sich als wägbare im Gegensatz zu den unwägbaren, wie es der hypothetische Äther ist. Der Fall der Ruhe, von dem die Statik ausgeht, der absoluten sowohl wie der relativen, ist als Sonderfall der allgemeinen Bewegung zu betrachten. Die Mechanik ist aber nicht nur Teilgebiet, sondern mehr, sie ist gleichzeitig auch die Grundlage aller Naturwissenschaften, weil auf ihren Gesetzen sich alle anderen aufbauen.

Wenn sich die Mechanik vorwiegend mit den Problemen der Technik befaßt, wird sie zur technischen oder Ingenieurmechanik. Ein äußeres Kennzeichen der Ingenieurmechanik gegenüber der rein theoretischen, also nicht angewandten Mechanik, ist die Methode der Behandlung: für die erstere die mehr graphische, für letztere die vorwiegend analytische.

Die analytische Mechanik, wie man statt theoretische Mechanik nach dem Angegebenen meist sagt, unterscheidet sich von der Ingenieurmechanik aber nicht allein durch die Behandlungsweise, sondern vor allem auch dadurch, daß sie mehr allgemeinen Charakter hat, allgemeine Gesetze aufstellt, während die technische Mechanik möglichst rasch praktischen Fällen zueilt. Es ist also der mehr theoretische Charakter, der die analytische Mechanik auszeichnet, während die technische Mechanik doch in erster Linie den praktischen Bedürfnissen angepaßt sein soll.

Eine ältere Einteilung in eine Mechanik der festen, flüssigen und gasförmigen Körper verleitet zu einem Irrtum, als ob für die festen Körper in der Hauptsache andere Gesetze gelten würden als für die flüssigen oder gasförmigen. In der Technik verschwindet auf manchen Gebieten der Unterschied zwischen einer Mechanik der flüssigen und einer Mechanik der gasförmigen Körper fast ganz.

Eine andere Einteilung unterscheidet die Statik, d. i. die Lehre von den Beziehungen der Kräfte unter sich im Fall der Ruhe eines Körpers, von der Dynamik, d. i. die Lehre vom Zusammenhang der Kräfte, die an einem Körper angreifen, und dessen Bewegung, läßt sonach die Statik als Spezialfall der Dynamik erscheinen.

2. Wesentlich wertvoller ist die Einteilung in eine Mechanik des materiellen Punktes und eine Mechanik des Körpers. Der materielle Punkt oder Massenpunkt ist definiert als ein mit Masse versehener Punkt, als ein geometrischer Punkt, den man sich auf irgendeine Weise als Träger einer Masse vorstellt. Jeder physikalisch existierende d. h. sinnlich wahrnehmbare Körper ist in der Mechanik dann als ein System von materiellen Punkten, als Punkthaufen zu betrachten. Insofern ist dann die Mechanik des materiellen Punktes ein Spezialfall der Mechanik des Körpers. Man hüte sich bei der gegebenen Definition des materiellen Punktes vor dem Irrtum, als ob ein Körper nur dann als materieller Punkt betrachtet werden könnte, wenn er sehr klein ist, oder umgekehrt, als ob man jeden sehr kleinen Körper als materiellen Punkt betrachten dürfte. Der Begriff „groß" oder „klein" hat mit dem Begriff „materieller Punkt" zunächst gar nichts zu tun. Wir müssen etwas ausholen: Einen physikalischen Vorgang genau so darzustellen, wie er in der Wirklichkeit vor sich ging oder geht, ist unmöglich; alle unsere Darstellungen sind nur Bilder der wirklichen Vorgänge, mehr oder minder treu, mehr oder minder genau. Solch ein Bild der Wirklichkeit, das mit Vorteil in die Mechanik eingeführt wird, ist der materielle Punkt. Die Unterscheidung zwischen ihm und dem Körper und damit auch die Möglichkeit, den Begriff des materiellen Punktes zu erfassen, gründet sich auf folgende Überlegung.

Die einfachste Bewegung, die ein Körper haben kann, ist die Translation oder Schiebung oder Fortschreitungsbewegung, bei der alle Punkte des Körpers die nämliche Bewegung haben und irgendein Gebilde des Körpers seiner ursprünglichen Lage parallel bleibt. Die Skizze der Abb. 1 stellt solch eine Translation dar, alle Punkte A, B, P usw. beschreiben kongruente Kreise, die Strecke AB bleibt sich stets parallel. Eine weitere recht einfache Bewegung des Körpers ist die Rotation oder Drehbewegung um eine feste Achse, bei der die einzelnen Punkte Kreise um die Achse senkrecht zu ihr beschreiben. Die Skizze der Abb. 2 zeigt eine solche Rotationsbewegung, die einzelnen Punkte A, B, P usw. beschreiben konzentrische Kreise um den Mittelpunkt M. Nach einer vollständigen Umdrehung hat sich auch jedes einzelne Gebilde einmal um sich selbst gedreht, beispielsweise die Strecke AB der Skizze. Die beliebige Bewegung eines Körpers läßt sich, wie später gezeigt werden soll, immer auf eine Translation und eine Rotation zurückführen.

Ein ausdehnungslos gedachter Punkt kann nur eine Translationsbewegung oder Schiebung haben, der Körper aber neben der Translation auch noch eine Rotation. Interessiert man sich nun nur für die Translation eines Körpers, dann genügt es, den Körper, *so groß er auch sein mag*, als materiellen Punkt zu betrachten. Man denkt sich dann die ganze Masse des Körpers in seinem Schwerpunkt vereinigt und untersucht nur die Bewegung dieses Punktes. Oder man bedenkt, daß alle Einzelpunkte des Körpers die nämliche Bewegung haben und braucht nur einen einzelnen dieser Punkte zu unter-

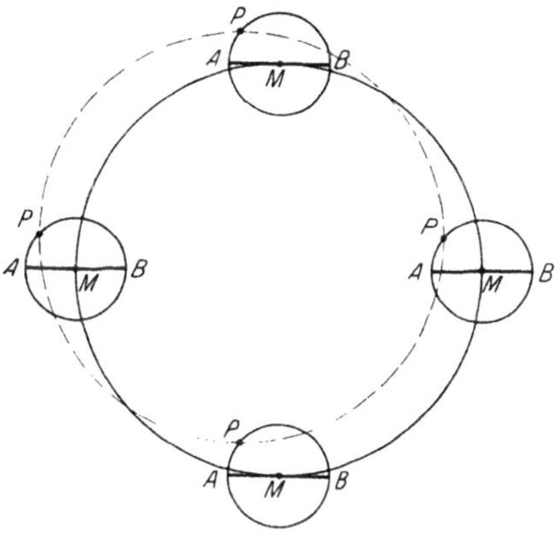

Abb. 1.

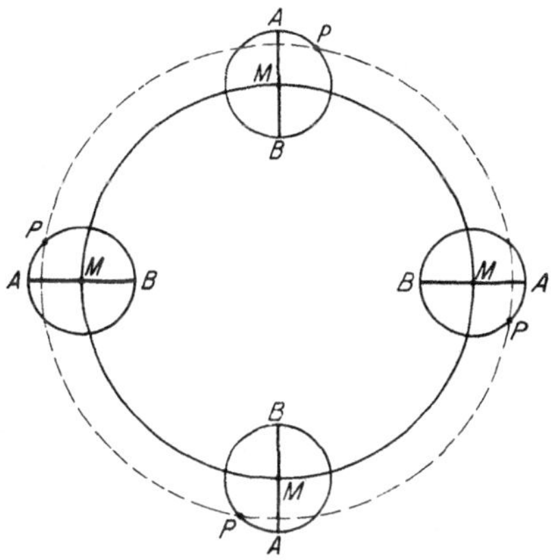

Abb. 2.

suchen. So kann man die gewiß sehr große Erdkugel als materiellen Punkt betrachten, wenn man etwa nur nach ihrer Bewegung um die Sonne fragt. Wenn man von der parabolischen Bahn eines Geschosses spricht, von der Wurfhöhe oder Wurfweite, so denkt man sich das Geschoß wieder als materiellen Punkt. Bei dieser Vorstellung behandelt man den materiellen Punkt genau wie einen geometrischen und denkt sich ihn mit allen denjenigen Eigenschaften begabt, die die hinzugedachte Masse wirklich hat. Wünscht man aber auch Aufschluß über die Eigenbewegung eines Körpers, über seine Drehbewegung, dann reicht das Bild des materiellen Punktes nicht mehr aus, *so klein auch der Körper sein mag*. Man muß ihn dann als ein System von materiellen Punkten betrachten, die im allgemeinen ganz verschiedene Bewegungen haben können. Etwa wenn man nach der Bewegung der Erde um ihre Achse innerhalb eines Tages frägt, oder wenn man die Abweichung eines Gewehrgeschosses aus seiner Flugbahn wissen will, die Abweichung, die unter dem Einfluß der Rotation des Geschosses und des Luftwiderstandes zustande kommt.

Wenn man im Anschluß an die beiden Beispiele sich einen Körper bei seiner Hauptbewegung (Drehung der Erde um die Sonne oder Geschoßkurve) als materiellen Punkt vorstellt, so macht man dabei immer den einschränkenden Vorbehalt, diese Vorstellung sofort fallen zu lassen, wenn die Frage nach einer genaueren Beschreibung der Bewegung des Körpers gestellt wird.

3. Die unbenannten oder benannten Größen der Mathematik und Mechanik lassen sich unterscheiden als richtungslose oder skalare Größen (Skalare), das sind solche Größen, denen nur ein durch eine einzige Zahl (in umkehrbarer Weise eindeutig) darstellbarer Mengenbegriff innewohnt, z. B. Zeit, Masse, Wärme usw., und als gerichtete oder vektorielle Größen (Vektoren), denen neben dem Mengenbegriff auch eine Richtung zukommt, z. B. Weg, Geschwindigkeit, Kraft usw. Im folgenden sollen Skalare mit lateinischen Buchstaben, Vektoren mit (meist fettgedruckten) gotischen bezeichnet werden, z. B. $\mathfrak{s}$, $\mathfrak{v}$, $\mathfrak{P}$, $\mathfrak{A}$, $\mathfrak{a}$.

Ist die Berechtigung gegeben, sich eine Strecke als Bild einer gewöhnlichen Zahl vorzustellen, dann wird die in einem bestimmten Sinn durchlaufene gerichtete Strecke das Bild eines Vektors sein; die Maßzahl dieser Strecke ist unter Berücksichtigung des Darstellungsmaßstabes die gleiche wie die des Vektors, ebenso ist die Richtung der Strecke die gleiche wie die des Vektors, der Pfeil der Strecke gibt dessen Richtungssinn an. Nicht zur Darstellung gebracht wird also durch die mit Pfeil versehene Strecke die Lage des Vektors im Raum. Solche Vektoren, bei denen die Lage belanglos ist, unterscheidet man als freie Vektoren von den gebundenen Vektoren, zu deren Kennzeichnung noch ein die Lage bestimmendes Element hinzukommen muß.

Einheitsvektoren sind Vektoren, deren Zahlenwert 1 ist; dargestellt wird also der Einheitsvektor durch eine Strecke gleich der Längeneinheit (die man natürlich willkürlich wählen kann). In der Ebene gibt es ∞^1 Einheitsvektoren, im Raum ∞^2; trägt man alle Einheitsvektoren der Ebene bzw. des Raumes von einem festen Punkt aus ab, so bilden die Endpunkte einen Kreis bzw. eine Kugelfläche vom Radius 1. In Abb. 3 sind $\mathfrak{a}'$, $\mathfrak{b}'$, $\mathfrak{c}'$, $\mathfrak{d}'$ willkürlich ausgewählte Einheitsvektoren der Ebene.

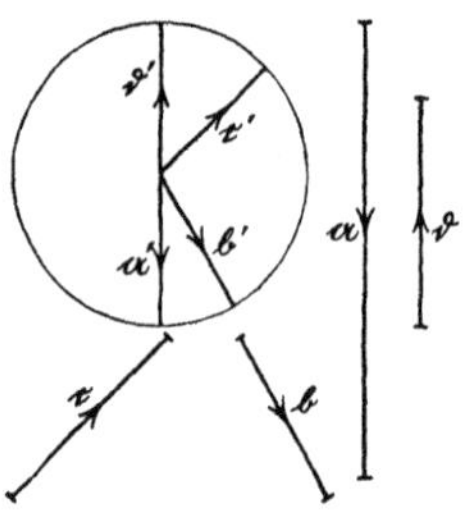

Abb. 3.

Jeder Vektor ist das Vielfache eines Einheitsvektors; nach Abbildung ist z. B.

$$\mathfrak{a} = 3\,\mathfrak{a}', \quad \mathfrak{b} = 1{,}2\,\mathfrak{b}', \quad \mathfrak{c} = 1{,}5\,\mathfrak{c}', \quad \mathfrak{d} = 1{,}5\,\mathfrak{d}'.$$

Jene Zahl, die angibt, wieviel mal so groß ein Vektor ist als der mit ihm gleichgerichtete Einheitsvektor, heißt der Zahlenwert (oder Betrag, auch Tensor) des Vektors. Den Zahlenwert nimmt man stets positiv. Nach Abb. 3 ist also 3 der Zahlenwert, $\mathfrak{a}'$ der Einheitsvektor des Vektors $\mathfrak{a}$ usw. Damit ergibt sich:

Jeder Vektor ist gleich Zahlenwert mal Einheitsvektor. (a)

Zwei Vektoren $\mathfrak{U} = U \cdot \mathfrak{u}$ und $\mathfrak{V} = V \cdot \mathfrak{v}$ können demnach gemeinsam haben:

a) nur den Zahlenwert, also $U = V$,

b) nur den Einheitsvektor, also $\mathfrak{u} = \mathfrak{v}$,

c) Zahlenwert und Einheitsvektor, also $U = V$, $\mathfrak{u} = \mathfrak{v}$;

in letzterem Fall heißt man die Vektoren gleich und schreibt

$$\mathfrak{U} = \mathfrak{V}.$$

Zwei Vektoren heißen entgegengesetzt gleich, wenn sie gleiche Zahlenwerte, aber entgegengesetzt gleiche Einheitsvektoren haben. Wenn also $\mathfrak{U} = -\mathfrak{V}$, so heißt dies $U = V$, $\mathfrak{u} = -\mathfrak{v}$.

Wählt man in der Ebene willkürlich zwei zueinander senkrechte Richtungen aus und hält sie für die Dauer der Untersuchung fest, so sollen die Einheitsvektoren in diesen zwei ausgezeichneten Richtungen Grundvektoren genannt und mit $\mathfrak{i}_1$, $\mathfrak{i}_2$ bezeichnet werden, siehe Abb. 4.

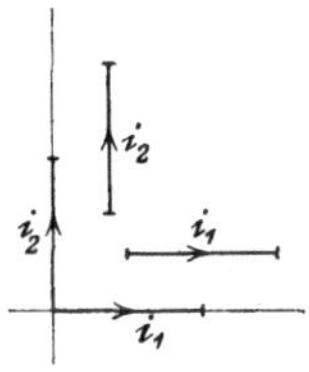

Abb. 4.

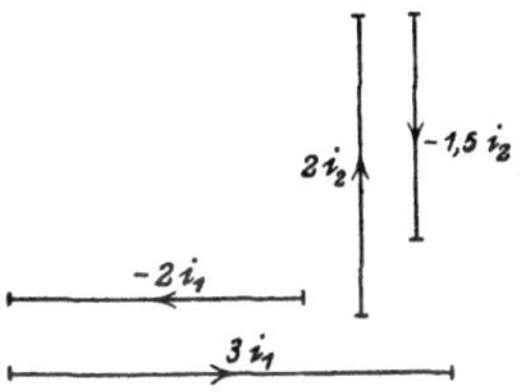

Abb. 5.

Entsprechend hat man im Raum drei Grundvektoren $\mathfrak{i}_1$, $\mathfrak{i}_2$, $\mathfrak{i}_3$ in drei zueinander senkrechten willkürlich ausgewählten Richtungen.

Beispiel a) Man zeichne die Vektoren

$$3\mathfrak{i}_1, \quad -2\mathfrak{i}_1, \quad 2\mathfrak{i}_2, \quad -1{,}5\mathfrak{i}_2.$$

Wenn die beiden Grundrichtungen als bekannt vorausgesetzt werden, hier $\mathfrak{i}_1$ horizontal nach rechts und $\mathfrak{i}_2$ dazu senkrecht nach oben, gibt Abb. 5 die Zeichnung.

4. Die elementaren Rechnungsoperationen mit Vektoren bezwecken eine möglichst sinnfällige Darstellung von wichtigen Größen der Mechanik und von ihnen hergeleiteten Größen: Resultante, Arbeit, Moment usw. Durch diese Absicht erklären sich die in den folgenden Zeilen eingeführten Definitionen von Summe oder Produkt zweier Vektoren.

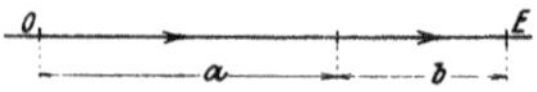

Abb. 6.

Anknüpfend an die Darstellung der elementaren Summe $a+b$ zweier Zahlen a und b durch die Strecke OE der Abb. 6 definiert man die Summe $\mathfrak{A}+\mathfrak{B}$ (auch geometrische oder graphische Summe genannt, sprich „$\mathfrak{A}+\mathfrak{B}$ graphisch") der Vektoren $\mathfrak{A}$ und $\mathfrak{B}$ als einen Vektor, den man folgendermaßen erhält, s. Abb. 7:

Man trägt von einem willkürlich gewählten Anfangspunkt O aus zuerst den Vektor $\mathfrak{A}$ und von dessen Endpunkt aus den Vektor $\mathfrak{B}$ an, dessen Endpunkt wieder E sei. Dann ist der Vektor von O nach E die Summe $\mathfrak{A}+\mathfrak{B}$. (a)

Anmerkung. Dem Anfänger wird geraten, stets „graphische Summe" oder „geometrische Summe" zu sagen, nicht kurzweg „Summe"; auch stets zu sagen, der Vektor von O nach E, nicht schlechtweg Strecke oder Verbindungsstrecke OE. Ebenso stelle er sich einen Vektor stets als einen im Pfeilsinn durchlaufenen Weg vor, nicht kurzweg als Strecke.

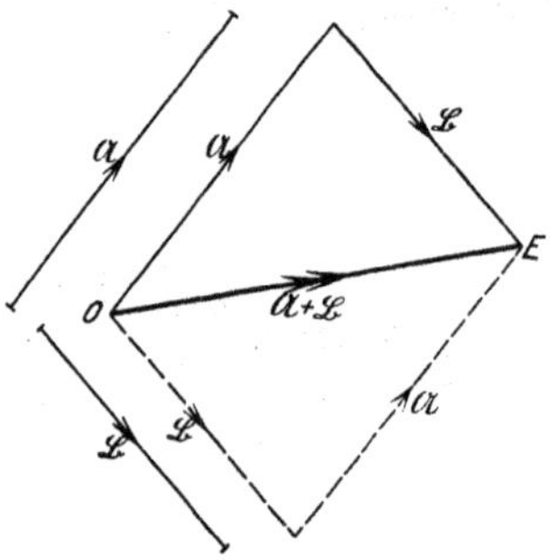

Abb. 7.

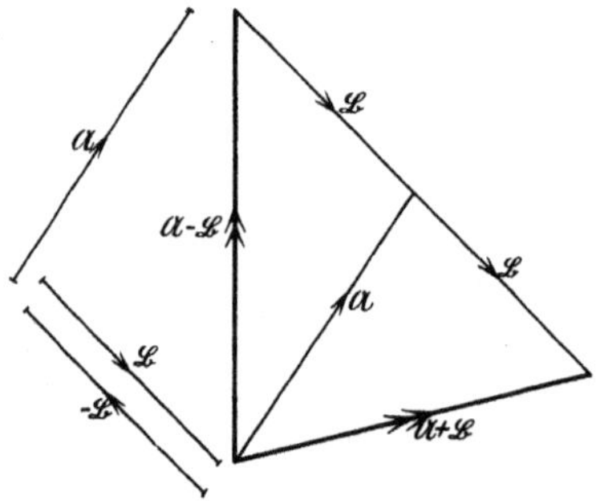

Abb. 8.

Die Summe $\mathfrak{B}+\mathfrak{A}$ der Abb. 7 ist nach Definition durch den nämlichen Vektor von O nach E dargestellt wie die Summe $\mathfrak{A}+\mathfrak{B}$; damit ergibt sich

$$\mathfrak{A}+\mathfrak{B}=\mathfrak{B}+\mathfrak{A}, \tag{b}$$

d. h. die Reihenfolge der Summanden ist belanglos.

Ebenso ist ohne weiteres ersichtlich, daß

$$\mathfrak{A}+(\mathfrak{B}+\mathfrak{C})=(\mathfrak{A}+\mathfrak{B})+\mathfrak{C}. \tag{c}$$

Die Operation $\mathfrak{A}-\mathfrak{B}$ kann man entweder als Differenz definieren, d. h. als gesuchten Summanden, oder als Summe der Vektoren $\mathfrak{A}$ und $-\mathfrak{B}$, wobei, wie die Abb. 8 ersichtlich macht, der Vektor $-\mathfrak{B}$ entgegengesetzt gleich ist dem Vektor $+\mathfrak{B}$. In Abb. 8 ist noch zum Vergleich die Summe $\mathfrak{A}+\mathfrak{B}$ und die Summe $\mathfrak{A}-\mathfrak{B}$ eingetragen.

Beispiel a) mit d) Gegeben sind durch Abb. 9 die Vektoren $\mathfrak{A}$. $\mathfrak{B}$, $\mathfrak{C}$, $\mathfrak{D}$. Man zeichne die Vektoren $\mathfrak{V}_4 = \mathfrak{A} + \mathfrak{B} + \mathfrak{C} + \mathfrak{D}$, $\mathfrak{V}_2 = \mathfrak{A} + \mathfrak{B} + \mathfrak{C} - \mathfrak{D}$, $\mathfrak{V}_3 = \mathfrak{A} - \mathfrak{B} + \mathfrak{C} - \mathfrak{D}$, $\mathfrak{V}_4 = -\mathfrak{A} - \mathfrak{B} + \mathfrak{C} - \mathfrak{D}$.

Lösung durch die Abb. 10 mit 13. (In Abb. 13 ist der Pfeil von D umzukehren.)

Abb. 13.

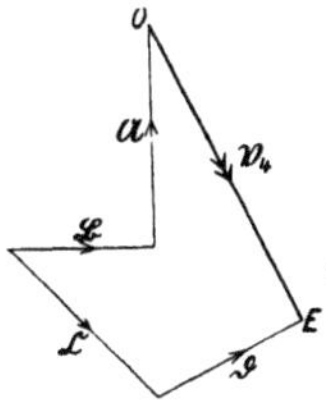

Abb. 9.

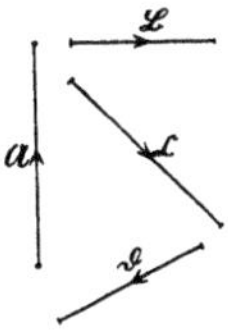

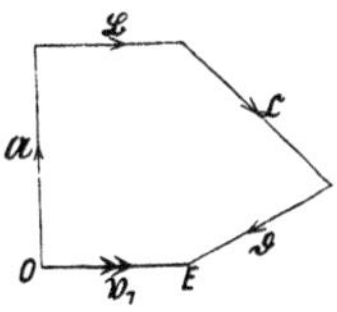

Abb. 10.

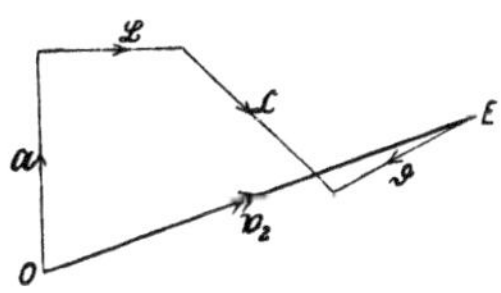

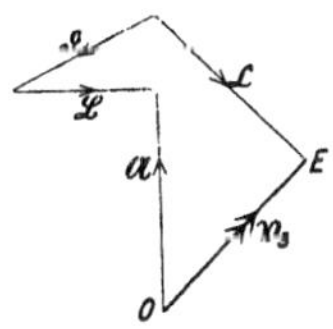

Abb. 11. Abb. 12.

Beispiel e) mit h) Man zeichne die Vektoren $\mathfrak{v}_1 = \mathfrak{i}_1 + 2\mathfrak{i}_2$, $\mathfrak{v}_2 = 1{,}5\mathfrak{i}_1 - 2\mathfrak{i}_2$, $\mathfrak{v}_3 = -0{,}5\mathfrak{i}_1 - 1{,}5\mathfrak{i}_2$, $\mathfrak{v}_4 = \mathfrak{i}_1\sqrt{2} - \mathfrak{i}_2\sqrt{3}$.

Lösung durch Abb. 14 mit 17.

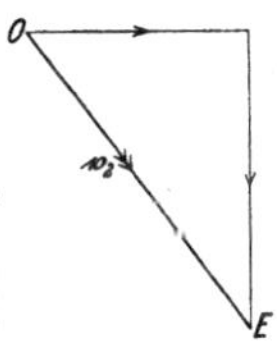

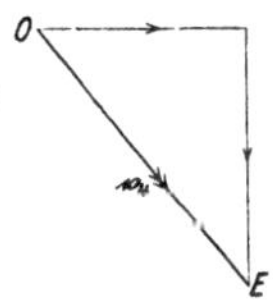

Abb. 14. Abb. 15. Abb. 16. Abb. 17.

Beispiel i) Man zeichne in axonometrischer Darstellung den Vektor $\mathfrak{r} = 3\mathfrak{i}_1 + 2\mathfrak{i}_2 + 2{,}5\mathfrak{i}_3$.

Lösung durch Abb. 18.

Beispiel k) mit m) Man zeichne in senkrechter Darstellung den Vektor des vorausgehenden Beispiels, ferner die Vektoren

$$\mathfrak{a} = 2\mathfrak{i}_1 - 3\mathfrak{i}_2 + 1{,}5\mathfrak{i}_3, \quad \mathfrak{b} = -\mathfrak{i}_1 + 2\mathfrak{i}_2 - 2\mathfrak{i}_3.$$

Lösung durch Abb. 19 und 20.

Aufgabe a) Man zeige an einigen Beispielen, daß die graphische Summe von n zueinander symmetrisch gelegenen Einheitsvektoren immer Null ist.

Lösung: Durch Abb. 21 mit 24.

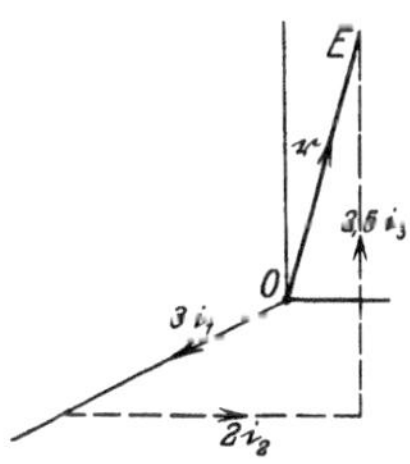

Abb. 18.

Bei dieser Gelegenheit sei darauf aufmerksam gemacht, daß es nicht notwendig und oft nicht einmal zweckmäßig ist, in der Abbildung die Vektoren durch gotische Buchstaben zu bezeichnen, da durch die graphische Darstellung diese Größen ja ohnedies als Vektoren gekennzeichnet sind.

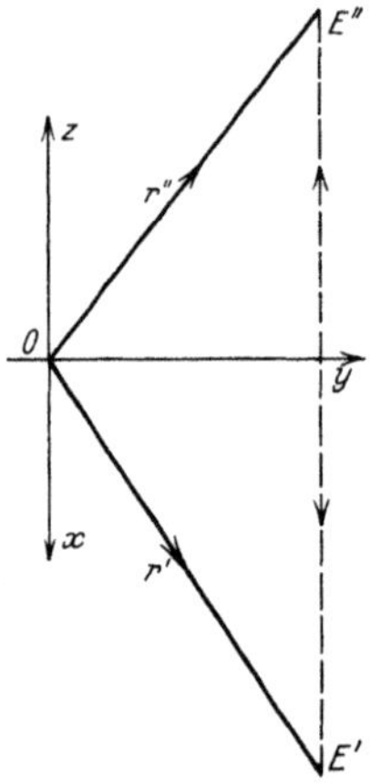

Abb. 19.

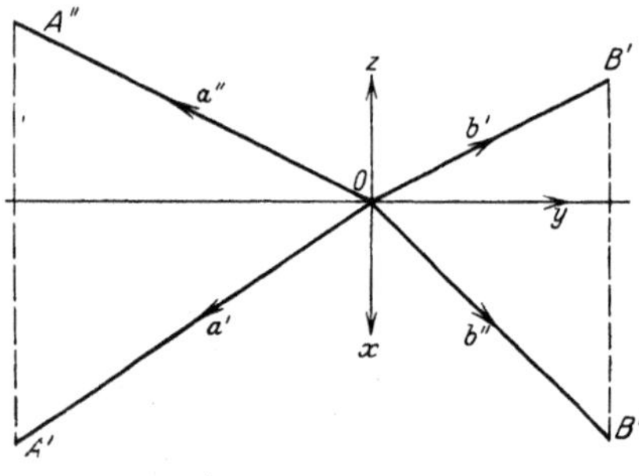

Abb. 20.

5. Die Definition (**4**a) und die Abb. 8 mit 24 machen ohne weiteres klar:

J e d e r S u m m e n s a t z w i r d d u r c h e i n V i e l e c k d a r g e s t e l l t, (a)

und umgekehrt:

J e d e s (e b e n e o d e r w i n d s c h i e f e) V i e l e c k k a n n a l s B i l d e i n e s S u m m e n s a t z e s b e t r a c h t e t w e r d e n. (b)

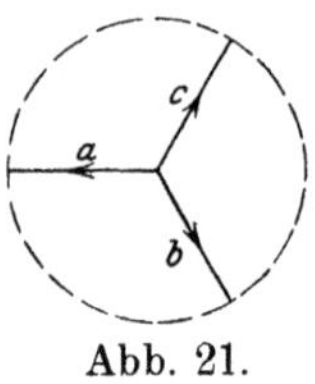

Abb. 21.

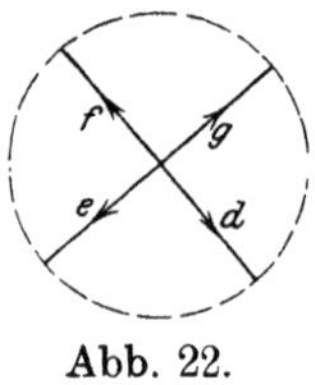

Abb. 22.

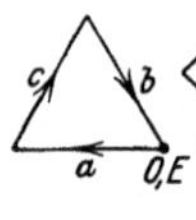

Abb. 23.

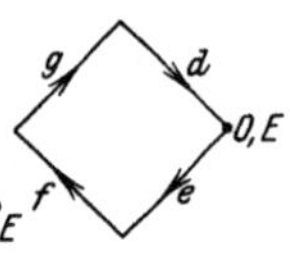

Abb. 24.

So kann man z. B. das Vieleck der Abb. 10 lesen

$$\mathfrak{B}_1 = \mathfrak{A} + \mathfrak{B} + \mathfrak{C} + \mathfrak{D},$$

wenn man Anfangspunkt O und Endpunkt E so wählt, wie in dieser Abbildung angegeben. Oder

$$\mathfrak{A} + \mathfrak{B} + \mathfrak{C} + \mathfrak{D} - \mathfrak{B}_1 = 0,$$

wenn man den Endpunkt E in den Anfangspunkt O verlegt denkt; oder

$$\mathfrak{B} + \mathfrak{C} + \mathfrak{D} = -\mathfrak{A} + \mathfrak{B}_1,$$

wenn man als Anfangspunkt den Endpunkt des Vektors $\mathfrak{A}$ wählt und als Schlußpunkt E den Endpunkt des Vektors $\mathfrak{D}$. Natürlich sind die beiden letzten Schreibweisen nur Umformungen der ersten.

Wie man aus zwei oder mehreren Vektoren durch geometrische Summierung einen neuen Vektor erhält, so kann man umgekehrt jeden Vektor in zwei oder mehrere andere zerlegen; die so gewonnenen Vektoren heißen die Komponenten des gegebenen Vektors. So kann man sich etwa vorstellen, daß der Vektor $\mathfrak{B}_1$ der Abb. 10 gegeben ist, und daß er nach dieser Abbildung in die Komponenten $\mathfrak{A}$, $\mathfrak{B}$, $\mathfrak{C}$, $\mathfrak{D}$ zerlegt wurde.

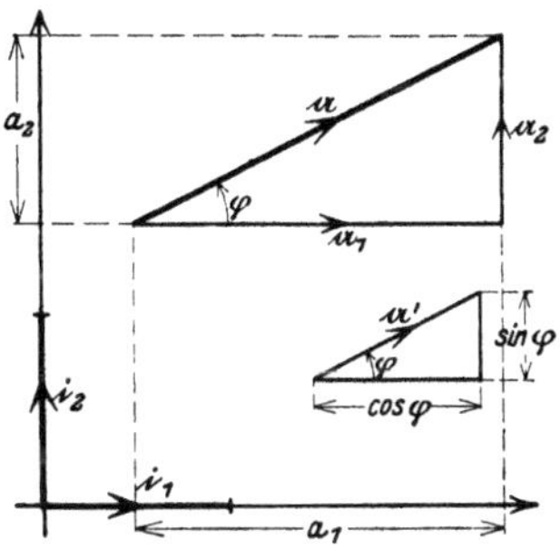

Abb. 25.

Meist kommt man in die Lage, einen Vektor in Komponenten parallel den willkürlich gewählten oder irgendwie vorgeschriebenen zwei Grundrichtungen der Ebene bzw. den drei Grundrichtungen des Raumes zerlegen zu müssen.

Schließt in der Ebene ein Einheitsvektor $\mathfrak{a}'$ mit der ersten Grundrichtung den Winkel φ ein, so ergibt sich nach Abb. 25

$$\mathfrak{a}' = \mathfrak{i}_1 \cos\varphi + \mathfrak{i}_2 \sin\varphi, \tag{c}$$

wo also $1 \cdot \cos\varphi$ und $1 \cdot \sin\varphi$ die Projektionen des Einheitsvektors auf die beiden Grundrichtungen und demgemäß $\mathfrak{i}_1 \cos\varphi$ und $\mathfrak{i}_2 \sin\varphi$ die Komponenten in diesen Grundrichtungen sind.

Sind a_1, a_2 die Projektionen eines gegebenen Vektors $\mathfrak{a}$ auf die vorgeschriebenen zwei Grundrichtungen der Ebene, so sind die Komponenten dieses Vektors $\mathfrak{a}_1 = \mathfrak{i}_1 a_1$, $\mathfrak{a}_2 = \mathfrak{i}_2 a_2$, also

$$\begin{aligned}\mathfrak{a} = \mathfrak{a}_1 + \mathfrak{a}_2 &= \mathfrak{i}_1 a_1 + \mathfrak{i}_2 a_2 \\ &= a(\mathfrak{i}_1 \cos\varphi + \mathfrak{i}_2 \sin\varphi) = a\,\mathfrak{a}',\end{aligned}$$

wenn $\mathfrak{a}'$ der Einheitsvektor von $\mathfrak{a}$ ist, so wie Abb. 25 angibt. Der Vektor $\mathfrak{a}$ hat den Zahlenwert $a = \underset{(-)}{+}\sqrt{a_1^2 + a_2^2}$.

Bezeichnet man mit $\mathfrak{x}$, $\mathfrak{y}$, $\mathfrak{z}$ die Komponenten des Radiusvektors $\mathfrak{r}$ in den drei Grundrichtungen oder Koordinatenachsen, so ist, s. Abb. 26,

$$\mathfrak{r} = \mathfrak{x} + \mathfrak{y} + \mathfrak{z},$$

was mit

$$\mathfrak{x} = \mathfrak{i}_1 x, \quad \mathfrak{y} = \mathfrak{i}_2 y, \quad \mathfrak{z} = \mathfrak{i}_3 z$$

auch geschrieben werden kann

$$\mathfrak{r} = \mathfrak{i}_1 x + \mathfrak{i}_2 y + \mathfrak{i}_3 z. \tag{d}$$

Der Einheitsvektor $\mathfrak{r}'$ dieses Radiusvektors $\mathfrak{r}$ hat gegen die drei Grundrichtungen oder Koordinatenachsen die Richtungswinkel α, β, γ und demgemäß $1 \cdot \cos\alpha$, $1 \cdot \cos\beta$, $1 \cdot \cos\gamma$ als Projektionen in diesen drei Grundrichtungen. Dann ist

$$\mathfrak{r}' = \mathfrak{i}_1 \cos\alpha + \mathfrak{i}_2 \cos\beta + \mathfrak{i}_3 \cos\gamma. \tag{e}$$

Der Radiusvektor $\mathfrak{r}$ hat die Projektionen $x = r \cdot \cos\alpha$, $y = r \cdot \cos\beta$, $z = r \cdot \cos\gamma$, also ist, s. Abb. 26,

$$\begin{aligned} \mathfrak{r} &= \mathfrak{i}_1 x + \mathfrak{i}_2 y + \mathfrak{i}_3 z \\ &= r\,(\mathfrak{i}_1 \cos\alpha + \mathfrak{i}_2 \cos\beta + \mathfrak{i}_3 \cos\gamma) = r \cdot \mathfrak{r}', \end{aligned} \tag{f}$$

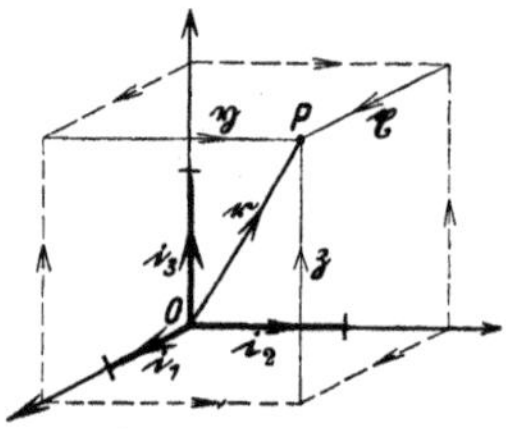

Abb. 26.

was zu erwarten war.

Hat man einen beliebigen Vektor $\mathfrak{A}$ im Raum mit den Projektionen A_1, A_2, A_3 auf die drei Achsen, dann werden diese, als Vektoren betrachtet und als solche Komponenten von $\mathfrak{A}$ genannt, in der Vektorensprache ausgedrückt durch

$$\mathfrak{A}_1 = \mathfrak{i}_1 A_1, \quad \mathfrak{A}_2 = \mathfrak{i}_2 A_2, \quad \mathfrak{A}_3 = \mathfrak{i}_3 A_3.$$

Dann gilt entsprechend wie eben entwickelt die Beziehung

$$\mathfrak{A} = \mathfrak{i}_1 A_1 + \mathfrak{i}_2 A_2 + \mathfrak{i}_3 A_3. \tag{g}$$

Diese Gleichung ist dann vollständig hinreichend zur Charakterisierung des Vektors $\mathfrak{A}$, während in der Sprache der analytischen Geometrie drei Gleichungen notwendig sind, um den Vektor $\mathfrak{A}$ vollständig zu beschreiben, etwa

$$A = \sqrt{A_1^2 + A_2^2 + A_3^2}, \tag{h}$$

um den Zahlenwert anzugeben, und zwei der Gleichungen

$$A_1 = A\cos\alpha, \quad A_2 = A\cos\beta, \quad A_3 = A\cos\gamma \tag{i}$$

für die Richtung.

Dieser letzteren Formel gibt man auch noch Ausdruck durch:

Die Projektionen eines Vektors sind proportional seinen Richtungsfaktoren, (k)

wenn man Richtungsfaktoren die Kosinuswerte der Richtungswinkel nennt.

Beispiel a) Man gebe Zahlenwert und Richtung des Vektors B der Abb. 27 durch eine einzige Gleichung wieder.

Es ist $B_1 = -2, \quad B_2 = -1, \quad B_3 = -2,$

also
$$\mathfrak{B} = -2 \cdot \mathfrak{i}_1 - 1 \cdot \mathfrak{i}_2 - 2 \cdot \mathfrak{i}_3 .$$

In der analytischen Geometrie müßte man schreiben
$$B = \sqrt{4 + 1 + 4} = 3,$$
$$\cos\alpha = -2:3, \quad \cos\beta = -1:3, \quad \cos\gamma = -2:3.$$

Ohne weitere Begründung ist der Satz einzusehen:

Sind zwei Vektoren gleich, so sind auch ihre entsprechenden Komponenten in den Grundrichtungen gleich. (1)

Beispiel b) Man stelle den Vektor $\mathfrak{C} = 2\,\mathfrak{i}_1 + 3\,\mathfrak{i}_2 - \mathfrak{i}_3$ durch Grund- und Aufriß dar.

Die Lage des Vektors ist belanglos, also trage man auf der x-Achse irgendwo den Vektor $\mathfrak{C}_1 = 2\,\mathfrak{i}_1$ an, so wie Abb. 27 angibt, entsprechend $\mathfrak{C}_2 = 3\,\mathfrak{i}_2$ auf der y-Achse und $\mathfrak{C}_3 = -\,\mathfrak{i}_3$ auf der z-Achse (es sei wieder erinnert, daß die Schreibweise durch gotische Buchstaben nur für die Rechnung notwendig ist).

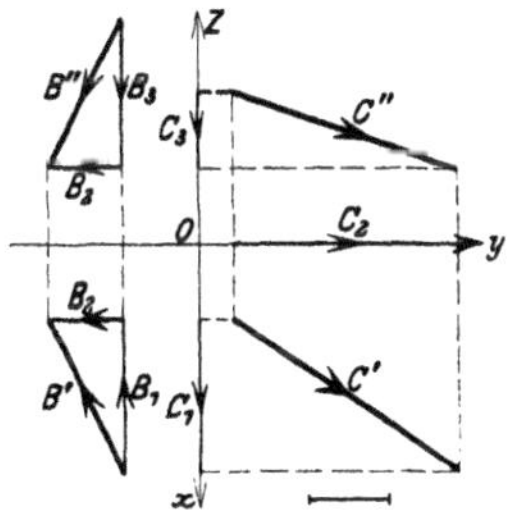

Abb. 27.

6. Projiziert man ein geschlossenes (ebenes oder räumlich windschiefes) Vieleck von einem willkürlich gewählten Zentrum aus auf eine willkürlich gewählte Ebene, so wird die Projektion wieder ein Vieleck geben, dessen einzelne Seiten im gleichen Richtungssinn durchlaufen werden wie die des ursprünglich gegebenen Vielecks, s. Abb. 28. Wenn demnach im ursprünglichen Vieleck gilt
$$\mathfrak{S} = \mathfrak{A} + \mathfrak{B} + \mathfrak{C} + \dots,$$
so gilt vom projizierten
$$\mathfrak{S}' = \mathfrak{A}' + \mathfrak{B}' + \mathfrak{C}' + \dots$$

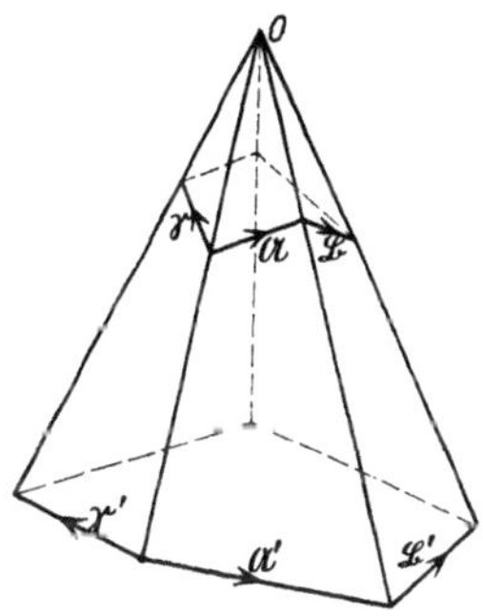

Abb. 28.

Dabei sind also $\mathfrak{S}', \mathfrak{A}', \mathfrak{B}', \mathfrak{C}', \dots$ die Projektionen von $\mathfrak{S}, \mathfrak{A}, \mathfrak{B}, \mathfrak{C}, \dots$ auf die willkürlich vorgeschriebene Projektionsebene. Die Seiten $\mathfrak{S}', \mathfrak{A}', \mathfrak{B}', \mathfrak{C}', \dots$ liegen in ein und derselben Ebene, während für $\mathfrak{S}, \mathfrak{A}, \mathfrak{B}, \mathfrak{C}, \dots$ dies im allgemeinsten Fall nicht zutreffen wird. Welche Beziehungen auch sonst noch zwischen den beiden Vielecken vorhanden sein mögen, uns interessiert hier nur die eine Tatsache, daß die Projektion wieder ein Vieleck gibt. Ob das willkürlich gewählte Projektionszentrum im Endlichen oder im Unendlichen liegt, im letzteren Fall also eine Parallelprojektion vorliegt, ist für die Beziehung, die uns hier angeht und die in den beiden oben angegebenen Gleichungen zum Ausdruck kommt, belanglos. Uns interessiert hier nur, daß der Summensatz

$$\mathfrak{S}=\mathfrak{A}+\mathfrak{B}+\mathfrak{C}+\dots$$

seiner Form nach vollständig erhalten geblieben ist, nur daß jetzt statt der ursprünglichen Vieleckseiten deren Projektionen stehen. Der Satz bleibt natürlich auch dann noch erhalten, wenn man nicht auf eine Ebene, sondern auf eine Gerade projiziert. Allerdings hat hier eine Zentralprojektion nur dann einen Sinn, wenn das Vieleck eben ist und auch die gegebene Gerade, auf die projiziert werden soll, samt dem Projektionszentrum in der Vieleckebene liegt. Im allgemeinen Fall ist unter Projektion auf eine gegebene Gerade immer eine Parallelprojektion durch parallele Ebenen zu verstehen: Als Projektion einer Strecke AB auf die gegebene Gerade gilt dann die Strecke $A'B'$ zwischen den Schnittpunkten A' und B' der durch A und B gelegten parallelen Projektionsebenen mit der gegebenen Geraden. Im praktischen Fall sind diese Projektionsebenen meist senkrecht zur gegebenen Geraden. Bei dieser Projektion gilt sonach wieder vom projizierten Vieleck

$$\mathfrak{S}''=\mathfrak{A}''+\mathfrak{B}''+\mathfrak{C}''+\dots,$$

oder besser, da die einzelnen projizierten Seiten jetzt alle auf der gleichen Geraden liegen, die Beibehaltung der Vektorenschreibweise somit keinen Zweck mehr hat,

$$S''=A''+B''+C''+\dots$$

Wenn man also die in einem vektoriellen Summensatz auftretenden einzelnen Summanden, natürlich in der Lage, die sie in dem den Summensatz darstellenden Vieleck einnehmen, auf eine willkürlich gewählte Ebene oder Gerade projiziert, so bleibt die Form des Summensatzes die gleiche, nur daß statt der ursprünglichen Vektoren deren Projektionen stehen. Wir wollen diesen wichtigen Satz in Zukunft in der einfachen Form aussprechen (**Projektionssatz**):

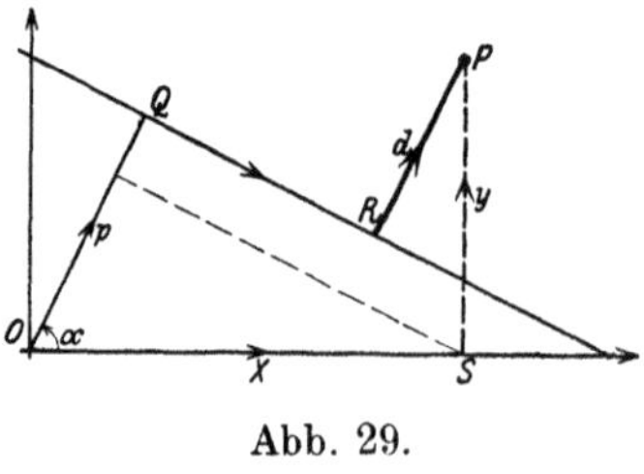

Abb. 29.

Ein Summensatz bleibt bei der Projektion erhalten. (a)

Beispiel a) Gegeben ist eine Gerade im Abstand p vom Nullpunkt; das Lot von letzterem aus bildet mit der x-Achse den Winkel α. Gesucht ist der Abstand d, den ein beliebiger Punkt $P = x \mid y$ von der Geraden hat, s. Abb. 29.

Man geht vom Nullpunkt aus zum Punkt P auf zwei verschiedenen Wegen, so wie das die Pfeile in der Abbildung andeuten. Kennzeichnet man einen Vektor, wie das oft geschieht, durch einen Horizontalstrich über dem Zahlenwert, so hat man in dieser neuen Schreibweise für Vektoren

$$\overline{OQ} + \overline{QR} + \overline{RP} = \overline{OS} + \overline{SP}.$$

Diesen Summensatz „projiziert" man senkrecht auf eine Gerade von der Richtung p oder d, am einfachsten auf p selbst, und erhält

$$p + 0 + d = x \cos\alpha + y \sin\alpha$$

oder

$$d = x \cos\alpha + y \sin\alpha - p.$$

Beispiel b) Von einer Geraden g durch den Nullpunkt kennt man ihre Richtungsfaktoren $\cos\alpha$, $\cos\beta$, $\cos\gamma$. Man ermittle die Projektion eines beliebigen Radiusvektors OP auf sie.

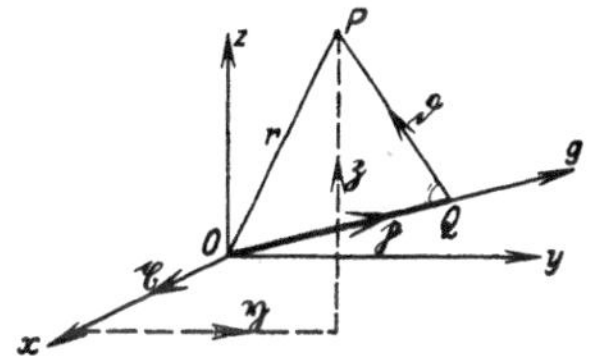

Abb. 30.

Man geht auf zwei Wegen zum Punkt P, wie das in Abb. 30 angedeutet ist und in Vektoren geschrieben wird,

$$\mathfrak{p} + \mathfrak{d} = \mathfrak{x} + \mathfrak{y} + \mathfrak{z}.$$

Diese Vektorgleichung „projiziert" man auf die Gerade g und erhält als gesuchte Projektion

$$p = x \cos\alpha + y \cos\beta + z \cos\gamma,$$

da der Vektor d senkrecht zur Geraden steht und somit die Projektion Null hat.

7. Außer den bisher besprochenen völlig freien Vektoren, deren Lage ganz beliebig sein darf und für die Rechnung mit ihnen gleichgültig ist, gibt es auch solche, die irgendwie gebunden sind, etwa derart, daß sie an Ort und Stelle bleiben müssen, „angeheftete" Vektoren, oder wenigstens daß sie nur in ihrer eigenen Richtung verschiebbar sind usw. In der Statik interessieren uns nur letztere, beispielsweise die Kräfte, von denen später erwiesen wird, daß sie unter gewissen Bedingungen in ihrer eigenen Richtung verschoben werden können. Solche Vektoren nennt man **linienflüchtig**. Damit zwei linienflüchtige Vektoren A und B einander gleich sind, ist also notwendig, daß sie gleichen Zahlenwert (einschließlich des Vorzeichens) haben und auf der nämlichen Geraden liegen. Naturgemäß haben sie dann auch gleiche Richtung.

Unter der **Resultierenden** oder **Resultante** von zwei linienflüchtigen Vektoren A und B sei verstanden ein Vektor R, der 1. gleich ist ihrer graphischen Summe und 2. durch ihren Schnittpunkt geht. Nach dieser Definition muß er also selbst linienflüchtig sein. Die Größe R sei durch die Schreibweise

$$\mathfrak{R} = \mathfrak{A} \mathbin{\widehat{+}} \mathfrak{B} \tag{a}$$

dargestellt; man lese „R gleich Resultierende aus A und B“. Man beachte wohl den Unterschied zwischen

$$\mathfrak{A} + \mathfrak{B} \qquad \text{und} \qquad \mathfrak{A} \mathbin{\widehat{+}} \mathfrak{B}.$$

Jede dieser beiden Formen ist ein Vektor und jeder ist gleich der graphischen Summe von A und B; aber der erste Vektor hat eine beliebige Lage, der zweite, für den das Zeichen $\widehat{+}$ eingeführt ist, muß durch den Schnittpunkt von A und B hindurchgehen, s. Abb. 31. Solange man nur mit völlig freien Vektoren arbeitet, wie es beispielsweise die Momente sind, hat natürlich dieses neue Zeichen wie überhaupt die neueingeführte Größe „Resultante“ keine Bedeutung; sie kommt nur zur Geltung für linienflüchtige Vektoren, als deren Hauptvertreter die Kräfte erscheinen.

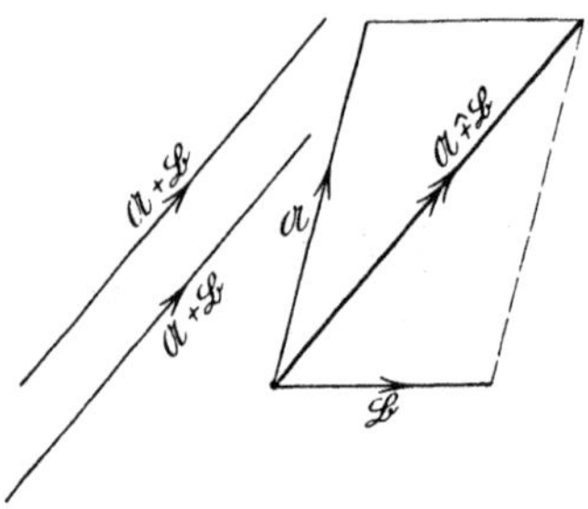

Abb. 31.

* Für die neue Form $\mathfrak{A} \mathbin{\widehat{+}} \mathfrak{B}$ werden die gleichen Gesetze als gültig erwiesen wie für die Form $\mathfrak{A} + \mathfrak{B}$ oder $A + B$.

Der erste Satz

$$\mathfrak{B} \mathbin{\widehat{+}} \mathfrak{A} = \mathfrak{A} \mathbin{\widehat{+}} \mathfrak{B} \tag{b}$$

ist ohne weiteres einzusehen. Durch die Schreibweise $(\mathfrak{A} \mathbin{\widehat{+}} \mathfrak{B}) \mathbin{\widehat{+}} \mathfrak{C}$ ist die Resultierende der beiden linienflüchtigen Vektoren $\mathfrak{A} \mathbin{\widehat{+}} \mathfrak{B}$ und $\mathfrak{C}$ charakterisiert, also keine neue Operation gegeben. Die beiden Vektoren

$$\mathfrak{A} \mathbin{\widehat{+}} (\mathfrak{B} \mathbin{\widehat{+}} \mathfrak{C}) \quad \text{und} \quad (\mathfrak{A} \mathbin{\widehat{+}} \mathfrak{B}) \mathbin{\widehat{+}} \mathfrak{C}$$

sind nach Zahlenwert, Richtung und Lage einander gleich. Zum Beweis verschiebt man, s. Abb. 32, den Vektor A bis zum Schnittpunkt I mit dem Vektor B, ebenso den Vektor C bis zum Schnittpunkt II mit dem Vektor B. Dann wählt man für die Darstellung der Vektorgrößen den Maßstab derart, daß Vektor B durch die Strecke $I\ II$ dargestellt wird, so wie Abb. 33 angibt. Der Vektor von O bis n ist dann $\mathfrak{A} + \mathfrak{B} + \mathfrak{C}$, nach Zahlenwert und Richtung also jedem der beiden betrachteten Vektoren gleich. Der Vektor von O nach II ist $\mathfrak{A} + \mathfrak{B}$, der von I nach n ist $\mathfrak{B} + \mathfrak{C}$. Der Vektor $\mathfrak{A} \widehat{+} \mathfrak{B}$ geht durch den Schnittpunkt I der beiden Vektoren A und B und liegt auf der Geraden $I\,I'$, einer Parallelen zur Geraden $O\,II$.

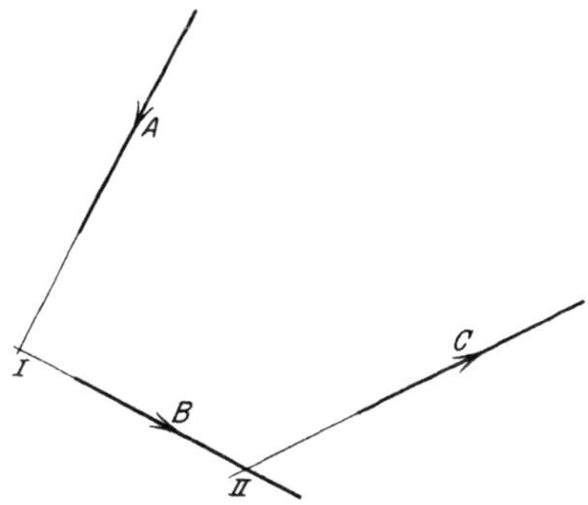

Abb. 32.

Der Vektor $(\mathfrak{A} \widehat{+} \mathfrak{B}) \widehat{+} \mathfrak{C}$ geht durch Punkt I'. Entsprechend findet man, daß Vektor $\mathfrak{B} \widehat{+} \mathfrak{C}$ durch den Schnittpunkt II der Vektoren B und C geht und auf der Geraden $II'\ II$ liegt, einer Parallelen zur Geraden $I\,n$; der Vektor $\mathfrak{A} \widehat{+} (\mathfrak{B} \widehat{+} \mathfrak{C})$ geht durch Punkt II'. Die beiden Geraden $O\,n$ und $I'\,II'$ sind parallel; von den je sechs Seiten der vollständigen Vierecke $O\,I\,II\,n$ und $II'\,I\,II\,I'$ sind nach Konstruktion fünf Seiten parallel, also müssen nach einem geometrischen Lehrsatz (s. Aufg. 17e) auch die entsprechenden sechsten Seiten, nämlich $O\,n$ und $I'\,II'$ einander parallel sein. Die Vektoren $(\mathfrak{A} \widehat{+} \mathfrak{B}) \widehat{+} \mathfrak{C}$ und $\mathfrak{A} \widehat{+} (\mathfrak{B} \widehat{+} \mathfrak{C})$ sind parallel dem Vektor $\mathfrak{A} + \mathfrak{B} + \mathfrak{C}$ von O nach n, also auch parallel der Geraden $I'\,II'$, d. h. sie liegen auf der nämlichen Geraden. Dann sind sie einander gleich, es gilt somit

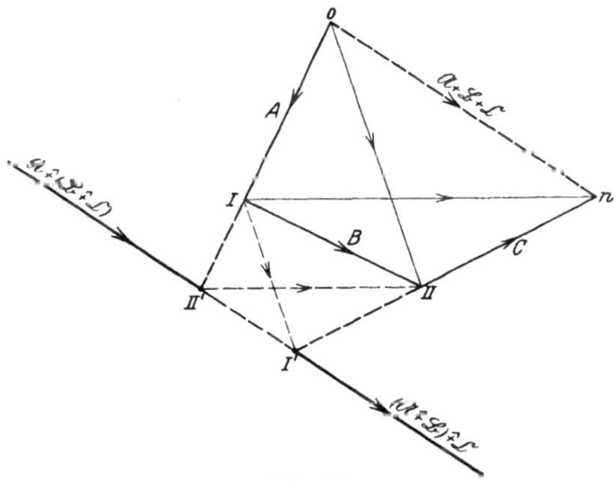

Abb. 33.

$$\mathfrak{A} \widehat{+} (\mathfrak{B} \widehat{+} \mathfrak{C}) = (\mathfrak{A} \widehat{+} \mathfrak{B}) \widehat{+} \mathfrak{C}. \tag{c}$$

Diese Formel wendet man an, um

$$\mathfrak{B} \mathbin{\widehat{+}} (\mathfrak{A} \mathbin{\widehat{+}} \mathfrak{C}) = (\mathfrak{B} \mathbin{\widehat{+}} \mathfrak{A}) \mathbin{\widehat{+}} \mathfrak{C} = (\mathfrak{A} \mathbin{\widehat{+}} \mathfrak{B}) \mathbin{\widehat{+}} \mathfrak{C}$$

zu beweisen. Schreibt man $\mathfrak{A} \mathbin{\widehat{+}} \mathfrak{B} \mathbin{\widehat{+}} \mathfrak{C}$ statt $(\mathfrak{A} \mathbin{\widehat{+}} \mathfrak{B}) \mathbin{\widehat{+}} \mathfrak{C}$, so kann man zusammenfassen

$$\mathfrak{A} \mathbin{\widehat{+}} (\mathfrak{B} \mathbin{\widehat{+}} \mathfrak{C}) = \mathfrak{B} \mathbin{\widehat{+}} (\mathfrak{A} \mathbin{\widehat{+}} \mathfrak{C}) = (\mathfrak{A} \mathbin{\widehat{+}} \mathfrak{B}) \mathbin{\widehat{+}} \mathfrak{C} = \mathfrak{A} \mathbin{\widehat{+}} \mathfrak{B} \mathbin{\widehat{+}} \mathfrak{C}. \tag{d}$$

Man kann deswegen die einzelnen Klammern, die bei der Summierung von linienflüchtigen Vektoren auftreten, weglassen, wenn vor ihnen das Operationszeichen $\widehat{+}$ steht.

Der Vektor $\mathfrak{A} \mathbin{\widehat{-}} \mathfrak{B}$ soll nach Festsetzung gleich sein dem Vektor $\mathfrak{A} \mathbin{\widehat{+}} (-\mathfrak{B})$, also gleich der Resultante der beiden Vektoren $\mathfrak{A}$ und $-\mathfrak{B}$. Die Operation $\mathfrak{A} \mathbin{\widehat{-}} \mathfrak{B}$ bietet somit nichts Neues.

Beispiel a) Beweise die Identität von

$$\mathfrak{R} \mathbin{\widehat{-}} \mathfrak{A} = \mathfrak{B} \quad \text{und} \quad \mathfrak{R} = \mathfrak{A} \mathbin{\widehat{+}} \mathfrak{B}. \tag{e}$$

Wenn man zunächst von der Lage absieht, sind beide Gleichungen identisch. Aber auch hinsichtlich der Lage sagt die zweite Gleichung nichts anderes aus wie die erste, weil nach beiden Gleichungen die drei linienflüchtigen Vektoren A, B, R durch den nämlichen Punkt hindurchgehen müssen.

Durch die vorausgehenden Darlegungen ist bewiesen, daß für die neueingeführten Operationen $\mathfrak{A} \mathbin{\widehat{+}} \mathfrak{B}$ und $\mathfrak{A} \mathbin{\widehat{-}} \mathfrak{B}$ genau die gleichen Gesetze gelten, wie wenn es gewöhnliche Summen oder Differenzen wären.

Zweiter Abschnitt.

Statik des materiellen Punktes.

8. Gegeben sei ein materieller Punkt, der sich mit einer gewissen Geschwindigkeit geradlinig bewegt. Wenn dieser Punkt von außen, von seiner Umgebung her, keinerlei Einwirkung erfährt, dann ist nicht einzusehen, warum er diese Bewegung ändern soll, warum seine Geschwindigkeit abnehmen oder zunehmen oder warum er aus der gegebenen Richtung ausweichen soll. Er wird also, wenn er keinerlei Einwirkung von außen erfährt, diesen seinen augenblicklichen Bewegungszustand nach Intensität und Richtung beibehalten. Wir sagen dann, er ist im Gleichgewicht oder im Beharrungszustand. Jede Einwirkung von außen her, die den augenblicklichen Bewegungszustand, also die vorhandene Geschwindigkeit nach Intensität oder Richtung ändert (oder in der Sprechweise der Dynamik: die dem materiellen Punkt eine Beschleunigung erteilt), nennen wir eine Kraft und definieren so:

Kraft ist die Ursache einer Bewegungsänderung (oder Beschleunigung). (a)

Man beachte wohl: Bewegungsänderung, nicht Bewegung; die Bewegung des Punktes selbst bedarf keinerlei Kraft, um fortzubestehen; im Gegenteil wird gerade die Wirkung der Kraft sich dahin äußern, daß diese Bewegung nicht mehr weiter bestehen bleibt. Die Stelle, wo die Einwirkung dieser Kraft auf den materiellen Punkt einsetzt, nennen wir den Angriffspunkt der Kraft. Er muß jedenfalls mit dem materiellen Punkt selbst zusammenfallen.

Setzen wir letzteren als im Ruhezustand befindlich voraus, so wird die Beschleunigung oder Bewegungsänderung, hier der Übergang aus dem Zustand der Ruhe in den der Bewegung, eine bestimmte Intensität und Richtung haben. Um also eine Kraft genau zu bestimmen, muß man angeben, in welcher Richtung und mit welcher Intensität sie den im Ruhezustand befindlichen materiellen

Punkt bewegen will, d. h. die **Kraft** ist eine **gerichtete Größe** oder ein **Vektor**, man muß von ihr angeben Zahlenwert, Richtung und Richtungssinn. In der Zeichnung stellt man die Kraft durch eine mit einem Pfeil versehene Strecke dar. Die Richtung der Strecke ist auch diejenige der Kraft, der Pfeil gibt den Richtungssinn der Kraft wieder, der Zahlenwert der Strecke in irgendeinem Maßstab den Wert der Kraft. Als **Krafteinheit** ist in der Statik das Kilogramm gewählt. (Auf das Wesen der Kraft ist an späterer Stelle, im zweiten Band, noch näher einzugehen.) Wäre z. B. für die am Massenpunkt der Abb. 35 angreifenden Kräfte P_1 und P_2 der Kräftemaßstab 1 mm $=$ 100 kg, so würde man durch Abmessen der Strecken erhalten $P_1 = 2225$ kg, $P_2 = 2125$ kg.

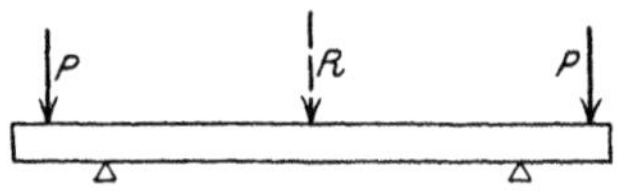

Abb. 34.

Die Kräfte sind zu unterscheiden als **gedachte**, die an dem untersuchten Körper oder Punkt gar nicht angreifen (wie die gleich nachher zu besprechende Resultante), im Gegensatz zu den **physikalisch existierenden**, d. h. wirklich vorhandenen, also sinnlich wahrnehmbaren.

Man definiert:

Resultierende Kraft oder Resultierende oder Resultante mehrerer Einzelkräfte ist diejenige Kraft, die diese Einzelkräfte in ihrer Bewegungswirkung vollständig ersetzt, (b)

so daß im betrachteten Zeitpunkt der unter dem Bild des materiellen Punktes vorstellbare untersuchte Körper die gleiche Bewegung machen würde, wenn man statt der Einzelkräfte ihre Resultierende an ihm anbringen würde.

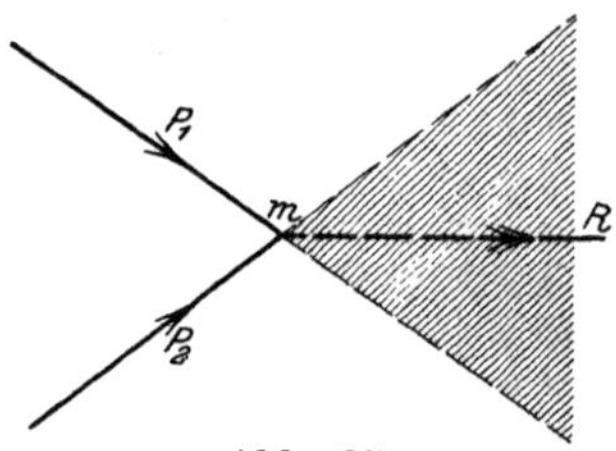

Abb. 35.

Man beachte den Wortlaut „in ihrer Bewegungswirkung". Es werde einen Augenblick aus dem elementaren Mechanik- oder Physikunterricht als bekannt vorausgesetzt, daß zwei parallele Kräfte P die Mittelkraft $R = 2P$ als Resultante haben, s. Abb. 34. Wenn an einem auf zwei Stützen ruhenden Stab zwei Kräfte P symmetrisch angreifen, so wie die Abbildung zeigt, so greift nach diesem Satz ihre Resultierende $R = 2P$ in der Stabmitte an. Daß R die beiden Kräfte P nicht in **jeder** Wirkung ersetzt, ist klar, man braucht nur die Deformationen zu beachten: würde R an Stelle der beiden P angreifen, so würde der Stab in der Mitte nach abwärts gebogen, während die Kräfte P in Wirklichkeit die Stabmitte nach aufwärts biegen. Die im Innern eines Körpers auftretenden Kräfte, wie es beispielsweise die in der Technik überaus wichtigen Spannungen sind, würden in ganz anderer Weise auftreten, wenn man statt mehrerer Einzelkräfte ihre Resultierende setzen würde.

Weiter läßt der Wortlaut der Definition einer Resultanten vollständig dahingestellt, ob es zu zwei oder mehreren Kräften auch immer eine Resultierende gibt. Es soll an dieser Stelle schon angegeben, wenn auch erst später eingehender entwickelt werden, daß zwei Kräfte nur dann eine Resultierende haben, wenn sie sich schneiden.

Vorausgesetzt sei ein in Ruhe befindlicher, vollständig frei beweglicher Massenpunkt, der sich also nach jeder beliebigen Richtung hin frei bewegen kann. Greift an ihm eine Kraft an, so wird sie eine Beschleunigung oder Bewegungsänderung hervorrufen, sie wird ihn aus dem Zustand der Ruhe in denjenigen der Bewegung überführen, sie wird ihm eine bestimmte Geschwindigkeit in einer bestimmten Richtung erteilen. Aus Symmetriegründen folgert man, daß diese Bewegung in Richtung der Kraft erfolgt. Greifen an einem Massenpunkt zwei Kräfte an, die in der nämlichen Geraden liegen, so wird ihm jede der beiden, wenn sie einzeln angreifen würde, eine Bewegungswirkung in dieser Geraden zu geben versuchen. Greifen beide Kräfte gleichzeitig an, so muß die resultierende Bewegungswirkung jedenfalls in der gemeinschaftlichen Geraden liegen; diese Bewegungswirkung, welchen Wert sie auch haben mag, kann jedenfalls von einer einzigen Kraft R in der gegebenen Geraden hervorgerufen werden, man hat also:

> Die Resultierende von Kräften, die in der gleichen Geraden liegen, liegt ebenfalls in dieser Geraden. (c)

Greifen an einem in Ruhe befindlichen materiellen Punkt gleichzeitig zwei Kräfte an, die nicht in der gleichen Geraden liegen, s. Abb. 35, so wird die dem Punkt erteilte resultierende Bewegungsänderung, solange die Einzelkräfte von Null verschieden sind, weder in der Richtung der ersten noch in der Richtung der zweiten Kraft liegen, sondern eine mittlere Richtung zwischen den beiden Bewegungsänderungen haben, die durch jede der beiden Kräfte einzeln erzeugt wird. Wenn der Punkt unter dem Einfluß der beiden gleichzeitig angreifenden Kräfte sich bewegt, wird jedenfalls im ersten Augenblick seine Bewegung innerhalb des in der Abbildung schraffierten Raumes erfolgen, etwa so wie die gestrichelte Linie R andeutet. Diese Bewegungswirkung kann aber durch eine einzige Kraft allein hervorgerufen werden, die dann die Resultierende der beiden Kräfte ist. Man hat somit:

Kräfte, die am nämlichen materiellen Punkt angreifen, haben stets eine Resultierende. (d)

Denn was von zwei Kräften gilt, gilt ebenso auch von drei oder mehreren, da man die Resultierende der beiden ersten mit einer dritten Kraft wieder zu einer Resultierenden zusammenfassen kann usw. Der Sonderfall, daß die zwei oder mehr Kräfte zufällig in ihrer Bewegungswirkung sich aufheben, ist natürlich in dem angegebenen Satz mit enthalten, da eben in diesem Fall die Resultierende den Wert Null hat.

9. Ein materieller Punkt ist im Gleichgewicht, wenn seine Bewegung sich nicht ändert, wenn also entweder gar keine Kräfte an ihm angreifen, oder aber die an ihm angreifenden Einzelkräfte in ihrer Wirkung sich gegenseitig aufheben. Ein ruhender Punkt ist sonach immer im Gleichgewicht; man hüte sich aber vor dem Fehler, als wenn ein im Gleichgewicht befindlicher Punkt immer in Ruhe sein müßte; nach Definition ist Gleichgewicht immer vorhanden, wenn der Massenpunkt im Beharrungszustand ist, d. h. seinen augenblicklichen Bewegungszustand nicht ändert. In der technischen Anwendung der Statik hat man es freilich fast immer mit ruhenden Körpern zu tun. Über das Wesen der Ruhe, der absoluten sowohl als der relativen, wird die eigentliche Dynamik Näheres bringen.

Entsprechend definiert man: an einem materiellen Punkt sind die Kräfte im Gleichgewicht, wenn ihr Gesamteinfluß auf die Bewegung des Punktes Null ist, d. h. wenn die Bewegung des Punktes die nämliche bleibt, ob nun dieses Kräftesystem angreift oder nicht angreift. Oder genauer, wenn der augenblickliche und fernere Bewegungszustand unabhängig davon ist, ob dieses Kräftesystem angreift oder nicht angreift. Aus dieser Definition folgt, daß ein Massenpunkt im Gleichgewicht ist, wenn die an ihm angreifenden Kräfte im Gleichgewicht sind und umgekehrt. [Das ist aber nicht ohne weiteres selbstverständlich, wir werden im Gegenteil später erfahren, daß die an einem Körper angreifenden Kräfte im Gleichgewicht sein können, ohne daß deswegen der Körper selbst im Gleichgewicht sein muß.]

Ohne weiteres ist einzusehen, daß entgegengesetzt gleiche Kräfte am nämlichen Massenpunkt sich das Gleichgewicht halten. Sollen umgekehrt zwei an einem materiellen Punkt angreifende Kräfte im Gleichgewicht sein, so müssen ihre Bewegungswirkungen sich gegenseitig aufheben, dazu ist aber notwendig, daß sie entgegengesetzt gleich sind, d. h. in der nämlichen Geraden liegen und nach entgegengesetzten Richtungen mit der gleichen Intensität wirken. Der Satz kommt in praktischen Fällen oft zur Anwendung, so daß es sich verlohnt, ihm einen Namen zu geben, also Zweikräftesatz:

Sind zwei Kräfte im Gleichgewicht, so müssen sie entgegengesetzt gleich sein und in der nämlichen Geraden liegen. (a)

Beispiel a) Können die beiden Kräfte P_1 und P_2 der Abb. 35 im Gleichgewicht sein?

Nur wenn sie den Wert Null haben. Dann sind sie eben nicht vorhanden, ein Widerspruch mit dem Zweikräftesatz ist dann ausgeschlossen.

Die Resultierende von zwei Kräften P_1 und P_2 geht jedenfalls durch deren Schnittpunkt, ihren Angriffspunkt, den materiellen Punkt selbst. Sie muß ferner mit den beiden Kräften auch in der nämlichen Ebene liegen. Denn wenn die Bewegungswirkung der Kraft P_1 in dieser Ebene liegt und ebenso die von P_2, so ist nicht einzusehen, warum die Bewegungswirkung ihrer Resultierenden aus dieser Ebene heraustreten sollte. Auch aus Symmetriegründen ist das ersichtlich;

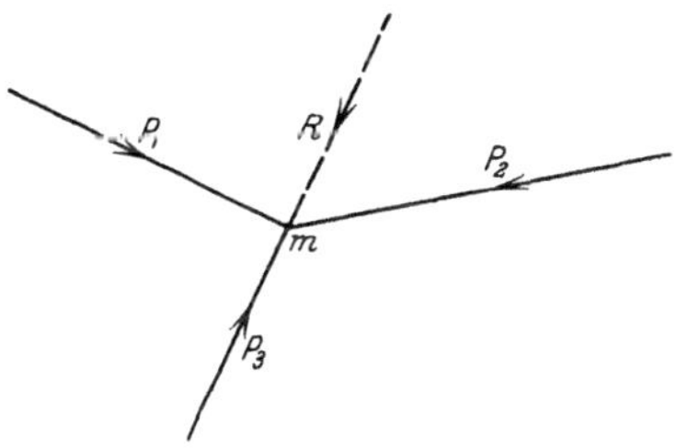

Abb. 36.

wenn etwa die Resultierende dem Punkt eine Geschwindigkeit in dem auf der einen Seite der Ebene liegenden Teilraum geben sollte, dann müßte sie ihm der Symmetrie wegen gerade so gut auch eine Geschwindigkeit nach dem auf der anderen Seite liegenden Teilraum geben können.

Anmerkung. Symmetrieüberlegungen werden wir in der Mechanik oft und mit großem Vorteil anwenden. Nun wird zwar von manchen Seiten eine aus Symmetriegründen sich ergebende Folgerung für nicht ganz einwandfrei angesehen. Es wird beispielsweise darauf hingewiesen, wie sehr es unser Symmetriegefühl verletzt, daß ein über einer Magnetnadel und parallel zu ihr gehender elektrischer Strom die Nadel in einem bestimmten Sinn, nach links etwa, ablenkt. Der Einwand wäre aber nur stichhaltig, wenn der elektrische „Strom“ wirklich geradlinig parallel zur Magnetnadel, also symmetrisch zu deren Achse verlaufen würde. Sobald das „Strömen“ aber in anderer Weise erfolgt, in unserem Fall beispielsweise spiralig nach einer Links- oder Rechtsschraube, kann von einer Symmetrie überhaupt nicht mehr die Rede sein.

Wir fassen diese Folgerungen zusammen zum Dreikräftesatz:

1. Die Resultierende von zwei Kräften liegt in deren Ebene und geht durch deren Schnittpunkt. (b)

2. Sind drei Kräfte im Gleichgewicht, so müssen

sie in der nämlichen Ebene liegen und durch den nämlichen Punkt gehen. (c)

Die zweite Form ist nur eine Umkehr der ersten. Denn wenn drei Kräfte P_1, P_2, P_3 im Gleichgewicht sind, so heißt das doch nichts anderes, als daß P_3 mit der Resultante von P_1 und P_2 im Gleichgewicht ist, da man ja P_1 und P_2 stets durch diese Resultierende ersetzen kann. Da nun R in der nämlichen Ebene liegt wie P_1 und P_2 und auch durch den gleichen Punkt hindurchgeht, so gilt dies nach dem Zweikräftesatz auch von P_3.

Beispiel b) Man weiß von drei im Gleichgewicht befindlichen Kräften, daß sie nicht in der nämlichen Ebene liegen; ist das möglich?

Nur dann wenn sie den Wert Null haben, d. h. in Wirklichkeit gar nicht auftreten. (Bei räumlichen Fachwerksaufgaben zu beachten.)

Beispiel c) Man beweise den Satz:

Wenn von drei Kräften, die im Gleichgewicht sind, zwei in der nämlichen Geraden liegen, die dritte aber nicht, so ist diese gleich Null. (d)

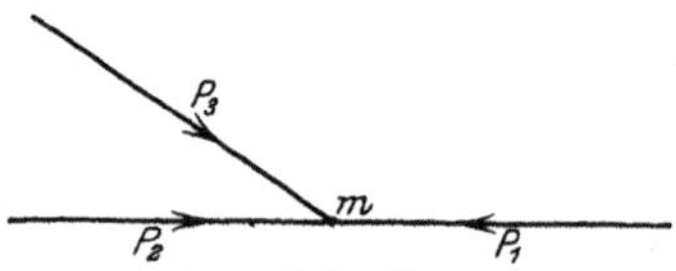

Abb. 37.

Die beiden in der nämlichen Geraden liegenden Kräfte P_1 und P_2, s. Abb. 37, haben eine Resultierende R, die mit P_3 im Gleichgewicht sein muß. Nach dem Zweikräftesatz müssen daher auch R und P_3 in der nämlichen Geraden liegen und entgegengesetzt gleich sein; tun sie das aber nicht, so müssen sie beide gleich Null sein. Es ist also $P_3 = 0$, wegen $R = 0$ sind P_1 und P_2 entgegengesetzt gleich.

Beispiel d) Man beweise den Satz:

Wenn von vier im Gleichgewicht befindlichen Kräften drei in der nämlichen Ebene liegen, die vierte aber nicht, so ist diese gleich Null. (e)

Wenn von diesen vier Kräften P_1, P_2, P_3, P_4 nach Voraussetzung die ersten drei in der nämlichen Ebene liegen, so haben sie eine Resultante R in der gleichen Ebene, die mit P_4 im Gleichgewicht sein muß. Wie beim vorhergehenden Beispiel muß dann wieder nach dem Zweikräftesatz sowohl R als auch P_4 gleich Null sein, da sie ja nicht in der gleichen Geraden liegen können.

Beispiel e) Man erweitere den Satz (e).

Hat man n im Gleichgewicht befindliche Kräfte am materiellen

Punkt, von denen $n-1$ in der nämlichen Ebene liegen, die letzte P_n aber nicht, so muß diese wieder gleich Null sein, weil die Resultante R der ersten $n-1$ Kräfte einerseits in deren Ebene liegen und andererseits mit P_n im Gleichgewicht sein muß. Man schreibt den Satz:

Liegen von n im Gleichgewicht befindlichen Kräften $n-1$ in der nämlichen Ebene, die $n$te aber nicht, so ist diese gleich Null. (f)

Der Vollständigkeit halber soll hier bereits der in Nr. **36** erst noch zu beweisende Satz gegeben werden:

Gehen von n im Gleichgewicht befindlichen Kräften $n-1$ durch den nämlichen Punkt, die n-te aber nicht, so ist diese gleich Null. (g)

Selbstverständlich darf von diesem Satz erst Gebrauch gemacht werden, wenn er bewiesen ist.

10. Die vorhergehenden Zeilen haben nur Sätze über die Lage der Resultierenden gebracht, die folgenden sollen die genaue Richtung und den Zahlenwert der Resultierenden von mehreren an einem materiellen Punkt angreifenden Kräften bringen. Der einfachste Fall ist der, daß an ihm zwei in der nämlichen Geraden liegende Kräfte P_1 und P_2 angreifen. Jedenfalls ist deren Resultierende eine Funktion von P_1 und P_2. Die einfachste Funktion von zwei Größen ist ihre Summe. Wir erwarten, daß im vorliegenden Fall die Wirkungen sich addieren, wenn die Ursachen sich addieren, d. h. daß die Bewegungswirkung des Systems der beiden Kräfte gleich der Summe der einzelnen Bewegungswirkungen ist, daß die Resultierende von P_1 und P_2 gleich ihrer Summe ist, $R = P_1 + P_2$, und finden diesen Satz durch die Erfahrung bestätigt. Der Satz ist an sich durchaus nicht selbstverständlich. Es ist beispielsweise die Resultierende der Kräfte von zwei vereinigten Magneten nicht gleich der Summe der magnetischen Kräfte der Einzelmagneten, wie man vielleicht hätte erwarten können. Der Satz ist auch nicht beweisbar, er ist für uns ein durch Versuche bestätigtes Axiom. Der Fall, daß die beiden Kräfte P_1 und P_2 entgegengesetzte Richtung haben, so wie Abb. 38 zeigt, ist natürlich in der Form $R = P_1 + P_2$ auch mit enthalten, es ist P_1 mit einem positiven Zahlenwert und P_2 mit einem negativen einzusetzen, wenn man nach rechts positiv zählt. Wenn für die Abbildung der Kräftemaßstab 1 mm = 100 kg ist, so ist $P_1 = 2\,500$ kg, $P_2 = -1\,500$ kg, somit $R = P_1 + P_2 = (2\,500 - 1\,500)$ kg

Abb. 38.

$= 1000$ kg. Bei dieser Gelegenheit sei eindringlich darauf aufmerksam gemacht, wie wichtig es ist, bei jeder Mechanikrechnung im voraus einen bestimmten Richtungssinn als den positiven festzusetzen.

Sind die beiden an dem Massenpunkt angreifenden Kräfte schief, s. Abb. 35 oder 39, so wird man folgendermaßen vorgehen. Die Resultierende R des Systems der beiden Kräfte P_1 und P_2 ist jedenfalls eine Funktion der beiden Kräfte. In dem Zeichen P_1 ist aber nur der Zahlenwert dieser Kraft angezeigt und nicht auch die Richtung, man wird daher Vektoren einführen, also $\mathfrak{P}_1$ und $\mathfrak{P}_2$ und ebenso $\mathfrak{R}$ schreiben, weil in dem Zeichen $\mathfrak{P}$ sowohl die Richtung als auch der Zahlenwert von P enthalten ist. Dann überlegt man: $\mathfrak{R}$ ist eine Funktion von $\mathfrak{P}_1$ und $\mathfrak{P}_2$. Die einfachste Funktion von zwei Vektoren ist ihre graphische oder geometrische Summe. Wir erwarten, daß die Resultierende von zwei Kräften in der einfachsten Weise von diesen zwei Größen abhängt, wir erwarten, daß $\mathfrak{R} = \mathfrak{P}_1 + \mathfrak{P}_2$ ist, s. Abb. 40, und finden diesen Satz wieder durch Versuche bestätigt. Diesen Satz, den Resultantensatz,

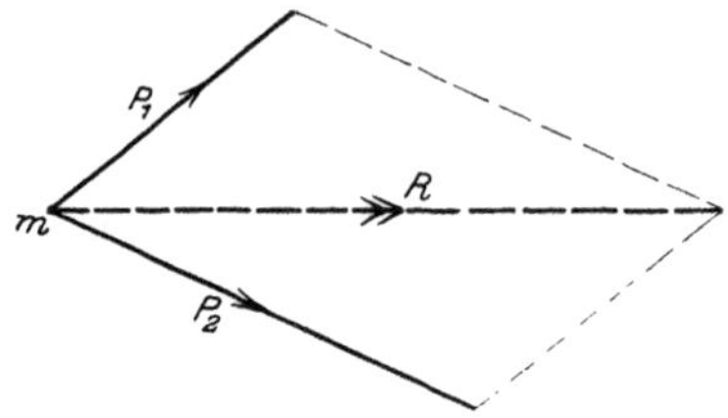

Abb. 39.

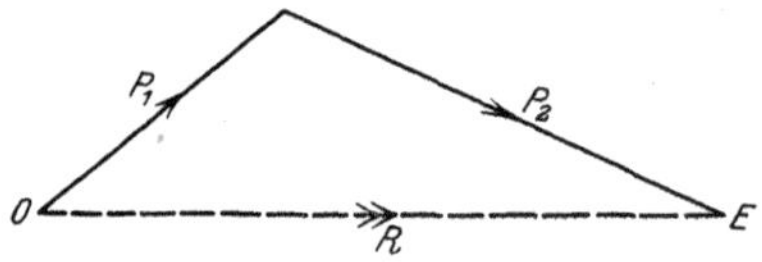

Abb. 40.

$$\mathfrak{R} = \mathfrak{P}_1 + \mathfrak{P}_2,$$

die Resultierende von zwei Kräften ist gleich ihrer graphischen Summe, (a)

kann man nicht beweisen, er ist ein durch unzählige Versuche bewiesenes Axiom. Er ist ein Naturgesetz, dessen Wahrheit nicht rein logisch eingesehen werden kann. Für seine Richtigkeit ist daher der einzige Beweis die Erfahrung und der Versuch. Es müssen und mußten deswegen alle Bemühungen scheitern, die Wahrheit dieses Satzes a priori einzusehen. Es zwingt uns nichts in der Natur, dieses Gesetz der Zusammensetzung von Einzelkräften als das einzig mögliche zu betrachten.

In der Elementarmechanik gebraucht man die Schreibweise: die Resultierende zu zwei gegebenen Kräften ist gleich der Diagonale des aus den Kräften als Einzelseiten gebildeten Parallelogramms; und hat so den Satz vom Parallelogramm der Kräfte. Es ist offenbar, daß die mit Hilfe der Vektoren angegebene Form in der Darstellung weitaus einfacher ist. Viel wichtiger als die Darstellungsweise ist aber die Anwendung des Resultantensatzes; durch die vektorielle Form ist die Resultante der Rechnung zugänglich gemacht, wenn man nämlich mit Vektoren arbeitet, vektoriell rechnet.

Greifen an dem materiellen Punkt beliebig viele Kräfte P_1, $P_2, \ldots P_n$ an, so wird man derart vorgehen, daß man zuerst die Resultierende von P_1 und P_2 sucht, und diese etwa R_{12} nennt, dann die Resultierende von R_{12} und P_3, sie heiße R_{123} usw. Es ist R_{12} die graphische Summe von P_1 und P_2, in Zeichen $\mathfrak{R}_{12} = \mathfrak{P}_1 + \mathfrak{P}_2$; ebenso ist

$$\mathfrak{R}_{123} = \mathfrak{R}_{12} + \mathfrak{P}_3 \qquad \text{oder} \qquad \mathfrak{R}_{123} = \mathfrak{P}_1 + \mathfrak{P}_2 + \mathfrak{P}_3 \quad \text{usw.}$$

Dann hat man, wenn man alle Kräfte zu einer schließlichen Resultierenden $\mathfrak{R}$ zusammenfaßt, wieder den Resultantensatz in seiner erweiterten Form, s. Abb. 41 und 42,

$$\mathfrak{R} = \mathfrak{P}_1 + \mathfrak{P}_2 + \cdots + \mathfrak{P}_n$$

oder

$$\mathfrak{R} = \Sigma \mathfrak{P},$$

die Resultierende von mehreren Kräften ist gleich ihrer graphischen Summe. (b)

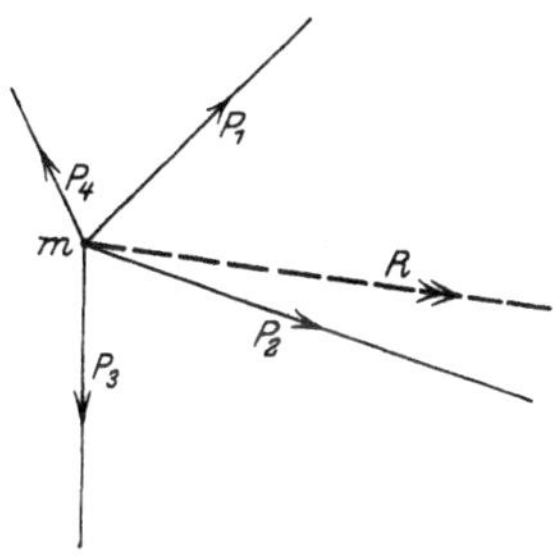

Abb. 41.

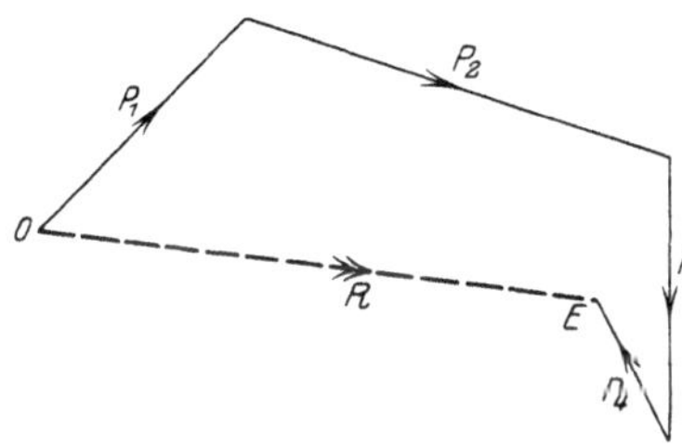

Abb. 42.

In der Elementarmechanik gebraucht man die Sprechweise: die Resultierende zu n gegebenen Kräften ist gleich der Schlußseite desjenigen Polygons, das aus den Einzelkräften als Einzelseiten gebildet ist und hat so den Satz vom Kräftepolygon. Man sieht, der Sprachgebrauch ist schon schwerfällig, viel größere Nachteile bereitet aber die Tatsache, daß der Satz in dieser Form der Rechnung nicht zugänglich ist.

Die Zeichnungen der Abb. 40 und 42, also Zeichnungen, die zur Ermittlung von unbekannten Kräften dienen oder als Kontrolle für gefundene Kräfte, und in denen nur Kräfte auftreten, die in einem passend gewählten Maßstab durch Strecken dargestellt werden, nennt man Kräftepläne. Die Aufeinanderfolge der Kräfte P_1, P_2, P_3, P_4 der Abb. 42, also den Kräftezug vom Anfangspunkt O aus bis zum Endpunkt E, nennt man Krafteck. Die Geraden der Abb. 39 oder 41, auf denen die Einzelkräfte liegen, heißt man die Wirkungslinien dieser Kräfte, zuweilen auch ihre „Achsen". Die Kräfte, die man zu einer Resultierenden vereinigt, nennt man deren Komponenten oder Seitenkräfte.

Beispiel a) Man ermittle graphisch im Kräftemaßstab 1 mm = 40 kg Zahlenwert und Richtung der Resultierenden des durch die Abb. 43 dargestellten Kräftesystems P_1, P_2, P_3.

In der Abbildung ist P_1 durch eine Strecke von 22,5 mm dargestellt, also ist nach dem der Abbildung beigegebenen Kräftemaß-

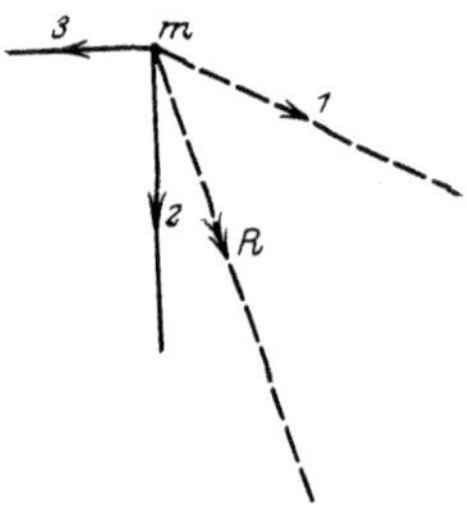

Abb. 43.
K. M. 1 mm = 100 kg.

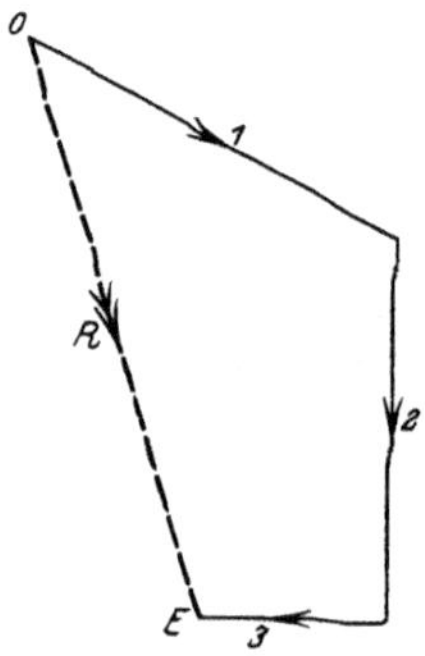

Abb. 44.

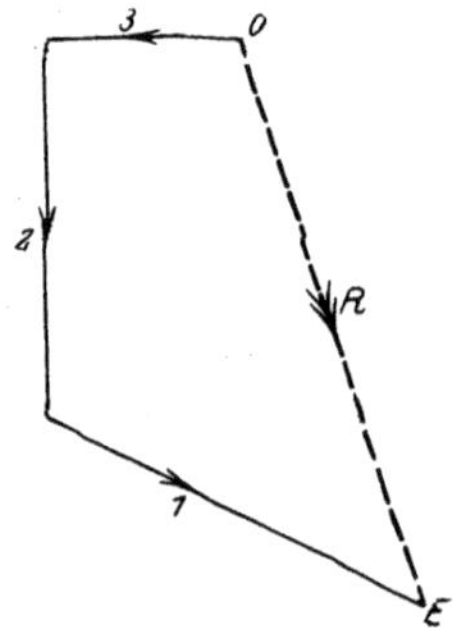

Abb. 45.
K. M. 1 mm = 80 kg.

stab $P_1 = 22{,}5 \cdot 100$ kg $= 2\,250$ kg; entsprechend ist $P_2 = 2\,000$ kg, $P_3 = 1\,000$ kg. Die Resultierende R zu diesen drei Kräften ist gleich ihrer graphischen Summe, die man so bildet, wie die Kräftepläne der Abb. 44 oder 45 angeben, indem man nämlich von einem beliebig gewählten Anfangspunkt O aus in beliebiger Reihenfolge die drei gegebenen Kräfte aufeinander folgen läßt und so zum Endpunkt E gelangt; der Vektor von O nach E stellt die Resultierende dar. Bestimmungsgemäß soll der Kräftemaßstab des Kräfteplans 1 mm = 40 kg sein, also wird P_1 durch $(2\,250:40)$ mm $= 56{,}3$ mm dargestellt, entsprechend P_2 durch 50 mm und P_3 durch 25 mm. Man entnimmt dem Kräfteplan, daß die Resultierende durch eine Strecke 79 mm dargestellt wird, also den Wert $79 \cdot 40$ kg $= 3160$ kg hat. Bezüglich ihrer Lage gilt: sie greift am materiellen Punkt an, so wie Abb. 43 andeutet.

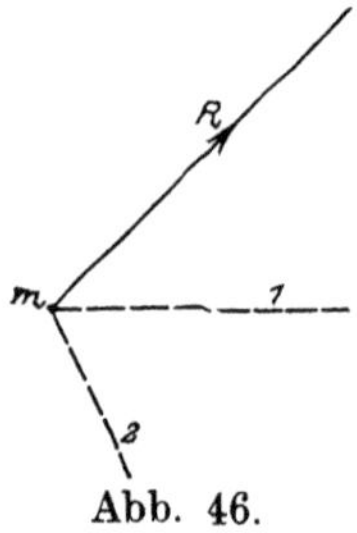

Abb. 46.

Die Resultierende ist natürlich nur eine fingierte Kraft; wenn sie am materiellen Punkt angreifen würde, dann würde sie die nämliche Bewegungswirkung an ihm hervorrufen, wie die drei gegebenen Kräfte P_1, P_2, P_3 zusammen.

Beispiel b) Man zerlege die gegebene Kraft R in zwei der Richtung nach bekannte Komponenten P_1 und P_2, s. Abb. 46.

R ist die graphische Summe von P_1 und P_2; man trägt also R von einem beliebig gewählten Punkt O aus ab und kommt so zum Endpunkt E. Zum gleichen Punkt E muß man gelangen, wenn man von O aus zuerst P_1 und dann P_2 abträgt. Man zieht also von O aus eine Strecke in Richtung von P_1 so weit, daß man von ihrem Endpunkt aus in Richtung von P_2 zum Punkt E kommt, dann hat man P_1 und P_2 auch dem Zahlenwert nach gefunden, s. Abb. 47.

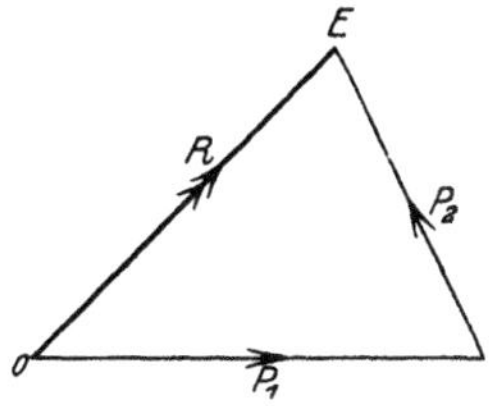

Abb. 47.

Beispiel c) Welche geometrische Beziehung besteht im Raum zwischen den drei Kräften P_1, P_2, P_3 und ihrer Resultierenden R?

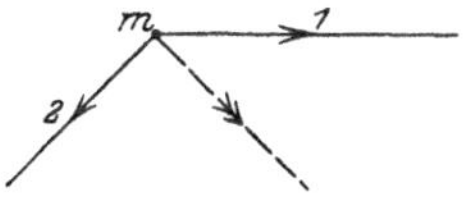

Abb. 48.

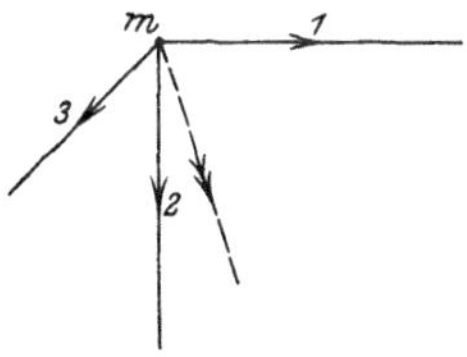

Abb. 49.

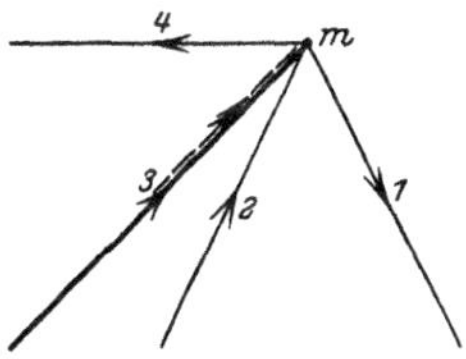

Abb. 50.

K. M. 1 mm = 100 kg.

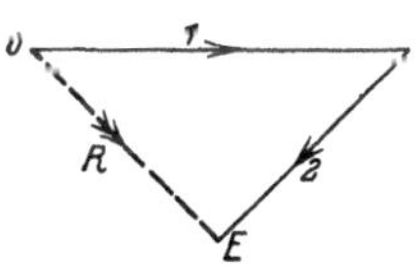

Abb. 51.

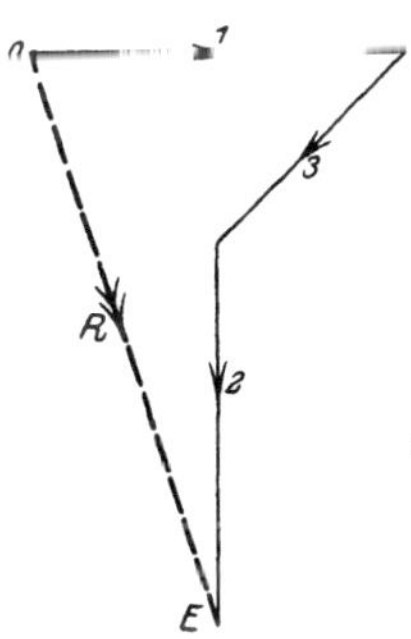

Abb. 52.

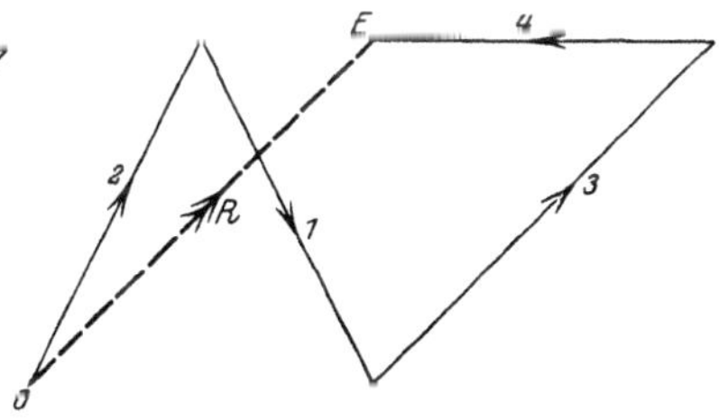

Abb. 53.

K. M. 1 mm = 80 kg.

Die vom materiellen Punkt m ausgehenden drei Kräfte bilden die drei vom nämlichen Eck ausgehenden Kanten eines Parallelepipeds, die Resultierende R ist dann seine vom gleichen Eck ausgehende Diagonale.

Dieser Satz vom Kräfteparallelepiped ist die räumliche Erweiterung des Satzes vom Kräfteparallelogramm.

Beispiel d) Durch welche Schreibweise drückt man die Eigenschaften der Resultierenden zweier oder mehrerer Kräfte vollständig aus?

Die Resultierende zweier Kräfte P_1 und P_2 muß durch deren Schnittpunkt gehen und gleich sein ihrer graphischen Summe, nach (7a) erhält man also

$$\mathfrak{R} = \mathfrak{P}_1 \widehat{+} \mathfrak{P}_2 \qquad \text{(c)}$$

und nach (7d) für mehrere Kräfte

$$\mathfrak{R} = \mathfrak{P}_1 \widehat{+} \mathfrak{P}_2 \widehat{+} \mathfrak{P}_3 \widehat{+} \dots \qquad \text{(d)}$$

Aufgabe a) mit c) Man ermittle graphisch im Kräftemaßstab 1 mm = 25 kg Richtung und Zahlenwert der Resultierenden der durch die Abb. 48 mit 50 dargestellten Kräftesysteme.

Lösung: Durch die Kräftepläne der Abb. 51 mit 53. Die Resultierende greift natürlich jedesmal am materiellen Punkt an, so wie das durch die gestrichelte Linie in den Abb. 48 mit 50 angedeutet ist.

Die Resultierende R ist nach Richtung und Zahlenwert im Kräfteplan dargestellt; mit Hilfe des beistehenden Kräftemaßstabes entnimmt man für R im Fall

a) $R = 1420$ kg, b) $R = 3160$ kg, c) $R = 2840$ kg.

11. Nach dem Projektionssatz (6a) bleibt die Gleichung $\mathfrak{R} = \Sigma \mathfrak{P}$ bei Parallel-Projektion auf eine beliebige Ebene erhalten, man hat sonach

$$\mathfrak{R}' = \Sigma \mathfrak{P}', \qquad \text{(a)}$$

d. h. die Projektion der Resultierenden eines Kräftesystems auf eine beliebige Ebene ist gleich der graphischen Summe der Projektionen der Einzelkräfte auf diese Ebene.

Denn die einzelnen Kräfte des Systems werden bei Parallelprojektion unabhängig von ihrer Lage immer die gleiche Projektion haben. [Bei Zentralprojektion hat man andere Verhältnisse: verschiebt man eine Kraft parallel, etwa vom Angriffspunkt zu der Stelle, die sie im Summensatz $\mathfrak{R} = \Sigma \mathfrak{P}$ einnimmt, so werden für jede dieser beiden Lagen die Projektionen verschieden sein.]

Hat man sonach ein räumliches Kräftesystem, so wird man, da man im Raum nicht graphisch arbeiten kann, zur ebenen Darstellung übergehen, am einfachsten mit den Mitteln der darstellenden Geometrie, d. h. man wird mit Grund- und Aufriß dieses räumlichen Kräftesystems arbeiten. Ist nun R die Resultierende des räumlichen Kräftesystems $P_1, P_2, \dots P_n$, so ist auch die Grundrißprojektion von R gleich der Resultierenden des Systems der auf den Grundriß projizierten Einzelkräfte. Was vom Grundriß gilt, hat natürlich auch für jeden beliebigen anderen Riß Geltung. Man beachte dabei die Möglichkeit einer Kontrolle bei der Darstellung eines räumlichen Kräftesystems mit den Hilfsmitteln der darstellenden Geometrie.

Beispiel a) Man ermittle graphisch im Maßstab 1 mm = 80 kg Zahlenwert und Richtung der Resultierenden des durch die Abb. 54 dargestellten räumlichen Kräftesystems.

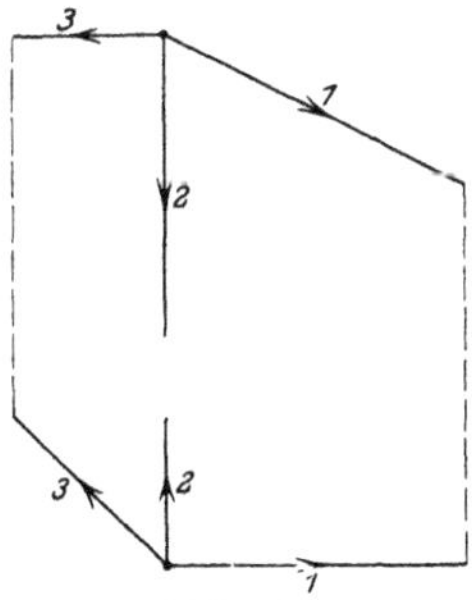

Abb. 54.
K. M. 1 mm = 100 kg.

Dieses ist durch Grund- und Aufriß gegeben. Natürlich darf die Darstellung in letzterem nicht derjenigen im Grundriß widersprechen. Es ist ja selbstverständlich, soll aber gleichwohl erwähnt werden, daß die Endpunkte der Einzelkräfte genau senkrecht übereinander liegen müssen, wenn die Anfangspunkte übereinander liegen. Im vorliegenden Fall ist die Aufrißprojektion des Kräftesystems identisch mit dem Kräftesystem des Beispieles der vorigen Nummer, die Resultierende R'' des Aufrißsystems wird also genau wie dort ermittelt. Die Grundrißprojektion R' der Resultierenden ist gleichfalls als graphische Summe der Grundrißprojektionen der Einzelkräfte zu finden, s. Abb. 55, dann ist die wirkliche Resultierende R durch die beiden Projektionen R' und R'' vollständig bestimmt. Ihre Konstruktion erfolgt nach irgendeiner der in der darstellenden Geometrie gebräuchlichen Methoden, s. Abb. 56. Dem der Abbildung beigegebenen Kräftemaßstab entnimmt man

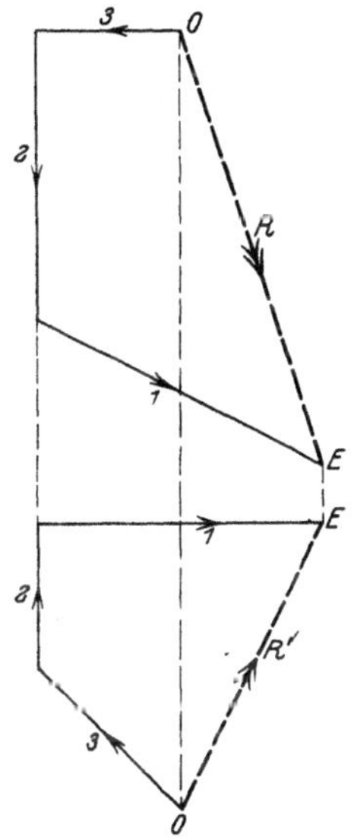

Abb. 55.
K. M. 1 mm = 80 kg.

$R' = 2240$ kg, $R'' = 3160$ kg, $R = 3740$ kg.

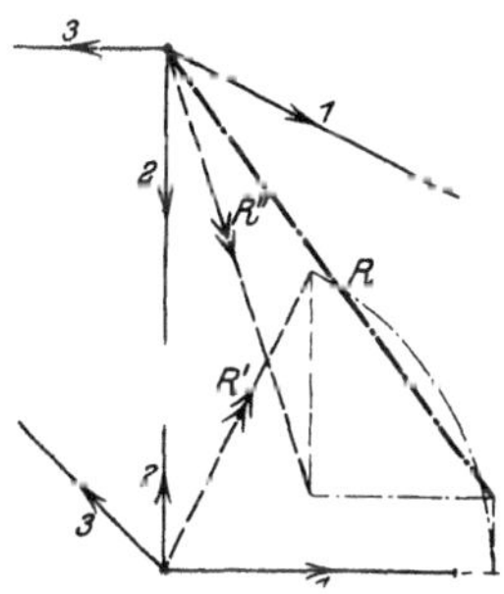

Abb. 56.
K. M. 1 mm = 100 kg.

Bei der Aufstellung des Kräfteplanes für das gegebene räumliche Kräftesystem ist mancherlei zu beachten. Zunächst ist es durchaus nicht notwendig, daß Grund- und Aufriß genau übereinander liegen. Beide können ja als vollkommen selbständige Kräftesysteme für sich behandelt werden. Zu beiden kann an beliebiger Stelle der Kräfteplan gezeichnet werden. In der Regel ist es freilich am praktischsten, beide genau übereinander zu zeichnen, weil die

Darstellung übersichtlicher und auch einfacher wird. Dann: Es ist nicht notwendig, in beiden Rissen genau die gleiche Reihenfolge der Einzelkräfte einzuhalten, man kann unter Umständen auch einmal von dieser Reihenfolge abweichen, so wie etwa bei Abb. 61 der Platzersparnis und besserer Darstellung halber geschehen. In der Regel aber wird man schon der leichteren Kontrolle wegen die gleiche Reihenfolge beibehalten, also etwa auch im Grundriß die Aufeinanderfolge P_3, P_1, P_2 wählen, wenn man diese Reihenfolge im Aufriß gewählt hat. Dann: Als Kontrolle für die Richtigkeit des Kräfteplanes in den beiden Rissen wird sich ergeben müssen, daß die Endpunkte der Risse senkrecht übereinander liegen müssen, wenn das für die Anfangspunkte zutrifft.

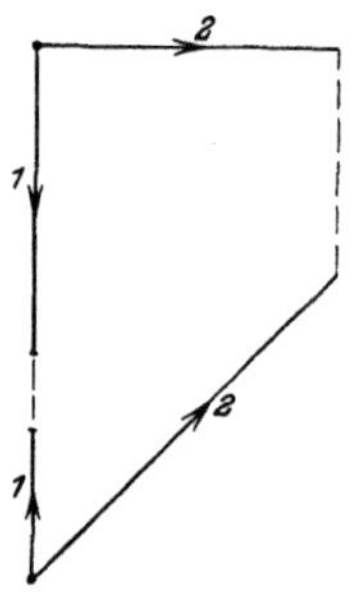

Abb. 57.

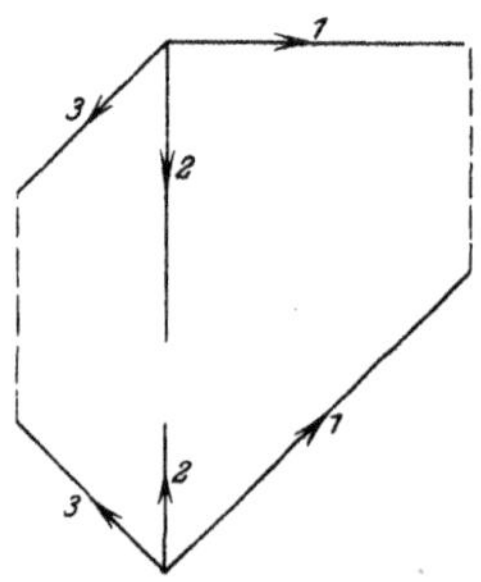

Abb. 58.

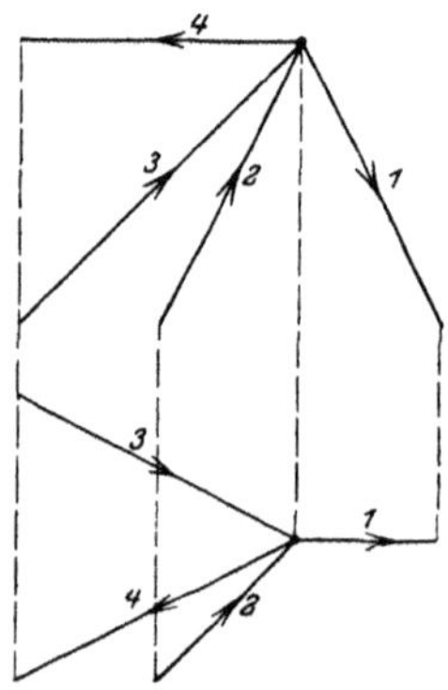

Abb. 59.

K. M. 1 mm = 100 kg.

Aufgabe a) mit c) Man ermittle graphisch im Kräftemaßstab 1 mm = 25 kg Richtung und Zahlenwert der Resultierenden der durch die Abb. 57 mit 59 dargestellten räumlichen Kräftesysteme.

Lösung: Durch die Kraftepläne der Abb. 60 mit 62. Die gesuchte Richtung ist gegeben durch die Richtung in Grund- und Aufriß, der Zahlenwert durch

a) $R' = 3620$ kg, $R'' = 2830$ kg, $R = 4120$ kg;
b) $R' = 4140$ kg, $R'' = 3150$ kg, $R = 5090$ kg;
c) $R' = 2240$ kg, $R'' = 2830$ kg, $R = 3000$ kg.

12. Will man Kräfteaufgaben nicht graphisch sondern analytisch lösen, so wird man mit der analytischen Form des Resultantensatzes operieren, mit seiner „Projektion" auf eine passend ausgewählte Gerade. Diese Projektion führt den Satz $\mathfrak{R} = \Sigma \mathfrak{P}$ über in

$$R' = \Sigma P', \tag{a}$$

d. h. die Projektion der Resultierenden eines Kräftesystems auf eine beliebig ausgewählte Gerade ist gleich der Summe der Projektionen der Einzelkräfte dieses Systems.

Was unter Projektion einer Strecke oder im vorliegenden Fall einer Kraft zu verstehen ist, ist bekannt: Wie in der analytischen Geometrie ist immer, wenn nicht eigens ausdrücklich anders vermerkt, die senkrechte Projektion der Strecke oder der Kraft auf die vorgegebene Gerade verstanden.

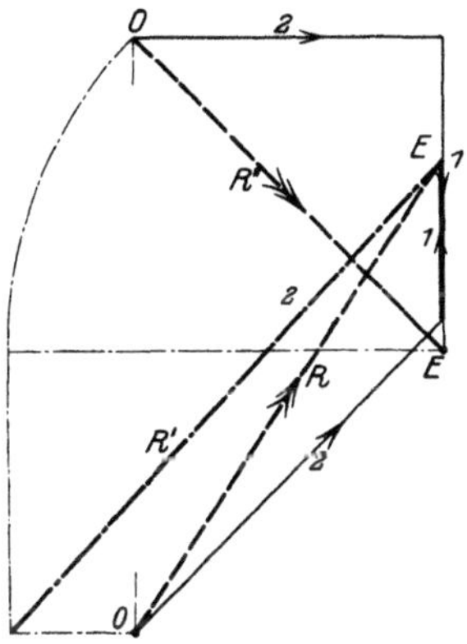

Abb. 60.

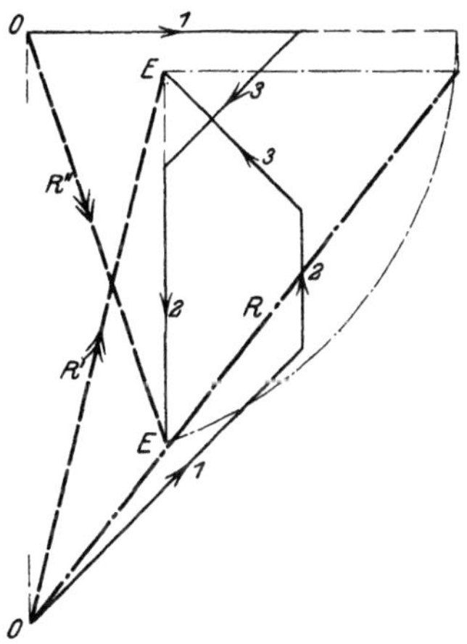

Abb. 61.

K. M. 1 mm = 80 kg.

Meist wird man ein rechtwinkliges Koordinatensystem benützen und spricht dann von einer analytischen Behandlung der Aufgabe. Dann projiziert man alle auftretenden Kräfte auf die drei Koordinatenachsen oder, was das gleiche ist, auf drei zu ihnen parallel gehende Gerade und spricht dann auch ganz kurz „man hat auf eine gegebene Richtung projiziert“ statt genauer: man hat auf eine Gerade von dieser Richtung projiziert. Die Projektion der Kraft auf eine gegebene Richtung nennt man auch die Komponente der Kraft in dieser Richtung oder die Seitenkraft in dieser Richtung oder

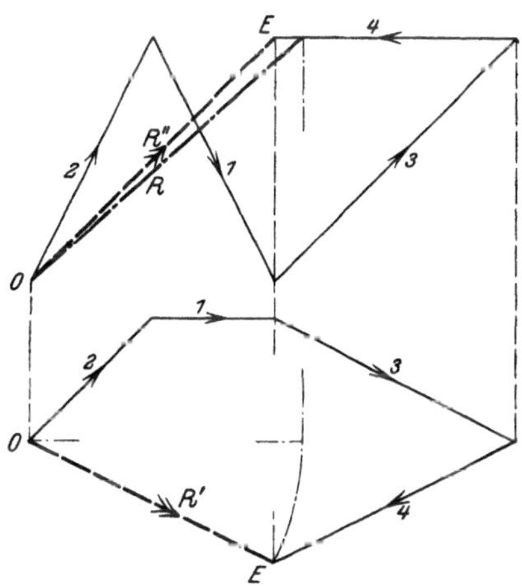

Abb. 62. K. M. 1 mm = 80 kg.

oft auch den **Beitrag der Kraft** in dieser Richtung. Wir werden meist die letzte Benennung gebrauchen. Zur Erklärung dieser Sprechweise denke man sich auf einer vollständig reibungsfreien Geraden einen Körper bzw. Massenpunkt, der nur in Richtung dieser Geraden eine Bewegungsmöglichkeit haben soll, s. Abb. 63. Dann wird eine Kraft P einen um so größeren Beitrag zur Bewegung des Körpers in Richtung der Geraden leisten, je weniger ihre Richtung von dieser Geraden abweicht. Ist die Kraft senkrecht zur Geraden, dann ist der Beitrag zur Bewegung Null, ist die Kraft parallel zur Geraden, dann ist der Beitrag am größten.

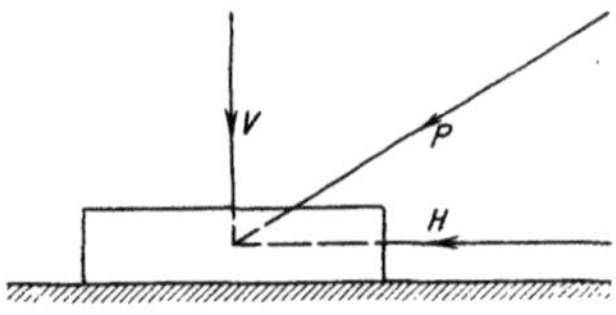

Abb. 63.

Mit Hilfe dieser neuen Begriffe und Sprechweisen kann man die analytische Form des Resultantensatzes aussprechen:

Die Projektion der Resultierenden auf eine beliebige Gerade oder Richtung ist gleich der Summe der Projektionen der Einzelkräfte. (b)

Oder: **In jeder Richtung ist die Komponente der Resultierenden gleich der Summe der Komponenten der Einzelkräfte.** (c)

Oder: **In jeder Richtung ist der Beitrag der Resultierenden gleich der Summe der Beiträge der Einzelkräfte.** (d)

Mit Benützung eines rechtwinkligen Koordinatensystems erhält der Resultantensatz die **Form der analytischen Mechanik**

$$X = X_1 + X_2 + \dots, \quad Y = Y_1 + Y_2 + \dots, \quad Z = Z_1 + Z_2 + \dots,$$

oder $$X = \Sigma X, \quad Y = \Sigma Y, \quad Z = \Sigma Z, \tag{e}$$

wenn man die Projektionen der Resultierenden $\boldsymbol{R}$ auf die drei Grundrichtungen mit X, Y, Z bezeichnet und diejenigen der Einzelkräfte P_i mit X_i, Y_i, Z_i.

Eine Strecke oder ein Vektor oder eine Kraft im Raum ist gegeben durch ihren Zahlenwert P_i und Angabe von zweien ihrer drei Richtungskoeffizienten $\cos\alpha_i$, $\cos\beta_i$, $\cos\gamma_i$, (Math. I 192, 193), ihre Projektionen auf die drei Grundrichtungen sind dann

$$X_i = P_i \cos\alpha_i, \quad Y_i = P_i \cos\beta_i, \quad Z_i = P_i \cos\gamma_i. \tag{f}$$

Dann geht die Formel (e) über in

$$X = P_1 \cos\alpha_1 + P_2 \cos\alpha_2 + \dots, \quad Y = P_1 \cos\beta_1 + P_2 \cos\beta_2 + \dots,$$
$$Z = P_1 \cos\gamma_1 + P_2 \cos\gamma_2 + \dots$$

oder abkürzend

$$X = \Sigma P \cos\alpha, \quad Y = \Sigma P \cos\beta, \quad Z = \Sigma P \cos\gamma. \tag{g}$$

Der Zahlenwert R der Resultierenden ist bestimmt durch

$$R = \sqrt{X^2 + Y^2 + Z^2}, \tag{h}$$

ihre Richtungskoeffizienten durch

$$\cos\alpha : \cos\beta : \cos\gamma : 1 = X : Y : Z : R. \tag{i}$$

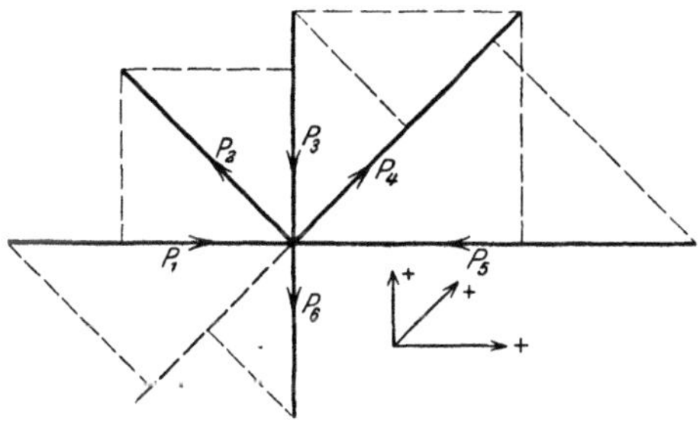

Abb. 64. K. M. 1 mm = 20 kg.

Beispiel a) Man gebe zuerst die Einzelbeiträge der sechs Kräfte der Abb. 64 in wagrechter und lotrechter Richtung sowie in der Richtung von P_4 an, und dann den Gesamtbeitrag der Kräfte in diesen Richtungen.

Man projiziert die Einzelkräfte auf die angegebenen Richtungen und zählt willkürlich positiv nach rechts, nach oben und in der Pfeilrichtung von P_4. Dann sind die

Beiträge in der horizontalen Richtung:

$H_1 = P_1 = 500$ kg, $\quad H_2 = -P_2 \cos 45^0 = -300$ kg, $\quad H_3 = 0$,
$H_4 = P_4 \cos 45^0 = 400$ kg, $\quad H_5 = -P_5 = -700$ kg, $\quad H_6 = 0$;
$\Sigma H = -100$ kg.

Beiträge in vertikaler Richtung:

$V_1 = 0$, $\quad V_2 = P_2 \cos 45^0 = 300$ kg, $\quad V_3 = -P_3 = -400$ kg,
$V_4 = P_4 \cos 45^0 = 400$ kg, $\quad V_5 = 0$, $\quad V_6 = -P_6 = -300$ kg;
$\Sigma V = 0$.

Beiträge in Richtung von P_4:

$Q_1 = P_1 \cos 45^0 = 353{,}5$ kg, $\quad Q_2 = 0$, $\quad Q_3 = -P_3 \cos 45^0 = -282{,}8$ kg,
$Q_4 = 565{,}6$ kg, $\quad Q_5 = -P_5 \cos 45^0 = -494{,}9$ kg,
$Q_6 = -P_6 \cos 45^0 = -212{,}1$ kg; $\quad \Sigma Q = -70{,}7$ kg.

Beispiel b) Man gebe den Zusammenhang zwischen den Komponenten der Einzelkräfte P_i und deren Resultante R in vektorieller Schreibweise.

Es haben die Einzelkräfte die Komponenten X_i, Y_i, Z_i und R diejenigen X, Y, Z; dann ist

$$\mathfrak{P}_i = \mathbf{i}_1 X_i + \mathbf{i}_2 Y_i + \mathbf{i}_3 Z_i, \quad \mathfrak{R} = \mathbf{i}_1 X + \mathbf{i}_2 Y + \mathbf{i}_3 Z.$$

Mit Verwendung von (e) und (g) erhält man

$$\mathfrak{R} = \mathfrak{i}_1 \Sigma X + \mathfrak{i}_2 \Sigma Y + \mathfrak{i}_3 \Sigma Z \tag{k}$$

oder

$$\mathfrak{R} = \mathfrak{i}_1 \Sigma P \cos\alpha + \mathfrak{i}_2 \Sigma P \cos\beta + \mathfrak{i}_3 \Sigma P \cos\gamma . \tag{l}$$

Beispiel c) Man ermittle analytisch Richtung und Zahlenwert der Resultierenden des durch Abb. 65 dargestellten Kräftesystems.

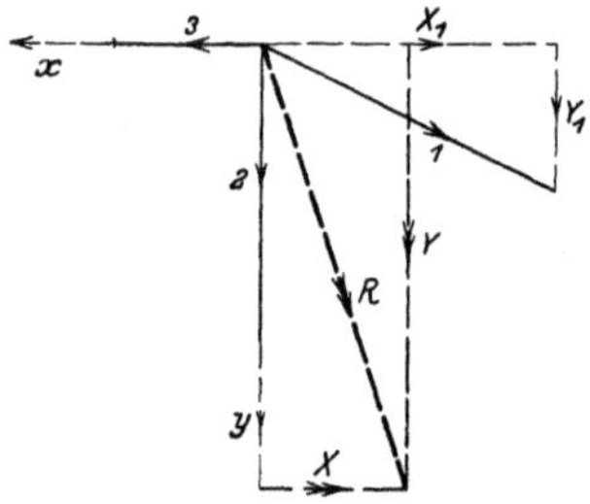

Abb. 65.

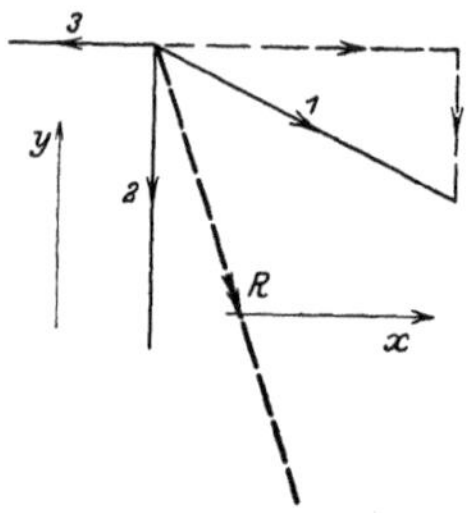

Abb. 66.

K. M. 1 mm = 100 kg.

Graphisch wurde diese Aufgabe bereits durch das Beispiel 10a) gelöst. Analytisch: Man hat eine Aufgabe der Ebene, wählt also in ihr zwei Koordinatenachsen, am einfachsten die Wirkungslinie von P_3 als $+x$-Achse, und die von P_2 als $+y$-Achse, d. h. man wählt willkürlich den Richtungssinn so, wie die Pfeile von P_3 und P_2 angeben. Dann hat die Kraft P_1 die beiden Komponenten $X_1 = -2000$ kg, $Y_1 = +1000$ kg, P_2 liefert den Beitrag 0 in der x-Richtung, also $X_2 = 0$, $Y_2 = 2000$ kg, für P_3 ist $X_3 = 1000$ kg, $Y_3 = 0$. Dann ist

$$X = X_1 + X_2 + X_3 = (-2000 + 0 + 1000)\,\text{kg} = -1000\,\text{kg},$$
$$Y = Y_1 + Y_2 + Y_3 = (1000 + 2000 + 0)\,\text{kg} = +3000\,\text{kg},$$

d. h. die X-Komponente von R geht gegen den Pfeil der x-Achse, die Y-Komponente mit dem Pfeil der y-Achse. Praktisch wird man aber meist so vorgehen, daß man gar keine bestimmten Koordinatenachsen annimmt, sondern nur wie hier bei einer ebenen Aufgabe zwei Grundrichtungen, und auf diese projiziert. Man nimmt also eine passend gewählte Richtung als x-Richtung an, und die dazu senkrechte als y-Richtung, so wie das durch die Abb. 66 veranschaulicht wird, wo die beiden mit einem Pfeil versehenen Strahlen nur eine Richtung andeuten sollen. Für diese beiden Richtungen, die wie in der analytischen Geometrie üblich gewählt wurden, hat P_1 die Beiträge

$$X_1 = +2000\,\text{kg}, \quad Y_1 = -1000\,\text{kg},$$

entsprechend ist

$$X_2 = 0, \quad Y_2 = -2000\,\text{kg}, \quad X_3 = -1000\,\text{kg}, \quad Y_3 = 0.$$

Damit wird $X = 1000$ kg, $Y = -3000$ kg. Mit diesen beiden Werten ist die Richtung von R bestimmt zu $\operatorname{tg} \tau = Y : X = -3$, und der Zahlenwert zu

$$R = \sqrt{X^2 + Y^2} = 1000 \sqrt{10}\,\text{kg} = 3160\,\text{kg}.$$

Beispiel d) Man ermittle analytisch Zahlenwert und Richtung der Resultierenden des Kräftesystems der Abb. 67.

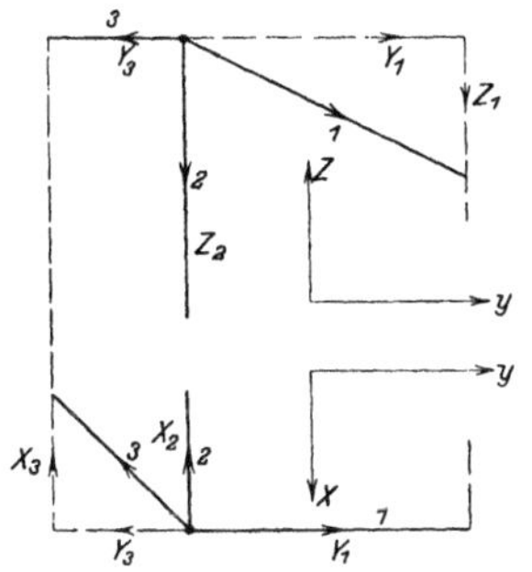

Abb. 67.
K. M. 1 mm = 100 kg.

Graphisch ist die Aufgabe durch Beispiel 11a) gelöst. Analytisch: Man legt ein rechtwinkliges Koordinatensystem durch den Massenpunkt, oder noch einfacher, man nimmt drei passend gewählte senkrecht zueinander stehende Richtungen als die Grundrichtungen des Raumes. Wie üblich wählt man die Schnittgeraden der drei Hauptrisse als Grundrichtungen, so wie die Abbildung angibt. In diesen drei Grundrichtungen hat P_1 die Beiträge

$$X_1 = 0, \quad Y_1 = +2000\,\text{kg}, \quad Z_1 = -1000\,\text{kg};$$

entsprechend wird

$$X_2 = -1000\,\text{kg}, \quad Y_2 = 0, \quad Z_2 = -2000\,\text{kg};$$
$$X_3 = -1000\,\text{kg}, \quad Y_3 = -1000\,\text{kg}, \quad Z_3 = 0.$$

Mit diesen Werten erhält man

$$X = \Sigma X = -2000\,\text{kg}, \quad Y = \Sigma Y = 1000\,\text{kg}, \quad Z = \Sigma Z = -3000\,\text{kg}$$

und damit

$$R = \sqrt{X^2 + Y^2 + Z^2} = 1000\,\text{kg} \sqrt{14} = 3740\,\text{kg}.$$

Die Richtung von R ist bestimmt durch die drei Richtungsfaktoren

$$\cos\alpha : \cos\beta : \cos\gamma : 1 = X : Y : Z : R = -2 : 1 : -3 : \sqrt{14}$$

oder

$$\cos\alpha = -2 : \sqrt{14}, \quad \cos\beta = 1 : \sqrt{14}, \quad \cos\gamma = -3 : \sqrt{14}.$$

Aufgabe a) mit c) Man ermittle analytisch Richtung und Zahlenwert der Resultierenden der durch die Abb. 48 mit 50 gegebenen Kräftesysteme.

Lösung zu a) Im Fall der Abb. 48 wählt man die Richtung von P_1 als positive x-Richtung und die dazu senkrechte nach oben als positive y-Richtung, dann hat man

$$X_1 = 2000\,\text{kg}, \quad Y_1 = 0, \quad X_2 = -1000\,\text{kg}, \quad Y_2 = -1000\,\text{kg},$$
$$X = 1000\,\text{kg}, \quad Y = -1000\,\text{kg}, \quad R = 1415\,\text{kg}, \quad \operatorname{tg}\tau = -1.$$

Lösung zu b) P_1 bestimmt die positive x-Richtung, P_2 die negative y-Richtung. Damit wird

$X_1 = 2000$ kg, $Y_1 = 0$, $X_2 = 0$, $Y_2 = -2000$ kg, $X_3 = -1000$ kg, $Y_3 = -1000$ kg;
$X = 1000$ kg, $Y = -3000$ kg, $R = 3160$ kg, $\operatorname{tg} \tau = -3$.

Lösung zu c) Man macht die Richtung von P_4 zur negativen x-Richtung, die dazu senkrechte nach oben gehende zur positiven y-Richtung. Dann wird

$X_1 = 1000$ kg, $Y_1 = -2000$ kg, $X_2 = 1000$ kg, $Y_2 = 2000$ kg, $X_3 = 2000$ kg,
$Y_3 = 2000$ kg, $X_4 = -2000$ kg, $Y_4 = 0$;
$X = 2000$ kg, $Y = 2000$ kg, $R = 2830$ kg, $\operatorname{tg} \tau = 1$.

Aufgabe d) mit f) Man ermittle analytisch Zahlenwert und Richtung der Resultierenden der Kräftesysteme der Abb. 57 mit 59.

Lösung: Man wählt in allen drei Fällen die Grundrichtungen wie bei Beisp. d). Dann ergeben sich die Werte der Komponenten der Einzelkräfte und ebenso der Resultierenden so wie in der beistehenden Tabelle eingetragen.

	P_1	P_2	R	P_1	P_2	P_3	R	P_1	P_2	P_3	P_4	R
x-Komponente	-1	-2	-3	-2	-1	-1	-4	0	-1	$+1$	$+1$	$+1$
y- „	0	$+2$	$+2$	$+2$	0	-1	$+1$	$+1$	$+1$	$+2$	-2	$+2$
z- „	-2	0	-2	0	-2	-1	-3	-2	$+2$	$+2$	0	$+2$

Alle Tabellenwerte sind in 1000 kg angegeben, somit $X_1 = -1000$ kg, $X_2 = -2000$ kg usw. Man erhält im Fall

d) $R = 1000 \text{ kg} \sqrt{17} = 4125$ kg, $\cos\alpha : \cos\beta : \cos\gamma : 1 = -3 : 2 : -2 : \sqrt{17}$;

e) $R = 1000 \text{ kg} \sqrt{26} = 5100$ kg, $\cos\alpha : \cos\beta : \cos\gamma : 1 = -4 : 1 : -3 : \sqrt{26}$;

f) $R = 1000 \text{ kg} \sqrt{9} = 3000$ kg, $\cos\alpha : \cos\beta : \cos\gamma : 1 = 1 : 2 : 2 : 3$.

13. Ist der materielle Punkt im Gleichgewicht, oder in anderer Sprechweise, sind die an ihm angreifenden Kräfte im Gleichgewicht, so heben sich die Einzelkräfte in ihrer Wirkung gegenseitig auf, der Resultantensatz nimmt die spezielle Form an

$$\Sigma \mathfrak{P} = 0, \tag{a}$$

d. h. ist ein materieller Punkt im Gleichgewicht, so ist die graphische Summe der an ihm angreifenden Kräfte gleich Null.

Umgekehrt ist die Bedingung $\Sigma \mathfrak{P} = 0$ notwendig und hinreichend, um den Punkt ins Gleichgewicht zu setzen. Denn Kräfte, die an einem Massenpunkt angreifen, haben immer eine Resultierende, deren Zahlenwert R gleich demjenigen von $\Sigma \mathfrak{P}$ ist. Mit $\Sigma \mathfrak{P} = 0$ ist also auch $R = 0$, d. h. die an dem Punkt angreifenden Kräfte heben sich in ihrer Wirkung auf diesen gegenseitig auf, sie sind also im Gleichgewicht und damit auch der Punkt selbst. Somit lautet die Umkehr:

Wenn die graphische Summe der am Massenpunkt angreifenden Kräfte Null ist, so ist dieser Punkt im Gleichgewicht. (b)

Beispiel a) Die vier an einem Massenpunkt angreifenden Kräfte P_1, P_2, P_3, P_4 sind im Gleichgewicht. Gesucht ist die Kraft P_4, wenn die übrigen nach Richtung und Zahlenwert gegeben sind, s. Abb. 68.

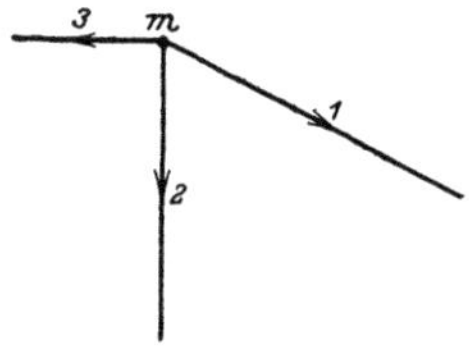

Abb. 68.

P_4 muß mit der Resultierenden der Kräfte P_1, P_2, P_3 im Gleichgewicht sein, demnach dieser entgegengesetzt. Nach Beisp. 10a) ist dann $\mathfrak{P}_4 = -\mathfrak{R}$ gefunden.

Aus diesem Grunde heißt man oft auch diejenige Kraft, die einem gegebenen Kräftesystem Gleichgewicht hält, die Gegenresultante dieses Systems.

Oder man schreibt die Gleichgewichtsbedingung an, hier $\mathfrak{P}_1 + \mathfrak{P}_2 + \mathfrak{P}_3 + \mathfrak{P}_4 = 0$, und zeichnet das diesem Summensatz entsprechende Krafteck: Man trägt von einem beliebigen Punkt O aus die Kräfte P_1, P_2, P_3 aufeinanderfolgend an, die letzte unbekannte Kraft P_4 findet man durch die Bedingung, daß man wieder zum Anfangspunkt zurückkommen muß, wenn man P_4 als Schlußvektor nach O hin anträgt, s. Abb. 69.

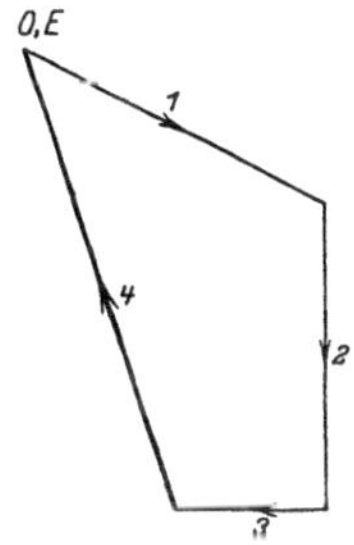

Abb. 69.

Beispiel b) Die vier am nämlichen Punkt angreifenden Kräfte P_1, P_2, P_3, P_4 sind im Gleichgewicht. Von P_1 und P_2 kennt man Zahlenwert und Richtung, von P_3 und P_4 nur die Richtung, s. Abb. 70. Auf graphischem Wege ermittle man P_3 und P_4.

Es gilt

$$\mathfrak{P}_1 + \mathfrak{P}_2 + \mathfrak{P}_3 + \mathfrak{P}_4 = 0.$$

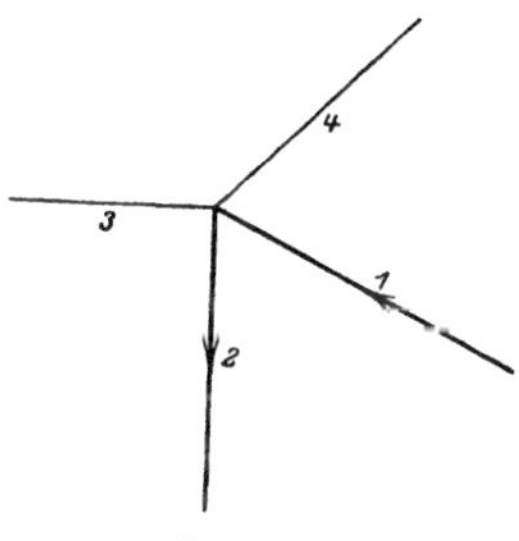

Abb. 70.

K. M. 1 mm = 100 kg.

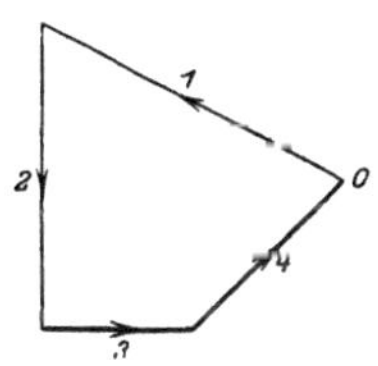

Abb. 71.

Wenn man von einem beliebig gewählten Punkt O aus die vier Kräfte aufeinanderfolgend anträgt, dann muß man wieder zu diesem Anfangspunkt O zurückkommen. Man trägt zuerst P_1 an, dann P_2. Vom Endpunkt von P_2 aus zieht man eine Strecke in Richtung von P_3 soweit, daß man vom Endpunkt dieser Strecke aus in Richtung von P_4 zum Anfangspunkt O zurückkommt, s. Abb. 71.

Beispiel c) Warum konnte man bei Beisp. a) nur eine unbekannte Kraft ermitteln, bei Beisp. b) aber deren zwei?

Man beachte, daß eine Kraft (oder allgemein ein Vektor) in der Ebene erst durch zwei Zahlenangaben bestimmt ist. Beisp. a) ermittelte von der Kraft P_4 sowohl den Zahlenwert wie die Richtung, man hat in diesem Fall also zwei unbekannte Zahlen gesucht und gefunden. Im Beisp. b) kannte man von den beiden gesuchten Kräften P_3 und P_4 die Richtungen, unbekannt waren nur die Zahlenwerte, somit wieder zwei Unbekannte. Weitere Erörterungen darüber sehe man in Nr. **14** u. **18.**

Die Gleichgewichtsbedingung $\Sigma \mathfrak{P} = 0$ läßt sich wieder auf eine beliebige Ebene „projizieren",

$$\Sigma \mathfrak{P}' = 0, \tag{c}$$

d. h. ist ein materieller Punkt im Gleichgewicht, sc ist die graphische Summe der Projektionen der am Punkt angreifenden Kräfte auf eine beliebige Ebene Null. Oder in anderer und kürzerer Ausdrucksweise:

> Die Projektion eines Gleichgewichtssystems auf eine beliebige Ebene bildet wieder ein Gleichgewichtssystem. (d)

Es ist also beispielsweise der Grund- oder Aufriß oder Seitenriß eines räumlichen Gleichgewichtssystems wieder ein Gleichgewichtssystem. Man kann dann mit diesen ebenen Gleichgewichtssystemen genau so arbeiten wie wenn sie ganz selbständig wären.

Projiziert man das Gleichgewichtssystem $\Sigma \mathfrak{P} = 0$ auf eine beliebige Gerade oder Richtung, dann geht die allgemeine Gleichgewichtsbedingung über in

$$\Sigma P' = 0, \tag{e}$$

> d. h. ist ein materieller Punkt im Gleichgewicht, so ist die Summe der Projektionen der an ihm angreifenden Kräfte auf eine beliebige Gerade oder Richtung Null.

Oder in kürzerer Ausdrucksweise:

> In jeder Richtung ist Gleichgewicht, (f)

d. h. in jeder Richtung ist die Summe der Komponenten (oder Beiträge) des Kräftesystems Null. In der analytischen Mechanik bezieht man alle vektoriellen Größen stets auf die drei Grundrichtungen, auf die Richtungen der drei Achsen eines rechtwinkligen Koordinatensystems; man „projiziert" dementsprechend die allgemeine Gleichgewichtsbedingung $\Sigma \mathfrak{P} = 0$ auf diese drei Grundrichtungen und erhält

$$\Sigma X = 0, \quad \Sigma Y = 0, \quad \Sigma Z = 0 \qquad \text{(g}$$

als analytischen Ausdruck des Gleichgewichtes eines am materiellen Punkt angreifenden Kräftesystems.

Beispiel d) Man löse Beisp. b) auf analytischem Wege.

Unbekannt sind die Zahlenwerte P_3 und P_4, man benötigt somit zwei Gleichungen. Man hat hier ein ebenes Gleichgewichtssystem und deswegen die beiden Bedingungen $\Sigma X = 0$, $\Sigma Y = 0$. Man wählt die Richtung nach rechts als $+x$-Richtung, die nach oben als $+y$-Richtung, nimmt ferner willkürlich an, daß die Pfeile von P_3 und P_4 nach rechts gerichtet sind, dann gehen beide Gleichungen über in

$$\Sigma X = 0 \text{ oder } -2000\,\text{kg} + 0 + P_3 + P_4 \cos 45^0 = 0$$
$$\Sigma Y = 0 \quad \text{"} \quad +1000\,\text{kg} - 2000\,\text{kg} + 0 + P_4 \cos 45^0 = 0$$

und liefern

$$P_3 = 1000\,\text{kg}, \quad P_4 = 1414\,\text{kg}.$$

Das positive Vorzeichen einer Lösung drückt immer aus, daß der Richtungssinn der gesuchten Größe richtig angenommen ist. Im vorliegenden Fall waren also die Pfeile von P_3 und P_4 richtig gewählt. Hätte man beispielsweise gefunden $P_3 = -1000$ kg, dann würde das —-Zeichen angeben, daß der Pfeil oder Richtungssinn von P_3 falsch angenommen war. Siehe auch Nr. **16.**

Beispiel e) Das Kräftesystem der Abb. 72 ist im Gleichgewicht. Gesucht sind die drei Kräfte P_1, P_2, P_3.

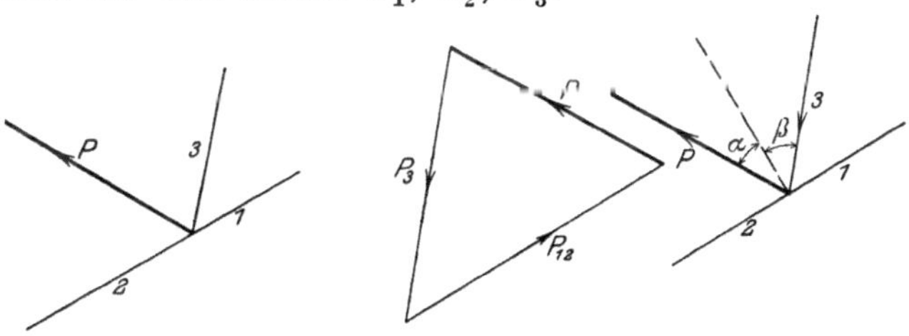

Abb. 72.

Die Tatsache des Gleichgewichts des Systems ist durch zwei Gleichungen zum Ausdruck zu bringen. Die Lösung der Aufgabe ist also unmöglich, da drei Zahlenwerte gesucht sind. Aber man kann im vorliegenden Falle wenigstens eine der Unbekannten ermitteln, nämlich P_0, weil die beiden anderen unbekannten Kräfte P_1 und P_2 zufällig die nämliche Wirkungslinie haben.

P_1 und P_2 haben eine Resultierende P_{12} von der gleichen Richtung, P_{12} und P_3 kann man ermitteln; graphisch, indem man das Krafteck $\mathfrak{P} + \mathfrak{P}_3 + \mathfrak{P}_{12} = 0$ zeichnet, s. die Abbildung; analytisch durch Aufstellung der Gleichgewichtsbedingung senkrecht zur Richtung von P_{12}, nämlich

$$P \cos \alpha = P_3 \cos \beta. \tag{h}$$

Die Erfahrung zeigt uns, daß beim Auftreten einer Kraft immer auch gleichzeitig eine zweite Kraft vorhanden ist, die der ersten entgegengesetzt gleich ist, daß alle Kräfte in der Natur immer paarweise auftreten. In den einfachsten Fällen, wie etwa bei der Auflagerung eines Körpers, ist diese Wahrheit recht leicht einzusehen. Wenn man beispielsweise, so wie Abb. 73 andeutet, einen Stab senkrecht auf eine horizontale Unterlage stellt, so wird an der Unterstützungsstelle das Gewicht Q des Stabes auf den Erdboden übertragen. Dann muß, wie alle Erfahrung zeigt und auch die Überlegung angibt, an der gleichen Stelle, wo die Kraft Q vom Stab aus nach abwärts wirkt, von der Unterlage aus nach aufwärts die entgegengesetzt gerichtete Kraft Q' nach oben wirken. Diese zweite Kraft Q', die also erst durch den Druck Q auf die Unterlage bedingt ist, ist dann mit diesem Druck Q im Gleichgewicht, es ist $Q' = Q$. Was ja auch leicht einzusehen ist: denn wenn Q' nicht vorhanden wäre, dann würde am Stab nur sein Gewicht Q angreifen, die Wirkung einer Kraft ist aber eine Bewegungsänderung, es müßte also der Stab unter dem Einfluß von Q sich nach abwärts bewegen.

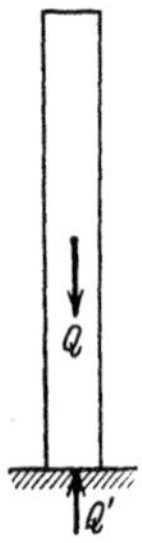

Abb. 73.

Daß freilich zwischen zwei Körpern, die sich nicht berühren, die vielleicht große Entfernungen haben, dieses Gesetz von der Wechselwirkung auch noch Gültigkeit hat, ist von vornherein nicht so leicht einzusehen. Daß ein von einem Magneten mit einer gewissen Kraft P abgestoßenes Körperchen auch auf den Magneten eine Abstoßungskraft $P' = P$ ausübt, ist nicht unmittelbar ersichtlich, kann aber noch durch den Versuch bewiesen werden. Noch viel weniger ist beispielsweise im vorhinein die Tatsache einzusehen, daß deswegen weil die Erde den Mond mit einer Kraft P anzieht, auch der Mond auf die Erde die entgegengesetzt gleiche Anziehungskraft $P' = P$ ausübt. Weitere Betrachtungen über dieses Prinzip von der Reaktion sind Aufgabe der Dynamik. Nach diesem von Newton aufgestellten und auch nach ihm benannten Gesetz:

Jede Kraft erzeugt eine entgegengesetzt gleiche Gegenkraft, (i)

ruft also jeder Druck einen gleichgroßen Gegendruck hervor, jeder Zug einen gleichgroßen Gegenzug. Beide Kräfte greifen am nämlichen Punkt an.

Es ist freilich selbstverständlich, soll aber gleichwohl angegeben werden, daß natürlich Kraft und Gegenkraft nie auf den gleichen Körper einwirken. Wirkt vom Körper B her auf den Körper A eine Kraft P, so übt umgekehrt der Körper A auf den Körper B die Gegenkraft $P' = P$ aus. Es greift also am Körper A die Kraft P und am Körper B die Gegenkraft $P' = P$ an, s. Abb. 74.

Abb. 74.

Um keinen Irrtum entstehen zu lassen, soll für den Fall der Abb. 73 noch erklärt werden, daß die Kraft Q' nicht die Gegenkraft zum Gewicht Q ist, sondern zu dem an der Unterstützungsstelle vom Stab ausgeübten Druck Q. Es greifen also an: am Erdboden der Druck Q, am Stab der Gegendruck $Q' = Q$ und das Gewicht Q.

Beispiel f) Auf der reibungsfreien Ebene der Abb. 75 vom Neigungswinkel α bewegt sich der als materieller Punkt zu betrachtende Körper vom gegebenen Gewicht Q. Man ermittle zunächst Art und Richtung der an dem Körper angreifenden Kräfte sowie ihrer Resultierenden, alsdann deren Zahlenwerte nach dem Resultantensatz (graphisch und analytisch).

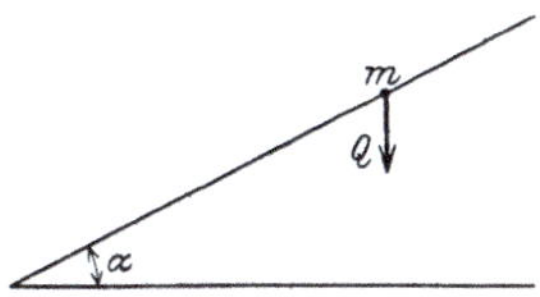

Abb. 75.

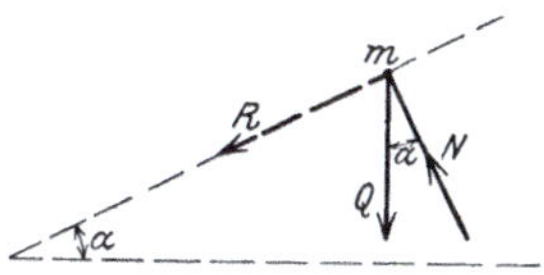

Abb. 75a.

An dem Punkt greift zunächst sein Gewicht Q an, so wie Abb. 75 angibt. Würde sonst keine Kraft mehr an ihm wirken, so würde er senkrecht herabfallen müssen. Es greift also sicher noch eine zweite Kraft an ihm an. Man weiß, er übt wegen seines Gewichtes einen Druck auf die schiefe Ebene aus, der natürlich im allgemeinen nicht gleich dem Gewicht ist; sie wird also nach dem Gesetz der Reaktion entgegendrücken. Dieser Druck N von der schiefen Ebene her steht senkrecht zu ihr; denn die schiefe Ebene ist reibungsfrei vorausgesetzt, es fehlt also jeder Anlaß, den Gegendruck anders als senkrecht zu ihr anzunehmen. Andere Kräfte als Q und N greifen an dem Massenpunkt m nicht an. Beide haben eine Resultierende R, unbekannt nach Richtung und Zahlenwert. Die Richtung von R ist diejenige der Bewegungsänderung des Massenpunktes. War dieser in Ruhe und wird er losgelassen, so erhält er in Richtung

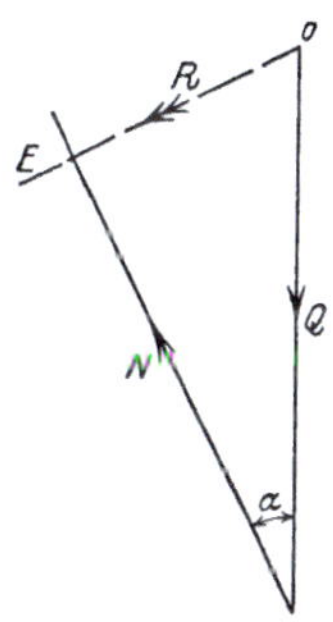

Abb. 76.

der schiefen Ebene eine Bewegung oder genauer gesagt eine Bewegungsänderung, also geht R in Richtung der schiefen Ebene, s. Abb. 75a. Die Zahlenwerte von R und N findet man mit Hilfe des Resultantensatzes. Es ist R die graphische Summe aus Q und N, man trägt von einem beliebig gewählten Punkt O aus zuerst Q ab, an deren Endpunkt N. Den Wert von N kennt man zwar noch nicht, aber man weiß, daß der Endpunkt von N und der von R zusammenfallen, s. Abb. 76. Damit ist dann ermittelt

$$N = Q \cdot \cos\alpha, \qquad R = Q \cdot \sin\alpha. \tag{k}$$

Analytisch: Man schreibt zweimal die Gleichung (**12**d) an: in der Richtung von R gilt

$$R = N \cdot 0 + Q \cdot \sin\alpha;$$

entsprechend gilt in der Richtuug von N

$$R \cdot 0 = N - Q \cdot \cos\alpha,$$

woraus wieder die gleichen Werte wie oben hervorgehen.

Man beachte bei diesem Beispiel einmal, daß R natürlich nur eine fingierte Kraft ist, die in Wirklichkeit an dem untersuchten Massenpunkt gar nicht angreift. Dann hüte man sich vor dem Fehler, zu sagen, R geht in Richtung der schiefen Ebene, weil der Punkt sich in dieser Richtung bewegt. Diese Überlegung ist unrichtig: denn es müßte dann auch, was sicher falsch ist, beim Fadenpendel, s. Abb. 77, die Resultierende R aus Gewicht Q und Fadenspannung N die Richtung der Tangente haben, weil das Pendel sich in dieser Richtung bewegt. Die Dynamik wird später zeigen, daß R die in der Abbildung angedeutete Lage haben kann. Die Kraft geht eben nicht in Richtung der Bewegung, sondern in Richtung der Bewegungsänderung. Ferner sei noch hingewiesen auf die ganz und gar unmögliche Lösungsmethode der elementaren Mechanik, die ganz willkürlich und ohne Begründung sagt: Das Gewicht zerlegt man (oder noch schlimmer: das Gewicht Q zerlegt sich) in zwei Komponenten R und N usw. Man mache sich einfach die wirklich auftretenden Tatsachen klar, dann ist der Weg zur Lösung nicht schwer zu finden. Weiter soll noch darauf hingewiesen werden, daß der Normaldruck N der Abb. 76 doppelt auftritt, nämlich einmal als Druck des materiellen Punktes auf die schiefe Ebene und dann als Gegendruck der schiefen Ebene auf den Punkt. Im vorliegenden Fall hatten wir den materiellen Punkt zu untersuchen und die an

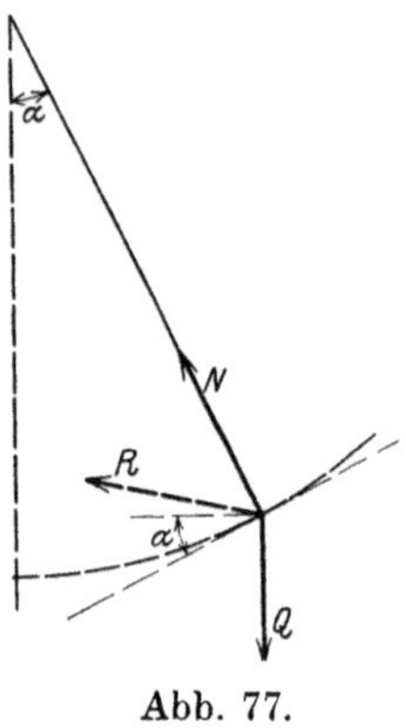

Abb. 77.

ihm angreifenden Kräfte, es darf also in der Zeichnung nur der auf den Punkt wirkende Druck N, der nach oben geht, auftreten. Ebenso darf nur mit diesem nach oben gerichteten Druck gerechnet werden.

Beispiel g) Die schiefe Ebene sei jetzt vollkommen rauh vorausgesetzt, so daß der Körper unter dem Einfluß der Reibung in Ruhe bleibt. Man ermittle von den an dem Körper angreifenden Kräften zunächst Art und Richtung, alsdann den Zahlenwert nach dem Resultantensatz (graphisch und analytisch).

Am Massenpunkt m greift zunächst das Gewicht Q an, ferner wie beim vorangehenden Beispiel der Druck N von der schiefen Ebene her, ferner nach Angabe noch die Reibung F, die parallel zur schiefen Ebene wirken muß, s. Abb. 78. Die drei Kräfte sind im Gleichgewicht, es muß sonach ihre graphische Summe Null sein. Unbekannt sind nur die beiden Zahlenwerte N und F, die aus dem Krafteck der Abb. 79 zu entnehmen sind.

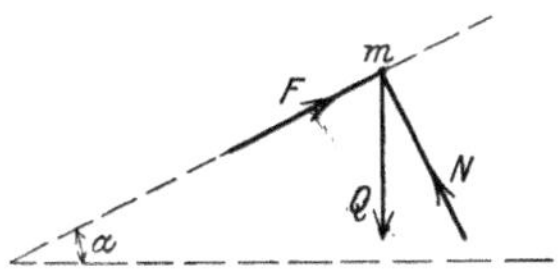

Abb. 78.

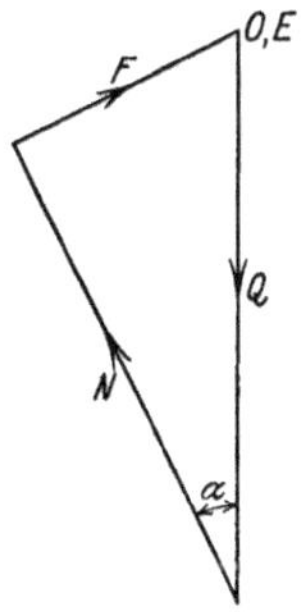

Abb. 79.

Analytisch: Es ist Gleichgewicht in Richtung von F und N, also

$$F + N \cdot 0 - Q \cdot \sin\alpha = 0, \qquad N + F \cdot 0 - Q \cdot \cos\alpha = 0,$$

oder

$$F = Q \cdot \sin\alpha, \qquad N = Q \cdot \cos\alpha. \tag{l}$$

Beispiel h) Man beweise die Umkehr des Resultantensatzes:

> Wenn für das an einem materiellen Punkt angreifende Kräftesystem gilt
>
> $$\Sigma X = 0, \quad \Sigma Y = 0, \quad \Sigma Z = 0,$$
>
> so ist der Punkt im Gleichgewicht. (m

Man schreibt die drei gegebenen Gleichungen

$$\mathfrak{i}_1 \Sigma X = 0, \quad \mathfrak{i}_2 \Sigma Y = 0, \quad \mathfrak{i}_3 \Sigma Z = 0$$

und addiert

$$\mathfrak{i}_1 (X_1 + X_2 + \ldots) + \mathfrak{i}_2 (Y_1 + Y_2 + \ldots) + \mathfrak{i}_3 (Z_1 + Z_2 + \ldots) = 0$$

oder $(\mathfrak{i}_1 X_1 + \mathfrak{i}_2 Y_1 + \mathfrak{i}_3 Z_1) + (\mathfrak{i}_1 X_2 + \mathfrak{i}_2 Y_2 + \mathfrak{i}_3 Z_2) + \ldots = 0$

oder $\mathfrak{P}_1 + \mathfrak{P}_2 + \ldots = 0$ oder $\Sigma \mathfrak{P} = 0$,

womit das Gleichgewicht nach (b) bestimmt ist.

Beispiel i) Durch welche Schreibweise drückt man die Tatsache des Gleichgewichtes zweier oder mehrerer Kräfte vollständig aus?

Wenn zwei Kräfte P_1 und P_2 im Gleichgewicht sind, so muß ihre graphische Summe Null sein, $\mathfrak{P}_1 + \mathfrak{P}_2 = 0$. Aber die Bedingung $\mathfrak{P}_1 + \mathfrak{P}_2 = 0$ ist umgekehrt noch nicht hinreichend für das Gleichgewicht der Kräfte P_1 und P_2, sie müssen auch noch auf der nämlichen Geraden liegen. Beide Tatsachen lassen sich vereinigt zum Ausdruck bringen durch die Schreibweise (7a), hier

$$\mathfrak{P}_1 \mathbin{\widehat{+}} \mathfrak{P}_2 = 0 .$$

Entsprechend gilt für den Fall des Gleichgewichts dreier Kräfte P_1, P_2, P_3: Sie müssen als graphische Summe Null haben, müssen durch den gleichen Punkt gehen und in der gleichen Ebene liegen. Diese drei Bedingungen sind durch die Schreibweise

$$\mathfrak{P}_1 \mathbin{\widehat{+}} \mathfrak{P}_2 \mathbin{\widehat{+}} \mathfrak{P}_3 = 0$$

vollständig zum Ausdruck gebracht. Denn die dritte Bedingung, daß sie alle drei in der nämlichen Ebene liegen müssen, ist durch die ersten beiden Bedingungen schon miterfüllt.

Aufgabe a) Welcher trigonometrische Zusammenhang besteht zwischen drei im Gleichgewicht befindlichen Kräften?

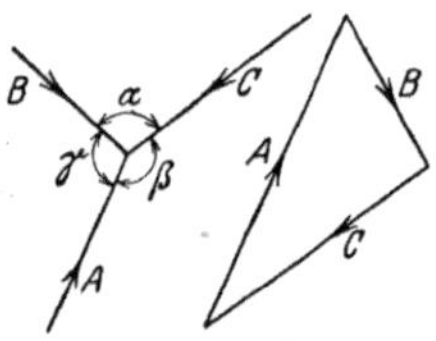

Abb. 80.

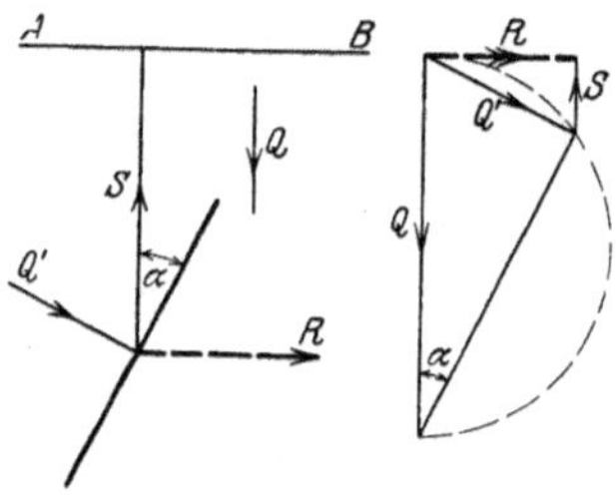

Abb. 81.

Lösung: Die drei Kräfte A, B, C der Abb. 80 bilden ein geschlossenes Krafteck. Es ist

$$A : B : C = \sin\alpha : \sin\beta : \sin\gamma .$$

Aufgabe b) Die Skizze der Abb. 81 stellt eine Seilfähre dar, die durch den Druck Q des fließenden Wassers mittels einer am Seil AB angebrachten Rolle nach rechts bewegt wird. Welche Stellung ist für die Bewegung am günstigsten?

Lösung: An der Fähre greift an 1. vom Wasserdruck Q der Beitrag Q' senkrecht zur Fähre, wenn man von Wasserreibung, Wirbelbildung usw. absieht, 2. die Seilspannung S. Beide haben eine Resultierende R, die das Fahrzeug aus dem Ruhezustand in Bewegung versetzt; die Bewegungsänderung geht in Richtung des Seiles AB, also ist R parallel zum Seil gerichtet. Dem Krafteck für Q', S und R entnimmt man $R = Q' \cos\alpha = \frac{1}{2} Q \sin 2\alpha$. Also günstigste Stellung für Bewegung (nicht Seilbeanspruchung) $\alpha = 45^\circ$.

Aufgabe c) Von den Eckpunkten eines Dreieckes aus wirken auf einen im Dreiecksinnern befindlichen Massenpunkt Kräfte P_1, P_2, P_3, die proportional sind den Abständen r_1, r_2, r_3 von den Eckpunkten und sich im Gleichgewicht halten. Welches ist die Gleichgewichtslage dieses Punktes m?

Lösung: Die Lage des Punktes ist durch die Vektoren $\mathfrak{r}_1$, $\mathfrak{r}_2$, $\mathfrak{r}_3$ bestimmt. Es ist $\mathfrak{P}_1 = c\mathfrak{r}_1$, $\mathfrak{P}_2 = c\mathfrak{r}_2$, $\mathfrak{P}_3 = c\mathfrak{r}_3$. Wegen des Gleichgewichtes wird

$$\mathfrak{P}_1 + \mathfrak{P}_2 + \mathfrak{P}_3 = 0 \quad \text{oder} \quad c(\mathfrak{r}_1 + \mathfrak{r}_2 + \mathfrak{r}_3) = 0.$$

Letztere Gleichung charakterisiert aber bekanntlich den Schwerpunkt des Dreieckes, der also die Gleichgewichtslage für den Massenpunkt bildet (Math. I, Aufg. 79 a).

Aufgabe d) Die gegebenen Kräfte P_1 und P_2 der Abb. 82 sind mit den beiden Kräften P_3 und P_4 im Gleichgewicht; von P_3 kennt man den Zahlenwert 1000 kg, von P_4 die Richtung. Gesucht ist der Zahlenwert von P_4.

Lösung: Man trägt von einem Punkt O aus P_1 und P_2 ab und an den Endpunkt von P_2 die Richtung von P_4; ein Kreis um O mit dem Radius 1000 kg liefert zwei Endpunkte von P_4 und damit zwei Lösungen $P_4' = 1725$ kg und $P_4'' = 3175$ kg.

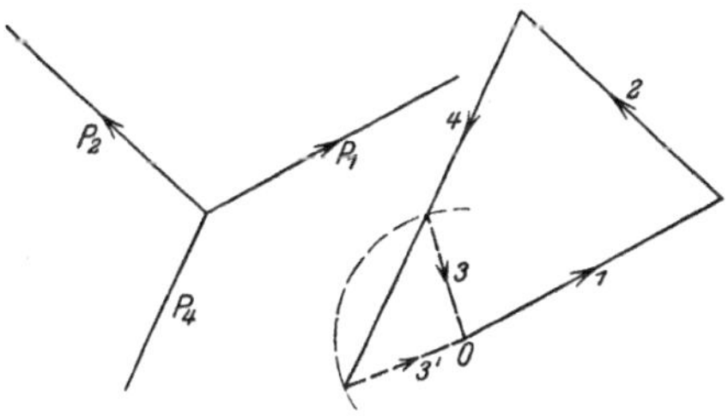

Abb. 82.
K. M. 1 mm = 100 kg.

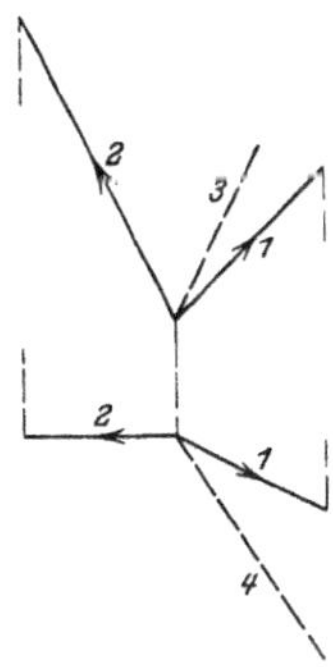

Abb. 83.
K. M. 1 mm = 200 kg

Aufgabe e) An einem materiellen Punkt sind vier Kräfte P_1, P_2, P_3, P_4 im Gleichgewicht. P_1 und P_2 sind vollständig bekannt, von P_3 kennt man die Richtung im Aufriß und den Zahlenwert 6000 kg, von P_4 die Richtung im Grundriß, s. Abb. 83. Man ermittle P_3 und P_4 nach Zahlenwert und Richtung.

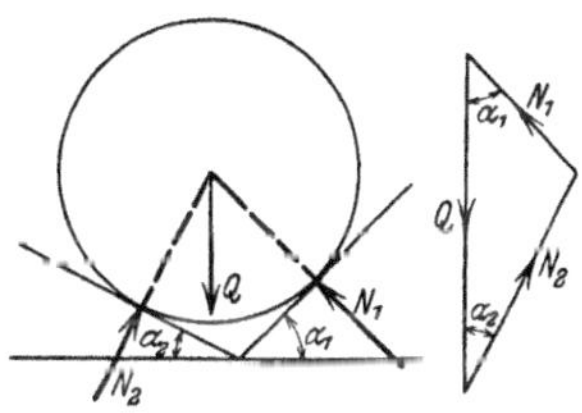

Abb. 84.

Lösung: Eine Kraft ist im Raum durch drei Zahlenangaben bestimmt. Im vorliegenden Fall sind von P_3 zwei Zahlenangaben gemacht, von P_4 nur eine, man hat also drei Unbekannte und dafür drei Gleichungen. Die Lösung geschieht am einfachsten analytisch, indem man die drei Gleichgewichtsbedingungen aufstellt $\Sigma X = 0$, $\Sigma Y = 0$, $\Sigma Z = 0$. Man entnimmt die Zahlen der Abb. 83 mit Hilfe des beigegebenen Maßstabes und erhält, in 1000 kg gerechnet,

$$+1 + 0 + X_3 + X_4 = 0, \quad +2 - 3 + Y_3 + Y_4 = 0, \quad +2 + 4 + Z_3 + Z_4 = 0.$$

Nach Angabe ist $Z_3 = 2Y_3$, $3Y_4 = 2X_4$, $X_3^2 + Y_3^2 + Z_3^2 = 36$.

In der letzten Gleichung drückt man X_3 und Z_3 nach Y_3 aus durch Umformung der gegebenen Beziehungen, hier

$$Z_3 = 2Y_3 \quad \text{und} \quad 2 + 2X_3 + 3Y_4 = 0, \quad Y_3 + Y_4 = 0,$$

und erhält

$$(3Y_3 - 2)^2 + 4Y_3^2 + 16Y_3^2 = 144 \quad \text{oder} \quad 29Y_3^2 - 12Y_3 - 140 = 0.$$

Zwei Lösungen: $Y_3 = -2$ und $Y_3 = 70:29$ und damit

$$X_3 = -4,\; Y_3 = -2,\; Z_3 = -4,\; X_4 = +3,\; Y_4 = +2,\; Z_4 = -2,\; P_4 = \sqrt{17},$$

$$X_3 = \frac{76}{29},\; Y_3 = \frac{70}{29},\; Z_3 = \frac{140}{29},\; X_4 = -\frac{105}{29},\; Y_4 = -\frac{70}{29},\; Z_4 = -\frac{314}{29},\; P_4 = 11{,}67.$$

Aufgabe f) Eine als materieller Punkt zu behandelnde Kugel ruht auf zwei in einer horizontalen Geraden sich schneidenden schiefen Ebenen. Man bestimme die an der Kugel angreifenden Kräfte nach Richtung und Zahlenwert. Die Reibung ist zu vernachlässigen.

Lösung: Von den schiefen Ebenen her greifen die Auflagerdrucke N_1 und N_2 in den Berührpunkten senkrecht zu den schiefen Ebenen an. Sie schneiden sich mit der Kraft Q im Mittelpunkt der Kugel. Mit einem Krafteck erhält man

$$N_1 : N_2 : Q = \sin\alpha_2 : \sin\alpha_1 : \sin(\alpha_1 + \alpha_2).$$

Aufgabe g) Auf zwei in einer horizontalen Geraden sich schneidenden schiefen Ebenen liegen zwei als materielle Punkte zu behandelnde Kugeln. Man suche deren Gleichgewichtslage, sowie die an ihnen angreifenden Kräfte. Die Reibung ist zu vernachlässigen.

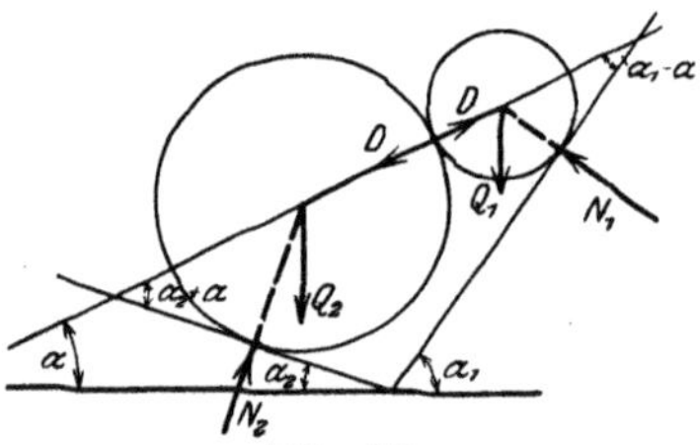

Abb. 85.

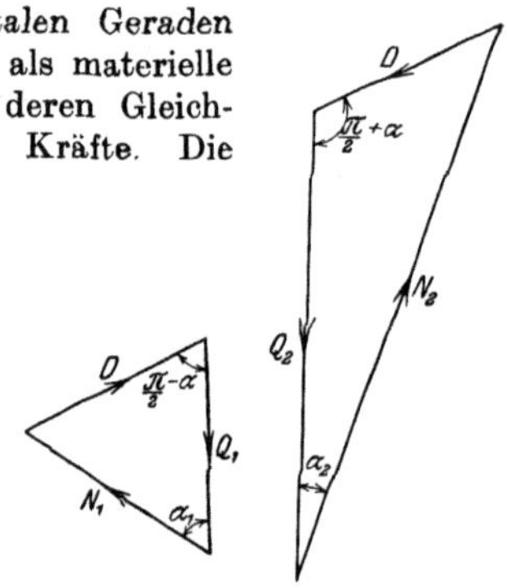

Abb. 86.

Lösung: An jeder Kugel greifen drei Kräfte an, Q, N, D, die sich im Mittelpunkt treffen. Man zeichnet für jede Kugel das Krafteck, s. Abb. 86, und liest ab

$$D : N_1 : Q_1 = \sin\alpha_1 : \cos\alpha : \cos(\alpha_1 - \alpha), \quad D : N_2 : Q_2 = \sin\alpha_2 : \cos\alpha : \cos(\alpha_2 + \alpha).$$

Diese vier Gleichungen lassen die Unbekannten D, N_1, N_2 und den die Gleichgewichtslage bestimmenden Winkel α ermitteln.

oder
$$Q_1 \frac{\sin\alpha_1}{\cos(\alpha_1 - \alpha)} = D = Q_2 \frac{\sin\alpha_2}{\cos(\alpha_2 + \alpha)}$$

$$\cos\alpha \cdot [Q_1 \sin\alpha_1 \cos\alpha_2 - Q_2 \sin\alpha_2 \cos\alpha_1] = \sin\alpha \cdot [Q_2 \sin\alpha_1 \sin\alpha_2 + Q_1 \sin\alpha_1 \sin\alpha_2]$$

oder
$$\operatorname{tg}\alpha = \frac{Q_1 \operatorname{cotg}\alpha_2 - Q_2 \operatorname{cotg}\alpha_1}{Q_1 + Q_2}$$

Aufgabe h) Man beweise den Satz:

Wenn von einem am materiellen Punkt angreifenden Kräftesystem die Summe seiner Beiträge in drei verschiedenen Richtungen Null ist, so ist es im Gleichgewicht. (n)

Lösung: Die Einheitsvektoren in diesen drei Richtungen seien mit $\mathfrak{u}$, $\mathfrak{v}$, $\mathfrak{w}$ bezeichnet, jede Einzelkraft P_i kann man in drei Komponenten oder Beiträge U_i, V_i, W_i nach diesen Richtungen zerlegen, so daß

$$\mathfrak{P}_i = \mathfrak{u}\, U_i + \mathfrak{v}\, V_i + \mathfrak{w}\, W_i .$$

Nun ist nach Angabe

$$\Sigma U = 0, \quad \Sigma V = 0, \quad \Sigma W = 0,$$

man rechnet wie bei Beisp. h)

$$\mathfrak{u}\, \Sigma U + \mathfrak{v}\, \Sigma V + \mathfrak{w}\, \Sigma W = 0,$$

oder $$(\mathfrak{u}\, U_1 + \mathfrak{v}\, V_1 + \mathfrak{w}\, W_1) + (\mathfrak{u}\, U_2 + \mathfrak{v}\, V_2 + \mathfrak{w}\, W_2) + (\,) + \ldots = 0$$

oder $$\mathfrak{P}_1 + \mathfrak{P}_2 + \ldots = 0$$

oder $$\Sigma \mathfrak{P} = 0,$$

d. h. das Kräftesystem ist im Gleichgewicht.

14. Ein Punkt auf einer gegebenen Geraden hat nur eine einzige Koordinate, d. h. um seine Lage auf ihr zu bestimmen, ist die Angabe nur einer einzigen Zahl, eben seiner Koordinate, notwendig. Die Lage des Punktes P der Abb. 87 wird z. B. durch die Zahl 4 bestimmt, er ist 4 Längeneinheiten vom festen Nullpunkt O entfernt. Wenn der Punkt auf der festen Geraden sich bewegt, so ist zur vollständigen Angabe der Bewegung eine einzige Gleichung ausreichend, etwa wenn man angibt, $x = 3t + 10$, wo t die Zeit ist. Man drückt diese Tatsache, daß also eine einzige Gleichung zur Angabe der Bewegung ausreicht, auch aus durch folgende Sprechweisen: Ein Punkt hat auf einer festen Geraden nur eine einzige Bewegungsmöglichkeit, oder er hat auf der festen Geraden nur einen einzigen Freiheitsgrad. Auf der festen Geraden gibt es ∞^1 Punkte, da man ja x oder t beliebig wählen kann. Jedem Punkt entspricht ein bestimmtes t, jedem t ein bestimmter Punkt.

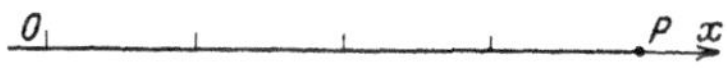

Abb. 87.

In einer gegebenen Ebene hat der Punkt zwei Koordinaten, d. h. um seine Lage in ihr zu bestimmen, ist die Angabe von zwei Zahlen, eben seiner Koordinaten, notwendig. Für den Punkt der Abb. 88 gibt man beispielsweise an $P = 4|2$, d. h. er hat die Abszisse $x = 4$ und die Ordinate $y = 2$. Wenn sich dieser Punkt P in der Ebene bewegt, so ist zur vollständigen Angabe dieser Bewegung ein System von zwei Gleichungen notwendig und ausreichend, etwa wenn man angibt

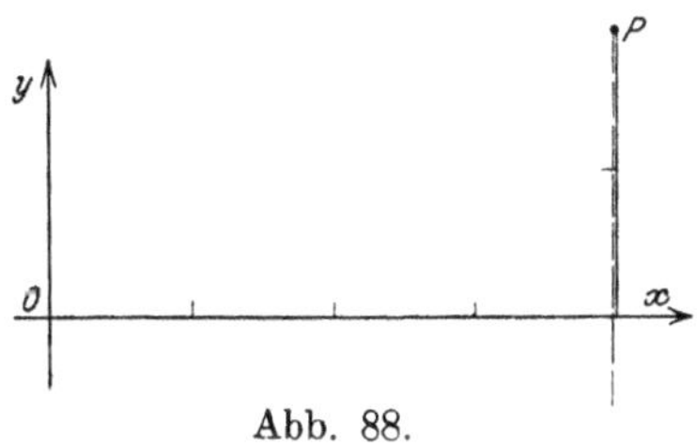

Abb. 88.

$$x = 3t + 10, \quad y = t^2 - t.$$

Diese beiden Bewegungsgleichungen geben in jedem Augenblick die Lage des Punktes an. Man drückt diese Tatsache wieder aus durch die Sprechweise: In einer festen Ebene hat der Punkt zwei Bewegungsmöglichkeiten oder zwei Freiheitsgrade. Oder auch durch die Sprechweise: in der Ebene gibt es ∞^2 Punkte, da man ja ebensowohl x als auch y beliebig wählen kann. Solange man über die Koordinaten x und y gar nichts aussagt, hat man einen vollständig freien Punkt in der Ebene, dieser Punkt hat zwei Freiheitsgrade. Jede Gleichung zwischen den Koordinaten des Punktes gibt eine Bewegungsbeschränkung an, etwa indem man sagt, $x = 4$, oder $x = 3y$ usw. Man hat dem Punkt einen Freiheitsgrad genommen, soll das gleiche heißen wie: man hat ihm eine Bewegungsbeschränkung vorgeschrieben. Wenn man etwa sagt $x = 4$, so kann sich der Punkt nur mehr auf einer zur y-Achse parallelen Geraden im Abstand 4 vom Nullpunkt bewegen. Man hat dafür auch die Sprechweise: Dem Punkt P ist eine Führung oder Auflagerung gegeben, die durch $x = 4$ gegebene Bewegungsbeschränkung oder Führung oder Auflagerung ist dann die in der Abbildung gestrichelt eingezeichnete Gerade. Man kann dem Punkt in der Ebene zwei Bewegungsbeschränkungen oder zwei Führungen oder zwei Auflagerungen geben; beispielsweise indem man sagt $y = 3x$, $x = 4$, wo durch jede dieser Gleichungen eine eigene Bewegungsbeschränkung oder Führung vorgeschrieben wird. Ebenso groß wie die Zahl der Koordinaten oder Freiheitsgrade eines Punktes ist auch die Zahl der Bedingungen, die man im Fall des Gleichgewichtes dieses Punktes aufstellen kann. Denn der Fall des Gleichgewichtes d. h. der Ruhe oder gleichmäßigen Bewegung ist ja nur ein Sonderfall der allgemeinen Bewegung. Die Angabe der Bewegung eines Punktes in der Ebene benötigt zwei Gleichungen, somit auch die Angabe des Gleichgewichtes des Punktes in der Ebene, d. h. einer gleichförmigen Bewegung dieses Punktes. Im Fall des Gleichgewichtes eines Punktes in der Ebene kann man somit zwei Gleichgewichtsbedingungen aufstellen, es lassen sich daher am materiellen Punkt in der Ebene alle statischen Aufgaben lösen, die nur zwei Unbekannte enthalten.

Eine an einem vorgeschriebenen Punkt angreifende unbekannte Kraft in der Ebene ist durch zwei Zahlenangaben bestimmt, etwa indem man Richtung und Zahlenwert von ihr angibt (graphische Lösung), oder indem man ihre beiden Komponenten in den Grundrichtungen ermittelt (analytische Lösung).

Für den materiellen Punkt im Raum gilt dann ebenso: Im Raum hat der materielle Punkt drei Koordinaten oder Freiheitsgrade oder drei Bewegungsmöglichkeiten. Umgekehrt wird eine bestimmte

Bewegung durch drei Bewegungsgleichungen angegeben, beispielsweise durch

$$x = 3t + 10, \quad y = t^2 - t, \quad z = t.$$

Eine bestimmte Lage wird durch drei Gleichungen zwischen den Koordinaten gegeben, etwa durch $x = 4$, $y = 3x$, $z = x + y$. Jede einzelne dieser Gleichungen schreibt dem Punkt eine Bewegungsbeschränkung vor, nimmt ihm einen Freiheitsgrad. Jede einzelne dieser Gleichungen ist dann eine Auflagerung oder Führung für den Punkt im Raum. Über den Begriff Führung oder Auflagerung siehe auch noch Nr. **18** und **19.** Will man den Punkt im Raum festhalten, so muß man ihm alle seine drei Freiheitsgrade nehmen, oder in anderer Sprechweise: man muß ihm drei Bewegungsbeschränkungen vorschreiben, man muß ihm drei Auflagerungen oder Führungen geben. Ebenso groß wie die Zahl der Freiheitsgrade oder Bewegungsmöglichkeiten ist dann auch wieder die Zahl der Gleichgewichtsbedingungen, die man aufstellen kann, wenn der Punkt im Raum im Gleichgewicht ist, also drei. Am materiellen Punkt im Raum lassen sich sonach nur solche statische Aufgaben lösen, die nur drei unbekannte Zahlen enthalten.

Eine an einem vorgeschriebenen Punkt angreifende Kraft (allgemein ein Vektor) im Raum ist durch drei Zahlenangaben bestimmt: Die analytischen Methoden (Math. I 192, 193) ermitteln die drei Komponenten der Kraft in den drei Grundrichtungen und damit die Kraft selbst, nämlich Zahlenwert und Richtung nach (**12** h, i); die graphischen Methoden ermitteln den Zahlenwert und die Richtung dieser Kraft im Grund- und Aufriß, also wieder hinreichende Bestimmungsstücke für die Kraft.

Beispiel a) An einem Massenpunkt greifen vier im Gleichgewicht befindliche Kräfte P_1, P_2, P_3, P_4 an. Wenn man diese vier Kräfte vollständig angeben will, was darf von ihnen nur unbekannt sein?

Jede einzelne Kraft ist durch drei Zahlenangaben bestimmt. Man benötigt also insgesamt zwölf Zahlenangaben. Da man für den Fall des Gleichgewichtes drei Bedingungsgleichungen aufstellen kann, dürfen nur drei Unbekannte auftreten, also etwa:

drei Kräfte P_1, P_2, P_3 sind vollständig bekannt, P_4 vollständig unbekannt,

P_1 ist vollständig bekannt, von P_2, P_3, P_4 ist die Richtung bekannt, unbekannt nur deren Zahlenwerte,

P_1 ist vollständig bekannt, von P_2, P_3, P_4 sind zwei Komponenten in den drei Grundrichtungen bekannt, unbekannt X_2, Y_3, Z_4 usw.

Praktische Bedeutung hat besonders die zweite Aufgabe, nämlich die Zahlenwerte von drei Kräften des Gleichgewichtssystems zu ermitteln, wenn die Richtungen alle bekannt sind. Die Lösung dieser Aufgabe folgt an späterer Stelle unter Nr. **68—72.**

15. Die nachfolgenden Zeilen bringen eine größere Reihe von Aufgaben über Spannungen in Stabverbänden. Bei ihnen allen ist vorausgesetzt, um sie an dieser Stelle bereits lösen zu können, daß jeder einzelne Punkt im Gleichgewicht ist. Es genügen dann die Sätze über die Statik des materiellen Punktes, d. i. der Resultantensatz mit seinen Sonderfällen.

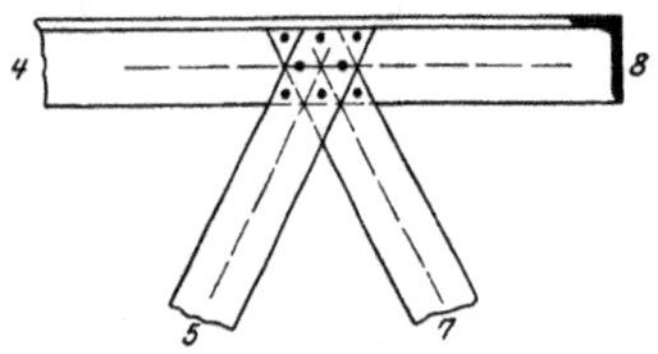

Abb. 89.

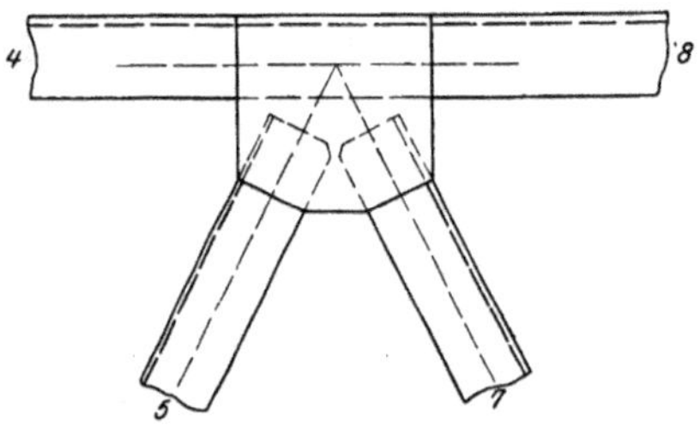

Abb. 90.

Die zur Untersuchung kommenden Stabverbände sind hier idealisiert: In praktischen Fällen werden sie, wie der Name sagt, aus Stäben bestehen, die in ihren Endpunkten irgendwie verbunden sind. Die Stäbe werden gewisse Dimensionen haben, die jedenfalls von Einfluß auf die inneren Kräfte im Stabverbande sind. Sie können in den Endpunkten auf verschiedene Weise verbunden werden, etwa indem man sie vernietet oder verschraubt, oder indem man sie gelenkartig zusammenfaßt. Wenn man zwei oder mehrere Stäbe in den Endpunkten verbindet, so wird man auch in praktischen Fällen die Verbindung immer so anbringen oder so anzubringen versuchen, daß die Mittellinien der Stäbe sich im nämlichen Punkt, dem sogenannten Knotenpunkt oder Knoten schneiden. Wie nun auch die praktische Verbindung sein mag, in der Mechanik rechnet man mit Bildern, die mehr oder minder genau an den praktischen Fall heranreichen. Unser erstes Bild von einem Stabverband (von Fachwerken oder Fachwerkträgern werden wir später reden) ist folgendes: die unendlich dünn und nichtdeformierbar gedachten Stäbe laufen mit ihren Endpunkten in den Knoten des Stabverbandes zusammen; in den Knotenpunkten sind die einzelnen Stäbe gelenkartig vollkommen reibungsfrei verbunden; nur in diesen Knotenpunkten greifen äußere Kräfte an dem Stabverband an. Abb. 89 und 90 geben einen Teil eines wirklich vorkommenden Stabverbandes, Abb. 91 und 92 dessen Bild. Mit welchem Recht und mit welcher Annäherung man statt mit wirklichen Stabverbänden mit deren Bildern rechnen kann, ist an späterer Stelle zu erörtern. Nun denke man sich in einem Knotenpunkt eines Stabverbandes eine Kraft P so angreifend, wie etwa Abb. 92 angibt. Sie wird in den einzelnen Stäben des Stabverbandes weitergeleitet zu den Stützstellen oder Auflagerstellen des Stabverbandes. Die auf diese Weise in den Stäben auftretenden Kräfte nennt man **Spannungen**. Nach Annahme ist jeder einzelne Punkt des Stabverbandes im Gleichgewicht, und zwar im Gleichgewicht unter dem Einfluß der an ihm

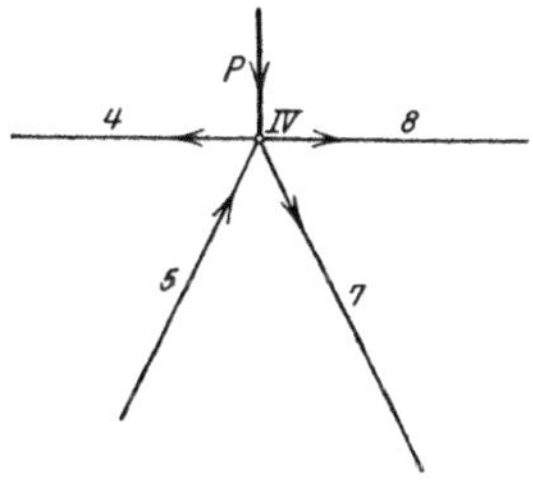

Abb. 91.

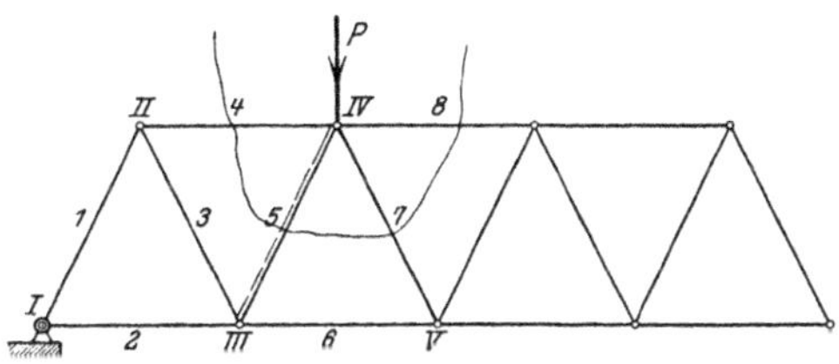

Abb. 92.

angreifenden äußeren Kräfte und der in den Stäben auftretenden Spannungen. Selbstverständlich können letztere beim idealisierten Stabverband nur in Richtung der Stäbe auftreten. An dem Knotenpunkt IV der Abb. 92 etwa, der durch Abb. 91 noch eigens herausgegriffen ist, greifen an: die äußere Kraft P und die vier Stabspannungen S_8, S_7, S_5, S_4. Die in einem Stab auftretende Spannung kann eine **Zug-** oder **Druckspannung** sein. Sucht die an dem Knotenpunkt angreifende äußere Kraft den Stab zu verlängern, so wird in ihm ein Zug auftreten, sucht sie ihn zu verkürzen, so hat man Druck.

Beispiel a) An dem Ende A des gewichtslosen Fadens der Abb. 93 hängt eine Last Q. Sie wird durch den Faden weitergeleitet zur Auflagerstelle B und wirkt dort nach abwärts, sucht also den Auflagerpunkt B nach abwärts zu bewegen. Als Reaktion wird an dieser Stelle von der Auflagerumgebung her am Faden die Kraft Q nach aufwärts wirken. Dann ist der Faden im Gleichgewicht unter dem Einfluß der an ihm angreifenden Nutzlast Q und der Auflagerkraft Q. Dann muß auch jeder einzelne Teil des Fadens im Gleichgewicht sein. Man kann irgend einen solchen herausgreifen, beispielsweise den Teil BU. Er ist im Gleichgewicht, es greift an ihm an die Auflagerkraft Q nach aufwärts, also muß auch eine ent-

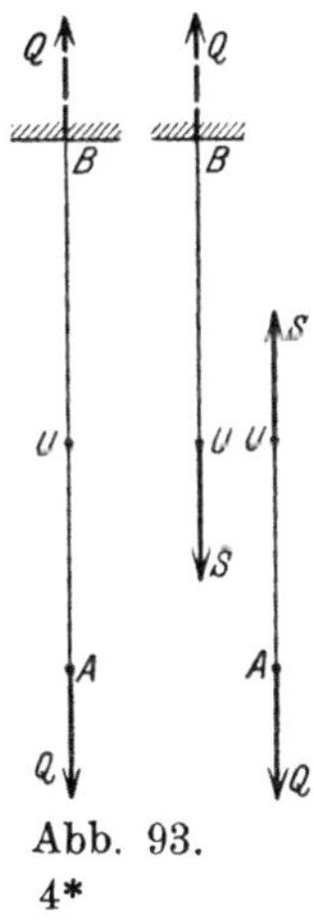

Abb. 93.

gegengesetzt gerichtete Kraft Q nach abwärts angreifen, das ist die an der Stelle U nach abwärts gehende Fadenspannung $S = Q$. Genau so ist aber auch der Teil UA im Gleichgewicht, und zwar unter dem Einfluß der Nutzlast Q bei A nach abwärts und der Fadenspannung $S = Q$ bei U. Jetzt ist aber die Fadenspannung S nach aufwärts gerichtet. Das ist auch dadurch leicht erklärlich, weil sie ja zu der ersterwähnten Spannung S im Fadenteil BU die Reaktion ist. An jeder Stelle des Fadens tritt also die Spannung S auf, und zwar an jeder Stelle sowohl nach aufwärts wie auch nach abwärts gerichtet, als Kraft und Gegenkraft, da beide die untersuchte Stelle stets im Gleichgewicht halten.

Beispiel b) An dem einen Ende A einer Schnur greift eine Kraft P an. Man beurteile die statischen Verhältnisse, wenn die (gewichtslos vorausgesetzte) Schnur im Gleichgewicht sein soll.

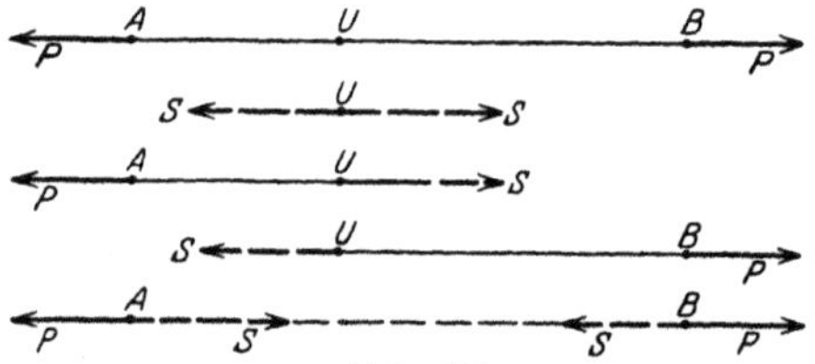

Abb. 94.

Damit dies zutrifft, muß jedenfalls am anderen Ende (oder an einem anderen Teil) B der Schnur die gleichgroße Kraft P angreifen, und zwar im entgegengesetzten Richtungssinn. Durch diese beiden Kräfte P, P wird die Schnur straff, sie wird in Spannung versetzt. Diese Spannung tritt an jeder einzelnen Stelle U der Schnur auf. Wenn nach Angabe die Schnur im Gleichgewicht ist, dann natürlich auch jeder beliebige Teil von ihr, also auch der Teil AU der Abbildung, wo U den untersuchten Punkt im Innern der Schnur andeuten soll. Wenn aber der Teil AU im Gleichgewicht sein muß, dann ist notwendig, daß die an der Stelle U auftretende Spannung S wieder im Gleichgewicht ist mit P und entgegengesetzten Richtungssinn hat. Naturgemäß tritt die Spannung S am andern Teil UB der Schnur nach links gerichtet auf, da sie ja der Kraft P am Schnurende B das Gleichgewicht halten muß. Die beiden Kräfte SS an der Stelle U sind natürlich nichts anderes als Aktion und Reaktion, die ja immer entgegengesetzt gleich sein müssen. Diese Betrachtung lehrt also, daß an jeder Stelle der Schnur AB unter dem Einfluß der Kräfte P, P eine Spannung $S = P$ auftritt, und zwar immer gleichzeitig als Aktion und Reaktion, und damit eben die betrachtete Stelle ins Gleichgewicht setzt. Für die Rechnung, die wir im Auge haben, interessieren uns nur die Angriffspunkte der beiden Kräfte P, durch die die Spannungen hervorgerufen werden, nämlich die Knotenpunkte A und B des Stabes, wenn wir uns jetzt einen solchen statt der Schnur denken. An diesen Stellen geht also der Richtungssinn oder Pfeil der Zugspannung vom Knotenpunkt weg zur Stabmitte. Man kann auch so überlegen: ein auf Zug beanspruchter Stab wird durch die an ihm angreifenden äußeren Kräfte verlängert, die an den beiden Knoten angreifenden Zugspannungen wirken dieser Verlängerung entgegen, sie suchen den Stab wieder auf seine ursprüngliche Länge zurückzuführen, die Knotenpunkte nach der Mitte zu zu bewegen, ihr Pfeil geht also vom Knotenpunkt weg zur Stabmitte.

Beispiel c) An den Enden eines Stabes AB greifen die Kräfte P, P so an, wie Abb. 95 zeigt. Man untersuche das Verhalten des Stabes.

Abb. 95.

Die beiden Kräfte P, P suchen den Stab zu verkürzen, zusammenzudrücken, in dem Stab wird also eine Druckspannung entstehen, die in Richtung des Stabes geht. (In Wahrheit wird freilich der Stab seine Form ändern, er wird unter Umständen auch ausknicken; indes wird unser oben angegebenes erstes Bild von diesem Verhalten absehen und zunächst annehmen, daß der Stab seine gegebene Form beibehält.) Wie im vorigen Fall des auf Zug beanspruchten Stabes wird man wieder schließen: an jeder Stelle des Stabes tritt eine Druckspannung $S = P$ paarweise auf, nämlich als Aktion und Reaktion; an den Knotenpunkten A und B sind dann die Kräfte P im Gleichgewicht mit diesen Druckspannungen $S = P$, so wie Abb. 95 angibt; der Richtungssinn oder Pfeil der Druckspannung geht, was zu bemerken ist, zum Knotenpunkt hin.

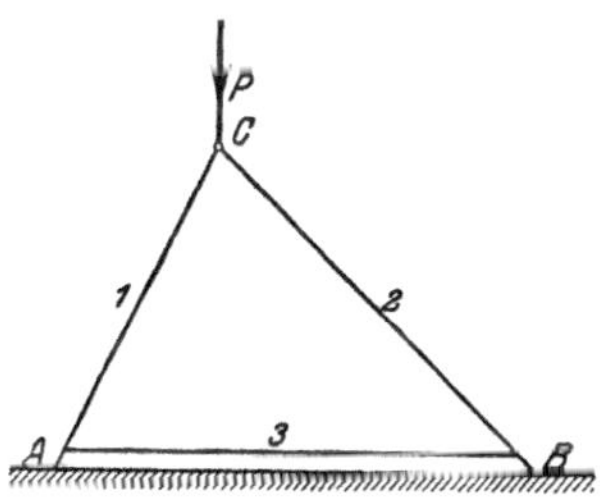

Abb. 96.

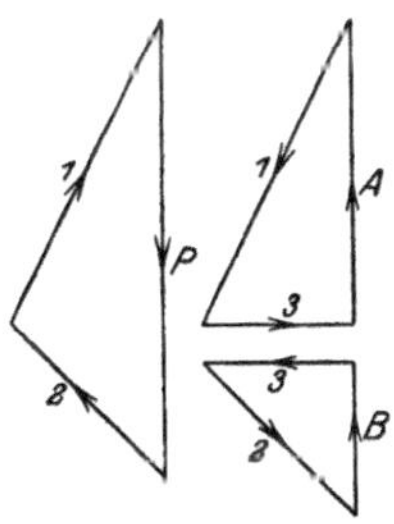

Abb. 97.

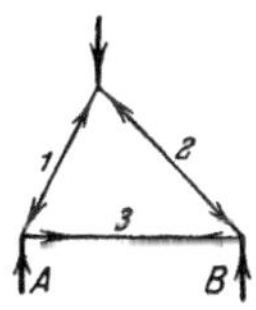

Abb. 98.

In einem Stabverband kennzeichnet man also die Zugspannungen durch Pfeile, die vom Knotenpunkt weggehen; und umgekehrt die Druckspannungen durch Pfeile, die zu diesen Knotenpunkten hingehen. Demnach würde in dem Stabverband der Abb. 91 sein: S_5 eine Druckspannung, S_4, S_8, S_7 Zugspannungen. Eine andere in der Praxis angewandte Methode zeichnet die gedrückten Stäbe durch eine im Stabverband neben dem Stab verlaufende gestrichelte

Linie aus, die gezogenen Stäbe gar nicht. Demnach würden nach Abb. 92 der Stab 5 gedrückt sein, die Stäbe 4, 8, 7 aber gezogen. In der Rechnung ist es üblich, Zugspannungen durch ein $+$-Zeichen, Druckspannungen durch ein $-$-Zeichen anzudeuten. Der Tabelle am Schluß der Nummer **17** wäre dann zu entnehmen, daß im Fall a) S_2, S_3, S_5, S_6 Zugspannungen, S_1, S_4, S_7 Druckspannungen sind.

Beispiel d) An der Leiter der Abb. 96 greift die Kraft $P = 100$ kg an. Man ermittle die Auflagerkräfte bei A und B unter der Voraussetzung, daß die beiden Leiterteile bei C durch ein reibungsloses Gelenk zusammenhängen, sowie daß die Unterlage absolut glatt ist. Die Enden A und B der Leiter sind durch eine Schnur verbunden.

Die Kraft P wirkt an der Stelle C auf die Leiter ein und setzt die Schnur AB in Spannung; durch die Leiterteile CA und CB wird die Kraft P an den Stellen A und B auf die Unterlage übertragen. Man geht wieder von der Voraussetzung aus, daß jeder Punkt der Leiter im Gleichgewicht ist. Also der Knotenpunkt C unter dem Einfluß der an ihm angreifenden äußeren Kraft P und der Spannungen S_1 und S_2 in den Leiterstäben. Punkt A ist im Gleichgewicht unter dem Einfluß der Stabspannung S_1 und der Schnurspannung S_3 und des Auflagerdruckes bei A; Entsprechendes gilt für den Knotenpunkt B. Da die Unterlage als vollkommen reibungsfrei vorausgesetzt ist, fehlt jeder Anlaß, den Auflagerdruck A oder B anders als senkrecht zur Auflagerebene anzunehmen. Man zeichnet für jeden der drei Knotenpunkte C, A, B das Krafteck $\Sigma \mathfrak{P} = 0$, zunächst für C, siehe Abb. 97, woraus S_1 und S_2 ermittelt wird, dann für A und B.

Anmerkung. Man gewöhne sich daran, aus einem gleich nachher in Nr. **17** zu besprechenden Grund, an jedem Knotenpunkt die dort angreifenden Kräfte immer im Uhrzeigersinn abzulesen, also am Punkt C die Reihenfolge P, S_2, S_1 einzuhalten und so aufeinanderfolgend im Kräfteplan abzutragen, am Knotenpunkt A die Reihenfolge S_1, S_3, A, am Knoten B diejenige S_2, B, S_3. Deswegen braucht aber nicht auch im Kräfteplan der Umlaufsinn gleichzeitig der Uhrzeigersinn zu sein, wie Abb. 97 lehrt.

Beispiel e) Am Draht der Abb. 99 hängt genau in der Mitte an der Stelle 0 eine Last $P = 100$ kg. Man ermittle für diese Stellung die Spannung des Drahtes. Dann verkürzt man den Draht, so daß der Angriffspunkt der Kraft an die Stellen 1, 2, 3, 4 gelangt. Wie groß ist bei diesen Stellungen die Spannung des Drahtes? Wie groß wäre sie, wenn man den Draht horizontal spannen könnte, so daß die Last im Punkt 5 angreifen würde?

Der Angriffspunkt 0 ist unter dem Einfluß der Kraft P und der beiden Drahtspannungen S_1 und S_2, die beide natürlich gleich sein müssen, im Gleichgewicht. Man ermittelt S_1 und S_2 aus einem Krafteck, s. Abb. 100, zu $S = 71$ kg.

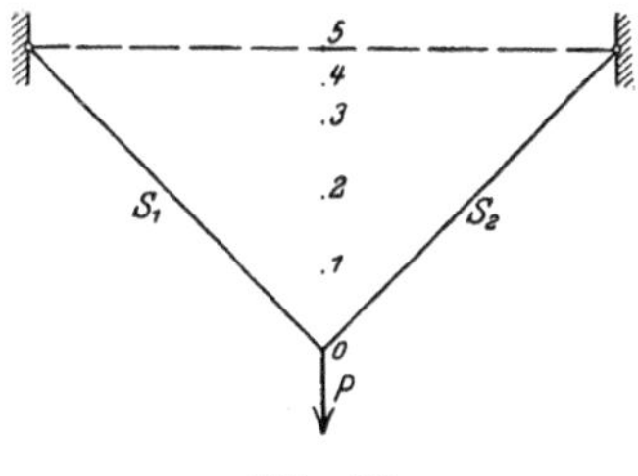

Abb. 99.

Wenn man den Draht verkürzt, dann erhalten die Spannungen S eine geringere Neigung, das Krafteck zeigt, daß ihre Werte größer werden. Man erhält bei den Stellungen 1, 2, 3, 4 die Werte $S = 84$ kg, 113 kg, 206 kg, 399 kg.

Für die Stellung 5, entsprechend einem horizontal gespannten Draht, laufen im Krafteck die beiden Seilspannungen S_1 und S_2 parallel und schneiden sich sonach erst im Unendlichen, sie werden beide unendlich groß. Das ist freilich nur ein Bild, in Wirklichkeit kann man eben einen Draht nicht horizontal spannen.

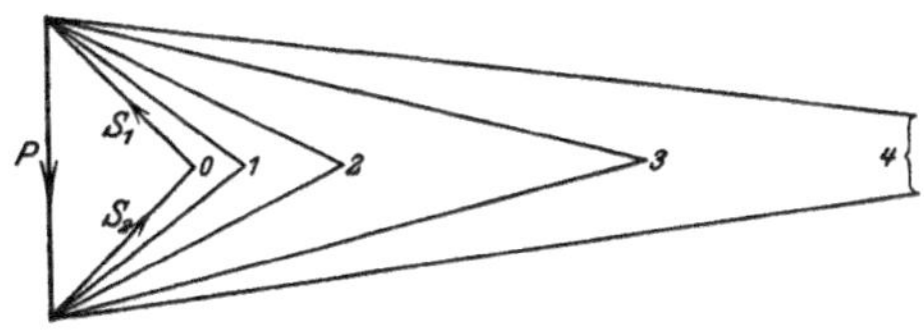

Abb. 100.

Beispiel f) Auf zwei in einer horizontalen Geraden sich schneidenden schiefen Ebenen sind zwei als materielle Punkte zu betrachtende Kugeln, die durch einen gewichtslosen Faden verbunden sind, im Gleichgewicht. Man beweise, daß das Gewicht jeder Kugel proportional sein muß der Länge der schiefen Ebene, auf der sie sich befindet.

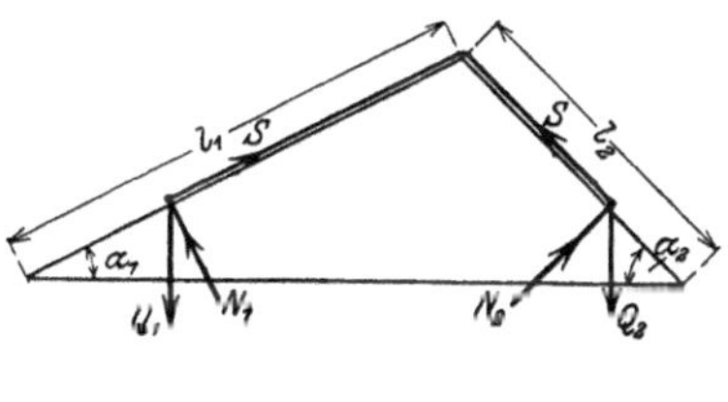

Abb. 101.

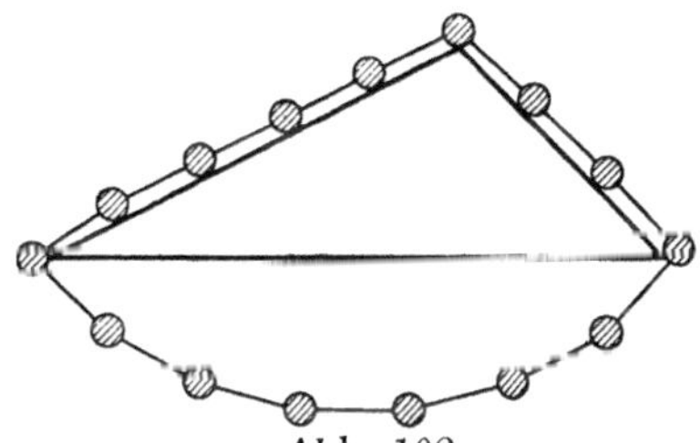

Abb. 102.

Die Längen l_1 und l_2 sind natürlich von der gleichen Horizontalen aus gemessen. Es ist nach dem Sinussatz

$$l_1 : l_2 = \sin\alpha_2 : \sin\alpha_1 \qquad \text{oder} \qquad l_1 \sin\alpha_1 = l_2 \sin\alpha_2 .$$

Auf die erste Kugel wirkt das Gewicht Q_1, das mit dem Normaldruck N_1 und der Fadenspannung S im Gleichgewicht ist; nach

(131) wird $S = Q_1 \sin \alpha_1$; da die Fadenspannung an jeder Stelle gleich ist (Reibung und sonstige Widerstände sollen vernachlässigt werden), so ist gleichzeitig wegen des Gleichgewichtes an der zweiten schiefen Ebene $S = Q_2 \sin \alpha_2$, also muß gelten

$$Q_1 \sin \alpha_1 = Q_2 \sin \alpha_2 \qquad \text{oder} \qquad Q_1 : Q_2 = l_1 : l_2$$

nach der oben angeschriebenen Beziehung. Mit Einführung eines Proportionalitätsfaktors kann man noch entsprechend der Behauptung schreiben

$$Q_1 = c\,l_1, \quad Q_2 = c\,l_2 .$$

Man beachte: Wir haben die Gleichung $Q_1 \sin \alpha_1 = Q_2 \sin \alpha_2$ aus dem Resultantensatz bewiesen. Der umgekehrte Weg wurde eingeschlagen von Stevin, der als erster Entdecker des Satzes vom Kräfteparallelogramm anzusehen ist. Er denkt sich eine geschlossene Kette über zwei schiefe Ebenen gelegt (Abb. 102 nach Stevin) und sagt, diese Kette muß im Gleichgewicht sein, weil sie sonst ein Perpetuum mobile vorstellen würde. Es muß deswegen auch jener Kettenteil auf den schiefen Ebenen im Gleichgewicht sein, der nach Wegnahme des unteren Kettenbogens entsteht. Der Kettenteil auf der linken schiefen Ebene wiegt $Q_1 = c\,l_1$, jener auf der rechten $Q_2 = c\,l_2$, nach dem Sinussatz muß also $Q_1 \sin \alpha_1 = Q_2 \sin \alpha_2$ sein, woraus sich dann der Resultantensatz ergibt. Stevin setzte also a priori die Unmöglichkeit eines Perpetuum mobile voraus und bewies damit den Resultantensatz, sonach umgekehrt wie wir es jetzt machen.

Aufgabe a) Zwei als materielle Punkte zu betrachtende Kugeln von gleichem Gewicht Q sind durch einen gewichtslos gedachten Faden verbunden. Die eine Kugel wird auf eine schiefe Ebene von gegebener Neigung $\operatorname{tg} \alpha$ gesetzt und der Faden über eine Rolle gelegt, so wie Abb. 103 andeutet. Welches ist die Gleichgewichtslage für die Kugel auf der schiefen Ebene? Alle Reibung wird vernachlässigt.

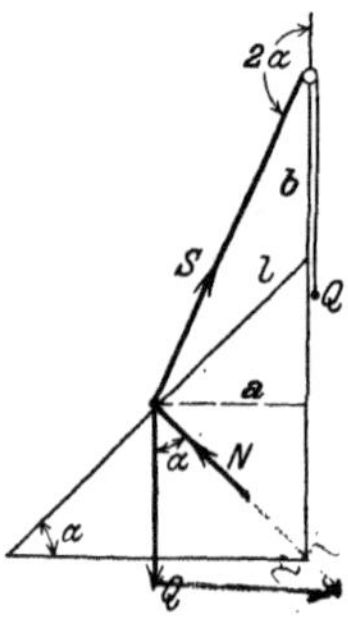

Abb. 103.

Lösung: Die Fadenspannung ist am rechten Ende Q, also auch am linken, an der Kugel greifen sonach an: Gewicht Q, Auflagerdruck N, Fadenspannung $S = Q$. Man zeichnet das Krafteck und findet, daß wegen $S = Q$ die Fadenspannung S unter dem Winkel 2α gegen die Lotrechte geneigt ist. Dadurch ergibt sich die Richtung des linken Schnurteiles und damit auch die Gleichgewichtslage der Kugel. Man findet, daß die Rolle unterhalb der schiefen Ebene sein muß.

Analytisch: Es ist, wenn Abb. 103 die Gleichgewichtslage angibt,

$$l = b\,\frac{\sin 2\alpha}{-\cos \alpha}, \qquad a = l \cos \alpha = -\,b \sin 2\alpha .$$

Das negative Zeichen von b sagt aus, daß die durch Abb. 103 gegebene Lage der Rolle oberhalb der schiefen Ebene überhaupt nicht möglich ist.

Aufgabe b) Zwei als materielle Punkte zu betrachtende Kugeln von gleichem Gewicht Q sind durch einen gewichtslos gedachten Faden von der Länge $2l$ verbunden; in der Mitte trägt der Faden noch ein Gewicht $2Q$. Das Fadensystem bringt man auf einen vertikal stehenden Kreisbogen vom Radius r in eine Gleichgewichtslage, so wie Abb. 104 andeutet. Man bestimme diese Lage, ferner die Fadenspannung S und den Auflagerdruck N. Die Reibung ist zu vernachlässigen.

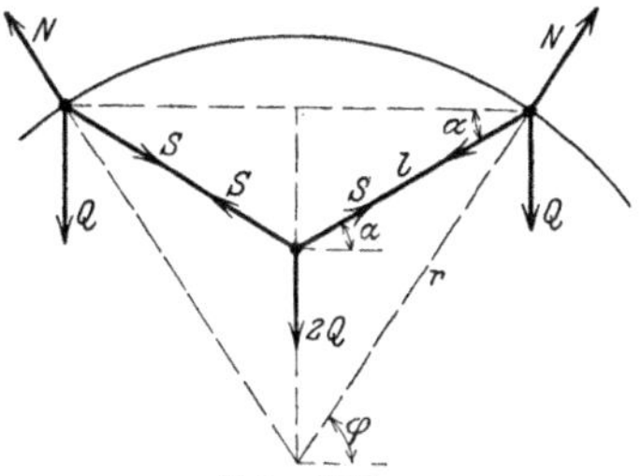

Abb. 104.

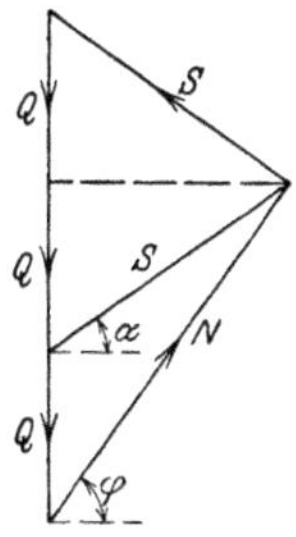

Abb. 105.

Lösung: Man entnimmt der Abbildung des Systems $l \cos\alpha = r \cos\varphi$ und dem zugehörigen Kräfteplan $\operatorname{cotg}\alpha = 2\operatorname{cotg}\varphi$, sowie $S = Q : \sin\alpha$, $N = 2Q : \sin\varphi$. Durch die ersten beiden dieser vier Gleichungen bestimmt man α und φ zu

$$\sin^2\varphi = \frac{4(r^2 - l^2)}{3r^2}, \quad \sin^2\alpha = \frac{r^2 - l^2}{3l^2}.$$

Dann hat man

$$S : N : Q = l\sqrt{3} : r\sqrt{3} : \sqrt{r^2 - l^2}.$$

16. Die vorausgehenden und die meisten der nachfolgenden Beispiele und Aufgaben sind so gewählt, daß die Richtungen der auftretenden Kräfte recht einfacher Art sind. Natürlich nur soweit, als es sich darum handelt, die neu aufgestellten Sätze und Formeln einzuüben; bei mehr praktischen Fällen kann auf eine einfache Lösung keine Rücksicht genommen werden. In Abb. 106 etwa hat Stab 2 und damit auch seine Spannung S_2 die Richtung $1:1$, S_1 diejenige $-1:1$, in Abb. 107 hat S_1 die Richtung 0, S_2 die Richtung $1:1$, in Abb. 108 hat S_1 die Richtung $1:2$, S_2 die Richtung $-3:1$. Für die graphische Lösung der Aufgaben benütze man am einfachsten das gewöhnliche karierte Papier, beachte aber, daß die Karreeseiten genau 5 mm groß sind.

Beispiel a) mit c) Bei den Abb. 106 mit 108 ist jedesmal der materielle Punkt m durch zwei (gelenkartig unter sich und mit dem Auflager verbundene) Stäbe in der Ebene der Abbildung festgehalten. Man ermittle die Spannungen S_1 und S_2 der Stäbe, und zwar graphisch in K. M. 1 mm = 100 kg; $P = 5000$ kg.

Für den Knotenpunkt m zeichnet man jedesmal das Krafteck $\Sigma\mathfrak{P} = 0$. Im Fall a) ist von einem beliebig gewählten Punkt O aus P in der Länge (5000 kg : 100 kg) mm = 50 mm anzutragen, daran schließt sich S_1 und S_2 so, daß man wieder zum Anfangspunkt O zurückkommt. Man beachte wieder, daß man am Knotenpunkt die Kräfte stets im Uhrzeigersinn abliest, also in der Reihenfolge P, S_1, S_2, wenn man mit der bekannten Kraft P beginnt. Im Fall b) liest man die Kräfte am Knotenpunkt auch im Uhrzeigersinn ab, P, S_2, S_1, im Kräfteplan geht trotzdem der Umlaufsinn P, S_2, S_1 gegen den Uhrzeiger.

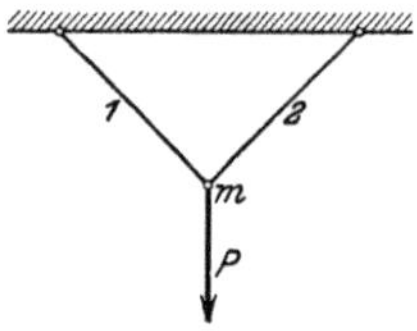

Abb. 106.

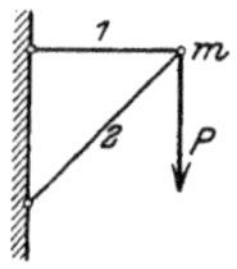

Abb. 107.

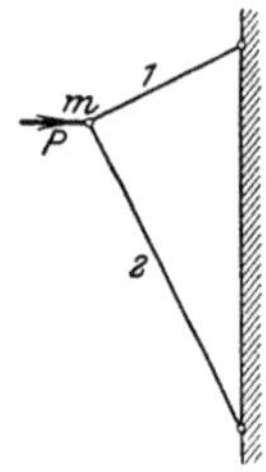

Abb. 108.

Die Abb. 109 mit 111 geben die Spannungen der Stäbe; es ist $S_1 = S_2 = +3535$ kg im Falle a), $S_1 = +5000$ kg, $S_2 = -7070$ kg im Falle b), $S_1 = -4470$ kg, $S_2 = -2235$ kg im Falle c).

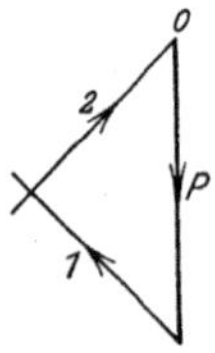

Abb. 109.

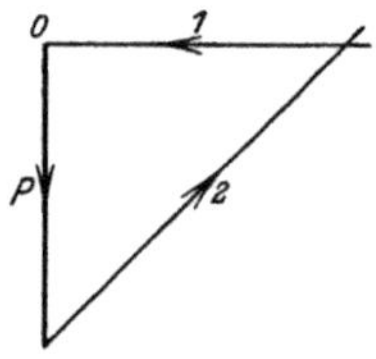

Abb. 110.

K. M. 1 mm = 250 kg.

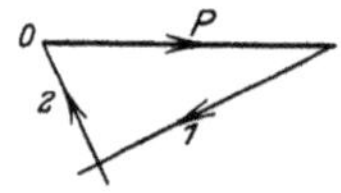

Abb. 111.

Beispiel d) mit f) Die vorausgehenden drei Aufgaben löse man analytisch.

Man stellt im Falle a) die Gleichgewichtsbedingung in Richtung des Stabes 1 auf, weil S_2 in dieser Richtung keinen Beitrag leistet und deswegen aus der Gleichung hinausfällt, s. Abb. 106,

$$+P \cdot \cos 45^0 - S_1 + S_2 \cdot 0 = 0 \quad \text{oder} \quad S_1 = \tfrac{1}{2}\sqrt{2} \cdot P = +3535 \text{ kg}.$$

Man beachte zweierlei: einmal daß man einen bestimmten Richtungssinn als den positiven festlegen muß; hier ist ganz willkürlich auf der ersten, der x-Richtung, s. Abb. 112, der Sinn nach abwärts als der positive gewählt worden; dann daß man für die gesuchte Spannung S_1 einen Richtungssinn, einen Pfeil, annehmen muß; hier vom Knotenpunkt weggehend, entsprechend der willkürlichen Annahme, daß S_1 eine Zugspannung ist; übrigens ist S_1 tatsächlich eine Zugspannung, was man im vorliegenden Fall auch unmittelbar hätte einsehen können. Die Gleichgewichtsbedingung in Richtung des Stabes 2 liefert entsprechend

$$+P\cdot\frac{1}{\sqrt{2}}+S_1\cdot 0-S_2=0 \quad \text{oder} \quad S_2=+3535\,\text{kg}.$$

Für den Fall der Abb. 113 kann man zwar auch sofort sehen, daß Stab 1 gezogen und Stab 2 gedrückt ist; denn wenn P den Knotenpunkt in seiner Richtung zu bewegen sucht, wird Stab 1 sich verlängern, Stab 2 dagegen sich verkürzen. Wir wollen aber ganz willkürlich einmal annehmen, wie man im allgemeinen Fall immer macht, daß beide Stäbe auf Zug beansprucht sind. Man stellt die beiden Gleichgewichtsbedingungen in Richtung des Stabes 1 und senkrecht dazu auf, so wie Abb. 113 andeutet:

$$\left.\begin{aligned} P\cdot 0-S_2\cdot\cos 45^0-\quad S_1&=0\\ -P-S_2\cdot\cos 45^0-S_1\cdot 0&=0\end{aligned}\right\}\ \text{oder}\ \begin{aligned}S_1&=-\tfrac{1}{2}\sqrt{2}\,S_2,\\ S_2&=-P\sqrt{2}.\end{aligned}$$

also

$$S_1=+P=5000\,\text{kg},\quad S_2=-P\sqrt{2}=-7070\,\text{kg}.$$

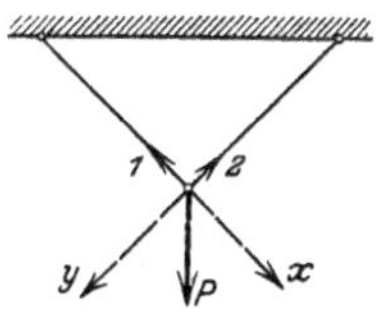

Abb. 112.

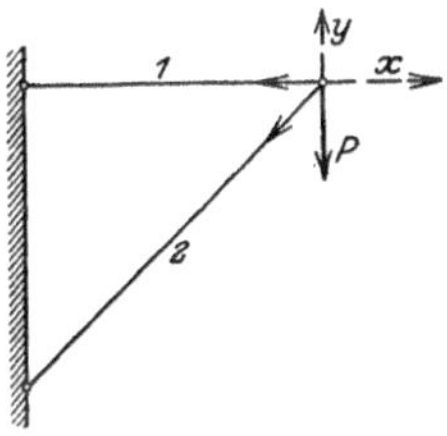

Abb. 113.

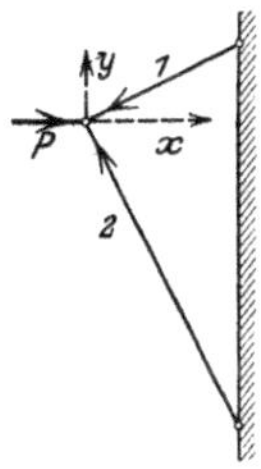

Abb. 114.

Nun ziehe man aber ja nicht den falschen Schluß, daß bei einer Lösung von Spannungsaufgaben das Vorzeichen „+" einen Zug und ein „—" einen Druck bedeutet; bei unserem Beispiel ist zwar richtig, daß S_1 eine Zug- und S_2 eine Druckspannung ist, aber nicht wegen des vorliegenden Vorzeichens.

Das Vorzeichen „+" einer Lösung deutet vielmehr wie bei jeder mathematischen Rechnung immer an, daß der Richtungssinn (oder Pfeil) richtig gewählt wurde, das Vorzeichen „—" aber, daß der Richtungssinn falsch gewählt ist.

Da wir nun nach Willkür die Zugspannung durch ein vorgesetztes „+" und die Druckspannung durch ein vorgegebenes „—" auszeichnen, so würde im vorliegenden Fall der oben als falsch gekennzeichnete Schluß trotzdem noch zu einem richtigen Resultat führen. Er kann aber auch trügen, wie der Fall c) zeigt: Man kann unmittelbar einsehen, daß beide Stäbe gedrückt sind und zeichnet deswegen gleich die Pfeile der Spannungen ein, so wie die Abb. 114 zeigt. Die Gleichgewichtsbedingung in der x- und y-Richtung liefert

$$\left.\begin{aligned} P - S_1 \cdot \frac{2}{\sqrt{5}} - S_2 \cdot \frac{1}{\sqrt{5}} &= 0 \\ P \cdot 0 - S_1 \cdot \frac{1}{\sqrt{5}} + S_2 \cdot \frac{2}{\sqrt{5}} &= 0 \end{aligned}\right\} \text{ oder } \quad \begin{aligned} S_1 &= +\frac{2}{5}\sqrt{5} \cdot P = +4470\,\text{kg} \\ S_2 &= +\frac{1}{5}\sqrt{5} \cdot P = +2235\,\text{kg}. \end{aligned}$$

Hier deutet das $+$-Zeichen der beiden Spannungen nicht einen Zug an, sondern nur die Tatsache, daß der Richtungssinn der Spannungen richtig gewählt war.

Man ersieht aus dieser Überlegung, warum man willkürlich für eine Zugspannung als Vorzeichen ein „$+$“ und für die Druckspannung ein „$-$“ gewählt hat. In den nachfolgenden Zeilen werden wir eine unbekannte Spannung im vornhinein immer als eine Zugspannung annehmen, dann deutet wegen der getroffenen Festsetzung ein positives Resultat gleichzeitig eine Zugspannung an und ein negatives Resultat eine Druckspannung.

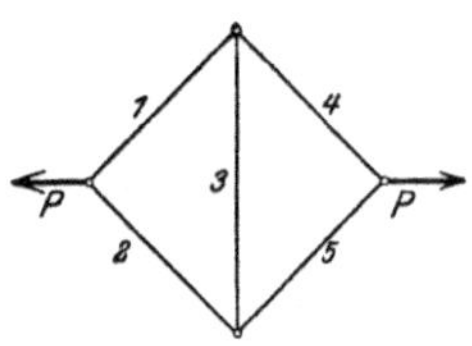

Abb. 115.

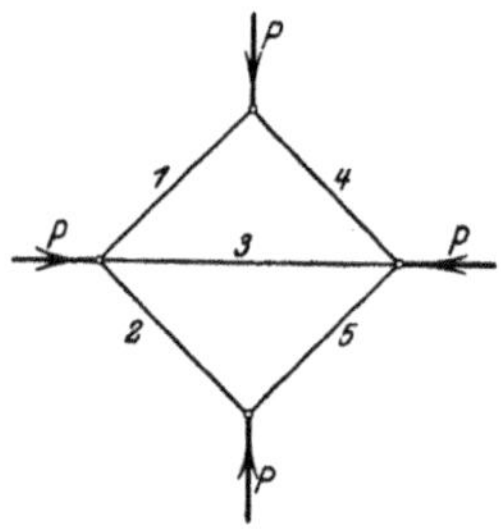

Abb. 116.

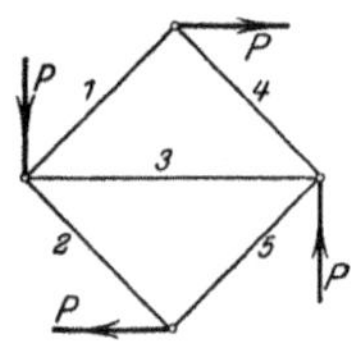

Abb. 117.

Beispiel g) mit i) Von den durch Abb. 115 mit 117 gegebenen ebenen und eben beanspruchten Stabverbänden weiß man, daß jeder einzelne Knotenpunkt im Gleichgewicht ist. Man ermittle graphisch im K. M. 1 mm $=$ 25 kg die an den Knotenpunkten angreifenden Spannungen; $P = 2000$ kg.

Im Fall g) ergeben Symmetrieerwägungen, daß $S_1 = S_2 = S_4 = S_5$. Die Kräfte P, P suchen die seitlichen Knotenpunkte zu entfernen und die mittleren zu nähern, es sind also die Stäbe 1, 2, 4, 5 gezogen und der Stab 3 gedrückt. Analytisch würde man am linken Knotenpunkt die Gleichgewichtsbedingung in Richtung von P aufstellen und erhält

$$P - S_1 \cos 45^0 - S_2 \cos 45^0 = 0 \quad \text{oder} \quad S_1 = S_2 = +\tfrac{1}{2}\sqrt{2} \cdot P.$$

Die Gleichgewichtsbedingung am obern Knotenpunkt in Richtung des Stabes 3 liefert $S_3 = -P$. Das „—" der Spannung S_3 deutet wieder an, daß der Pfeil von S_3 unrichtig gewählt, daß also S_3 eine Druckspannung ist. Graphisch geht man ebenfalls vom linken Knotenpunkt aus und zeichnet das Krafteck $\Sigma \mathfrak{P} = 0$, so wie Abb. 118 angibt. Dann geht man zum obern Knotenpunkt weiter und erhält, ausgehend von dem aus dem ersten Krafteck als Zugspannung gefundenen S_1, das Krafteck der Abb. 119. Man liest mit Hilfe des gewählten Maßstabes ab

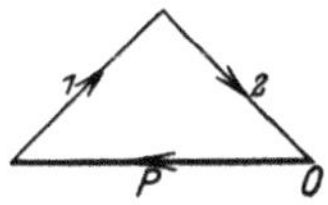

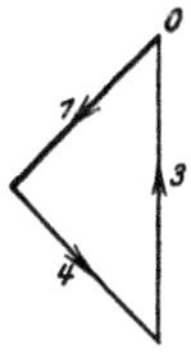

Abb. 118. Abb. 119.
K. M. 1 mm = 100 kg.

$$S_1 = S_2 = +1414 \text{ kg}, \qquad S_3 = -2000 \text{ kg}.$$

Im Fall h) geht man vom obern Knotenpunkt aus, da dort nur zwei unbekannte Kräfte angreifen, nämlich S_4 und S_1. Das Krafteck für diesen Knotenpunkt ist durch Abb. 120 gegeben. Dann geht man zum linken Knotenpunkt über, Abb. 121: man trägt zuerst die bekannten Kräfte an; da man im Uhrzeigersinn ablesen muß, beginnt man mit P, daran schließt sich S_1 und daran die unbekannten S_3, S_2; man sieht, daß $S_3 = 0$ ist. Der Symmetrie wegen ist $S_4 = S_5 = S_1 = S_2$. Der beigegebene Kräftemaßstab gibt an, daß $S_1 = -1414$ kg.

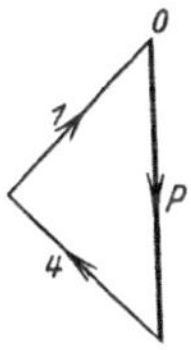

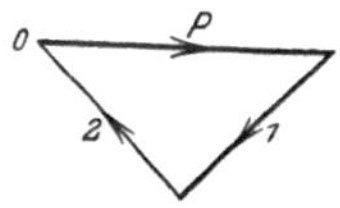

Abb. 120. Abb. 121.
K. M. 1 mm = 100 kg.

Im Fall i) beginnt man wieder mit dem obern Knotenpunkt und geht dann zum linken über; der Kräfteplan für die Spannungen ist durch Abb. 122 und 123 gegeben, sie liefern

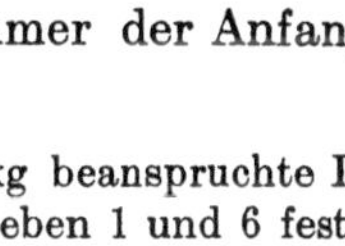

Abb. 122. Abb. 123.
K. M. 1 mm = 100 kg.

$$S_1 = S_5 = +1414 \text{ kg},$$
$$S_2 = S_4 = -1414 \text{ kg}, \qquad S_3 = 0.$$

Der Punkt O in den Kräfteplänen ist immer der Anfangspunkt der einzelnen Kraftecke.

Aufgabe a) Der durch das Gewicht $P = 300$ kg beanspruchte Draht der Abb. 124 ist durch die Pfosten 2 und 5 sowie die Streben 1 und 6 festgehalten. Man ermittle die Spannungen des Drahtes, der Pfosten und der Streben.

Lösung: Man zeichnet für jeden der drei Knoten I, II, III das Krafteck, und zwar beginnt man zuerst am Knoten I, weil dort nur zwei unbekannte Stabspannungen auftreten. Dem Kräfteplan der Abb. 125 entnimmt man

$$S_1 = +890 \text{ kg}, \quad S_2 = -1000 \text{ kg}, \quad S_3 = +450 \text{ kg}, \quad S_4 = +410 \text{ kg},$$
$$S_5 = -900 \text{ kg}, \quad S_6 = +900 \text{ kg}.$$

Aufgabe b) Die Skizze der Abb. 126 deutet eine Kniepresse an. Die beiden gleichlangen Stäbe sind unter sich durch ein Mittelgelenk I und mit der unteren und oberen Ebene durch die Endgelenke II und III verbunden. Die untere Ebene ist fest, die obere bewegt sich unter dem Einfluß einer bei I wirkenden horizontalen Kraft P. Gesucht sind die von P erzeugten Gelenkdrücke.

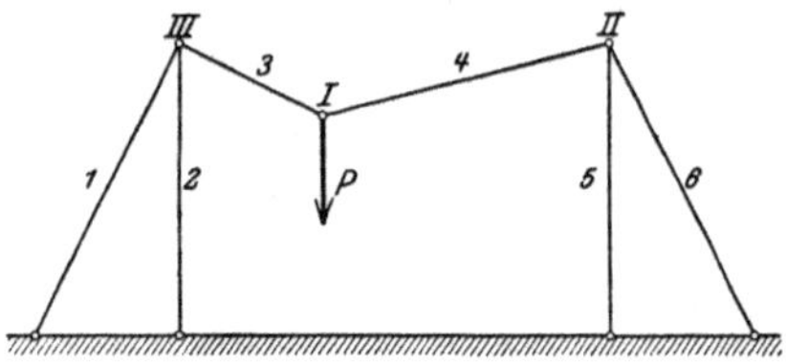

Abb. 124.

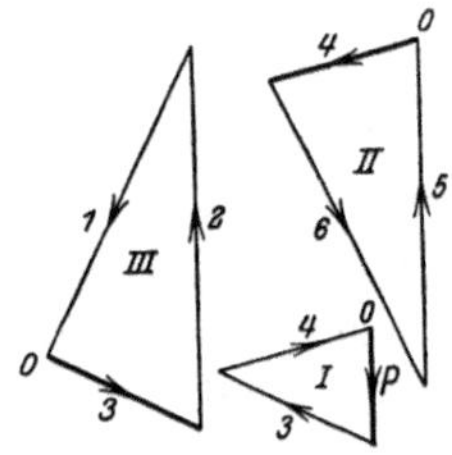

Abb. 125.
K. M. 1 mm = 40 kg.

Lösung: Es ist natürlich Gleichgewicht zwischen P und den an der oberen und unteren Ebene zu überwindenden Nutzlasten Q vorausgesetzt. Aus dem Krafteck für den Knoten I liest man ab $V = \frac{1}{2} P \cdot \mathrm{tg}\,\alpha$, wo V die Vertikalkomponente der Stabspannung oder auch des oberen Gelenkdruckes ist und sonach als senkrechter Druck nach oben wirkt. Für Winkel, die wenig von 90^0 verschieden sind, wird also der Preßdruck V sehr große Werte annehmen, auch wenn P klein ist.

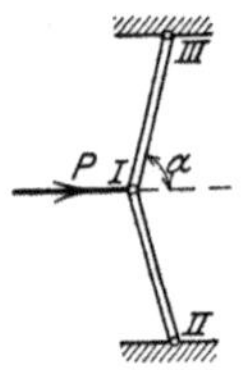

Abb. 126.

Abb. 127.

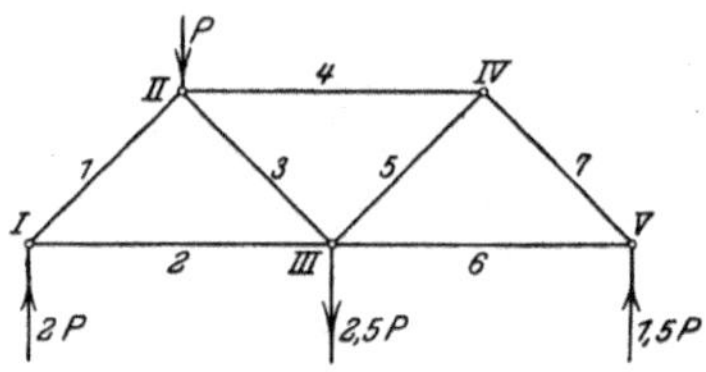

Abb. 128.

17. Hat man Stabverbände mit vielen Knotenpunkten, aber nicht mehr so einfacher Natur wie die vorausgehend betrachteten, so kann das bisherige Verfahren der Ermittlung von Stabspannungen recht umständlich werden, wenn man nämlich für jeden Knotenpunkt ein Krafteck zeichnen will.

Beispiel a) Von dem Stabverband der Abb. 128 weiß man, daß jeder einzelne Knotenpunkt im Gleichgewicht ist. Man ermittle die in ihm auftretenden Spannungen im Kräftemaßstab 1 mm = 25 kg. $P = 1000$ kg.

Man beginnt am Knotenpunkt I, da dort nur zwei unbekannte Spannungen auftreten, nämlich S_1 und S_2. Ebenso könnte man am rechten Knotenpunkt V beginnen, da auch dort nur zwei Spannungen unbekannt sind. Abb. 129 gibt das Krafteck für I. Dann geht man zu II über, da an ihm nur mehr S_4 und S_3 unbekannt ist, s. Abb. 130; dann zu IV, dann zu V, schließlich zu III. Man muß immer beachten, daß man mit einem ebenen Krafteck $\Sigma \mathfrak{P} = 0$ nur zwei unbekannte Zahlenwerte ermitteln kann; man wird also nur bei solchen Knotenpunkten beginnen oder weiterfahren, wo nicht mehr als zwei unbekannte Spannungen auftreten. In der Abbildung sind die jeweils bekannten Kräfte an den einzelnen Knotenpunkten stark ausgezogen. Man beachte: wenn man zum vorletzten Knotenpunkt V kommt, ist nur mehr eine Kraft unbekannt, am letzten Knotenpunkt III aber sind alle Kräfte bekannt.

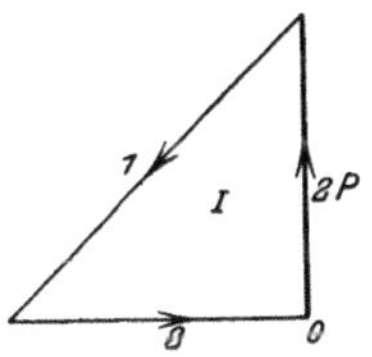

Abb. 129.

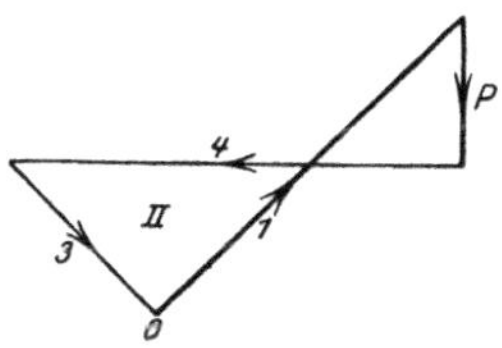

Abb. 130.

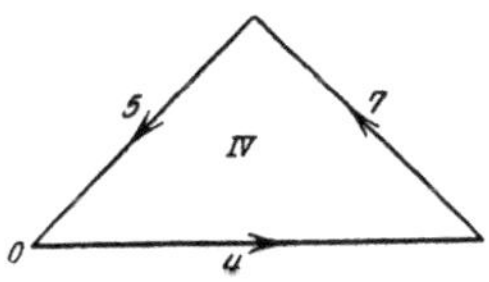

Abb. 131.

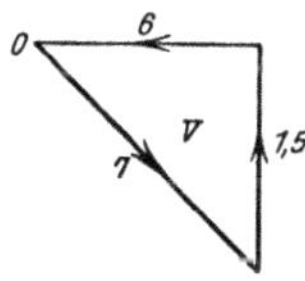

Abb. 132.

K. M. 1 mm = 100 kg.

Im vorliegenden Fall hat man fünf Knotenpunkte und deswegen fünf einzelne Kräftepläne. Man denke sich aber einmal einen praktischen Fall, wo die Zahl der Knotenpunkte ganz wesentlich größer sein kann als hier. Würde man für jeden einzelnen Knotenpunkt immer einen Kräfteplan zeichnen, so würde einmal ihre Zahl sehr groß sein, dann aber mit der Zahl dieser Kräftepläne die Ungenauigkeit der Zeichnung wesentlich steigen, weil man an jedem neuen Knotenpunkt von den Kräfteplänen der vorausgehenden Knotenpunkte immer wieder die Kräfte als Strecken abgreifen und neu antragen muß. Es gibt nun ein Verfahren — nach Bow benannt, der es zuerst anwandte, oder meist nach Cremona, der es zuerst veröffentlichte —, das für einen ganzen Stabverband nur einen einzigen

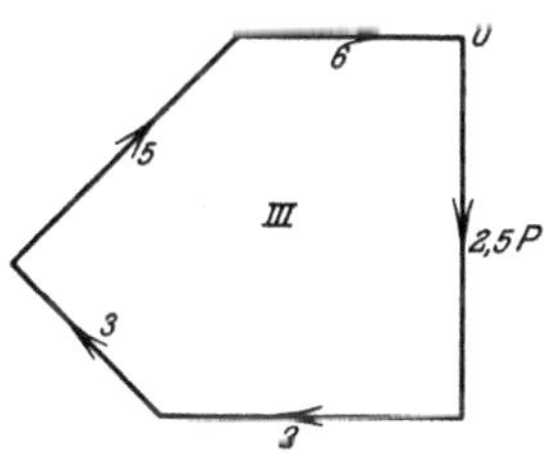

Abb. 133.

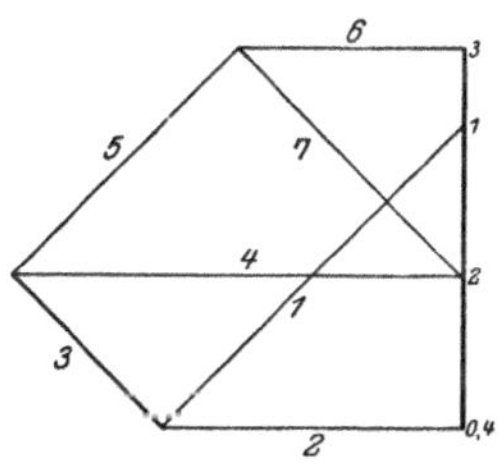

Abb. 134.

K. M. 1 mm = 100 kg.

Kräfteplan benötigt, Cremona- oder Bowscher oder auch reziproker Kräfteplan genannt. In einem solchen Kräfteplan tritt jede Stabspannung nur ein einziges Mal auf, im Gegensatz dazu bei all den bisher gezeichneten Kräfteplänen jede Spannung zweimal, s. die Abb. 129 mit 133. In Nr. **42** wird auf diese neuen Kräftepläne noch näher einzugehen und zu erklären sein, warum sie reziprok heißen; für jetzt sei nur das Verfahren angegeben, das einfach genug in folgender Vorschrift zusammengefaßt werden kann:

> Man liest im Lageplan an jedem Knotenpunkt die an ihm angreifenden Kräfte immer im nämlichen Sinn ab (nach unserem bisherigen Gebrauch immer im Uhrzeigersinn), und zwar die bekannten zuerst und dann die unbekannten, und trägt sie in dieser Reihenfolge im Kräfteplan ab. Die äußeren Kräfte sind immer als außerhalb des Stabverbandes liegend anzunehmen. (a)

Wenn überhaupt ein reziproker Kräfteplan möglich ist, dann kann er, ausgenommen einige in Nr. **42** noch zu besprechende Fälle, nach dieser Vorschrift immer gezeichnet werden. Pfeile dürfen natürlich im Kräfteplan keine mehr eingetragen werden, da ja jede Stabspannung als zu zwei Knotenpunkten gehörig im Kräfteplan auftritt, die Pfeile also auch doppelt eingetragen werden müßten, und zwar jedesmal im entgegengesetzten Sinn. Man beachte Abb. 134, die den Cremonaplan zum Stabverband der Abb. 128 gibt: sie faßt, wie man sieht, alle die Kräftepläne der Abb. 129 mit 133 in sich. Die an dem Stabverband angreifenden äußeren Kräfte liest man auch im Uhrzeigersinn ab, $2P$, P, $1{,}5\,P$, $2{,}5\,P$; sie sind im Kräfteplan stark ausgezeichnet und durch die Reihenfolge der Ziffern 0, 1, 2, 3, 4 gekennzeichnet, so daß also $2P$ durch die Strecke 0 1, P durch die Strecke 1 2 gekennzeichnet ist usw.

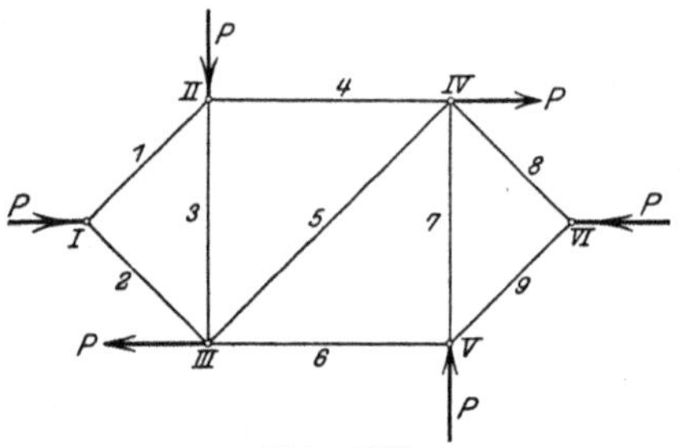

Abb. 135.

Beispiel b) Für den im Gleichgewicht befindlichen Stabverband der Abb. 135 zeichne man im Maßstab 1 mm = 25 kg den Cremona-Kräfteplan. Die P_i haben alle den Wert 2000 kg.

Man kann sowohl am linken wie am rechten Knotenpunkt beginnen, weil an jedem nur zwei unbekannte Spannungen auftreten. Wir beginnen mit I, Abb. 137 gibt den Kräfteplan: Der Punkt O

deutet den Anfangspunkt des Kraftteckes an, der äußeren Kraft P darf man einen Pfeil geben, weil sie nur einmal auftritt, nicht aber den Spannungen S_1 und S_2, da sie später noch einmal an den Punkten II und III vorkommen. Dagegen kann man die Pfeile in den Stabverband selbst setzen. In den Abbildungen steht immer links neben dem Kräfteplan der Stabverband; die bereits ermittelten Spannungen sind in ihm stärker ausgezogen gezeichnet.

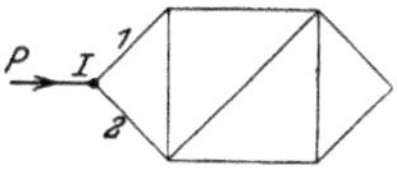
Abb. 136.

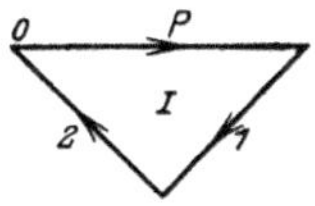
Abb. 137.

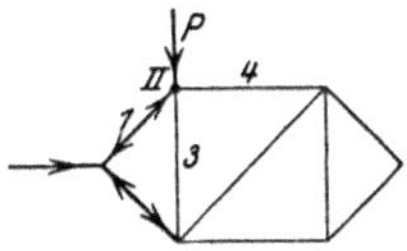
Abb. 138.

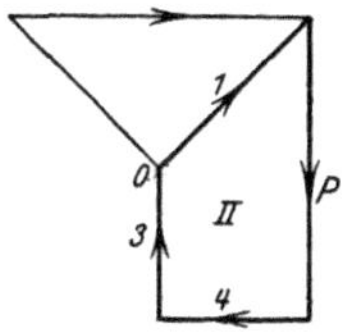
Abb. 139.

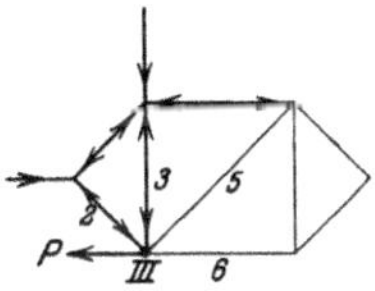
Abb. 140.

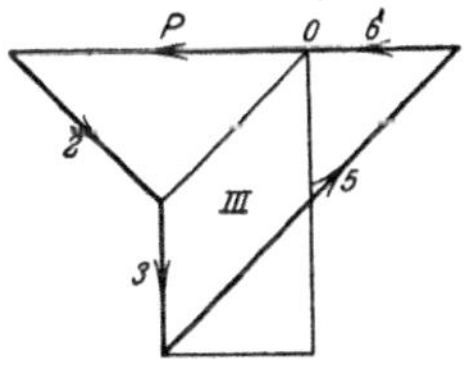
Abb. 141.

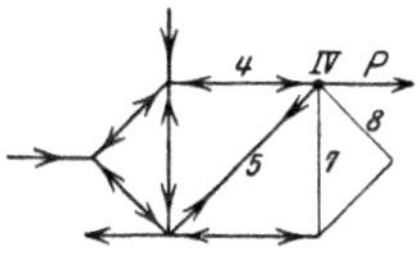
Abb. 142.

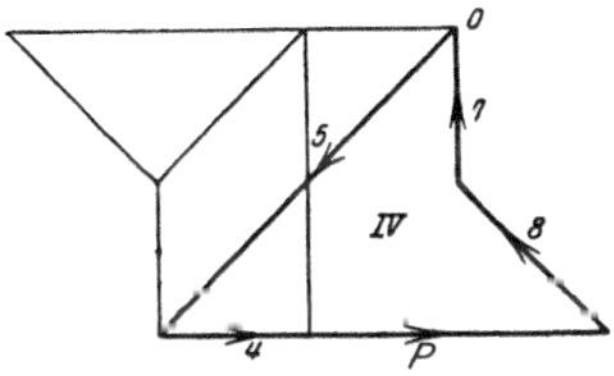
Abb. 143.

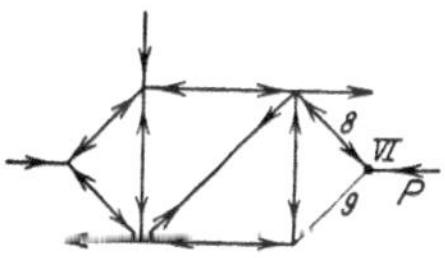
Abb. 144.

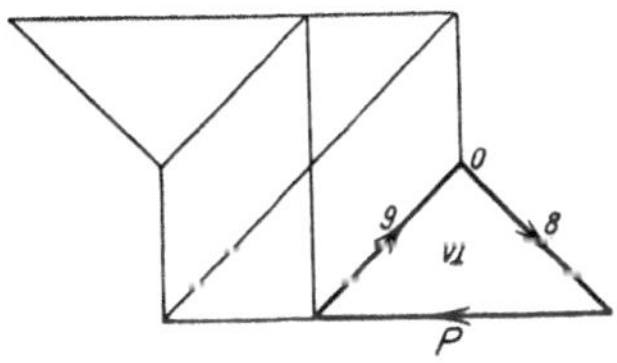
Abb. 145.

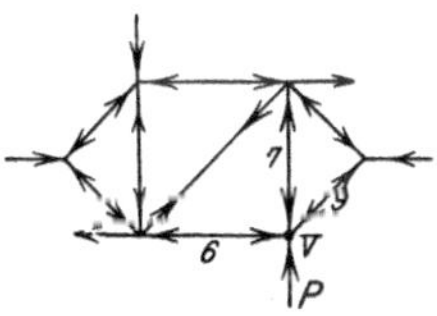
Abb. 146.

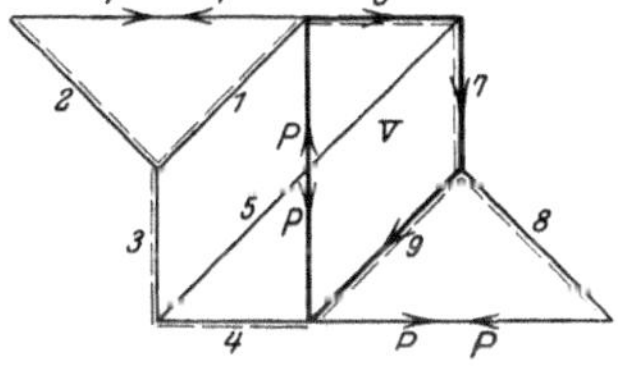
Abb. 147.

Dann geht man zum Knotenpunkt II über (nicht zu III, an dem drei unbekannte Spannungen S_3, S_6, S_4 angreifen): Bekannt sind S_1 und P, in Abb. 138 stärker ausgezogen, S_1 liegt bereits gezeichnet vor in Abb. 137, als Anfangspunkt gilt wieder O, s. Abb. 139, daran schließt sich das bekannte P, dann die beiden unbekannten

S_4 und S_3 so, daß man zu O zurückkommt. Man geht nun zu III über (nicht zu IV, weil dort S_8, S_7, S_5 unbekannt sind). Bekannt sind P, S_2, S_3, in Abb. 140 sind alle bereits bekannten Kräfte stärker ausgezogen, man beginnt mit P so, daß daran sich das bereits gefundene S_2 und S_3 anschließt, s. Abb. 141, dann sind noch die beiden unbekannten S_5 und S_6 anzutragen, so daß man wieder zu O zurückkommt. Für den Knotenpunkt IV ist der weiter fortschreitende Kräfteplan durch Abb. 143 gegeben: Bekannt sind S_5, S_4, P, wie wieder die stärker ausgezogenen Teile der Abb. 142 angeben, S_5 bildet den ersten Vektor des Kräfteplans, also O Anfangspunkt. Für den Knotenpunkt VI gibt dann Abb. 145 die Fortsetzung und Beendigung des Kräfteplans; unbekannt ist nur mehr die Spannung S_9, wie auch durch Abb. 144 wieder angegeben ist. Abb. 147 bringt noch einmal den ganzen Kräfteplan: aus ihm ist noch zur Kontrolle das Krafteck für den Knotenpunkt V zu entnehmen; man beachte wieder, daß die äußeren Kräfte für sich auch ein geschlossenes Krafteck bilden, und daß ihre Reihenfolge so ist, wie man sie am Stabverband abliest, wenn man rings um diesen im Uhrzeigersinn geht. In Abb. 147 sind noch die gedrückten Stäbe durch gestrichelte Linien angegeben, es ist also nur der Stab 5 gezogen.

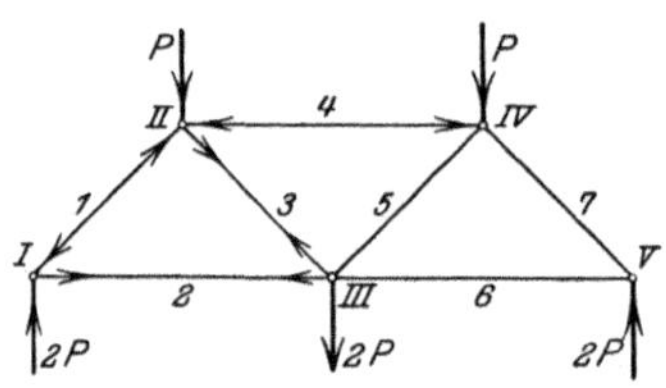

Abb. 148.

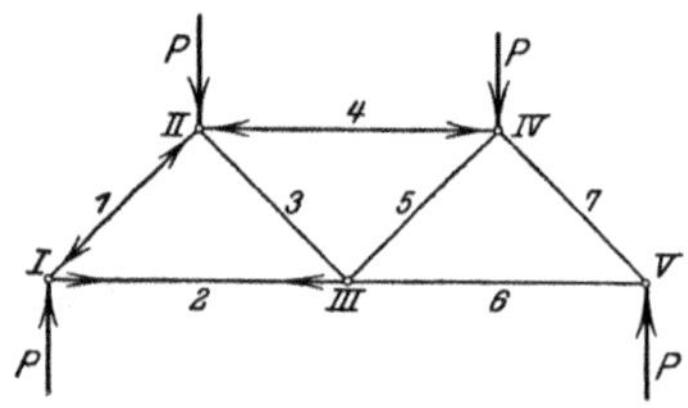

Abb. 149.

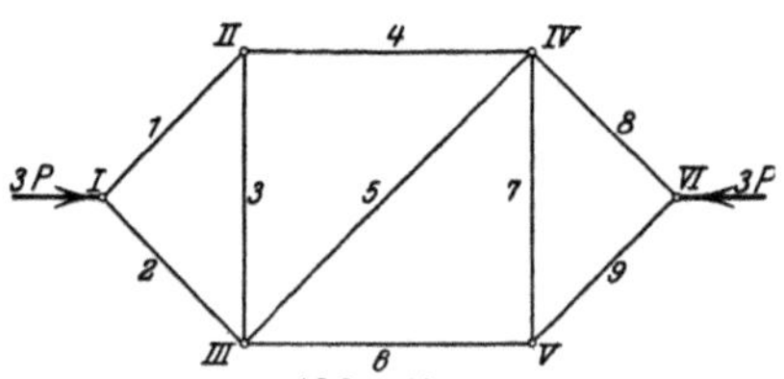

Abb. 150.

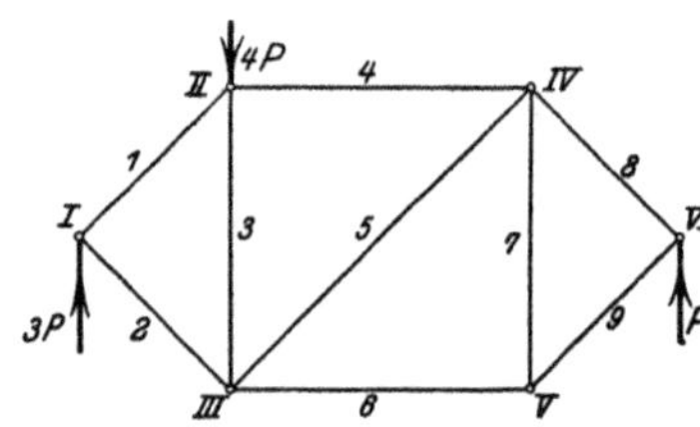

Abb. 151.

Man beachte die Kontrollmöglichkeiten an den beiden letzten Knotenpunkten: am vorletzten, hier VI, war nur mehr eine Kraft unbekannt, am letzten Knotenpunkt waren bereits alle Spannungen ermittelt.

Aufgabe a) mit d) Man ermittle die Spannungen der durch die Abb. 148 mit 151 gegebenen im Gleichgewicht befindlichen Stabverbände mit einem

Cremonaplan im Kräftemaßstab 1 mm = 25 kg. Die P_i haben alle den Wert 1000 kg. Für die gefundenen Stabspannungen lege man eine Tabelle an.

Lösung: Bei allen vier Stabverbänden beginnt man am linken Knotenpunkt, weil dort nur zwei unbekannte Spannungen angreifen. Die gesuchten Pläne sind durch die Abb. 152 mit 155 gegeben, die Spannungswerte je in 1000 kg durch die beistehende Tabelle. Für die symmetrisch beanspruchten Stabverbände der Abb. 148, 149 und 150 zeichnet man den Kräfteplan nur, soweit er notwendig für die Ermittlung der Spannungen ist.

S	1	2	3	4	5	6	7	8	9
a)	— 2,8	+ 2,0	+ 1,4	— 3,0	+ 1,4	+ 2,0	— 2,8	—	—
b)	— 1,4	+ 1,0	0	— 1,0	0	+ 1,0	— 1,4	—	—
c)	— 2,1	— 2,1	+ 1,5	— 1,5	0	— 1,5	+ 1,5	— 2,1	— 2,1
d)	— 2,1	+ 2,1	— 2,5	— 1,5	+ 1,4	+ 0,5	— 0,5	— 0,7	+ 0,7

Aufgabe e) Man beweise den Satz:

Wenn von zwei vollständigen Vierecken fünf Seiten parallel sind, sind es auch die sechsten. (b)

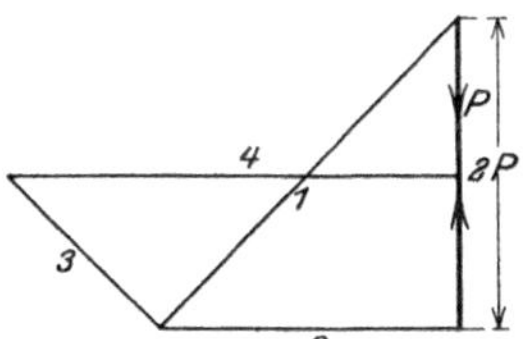

Abb. 152.

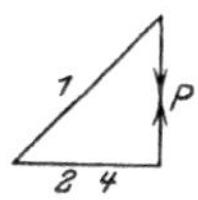

Abb. 153.

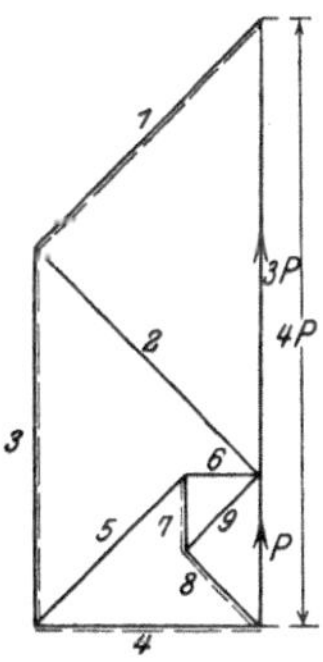

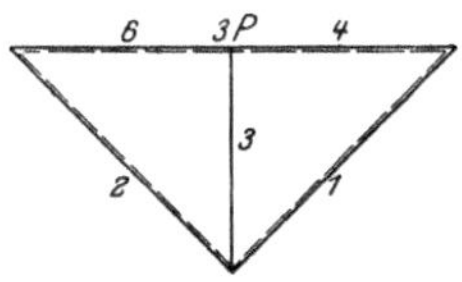

Abb. 154.

Abb. 155.

K. M. 1 mm = 100 kg.

Lösung: Zunächst sei erklärt, daß ein vollständiges Viereck, wie der Name sagt, aus vier Ecken oder Eckpunkten und den sechs durch diese Punkte möglichen Geraden besteht.

Zum Beweis macht man die Seiten 1′, 2′, 3′, 4′, 5′ der Abb. 157 a parallel den Seiten 1, 2, 3, 4, 5 der Abb. 156. Dann muß auch die Seite 6′ parallel sein der Seite 6. Man kann nämlich die Abb. 156 als einen im Gleichgewicht befindlichen Stabverband betrachten, also die Seiten 1, 2, 3, 4, 6 als Träger von Spannungen S_1, S_2, S_3, S_4, S_6 und die Seite 5 als Träger von zwei an den

Ecken II und IV angreifenden entgegengesetzt gleichen äußeren Kräften S_5, S_5. Dann stellt die Abb. 157a den Cremonaplan für dieses Gleichgewichtssystem vor, es muß also die Seite 6' parallel sein der Seite 6.

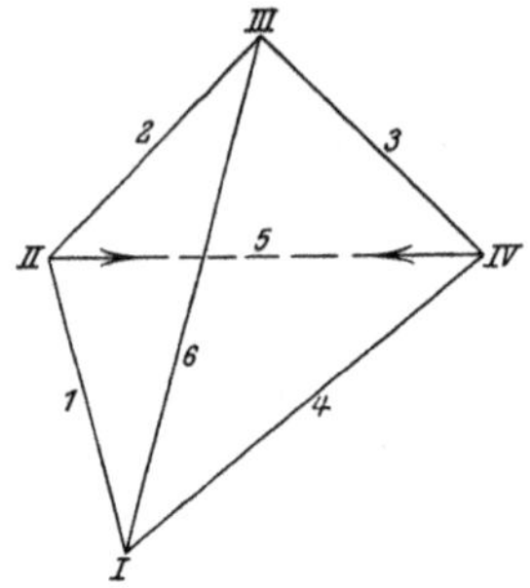

Abb. 156.

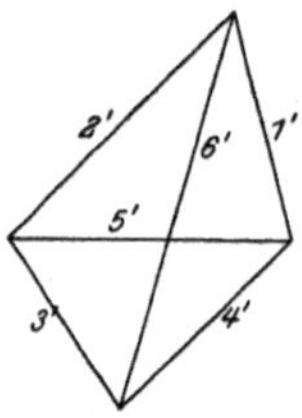

Abb. 157a.

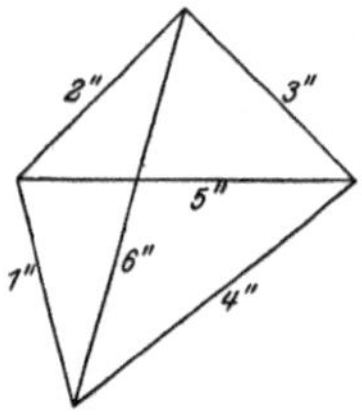

Abb. 157b.

Ist die Lage der Seiten des zweiten Viereckes aber so, wie Abb. 157b angibt, dann kann man genau wie eben entwickeln, daß wieder die Abb. 157a den Cremonaplan für das durch Abb. 157b gegebene Spannungssystem vorstellt, also muß die Seite 6″ parallel sein der Seite 6′ und damit auch der Seite 6.

Dritter Abschnitt.

Allgemeine Sätze der Statik starrer Körper.

18. Wir haben bisher immer mit Körpern gerechnet, die wir unter dem ersten und einfachsten Bild des materiellen Punktes betrachten konnten; zu diesem Zweck dachten wir uns seine ganze Masse in einem einzigen Punkt vereinigt und untersuchten einfach diesen Punkt und die an ihm angreifenden Kräfte. In vielen Fällen genügt das Bild des materiellen Punktes vollkommen, um gesuchte Kräfte zu ermitteln. Naturgemäß kommt man der Wahrheit näher, wenn man ein der Wirklichkeit besser entsprechendes Bild einführt. Was ist nun ein Körper? Wir lassen alle Hypothesen über die Zusammensetzung eines Körpers beiseite; ob er ein Kontinuum von Stoff ist oder aus lauter einzelnen Punkten zusammengesetzt, die irgendwie einen Zusammenhalt haben, ist für die Zwecke, die wir verfolgen, belanglos, wenn wir definieren: Ein Körper ist ein Gemenge von materiellen Punkten, er ist ein Punkthaufen, ein System von materiellen Punkten.

Nach dem Massenpunkt ist das nächsteinfache Bild vom Körper der starre Körper, der im Gegensatz zum deformierbaren Körper steht. Starr heißen wir einen Körper dann, wenn seine einzelnen Punkte ihre gegenseitige Lage nicht ändern. Ob der starre Körper in Wirklichkeit vorkommt? Absolut betrachtet gibt es keinen starren Körper, soweit unsere Erfahrung reicht; wenn aber ein Körper ruht, dann ist er sicher für die Dauer der Ruhe als starr zu betrachten, weil eben in dieser Zeit die einzelnen Punkte ihre gegenseitige Lage nicht ändern; wenn wir nämlich unter Ruhe des Körpers die Ruhe seiner einzelnen Punkte verstehen. Man beachte, daß der Begriff „starrer Körper“ nichts gemein hat mit dem Begriff „fester Körper“. Scheinbar kommt ja wohl der feste Körper dem Bild des starren Körpers recht nahe. Es ist aber ein flüssiger Körper (tropfbar flüssig oder gasförmig flüssig) ebensogut als starrer Körper zu betrachten, wenn er ruht. In der Hydrostatik macht man ja auch vom Bild des starren Körpers Anwendung. Wir merken also:

Starr heißt ein Körper bei unseren Untersuchungen dann, wenn im Augenblick der Untersuchung die einzelnen Punkte des Körpers ihre gegenseitige Lage nicht ändern. (a)

Die in Nr. **14** bereits begonnenen Ausführungen über Koordinaten, Freiheitsgrade, Auflagerungen, Führungen usw. sollen ihre Fortsetzung finden. Ein geometrisches Gebilde hat n Freiheitsgrade oder Koordinaten heißt: zur Bestimmung seiner augenblicklichen Lage in einem festen Raum sind n Zahlenangaben notwendig; um das Gebilde im Raum festzuhalten, muß man ihm also n Führungen oder Auflagerungen geben; um die Bewegung eines geometrischen Gebildes von n Freiheitsgraden zu bestimmen, muß man n Bewegungsgleichungen aufstellen, man sagt deswegen auch, das Gebilde hat n Bewegungsmöglichkeiten; im speziellen Fall der Bewegung, im Fall des Gleichgewichtes, gehen diese Bewegungsgleichungen über in n Gleichgewichtsbedingungen.

Ein auf einer Kurve beweglicher Punkt hat ebenso wie der auf einer Geraden einen einzigen Freiheitsgrad. Denn wenn man irgendwo auf der Kurve einen festen Punkt als Anfangspunkt wählt, kann man die Lage des beweglichen Punktes in jedem Augenblick durch eine einzige Zahl angeben, etwa durch seine Entfernung vom festen Punkt.

Ein um eine feste Achse beweglicher Körper hat nur einen einzigen Freiheitsgrad: die Lage eines einfachen Pendels etwa wird in jedem Augenblick durch seinen Ausschlagswinkel φ, also durch eine einzige Zahl angegeben; es wird daher die Bewegung dieses Pendels durch eine einzige Gleichung bestimmt.

Ein auf einer Fläche beweglicher Punkt hat (genau wie ein in der Ebene beweglicher) zwei Freiheitsgrade oder Koordinaten; die Lage eines Punktes auf der Erdoberfläche wird etwa bestimmt durch Angabe seiner geographischen Höhe und seiner geographischen Breite.

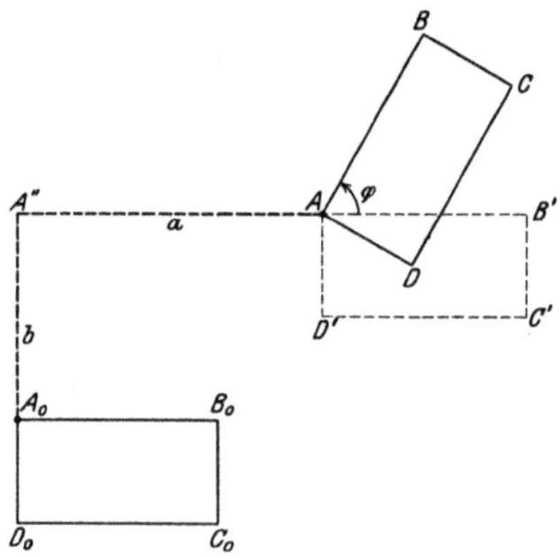

Abb. 158.

Einen starren Körper, dessen einzelne Punkte sich nur so bewegen können, daß ihre Bahnen alle parallel der nämlichen Ebene sind, und der nur von äußeren Kräften in dieser Ebene beansprucht wird, nennt man in der Statik eine Scheibe. Als

Beispiel einer solchen werde ein Rechteck $ABCD$ gewählt, siehe Abb. 158, dessen Anfangslage $A_0B_0C_0D_0$ sei. Jede neue Lage $ABCD$ ist dann durch drei Zahlen bestimmt: indem man etwa angibt die Verschiebung a des Rechteckes in Richtung der Kante AB, die Verschiebung b in Richtung der Kante DA, den Drehwinkel φ des Rechteckes um A. a, b, φ sind dann die Koordinaten der Scheibe; im vorliegenden Fall der Abb. 158 ist $a = 3$, $b = 2$, $\varphi = 60^0$. Die Kanten A_0B_0 und A_0D_0 bilden das Koordinatensystem. Was vom Rechteck gilt, hat natürlich auch für jede beliebige Scheibe Geltung, weil man sich diese mit einem auf ihr ausgewählten solchen Rechteck $ABCD$ fest verbunden vorstellen kann.

Von der Scheibe gilt also, wenn man die neue Sprechweise anwendet: Die Scheibe hat in ihrer Ebene drei Freiheitsgrade oder drei Koordinaten oder drei Bewegungsmöglichkeiten oder ∞^3 Lagen. Ihre Lage in dieser Ebene ist durch drei Bedingungen bestimmt.

Ein im Raum beweglicher Punkt hat, wie schon in Nr. **14** angegeben, drei Freiheitsgrade.

Um die Zahl der Koordinaten oder Freiheitsgrade eines um einen festen Punkt beweglichen starren Körpers zu ermitteln, legt man durch den festen Punkt zwei rechtwinklige räumliche Koordinatensysteme, eines fest im Raum, das andere fest mit dem Körper verbunden. In der Anfangslage des Körpers sollen beide Systeme zusammenfallen. Dann wird die Lage des Körpers in jedem Augenblick durch die Stellung des fest mit dem Körper verbundenen Systems gegenüber dem im Raum feststehenden angegeben. Die Stellung des einen Koordinatensystems gegen das andere wird aber durch drei Zahlenangaben bestimmt, es hat demnach der um einen festen Punkt bewegliche starre Körper drei Koordinaten oder Freiheitsgrade oder drei Bewegungsmöglichkeiten, seine Bewegung wird durch drei Bewegungsgleichungen ausgedrückt, im Fall einer gleichförmigen Bewegung, d. h. im Fall des Gleichgewichts, werden die drei Bewegungsgleichungen zu drei Gleichgewichtsbedingungen.

Ein ganz freier starrer Körper hat im Raum sechs Freiheitsgrade oder Koordinaten. Denn um eine beliebige Lage dieses Körpers gegenüber der Anfangslage anzugeben, wird man zunächst die Lage eines bestimmten Punktes des Körpers durch drei Zahlen angeben, etwa seines Schwerpunktes. Der Körper selbst hat dann gegenüber seinem festgehalten gedachten Schwerpunkt noch weitere drei Freiheitsgrade. Der freie starre Körper im Raum hat also sechs Freiheitsgrade oder Koordinaten oder sechs Bewegungsmöglichkeiten; seine Bewegung wird durch sechs Bewegungsgleichungen bestimmt, im Fall der gleichförmigen Bewegung oder im Sonderfall der Ruhe werden die sechs Bewegungsgleichungen zu sechs Gleichgewichtsbedingungen.

Zwangläufig nennt man einen Mechanismus von einem einzigen Freiheitsgrad. Zwangläufig ist also jeder um eine feste Achse drehbare Körper; oder jeder Körper, der sich längs einer festen Geraden verschieben kann, wenn er bei dieser Bewegung seiner Anfangslage immer parallel bleibt; oder ein Zylinder, der ohne zu gleiten auf einer Ebene rollt; oder das Getriebe einer Dampfmaschine, denn durch eine einzige Zahl, etwa des Kreuzkopfweges, ist die Lage eines jeden Elementes des ganzen Getriebes vollständig bestimmt.

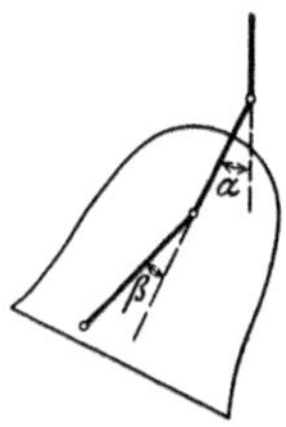

Abb. 159.

Beispiel a) Das System von Glocke und Klöppel, s. Abb. 159, hat gegenüber dem festen Glockenstuhl zwei Freiheitsgrade; die Lage dieses Systems wird in jedem Augenblick durch zwei Zahlen angegeben, etwa durch den Ausschlagwinkel α der Glocke gegenüber dem festen Glockenstuhl und den Ausschlagwinkel β des Klöppels gegenüber der Glocke.

Beispiel b) Wenn der Körper der Abb. 179 nur durch die Stange AB geführt würde, so hätte er noch zwei Koordinaten oder Freiheitsgrade; man könnte seine augenblickliche Lage immer bestimmen durch Angabe des Drehwinkels um die Achse und des längs der Achse zurückgelegten Weges.

Beispiel c) Man führe Koordinaten ein, um die Lage des starren Körpers gegenüber einer gegebenen Anfangslage zu kennzeichnen.

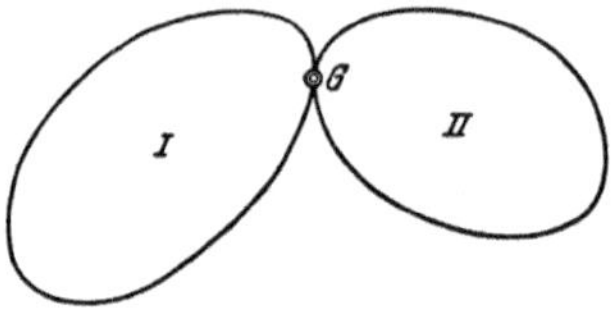

Abb. 160.

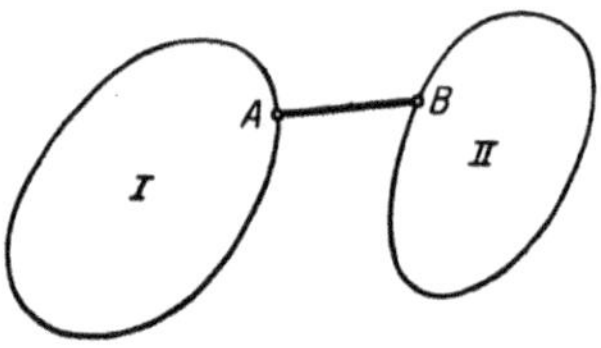

Abb. 161.

Man legt durch den Schwerpunkt des Körpers zwei in der Anfangslage zusammenfallende dreiachsige rechtwinklige Koordinatensysteme, eines fest im Raum und eines fest mit dem Körper verbunden. Jede neue Lage des Körpers ist dann durch die Lage des mit ihm wandernden gegen das im Raum feste Koordinatensystem gegeben. Sie ist bestimmt zunächst durch die drei Koordinaten x, y, z des Schwerpunktes und dann durch die drei Winkel α, β, γ, durch die die Richtung des beweglichen Systems gegenüber dem im Raum festen angegeben wird. Dann können die Werte x, y, z, α, β, γ als die sechs Koordinaten des starren Körpers eingeführt werden.

Beispiel d) und e) Man verbindet zwei in gleicher Ebene befindliche Scheiben einmal nach Abb. 160 durch ein Gelenk G, dessen

Achse senkrecht zur Ebene ist, dann nach Abb. 161 durch einen Stab in den Gelenken A und B. Wie viele Koordinaten oder Freiheitsgrade hat der entstehende Körper in dieser Ebene?

Wenn man im ersten Fall eine der Scheiben festhält, etwa I, so hat die andere ihr gegenüber nur mehr einen Freiheitsgrad, sie kann sich nur mehr um das Gelenk G drehen. Nun kann man aber die Scheibe I vollständig frei bewegen, was drei Freiheitsgraden entspricht, das System der beiden Scheiben hat demnach vier Freiheitsgrade.

Im zweiten Fall kann man eine der beiden Scheiben, etwa I, vollständig frei bewegen, was drei Freiheitsgraden entspricht; der Stab AB hat gegenüber der Scheibe I nur einen einzigen Freiheitsgrad, und Scheibe II gegen den Stab wieder nur einen einzigen; das ganze System demnach fünf Freiheitsgrade.

Beispiel f) Wenn man den starren Körper in einem bzw. zwei, drei Punkten festhält, wieviel Freiheitsgrade hat man ihm dann genommen? Hat man durch Festhalten beliebiger drei Punkte ihm stets jede Bewegungsmöglichkeit genommen?

Der freie starre Körper hat sechs Freiheitsgrade; hält man ihn in einem Punkt fest, so hat er nur mehr drei, man hat ihm also drei Freiheitsgrade genommen; hält man ihn in zwei Punkten fest, dann kann er sich nur mehr um eine durch die beiden Punkte gehende Achse bewegen, man hat ihm demnach durch die beiden Punkte fünf Freiheitsgrade genommen; hält man ihn in drei Punkten fest, so ist er im allgemeinen unbeweglich, man hat ihm also seine sämtlichen sechs Freiheitsgrade genommen. Voraussetzung ist natürlich, daß diese drei Punkte nicht in der nämlichen Geraden liegen, denn dann würde der starre Körper sich immer noch um eine durch diese drei Punkte gehende Gerade bewegen können.

Beispiel g) und h) Das System der Abb. 160 und 161 soll in der Ebene festgehalten werden. Man diskutiere die Möglichkeit dieser Operation.

Man hält das System fest, indem man ihm seine Freiheitsgrade nimmt. Das System der Abb. 160 etwa, indem man jede der beiden Scheiben in einem Punkt festhält, siehe Abb. 162, Schema des Dreigelenkbogens; die drei Punkte A, B, C dürfen aber nicht in der nämlichen Geraden liegen, siehe später in Nr. **46** den Ausnahmefall. Oder indem man einen Punkt der Scheibe I festhält und einem andern Punkt eine Auflagerung oder Führung vorschreibt und ebenso einem Punkt der Scheibe II eine solche Führung, siehe Abb. 163, Schema des Gerberschen Gelenkträgers. Selbstverständlich darf man nicht einer der beiden Scheiben mehr als drei Auflagerungen geben, da sie ja nur drei Freiheitsgrade hat, ihr also nicht mehr als drei genommen werden können. Dem System der Abb. 161 muß man seine fünf Freiheitsgrade durch fünf vorgeschriebene Auflagerungen oder Führungen nehmen; man darf aber nicht einer der beiden Scheiben mehr als drei Auflagerungen vorschreiben.

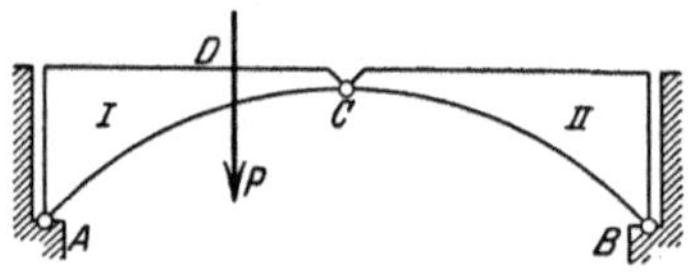

Abb. 162.

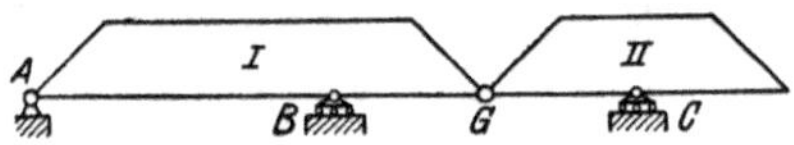

Abb. 163.

19. An den einzelnen materiellen Punkten eines Körpers greifen innere und äußere Kräfte an. Die äußeren Kräfte entweder an den Oberflächenpunkten oder wie die Massenkräfte (Schwerkraft oder Zentripetalkraft usw.) an äußeren und inneren Punkten. Greifen sie an der Oberfläche an, so genügt es meist, als Angriffsstelle einen Punkt zu betrachten, den man den Angriffspunkt der Kraft nennt. Verteilt sich die Angriffsstelle über eine größere Fläche, so muß man (auf Grund von empirisch ermittelten Sätzen etwa) diese Verteilung über die Fläche beurteilen oder über sie eine mit den Tatsachen in Einklang zu bringende Annahme machen.

Von den äußeren Kräften kommen in der Statik in Betracht: Gewichte, Einzellasten, Winddruck, Schneedruck, hydraulische Drücke, Auflagerkräfte usw. Von der Reibung wird zunächst abgesehen. Die Einzellasten, die durch eine Baukonstruktion getragen werden sollen, nennt man meist Nutzlasten. Von Verkehrslasten spricht man dann, wenn man an ein Tragwerk denkt, über das eine bewegliche Last geht.

Ein Tragwerk kann entweder unmittelbar mit dem Erdboden verbunden sein, wie etwa Mauerwerk, oder es ist eine ersichtliche Trennung zwischen dem Erdboden und der Tragkonstruktion (die etwa ein Dach, eine Brücke usw. sein kann) vorhanden. Dann ist die Trennungsstelle die Auflagerstelle für die Tragkonstruktion. Diese und der Erdboden sind durch die Auflager- oder Stützvorrichtungen miteinander verbunden. An der Auflagerstelle werden von der Tragkonstruktion die an ihr wirkenden Kräfte zum Erdboden weitergeleitet, unter dem Einfluß der Tragkonstruktionsbelastung entstehen an dieser Stelle Kräfte, die zweifacher Natur sind; sie gehen einmal vom Tragwerk zum Erdboden, und dann als Gegenkraft vom Erdboden zum Tragwerk (Reaktionsprinzip). In der Zeichnung tragen wir, wenn nicht ausdrücklich anders vermerkt, immer nur die vom Erdboden zur Tragkonstruktion gehenden

Kräfte ein. Das hat seine Gründe darin, daß wir eben das Tragwerk untersuchen und die an ihm angreifenden Lasten. Man muß sich bei einer solchen statischen Untersuchung den Erdboden immer entfernt denken, und von den an der Stützstelle wirkenden Kräften nur diejenigen angebracht, die jeweils vom Erdboden ausgehen und am Tragwerk angreifen.

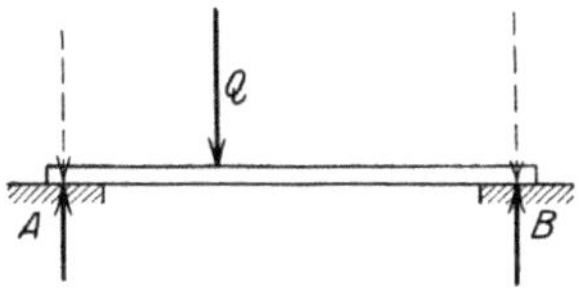

Abb. 164.

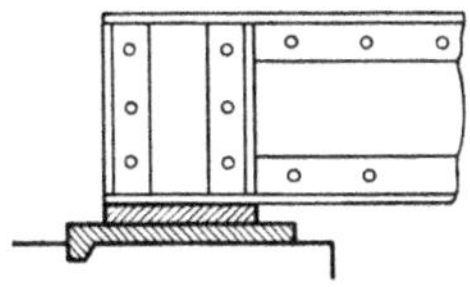
Abb. 165.

Im Fall der Abb. 164 wird die Nutzlast $Q = 3000$ kg an den Auflagerstellen A und B auf den Erdboden übertragen, und zwar wird an der Stelle A beispielsweise der Anteil 2000 kg und an der Stelle B der Anteil 1000 kg nach dem Erdboden übergeleitet. Diese beiden nach abwärts übertragenen Anteile von Q sind in der Abbildung gestrichelt eingezeichnet, weil wir uns im vorliegenden Fall nicht um die zum Erdboden übertragenen Kräfte kümmern, sondern nur um die an der Tragkonstruktion angreifenden. Die beiden nach abwärts geleiteten Drücke lassen an der Stelle A als Gegenwirkung einen nach oben gerichteten Auflagerdruck von 2000 kg und an der Stelle B einen gleichfalls nach oben gehenden Druck 1000 kg entstehen. Beide Kräfte, in der Abbildung stark ausgezeichnet, greifen an dem Balken an und sind mit der Nutzlast Q im Gleichgewicht. Und diese Kräfte sind es, die uns bei der Aufgabe interessieren, und mit denen gerechnet wird, und nur diese sind dann in die Zeichnung einzutragen.

Bezüglich eines Stütz- oder Auflagerdruckes ist zu merken: Geschieht die Auflagerung in einem einzigen Punkt (oder genauer gesagt: innerhalb eines unendlich klein gedachten Flächenstückes), so ist der Auflagerdruck senkrecht zur gedrückten Fläche.

Selbstverständlich greift eine Einzellast weder in einem einzigen Punkt an noch in einem unendlich kleinen Flächenstück, für unsere Zwecke genügt aber vollkommen, statt eines sehr kleinen Flächenstückes ein unendlich kleines Flächenstück oder einen Punkt zu nehmen. Der Angriffspunkt ist natürlich wieder nur ein Bild der wirklich auftretenden Verhältnisse.

Ist man aber nicht berechtigt, dieses Bild des Angriffspunktes einzuführen, muß man also von einer Auflagerung in einem endlichen Flächenstück ausgehen, so ist als Auflagerdruck die Resultierende der unendlich vielen in den einzelnen Punkten übertragenen unendlich kleinen Drücke zu betrachten. Man hat dann drei Fälle der Auflagerung zu unterscheiden, je nachdem sich an der Auflagerstelle die Fläche des gestützten und des stützenden Körpers berühren:

I. Das eine der berührenden Flächenstücke ist eben: Wenn das andere Flächenstück auch eben ist, dann gehen innerhalb der gemeinsamen Berührungsfläche die unendlich vielen unendlich kleinen Flächendrücke alle in der gleichen Richtung, der Auflagerdruck ist also senkrecht zur Auflagerfläche, s. Abb. 164, wo ein gewöhnlicher Balken auf einer Stützmauer aufliegt, oder Abb. 165. Oder das andere Flächenstück ist nicht eben, dann berühren sich rein mathematisch gesehen die beiden Flächenstücke in einem Punkt oder in einer Geraden, s. Abb. 166, die mit den Abb. 164 und 165 das Gleitlager vorstellt; der resultierende Auflagerdruck ist jedenfalls wieder senkrecht zur ebenen Auflagerfläche. Bei größeren Konstruktionen trifft dieser Fall in der Praxis meist zu bei einem sogenannten Rollenlager, welches dem einen Trägerende bei Längenänderungen des Trägers unter dem Einfluß von Temperaturänderung die Möglichkeit des Ausweichens gestatten soll, oder bei dem ihm gleichwertigen Pendellager. Durch die Abb. 167 mit 169 sind wirkliche Rollenlager wiedergegeben, durch Abb. 170 deren schematische und in Zukunft angewandte Darstellung, durch Abb. 171 und 172 das Pendellager. Man merke:

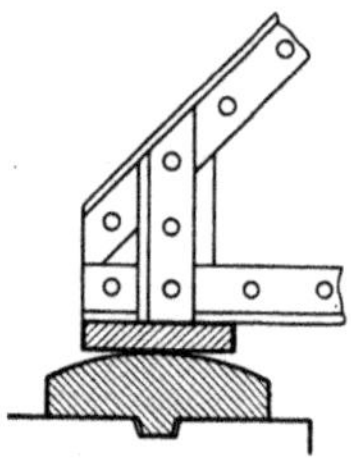

Abb. 166.

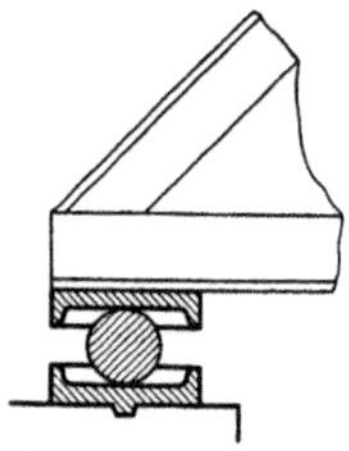

Abb. 167.

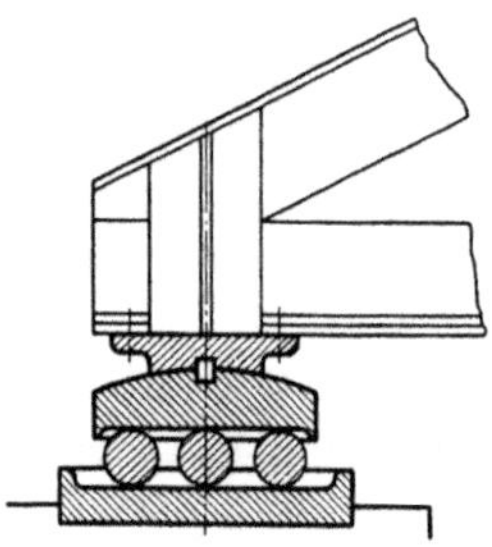

Abb. 168.

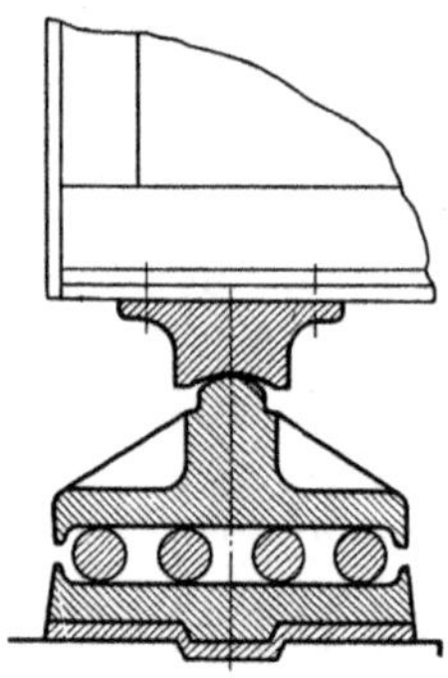

Abb. 169.

Ist das eine der berührenden Flächenstücke eben, dann ist der Auflagerdruck einfach unbekannt, (a)

es ist nur sein Zahlenwert unbekannt, den man graphisch oder analytisch ermitteln kann.

II. Das eine der berührenden Flächenstücke ist zylindrisch, dann ist der resultierende Auflagerdruck senkrecht zur Zylinderachse. (Es soll abgesehen werden von dem in der Praxis nicht anzutreffenden Fall, daß man das andere Flächenstück so konstruieren könnte, daß die beiden berührenden Flächenstücke sich auf einer Kurve berühren, die um die Zylinderfläche herumgeht.)

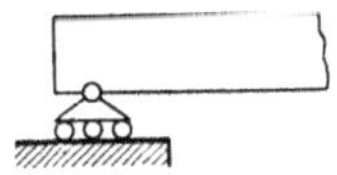
Abb. 170.

Praktisch trifft dieser Fall zu beim sogenannten Zylindergelenk, bei ebenen Aufgaben kurz Achsengelenk oder Bolzengelenk genannt; man spricht von einem Bolzenlager. Die Abb. 173 und 174 stellen diesen Fall vor, wie er in Wirklichkeit vorkommt, und Abb. 175, wie er schematisch dargestellt wird.

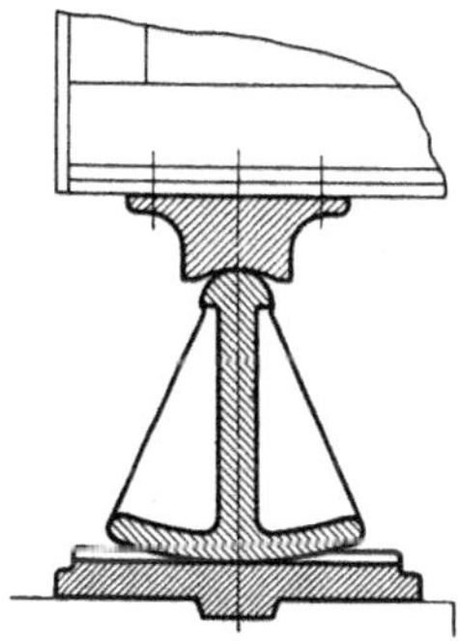
Abb. 171.

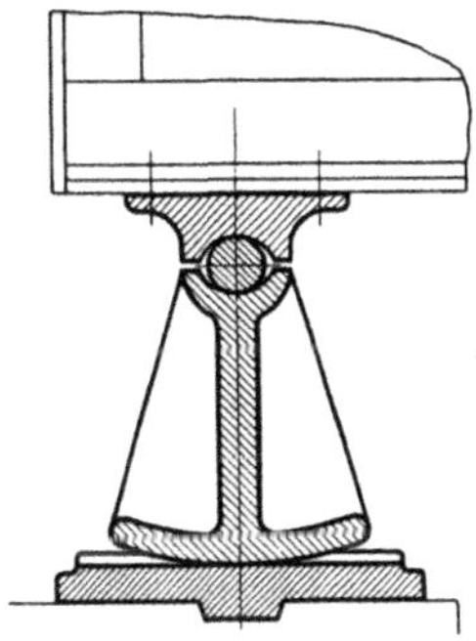
Abb. 172.

Beim Zylindergelenk weiß man vom Auflagerdruck nur, daß er senkrecht steht zur Zylinderachse, zu seiner Bestimmung ist also erforderlich die Angabe eines Winkels und des Zahlenwertes. Man merke:

Ist das eine der sich berührenden Flächenstücke zylindrisch und das andere nicht gleichzeitig eben, so ist der Auflagerdruck zweifach unbekannt, (b)

um ihn aufzufinden, muß man also entweder Zahlenwert und Richtung angeben, wie es bei der graphischen Lösung meist geschieht, oder seine zwei Komponenten, wie die analytische Rechnung ausführt.

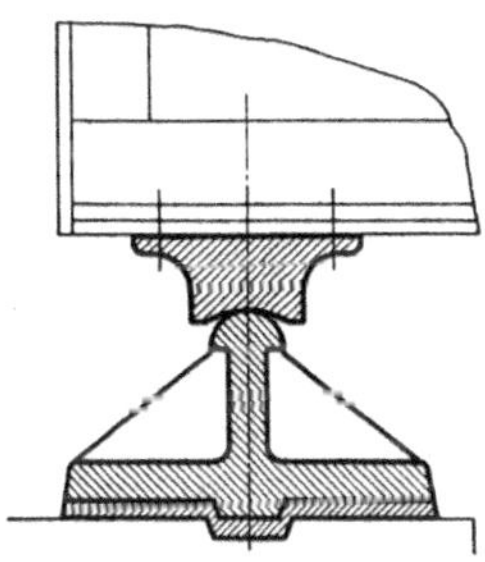
Abb. 173.

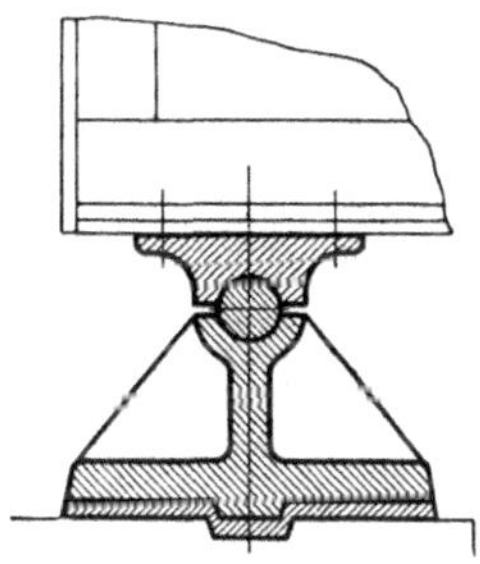
Abb. 174.

III. Allgemeiner Fall der Berührung: Wenn keine der Auflagerflächen eben oder zylindrisch ist, weiß man vom Auflagerdruck gar nichts. Praktisch kommt der Fall dann vor, wenn ein Körper in einem sogenannten Kugelgelenk gestützt ist.

Den gesuchten Auflagerdruck hat man wie einen beliebigen Vektor im Raum erst durch drei Zahlenangaben bestimmt. Man merke also:

Im allgemeinen Fall der Berührung ist der Auflagerdruck dreifach unbekannt. (c)

Bei der graphischen Lösung gibt man den Auflagerdruck durch Zahlenwert und zwei Winkel an, etwa durch Grund- und Aufriß, bei der analytischen Lösung ermittelt man seine drei Komponenten in den drei Grundrichtungen.

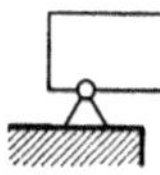
Abb. 175.

Abb. 176 gibt die drei Fälle der besprochenen Auflagerungsarten und ihre gebräuchliche Darstellung bei räumlichen Aufgaben an. Der Quader ruht im Punkt A auf einem ebenen Flächenstück: *Flächenlager*; der Auflagerdruck dortselbst muß senkrecht zu diesem Flächenstück sein, also in die Richtung der Kante AE gehen. Bei B muß man sich ein Achsengelenk in Richtung der Kante BC vorstellen; praktisch wird dies bei Raumkonstruktionen ausgeführt, indem man den Punkt B in einem Schlitz führt, so wie das die Skizze andeutet: *Kurvenlager*; der Auflagerdruck kann dann nur senkrecht sein zu dieser Kante BC, wenn die Führung reibungsfrei ist. Punkt C des Quaders ist vollständig festgehalten: *Punktlager*; der Auflagerdruck kann jede beliebige Richtung haben, je nach den am Quader angreifenden Kräften.

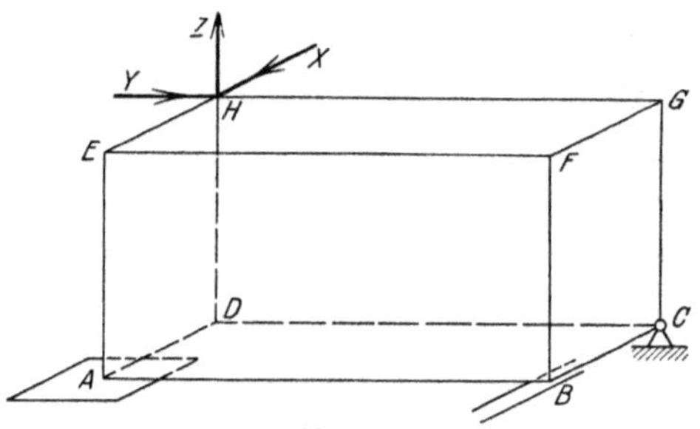

Abb. 176.

Bei ebenen Aufgaben kommen nur die Fälle a) und b) in Betracht, die durch Abb. 170 und 175 bereits ihre gebräuchliche Darstellung ersehen lassen.

Beispiel a) Der Stabverband der Abb. 177 ist an der Stelle A durch ein Gelenk (Zylinder- oder Achsengelenk), bei B durch einen Stab fest mit der Erde verbunden. Die Auflagerkraft A ist zweifach unbestimmt, um sie zu ermitteln, gibt man etwa ihre Komponenten in den beiden durch gestrichelte Linien angedeuteten Richtungen an, die Auflagerkraft B geht in der Richtung des Stützstabes.

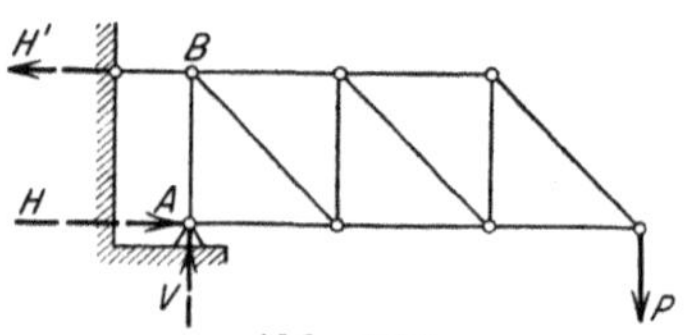

Abb. 177.

Beispiel b) Der bei B um ein

Gelenk drehbare Stab von rechteckigem Querschnitt der Abb. 178 ruht bei C auf einer runden Tragstange auf. Dann ist der Auflagerdruck bei C senkrecht zum Stab, der Gelenkdruck bei B ist nach Zahlenwert und Richtung unbekannt, er ist zweifach unbestimmt.

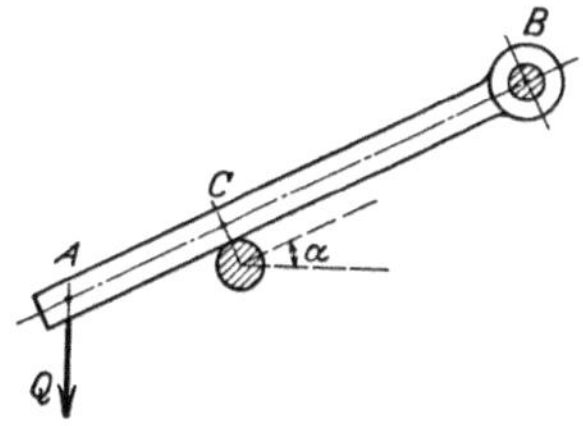

Abb. 178.

Beispiel c) Die quadratische Eisenplatte der Abb. 179 erhält durch zwei Ösen die Stange AB als (reibungsfrei gedachte) Führung. Dann müssen die von der Stange auf die Platte einwirkenden Auflagerkräfte senkrecht zur Stange sein, denn diese bildet ein Zylinder- oder Achsengelenk. Die beiden Auflagerdrücke bei A und B sind demnach jeder durch zwei Zahlenangaben bestimmt. Beide werden an späterer Stelle noch ermittelt, s. Beisp. 31 b) und 32 c), indem man jeden in zwei Komponenten parallel den Geraden AD und AE zerlegt.

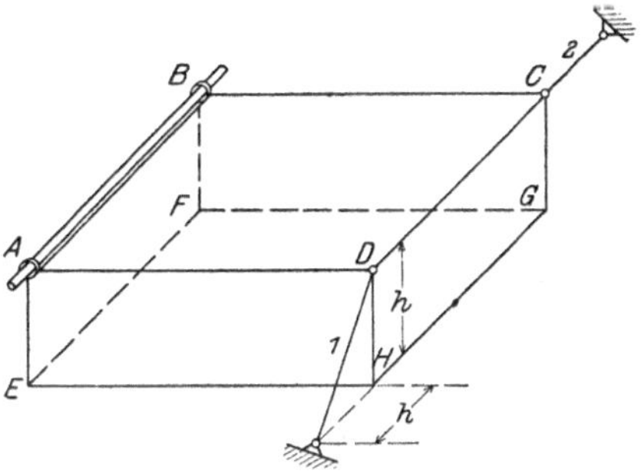

Abb. 170.

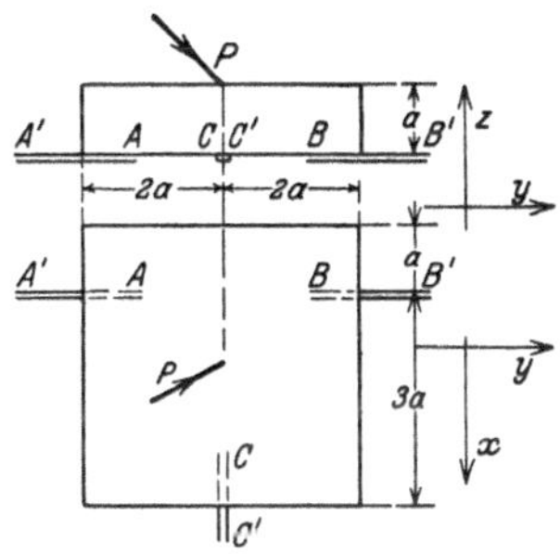

Abb. 180.

Beispiel d) Der Quader der Abb. 180 hat die drei Geraden AA', BB', CC' als Führung, etwa indem man ihn wie beim vorigen Beispiel durch Ösen auf Stangen längs der drei Geraden laufen läßt. Von den drei Gelenkdrücken weiß man, daß sie senkrecht zu den Geraden stehen, jeder ist also durch zwei Zahlenangaben bestimmt.

Auf die inneren Kräfte J, die an den materiellen Punkten eines starren Körpers angreifen, ist zunächst das Newtonsche Reaktionsprinzip anzuwenden. Die vom materiellen Punkt k zum materiellen Punkt l wirkende innere Kraft J_{kl} ist im Gleichgewicht mit der inneren Kraft J_{lk}, die vom Punkt l zum Punkt k wirkt, s. Abb. 181, so daß also die inneren Kräfte sich das Gleichgewicht halten. Über die Berechtigung dieses Prinzips und seine Grenzen hat sich die Dynamik noch zu äußern. Für die

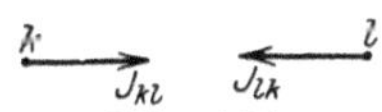

Abb. 181.

Zwecke der Statik genügt die bisher gegebene Form des Prinzipes vollkommen.

20. Definition: Ein Körper ist im Gleichgewicht, wenn jeder seiner Punkte im Gleichgewicht ist, (a)

wenn also für jeden einzelnen Punkt k die Gleichung

$$\mathfrak{P}_k + \Sigma \mathfrak{J}_k = 0 \tag{b}$$

erfüllt ist. Dabei ist $\mathfrak{P}_k$ die an dem Massenpunkt k angreifende äußere Kraft, oder im Fall es mehrere äußere Kräfte sind, deren Resultierende, und $\Sigma \mathfrak{J}_k$ die Resultierende aller an diesem Punkt k angreifenden inneren Kräfte $\mathfrak{J}_{k1}, \mathfrak{J}_{k2}, \ldots \mathfrak{J}_{kn}$, vorausgesetzt, daß der Körper aus n materiellen Punkten zusammengesetzt ist. Wenn ein solcher Punkt im Gleichgewicht ist, kann er nur eine gleichförmige Fortschreitungsbewegung, eine gleichförmige Schiebung oder Translation ausführen. Das Gleiche gilt dann auch für den ganzen Körper, der also im Fall des Gleichgewichtes nur eine gleichförmige Schiebung ausführen kann.

Beispiel a) Kann ein rotierender Körper im Gleichgewicht sein? Nein, denn zum Gleichgewicht des Körpers gehört, daß jeder einzelne Punkt im Gleichgewicht ist und somit eine gleichförmige Translation ausführt, die natürlich nur in einer Geraden erfolgen kann, während bei jeder Drehbewegung die Bahnen der einzelnen Punkte Kreise sind.

Vom Gleichgewicht des Körpers ist zu unterscheiden das Gleichgewicht eines am Körper angreifenden Kräftesystems. Man definiert:

Ein an einem Körper angreifendes Kräftesystem ist im Gleichgewicht, wenn sich sämtliche Kräfte in der Bewegungseinwirkung auf den Körper gegenseitig aufheben. (c)

Ist demnach das an einem Körper angreifende Kräftesystem im Gleichgewicht, so wird sich der Körper genau so bewegen, wie wenn es nicht angreifen würde.

Der selbstverständliche Satz:

Wenn ein Körper im Gleichgewicht ist, dann auch jeder einzelne Teil dieses Körpers, (d)

wurde schon wiederholt angewandt, so bei der Entwicklung der Spannung in einem Faden oder in einem Stab. Man macht von diesem Satz recht häufig Gebrauch, und zwar in der Form, daß man je nach der Aufgabe einen passend gewählten Teil I in Gedanken von dem Körper trennt; der Restteil sei mit II bezeichnet. In den Trennungsflächen werden von dem einen Körperteil auf den andern innere Kräfte übertragen. Diese inneren Kräfte treten wieder in zweifacher Weise auf, an jeder Stelle der Trennungsfläche eine Kraft und die zugehörige Gegenkraft. Wenn also an irgendeinem Punkt k der Trennungsfläche von I aus die innere Kraft $\mathfrak{J}_k$ auf den Teil II wirkt, so wird an dieser Stelle k die gleiche Kraft $\mathfrak{J}_k$ vom Körperteil II aus auf den Teil I wirken, natürlich in entgegengesetzter Richtung.

Beispiel b) In dem Dreigelenkbogen der Abb. 182 werden unter dem Einfluß der Nutzlasten P_1, P_2, ... an den Stellen A und B Auflagerkräfte entstehen, die vom Erdboden ausgehen und am Bogen angreifen und mit den Nutzlasten P_1, P_2, ... im Gleichgewicht sind. In der Abbildung sind diese Auflagerkräfte, als Gelenkdrücke mit G_A und G_B bezeichnet, eingetragen. Die beiden Teile I und II des Bogens sind im Punkt C durch ein Gelenk verbunden. Durch dieses Gelenk werden von I nach II Kräfte übertragen und umgekehrt die Gegenkräfte von II nach I. Wenn wir uns dieses Mittelgelenk als Punkt vorstellen, dann können wir von einer Einzelkraft sprechen, die von I nach II bzw. von II nach I übertragen wird.

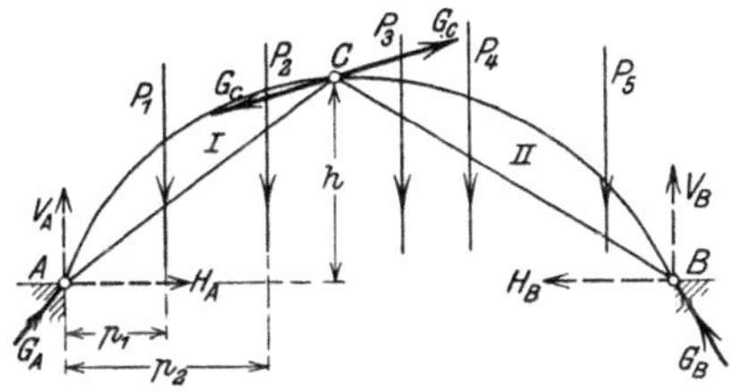

Abb. 182.

Es sei der Teil I allein untersucht; an ihm greifen an die Nutzlasten P_1, P_2, die Auflagerkraft G_A bzw. deren Komponenten V_A und H_A, und vom Teil II her ein Gelenkdruck G_C mit den in Abb. 183 eingezeichneten Komponenten V_C und H_C. Nun überlege man: der Teil II ist der Träger des zum Teil I wirkenden Gelenkdruckes G_C; ob dieser Teil in Wirklichkeit vorhanden ist oder nicht, ist für die rein statische Untersuchung der am Teil I angreifenden Kräfte gleichgültig, wenn nur die Kraft G_C, so wie sie von Teil II aus auf Teil I übertragen wird, vorhanden ist. In Abb. 183 ist der Teil I allein gezeichnet, die Kraft G_C, für die gesamte Tragkonstruktion eine innere Kraft, spielt jetzt für den Teil I allein die Rolle einer äußeren Kraft, die mit den anderen äußeren Kräften P_1,

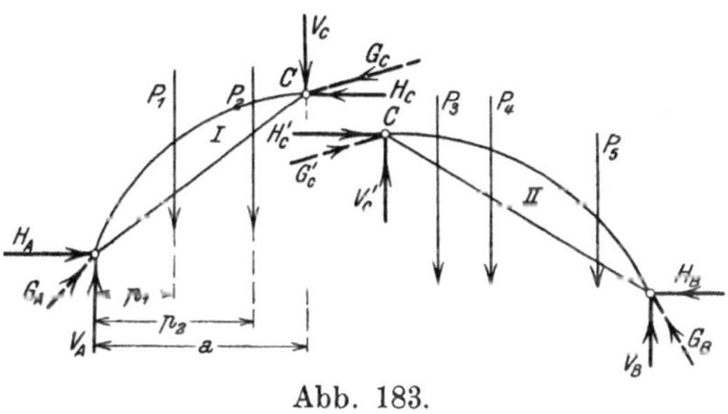

Abb. 183.

P_2, V_A, H_A im Gleichgewicht ist. Wir wollen uns als Resultat dieser Überlegung merken:

> Wenn man aus einem Körper (in Gedanken) einen Teil herausgreift und für sich behandelt, so kann man die in der Trennungsfläche an ihm angreifenden inneren Kräfte genau so wie äußere behandeln. (e)

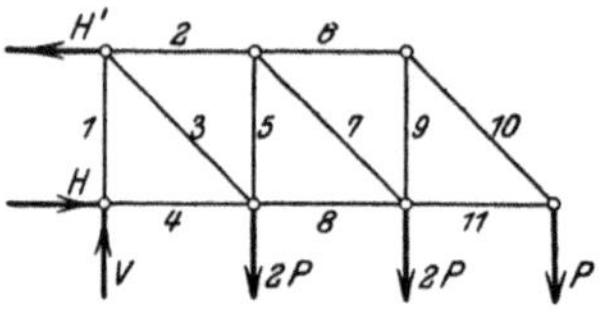

Abb. 184.

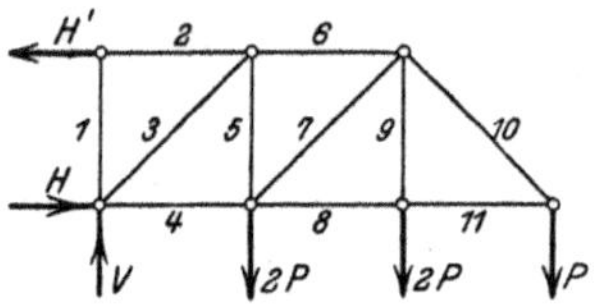

Abb. 185.

Es sei weiter der Teil II allein betrachtet. Es greifen an ihm an die Nutzlasten P_3, P_4, P_5, die Auflagerkraft G_B am rechten Gelenk bzw. deren Komponenten V_B und H_B und vom Teil I her der Gelenkdruck G_C', der wieder genau wie eine äußere Kraft behandelt wird. Naturgemäß muß jetzt G_C', da es ja die Gegenkraft von dem am Teil I angreifenden vorher betrachteten Gelenkdruck ist, entgegengesetzt gleich sein mit diesem Druck, d. h. gleichen Zahlenwert mit G_C, aber entgegengesetzte Richtung haben. In der Abbildung sind gleichzeitig noch die Komponenten V_C' und H_C' von G_C' eingetragen, so wie sie jetzt am Teil II wirken.

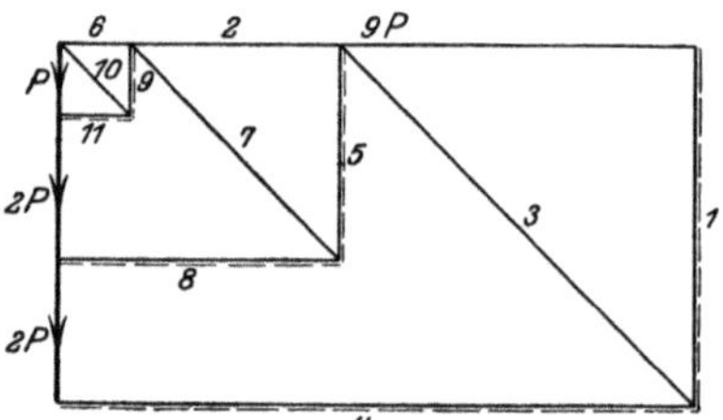

Abb. 186.

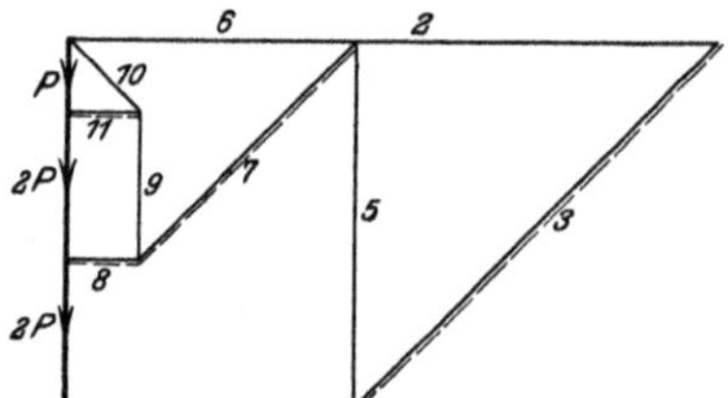

Abb. 187.

K. M. 1 mm = 200 kg.

Aufgabe a) und b) Die an dem Stabverband der Abb. 184 und 185 angreifenden Kräfte P, $2P$, $2P$ rufen die Auflagerkräfte $H = H' = 9P$, $V = 5P$ hervor, siehe auch Abb. 177, sowie Spannungen, die mit einem Cremonaplan im K. M. 1 mm = 100 kg zu ermitteln sind, wenn $P = 1000$ kg.

Lösung: Abb. 186 und 187 geben die gesuchten Pläne, die beistehende Tabelle den Zahlenwert der Spannungen in 1000 kg, in den Kräfteplänen sind die gedrückten Stäbe gestrichelt eingezeichnet.

	1	2	3	4	5	6	7	8	9	10	11
a)	— 5	+ 4	+ 7,07	— 9	— 3	+ 1	+ 4,24	— 4	— 1	+ 1,41	— 1
b)	0	+ 9	— 7,07	— 4	+ 5	+ 4	— 4,24	— 1	+ 2	+ 1,41	— 1

Aufgabe c) Von dem materiellen Punkt auf der schiefen Ebene der Abb. 188 sei vorausgesetzt, daß er durch eine horizontal wirkende Kraft H gezwungen wird, an Ort und Stelle zu bleiben. Man ermittle H graphisch und analytisch.

Lösung: An dem Punkt greifen an sein Gewicht Q, der Normaldruck N und H. Die drei Kräfte müssen im Gleichgewicht und deswegen ihre graphische Summe 0 sein. Q ist bekannt, es lassen sich also mit einem ebenen Kräfteplan N und H ermitteln, so wie Abb. 190 angibt. Man liest ab

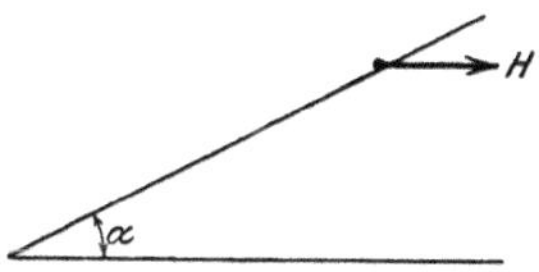

Abb. 188.

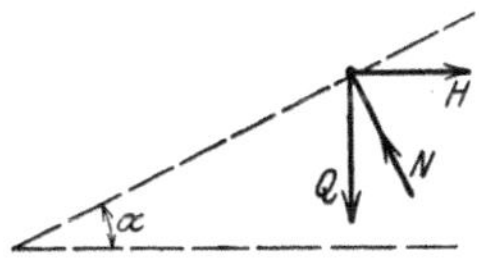

Abb. 189.

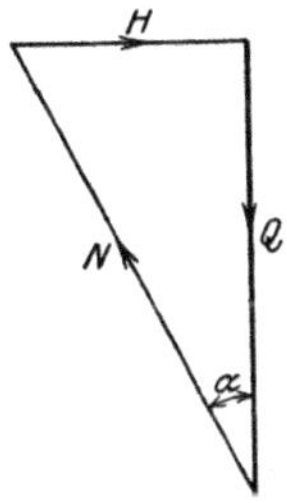

Abb. 190.

$$N = Q : \cos\alpha, \qquad H = Q \cdot \operatorname{tg}\alpha. \tag{d}$$

Analytisch: In Richtung der schiefen Ebene ist Gleichgewicht; es leisten in dieser Richtung (nach aufwärts positiv zählen) Q den Beitrag $-Q\cdot\sin\alpha$, N den Beitrag 0, H den Beitrag $H\cdot\cos\alpha$; die Summe aller Beiträge ist 0,

$$-Q\cdot\sin\alpha + 0 + H\cdot\cos\alpha = 0 \quad \text{oder} \quad H = Q\cdot\operatorname{tg}\alpha.$$

21. In der Ingenieurmechanik mißt man die von einer Kraft geleistete Arbeit in Meterkilogramm und definiert: Die Arbeit 1 mkg oder die Arbeitseinheit wird geleistet, wenn man ein Kilogrammgewicht einen Meter hoch hebt. Oder allgemein: Die am materiellen Punkt angreifende Kraft 1 leistet die Arbeit 1, wenn der Angriffspunkt der Kraft den Weg 1 in Richtung der Kraft zurücklegt. Als Wegeinheit wählt man 1 m.

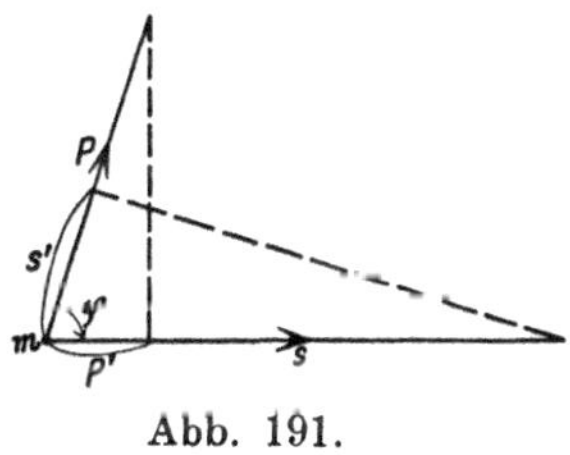

Abb. 191.

Legt ein materieller Punkt m, an dem eine Kraft P angreift, den geradlinigen Weg s zurück und bleibt auf diesem Weg s die Kraft P nach Größe und Richtung konstant so definiert man in der Mechanik:

Arbeit der Kraft P auf dem Weg s ist das Produkt aus Kraft mal Weg mal Kosinus des Winkels von P nach s.

Bezeichnet man diese Arbeit mit A, so ist also nach Abb. 191

$$A = P \cdot s \cdot \cos\varphi. \tag{a}$$

Wenn man schreibt

$$A = P \cdot s \cos\varphi = P \cdot s', \tag{b}$$

so ergibt sich daraus eine andere Formulierung der Größe A, nämlich:

Arbeit ist das Produkt aus Kraft mal Wegprojektion;

natürlich ist die Projektion auf P gemeint, und zwar die senkrechte. Ebenso kann man schreiben

$$A = s \cdot P \cos\varphi = s \cdot P'. \tag{c}$$

Arbeit ist das Produkt aus Weg mal Kraftprojektion.

Wenn demnach Kraft und Weg schief zueinander sind, so kommt für die Arbeitsleistung der Kraft nur ihre in Richtung des Weges fallende Komponente in Betracht.

Beispiel a) mit d) Es ist im Fall der Abbildung

192) $P = 500$ kg, $s = 2{,}5$ m, $P' = +500$ kg, $A = +1250$ mkg,
193) $P = 500$ kg, $s = 3$ m, $P' = -500$ kg, $A = -1500$ mkg,
194) $P = 400$ kg, $s = 3$ m, $P' = 0$, $A = 0$,
195) $P = 1100$ kg, $s = 1{,}5$ m, $P' = -1000$ kg, $A = -1500$ mkg,

wenn man den Richtungssinn in Richtung des Weges s positiv wählt.

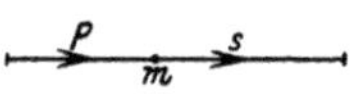

Abb. 192.

Abb. 193.

Abb. 194.

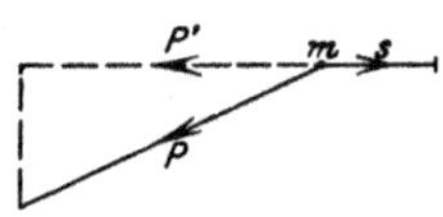

Abb. 195.

L. M. 1 : 200, K. M. 1 mm = 50 kg.

Beispiel e) Wenn eine Person einen Körper vom Gewicht Q mit gleichförmiger Bewegung senkrecht in die Höhe hebt, so greifen an dem (als materiellen Punkt zu betrachtenden) Körper das Gewicht Q an und die nach aufwärts bewegende Kraft, die gleichfalls den Wert Q hat. Wird dabei die Höhe h zurückgelegt, so leistet die von der Person ausgeübte Hubkraft die Arbeit $+Q \cdot h$, das Gewicht des Körpers die Arbeit $-Q \cdot h$. Wird der Körper aber nach abwärts bewegt, und zwar wieder mit gleichbleibender Geschwindigkeit, so daß also wieder in jedem Augenblick Gleichgewicht zwischen der senkenden Kraft und dem Gewicht Q des Körpers ist, und demnach die beiden den Wert Q haben, so leistet die senkende Kraft die Arbeit $-Q \cdot h$, das Gewicht die Arbeit $+Q \cdot h$. Wird der Körper genau horizontal die Strecke s weiter bewegt, so leistet sowohl das Gewicht wie auch die unterstützende Kraft die Arbeit 0, da ja beide zur Wegrichtung senkrecht stehen.

Will man den Begriff „Arbeit“ in der Sprechweise der Vektoren zum Ausdruck bringen, so denke man zunächst daran, daß durch Angabe der Vektoren Kraft und Weg oder in der vektoriellen Schreibweise durch Angabe der Größen $\mathfrak{P}$ und $\mathfrak{s}$ der Winkel φ von $\mathfrak{P}$ nach $\mathfrak{s}$ schon mitbestimmt ist. Denn durch die Schreibweise $\mathfrak{P}$ ist ja auch die Richtung der Kraft P zum Ausdruck gebracht, ebenso diejenige des Weges s durch die Schreibweise $\mathfrak{s}$. Folglich ist durch das Bekanntsein von $\mathfrak{P}$ und $\mathfrak{s}$ auch der Winkel φ von $\mathfrak{P}$ nach $\mathfrak{s}$ bekannt. Nun wird man wie bei der Definition der graphischen Summe zweier Vektoren überlegen: Der Begriff „Arbeit“ tritt in der Mechanik so oft auf, daß sich für ihn eine möglichst einfache Schreib- und Sprechweise empfiehlt. Man nehme einmal an, es trete in einer größeren Rechnung der Ausdruck $\sqrt{a x^2 + b x + c}$ recht oft auf. Man wird dann nicht ermangeln, für diesen Ausdruck ein einfacheres abkürzendes Zeichen, ein Symbol zu setzen, etwa w_x statt $\sqrt{a x^2 + b x + c}$, und künftig immer mit w_x rechnen statt mit diesem Wurzelausdruck. Entsprechend wird man für den Ausdruck $P s \cos\varphi$ ein Symbol einführen. Um einige Vorschläge zu machen, man könnte etwa setzen P_S oder $\mathfrak{P}_{\mathfrak{s}}$ oder $\mathfrak{P}\mathfrak{s}$ oder $\mathfrak{P} \times \mathfrak{s}$ usw. Man hat sich jetzt meist auf die symbolische Schreibweise $\mathfrak{P}\,\mathfrak{s}$ geeinigt. Neben ihr wollen wir aus Gründen, die später ersichtlich werden, auch die Schreibweise P_S gebrauchen und festsetzen: Mit dem Symbol P_S oder $\mathfrak{P}\mathfrak{s}$ soll die Arbeit A der Kraft P auf dem Weg s zum Ausdruck gebracht werden, so daß also

$$A = P_S = \mathfrak{P}\,\mathfrak{s} = P \cdot s \cdot \cos\varphi. \tag{d}$$

Dieses Symbol $\mathfrak{P}\mathfrak{s}$ oder P_S nennt man das skalare Produkt der Vektoren $\mathfrak{P}$ und $\mathfrak{s}$. Man beachte wohl, daß das nur ein Name ist! $\mathfrak{P}\mathfrak{s}$ ist nie und nimmer ein Produkt, so wie die Mathematik der Zahlen es meint. Man nennt dieses Symbol nur deswegen Produkt, weil für es Formeln existieren, die denen eines wirklichen Produktes entsprechen, und man nennt es speziell skalares Produkt, weil das Resultat $P s \cos\varphi$ eine skalare, eine richtungslose Größe ist. Dem Namen Produkt entspricht auch die Schreib- und Sprechweise $\mathfrak{P}\mathfrak{s}$, „$\mathfrak{P}$ mal $\mathfrak{s}$ skalar“ oder kürzer und besser „$\mathfrak{P}\mathfrak{s}$ skalar“. Die andere Schreibweise P_S läßt den Irrtum, als ob man es mit einem wirklichen Produkt zu tun hätte, eher vermeiden. Man wird aber trotzdem auch meist sagen „P mal s skalar“ statt richtiger „$P\,s$ skalar“.

Nach Definition ist also die geleistete Arbeit Null, wenn entweder $P = 0$ oder $s = 0$, oder wenn Kraft und Weg senkrecht zueinander stehen, da eben in diesem Fall der Winkel φ zwischen Kraft und Weg entweder den Wert 90^0 oder 270^0 hat.

Beispiel f) Wann ist $\mathfrak{P}\cdot\mathfrak{s} = P\cdot s$?

Nach Definition, wenn $\cos\varphi = 1$ oder $\varphi = 0$, wenn also Kraft und Weg gleichgerichtet sind.

Beispiel g) Wann ist $\mathfrak{P}\cdot\mathfrak{s} = -P\cdot s$?

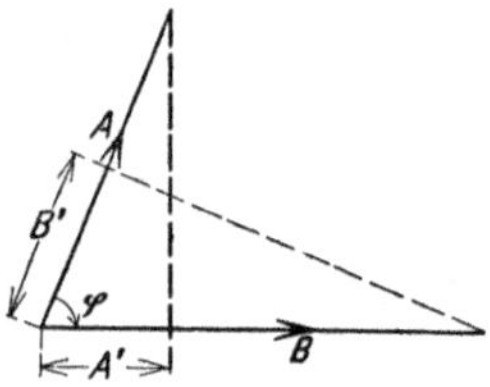

Abb. 196.

Wenn $\cos\varphi = -1$, wenn also Kraft und Weg entgegengesetzt gerichtet sind.

Die Operation „skalares Produkt" kann man natürlich ebensogut auf ganz beliebige Vektoren $\mathfrak{A}$, $\mathfrak{B}$, $\mathfrak{C}$, ... anwenden, man kann sich diese ja, wenn man will, recht gut als Kräfte bzw. Wege vorstellen. Man wird demnach das skalare Produkt $\mathfrak{A}\mathfrak{B}$ oder in der anderen Schreibweise A_B definieren als wirkliches Produkt der Zahlenwerte A und B und des Kosinus des Winkels von $\mathfrak{A}$ nach $\mathfrak{B}$, in Zeichen

$$A_B = \mathfrak{A}\mathfrak{B} = A\cdot B\cdot\cos\varphi, \tag{e}$$

oder mit Hinweis auf Abb. 196

$$\mathfrak{A}\mathfrak{B} = A\cdot B' = A'\cdot B. \tag{f}$$

Das skalare Produkt $\mathfrak{A}\mathfrak{A}$ oder $\mathfrak{A}^2$ geht nach Definition über in A^2, ist also gleich dem Quadrat des Zahlenwertes von $\mathfrak{A}$. Dementsprechend wird

$$\mathbf{i}_1\mathbf{i}_1 = \mathbf{i}_2\mathbf{i}_2 = \mathbf{i}_3\mathbf{i}_3 = 1, \tag{g}$$

da die Einheitsvektoren die Zahlenwerte 1 haben. Andrerseits stehen die Grundvektoren $\mathbf{i}_1$, $\mathbf{i}_2$, $\mathbf{i}_3$ aufeinander senkrecht, so daß

$$\mathbf{i}_1\mathbf{i}_2 = \mathbf{i}_2\mathbf{i}_3 = \mathbf{i}_3\mathbf{i}_1 = 0, \qquad \mathbf{i}_2\mathbf{i}_1 = \mathbf{i}_3\mathbf{i}_2 = \mathbf{i}_1\mathbf{i}_3 = 0. \tag{h}$$

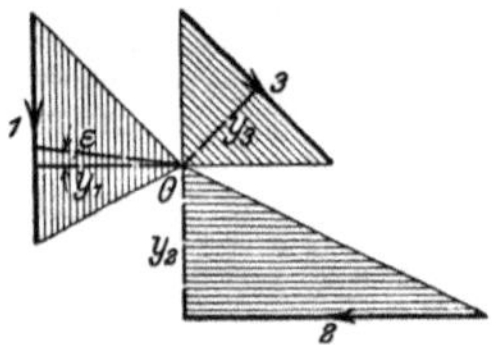

Abb. 197. L. M. 1 : 100, K. M. 1 mm = 200 kg.

Beispiel h) mit k) Das Kräftesystem der Abb. 197 bewegt sich in Richtung der Kraft P_1 bzw. P_2 und P_3 jedesmal um ein Wegstück $s = 1$ cm. Welche Arbeiten werden in jedem der drei Fälle von den Kräften geleistet?

h) P_1 leistet die Arbeit $s\cdot P_1 = 0{,}01\ \text{m}\times 3\,000\ \text{kg} = 30$ mkg, P_2 leistet die Arbeit 0, weil die Kraft senkrecht zum Weg steht, P_3 die Arbeit $s\cdot P_3' = 0{,}01\ \text{m}\cdot 2\,000\ \text{kg} = 20$ mkg.

i) $s\cdot 0 = 0$, $\quad s\cdot P_2 = 40$ mkg, $\quad s\cdot P_3' = -20$ mkg.

k) $s \cdot P_1' = 0{,}01\ \text{m} \cdot 3000\ \text{kg} \cdot \frac{1}{2}\sqrt{2} = 21{,}21\ \text{mkg}$,
$s \cdot P_2' = -28{,}28\ \text{mkg}, \quad s \cdot P_3 = 28{,}28\ \text{mkg}$.

Beispiel l) Das Kräftesystem der Abb. 197 dreht sich um den Punkt O mit einem unendlich kleinen Winkel ε rechtsum. Welche Arbeit leistet jede Einzelkraft?

Bei der Drehung um einen unendlich kleinen Winkel ändert sich die Richtung der Kraft unendlich wenig. Es legt also P_1 den Weg $s_1 = y_1 \varepsilon$ entgegengesetzt seiner eigenen Richtung zurück und leistet dabei die Arbeit $-y_1 \varepsilon \cdot P_1 = -\varepsilon \cdot 3000$ mkg; entsprechend leistet P_2 die Arbeit $+y_2 \varepsilon \cdot P_2 = +\varepsilon \cdot 4000$ mkg und P_3 diejenige $+y_3 \varepsilon \cdot P_3 = +\varepsilon \cdot 2000$ mkg.

22. Bei einem wirklichen Produkt $a \cdot b$ kann man die beiden Faktoren a und b vertauschen; beim skalaren Produkt $\mathfrak{A}\mathfrak{B}$ trifft die nämliche Regel auch für die beiden Vektoren $\mathfrak{A}$ und $\mathfrak{B}$ zu, so daß man

$$\mathfrak{A}\mathfrak{B} = \mathfrak{B}\mathfrak{A} \tag{a}$$

hat. Das ist leicht einzusehen, da nach Definition

$$\mathfrak{A}\mathfrak{B} = A \cdot B \cdot \cos\varphi,$$

$$\mathfrak{B}\mathfrak{A} = B \cdot A \cdot \cos(-\varphi) = B\,A \cos\varphi$$

ist.

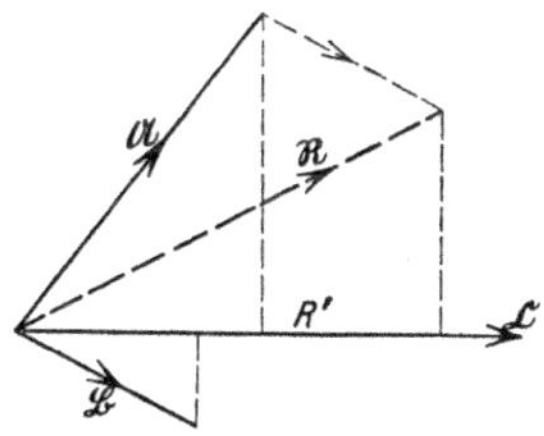

Abb. 198.

Auch das zweite Hauptgesetz für ein wirkliches Produkt, nämlich

$$(a + b)\,c = a\,c + b\,c,$$

findet sein Analogon in dem entsprechenden Satz

$$(\mathfrak{A} + \mathfrak{B})\,\mathfrak{C} = \mathfrak{A}\mathfrak{C} + \mathfrak{B}\mathfrak{C} \tag{b}$$

für das skalare Produkt. Führt man nämlich für einen Augenblick die graphische Summe $\mathfrak{R}$ der beiden Vektoren $\mathfrak{A}$ und $\mathfrak{B}$ ein, so hat man

$$\mathfrak{R} = \mathfrak{A} + \mathfrak{B}$$

oder nach dem Projektionssatz

$$R' = A' + B',$$

wenn man alle Vektoren auf $\mathfrak{C}$ projiziert. Letztere Gleichung multipliziert man mit C,

$$R'C = A'C + B'C,$$

wofür man nach (21 f) schreiben kann

$$\mathfrak{R}\mathfrak{C} = \mathfrak{A}\mathfrak{C} + \mathfrak{B}\mathfrak{C},$$

oder wenn man statt $\mathfrak{R}$ wieder $\mathfrak{A} + \mathfrak{B}$ schreibt,

$$(\mathfrak{A} + \mathfrak{B})\,\mathfrak{C} = \mathfrak{A}\mathfrak{C} + \mathfrak{B}\mathfrak{C}.$$

Will man die Bezeichnung Produkt noch weiter entwickeln durch die Begriffe „multiplizieren“ und „Faktoren“, so kann man die bewiesene Regel in die Worte kleiden:

> Eine (graphische) Summe wird skalar multipliziert, indem man jeden Summanden skalar multipliziert. (c)

Dieses Multiplikationsgesetz kann man erweitern,

$$(\mathfrak{A}+\mathfrak{B})(\mathfrak{C}+\mathfrak{D})=\mathfrak{A}\mathfrak{C}+\mathfrak{A}\mathfrak{D}+\mathfrak{B}\mathfrak{C}+\mathfrak{B}\mathfrak{D}, \tag{d}$$

indem man etwa $\mathfrak{E}=\mathfrak{C}+\mathfrak{D}$ einführt und zweimal die letztentwickelte Formel anwendet.

Man beachte wohl, daß das dritte Hauptgesetz des Produktes $a(bc)=(ab)c$ auf das skalare Produkt nicht angewandt werden kann; $\mathfrak{A}\cdot(\mathfrak{B}\mathfrak{C})$ ist ja gar kein skalares Produkt: $\mathfrak{B}\mathfrak{C}$ ist eine gewöhnliche Zahl als Resultat eines skalaren Produktes, demnach $\mathfrak{A}\cdot K$ ein elementares Produkt, wenn man $\mathfrak{B}\mathfrak{C}=K$ setzt. In der Operation $\mathfrak{A}(\mathfrak{B}\mathfrak{C})$ sind eben elementares und skalares Produkt gemischt, es lassen sich die vorausgehenden Sätze also nicht anwenden. Nebenbei ist leicht einzusehen, daß $\mathfrak{A}\cdot(\mathfrak{B}\mathfrak{C})$ oder $\mathfrak{A}K$ ein Vektor von der Richtung $\mathfrak{A}$ ist, dagegen $(\mathfrak{A}\mathfrak{B})\cdot\mathfrak{C}$ ein Vektor von der Richtung $\mathfrak{C}$. Beide können sonach unmöglich gleich sein, außer sie sind gleich Null.

Von den drei Hauptgesetzen des elementaren Produktes,

$$ab=ba, \qquad (a+b)\cdot c=a\cdot c+b\cdot c, \qquad a\cdot(bc)=(ab)\cdot c,$$

gelten also für das skalare Produkt nur die beiden ersten, das dritte nicht.

Beispiel a) Man drücke $\mathfrak{A}\mathfrak{B}$ durch die Projektionen von $\mathfrak{A}$ und $\mathfrak{B}$ auf die drei Grundrichtungen aus.

Der Vektor $\mathfrak{A}$ hat die Projektionen A_1, A_2, A_3 auf die drei Grundrichtungen, entsprechend $\mathfrak{B}$ die Projektionen B_1, B_2, B_3. Dann wird

$$\mathfrak{A}=\mathfrak{i}_1A_1+\mathfrak{i}_2A_2+\mathfrak{i}_3A_3, \qquad \mathfrak{B}=\mathfrak{i}_1B_1+\mathfrak{i}_2B_2+\mathfrak{i}_3B_3$$

und

$$\mathfrak{A}\mathfrak{B}=(A_1\mathfrak{i}_1+A_2\mathfrak{i}_2+A_3\mathfrak{i}_3)\cdot(B_1\mathfrak{i}_1+B_2\mathfrak{i}_2+B_3\mathfrak{i}_3).$$

Man rechnet nach dem letzten Satz aus und beachtet die Formeln (**21** g, h). Dann erhält man

$$\mathfrak{A}\mathfrak{B}=A_1B_1+A_2B_2+A_3B_3. \tag{e}$$

Für die rechte Gleichungsseite gebraucht man in der höheren Mathematik die abkürzende Bezeichnung A_B; diese Bezeichnungsweise ist ein Grund mit, wenn wir in den folgenden Zeilen zuweilen A_B oder B_A statt $\mathfrak{A}\mathfrak{B}$ schreiben.

23. An dem materiellen Punkt m greifen zwei Kräfte P_1, P_2 mit der Resultierenden R an. Wenn er den Weg s zurücklegt, so wird bei dieser Bewegung P_1 die Arbeit $\mathfrak{P}_1\mathfrak{s}$ leisten und P_2 die Arbeit $\mathfrak{P}_2\mathfrak{s}$. Die Summe der beiden Arbeiten ist $\mathfrak{P}_1\mathfrak{s}+\mathfrak{P}_2\mathfrak{s}$. Die Resultierende R würde, wenn sie vorhanden wäre, die Arbeit $\mathfrak{R}\mathfrak{s}$ leisten. Diese ist

$$\mathfrak{R}\mathfrak{s}=(\mathfrak{P}_1+\mathfrak{P}_2)\mathfrak{s}=\mathfrak{P}_1\mathfrak{s}+\mathfrak{P}_2\mathfrak{s}$$

nach (22 b), also gleich der Summe der Arbeiten der Einzelkräfte. Die Betrachtung gilt unabhängig davon, ob dieser Weg s ein wirklicher oder nur ein gedachter ist, oder in anderer Sprechweise, ob die Bewegung eine reelle oder eine virtuelle ist. Greifen mehrere Kräfte P_1, P_2, P_3, ... P_n mit der Resultierenden R an, so gilt genau so

$$\mathfrak{R}\mathfrak{s}=\mathfrak{P}_1\mathfrak{s}+\mathfrak{P}_2\mathfrak{s}+\ldots+\mathfrak{P}_n\mathfrak{s}$$

oder

$$\mathfrak{R}\mathfrak{s}=\Sigma\,\mathfrak{P}\mathfrak{s}, \tag{a}$$

in Worten: Greifen an einem materiellen Punkt mehrere Kräfte P_1, P_2, P_3, ... mit der Resultierenden R an, so gilt:

> Für jede wirkliche oder gedachte (reelle oder virtuelle) Bewegung des materiellen Punktes ist die Arbeit der Resultierenden gleich der Summe der Arbeiten der Einzelkräfte, (b)

Arbeitssatz oder Prinzip der virtuellen Bewegung.

Der Arbeitssatz ist nur eine Umformung des Resultantensatzes, es lassen sich mit ihm genau die gleichen Aufgaben lösen wie mit dem Resultantensatz, er ist in manchen Fällen nur eine bequemere Form für die Lösung statischer Aufgaben.

Beispiel a) Man benütze den Arbeitssatz für das Beispiel 13f).

Art und Richtung der am materiellen Punkt angreifenden Kräfte ermittelt man mit der gleichen Überlegung wie dort. Um die Zahlenwerte N und R aufzufinden, denke man sich den Punkt einen beliebigen Weg s zurücklegend, also einen virtuellen, etwa den in Richtung nach abwärts, so wie die Abb. 199 andeutet. Bei dieser Bewegung leistet R die Arbeit $s\cdot R$, der Druck N die Arbeit 0, das Gewicht Q die Arbeit $s\cdot Q\cos(90^0-\alpha)=Q\cdot s\cdot\sin\alpha$.

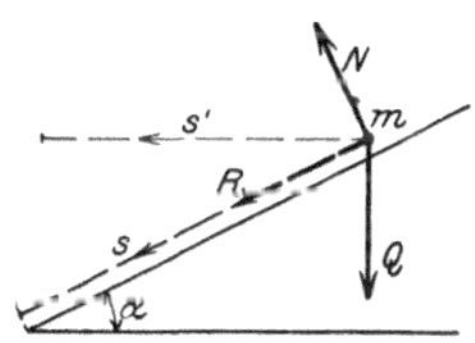

Abb. 199.

Nach dem Arbeitssatz ist

$$s\cdot R=0+s\cdot Q\sin\alpha \qquad \text{oder} \qquad R=Q\cdot\sin\alpha.$$

Nimmt man an, daß der Punkt einen horizontalen Weg s' zurücklegt, so würde bei dieser Bewegung R die Arbeit $s' \cdot R \cos\alpha$ leisten, Q die Arbeit 0 und N die Arbeit $s' \cdot N \cos(90^0 - \alpha) = s' \cdot N \sin\alpha$. Der Arbeitssatz liefert

$$s' \cdot R \cos\alpha = 0 + s' \cdot N \sin\alpha \quad \text{oder} \quad N = R \cdot \operatorname{cotg}\alpha = Q \cdot \cos\alpha.$$

Etwas leichter hätte man N finden können, wenn man den virtuellen Weg s abwärts parallel N annimmt. Bei dieser Bewegung würde R die Arbeit 0 leisten, Q die Arbeit $s \cdot Q \cos\alpha$ und N die Arbeit $-s \cdot N$, der Arbeitssatz liefert wieder

$$0 = s \cdot Q \cos\alpha - s \cdot N \quad \text{oder} \quad N = Q \cdot \cos\alpha.$$

Der Resultantensatz ist als Vektorgleichung in der Ebene gleichwertig zwei und im Raum gleichwertig drei gewöhnlichen analytischen Gleichungen. Der Arbeitssatz (a) ist keine vektorielle, sondern eine gewöhnliche analytische Gleichung, aus der sich also nur eine einzige Unbekannte ermitteln läßt. Die analytische Form des Arbeitssatzes ergibt sich durch einfache Umwandlung, wenn Kraft und Weg in ihre Komponenten längs der drei Grundrichtungen zerlegt werden,

$$\mathfrak{R} = \mathfrak{i}_1 X + \mathfrak{i}_2 Y + \mathfrak{i}_3 Z, \qquad \mathfrak{P}_i = \mathfrak{i}_1 X_i + \mathfrak{i}_2 Y_i + \mathfrak{i}_3 Z_i,$$
$$\mathfrak{s} = \mathfrak{i}_1 x + \mathfrak{i}_2 y + \mathfrak{i}_3 z.$$

Man erhält dann nach (**21** g, h)

$$\mathfrak{R}\,\mathfrak{s} = (\mathfrak{i}_1 X + \mathfrak{i}_2 Y + \mathfrak{i}_3 Z)(\mathfrak{i}_1 x + \mathfrak{i}_2 y + \mathfrak{i}_3 z) = Xx + Yy + Zz$$

und ebenso

$$\Sigma\,\mathfrak{P}\,\mathfrak{s} = \Sigma\,(\mathfrak{i}_1 X + \mathfrak{i}_2 Y + \mathfrak{i}_3 Z)\,(\mathfrak{i}_1 x + \mathfrak{i}_2 y + \mathfrak{i}_3 z) = \Sigma(Xx + Yy + Zz)$$
$$= \Sigma Xx + \Sigma Yy + \Sigma Zz,$$

so daß der Arbeitssatz die Form

$$Xx + Yy + Zz = \Sigma Xx + \Sigma Yy + \Sigma Zz \tag{c}$$

annimmt, eine Form, die man auch unmittelbar aus den drei Gleichungen (**12** e) hätte ableiten können, wenn man diese entsprechend mit x bzw. y, z multipliziert und dann addiert hätte.

Man sieht aus dieser Herleitungsmöglichkeit, daß der Arbeitssatz zunächst schwerfälliger ist als der Resultantensatz, und daß er, was die Anwendung auf praktische Fälle und besonders die Fälle der Statik anlangt, hinter letzterem zurücksteht. Für rein statische Aufgaben kommt in der Tat der Arbeitssatz selten in Betracht, sein Anwendungsbereich liegt auf einem andern noch zu besprechenden Gebiet.

Ist der materielle Punkt unter dem Einfluß der an ihm angreifenden Einzelkräfte im Gleichgewicht, so wird $R = 0$ und damit auch für jede beliebige Bewegung längs eines Weges s die Arbeit $\mathfrak{R}\mathfrak{s} = 0$ oder

$$\Sigma \mathfrak{P}\mathfrak{s} = 0, \tag{d}$$

d. h. ist der materielle Punkt im Gleichgewicht, so ist für jede beliebige wirkliche oder gedachte (reelle oder virtuelle) Bewegung die algebraische Summe der von den Einzelkräften geleisteten Arbeiten Null.

Durch einfache Umformung, wie vorausgehend entwickelt, gelangt man zu der in praktischen Fällen wenig gebrauchten analytischen Form des Arbeitssatzes für den Fall des Gleichgewichtes des materiellen Punktes,

$$\Sigma X x + \Sigma Y y + \Sigma Z z = 0. \tag{e}$$

Beispiel b) Man löse das Beispiel 13 g) mit Hilfe des Arbeitssatzes.

Man wendet die gleichen Überlegungen wie bei der ersten Lösung zur Ermittlung der Richtung der angreifenden Kräfte an. Um den Zahlenwert von F zu finden, denke man sich dem Punkt eine (virtuelle) Bewegung längs der schiefen Ebene nach abwärts erteilt. Während dieser Bewegung leistet F die Arbeit $-s \cdot F$, der Druck N die Arbeit 0 und Q die Arbeit $s \cdot Q \sin\alpha$, die Summe aller Arbeiten ist 0,

$$-s \cdot F + 0 + s \cdot Q \sin\alpha = 0 \qquad \text{oder} \qquad F = Q \cdot \sin\alpha.$$

Um N zu ermitteln, wird man eine virtuelle Bewegung in Richtung von N vorschlagen, für den Weg l in dieser Richtung leistet F die Arbeit 0, dann hat man

$$+ l \cdot N + 0 - l \cdot Q \cos\alpha = 0 \qquad \text{oder} \qquad N = Q \cdot \cos\alpha.$$

Die Umkehr des Arbeitssatzes:

> Ist für jede reelle oder virtuelle Bewegung eines materiellen Punktes die algebraische Summe der Arbeiten der an diesem Punkt angreifenden Kräfte gleich Null, so ist er unter dem Einfluß dieser Kräfte im Gleichgewicht, (f)

ist recht einfach zu erweisen. Angenommen nämlich, es sei der Punkt nicht im Gleichgewicht, so hätten die an ihm angreifenden Kräfte eine Resultierende $\mathfrak{R} = \Sigma \mathfrak{P}$; für eine virtuelle Bewegung in Richtung dieser Resultierenden R längs eines Weges s würde dann $\mathfrak{R}\mathfrak{s}$ sicher von Null verschieden sein und damit auch $\Sigma \mathfrak{P}\mathfrak{s}$, was der Voraussetzung widerspräche.

Aufgabe a) Man löse Aufg 20 c) mit Hilfe des Arbeitssatzes.

Lösung: Für einen virtuellen Weg h in Richtung der schiefen Ebene nach abwärts liefert der Arbeitssatz

$$h \cdot Q \sin\alpha + 0 - h \cdot H \cos\alpha = 0 \qquad \text{oder} \qquad H = Q \cdot \operatorname{tg}\alpha.$$

Aufgabe b) Man beweise den Satz:

Wenn die gesamte Arbeitsleistung eines am materiellen Punkt angreifenden Systems in drei verschiedenen nicht der gleichen Ebene parallelen Richtungen Null ist, dann auch in jeder Richtung. (g)

Lösung: Man kann jede Kraft P_i in zwei Komponenten U_i und U_i' nach der ersten Richtung und dazu senkrecht zerlegen. Legt der materielle Punkt in der ersten Richtung den Weg u zurück, so leistet von den beiden Komponenten von P_i nur die erste eine Arbeit, nämlich $u \cdot U_i$. Das gesamte Kräftesystem leistet die Arbeit $\Sigma u \cdot U$ oder $u \cdot \Sigma U$. Nach Voraussetzung ist diese Arbeit Null, es gilt $u \cdot \Sigma U = 0$ oder $\Sigma U = 0$, d. h. die Summe der Beiträge des Kräftesystems in der ersten Richtung ist Null. Das gleiche beweist man für die beiden anderen Richtungen, man hat dann

$$\Sigma U = 0, \qquad \Sigma V = 0, \qquad \Sigma W = 0.$$

Nach Aufg. 13h) muß dann der materielle Punkt im Gleichgewicht sein, das an ihm angreifende Kräftesystem leistet also für jede beliebige Bewegung die Arbeit Null.

24. Drei Grundbegriffe sind es, mit denen die Mechanik arbeitet: Resultante, Arbeit, Moment. Die ersten beiden sind in den vorausgehenden Zeilen beschrieben, der neue Begriff „Moment" wird durch folgende Überlegung klargemacht.

Man denke sich den Körper der Abb. 200 um eine in O zur Bildebene senkrechte Achse drehbar und um zwei Rollen mit ungleichen Halbmessern R und r Schnüre gelegt, vermittels deren die gleichgroßen Kräfte P, P an dem Körper eine Drehwirkung ausüben können. Die Erfahrung lehrt, daß die Drehwirkungen der beiden Kräfte verschieden sind, wenn diese selbst auch gleichgroß sind. Es wird P an der größeren Rolle angreifend eine größere Drehwirkung haben als an der kleineren. Nach der Darstellung der Abbildung wird der Körper sich rechtsum zu drehen beginnen in dem Augenblick, in dem man diese Kräfte zur Wirkung kommen läßt. Man sieht also, daß die Drehwirkung nicht nur von der Größe der Kraft abhängig ist, sondern auch von ihrem Dreharm (d. i. der Abstand der Kraft von der Drehachse).

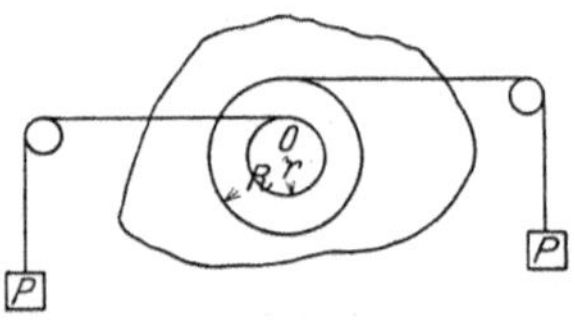

Abb. 200.

Nach Definition ist Kraft die Ursache einer Bewegungsänderung. Die Bewegung eines Körpers kann sein eine reine Schiebung oder eine reine Drehung oder sie setzt sich aus einer Schiebung und einer Drehung zusammen. Demzufolge wird auch die Bewegungswirkung einer Kraft zu beurteilen sein. Sie wird den Körper aus dem Zustand der Ruhe überführen in den der Bewegung, und zwar wird diese Bewegung im allgemeinen eine Schiebung verbunden mit einer Drehung sein. Man kann den Versuch, der durch Abb. 201 angedeutet ist, ja leicht selbst ausführen, etwa indem man ein steifes Stück Papier mit dem Finger fortschnellt. Man wird dann bei dem Versuch wahrnehmen, daß die Scheibe, oder genauer der Schwerpunkt der Scheibe, sich in Richtung der Kraft bewegt, und weiter, daß die Scheibe bei ihrer Fortbewegung gleichzeitig um den Schwerpunkt eine Drehung ausführt. Wenn man den Versuch ein zweites Mal ausführt und dabei die gleichgroß vorausgesetzte Kraft etwas näher dem Mittelpunkt wirken läßt, so wie das durch die gestrichelt eingezeichnete Wirkungslinie angedeutet ist, dann wird man wahrnehmen, daß die Drehwirkung wesentlich geringer ist als im ersten Fall.

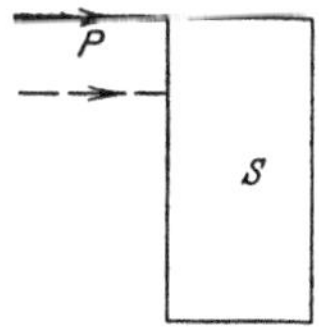

Abb. 201.

Durch diese einleitenden Bemerkungen soll einmal auf die Drehwirkung einer Kraft als einer wesentlichen Teilwirkung hingewiesen werden, und ferner darauf, daß diese Drehwirkung wieder wesentlich durch die Lage der Kraft bestimmt ist.

Gegeben ist in der Ebene der Abbildung ein materieller Punkt m und senkrecht zu dieser Ebene eine feste Achse g durch den Punkt O. Man denke sich den Punkt vermittels einer starren gewichtslosen Stange Om mit der festen Achse so verbunden, daß die Stange um die Achse zwangläufig nur in der Ebene der Abbildung rotieren kann. Praktisch führt man dies aus, indem man die Stange etwa durch ein Achsengelenk in O mit der festen Achse verbindet. Greift nun am materiellen Punkt in der Ebene der Abbildung eine Kraft P an, so wird unter ihrem Einfluß der Punkt m eine Drehung um O ausführen. In der Mechanik führt man als Maß der Drehwirkung einer Kraft den Begriff Moment ein. Dieses Moment oder diese Drehwirkung der Kraft P bezüglich der Drehachse g ist hinreichend charakterisiert, wenn man den Zahlenwert von P und ihre Lage gegenüber der festen Achse g bzw. gegenüber dem Punkt O angibt. In diesem Zusammenhang nennt man die feste Achse g auch Momentenachse und den Punkt O meist Momentenpunkt. Da es natürlich für die nachfolgende Entwicklung belanglos ist, ob der vorausgehend geschilderte Zusammenhang ein wirklicher oder nur ein gedachter ist, so wird man also unter einer Momentenachse eine gedachte oder wirkliche Drehachse zu verstehen haben und unter Momentenpunkt einen gedachten oder wirklichen Drehpunkt. In der Natur der Dinge liegt es (die Statik beschäftigt sich doch fast nur mit ruhenden Tragkonstruktionen), daß dieser Zusammenhang fast immer ein nur gedachter ist. Bei einem ebenen Kräftesystem spricht man meist nur von einem Moment für einen vorgeschriebenen Punkt O

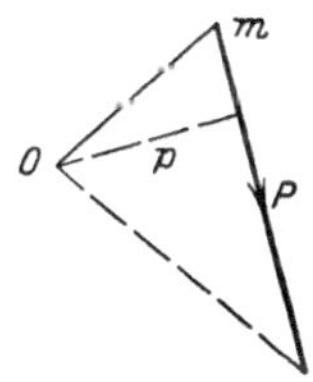

Abb. 202.

in dieser Ebene und meint damit (sollte es auch immer angeben, mindestens im Anfang) eigentlich das Moment für eine in O zur Kräfteebene senkrechte Achse g. Man halte fest daran, daß zum Begriff Moment immer eine Drehachse gehört, gleichgültig ob von ihr die Rede ist oder nicht.

Man definiert: Die Drehwirkung oder das Moment der Kraft P für den Punkt O (also genauer für die in O zur Kraft senkrechte Achse g) hat den Zahlenwert $M = P \cdot p$, wenn p der Dreharm der Kraft P für den Bezugspunkt O ist, d. h. der (natürlich senkrechte) Abstand der Drehkraft vom Drehpunkt. Bei dieser Gelegenheit sei auf den Unterschied zwischen Hebelarm und Dreharm aufmerksam gemacht: Hebelarm ist der Arm vom Drehpunkt zum Angriffspunkt der Kraft, im vorliegenden Fall der Arm Om. Der Zahlenwert Pp des Momentes wird dargestellt durch das doppelt gezählte Dreieck der Abbildung, das sog. Momentendreieck.

Anmerkung. Wenn man kurz meist sagt, das Moment ist gleich dem zweifachen Inhalt des Momentendreieckes, so soll sich das natürlich nur auf den Zahlenwert beziehen, da ja das Dreieck als solches betrachtet die Dimension m^2 hat, das Moment aber als ein Produkt aus einer Kraft und einer Strecke die Dimension m kg, also dieselbe Dimension wie die Arbeit. Dadurch, daß das Moment noch eine Richtung hat, wie weiter unten zu ersehen ist, unterscheidet es sich aber in der Darstellung von der richtungslosen Arbeitsgröße.

In den praktisch auftretenden Fällen liegen die Kräfte meist in der gleichen Ebene; man wählt dann die Momentenachse senkrecht zu ihr, der Momentenpunkt liegt also in der Kräfteebene selbst, ebenso liegen die Momentendreiecke in dieser Ebene. Es ist nur noch zu unterscheiden zwischen Rechtsdrehung und Linksdrehung der betreffenden Kräfte, beide kann man durch das Vorzeichen charakterisieren, und zwar wollen wir eine Drehung im Uhrzeigersinn, eine Rechtsdrehung, wie wir in Zukunft sagen, als eine positive durch das $+$-Zeichen, eine Drehung im Gegenuhrzeigersinn, Linksdrehung genannt, als eine negative durch das $-$-Zeichen unterscheiden, also entgegengesetzt wie es in der höheren Mathematik üblich ist.

Beispiel a) Die Kräfte der Abb. 197 haben nach dem der Zeichnung beigegebenen Längen- und Kräftemaßstab die Werte $P_1 = 3000$ kg, $P_2 = 4000$ kg, $P_3 = 2000 \text{ kg} \sqrt{2}$, ihre Dreharme bezüglich des Punktes O, der für uns ein gedachter Drehpunkt ist, sind $y_1 = 1$ m, $y_2 = 1$ m, $y_3 = 0{,}5 \text{ m} \sqrt{2}$, und damit ihre Momente für diesen Momentenpunkt, genauer für die in O senkrecht zur Kräfteebene stehende Momentenachse $M_1 = -3000$ mkg, $M_2 = +4000$ mkg, $M_3 = +2000$ mkg.

Man sieht, die Einheit des Momentes ist 1 mkg, scheinbar haben also Arbeit und Moment die gleiche Einheit, nämlich 1 mkg. Scheinbar, denn die Arbeitseinheit 1 mkg ist eine skalare Größe, die Momenteneinheit 1 mkg aber eine vektorielle, wie später einzusehen ist. Auf den weiteren Zusammenhang beider Einheiten einzugehen bleibt der Dynamik vorbehalten.

Es erleichtert das Verständnis für statische Aufgaben, bei denen das Moment eine Rolle spielt, ungemein, wenn man mit dem Begriff „Moment" immer denjenigen einer Drehachse sich mitverbunden vorstellt, also im Momentenpunkt sich jedesmal eine Drehachse vorstellt, und diese immer vor sich sieht.

Beispiel b) Man ermittle die Momente der Kräfte P_1, P_2, P_3 der Abb. 203 für den Momentenpunkt O; dann vergleiche man die Summe dieser Einzelmomente mit dem Moment der Resultierenden der Einzelkräfte für den gleichen Momentenpunkt.

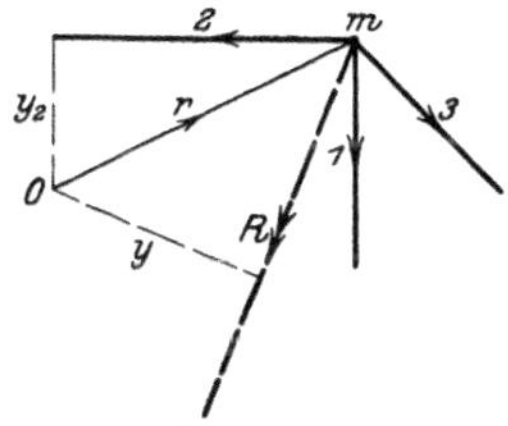

Abb. 203.
L. M. 1 : 50.
K. M. 1 mm = 100 kg.

Man entnimmt der Zeichnung

$$P_1 = 1500 \text{ kg}, \quad P_2 = 2000 \text{ kg}, \quad P_3 = 1000 \text{ kg}\sqrt{2}, \quad R = 2700 \text{ kg},$$

$$p_1 = 1 \text{ m}, \quad p_2 = 0{,}5 \text{ m}, \quad p_3 = 1{,}07 \text{ m}, \quad p = 0{,}74 \text{ m},$$

und bildet damit die Momente

$$M_1 = +1500 \text{ mkg}, \quad M_2 = -1000 \text{ mkg}, \quad M_3 = +1500 \text{ mkg},$$
$$M = +2000 \text{ mkg}.$$

Die Summe der Einzelmomente ist

$$\Sigma M = M_1 + M_2 + M_3 = +2000 \text{ mkg},$$

also gleich dem Moment der Resultierenden.

25. In der xy-Ebene eines rechtwinkligen Koordinatensystems greift die Kraft P an dem Massenpunkt m an, zu dem vom Nullpunkt der Hebel r geht, s. Abb. 204; man entwickle das Moment M dieser Kraft für den Nullpunkt als Funktion der Projektionen von P und r.

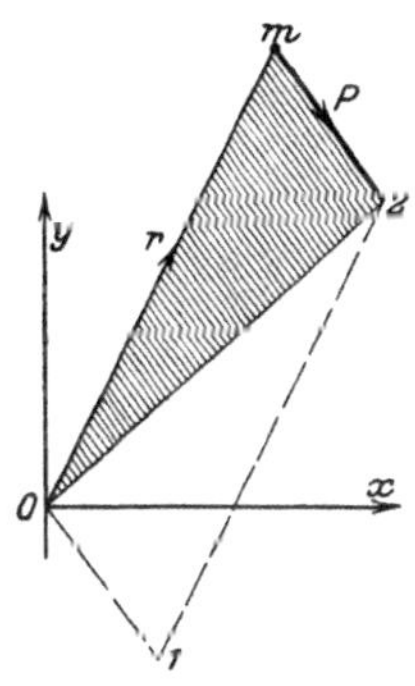

Abb. 204.
L. M. 1 : 100.
K. M. 1 mm = 20 kg.

Der Zahlenwert des Momentes ist gegeben durch das doppelte Momentendreieck, in der Abbildung schraffiert gezeichnet, die Momentenachse ist senkrecht zur xy-Ebene. Das Momentendreieck hat den gleichen Inhalt wie das Dreieck 0 1 2 der Abbildung, nämlich (Math. I, 73 g)

$$\varDelta = \tfrac{1}{2}(Xy - Yx),$$

also ist

$$M = Xy - Yx, \tag{a}$$

wenn die Kraft P in Richtung der Koordinatenachsen die Projektionen X und Y hat und der Hebel r diejenigen x und y.

Beispiel a) Im Fall der Abb. 204 ist $x = 1{,}5$ m, $y = 3$ m, $X = 150$ kg, $Y = -200$ kg, also

$$M = 150\,\text{kg} \cdot 3\,\text{m} - (-200\,\text{kg}) \cdot 1{,}5\,\text{m} = 750\,\text{mkg}.$$

Das Vorzeichen ist „+", weil die Kraft rechtsum dreht.

In dem besonderen Fall des Beisp. 24b) wurde die Summe der Momente der Einzelkräfte als gleichgroß mit dem Moment der Resultierenden gefunden; dieser Satz hat ganz allgemeine Gültigkeit, wie zunächst für den Fall eines ebenen Kräftesystems bewiesen werden soll. Macht man nämlich den vorgeschriebenen Momentenpunkt zum Nullpunkt eines rechtwinkligen Koordinatensystems, so hat der Hebelarm r die Projektionen x, y auf die Koordinatenachsen, die Kräfte $R, P_1, P_2, \ldots P_n$ haben die Projektionen $X, X_1, X_2, \ldots X_n$ bzw. $Y, Y_1, Y_2, \ldots Y_n$. Die Kraft P_i mit den Komponenten X_i, Y_i hat, wie oben entwickelt, das Moment $M_i = X_i y - Y_i x$, die Resultante R mit den Komponenten X, Y das Moment $M = Xy - Yx$, es ist demnach

$$\begin{aligned} M = Xy - Yx &= X_1 y - Y_1 x + X_2 y - Y_2 x + \ldots + X_n y - Y_n x \\ &= \Sigma(Xy - Yx), \end{aligned}$$

was leicht zu beweisen ist, wenn man berücksichtigt, daß nach (**12** e)

$$X = X_1 + X_2 + \ldots + X_n, \qquad Y = Y_1 + Y_2 + \ldots + Y_n.$$

Damit ist ein Sonderfall des allgemeinen Momentensatzes bewiesen:

> Greifen an einem materiellen Punkt mehrere in der nämlichen Ebene liegende Kräfte an, so ist für jeden Punkt dieser Ebene (als wirklichen oder gedachten Drehpunkt) das Moment der Resultierenden gleich der Summe der Momente der Einzelkräfte. (b)

Beispiel b) Man löse Beisp. 13f) mit Hilfe des Momentensatzes.

Art und Richtung der Kräfte ermittelt man mit der gleichen Überlegung wie dort. Um den Zahlenwert von R zu bestimmen, wähle man irgendeinen Punkt O auf der Wirkungslinie von N als

Momentenpunkt, so wie Abb. 205 zeigt, weil dann N aus der Momentengleichung hinausfällt, dann hat Q das Moment $-Qq = -Qr\sin\alpha$, ferner R das Moment $-Rr$ und N das Moment 0. Nach dem Momentensatz ist

$$-Rr = -Qq + 0 \qquad \text{oder} \qquad R = Q\cdot\sin\alpha.$$

Um N zu ermitteln, wählt man am einfachsten den Momentenpunkt O' auf R, dann haben R, Q, N die Momente 0, $-Qs\cos\alpha$, $+Ns$, und der Momentensatz lautet

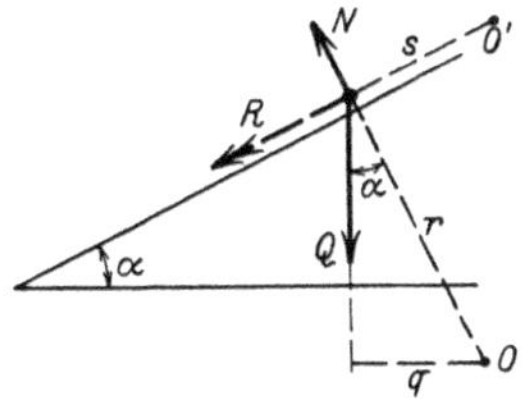

Abb. 205.

$$0 = -Qs\cos\alpha + Ns \qquad \text{oder} \qquad N = Q\cdot\cos\alpha.$$

Man beachte, daß im oben bewiesenen Sonderfall (b) die einzelnen Momente das Gemeinsame haben, daß alle Kräfte um die gleiche Achse zu drehen suchen, nämlich um die im Momentenpunkt senkrecht zur Kräfteebene stehende Gerade. Man hätte daher den obigen Satz auch in der Form aussprechen können:

> Greifen an einem Massenpunkt mehrere in der nämlichen Ebene liegende Kräfte an, so ist für jede zu dieser Ebene senkrechte Gerade das resultierende Moment gleich der Summe der Einzelmomente, (c)

und ihn als Sonderfall des allgemeinen Momentensatzes gefunden, der die Form hat:

> Greifen an einem materiellen Punkt mehrere Kräfte an, so ist für jede Gerade das resultierende Moment, d. i. das Moment der Resultierenden, gleich der Summe der Einzelmomente, (d)

und gleich bewiesen wird.

Man stelle sich einen Körper vor, der sich nur um eine gegebene Gerade drehen kann, vielleicht eine um die Angel sich drehende Tür, wenn man etwa eigenhändig einige beglaubigende Versuche vornehmen will. Jede Kraft P, die an dieser Tür angreift, wird dann eine gewisse Drehwirkung, ein gewisses Moment haben, und zwar wird dieses Moment immer von Null verschieden sein, solange die Kraft die Drehachse, im angezogenen Fall die durch die Türangeln gehende Gerade, nicht schneidet. Eine solche zur Drehachse windschiefe Kraft P sei vorausgesetzt, dann lehrt ein recht einfacher Versuch, daß die Drehwirkung von P um so größer ist, einmal je weiter P von der Drehachse entfernt ist und dann je mehr sich P einer Lage senkrecht zu ihr nähert.

Um nun den Momentensatz zunächst für den materiellen Punkt m zu beweisen, denke man sich diesen durch eine masselose starre Stange Gm mit der vorgeschriebenen Drehachse g verbunden, und zwar so, daß er ebenso wie die Stange vermittels eines Achsengelenkes G nur zwangläufig um g rotieren kann, s. Abb. 206. Die Kraft P kann nur dann eine von Null verschiedene Drehwirkung um die Achse haben, wenn sie diese nicht schneidet. Trifft dies zu, ist also P windschief zu g, und zerlegt man P in zwei Komponenten, von denen die eine P_a parallel, die andere P_n normal zur Achse g ist (beide Komponenten liegen also in einer zur Drehachse g parallelen Ebene durch P), so kommt für die Drehwirkung um die Achse nur die Normalkomponente P_n in Betracht, die Axialkomponente P_a schneidet ja die Drehachse im Unendlichen. Ihr Moment für diese Achse (das Achsenmoment der Kraft P) ist dann

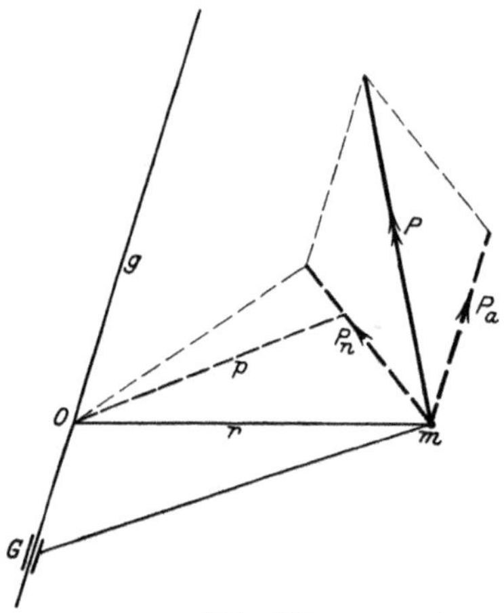

Abb. 206.

$$M = P_n \cdot p, \tag{e}$$

wenn p der Dreharm von P_n, d. i. der (senkrechte) Abstand der Normalkomponente von der Drehachse ist.

Beispiel c) An dem Quader der Abb. 207 mit den Kanten a, a, $2a$ greifen die Kräfte $P_1 = 10$ kg, $P_2 = 20$ kg, $P_3 = 40$ kg, $P_4 = 30$ kg, $P_5 = 20$ kg, $P_6 = 40$ kg an. Man gebe die Momente dieser Kräfte für die drei Koordinatenachsen an. $a = 10$ cm.

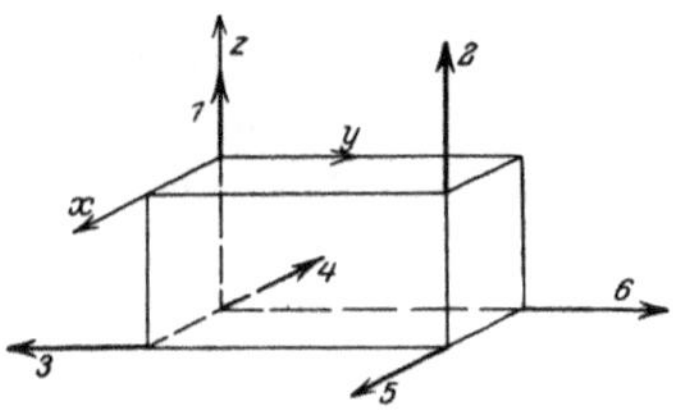

Abb. 207.

Um die Vorzeichen der Momente zu bestimmen, ist vorausgesetzt, daß man jedesmal gegen die Pfeile der Koordinatenachsen schaut. Die Kraft P_1 schneidet alle drei Achsen, ihre Momente für diese sind also Null. Die Kraft P_2 hat für die x-Achse das Moment $-P_2 \cdot 2a = -4$ mkg, für die y-Achse das Moment $+P_2 \cdot a = +2$ mkg und für die z-Achse das Moment 0. Entsprechend hat P_3 die Momente $+P_3 \cdot a = +4$ mkg, 0, $+P_3 \cdot a = +4$ mkg. Weiter sind von P_4 die Momente 0, -3 mkg, 0; von P_5 sind sie 0, $+2$ mkg, $+4$ mkg und von P_6 sind sie -4 mkg, 0, 0.

Beispiel d) An dem gleichen Quader greifen die Kräfte P_1,

P_2, P_3 so an, wie sie durch die axonometrische Zeichnung sowie Grund- und Aufriß der Abb. 208 u. 209 gegeben sind. Es haben demnach die Einzelkräfte die Projektionen, in kg,

$$X_1 = -100, \quad Y_1 = +200, \quad Z_1 = 0,$$
$$X_2 = 0, \quad Y_2 = +200, \quad Z_2 = -100,$$
$$X_3 = -100, \quad Y_3 = 0, \quad Z_3 = +100.$$

P_1 hat für die x- und y-Achse das Moment 0; für die z-Achse zerlegt man P_1 in zwei Komponenten X_1 und Y_1 parallel der x- und y-Achse, die erste leistet keinen Beitrag zum Moment, so daß $M_{1z} = -Y_1 \cdot 10\,\text{cm} = -20\,\text{mkg}$. P_2 zerlegt man in zwei Komponenten parallel der y- und z-Achse, dann ist

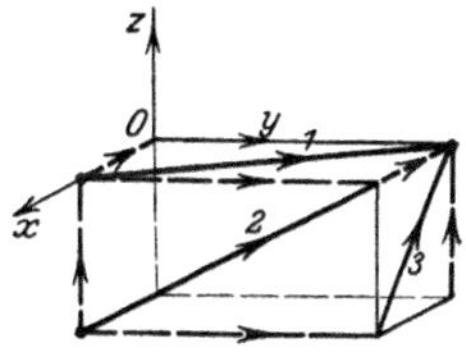

Abb. 208.

$$M_{2x} = -20\,\text{mkg}, \quad M_{2y} = +10\,\text{mkg},$$
$$M_{2z} = -20\,\text{mkg}.$$

Entsprechend findet man

$$M_{3x} = -20\,\text{mkg}, \quad M_{3y} = 0,$$
$$M_{3z} = -20\,\text{mkg}.$$

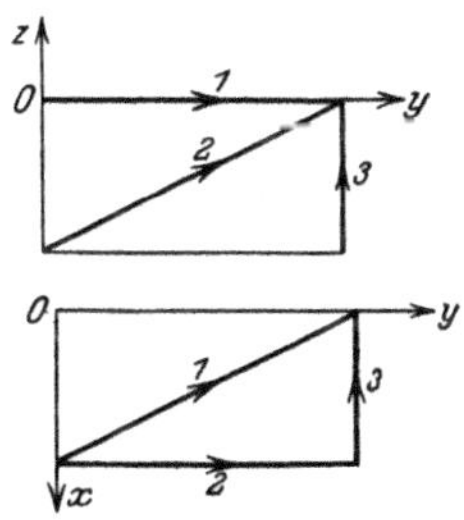

Abb. 209.
K. M. 1 mm = 10 kg.

Der Wert M des Achsenmomentes ist mit Benützung eines rechtwinkligen Koordinatensystems anzugeben. Zu diesem Zweck wählt man die vorgeschriebene Achse als z-Achse, und zwar so, daß P_n in der xz-Ebene oder xy-Ebene liegt, s. Abb. 206 und 210. Das Produkt $P_n p$ nimmt wieder den Wert

$$M = Xy - Yx \tag{f}$$

an wie oben unter (a) entwickelt, wenn X und Y die Projektionen von P_n und damit auch von P auf die x- und y-Achse des Koordinatensystems sind und x und y diejenigen von r. Entsprechend hat die Kraft P_i, die am gleichen Punkt angreift, das Moment

$$M_i = X_i y - Y_i x. \tag{g}$$

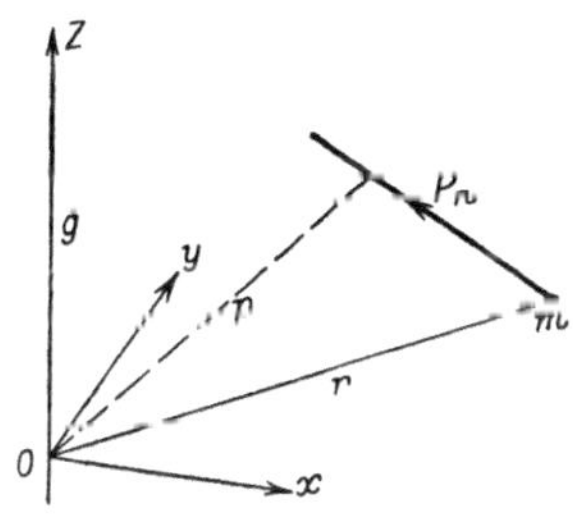

Abb. 210.

Greifen nun an diesem materiellen Punkt mehrere Kräfte $P_1, P_2, \dots P_n$ mit der Resultierenden R an, so ist wieder $Xy - Yx$ das Moment der Resultierenden, wenn sie die Projektionen X und Y hat, und dieses Moment M ist nach dem gleichen Beweisgang wie oben wieder gleich der Summe der Einzelmomente M_i, also

$$M = M_1 + M_2 + \dots + M_n = \Sigma M, \tag{h}$$

womit dann der Momentensatz (d) bewiesen ist.

Ist der materielle Punkt im Gleichgewicht unter dem Einfluß der an ihm angreifenden Kräfte, so wird deren Resultierende R gleich Null und damit auch ihr Moment für eine vorgeschriebene Gerade, also $M = 0$ oder

$$\Sigma M = 0, \tag{i}$$

> d. h. ist der materielle Punkt im Gleichgewicht unter dem Einfluß der an ihm angreifenden Kräfte, so ist für jede beliebige Gerade die Summe der Momente der Einzelkräfte Null. (k)

Die Umkehr des Momentensatzes:

> Greifen an einem materiellen Punkt mehrere Einzelkräfte an und ist für jede Gerade die Summe der Momente dieser Einzelkräfte gleich Null, so ist dieser Punkt im Gleichgewicht, (l)

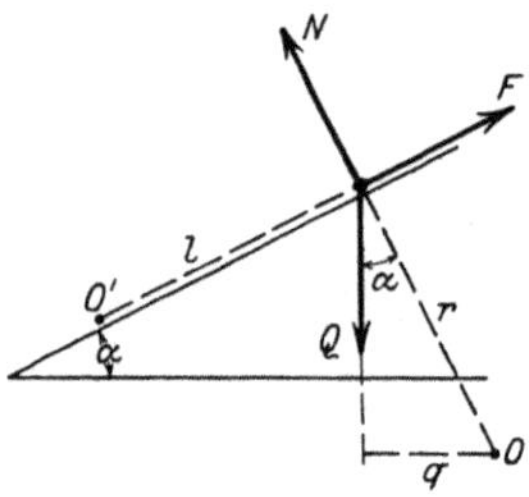

Abb. 211.

wird bewiesen: angenommen der Punkt sei nicht im Gleichgewicht, so hätten die Einzelkräfte jedenfalls eine Resultierende R; dann müßte diese für jede zu ihr windschiefe Gerade ein von Null verschiedenes Moment Rr haben und damit auch ΣPp einen von Null verschiedenen Wert, was der Annahme widerspräche.

Beispiel e) Man löse das Beisp. 13g) mit Hilfe des Momentensatzes.

Wie bei der ersten Lösung ermittelt man die Richtung der angreifenden Kräfte. Den Zahlenwert von F findet man, wenn man irgendeinen Punkt O auf der Wirkungslinie von N als Momentenpunkt (oder genauer gesagt die zur Kräfteebene in diesem Punkt senkrechte Gerade als Momentenachse) wählt und für diesen Punkt die Momentengleichung anschreibt. Sie lautet, da F, Q, N die Momente $+Fr$, $-Q \cdot r \sin\alpha$, 0 haben,

$$+Fr - Qr\sin\alpha + 0 = 0 \quad \text{oder} \quad F = Q \cdot \sin\alpha .$$

Eine weitere Momentengleichung für den Punkt O' auf der Wirkungslinie von F lautet

$$F \cdot 0 + Q \cdot l\cos\alpha - Nl = 0 \quad \text{oder} \quad N = Q \cdot \cos\alpha .$$

Will man die Schreibweise der analytischen Mechanik anwenden, so wird man die drei Koordinatenachsen als Momentenachsen wählen. Man bezeichnet die Momente für diese Achsen durch angehängte Indizes x, y, z, also die Momente von P_i für die x-, bzw. y- und z-Achse mit M_{ix}, M_{iy}, M_{iz} und die Momente von R mit L, M, N. Es wurde bereits gefunden, daß für die z-Achse die Kraft P_i das Moment $X_i y - Y_i x$ hat und entsprechend R das Moment $Xy - Yx$. Die gleiche Überlegung ergibt, daß für die x-Achse die Kraft P_i das Moment $Y_i z - Z_i y$ hat und R das Moment $Yz - Zy$, und entsprechend für die y-Achse die Kraft P_i das Moment $Z_i x - X_i z$ und R das Moment $Zx - Xz$; man sieht, die Momente für die x- und y-Achse gehen aus denjenigen für die z-Achse durch einfache zyklische Vertauschung hervor. Und weiter ergibt diese Überlegung, daß

$$L = \Sigma(Yz - Zy), \quad M = \Sigma(Zx - Xz), \quad N = \Sigma(Xy - Yx) \qquad \text{(m)}$$

die Momente der Resultierenden für die drei Koordinatenachsen sind; daß die Summenzeichen Σ sich nur auf die Komponenten X_i, Y_i, Z_i der Einzelkräfte beziehen, ist selbstverständlich.

Der Momentensatz in seiner allgemeinen Form (d) oder in der eben entwickelten analytischen Schreibweise ist nur eine Umformung des Resultantensatzes. Alle Aufgaben, die ihre Lösung durch Anwendung des Resultanten- oder Arbeitssatzes finden, lassen sich selbstverständlich auch mit dem Momentensatz lösen, natürlich nicht immer in der gleich einfachen Weise, in manchen Fällen dagegen wieder viel einfacher. Der Resultantensatz in seiner allgemeinen Form ist gleichwertig mit drei gewöhnlichen Gleichungen oder Aussagen, entsprechend natürlich der Momentensatz, wie auch die analytische Form (m) zeigt. Es lassen sich dementsprechend mit dem Momentensatz statische räumliche Aufgaben am materiellen Punkt lösen, die nicht mehr als drei unbekannte Zahlenwerte enthalten, entsprechend wie beim Resultantensatz in Nr. **14** entwickelt wurde. Übersichtlicher freilich und logischer wird der Gedankengang, wenn man die Vektorenrechnung auch auf die Momente anwendet, was in den folgenden Nummern geschehen soll.

Aufgabe a) Man löse Aufg. 20 c) mit Hilfe des Momentensatzes.

Lösung: Für einen gedachten Drehpunkt O auf der Wirkungslinie von N lautet die Momentengleichung, s. Abb. 189,

$$+ H \cdot h - Q \cdot q + N \cdot 0 = 0 \quad \text{oder} \quad H \cdot h - Q \cdot h \operatorname{tg} \alpha = 0$$

und liefert $H = Q \cdot \operatorname{tg} \alpha$.

Aufgabe b) Die (durch die Angeln bestimmte) Drehachse einer Türe ist nicht lotrecht, so daß bei jedem Öffnungswinkel φ die Türe in die durch ihre Achse gehende lotrechte Ebene sich zurückdrehen will. Durch welches Moment M wird beim Öffnungswinkel φ die Türe in ihrer Lage erhalten?

Lösung: Man wählt ein Koordinatensystem so, daß die Türachse z-Achse wird, s. Abb. 212, und die Ebene durch die Ruhelage der Tür zur y-Ebene; den Nullpunkt wählt man in der Achsenmitte. φ ist der Winkel von der Ruhelage zur geöffneten Tür. Das notwendige gegen Rückdrehung Gleichgewicht haltende Moment muß gleich sein dem Moment des Türgewichtes Q für die z-Achse. Q hat in Richtung der z-Achse die Komponente $Q \cos \gamma$, die zur Drehung keinen Beitrag leistet, und in der x-Richtung die Komponente $Q \sin \gamma$ mit dem Dreharm $b \sin \varphi$ und also dem Drehmoment $M = Q b \sin \gamma \sin \varphi$.

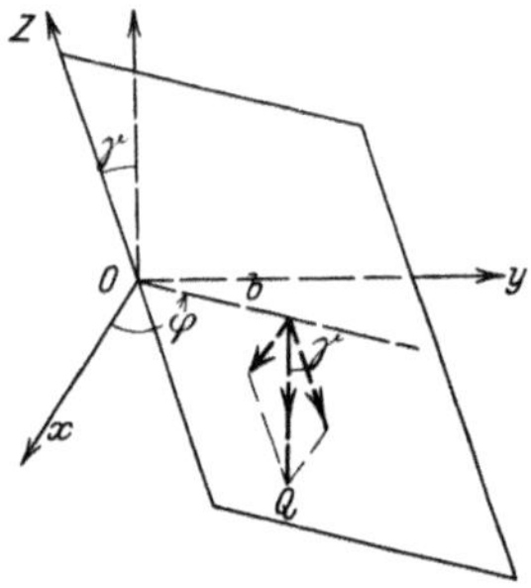

Abb. 212.

26. Man denke sich den materiellen Punkt m vermittels einer starren gewichtslosen Stange mO mit dem festen Punkt O so verbunden, s. Abb. 213, daß die Stange sich nach jeder Richtung um O drehen kann, so daß sie also, und der Punkt m genau so, zwei Freiheitsgrade hat. Praktisch führt man dies etwa aus, indem man die Stange durch ein Kugelgelenk mit O verbindet. Greift nun am materiellen Punkt m eine Kraft P an, so ist aus Symmetriegründen zu erwarten, daß der Punkt m, falls er vorher in Ruhe war, einen Kreisbogen um O beschreibt, dessen Ebene durch die Stange Om und die Kraft P bestimmt ist. Die Achse der Drehung ist dann senkrecht zu dieser Ebene, wobei natürlich vorausgesetzt ist, daß P aus ihr nicht heraustritt.

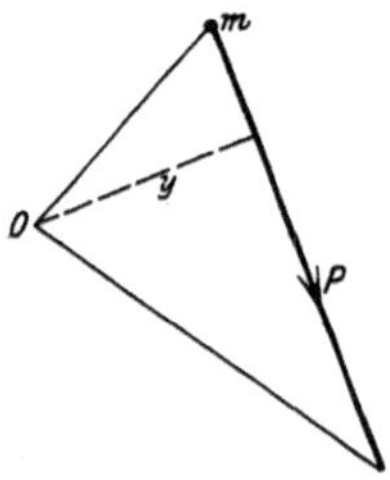

Abb. 213.

Als Maß der Drehwirkung dient wieder das Moment. Dieses Moment der Kraft P bezüglich des Drehpunktes O ist hinreichend charakterisiert, wenn man Lage, Richtung und Zahlenwert von P gegenüber dem Punkt O angibt.

Man definiert wieder: Der Zahlenwert des Momentes M der Kraft P für den Punkt O ist $M = Py$, wenn y der Dreharm der Kraft für den Bezugspunkt O ist, das heißt der (natürlich senkrechte) Abstand der Drehkraft vom Drehpunkt, siehe Abb. 213. Den Drehpunkt O heißt man wieder Momentenpunkt. Der Zahlenwert $M = Py$ des Momentes wird dargestellt durch das doppelt zu zählende Dreieck der Abbildung, das sogenannte Momentendreieck.

Weiter ist zur Charakterisierung des Momentes der Kraft P noch anzugeben die Richtung der Drehachse.

Liegen die Kräfte, für die man das Moment ermitteln will, mit dem Momentenpunkt nicht mehr in der gleichen Ebene, oder haben sie unter sich nicht mehr die nämliche Ebene gemeinsam, so wird die Betrachtung insofern verwickelter, als die Drehachse, die einen wesentlichen Bestandteil des Momentenbegriffes bildet, nicht mehr die gleiche Richtung für alle einzelnen Kräfte hat. Man halte fest, daß das Moment einer Kraft für einen (wirklichen oder gedachten) Drehpunkt O erst durch Angabe seines Zahlenwertes und der Richtung der Drehachse vollständig bestimmt ist.

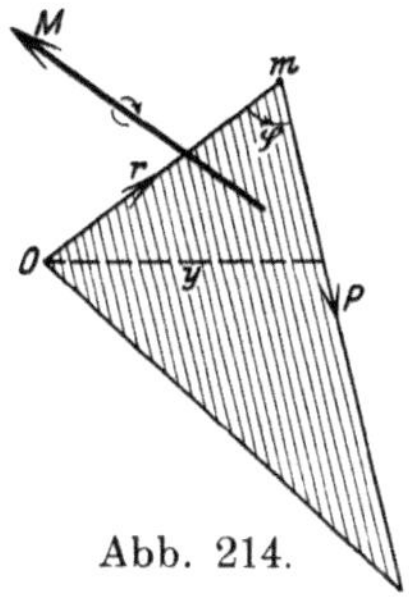

Abb. 214.

Der Zahlenwert des Momentes ist durch $M = Py$ gegeben. Da es ohnedies feststeht, daß die Drehachse durch O hindurchgeht, sie also vollständig bestimmt ist, wenn man ihre Richtung kennt, so ist nur mehr diese selbst darzustellen durch eine beliebig gelegene Strecke senkrecht zum Momentendreieck. Der Richtungssinn des Momentes wird am einfachsten durch einen Pfeil auf der eben angegebenen Strecke zum Ausdruck gebracht. Wir setzen fest: auf dieser Strecke muß der Pfeil zum Beschauer gehen, wenn dieser wahrnimmt, daß durch die Kraft P das Momentendreieck rechtsum gedreht wird, wie das bei Abb. 214 der Fall ist.

Nach diesen Angaben ist das Moment einer Kraft ein Vektor: zu seiner Bestimmung ist Zahlenwert und Richtung mit Richtungssinn notwendig.

Die Darstellung des Momentes bietet dem Anfänger manche Schwierigkeiten, so daß wir noch einen Augenblick stehen bleiben müssen. In der Mechanik kehrt eine Reihe von Größen immer wieder, auf die alle anderen zurückzuführen sind. Zunächst die Elementargrößen Weg und Kraft, die einer anschaulichen Darstellung keine Schwierigkeiten bieten; in beide kann man recht einfach den Begriff Zahlenwert und Richtung hineinbringen, da sie sich durch ihre eigene Natur bereits als Vektoren darstellen. Die Resultierende ist eine in ihrer Art nicht neue Größe, sie ist eine aus anderen Kräften hervorgehende Kraft. Auch der Arbeitsbegriff bot keine weiteren Schwierigkeiten, da er ja durch eine gewöhnliche Zahl zur Darstellung gebracht werden kann. Der Anschauung schwerer näherzubringen ist aber die Drehwirkung durch den Momentenbegriff. Man halte fest: Im Begriff „Moment" ist die Drehwirkung einer Kraft vollständig zum Ausdruck zu bringen. Und dazu gehört, daß wir angeben, einmal mit welcher Intensität die betrachtete Kraft dreht, und gleichzeitig um welche Achse sie dreht. Beide Angaben lassen sich recht anschaulich durch das Momentendreieck zum Ausdruck bringen: Abgesehen von der Benennung ist Py der doppelte Inhalt dieses Dreieckes, ferner steht zu ihm die Drehachse senkrecht. Wäre es nur um die Anschauung allein zu tun, so würde das Bild des Momentendreieckes vollständig hinreichen zur Charakterisierung eines Momentes, und in der Tat wird man sich mit diesem Bild vollständig zufrieden geben, wenn es sich nur um die Darstellung eines Momentes handelt. Nun muß man aber auch mit Momenten rechnen und das Momentendreieck ist eben nur ein Bild, ein sehr anschauliches zwar, mit dem man aber nicht rechnen kann. Durch die im Begriff „Moment“ enthaltenen Angaben Zahlenwert und Richtung ist offenbar ein Vektor gegeben, und deswegen muß das Moment durch einen Vektor dargestellt werden, so dargestellt werden, wie bereits angegeben, daß er nämlich die Richtung der Drehachse hat, also senkrecht zum Momentendreieck steht, und daß seine Maßzahl die doppelte Maßzahl des Momentendreieckes ist.

Das Moment, in der soeben beschriebenen Form, ist eine in der Mechanik so häufig auftretende Größe, daß sich eine kurze Schreib- und Sprechweise für den Inhalt seiner Definition als notwendig erweist. Man beachte, daß durch Angabe des Vektors $\mathfrak{P}$ sowie des Vektors $\mathfrak{r}$ vom Momentenpunkt O zum materiellen Punkt m das Momentendreieck vollständig bestimmt ist. Der Momentenvektor $\mathfrak{M}$, wie in Zukunft auch statt Moment gesagt wird, kann demnach durch ein Operationszeichen, das nur $\mathfrak{P}$ und $\mathfrak{r}$ enthält, vollständig dargestellt werden. Wir wählen die Schreibweise $[\mathfrak{P}\mathfrak{r}]$ für den Vektor $\mathfrak{M}$ und die Sprechweise „Vektorprodukt aus $\mathfrak{P}$ und $\mathfrak{r}$“ oder „vektorielles Produkt aus $\mathfrak{P}$ und $\mathfrak{r}$“ oder auch kürzer „$\mathfrak{P}$ mal $\mathfrak{r}$ vektoriell“. Diese Schreib- und Sprechweise hat die Gefahr, daß man die neue Operation für ein wirkliches Produkt hält, was sie natürlich nie ist. Produkt nennt man die neue Operation, weil für sie entsprechende Gesetze gelten wie für ein wirkliches Produkt, auch die Schreibweise stützt sich auf diese Überlegung. Im Gegensatz zum skalaren Produkt nennt man die neue Größe Vektorprodukt oder vektorielles Produkt, weil das Resultat der neuen Operation ein Vektor ist.

Anmerkung. Eine andere Bezeichnung geht von den Komponenten der Kraft P gegenüber einer vorgeschriebenen Richtung aus. In 12 wurde die Komponente H der Kraft P längs des vom Körper zurückzulegenden Weges der „Beitrag“ der Kraft P in dieser Richtung genannt, s. Abb. 63. Man hat oft auch die Bezeichnung „innere Komponente“ für H und dementsprechend dann „äußere Komponente“ für die zur vorgeschriebenen Richtung senkrecht stehende Komponente V. In Anlehnung an diese Sprechweise hat man auch die Bezeichnung „inneres Produkt“ statt „skalares Produkt“, weil für die Arbeitsleistung in einer gegebenen Richtung nur die innere Komponente der Kraft in dieser Richtung zur Geltung kommt. Und entsprechend erklärt sich auch die Benennung „äußeres Produkt“ statt „Vektorprodukt“.

Den Zahlenwert des Momentenvektors kann man nach der Festsetzung angeben als $M = Py$, d. i. das Produkt aus Drehkraft mal Dreharm oder das Doppelte des Momentendreieckes (genauer: die Maßzahl des Momentenvektors ist gleich der doppelten Maßzahl des

Momentendreieckes), oder man führt statt des Dreharmes y den Hebelarm r (das ist der Vektor vom Momentenpunkt zum Angriffspunkt der Kraft, zum materiellen Punkt) ein und hat $M = Pr \sin \varphi$.

Beispiel a) An dem durch die axonometrische Zeichnung der Abb. 215 gegebenen Quader mit den Kanten a, $2a$, a greifen im nämlichen Punkt m die drei Kräfte $P_1 = P$, $P_2 = 2P$, $P_3 = P$ längs der Kanten an. Den Maßstab für die Darstellung der Kräfte kann man so wählen, daß jede Kraft durch die Kante dargestellt wird, in der sie liegt. Man ermittle Zahlenwert und Richtung der Momente der drei Kräfte für den Punkt O als Momentenpunkt.

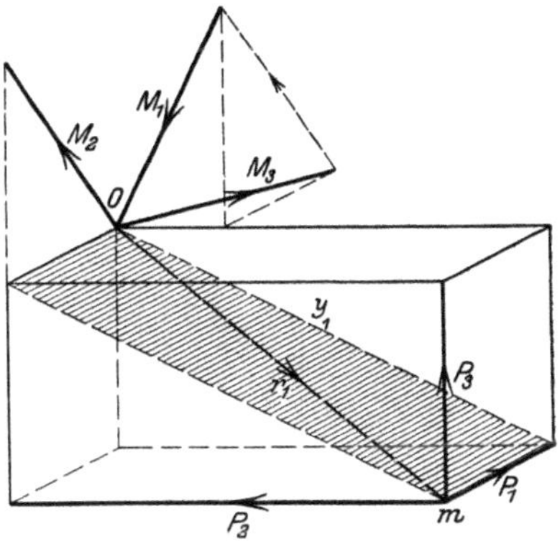

Abb. 215.

In der Abbildung ist das schraffiert gezeichnete Parallelogramm gleich dem doppelten Momentendreieck für die Kraft P_1. Der Zahlenwert von M_1 ist gleich dem Zahlenwert dieses Parallelogramms, also gleich $P \cdot a\sqrt{5}$; das Parallelogramm ist senkrecht zum Aufriß und somit der Momentenvektor M_1 parallel zu diesem Riß. Wenn man als Maßstab für die Darstellung des Momentes 1 cm $= Pa$ wählt, dann wird M_1 durch eine Strecke $\sqrt{5}$ cm dargestellt (mit der Richtung 2 : 1 im Aufriß), so wie das die Zeichnung ersichtlich macht. Der Pfeil von M_1 geht nach abwärts, weil ein von oben herabsehender Beschauer wahrnimmt, daß P_1 linksum zu drehen sucht. M_1 muß keineswegs im Punkt O angetragen werden, seine Lage ist ganz beliebig. Das Momentendreieck für P_2 steht senkrecht zum Seitenriß, also ist der Momentenvektor M_2 parallel zu diesem Riß. M_2 hat den Zahlenwert $2P \cdot a\sqrt{2}$, wird sonach durch eine Strecke 2 cm $\sqrt{2}$ (mit der Richtung $-1:1$ im Seitenriß) dargestellt, der Pfeil geht nach oben. Der Momentenvektor M_3 von P_3 hat den Zahlenwert $P \cdot a\sqrt{5}$ und ist parallel zum Grundriß, er wird durch eine Strecke $\sqrt{5}$ cm (mit der Richtung 2 : 1 im Grundriß) dargestellt.

Man beachte, daß die Resultierende R der drei Kräfte durch den Momentenpunkt O geht und deswegen das Moment 0 für diesen Punkt hat; und weiter, daß die graphische Summe der drei Momentenvektoren gleichfalls 0 ist. Es zeigt sich in diesem besonderen Fall, was später als allgemein gültig erwiesen wird, daß nämlich für jeden beliebig gewählten Momentenpunkt das Moment der Resultierenden gleich ist der graphischen Summe der Momente der Einzelkräfte.

Beispiel b) In Abb. 216 wird eine Kraft P durch den Vektor CD dargestellt und zwar in allen drei Rissen. Statt des Momentendreieckes ist hier ein Parallelogramm gleich dem doppelten Momentendreieck gezeichnet, und zwar durch seine drei Risse F_1, F_2, F_3. Im Aufriß ist $CD = 720$ kg und $y = 1{,}1$ m, also $F_1 = 800$ mkg rund. Entsprechend findet man $F_2 = 1000$ mkg, $F_3 = 1100$ mkg. Die Raumgeometrie bestimmt daraus $F = \sqrt{F_1^2 + F_2^2 + F_3^2} = 1690$ mkg. Damit ist der Zahlenwert $M = 1690$ mkg des Momentes $\mathfrak{M}$ gefunden, die Richtung von $\mathfrak{M}$ ist diejenige senkrecht zum Momentendreieck, so wie sie in der Abbildung durch die Grundrißspur F' und die Aufrißspur F'' im Momentenmaßstab 1 mm = 80 mkg zum Ausdruck gebracht ist.

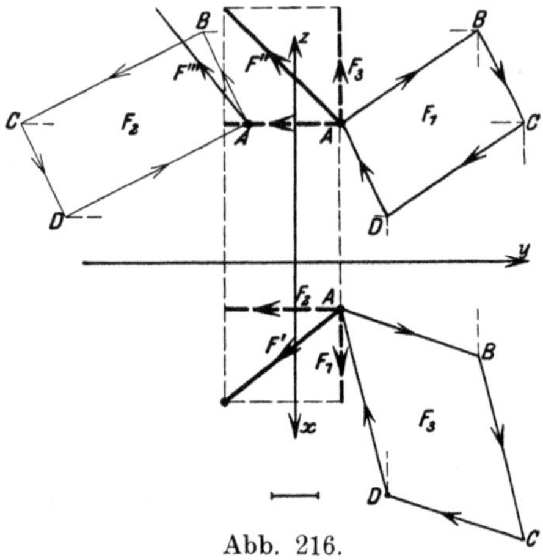

Abb. 216.
L. M. 1 : 100. K. M. 1 mm = 40 kg.

* **27.** Mit den vorausgehenden Betrachtungen sollte der Wert und die Bedeutung der nachfolgenden Rechnungen klargelegt werden. Ihr Hauptzweck war, dem Moment (neben Resultante und Arbeit das wichtigste Element der Ingenieur-Mechanik), das ja ein Vektor ist, eine vektoranalytisch verwertbare Form zu verleihen.

Wir definieren also:

> Das Vektorprodukt $\mathfrak{V} = [\mathfrak{A}\mathfrak{B}]$ — auch vektorielles oder bisweilen äußeres Produkt genannt — aus den beiden Vektoren $\mathfrak{A}$ und $\mathfrak{B}$ ist ein Vektor, dessen Zahlenwert $V = AB \sin\varphi$ und dessen Richtung senkrecht ist zu beiden Vektoren $\mathfrak{A}$ und $\mathfrak{B}$, so zwar, daß die Vektoren $\mathfrak{A}, \mathfrak{B}, \mathfrak{V}$ in dieser Reihenfolge ein Rechtssystem bilden. (a)

In dieser Definition sind $\mathfrak{A}$ und $\mathfrak{B}$ ganz beliebige Vektoren; wenn man will, so kann man sich natürlich zur Erleichterung der Vorstellung $\mathfrak{A}$ als Kraft vorstellen, die am Hebelarm $\mathfrak{B}$ angreift; auch statt Vektorprodukt jedesmal sagen „Moment“ oder auch „statisches Moment“. (Über Rechtssystem s. a. Math. I 190).

Nach den früheren Festsetzungen wird der Winkel φ vom Vektor A zum Vektor B gezählt, wenn man beide vom gleichen Punkt aus abträgt, siehe Abb. 217.

Oder man definiert:

Der Zahlenwert V des Vektorproduktes $\mathfrak{B}$ ist gegeben durch das doppelte aus A und B gebildete Vektordreieck; $\mathfrak{B}$ steht senkrecht zum Vektordreieck; wenn der Beschauer den Vektor $\mathfrak{A}$ an dem (als Hebelarm gedachten) Vektor $\mathfrak{B}$ angreifend voraussetzt und nimmt eine Rechtsbewegung wahr, dann geht der Pfeil von $\mathfrak{B}$ zu ihm; nimmt er eine Linksdrehung wahr, so wendet sich der Pfeil von ihm weg. (b)

Die beiden Definitionen bezüglich des Pfeiles oder in anderer Sprechweise bezüglich des Richtungssinnes von $\mathfrak{B}$ sind als gleichwertig aus Abb. 217 zu ersehen.

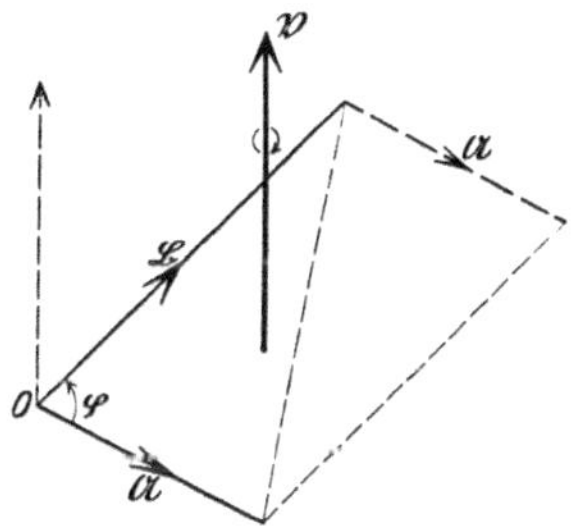

Abb. 217.

Beispiel a) Was ist an der Gleichung $[\mathfrak{A}\mathfrak{B}] = AB$ falsch?

Antwort: Daß die linke Seite ein Vektor und die rechte eine Skalare ist; man kann nur Vektoren mit Vektoren und Skalare mit Skalaren vergleichen.

Beispiel b) Kann die Gleichung $[\mathfrak{A}\mathfrak{B}] = \mathfrak{A}$ richtig sein?

Nur wenn $\mathfrak{A} = 0$ ist; denn ist $\mathfrak{A}$ von Null verschieden, so steht der Vektor $[\mathfrak{A}\mathfrak{B}]$ senkrecht zu $\mathfrak{A}$, weil ja $\mathfrak{A}$ die eine Seite des Vektordreieckes bildet; es können beide Vektoren aber unmöglich gleich sein, wenn sie verschieden gerichtet sind.

Nach der Definition des Vektorproduktes ist $[\mathfrak{A}\mathfrak{B}] = 0$, wenn entweder Vektor $A = 0$ oder Vektor $B = 0$ ist, oder aber wenn beide parallel sind, also gleichgerichtet oder entgegengesetzt gerichtet. Denn in letzteren beiden Fällen liegen die zwei Seiten A und B des Vektordreieckes in der nämlichen Geraden.

Daraus folgt insbesonders, daß

$$[\mathfrak{A}\mathfrak{A}] = 0, \qquad [\mathfrak{i}_1 \mathfrak{i}_1] = [\mathfrak{i}_2 \mathfrak{i}_2] = [\mathfrak{i}_3 \mathfrak{i}_3] = 0.$$

Anmerkung: Das Rechnen mit Vektorprodukten macht dem Anfänger meist größere Schwierigkeiten. Hier hilft nichts anderes, als eben immer und immer wiederholen. Ein Mittel, leichter in das Wesen der Vektorenrechnung hereinzukommen, ist das, sich jeden Vektor räumlich vorzustellen. Besonders gilt dies vom Vektorprodukt. Man gewöhne sich deswegen ganz streng daran, beim Lesen eines Vektorproduktes, etwa $[\mathfrak{U}\mathfrak{B}]$, sich diese Größe vorzustellen als Vektor senkrecht zu dem aus $\mathfrak{U}$ und $\mathfrak{B}$ gebildeten Vektordreieck. Man muß dieses Vektordreieck vor sich sehen, am einfachsten, indem man $\mathfrak{B}$ als Hebelarm und $\mathfrak{A}$ als angreifende Kraft sich vorstellt, und senkrecht zu diesem Dreieck den Vektor $[\mathfrak{A}\mathfrak{B}]$, versehen mit dem entsprechenden Pfeil.

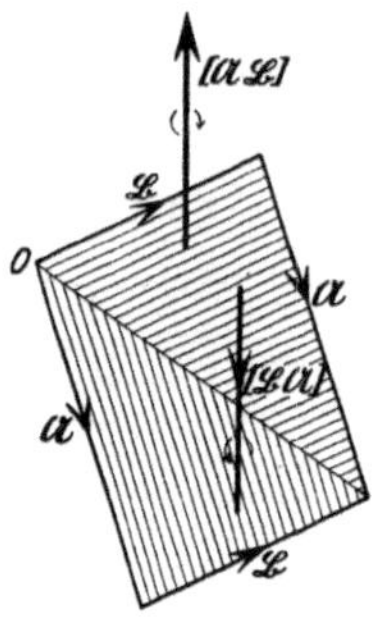

Abb. 218.

Unmittelbar durch diese Vorstellung allein schon sieht man, daß die neue Operation $[\mathfrak{A}\mathfrak{B}]$ kein wirkliches Produkt ist: bei einem solchen gilt als erster Hauptsatz $a \cdot b = b \cdot a$, was entsprechend beim Vektorprodukt heißen müßte $[\mathfrak{A}\mathfrak{B}] = [\mathfrak{B}\mathfrak{A}]$. Stellt man sich aber diese beiden Größen vor, also im ersten Fall $\mathfrak{A}$ als Kraft am Hebel $\mathfrak{B}$ angreifend, im zweiten Fall umgekehrt, so sieht man im zweiten Fall das Vektordreieck linksumlaufen, wenn es im ersten Fall rechtsumlaufen ist und umgekehrt, wie Abb. 218 angibt. Die beiden Vektoren $[\mathfrak{A}\mathfrak{B}]$ und $[\mathfrak{B}\mathfrak{A}]$ sind demnach entgegengesetzt gleich,

$$[\mathfrak{B}\mathfrak{A}] = -[\mathfrak{A}\mathfrak{B}], \tag{c}$$

wofür man auch schreiben kann

$$[\mathfrak{A}\mathfrak{B}] + [\mathfrak{B}\mathfrak{A}] = 0.$$

Die Rechnung mit den Grundvektoren macht die Ermittlung des Vektorproduktes $[\mathfrak{i}_1 \mathfrak{i}_2]$ notwendig. Zu diesem Zweck stellt man sich am einfachsten wieder $\mathfrak{i}_1$ als Kraft am Hebelarm $\mathfrak{i}_2$ vor, wodurch als doppeltes Vektorendreieck ein Quadrat mit der Fläche 1 erscheint, in Abb. 219 schraffiert. Demnach ist $[\mathfrak{i}_1 \mathfrak{i}_2]$ ebenfalls ein Einheitsvektor, und zwar gleich $\mathfrak{i}_3$, wie die Abbildung zeigt, da der Beschauer, der sich gegen den Pfeil von $\mathfrak{i}_3$ wendet, das Vektorendreieck von $[\mathfrak{i}_1 \mathfrak{i}_2]$ rechtsumlaufen sieht. Es ist sonach

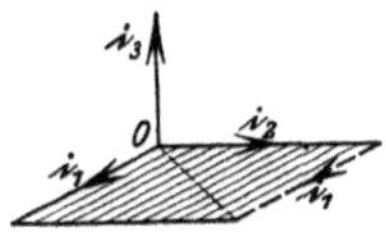

Abb. 219.

$$\begin{aligned} &[\mathfrak{i}_1 \mathfrak{i}_2] = \mathfrak{i}_3, \quad &[\mathfrak{i}_2 \mathfrak{i}_3] = \mathfrak{i}_1, \quad &[\mathfrak{i}_3 \mathfrak{i}_1] = \mathfrak{i}_2; \\ &[\mathfrak{i}_2 \mathfrak{i}_1] = -\mathfrak{i}_3, \quad &[\mathfrak{i}_3 \mathfrak{i}_2] = -\mathfrak{i}_1, \quad &[\mathfrak{i}_1 \mathfrak{i}_3] = -\mathfrak{i}_2. \end{aligned} \tag{d}$$

Denn aus der ersten Gleichung gehen die beiden nächsten durch zyklische Vertauschung hervor und aus der oberen Gleichungsgruppe die untere nach (c).

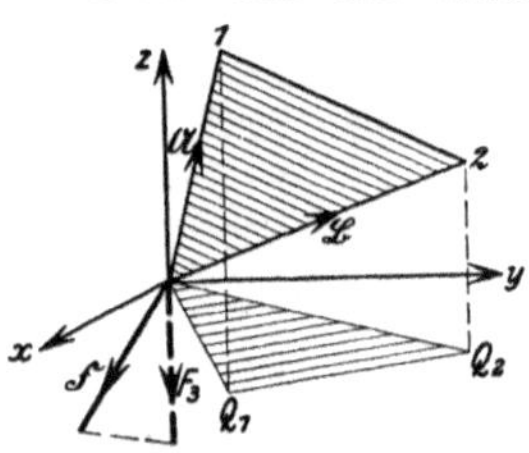

Abb. 220.

* **28.** Den Vektor $\mathfrak{M} = [\mathfrak{A}\mathfrak{B}]$ stellen wir am einfachsten mit Hilfe des aus $\mathfrak{A}$ und $\mathfrak{B}$ konstruierten Vektordreieckes dar, so wie Abb. 220 andeutet. Die Fläche F des doppelten Vektordreieckes hat die Projektionen F_1, F_2, F_3 auf die Koordinaten-

ebenen, deren Werte sich nach den Regeln der analytischen Geometrie (Math. I 73 g) ermitteln lassen, oder etwa auch so wie im Beispiel 26 b) angegeben wurde. Die beiden Vektoren A und B sind gegeben durch

$$\mathfrak{A} = \mathfrak{i}_1 A_1 + \mathfrak{i}_2 A_2 + \mathfrak{i}_3 A_3 \quad \text{und} \quad \mathfrak{B} = \mathfrak{i}_1 B_1 + \mathfrak{i}_2 B_2 + \mathfrak{i}_3 B_3 .$$

Trägt man sie beide vom Nullpunkt des Koordinatensystems aus ab, so hat der Endpunkt P_1 von A die Koordinaten $P_1 = A_1 \mid A_2 \mid A_3$ und entsprechend der Endpunkt P_2 des Vektors B die Koordinaten $P_2 = B_1 \mid B_2 \mid B_3$. Dann ist F der doppelte Flächeninhalt des Dreieckes OP_1P_2 und F_3 der doppelte Flächeninhalt der Projektion OQ_1Q_2 dieses Dreieckes auf die z-Ebene, so wie das Abb. 220 zeigt. Man findet

$$F_3 = A_1 B_2 - A_2 B_1 ,$$

und entsprechend sind die anderen Projektionen

$$F_1 = A_2 B_3 - A_3 B_2 , \qquad F_2 = A_3 B_1 - A_1 B_3 .$$

F_1, F_2, F_3 sind die Projektionen des Dreieckes F auf die drei Koordinatenebenen, also gilt (Math. I 189 a)

$$F_1 = F \cos \alpha , \qquad F_2 = F \cos \beta , \qquad F_3 = F \cos \gamma ,$$

wodurch dann dieses Dreieck vollständig bestimmt ist.

Nun ist aber andererseits auf dem Vektordreieck senkrecht der Vektor $\mathfrak{M}$ errichtet, und zwar so, daß seine Maßzahl gleich ist der doppelten Maßzahl des Dreieckes. Dieser Vektor $\mathfrak{M}$ und das doppelte Vektordreieck haben also gleiche Richtung und gleichen Zahlenwert. Dann sind F_1, F_2, F_3 auch die Projektionen von $\mathfrak{M}$ auf die drei Koordinatenachsen (Math. I 105 d), folglich muß gelten

$$[\mathfrak{A}\mathfrak{B}] = \mathfrak{M} = \mathfrak{i}_1 F_1 + \mathfrak{i}_2 F_2 + \mathfrak{i}_3 F_3 ,$$

oder wenn man die Werte für F_i einsetzt,

$$[\mathfrak{A}\mathfrak{B}] = \mathfrak{i}_1 (A_2 B_3 - A_3 B_2) + \mathfrak{i}_2 (A_3 B_1 - A_1 B_3) + \mathfrak{i}_3 (A_1 B_2 - A_2 B_1). \quad \text{(a)}$$

Die zyklische Reihenfolge verrät schon, daß diese Summe eine Determinante ist, man kann schreiben

$$[\mathfrak{A}\mathfrak{B}] = \begin{vmatrix} \mathfrak{i}_1 & \mathfrak{i}_2 & \mathfrak{i}_3 \\ A_1 & A_2 & A_3 \\ B_1 & B_2 & B_3 \end{vmatrix} , \quad \text{(b)}$$

was durch Entwicklung dieser Determinante nach der ersten Zeile ohne weiteres ersichtlich zu machen ist.

Beispiel a) Die Vektoren AB und BC der Abb. 216 sollen unbenannt sein, den ersten bezeichnet man mit $\mathfrak{r}$, den zweiten mit $\mathfrak{p}$. $\mathfrak{r}$ hat die Projektionen 1, 3, 2 in Richtung der drei Koordinatenachsen und $\mathfrak{p}$ diejenigen 4, 1, — 2, wie der Abbildung zu entnehmen ist. Dann ist

$$\mathfrak{r} = \mathfrak{i}_1 + 3\mathfrak{i}_2 + 2\mathfrak{i}_3, \qquad \mathfrak{p} = 4\mathfrak{i}_1 + \mathfrak{i}_2 - 2\mathfrak{i}_3,$$

$$[\mathfrak{p}\mathfrak{r}] = \begin{vmatrix} \mathfrak{i}_1 & \mathfrak{i}_2 & \mathfrak{i}_3 \\ 4 & 1 & -2 \\ 1 & 3 & 2 \end{vmatrix} = 8\mathfrak{i}_1 - 10\mathfrak{i}_2 + 11\mathfrak{i}_3.$$

Beispiel b) Man gebe den Momentenvektor $\mathfrak{M} = [\mathfrak{P}\mathfrak{r}]$ und seine Komponenten bzw. Projektionen auf die Koordinatenachsen als Funktion der Projektionen von $\mathfrak{P}$ und $\mathfrak{r}$ an.

Es ist

$$\mathfrak{P} = \mathfrak{i}_1 X + \mathfrak{i}_2 Y + \mathfrak{i}_3 Z, \qquad \mathfrak{r} = \mathfrak{i}_1 x + \mathfrak{i}_2 y + \mathfrak{i}_3 z,$$

also

$$[\mathfrak{P}\mathfrak{r}] = \begin{vmatrix} \mathfrak{i}_1 & \mathfrak{i}_2 & \mathfrak{i}_3 \\ X & Y & Z \\ x & y & z \end{vmatrix} = \mathfrak{i}_1 L + \mathfrak{i}_2 M + \mathfrak{i}_3 N, \tag{c}$$

woraus sich wie bereits durch Gleichung (25 m) entwickelt ergibt

$$L = Yz - Zy, \qquad M = Zx - Xz, \qquad N = Xy - Yx.$$

Beispiel c) Der Zusammenhang zwischen dem Moment einer Kraft $\mathfrak{P}$ für einen vorgeschriebenen Momentenpunkt O und dem Moment der gleichen Kraft für eine durch diesen Punkt O hindurchgehende Momentenachse g ist ein recht einfacher. Ist nämlich wieder $\mathfrak{r}$ der Vektor vom Bezugspunkt O zum Angriffspunkt m der Kraft, s. Abb. 206 und 210, so ist das Punktmoment für O durch $[\mathfrak{P}\mathfrak{r}]$ gegeben. Das Achsenmoment stellt man analytisch dar, wenn man die Momentenachse g zur z-Achse eines räumlichen Koordinatensystems macht, dann hat nach (25f) das Moment der Kraft für diese Achse den Wert $M_g = Xy - Yx$. Wie eben im Beisp. b) entwickelt wurde, hat die Projektion von $\mathfrak{M}$ auf die Gerade g den gleichen Wert $Xy - Yx$; es gilt somit:

> Die Projektion des Momentes einer Kraft für einen vorgeschriebenen Punkt O auf eine beliebige durch O gehende Achse g ist gleich dem Moment der Kraft für diese Achse g. (d)

Oder:

> Das Moment einer Kraft für eine vorgeschriebene Achse g ist gleich der Projektion des Momentes dieser Kraft für einen beliebigen auf g liegenden Punkt O auf diese Achse. (e)

Oder kürzer:

> Das Achsenmoment ist gleich der Projektion des Punktmomentes, wenn die Bezugsachse durch den Bezugspunkt geht.

Man halte fest, daß ein Vektorprodukt durch die Determinante darstellbar ist. Man halte weiter fest, daß im Gebiet der Summierung für die Vektoren die nämlichen Sätze gelten wie für gewöhnliche Zahlen, und ebenso im Gebiet des elementaren Produktes. In beiden Gebieten operiert man demgemäß mit den Vektoren genau so, wie wenn es gewöhnliche Zahlen wären.

Dann ergibt sich aber recht einfach der zweite Hauptsatz des Vektorproduktes

$$[(\mathfrak{A}+\mathfrak{B})\mathfrak{C}]=[\mathfrak{A}\mathfrak{C}]+[\mathfrak{B}\mathfrak{C}]. \tag{f}$$

Setzt man nämlich einen Augenblick $\mathfrak{R}=\mathfrak{A}+\mathfrak{B}$, und sind A_i, B_i, C_i und R_i die Projektionen der Vektoren A bzw. B, C und R auf die drei Koordinatenachsen, so daß also $R_i=A_i+B_i$, so kann man der Reihe nach schreiben

$$[(\mathfrak{A}+\mathfrak{B})\mathfrak{C}]=[\mathfrak{R}\,\mathfrak{C}]=\begin{vmatrix}\mathfrak{i}_1 & \mathfrak{i}_2 & \mathfrak{i}_3\\ R_1 & R_2 & R_3\\ C_1 & C_2 & C_3\end{vmatrix}$$

$$=\begin{vmatrix}\mathfrak{i}_1 & \mathfrak{i}_2 & \mathfrak{i}_3\\ A_1+B_1 & A_2+B_2 & A_3+B_3\\ C_1 & C_2 & C_3\end{vmatrix}=\begin{vmatrix}\mathfrak{i}_1 & \mathfrak{i}_2 & \mathfrak{i}_3\\ A_1 & A_2 & A_3\\ C_1 & C_2 & C_3\end{vmatrix}+\begin{vmatrix}\mathfrak{i}_1 & \mathfrak{i}_2 & \mathfrak{i}_3\\ B_1 & B_2 & B_3\\ C_1 & C_2 & C_3\end{vmatrix}$$

$$=[\mathfrak{A}\mathfrak{C}]+[\mathfrak{B}\mathfrak{C}],$$

womit dann der obige Hauptsatz bewiesen ist; man kann ihn, wenn man die Sprechweise des gewöhnlichen Produktes auch auf das Vektorprodukt überträgt, in Worte fassen:

> Eine (graphische) Summe wird vektoriell multipliziert, indem man jeden Summanden vektoriell multipliziert. (g)

Den Beweis hatte man auch führen können mit Hilfe des Satzes:

> Zwei Vektoren sind gleich, wenn ihre Komponenten in Richtung der Koordinatenachsen gleich sind, (h)

der ja unmittelbar einzusehen ist. Setzt man wieder $\mathfrak{A}+\mathfrak{B}=\mathfrak{R}$, dann sind die Projektionen von $[\mathfrak{R}\mathfrak{C}]$ bzw. $[\mathfrak{A}\mathfrak{C}]$ und $[\mathfrak{B}\mathfrak{C}]$ auf die z-Achse

$$R_1C_2-R_2C_1 \quad \text{bzw.} \quad A_1C_2-A_2C_1 \quad \text{und} \quad B_1C_2-B_2C_1.$$

Nun ist aber $R_i = A_i + B_i$, also

$$R_1 C_2 - R_2 C_1 = (A_1 + B_1) C_2 - (A_2 + B_2) C_1$$
$$= (A_1 C_2 - A_2 C_1) + (B_1 C_2 - B_2 C_1).$$

Es sind also die z-Projektionen von $[\mathfrak{R}\mathfrak{C}]$ und $[\mathfrak{A}\mathfrak{C}] + [\mathfrak{B}\mathfrak{C}]$ einander gleich und damit auch die Komponenten in diesen Richtungen; die nämliche Beziehung gilt natürlich auch für die Komponenten in der x- und y-Richtung, dann folgt aber daraus, daß die Vektoren $[\mathfrak{R}\mathfrak{C}]$ und $[\mathfrak{A}\mathfrak{C}] + [\mathfrak{B}\mathfrak{C}]$ einander gleich sind, oder wenn man wieder $\mathfrak{R} = \mathfrak{A} + \mathfrak{B}$ setzt, daß

$$[(\mathfrak{A} + \mathfrak{B})\,\mathfrak{C}] = [\mathfrak{A}\mathfrak{C}] + [\mathfrak{B}\mathfrak{C}].$$

Einer Beweisführung bedarf nach diesem Satz die Formel

$$[(\mathfrak{A} + \mathfrak{B})(\mathfrak{C} + \mathfrak{D})] = [\mathfrak{A}\mathfrak{C}] + [\mathfrak{A}\mathfrak{D}] + [\mathfrak{B}\mathfrak{C}] + [\mathfrak{B}\mathfrak{D}] \tag{i}$$

nicht; sie wird sofort ersichtlich, wenn man etwa $\mathfrak{C} + \mathfrak{D} = \mathfrak{E}$ setzt und die vorausgehende Formel zweimal anwendet.

* **29.** An einem materiellen Punkt m greifen mehrere Kräfte $P_1, P_2, \ldots P_n$ mit der Resultierenden R an. Von ihnen hat P_i für einen beliebig gewählten Punkt O das Moment $[\mathfrak{P}_i \mathfrak{r}]$, wenn $\mathfrak{r}$ der Hebelarm von O aus zum Angriffspunkt m der Kräfte ist, die Resultierende hat das Moment $[\mathfrak{R}\mathfrak{r}]$. Wegen $\mathfrak{R} = \mathfrak{P}_1 + \mathfrak{P}_2 + \cdots + \mathfrak{P}_n$ wird dieses Moment

$$[\mathfrak{R}\mathfrak{r}] = [(\mathfrak{P}_1 + \mathfrak{P}_2 + \ldots + \mathfrak{P}_n)\,\mathfrak{r}]$$

oder nach (28 g), wenn man die Summe vektoriell ausmultipliziert,

$$[\mathfrak{R}\mathfrak{r}] = [\mathfrak{P}_1 \mathfrak{r}] + [\mathfrak{P}_2 \mathfrak{r}] + \ldots + [\mathfrak{P}_n \mathfrak{r}],$$

oder

$$[\mathfrak{R}\mathfrak{r}] = \Sigma [\mathfrak{P}\mathfrak{r}], \tag{a}$$

d. h.

Greifen am materiellen Punkt mehrere Kräfte an, so ist für jeden Punkt das Moment der Resultierenden gleich der graphischen Summe der Momente der Einzelkräfte (Momentensatz).

Im Fall des Gleichgewichtes geht wegen $R = 0$ dieser Satz über in

$$\Sigma [\mathfrak{P}\mathfrak{r}] = 0, \tag{b}$$

d. h.

Ist der materielle Punkt unter dem Einfluß der an ihm angreifenden Kräfte im Gleichgewicht, so ist für jeden Punkt die graphische Summe der Momente dieser Einzelkräfte gleich Null.

Die Umkehr dieses Satzes:

> Ein materieller Punkt ist unter dem Einfluß der an ihm angreifenden Kräfte im Gleichgewicht, wenn für jeden Punkt die graphische Summe der Momente dieser Kräfte gleich Null ist, (c)

wird entsprechend wie die Sätze (**23**f) und (**25**l) bewiesen: Angenommen, der Punkt sei nicht im Gleichgewicht, so müßten die an ihm angreifenden Kräfte eine von Null verschiedene Resultierende R haben. Für irgendeinen nicht auf R liegenden Momentenpunkt ist dann das Moment $[\mathfrak{R}\mathfrak{r}]$ von R sicher von Null verschieden und demnach nach (a) auch $\Sigma[\mathfrak{P}\mathfrak{r}]$, was der Voraussetzung widerspräche.

Der Momentensatz ist ein vektorieller Summensatz und demnach im allgemeinsten Fall, d. h. bei räumlichen Aufgaben, gleichwertig mit drei gewöhnlichen Gleichungen. Er ist sonach von der gleichen Allgemeinheit wie der Resultantensatz, aus dem er ja durch Umformung hervorgegangen ist. Diese drei Gleichungen sind nichts anderes wie die „Projektionen" des Momentensatzes auf drei beliebige Gerade. Will man die analytische Darstellung, so wird man auf die drei Achsen eines räumlichen Koordinatensystems projizieren und erhält nach Beisp. 28 b) als „Projektionen" des allgemeinen Momentensatzes (a)

$$\begin{aligned}
Yz - Zy &= Y_1 z - Z_1 y + Y_2 z - Z_2 y + \dots + Y_n z - Z_n y,\\
Zx - Xz &= Z_1 x - X_1 z + Z_2 x - X_2 z + \dots + Z_n x - X_n z,\\
Xy - Yx &= X_1 y - Y_1 x + X_2 y - Y_2 x + \dots + X_n y - Y_n x,
\end{aligned}$$

oder wenn man Abkürzungen einführt und auch das Summenzeichen anwendet, das sich dann natürlich nur über die Projektionen der Kräfte erstreckt,

$$L = \Sigma(Yz - Zy), \quad M = \Sigma(Zx - Xz), \quad N = \Sigma(Xy - Yx), \tag{d}$$

d. i. wieder die bereits auf anderem Weg entwickelte Form (**25**m).

Für den Fall des Gleichgewichtes erhält man als analytische Form des Momentensatzes

$$\Sigma(Yz - Zy) = 0, \quad \Sigma(Zx - Xz) = 0, \quad \Sigma(Xy - Yx) = 0. \tag{e}$$

30. Aus den n materiellen Punkten eines Körpers wählt man irgendeinen mit der Ordnungsziffer k heraus und nennt ihn m_k. Greifen an einem Körper äußere Kräfte an, so werden unter deren Einfluß im Körper selbst innere Kräfte entstehen. Im allgemeinen Fall greifen dann an dem Punkt m_k äußere und innere Kräfte an. Die äußeren, Massenkräfte oder Nutzkräfte oder Auflagerkräfte, faßt man zu einer Resultierenden P_k zusammen; die inneren sind $J_{k1}, J_{k2}, \dots J_{kn}$, wo J_{kl} vom Punkt m_k aus zum Punkt m_l eine Wirkung ausübt; sie faßt man zusammen zu einer Resultierenden

$$\mathfrak{J}_{k1} + \mathfrak{J}_{k2} + \cdots + \mathfrak{J}_{kn} = \Sigma \mathfrak{J}_k.$$

Wir gehen aus von einem im Gleichgewicht befindlichen starren Körper; definitionsgemäß ist im Begriff „starr“ die Tatsache enthalten, daß die einzelnen Massenpunkte des Körpers ihre gegenseitige Lage im Verlauf der Untersuchung nicht ändern, und im Begriff „Gleichgewicht“, daß jeder einzelne Punkt des Körpers im Gleichgewicht ist. Beide Tatsachen lassen sich je durch eine Gleichung zum Ausdruck bringen. Die Voraussetzung des Gleichgewichtes für den Punkt m_k bedingt

$$\mathfrak{P}_k + \Sigma \mathfrak{J}_k = 0. \tag{a}$$

Von den inneren Kräften wissen wir, daß nach dem Gesetz von der Wechselwirkung immer je zwei im Gleichgewicht sind,

$$\mathfrak{J}_{kl} + \mathfrak{J}_{lk} = 0. \tag{b}$$

Es bilden also die inneren Kräfte für sich ein Gleichgewichtssystem,

$$\Sigma \mathfrak{J}_1 + \Sigma \mathfrak{J}_2 + \cdots + \Sigma \mathfrak{J}_n = 0$$

oder

$$\Sigma\Sigma \mathfrak{J} = 0, \tag{c}$$

die graphische Summe aller inneren Kräfte eines im Gleichgewicht befindlichen starren Körpers ist Null.

Die Summierung der Formel erstreckt sich über jeden einzelnen materiellen Punkt des Körpers und über jede einzelne an diesem Punkt angreifende innere Kraft.

Auf diese inneren Kräfte wenden wir weiterhin den Arbeitssatz an, indem wir zunächst eine unendlich kleine Verschiebung $\mathfrak{s}$ des starren Körpers als gedachte Bewegung annehmen, s. Abb. 221. Bei dieser Bewegung leisten die beiden entgegengesetzt gleichen Kräfte J_{kl} und J_{lk} die Arbeiten $\mathfrak{J}_{kl}\mathfrak{s}$ und $\mathfrak{J}_{lk}\mathfrak{s}$, deren Summe $\mathfrak{J}_{kl}\mathfrak{s} + \mathfrak{J}_{lk}\mathfrak{s}$ zu Null wird wegen (b). Nimmt man weiter als gedachte Bewegung des Körpers eine unendlich kleine Drehung so an, daß der Punkt m_k in Ruhe bleibt, so wird bei dieser Bewegung die Kraft J_{kl} keine Arbeit leisten, da sie ja keinen Weg zurücklegt, und ebensowenig die Kraft J_{lk}, weil sie während der Bewegung stets senkrecht ist zum Weg, s. Abb. 222. Nimmt man schließlich eine beliebige un-

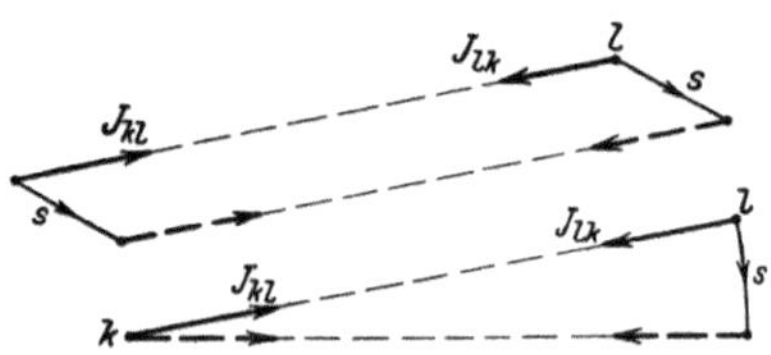

Abb. 221 und 222.

endlich kleine Bewegung des starren Körpers an, so kann man diese Bewegung zusammensetzen aus einer unendlich kleinen Schiebung, die das System der beiden Punkte aus der Lage k und l in diejenige k' und l'' überführt, und aus einer unendlich kleinen Drehung, die das System aus dieser Zwischenlage in die Endlage k' und l' bringt, so wie durch Abb. 223 angedeutet ist. Bei der ersten Teilbewegung sowohl als bei der zweiten ist wieder die Arbeitsleistung Null, so daß demnach bei einer unendlich kleinen Bewegung des starren Körpers die Summe der Arbeitsleistungen der beiden inneren Kräfte Null ist,

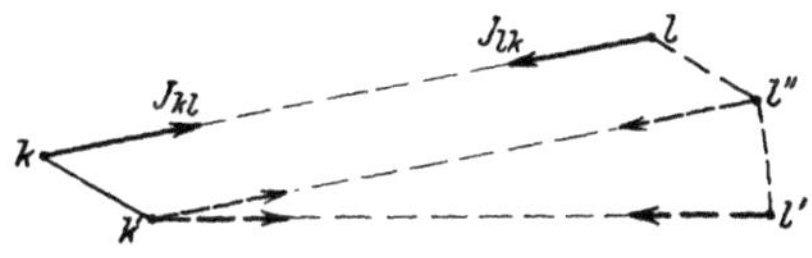

Abb. 223.

$$\mathfrak{J}_{kl}\mathfrak{s}_k + \mathfrak{J}_{lk}\mathfrak{s}_l = 0.$$

Ebenso wie die Arbeit dieses Paares Null ist, wird auch die Arbeit von je zwei anderen zusammengehörigen inneren Kräften Null werden, so daß die Gesamtsumme der Arbeiten der inneren Kräfte bei dieser angenommenen Bewegung Null ist,

$$\Sigma \mathfrak{J}_1 \mathfrak{s}_1 + \Sigma \mathfrak{J}_2 \mathfrak{s}_2 + \ldots + \Sigma \mathfrak{J}_n \mathfrak{s}_n = 0$$

oder

$$\Sigma\Sigma \mathfrak{J}\mathfrak{s} = 0, \qquad \text{(d)}$$

f ü r jede beliebige unendlich kleine (gedachte oder wirkliche) Bewegung des starren im Gleichgewicht befindlichen Körpers ist die Summe der Arbeiten der inneren Kräfte Null.

Auf das Paar J_{kl} und J_{lk} von inneren Kräften wendet man ferner noch den Momentensatz an. Ohne weiteres ist ersichtlich, daß sie für jede beliebige Momentenachse entgegengesetzt gleiches Moment haben, $M_{kl} = -M_{lk}$; beide Kräfte haben gleichen Zahlenwert und gleichen Dreharm, aber entgegengesetzten Drehsinn, es ist also

$$M_{kl} + M_{lk} = 0;$$

da paarweise je zwei innere Kräfte für die vorgeschriebene Drehachse die Momentensumme Null haben, wird für diese Drehachse die Summe der Momente aller inneren Kräfte zu Null,

$$\Sigma M_1 + \Sigma M_2 + \ldots + \Sigma M_n = 0$$

oder

$$\Sigma\Sigma M = 0, \qquad \text{(c)}$$

für jede beliebige Achse ist die Summe der Momente der inneren Kräfte eines im Gleichgewicht befindlichen starren Körpers gleich Null.

* Die Betrachtung bleibt die gleiche, wenn die Momente für einen vorgeschriebenen Momentenpunkt genommen werden; auch hier haben die beiden Kräfte J_{kl} und J_{lk} den gleichen Zahlenwert und den gleichen Dreharm, s. Abb. 224, also entgegengesetzt gleiches Moment wegen des verschiedenen Drehsinnes; die Formel dafür lautet

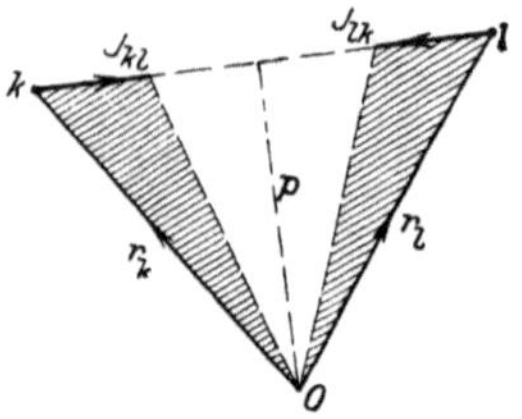

Abb. 224.

$$[\mathfrak{J}_{kl}\mathfrak{r}_k] + [\mathfrak{J}_{lk}\mathfrak{r}_l] = 0,$$

und auf alle inneren Kräfte angewandt,

$$\Sigma[\mathfrak{J}_1\mathfrak{r}_1] + \Sigma[\mathfrak{J}_2\mathfrak{r}_2] + \cdots + \Sigma[\mathfrak{J}_n\mathfrak{r}_n] = 0$$

oder

$$\Sigma\Sigma[\mathfrak{J}\mathfrak{r}] = 0, \tag{f}$$

für jeden vorgeschriebenen Momentenpunkt ist die graphische Summe der Momente der inneren Kräfte eines im Gleichgewicht befindlichen starren Körpers Null.

31. Zwischen dem Gleichgewicht eines starren Körpers und dem Gleichgewicht eines an einem starren Körper angreifenden Kräftesystems ist streng zu unterscheiden. Wenn die an einem starren Körper angreifenden Kräfte im Gleichgewicht sind, so braucht deswegen der Körper selbst noch nicht im Gleichgewicht sein. Man denke nur wieder an das Beispiel einer Scheibe, die unter dem Einfluß des Beharrungsvermögens um ihre fest im Raum gelagerte Symmetrieachse mit gleichbleibender Tourenzahl rotiert; die an ihr angreifenden Kräfte sind sicher im Gleichgewicht, nicht aber die Scheibe selbst. Zu ihrem Gleichgewicht gehört eben, daß jeder einzelne ihrer Punkte im Gleichgewicht ist; dann könnten diese aber keine Drehung ausführen, sondern nur eine geradlinige Bewegung.

Wenn das an einem starren Körper angreifende Kräftesystem im Gleichgewicht ist, dann darf es definitionsgemäß (**20** c) keinen Einfluß auf die Bewegung des Körpers haben. Dieser wird seine Bewegung genau so weiterführen, wie wenn das Kräftesystem gar nicht vorhanden wäre. Denkt man sich das nämliche Kräftesystem am nämlichen Körper angebracht, wenn er in Ruhe ist, so muß er definitionsgemäß auch weiterhin in Ruhe bleiben. Zwischen dem Kräftesystem am bewegten Körper und demjenigen am ruhenden besteht natürlich nicht der geringste Unterschied, beide sind ganz und gar gleich. Was also von dem Kräftesystem am ruhenden Körper bewiesen wird, muß notgedrungen auch vom gleichen Kräftesystem gelten, wenn es an dem bewegten Körper angreift. In den nachfolgenden Zeilen werden mehrere Sätze als gültig bewiesen für ein im Gleichgewicht befindliches Kräftesystem, das an einem ruhenden (oder allgemein an einem im Gleichgewicht befindlichen) starren Körper angreift. Diese Sätze sind demnach ohne weiteres auch gültig für das Kräftesystem überhaupt, unabhängig davon, ob der Körper selbst im Gleichgewicht ist oder nicht.

Ein starrer Körper sei im Gleichgewicht. Nach der vorausgehenden Nummer muß für jeden Einzelpunkt m_k gelten

$$\mathfrak{P}_k + \Sigma \mathfrak{J}_k = 0.$$

Man wendet diese Formel auf alle Einzelpunkte des Körpers an,

$$\mathfrak{P}_1 + \Sigma \mathfrak{J}_1 = 0, \quad \mathfrak{P}_2 + \Sigma \mathfrak{J}_2 = 0, \ldots \mathfrak{P}_n + \Sigma \mathfrak{J}_n = 0,$$

und addiert die erhaltenen Gleichungen,

$$\Sigma \mathfrak{P} + \Sigma \Sigma \mathfrak{J} = 0.$$

Es wurde oben entwickelt (**30** c), daß die inneren Kräfte eines starren Körpers unter sich im Gleichgewicht sind, $\Sigma \Sigma \mathfrak{J} = 0$; deshalb gilt

$$\Sigma \mathfrak{P} = 0, \tag{a}$$

d. h. ist ein starrer Körper im Gleichgewicht, so ist die graphische Summe der an ihm angreifenden äußeren Kräfte gleich Null. Oder wenn man entsprechend der vorausgehenden Erklärung erweitert:

Ist ein Kräftesystem im Gleichgewicht, so ist die graphische Summe der Einzelkräfte gleich Null (erster Hauptsatz der Statik starrer Körper).

Die „Projektion" des Satzes (a) auf eine beliebige Ebene liefert nach (**6** a)

$$\Sigma \mathfrak{P}' = 0, \tag{b}$$

in Worten: Ist ein Kräftesystem im Gleichgewicht, so ist die graphische Summe der Projektionen der Einzelkräfte auf eine beliebige Ebene gleich Null.

„Projiziert" man den ersten Hauptsatz auf eine beliebige Gerade, so wandelt er sich um in

$$\Sigma P' = 0, \tag{c}$$

d. h. ist ein Kräftesystem im Gleichgewicht, so ist die Summe der Projektionen der Einzelkräfte auf jede beliebige Gerade oder Richtung Null.

Kürzer werden wir den Satz aussprechen:

In jeder Richtung muß Gleichgewicht sein, (d)

d. h. die Summe der Komponenten der Einzelkräfte in irgendeiner beliebigen Richtung ist Null, wenn das Kräftesystem im Gleichgewicht ist. Oder in anderer Sprechweise:

Die Summe der Beiträge der Einzelkräfte eines Gleichgewichtssystems ist in jeder Richtung Null. (e)

Greift man insbesonders die Richtung der drei Koordinatenachsen heraus, so gelangt man zur Schreibweise der analytischen Mechanik

$$\Sigma X = 0, \qquad \Sigma Y = 0, \qquad \Sigma Z = 0, \tag{f}$$

in jeder der drei Grundrichtungen muß die Summe der Beiträge (oder Komponenten oder Projektionen) der Einzelkräfte Null sein, wenn das Kräftesystem im Gleichgewicht ist.

In der Form (a) ist der erste Hauptsatz vektoriell wiedergegeben; die Vektorgleichung $\Sigma \mathfrak{P} = 0$ ist gleichwertig drei analytischen Gleichungen, so wie sie beispielsweise die letztentwickelte Formel angibt. Zur Ermittlung von Unbekannten an einem im Gleichgewicht befindlichen Kräftesysteme gestattet also der erste Hauptsatz, drei analytische Gleichungen aufzustellen.

Beispiel a) Der starr vorausgesetzte Körper der Abb. 225, s. a. Abb. 176, ist in Ruhe, also im Gleichgewicht. Zur Ermittlung der sechs unbekannten Auflagergrößen A_3, B_2, B_3, C_1, C_2, C_3 benötigt man sechs Gleichungen, von denen der erste Hauptsatz drei liefert. Man beginnt: in jeder Richtung ist Gleichgewicht, also muß beispielsweise in der x-Richtung die Summe aller Beiträge Null sein. Man zählt in der Richtung der x-Achse positiv, die Pfeile der gesuchten Auflagerkräfte bzw. ihrer Komponenten sind willkürlich angenommen (man denkt sich die Auflagerung durch Auflagerstäbe hergestellt und diese auf Zug beansprucht), ihre etwaige Korrektur erfolgt durch das Vorzeichen der Lösung. Für die x-Richtung hat man

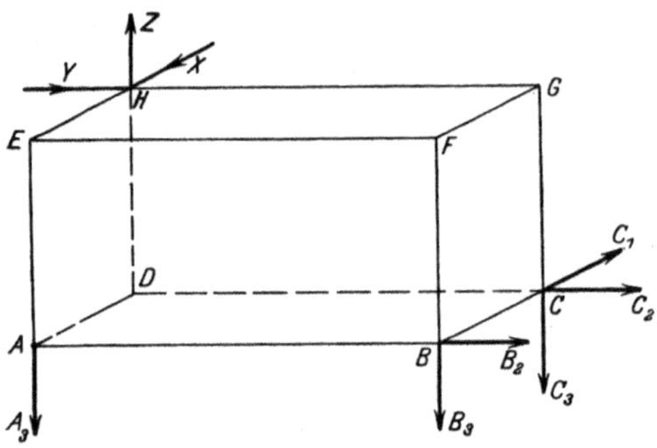

Abb. 225.

$$X - C_1 = 0.$$

Entsprechend wendet man den Satz in der y- und z-Richtung an,

$$Y + B_2 + C_2 = 0, \qquad Z - A_3 - B_3 - C_3 = 0.$$

Die Fortsetzung der Lösung folgt in der nächsten Nummer.

Beispiel b) Die starr vorausgesetzte Eisenplatte der Abb. 226 und 179 ist in Ruhe, also im Gleichgewicht. Man kann auf sie wieder den ersten Hauptsatz anwenden und damit drei analytische Gleichungen aufstellen, die allerdings noch nicht hinreichend sind für die Ermittlung der sechs unbekannten Auflagerkräfte bzw. ihrer Komponenten. Man wählt als Grundrichtungen diejenigen von AB, AD und AE. Die Projektion des Gewichtes Q auf die Richtung AB ist Null, oder in anderer Ausdrucksweise: Q liefert für die Richtung AB keinen Beitrag oder den Beitrag 0; die Auflagerkräfte bei A und B liefern aus dem gleichen Grund den Beitrag 0. Der Beitrag von S_1 in der Richtung AB, d. h. die Projektion von S_1 auf diese Richtung, ist $-S_1\cdot\cos 45^0$, da ja diese Projektion entgegengesetzt gerichtet ist zu AB. Die Stabspannung S_2 liefert den Beitrag S_2, sie ist mit AB gleichgerichtet. Die Summe aller Beiträge ist Null, hier

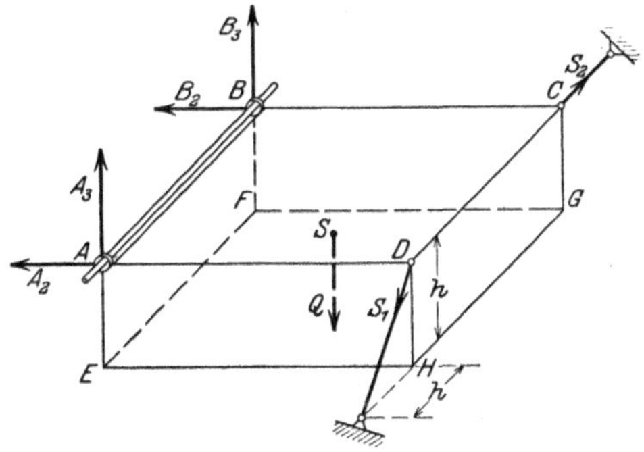

Abb. 226.

$$-S_1\cdot\frac{1}{\sqrt{2}}+S_2=0 \qquad \text{oder} \qquad S_1=S_2\sqrt{2}.$$

In der Richtung AD liefert Q wieder den Beitrag 0, die Auflagerkraft bei A den Beitrag $-A_2$, entsprechend die Auflagerkraft bei B den Beitrag $-B_2$; S_1 und S_2 liefern keinen Beitrag, da sie beide senkrecht stehen zu AC. Man erhält

$$-A_2-B_2=0.$$

In der Richtung AE liefert Q den Beitrag Q, die Kräfte bei A und B die Beiträge $-A_3$ und $-B_3$, die Spannungen S_1 und S_2 die Beiträge $+S_1\cdot\cos 45^0$ und 0, so daß die Gleichgewichtsbedingung wird

$$Q-A_3-B_3+S_1\cdot\frac{1}{\sqrt{2}}=0.$$

Die Fortsetzung der Lösung folgt in der nächsten Nummer.

32. Ein starrer Körper sei im Gleichgewicht unter dem Einfluß der an ihm angreifenden äußeren Kräfte $P_1, P_2, \ldots P_n$. Das setzt voraus, daß jeder Einzelpunkt m_k unter dem Einfluß der an ihm angreifenden äußeren Kraft P_k und der inneren Kräfte J_{k1}, $J_{k2}, \ldots J_{kn}$ im Gleichgewicht ist. Wendet man auf dieses System den Momentensatz (**25** i) an, indem man eine beliebige Gerade als gedachte Drehachse auswählt, so gilt

$$M_k + M'_{k1} + M'_{k2} + \ldots + M'_{kn} = 0,$$

wo M_k das Moment der äußeren Kraft P_k für die ausgewählte Achse ist und entsprechend M'_{k1}, M'_{k2}, ... die Momente der inneren Kräfte J_{k1}, J_{k2}, ... für die nämliche Drehachse; oder wenn man abkürzend schreibt,

$$M_k + \Sigma M_k' = 0. \tag{a}$$

Für die Einzelpunkte $m_1, m_2, \ldots m_n$ gilt also

$$M_1 + \Sigma M_1' = 0, \quad M_2 + \Sigma M_2' = 0, \quad \ldots \quad M_n + \Sigma M_n' = 0.$$

Man summiert über den ganzen Körper

$$\Sigma M + \Sigma\Sigma M' = 0.$$

Nach (**30** e) verschwindet das zweite Glied dieser Summe, man erhält demnach

$$\Sigma M = 0, \tag{b}$$

d. h. ist ein starrer Körper unter dem Einfluß der an ihm angreifenden äußeren Kräfte im Gleichgewicht, so muß für jede (gedachte oder wirkliche) Drehachse die Summe der Momente dieser äußeren Kräfte Null sein. Oder wenn man wie beim ersten Hauptsatz erweitert:

> Ist ein Kräftesystem im Gleichgewicht, so muß für jede Drehachse die Summe der Momente der Einzelkräfte dieses Systems Null sein. (Zweiter Hauptsatz der Statik starrer Körper.)

Beispiel a) Die Lösung des Beisp. 31 a) erfordert noch die Aufstellung von drei weiteren Gleichungen. Man wendet den eben bewiesenen Satz an, indem man etwa die Kanten CB, DH, AB als gedachte Drehachsen auswählt. Wäre der Körper um die Kante CB drehbar, so würde, von vorn gesehen, die Kraft Y im Uhrzeigersinn drehen, sie hätte das Moment $+Y\cdot a$; die Kraft X hat keine Drehwirkung, weil sie parallel der Drehachse läuft; die Kraft Z dreht rechtsum, sie hat das Moment $+Z\cdot 2a$. Von den Auflagerkräften hat A die Drehwirkung $-A\cdot 2a$, die übrigen Auflagerkräfte schneiden die Drehachse, liefern demnach zur Drehung keinen Beitrag. Die Summe der Momente aller am Körper angreifenden äußeren Kräfte muß Null sein,

$$+Y\cdot a + Z\cdot 2a - A\cdot 2a = 0 \quad \text{oder} \quad Y + 2Z - 2A = 0.$$

Wäre der Körper um die Achse DH drehbar, so würde von den Nutzlasten X, Y, Z keine einen Beitrag zur Drehung leisten, weil sie alle die Achse schneiden, das gleiche gilt auch von C_2, C_3, B_3, A_3; die drei letzteren schneiden die Drehachse im Unendlichen. C_1 liefert von oben gesehen den Momentenbeitrag $-C_1 \cdot 2a$ und B_2 den Beitrag $-B_2 \cdot a$; es wird

$$-C_1 \cdot 2a - B_2 \cdot a = 0 \quad \text{oder} \quad 2C_1 + B_2 = 0.$$

Wäre AB eine Drehachse, so würde der nämliche Satz liefern, wenn man gegen den Pfeil von B_2 sieht,

$$-X \cdot a - Z \cdot a + C_3 \cdot a = 0 \quad \text{oder} \quad C_3 = X + Z.$$

Die so erhaltenen drei Momentengleichungen bilden mit den drei Gleichungen des Beisp. 31 a) die Unterlage für die Ermittlung der sechs unbekannten Auflagerkräfte bzw. ihrer Komponenten; man erhält elementar

$$A_3 = 0{,}5\,Y + Z, \qquad B_2 = -2X, \qquad B_3 = -X - 0{,}5\,Y - Z,$$
$$C_1 = X, \qquad C_2 = 2X - Y, \qquad C_3 = X + Z.$$

Beispiel b) Man stelle für das Kräftesystem der Abb. 225 als Kontrolle noch drei weitere Momentengleichungen für die Achsen BF, DA und DC auf.

Wenn man stets gegen die Pfeile der Koordinatenachsen schaut, lauten diese Momentengleichungen

$$+Y \cdot a - X \cdot 2a + C_2 \cdot a = 0, \qquad +Y \cdot a + B_3 \cdot 2a + C_3 \cdot 2a = 0,$$
$$-X \cdot a - A_3 \cdot a - B_3 \cdot a = 0.$$

Man beseitigt a und setzt die aus dem vorigen Beispiel erhaltenen Werte ein, dann findet man diese Gleichungen bestätigt.

Wenn ein räumliches Koordinatensystem gegeben ist, so wird man vielfach dessen Achsen als gedachte Drehachsen wählen. Für die x-Achse hat nach (25g) beispielsweise die Kraft P_k das Moment

$$L_k = Y_k z_k - Z_k y_k;$$

die Summe $L = \Sigma L_k$ der Momente aller äußeren Kräfte ist demnach

$$L = \Sigma L_k = Y_1 z_1 - Z_1 y_1 + Y_2 z_2 - Z_2 y_2 + \ldots + Y_n z_n - Z_n y_n$$

oder

$$L = \Sigma L_k = \Sigma (Yz - Zy).$$

Entsprechend ist die Summe aller Momente der äußeren Kräfte für die y-Achse

$$M = \Sigma M_k = \Sigma (Zx - Xz) \quad \text{und} \quad N = \Sigma N_k = \Sigma (Xy - Yx).$$

Der zweite Hauptsatz nimmt demnach die analytische Form an

$$L = 0, \qquad M = 0, \qquad N = 0$$

bzw.
$$\Sigma L_k = 0, \quad \Sigma M_k = 0, \quad \Sigma N_k = 0,$$
oder ausgeführt
$$\Sigma(Yz - Zy) = 0, \quad \Sigma(Zx - Xz) = 0, \quad \Sigma(Xy - Yx) = 0. \qquad \text{(c)}$$

Beispiel c) Die vollständige Lösung des Beisp. 31b) macht noch die Aufstellung von drei Gleichungen notwendig. Man schreibt für drei beliebig ausgewählte Achsen die Momentengleichung an, etwa für AB, DH, AD. Für die erste leistet, von vorne gesehen, die Nutzkraft Q den Beitrag $+Q \cdot 1{,}5\,\mathrm{h}$; von den Auflagerkräften schneidet nur S_1 die Drehachse nicht; von ihren zwei Komponenten in Richtung von CD und DH hat die erste das Moment 0, die zweite das Moment $S_1 \frac{1}{\sqrt{2}} \cdot 3h$. Es wird
$$+Q \cdot 1{,}5\,h + S_1 \frac{1}{\sqrt{2}} \cdot 3\,h = 0 \quad \text{oder} \quad Q + S_1 \sqrt{2} = 0.$$
Für DH als Drehachse hat Q das Moment 0, ebenso S_1, S_2, A_2, A_3, B_3; nur B_2 leistet den Beitrag $-B_2 \cdot 3h$, von oben gesehen. Die Summe der Momente, hier $-B_2 \cdot 3h$, muß wieder verschwinden, also
$$-B_2 \cdot 3h = 0 \quad \text{oder} \quad B_2 = 0.$$

Für AD liefert Q den Beitrag $+Q \cdot 1{,}5h$, wenn der Beschauer in Richtung von D nach A sieht; S_1 und S_2 schneiden die Achse, ebenso A_2, A_3 und B_2. B_3 leistet das Moment $-B_3 \cdot 3h$. Die Momentensumme wird Null,
$$+Q \cdot 1{,}5\,h - B_3 \cdot 3h = 0 \quad \text{oder} \quad Q - 2B_3 = 0.$$
Die drei erhaltenen Gleichungen liefern mit den dreien des Beisp. 31b) elementar
$$A_2 = 0, \quad B_2 = 0, \quad B_3 = 0{,}5\,Q, \quad S_1 = -0{,}5\,Q\sqrt{2}, \quad S_2 = -0{,}5\,Q,$$
$$A_3 = 0.$$

* Weit übersichtlicher erscheint der dritte Hauptsatz in der vektoriellen Darstellung. Man geht wieder aus von der Voraussetzung des Gleichgewichtes eines starren Körpers, daß nämlich jeder Einzelpunkt m_k im Gleichgewicht sein muß, nach (**30**a)
$$\mathfrak{P}_k + \Sigma \mathfrak{J}_k = 0,$$
und wählt irgendeinen Punkt O als gedachten Drehpunkt. Wenn der Hebelarm von O aus nach m_k mit r_k bezeichnet ist, so hat die äußere Kraft P_k für O das Moment $[\mathfrak{P}_k \mathfrak{r}_k]$, die inneren am Punkt m_k angreifenden Kräfte J_{k1}, J_{k2}, ... haben das resultierende Moment
$$[\mathfrak{J}_{k1} \mathfrak{r}_k] + [\mathfrak{J}_{k2} \mathfrak{r}_k] + \cdots + [\mathfrak{J}_{kn} \mathfrak{r}_k].$$

Die graphische Summe aller Momente der am Punkt m_k angreifenden Kräfte muß Null sein,

$$[\mathfrak{P}_k \mathfrak{r}_k] + \Sigma [\mathfrak{J}_k \mathfrak{r}_k] = 0;$$

für die Einzelpunkte des Körpers gilt so

$$[\mathfrak{P}_1 \mathfrak{r}_1] + \Sigma [\mathfrak{J}_1 \mathfrak{r}_1] = 0, \quad [\mathfrak{P}_2 \mathfrak{r}_2] + \Sigma [\mathfrak{J}_2 \mathfrak{r}_2] = 0, \ldots$$

Man addiert

$$\Sigma [\mathfrak{P} \mathfrak{r}] + \Sigma\Sigma [\mathfrak{J} \mathfrak{r}] = 0.$$

Nach (**30**f) verschwindet das zweite Glied der Summe, man erhält

$$\Sigma [\mathfrak{P} \mathfrak{r}] = 0, \tag{d}$$

d. h. ist ein starrer Körper unter dem Einfluß der an ihm angreifenden äußeren Kräfte im Gleichgewicht, so muß für jeden (gedachten oder wirklichen) Drehpunkt die graphische Summe der Momente der äußeren Kräfte Null sein; oder wenn man wieder erweitert:

> Ist ein Kräftesystem im Gleichgewicht, so muß für jeden Drehpunkt die graphische Summe der Momente der Einzelkräfte Null sein.

33. Ein starrer Körper sei unter dem Einfluß der an ihm angreifenden äußeren Kräfte P_1, P_2, ... im Gleichgewicht. Für jeden Einzelpunkt m_k gilt wieder

$$\mathfrak{P}_k + \Sigma \mathfrak{J}_k = 0.$$

Macht der Körper eine beliebige unendlich kleine Bewegung oder denkt man sich ihm eine solche erteilt, wobei der Punkt m_k einen unendlich kleinen Weg s_k zurücklegt, so gilt

$$\mathfrak{P}_k \mathfrak{s}_k + \Sigma \mathfrak{J}_k \mathfrak{s}_k = 0.$$

Entsprechend gilt für die einzelnen Punkte m_1, m_2, ... m_n

$$\mathfrak{P}_1 \mathfrak{s}_1 + \Sigma \mathfrak{J}_1 \mathfrak{s}_1 = 0, \quad \mathfrak{P}_2 \mathfrak{s}_2 + \Sigma \mathfrak{J}_2 \mathfrak{s}_2 = 0, \quad \ldots\ldots\ldots,$$

$$\mathfrak{P}_n \mathfrak{s}_n + \Sigma \mathfrak{J}_n \mathfrak{s}_n = 0.$$

Man addiert

$$\Sigma \mathfrak{P} \mathfrak{s} + \Sigma\Sigma \mathfrak{J} \mathfrak{s} = 0.$$

Das zweite Glied dieser Summe verschwindet nach (**30**d), es gilt

$$\Sigma \mathfrak{P} \mathfrak{s} = 0, \tag{a}$$

d. h. ist ein starrer Körper unter dem Einfluß von äußeren Kräften im Gleichgewicht, so muß für jede (reelle oder virtuelle) unendlich kleine Bewegung die Summe der Arbeiten der äußeren Kräfte Null sein. Oder wenn man wie beim ersten und zweiten Hauptsatz erweitert:

Ist ein Kräftesystem im Gleichgewicht, so muß für jede unendlich kleine Bewegung die Summe der Arbeiten der Einzelkräfte Null sein. (Dritter Hauptsatz der Statik starrer Körper).

34. Die Sätze der vorausgehenden Nummern sollen im Zusammenhang betrachtet werden. Zunächst einmal hinsichtlich ihrer Brauchbarkeit für die Lösung statischer Aufgaben. Vor allem kommt natürlich der erste Hauptsatz in Betracht; man wird immer zuerst versuchen, ihn anzuwenden, entweder graphisch oder analytisch, da sich die Lösung dann auf dem einfachsten Weg ergibt. Das liegt in der Natur der Sache: die rein graphische Lösung einer statischen Aufgabe ist die weitaus einfachste, und der erste Hauptsatz in der Form $\Sigma \mathfrak{P} = 0$ ist eben nichts anderes als die vektorielle Darstellung der rein graphischen Lösung. Der zweite Hauptsatz, eine Anwendung des Momentensatzes, kommt als nächsteinfacher zur Anwendung; da die Geraden, die man als gedachte Drehachsen auswählt, ganz beliebig gewählt werden können, so wird man sie mit Vorteil so wählen, daß sie möglichst viele der unbekannten Kräfte oder ihrer Komponenten schneiden. Recht selten macht man vom dritten Hauptsatz, vom Prinzip der virtuellen Arbeit (oder der virtuellen Bewegung) Gebrauch.

Eine andere Frage: Genügt einer der drei Hauptsätze allein für die Lösung statischer Aufgaben? Für den ersten ist diese Frage zu verneinen, wenigstens in der Form, in der wir ihn kennen gelernt haben. Die Bedingung $\Sigma \mathfrak{P} = 0$ für das Gleichgewichtssytem ist zwar eine notwendige aber noch nicht ausreichende Bedingung dafür, daß dieses Kräftesystem im Gleichgewicht ist. Das ist jedenfalls recht einfach zu ersehen an dem Fall der Abb. 227: an dem Körper greifen zwei gleichgroße Kräfte in entgegengesetzter Richtung an, die nicht in der gleichen Geraden liegen. Sicher ist ihre graphische Summe Null, $\Sigma \mathfrak{P} = 0$, ohne daß deswegen der Körper im Gleichgewicht wäre. Jede der beiden Kräfte sucht den Körper zu verschieben und beide heben sich in ihrer Verschiebungswirkung auf. Eine Kraft hat aber, wenn sie an einem Körper angreift, nicht nur eine Verschiebungs- sondern auch eine Drehwirkung; denkt man sich beispielsweise den Körper um eine durch den Punkt O senkrecht zur Ebene der Abbildung stehende Achse drehbar aufgehängt, so werden die Momente der beiden Kräfte verschieden sein, sie heben sich also in ihrer Drehwirkung nicht auf. Man sieht aus diesem besonderen Beispiel, daß

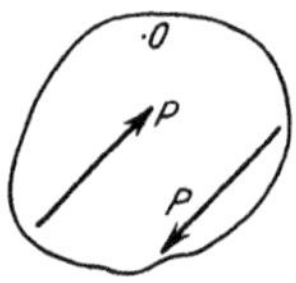

Abb. 227.

$\Sigma \mathfrak{P} = 0$ zwar eine notwendige, aber noch nicht hinreichende Bedingung für die Existenz des Gleichgewichtes eines Kräftesystems ist. (a)

Man kann aber auch von einem anderen Standpunkt aus urteilen; ein starrer Körper hat im Raum sechs Freiheitsgrade oder sechs Bewegungsmöglichkeiten; will man die Bewegung eines starren Körpers angeben, so muß man sechs Bewegungsgleichungen aufstellen; im besonderen Fall des Gleichgewichtes oder der Ruhe werden diese sechs Bewegungsgleichungen zu Gleichgewichtsbedingungen. Um den Zustand des Gleichgewichtes eines starren Körpers auszudrücken, muß man also sechs Gleichungen aufstellen. Der erste Hauptsatz $\Sigma \mathfrak{P} = 0$ ist gleichwertig mit nur drei gewöhnlichen Gleichungen, wenn man ihm die analytische Form gibt; er kann daher nicht genügen, um das Gleichgewicht eines starren Körpers zu bestimmen.

Anm. Die Aussage „in jeder Richtung ist Gleichgewicht" darf natürlich nicht so aufgefaßt werden, daß man beliebig viele Gleichungen für die Unbekannten erhält, indem man für alle möglichen Richtungen eine Gleichgewichtsbedingung aufstellt. Ist nämlich ein Kräftesystem in drei voneinander verschiedenen und nicht der gleichen Ebene angehörigen Richtungen im Gleichgewicht, so ist es überhaupt im Gleichgewicht und damit auch in jeder Richtung. Man wird genau so wie in Aufg. 13h) entwickeln, daß aus der Bedingung des Gleichgewichtes in drei Richtungen, analytisch ausgedrückt durch die Gleichungen

$$\Sigma U = 0, \quad \Sigma V = 0, \quad \Sigma W = 0,$$

die Gleichung $\Sigma \mathfrak{P} = 0$ sich ableiten läßt, d. h. das Kräftesystem ist in jeder Richtung im Gleichgewicht.

35. Der erste Hauptsatz allein genügt also nicht zur Lösung statischer Aufgaben am starren Körper, wohl aber der zweite allein und ebenso der dritte allein. Der zweite Hauptsatz arbeitet mit Drehwirkungen; man denkt sich beliebige Gerade als Drehachsen oder beliebige Punkte als Drehpunkte und spricht aus, daß für sie das Gesamtmoment der äußeren Kräfte Null sein muß. Wählt man insbesonders unendlich ferne Drehachsen oder unendlich ferne Drehpunkte, so geht die Momentengleichung über in eine gewöhnliche Kräftegleichung, der erste Hauptsatz ist demnach im zweiten als Sonderfall bereits enthalten, der zweite ist allgemeiner wie der erste.

Beispiel a) Man berechne die Auflagerkräfte, die an dem Quader der Abb. 226 angreifen, mit alleiniger Anwendung des Momentensatzes.

Drei Momentengleichungen sind im Beisp. 32c) bereits aufgestellt; man wählt drei weitere passende Gerade als gedachte Drehachsen aus, etwa CD, CG, BC. Für die Kante CD liefert Q den Beitrag $-Q \cdot 1{,}5h$, von vorn gesehen; S_1, S_2, A_2, B_2 schneiden die Kante;

A_3 und B_3 liefern den Beitrag $+A_3 \cdot 3h$ und $+B_3 \cdot 3h$. Die Momentengleichung wird

$$-Q \cdot 1{,}5\,h + A_3 \cdot h + B_3 \cdot h = 0 \quad \text{oder} \quad -Q + 2A_3 + 2B_3 = 0.$$

In der entsprechenden Weise erhält man für die Kanten CG und BC die Gleichgewichtsbedingungen

$$+A_2 \cdot 3h = 0 \quad \text{oder} \quad A_2 = 0$$

und

$$-Q \cdot 1{,}5\,h - \frac{S_1}{\sqrt{2}} \cdot 3h + A_3 \cdot 3h = 0 \quad \text{oder} \quad Q + S_1\sqrt{2} - 2A_3 = 0.$$

Die Richtigkeit dieser drei Momentengleichungen läßt sich durch Einsetzen der früher gefundenen Werte der Auflagerkräfte erweisen.

Bemerkt möge werden, daß die bisher angegebenen Lösungsverfahren durchaus nicht die einfachstmöglichen sind; an späterer Stelle, bei der Ermittlung der Kräfte am starren Körper, werden die verschiedenen Lösungsarten und die jeweilig einfachsten noch näher zu besprechen sein.

Auch der dritte Hauptsatz, hervorgegangen aus dem Arbeitssatz, genügt für sich allein zur Lösung aller statischen Aufgaben.

Beispiel b) Man ermittle die an dem Quader der Abb. 225 angreifenden Auflagerkräfte mit alleiniger Anwendung des dritten Hauptsatzes.

Als virtuelle Bewegungen wählt man praktisch drei unendlich kleine Verschiebungen in den Richtungen der Nutzlasten X, Y, Z und drei unendlich kleine Drehungen um drei zu ihnen parallele Kanten. Verschiebt man in der Richtung von X um die unendlich kleine Größe s, so leistet bei dieser Bewegung X die Arbeit $X \cdot s$, die beiden anderen Nutzlasten stehen senkrecht zur Bewegung und leisten deswegen die Arbeit Null; ebenso leisten auch A_3, B_2, B_3, C_2, C_3 die Arbeit Null; C_1 trägt $-C_1 \cdot s$ zur Arbeitsleistung bei; die Summe aller Arbeiten ist Null,

$$Xs - C_1 s = 0 \quad \text{oder} \quad C_1 = X.$$

Bei einer unendlich kleinen Verschiebung um s in der y-Richtung leistet Y die Arbeit $Y \cdot s$; A_3, B_3, C_1, C_3 leisten keinen Arbeitsbeitrag, B_2 und C_2 die Beiträge $+B_2 s$ und $+C_2 s$; man hat

$$Ys + B_2 s + C_2 s = 0 \quad \text{oder} \quad Y + B_2 + C_2 = 0.$$

Entsprechend erhält man bei einer unendlich kleinen Verschiebung in der z-Richtung

$$Z - A_3 - B_3 - C_3 = 0.$$

Man hat die nämlichen drei Gleichungen erhalten wie in Beisp. 31a).

Als virtuelle Drehbewegungen wählt man solche mit einem unendlich kleinen Drehwinkel φ um die drei Kanten CB, AB und DH.

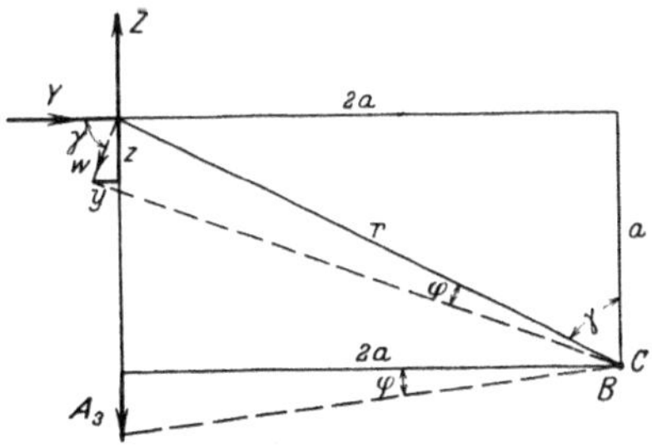

Abb. 228.

Der Beschauer ist gegen die Pfeile der Koordinatenachsen sehend gedacht. Bei der Drehung um CB leisten die Auflagerkräfte B_2, B_3, C_1, C_2, C_3 keinen Beitrag zur Arbeit, weil sie keinen Weg zurücklegen, und die Nutzlast X keinen Beitrag, weil sie stets senkrecht steht zum Weg ihres Angriffspunktes. In Abb. 228 sind die Wege von Y, Z und A_3 dargestellt. Es leistet Z die Arbeit $-Z \cdot z$ oder $-Z \cdot 2a\varphi$ wegen $z:w = 2a:r$ und $w = r\varphi$; desgleichen A_3 die Arbeit $+A_3 \cdot 2a\varphi$ und Y die Arbeit $-Y \cdot y$ oder $-Y \cdot a\varphi$. Die Summe der Arbeiten wird Null,

$$-Z \cdot 2a\varphi + A_3 \cdot 2a\varphi - Y \cdot a\varphi = 0 \quad \text{oder} \quad -2Z + 2A_3 - Y = 0.$$

Bei Drehung um die Kante DH leisten nur C_1 und B_2 eine Arbeit; die Gleichgewichtsbedingung wird, wenn die Drehung von oben als Rechtsdrehung gesehen wird,

$$-C_1 \cdot 2a\varphi - B_2 \cdot a\varphi = 0 \quad \text{oder} \quad 2C_1 + B_2 = 0.$$

Die dritte Arbeitsgleichung, entstehend bei Drehung um AB, ist

$$-Z \cdot a\varphi - X \cdot a\varphi + C_3 \cdot a\varphi = 0 \quad \text{oder} \quad -Z - X + C_3 = 0.$$

Man hat wieder die nämlichen drei Gleichungen wie in Beisp. 32a). Dort finden sich auch die aus diesen Gleichungen hervorgehenden Zahlenwerte der Auflagerkräfte.

Aus dem Beispiel sieht man, und ganz allgemein ist unschwer zu erweisen, daß der erste Hauptsatz, der mit den Kräften selbst und ihren Projektionen operiert, und ebenso der zweite, der auf dem Momentensatz aufbaut, im dritten Hauptsatz enthalten sind. Und weiter sieht man, daß dieser allgemeiner ist wie die beiden ersten. In der Praxis wird er mehr bei allgemeinen Untersuchungen mit Vorteil angewandt; wie aber die vorstehende Rechnung gezeigt hat, ist die mit seiner Anwendung verbundene Gedankenarbeit eine erheblich größere als sie die Anwendung der ersten beiden Sätze verlangt. Man wird in bestimmten praktischen Fällen meist schneller und einfacher zum Ziel kommen, wenn man den ersten und zweiten Hauptsatz anwendet; in der Natur der Sache liegt es, daß hierbei der erste wieder die geringste gedankliche Arbeit macht.

Es wurde bereits angegeben, daß die Bedingung $\Sigma \mathfrak{P} = 0$ zwar eine notwendige, aber noch nicht hinreichende für das Gleichgewicht eines Kräftesystems ist. Sie sichert dem Körper nur Gleichgewicht gegen eine Verschiebung, aber noch nicht gegen eine Drehung. Es ist daher auch ausgeschlossen, durch alleinige Benützung dieser Gleichung die an einem Körper angreifenden unbekannten Kräfte zu ermitteln, außer in ganz speziellen Fällen, natürlich vorausgesetzt, daß die Aufgabe überhaupt mit den Mitteln der Statik starrer Körper lösbar ist.

Der zweite Hauptsatz sichert das Gleichgewicht des Körpers gegen Drehung. Nun haben wir an einem Beispiel gesehen, daß es möglich war, mit seiner Hilfe allein die an einem Körper angreifenden sechs unbekannten Kräfte zu ermitteln, man vermutet daher, daß er allein hinreicht, um das vollständige Gleichgewicht eines starren Körpers zu sichern, also dessen Gleichgewicht gegen Verschiebung und gegen Drehung. Wenn man weiter überlegt, daß ja eine Verschiebung auch als eine Drehung um eine unendlich ferne Gerade oder um einen unendlich fernen Punkt betrachtet werden kann, so wird diese Vermutung bestätigt. Jedenfalls ist also ohne weiteres einzusehen, daß ein Kräftesystem im Gleichgewicht ist, wenn es gegen Drehung um jede Achse im Gleichgewicht ist, oder mit Zuhilfenahme des Momentenbegriffes:

Ein Kräftesystem ist im Gleichgewicht, wenn für jede Gerade (als gedachte Drehachse) die Summe der Momente dieser Kräfte Null ist. (a)

Die weitere Frage, wie viele Bedingungen sind eigentlich notwendig, um das Gleichgewicht eines Kräftesystems zu sichern, wurde bereits durch allgemeine Überlegungen über die Freiheitsgrade eines starren Körpers beantwortet. Einen exakten Beweis dafür liefert die vektorielle Form des zweiten Hauptsatzes; man beweist zunächst:

Wenn ein Kräftesystem gegen Verschiebung im Gleichgewicht ist und gleichzeitig auch gegen Drehung um irgendeinen beliebig ausgewählten Punkt O, so ist es überhaupt im Gleichgewicht. (b)

Beide Voraussetzungen werden durch

$$\Sigma \mathfrak{P} = 0 \quad \text{mit} \quad \Sigma [\mathfrak{P}\mathfrak{r}] = 0 \tag{c}$$

in vektorieller Schreibweise gegeben, wo r_k der Vektor oder Hebelarm von dem beliebig gewählten Momentenpunkt O aus zum Angriffspunkt m_k der Kraft P_k ist, s. Abb. 229. Hinreichende Bedingung für das vollständige Gleichgewicht des Kräftesystems ist, daß es gegen Drehung um jede beliebige Achse, oder was das gleiche ist, gegen Drehung um jeden beliebigen Punkt im Gleichgewicht ist. Wenn wir also nachweisen können, daß das untersuchte Kräftesystem gegen Drehung um jeden beliebig ausgewählten Punkt O' im Gleichgewicht ist, dann ist es überhaupt im Gleichgewicht. Man geht aus von der Voraussetzung (c) und setzt $\mathfrak{r} = \mathfrak{a} + \mathfrak{r}'$, dann geht die zweite Gleichung, s. Abb. 229, über in

$$\Sigma[\mathfrak{P}(\mathfrak{a} + \mathfrak{r}')] = 0 \qquad \text{oder} \qquad \Sigma[\mathfrak{P}\mathfrak{a}] + \Sigma[\mathfrak{P}\mathfrak{r}'] = 0,$$

oder wenn man im ersten Summanden $\mathfrak{a}$ als gemeinsamen Faktor aussetzt,

$$\Sigma[\mathfrak{P}\mathfrak{a}] = [\mathfrak{P}_1\mathfrak{a}] + [\mathfrak{P}_2\mathfrak{a}] + \ldots + [\mathfrak{P}_n\mathfrak{a}] = [(\mathfrak{P}_1 + \mathfrak{P}_2 + \ldots + \mathfrak{P}_n)\mathfrak{a}]$$
$$= [(\Sigma\mathfrak{P})\mathfrak{a}] = 0,$$

wegen (c) über in

$$\Sigma[\mathfrak{P}\mathfrak{r}'] = 0.$$

Es ist also das Kräftesystem tatsächlich auch gegen Drehung um jeden anderen Punkt O' und damit natürlich auch gegen Drehung um jede durch O' gehende Achse im Gleichgewicht. Punkt O' war beliebig ausgewählt, die beiden Gleichungen (c) geben also an, daß das Kräftesystem vollständig im Gleichgewicht ist.

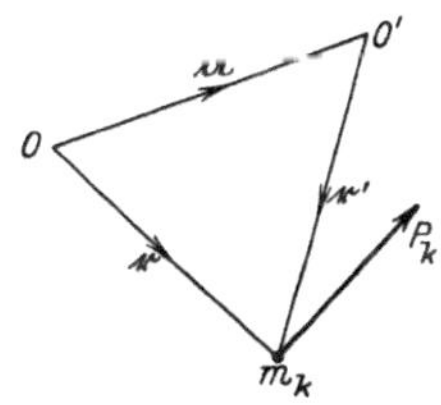

Abb. 229.

Für eine praktisch brauchbare analytische Formulierung des Satzes wählt man meist den Nullpunkt eines räumlichen Koordinatensystems als Momentenpunkt oder umgekehrt, man macht den passend ausgewählten Momentenpunkt zum Nullpunkt O eines Koordinatensystems, und „projiziert“ die beiden Gleichungen (c) auf die Koordinatenachsen; dann gehen sie über in

$$\begin{aligned} &\Sigma X = 0, \qquad \Sigma Y = 0, \qquad \Sigma Z = 0, \\ &\Sigma L = 0, \qquad \Sigma M = 0, \qquad \Sigma N = 0 \end{aligned} \tag{d}$$

und bilden in dieser Form die sechs notwendigen und hinreichenden Bedingungen für das Gleichgewicht des Kräftesystems.

Beispiel c) Welches sind die Gleichgewichtsbedingungen für ein ebenes Kräftesystem?

Man wählt den Momentenpunkt O in der Ebene des Systems und ebenso auch die x- und y-Achse in dieser Ebene; die z-Achse steht dann zu ihr senkrecht. Von den sechs Gleichgewichtsbedingungen eines beliebigen Kräftesystems werden dann drei identisch Null, nämlich die Gleichgewichtsbedingung gegen Verschiebung in der z-Richtung, da ja von den Kräften keine einzige einen Beitrag in dieser Richtung leistet, und ferner die beiden Momentengleichungen für die x- und y-Achse, da die beiden Achsen von allen Kräften des Systems geschnitten werden. Die sechs Gleichungen (d) gehen dann über in

$$\Sigma X = 0, \quad \Sigma Y = 0, \quad 0 = 0, \quad 0 = 0, \quad 0 = 0, \quad \Sigma M_z = 0$$

oder

$$\Sigma X = 0, \quad \Sigma Y = 0, \quad \Sigma M = 0, \tag{e}$$

das sind die drei notwendigen und hinreichenden Gleichgewichtsbedingungen für ein ebenes Kräftesystem.

Die Lösung statischer räumlicher Aufgaben benützt mit großem Vorteil den Satz

Die Projektion eines Gleichgewichtssystems auf eine Ebene bildet wieder ein Gleichgewichtssystem. (f)

Macht man die Projektionsebene zur z-Ebene eines räumlichen Koordinatensystems, dann bleiben die X- und Y-Komponenten der Kräfte bei der Projektion erhalten, es gilt also in der Projektionsebene gleichfalls

$$\Sigma X = 0, \quad \Sigma Y = 0, \quad \Sigma M = 0,$$

das sind aber nach dem vorausgehenden Beispiel die hinreichenden Bedingungen für das Gleichgewicht des projizierten Systems.

Beispiel d) Man zeige, daß die an dem Stabverband der Abb. 117 angreifenden äußeren Kräfte im Gleichgewicht sind.

Man wählt die x-Achse horizontal, die y-Achse vertikal (Lage belanglos), dann werden die beiden ersten Gleichgewichtsbedingungen

$$P - P = 0, \quad P - P = 0.$$

Als Momentenpunkt kann man jeden beliebigen Punkt wählen, etwa den linken Knotenpunkt, die Momentenachse steht natürlich senkrecht zur Ebene des Kräftesystems. Für ihn wird die Momentengleichung, wenn man im Uhrzeigersinn um den Stabverband herumgeht,

$$P \cdot 0 + P \cdot a - P \cdot 2a + P \cdot a = 0,$$

womit das Kräftesystem als Gleichgewichtssystem erwiesen ist.

Beispiel e) An dem Tisch der Abb. 230, der bei A, B, C auf lotrechten Stützen ruht, greifen an: das Eigengewicht $G = 40$ kg in der Mitte, ferner die Last $Q = 100$ kg bei D. Gesucht sind die lotrecht gerichteten Auflagerkräfte.

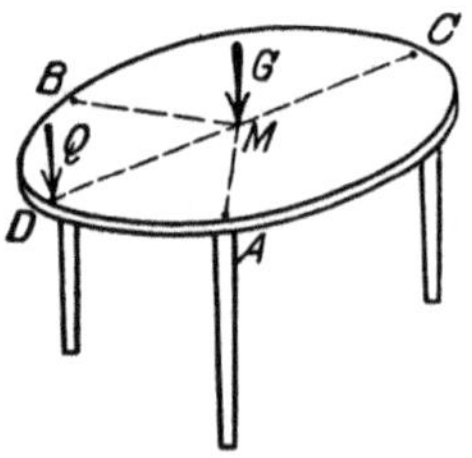

Abb. 230.

$$\sphericalangle AB = \sphericalangle BC = \sphericalangle CA = 120^0,$$
$$\sphericalangle AD = 60^0,$$
$$MA = MB = MC = MD = r.$$

Man hat nur drei Unbekannte, die Zahlenwerte der drei Stützkräfte, die nach oben gehend vorausgesetzt und mit A, B, C bezeichnet werden. Zu ihrer Ermittlung stellt man drei Gleichungen auf. 1. Der Symmetrie wegen muß $A = B$ sein, 2. für die Gerade AB als gedachte Drehachse muß Gleichgewicht gegen Drehung sein, s. Abb. 231, 3. in lotrechter Richtung muß Gleichgewicht sein.

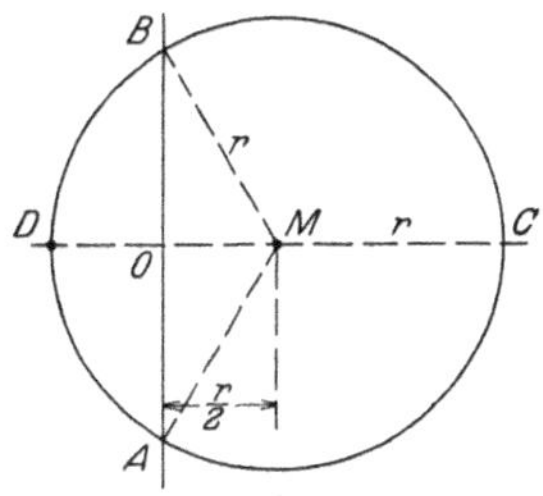

Abb. 231.

$$1.\ A = B, \qquad 2.\ G\frac{r}{2} - Q\frac{r}{2} - C\frac{3r}{2} = 0,$$

$$3.\ G + Q = A + B + C,$$

oder

$$G - Q = 3C, \qquad G + Q = 2A + C$$

oder

$$C = -20\ \text{kg}, \qquad A = B = 80\ \text{kg}.$$

Wenn man den gewöhnlichen Weg durch Aufstellung der sechs allgemeinen Gleichgewichtsbedingungen einschlagen will, so muß man sich im voraus darüber klar sein, daß drei von diesen sechs Gleichungen identisch Null werden müssen, $0 = 0$, weil die Unbekannten sonst überbestimmt wären. Man macht den Mittelpunkt O von AB zum Nullpunkt eines räumlichen Koordinatensystems und wählt die Achsen in Richtung von BA, DC und senkrecht dazu, dann sind die sechs allgemeinen Gleichungen

$$0 = 0, \qquad 0 = 0, \qquad -G - Q + A + B + C = 0,$$

$$G\frac{r}{2} - Q\frac{r}{2} - C\frac{3r}{2} = 0, \qquad A\cdot\frac{1}{2}r\sqrt{3} - B\cdot\frac{1}{2}r\sqrt{3} = 0, \qquad 0 = 0$$

die nämlichen Gleichungen wie oben.

Aufgabe a) und b) Man zeige, daß die an den Stabverbänden der Abb. 115 und 116 angreifenden äußeren Kräfte im Gleichgewicht sind.

Lösung zu a) Die beiden Kräfte sind entgegengesetzt gleich und liegen in der nämlichen Geraden, heben sich also vollständig auf.

Lösung zu b) Je zwei Kräfte heben sich vollständig auf.

Aufgabe c) mit f) Man zeige, daß die an den Stabverbänden der Abb. 148 mit 151 angreifenden Kräftesysteme im Gleichgewicht sind.

Lösung: Man wählt in allen Fällen die x-Achse horizontal, die y-Achse vertikal, der linke Knotenpunkt ist als Momentenpunkt ausgewählt. Dann werden die drei Gleichgewichtsbedingungen im Fall

c) $\quad 0 = 0, \quad 2P - P - P + 2P - 2P = 0,$

$\quad P\cdot 0 + P\cdot a + P\cdot 3a - 2P\cdot 4a + 2P\cdot 2a = 0,$

d) $0 = 0, \quad P - P - P + P = 0, \quad P\cdot 0 + P\cdot a + P\cdot 3a - P\cdot 4a = 0,$

e) $\quad 3P - 3P = 0, \quad 0 = 0, \quad 3P\cdot 0 + 3P\cdot 0 = 0,$

f) $0 = 0, \quad 3P - 4P + P = 0, \quad 3P\cdot 0 + 4P\cdot a - P\cdot 4a = 0.$

Aufgabe g) Man beweise den Satz:

Ein räumliches Kräftesystem ist im Gleichgewicht, wenn seine Projektionen auf drei zueinander senkrechten Ebenen Gleichgewichtssysteme bilden.

Lösung: Durch die drei Ebenen ist ein räumliches Koordinatensystem bestimmt. Da die Projektion des Kräftesystems auf die z-Ebene im Gleichgewicht ist, so muß nach (e) gelten

$$\Sigma X = 0, \quad \Sigma Y = 0, \quad \Sigma N = 0.$$

Entsprechend muß wegen des Gleichgewichtes der Projektionen auf die x- und y-Ebene gelten

$$\Sigma Y = 0, \quad \Sigma Z = 0, \quad \Sigma L = 0 \quad \text{bzw.} \quad \Sigma Z = 0, \quad \Sigma X = 0, \quad \Sigma M = 0.$$

Damit sind die sechs Bedingungsgleichungen (d) für das Gleichgewicht erfüllt.

36. In der praktischen Statik handelt es sich oft darum, zur Erleichterung der Lösung eine andere Gruppierung von Kräften vorzunehmen, sie teilweise zu verschieben, zu verlegen, Kräfte wegzunehmen oder neue hinzuzufügen, natürlich immer nur in Gedanken. Es fragt sich, ob und unter welchen Bedingungen solche Änderungen gestattet sind. Man halte sich an die Definition eines im Gleichgewicht befindlichen Kräftesystems, daß es nämlich, an einem starren Körper angebracht, keinerlei Bewegungsänderung dieses Körpers hervorrufen darf. Ob also das Gleichgewichtssystem am Körper angreift oder nicht, ist für die gegenwärtige und weitere Bewegung des Körpers ganz gleichgültig. Er wird in Ruhe bleiben, wenn er vorher in Ruhe war, und er wird im Gleichgewicht bleiben, wenn er vorher im Gleichgewicht war. Dabei ist es auch ganz gleichgültig, welche und wie viele Kräfte schon vorher an dem Körper vorhanden sind, wenn man das betrachtete Gleichgewichtssystem anbringt. Man erhält somit den für die Praxis sehr wichtigen Satz:

Zu einem am starren Körper bereits angreifenden System äußerer Kräfte lassen sich neue unter sich im Gleichgewicht befindliche Kräfte hinzufügen (und ebenso lassen sie sich hinwegnehmen), ohne daß an der Bewegungswirkung des schon vorhandenen Systems etwas geändert wird. (a)

Man beachte wohl den Wortlaut des Satzes. Einmal ist die Rede von einem starren Körper; brächte man an einem elastischen Körper ein Gleichgewichtssystem an, so kann man sich sehr wohl vorstellen, daß es eine Bewegungsänderung des Körpers hervorruft oder genauer hervorrufen kann, etwa indem es ihn wegen zu großer Beanspruchung zerstört oder auch nur deformiert. Weiter ist gesprochen von der Bewegungswirkung; daß natürlich Kräfte auch noch andere Wirkungen haben können und auch haben als Bewegungswirkungen, ist selbstverständlich; interessiert man sich für die inneren

Kräfte, so beachte man, daß eine andere Verteilung der äußeren Kräfte auch eine andere der inneren Kräfte hervorruft; die Wirkung auf die inneren Kräfte wird also jedenfalls geändert, wenn man ein neues Gleichgewichtssystem anbringt oder hinwegnimmt.

Als einen Sonderfall von (a) erhält man:

Eine Kraft läßt sich am starren Körper in ihrer Richtung verschieben, ohne daß dadurch an der Bewegungswirkung der am Körper angreifenden äußeren Kräfte etwas geändert wird. (b)

Man kann nämlich zwei neue Kräfte, die unter sich im Gleichgewicht sind, so anbringen, daß die eine den gleichen Angriffspunkt m hat, wie die zu verschiebende Kraft, die andere den Angriffspunkt m', bis wohin die Kraft verschoben werden soll, s. Abb. 232. Dann bilden die beiden am Punkt m angreifenden Kräfte unter sich ebenfalls ein Gleichgewichtssystem, das nach (a) hinweggenommen werden kann, es bleibt schließlich nur mehr die Kraft P am Punkt m' angreifend übrig.

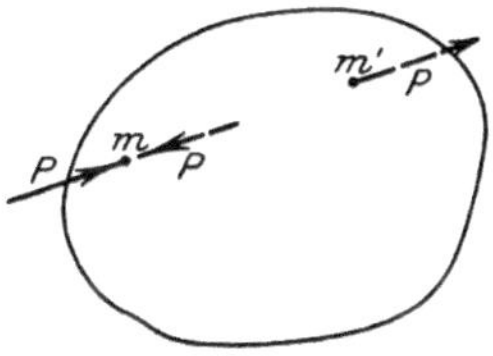

Abb. 232.

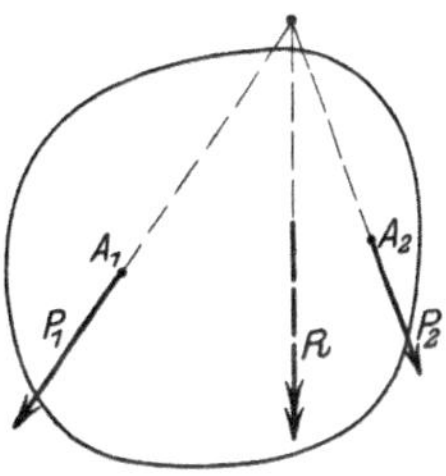

Abb. 233.

Selbstverständlich findet durch eine solche Verschiebung immer eine andere Verteilung der inneren Kräfte statt; nur auf die Bewegungswirkung der äußeren Kräfte hat diese Verschiebung keinen Einfluß. Man beachte also, daß eine solche Verschiebung nicht gestattet ist, wenn es sich um die Ermittlung der inneren Kräfte des Körpers, etwa von auftretenden Spannungen, handelt; die Verschiebung ist nur zulässig für die Ermittlung der äußeren am starr vorausgesetzten Körper angreifenden Kräfte.

Man benötigt den Satz (b) bei räumlichen Aufgaben für die Zusammensetzung von Kräften zu einer Resultierenden. Beispielsweise wird man die beiden Kräfte der Abb. 233 dadurch zu einer Resultierenden zusammenfassen, daß man sie beide so lange verschiebt, bis sie den gleichen Angriffspunkt haben. Was natürlich nur möglich ist, wenn die beiden Kräfte sich schneiden. Damit ist zugleich bewiesen:

Zwei Kräfte, die sich schneiden, haben stets eine Resultierende. (c)

Genauer müßte man natürlich sagen: zwei Kräfte, deren Wirkungslinien sich schneiden, haben stets eine Resultierende.
Dann ist auch der Satz mitbewiesen:

Ein ebenes Kräftesystem hat stets eine Resultierende. (d)

Diese ist gleich der graphischen Summe der Einzelkräfte, ihre Lage wird mit Hilfe des Dreikräftesatzes (**9** b) ermittelt, indem man immer je zwei Kräfte zu einer Resultierenden zusammenfaßt. Der Satz erleidet keine Ausnahme für ein Gleichgewichtssystem, für diesen Fall hat die Resultierende eben den Wert Null. Und ebenso ist auch der Satz mitbewiesen:

Ein Kräftesystem, dessen einzelne Kräfte alle durch den gleichen Punkt gehen, hat stets eine Resultierende. (e)

Genauer müßte man wieder sagen: wenn sich die Wirkungslinien alle im nämlichen Punkt schneiden. Es ist sonach nicht erforderlich, daß die Kräfte alle den gleichen Angriffspunkt haben. Der Satz (**8** d) erscheint als Sonderfall des vorausstehenden Satzes.

Beispiel a) Man beweise den Satz (**9** g).

Die $n-1$ Kräfte durch den nämlichen Punkt haben eine Resultierende R, die auch durch diesen Punkt geht. Nun ist R mit der $n$ten Kraft P_n im Gleichgewicht, P_n müßte deswegen mit R zusammenfallen und somit durch den gleichen Punkt gehen wie die übrigen $n-1$ Kräfte. Der Widerspruch ist nur löslich für den Fall $P_n = 0$, solange endliche Kräfte vorausgesetzt werden.

Zu einem beliebig gegebenen Kräftesystem gibt es im allgemeinen keine Resultierende, d. h. seine Bewegungswirkung läßt sich nicht durch eine Einzelkraft erzielen. Besondere Kräftesysteme können allerdings genau so wie die soeben untersuchten eine Resultierende haben. Für die Resultierenden R eines solchen Systems gelten genau die gleichen Sätze, wie wenn alle Kräfte des Systems am gleichen materiellen Punkt angreifen würden, also der Resultantensatz, der Momentensatz, der Arbeitssatz. Zum Beweis denkt man sich dem untersuchten Kräftesystem eine Kraft R' zugefügt, die mit R im Gleichgewicht ist, also entgegengesetzt gleich R und in der nämlichen Wirkungslinie liegend, in vektorieller Schreibweise $\mathfrak{R} \mathbin{\hat{+}} \mathfrak{R}' = 0$. Dann muß R' mit dem untersuchten Kräftesystem im Gleichgewicht sein. Auf dieses Gleichgewichtssystem wendet man den ersten Hauptsatz an,

$$\mathfrak{P}_1 + \mathfrak{P}_2 + \dots + \mathfrak{P}_n + \mathfrak{R}' = 0 \quad \text{oder} \quad \Sigma\mathfrak{P} + \mathfrak{R}' = 0,$$

und erhält wegen $\mathfrak{R} + \mathfrak{R}' = 0$ die Gleichung

$$\mathfrak{R} = \Sigma\mathfrak{P}, \tag{f}$$

das ist der Resultantensatz entsprechend dem Satz (**10**b).

In der gleichen Weise liefert die Anwendung des zweiten Hauptsatzes auf das Gleichgewichtssystem $P_1, P_2, \dots P_n, R'$ den Momentensatz entsprechend der Formel (**25**b) oder (**29**a), in vektorieller Schreibweise

$$[\mathfrak{R}\,\mathfrak{r}] = \Sigma[\mathfrak{P}\,\mathfrak{r}]; \tag{g}$$

und ebenso liefert der dritte Hauptsatz, wenn man ihn auf das fingierte Gleichgewichtssystem anwendet, entsprechend (**23**b) den Arbeitssatz

$$\mathfrak{R}\,\mathfrak{s} = \Sigma\,\mathfrak{P}\,\mathfrak{s}. \tag{h}$$

Man faßt zusammen:

Wenn ein Kräftesystem eine Resultierende hat, so gelten für diese die gleichen Gesetze, wie wenn die Kräfte alle am gleichen materiellen Punkt angreifen würden, (i)

insbesonders also der Resultantensatz, der Momentensatz und der Arbeitssatz.

Die Fortsetzung dieser Betrachtungen über Kräftesysteme und ihre Zusammensetzung erfolgt an späterer Stelle dieses Buches (Scheibenaufgabe, Kraftkreuz usw.).

Aufgabe a) Welchen Gesamtdruck (Zahlenwert, Richtung, Lage) nimmt der Pfosten der Abb. 234 von oben und von den Seitenstreben her auf? $P_1 = 6000$ kg, $P_2 = 8000$ kg, $P_3 = 4000$ kg. Die Lösung erfolge graphisch (im K. M. 1 mm = 100 kg) und analytisch.

Lösung: Die drei Kräfte liegen in der nämlichen Ebene, sie haben demnach eine Resultierende D gleich ihrer graphischen Summe, so wie Abb. 235 angibt. Man entnimmt dem Kräfteplan $D = 16200$ kg, $\operatorname{tg}\varphi = 6{,}45$. Die Lage entnimmt man der Zeichnung, wenn man D, das ja im Punkt m angreift, in die Abb. 234 einzeichnet.

Analytisch gibt man die beiden Komponenten von D in wag- und lotrechter Richtung an,

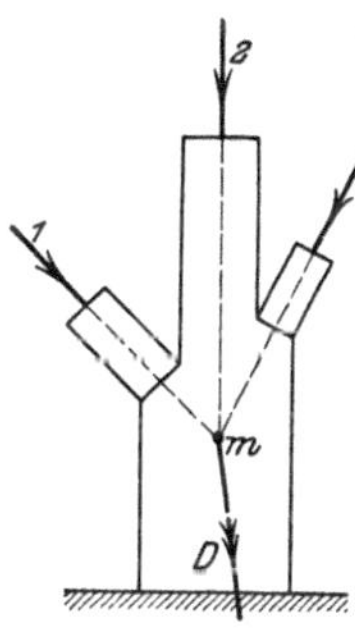

Abb. 234.
L. M. 1 : 100.

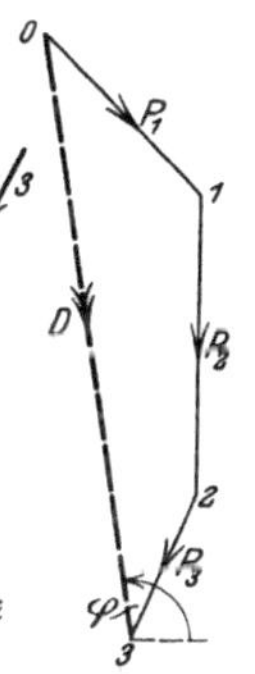

Abb. 235.
K. M. 1 mm = 400 kg.

$$D_x = P_1 \frac{1}{\sqrt{2}} + P_2 + P_3 \frac{2}{\sqrt{5}} = 15800 \text{ kg},$$

$$D_y = -P_1 \frac{1}{\sqrt{2}} + 0 + P_3 \frac{1}{\sqrt{5}} = -2450 \text{ kg},$$

womit $D = 16200$ kg, $\operatorname{tg} \varphi = \frac{158}{-24{,}5}$ sich ergibt. Zeichnet man D wieder in die Abbildung ein, so ist auch die Lage bekannt. Man sieht bereits, daß für praktische Aufgaben die analytische Lösung der graphischen gegenüber schwerfällig ist.

Aufgabe b) Der Pfeiler der Abb. 236 hat die Dimensionen 4 m, 1,5 m, 1 m. An ihm greifen von Gewölben her die Kämpferdrücke $P_1 = 2500$ kg, $P_2 = 5500$ kg an, so wie es die Abbildung zeigt. Gesucht ist der Druck D auf die Unterlage nach Zahlenwert, Richtung und Lage. Spez. Gewicht des Mauerwerkes 1,8.

Lösung: Die Kräfte P_1 und P_2 schneiden sich im Punkt m, sie haben eine Resultierende R_{12} gleich ihrer graphischen Summe, so wie Abb. 237 angibt. Die Kraft R_{12} und das Gewicht Q des Mauerwerkes schneiden sich gleichfalls in einem Punkt m', ihre Resultierende D ist der Druck auf die Unterlage. Zahlenwert und Richtung ist dem Kräfteplan zu entnehmen, die Lage ist bestimmt durch den Angriffspunkt m'.

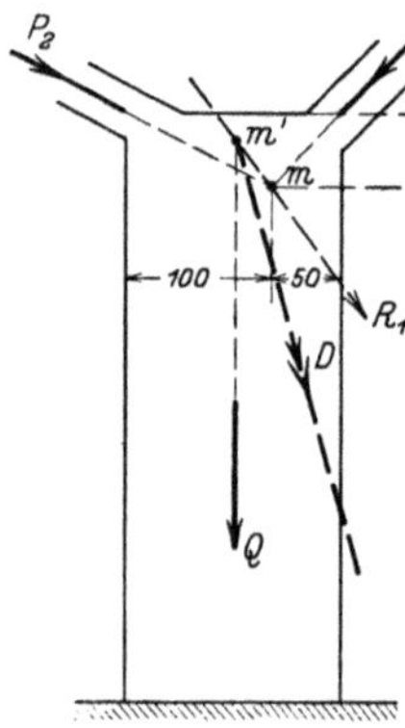

Abb. 236.
L. M. 1 : 100.

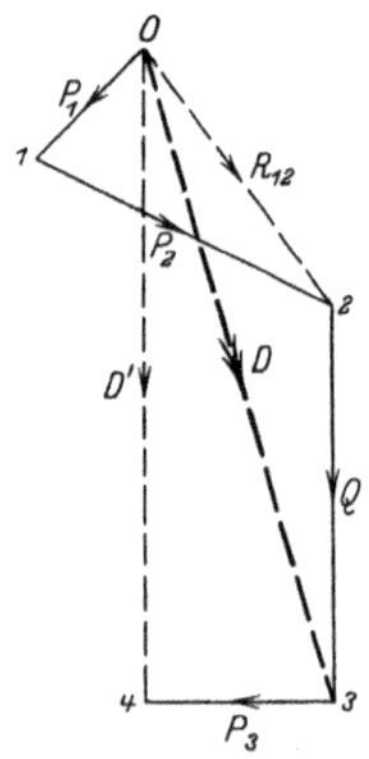

Abb. 237.
K. M. 1 mm = 250 kg.

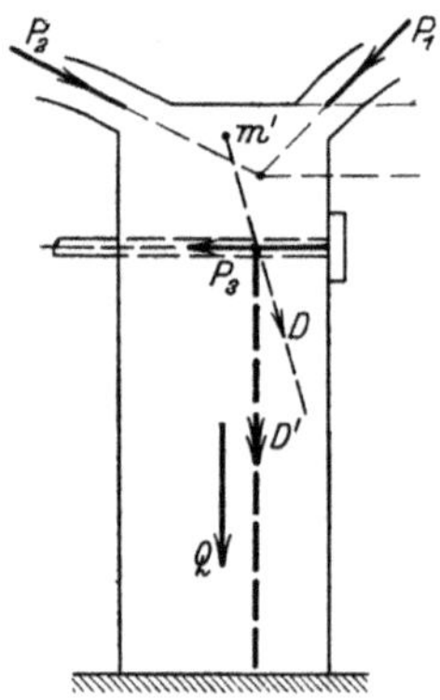

Abb. 238.
L. M. 1 : 100.

Aufgabe c) Um den Pfeiler der vorigen Aufgabe standfester zu machen, entlastet man ihn durch einen Zuganker, so wie Abb. 238 andeutet. Man weiß, daß die Zugkraft $P_3 = 3000$ kg ist. Man ermittle neuerdings den Druck D' auf die Unterlage.

Lösung: Alle an dem Pfeiler wirkenden Kräfte sind wie beim vorigen Beispiel in der nämlichen Ebene, der Mittelebene des Pfeilers, vorausgesetzt. Man ermittelt wie vorher die Resultierende D aus P_1, P_2, Q. Dann ist noch D mit dem Ankerzug P_3 zur letzten Resultierenden D' zusammenzusetzen. Man sieht, daß dieser Druck D' auf die Unterlage günstiger wirkt wie der Druck D beim vorigen Beispiel.

37. Eine Aufgabe heißt statisch bestimmt, wenn sie mit alleiniger Anwendung der Sätze der Statik starrer Körper gelöst werden kann. (a)

Im Gegensatz zu ihr steht die statisch unbestimmte Aufgabe, deren Lösung, wenn sie überhaupt möglich ist, eine Zuhilfenahme von Sätzen aus der Statik nichtstarrer Körper, insbesonders aus der Festigkeitslehre, verlangt.

Beispiel a) Ein Punkt in der Ebene hat zwei Freiheitsgrade; ist er also im Gleichgewicht, so kann man zwei Gleichgewichtsbedingungen aufstellen und aus diesen zwei Gleichungen dann zwei Unbekannte ermitteln. Wenn etwa nach den Spannungen gefragt ist, die am Stabverband der Abb. 239 unter dem Einfluß der Kraft P zustandekommen, so kann diese Frage mit den bisherigen Mitteln nicht beantwortet werden, die Aufgabe ist statisch unbestimmt, sie ist mit den Sätzen der Statik starrer Körper nicht lösbar. Für die drei Unbekannten S_1, S_2, S_3 hat man nur zwei Gleichungen, etwa

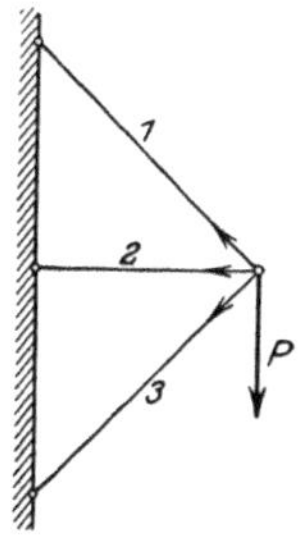

Abb. 239.

$$-S_1 \cdot \cos 45^0 - S_2 - S_3 \cdot \cos 45^0 = 0$$

und

$$-P + S_1 \cdot \cos 45^0 - S_3 \cdot \cos 45^0 = 0,$$

wenn man ausdrückt, daß in horizontaler und vertikaler Richtung Gleichgewicht sein muß. Eine dritte Gleichung zur Ermittlung der drei Unbekannten gibt die Festigkeitslehre.

Beispiel b) Ein Punkt im Raum hat drei Freiheitsgrade; um ihn festzuhalten, muß man ihm also drei Auflagerungen oder Führungen geben, etwa indem man ihn durch drei nicht in der gleichen Ebene liegende Stäbe mit der festen Erde verbindet. Greift an diesem Punkt eine Kraft P an, so werden in den Stäben Spannungen erzeugt; die Aufgabe, diese Spannungen zu ermitteln, ist im allgemeinen statisch bestimmt, weil man für den Punkt, wenn er im Gleichgewicht ist, drei Gleichgewichtsbedingungen aufstellen und aus diesen drei Gleichungen die drei unbekannten Stabspannungen ermitteln kann. Mehr als drei Stäbe sind nicht notwendig, den Punkt festzuhalten. Bringt man noch einen vierten Stab an, so werden diese vier Stäbe allerdings den Punkt im allgemeinen fester halten als die ersten drei allein; ihre Spannungen könnten aber mit den Sätzen der Statik starrer Körper nicht mehr ermittelt werden, weil diese eben nur drei Gleichungen zur Bestimmung der Unbekannten zur Verfügung stellen. Die Aufgabe, die Spannungen in den vier Stäben zu ermitteln, wäre also statisch unbestimmt; um sie zu lösen, müßte man mit den Mitteln der Festigkeitslehre noch eine vierte Gleichung aufstellen.

Beispiel c) Man nimmt dem Quader der Abb. 569 seine sechs Freiheitsgrade, indem man ihn durch sechs Stäbe mit der festen Erde verbindet. Jeder dieser Stäbe ersetzt eine Auflagerung oder Führung. Der Quader hat sechs Freiheitsgrade; wenn er im Gleichgewicht ist, kann man demnach sechs Gleichgewichtsbedingungen aufstellen und daraus sechs Unbekannte ermitteln. Die Aufgabe, die Spannungen in den sechs Stäben unter dem Einfluß der beiden an dem Quader angreifenden Kräfte P und Q zu ermitteln, ist also im allgemeinen statisch bestimmt.

Beispiel d) Man hat der Pyramide der Abb. 574 ihre sechs Freiheitsgrade durch sechs Auflagerungen genommen: Die Punkte A, B, C sind je durch einen Stab mit der festen Erde verbunden, was je einer Führung entspricht; der Punkt D ist vollständig festgehalten, er ist dreifach gelagert oder geführt. Die dreifache Führung des Punktes D hätte man beispielsweise auch erreichen können, wenn man ihn durch drei Stäbe mit der festen Erde verbunden hätte. Die Tatsache, daß die Pyramide im Gleichgewicht ist, läßt sich durch sechs Gleichgewichtsbedingungen ausdrücken, aus denen man sechs Unbekannte ermitteln kann. Es treten auch tatsächlich sechs Unbekannte auf, einmal die Spannungen S_1, S_2, S_3 in den Stäben 1, 2, 3, dann die dreifach unbekannte Auflagerkraft bei D, dreifach unbekannt deswegen, weil man zu ihrer Feststellung drei Zahlenangaben braucht; man kennt von ihr weder Zahlenwert noch Richtung, letztere ist selbst erst durch zwei Zahlenangaben bestimmt. Die Aufgabe, die Spannungen S_1, S_2, S_3 und den Gelenkdruck bei D zu ermitteln, ist sonach statisch bestimmt, weil sie mit den Sätzen der Statik starrer Körper gelöst werden kann.

Beispiel e) Vom scheibenförmigen Körper der Abb. 240 sei vorausgesetzt, daß er unter dem Einfluß der Reibung in der gezeichneten Lage im Gleichgewicht ist. Die Aufgabe, die Auflagerkräfte zu ermitteln, ist statisch unbestimmt. Der Körper hat als Scheibe in seiner Ebene nur drei Freiheitsgrade, es lassen sich somit nur drei Gleichgewichtsbedingungen aufstellen, wenn er im Gleichgewicht ist. Jeder der beiden Auflagerkräfte bei A und B ist aber zweifach unbekannt, nämlich nach Zahlenwert und Richtung. Man hat somit vier Unbekannte und für diese nur drei Bestimmungsgleichungen aus der Statik starrer Körper.

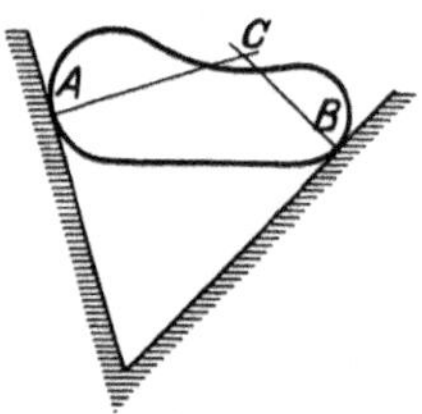

Abb. 240.

Die vorangehenden Beispiele sollen dazu dienen, sich den Satz einzuprägen:

> An einem Gebilde von n Freiheitsgraden dürfen, wenn es im Gleichgewicht ist, nicht mehr als n Unbekannte auftreten, wenn die Aufgabe, diese Unbekannten zu ermitteln, statisch bestimmt sein soll. (b)

Für die statisch bestimmte Aufgabe läßt sich noch eine andere Fassung geben, die recht zweckmäßig ist und bei allgemeinen Untersuchungen wesentliche Dienste leistet. Nach der bisherigen Definition müssen statisch bestimmte Aufgaben mit alleiniger Anwendung der Sätze der Statik starrer Körper lösbar sein. Nun ist aber deren Hauptcharakteristikum:

> Die Sätze der Statik starrer Körper sind alle linear in den Kräften, (c)

wenn man eine Gleichung von der Form $a\mathfrak{A} + b\mathfrak{B} + c\mathfrak{C} + \ldots = 0$ als linear in den Größen $\mathfrak{A}$, $\mathfrak{B}$, $\mathfrak{C}$ bezeichnet. Da nun alle Aufgaben, die mit diesen linearen Sätzen oder Gleichungen gelöst werden können, als statisch bestimmt bezeichnet wurden, so kann man sagen:

> bei statisch bestimmten Aufgaben werden die gesuchten Kräfte mit alleiniger Anwendung von linearen Gleichungen ermittelt; (d)

oder wenn man bedenkt, daß lineare Gleichungen geometrisch durch lineare Gebilde (Gerade, Ebene, Punkt) dargestellt werden,

> die graphische Lösung statisch bestimmter Aufgaben geschieht mit alleiniger Anwendung von geraden Linien. (e)

Vierter Abschnitt.

Statische Aufgaben der Ebene.

Seileck.

38. Ein System von n Kräften P_1, P_2, ... P_n in der nämlichen Ebene hat nach (**36** d) stets eine Resultierende R. Sie ist die graphische Summe der Einzelkräfte, man kennt also von ihr Zahlenwert und Richtung. Ihre Lage findet man durch wiederholte Anwendung des Dreikräftesatzes, indem man immer für je zwei Kräfte ihre Resultierende einführt. Ersetzt man P_1 und P_2 durch eine Resultierende S_2, so ist das Kräftesystem P_1, P_2, ... P_n gleichwertig dem System S_2, P_3, ... P_n. Nun ersetzt man wieder S_2 und P_3 durch eine Resultierende S_3 und erhält das gleichwertige System S_3, P_4, ... P_n usw.

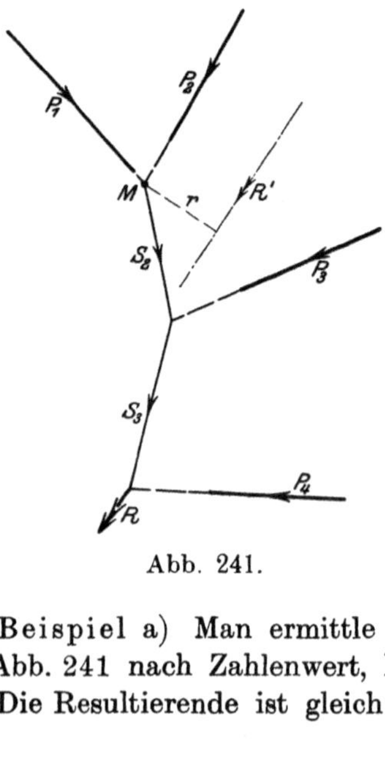

Abb. 241.

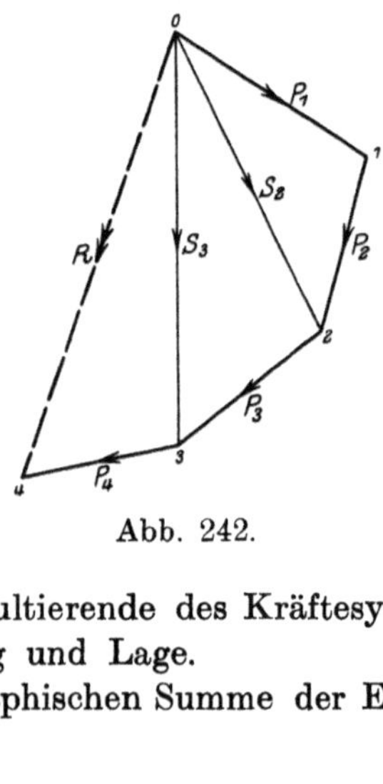

Abb. 242.

Beispiel a) Man ermittle die Resultierende des Kräftesystems der Abb. 241 nach Zahlenwert, Richtung und Lage.

Die Resultierende ist gleich der graphischen Summe der Einzelkräfte, man trägt von einem beliebig gewählten Anfangspunkt 0 aus der Reihe nach die Einzelkräfte aneinander an, s. Abb. 242, und erhält so R nach Zahlenwert und Richtung als den Vektor vom Anfangspunkt 0 zum Endpunkt 4. Umständlicher zu ermitteln ist die Lage der Resultierenden. Man sucht zuerst Richtung und Lage der Resultierenden S_2 von P_1 und P_2; die Richtung entnimmt man dem Kräfteplan, die Lage in der gegebenen Kräfteebene aus der Bedingung $\mathfrak{S}_2 = \mathfrak{P}_1 \mathbin{\widehat{+}} \mathfrak{P}_2$, d. h. S_2 muß durch den Schnittpunkt von P_1 und P_2 hindurchgehen. Die nächste Resultierende S_3 geht durch den Schnittpunkt von S_2 und P_3, ihre Richtung entnimmt man dem Kräfteplan. S_4 oder R geht durch den Schnittpunkt von S_3 mit P_4, ihre Richtung entnimmt man wieder dem Kräfteplan.

Die Lage von R hätte auch analytisch bestimmt werden können. Man nimmt einstweilen eine beliebige Lage für sie an, in der Abbildung durch R' bezeichnet (die Richtung ist natürlich ebenso wie der Zahlenwert dem Kräfteplan zu entnehmen), und schreibt für einen passend gewählten Punkt M der Ebene den Momentensatz an, in dem der Abstand r der Kraft R' vom Momentenpunkt M als einzige Unbekannte auftritt. Mit gefundenem r ist die Aufgabe gelöst. In Abb. 241 ist der Schnittpunkt der Kräfte P_1 und P_2 als Momentenpunkt gewählt, beide haben dann das Moment 0.

Sind die Kräfte des gegebenen Systems $P_1, P_2, \ldots P_n$ nahezu parallel, so wird die angeführte Konstruktion für R ungünstig, jedenfalls aber recht ungenau. Man hilft sich dann damit, daß man nach (**36** a) zwei unter sich im Gleichgewicht befindliche passend gelegene Kräfte S_0 und S_0' hinzufügt, s. Abb. 243, und genau so wie oben angegeben immer zwei aufeinanderfolgende Kräfte durch eine Resultierende ersetzt. Man bezeichnet die gesuchte Resultierende des Kräftesystems durch

$$\mathfrak{R} = \mathfrak{P}_1 \mathbin{\widehat{+}} \mathfrak{P}_2 \mathbin{\widehat{+}} \mathfrak{P}_3 \mathbin{\widehat{+}} \cdots \mathbin{\widehat{+}} \mathfrak{P}_n.$$

Nach Hinzunahme der beiden Hilfskräfte S_0 und S_0' wird

$$\mathfrak{R} = \underbrace{\mathfrak{S}_0 \mathbin{\widehat{+}} \mathfrak{P}_1} \mathbin{\widehat{+}} \mathfrak{P}_2 \mathbin{\widehat{+}} \mathfrak{P}_3 \mathbin{\widehat{+}} \cdots \mathbin{\widehat{+}} \mathfrak{P}_n \mathbin{\widehat{+}} \mathfrak{S}_0'.$$

S_0 und P_1 werden durch eine Resultierende S_1 ersetzt,

$$\mathfrak{R} = \underbrace{\mathfrak{S}_1 \mathbin{\widehat{+}} \mathfrak{P}_2} \mathbin{\widehat{+}} \mathfrak{P}_3 \mathbin{\widehat{+}} \cdots \mathbin{\widehat{+}} \mathfrak{P}_n \mathbin{\widehat{+}} \mathfrak{S}_0'.$$

Im Kräfteplan ist S_1 als die graphische Summe von S_0 und P_1 dargestellt, im Lageplan (so nennt man die Zeichnung des gegebenen Kräftesystems, weil man ihm nur die Lage und Richtung der gegebenen Kräfte entnimmt, im Gegensatz zum Kräfteplan) geht S_1

durch den Schnittpunkt von P_1 mit S_0. Nun ersetzt man wieder S_1 und P_2 durch eine Resultierende S_2,

$$\mathfrak{R} = \underbrace{\mathfrak{S}_2 \mathbin{\widehat{+}} \mathfrak{P}_3} \mathbin{\widehat{+}} \dots \mathbin{\widehat{+}} \mathfrak{P}_n \mathbin{\widehat{+}} \mathfrak{S}_0'.$$

Man fährt so fort und erhält

$$\mathfrak{R} = \mathfrak{S}_n \mathbin{\widehat{+}} \mathfrak{S}_0', \tag{a}$$

d. h. R als Resultierende von S_n und S_0'. Im Kräfteplan ist R die graphische Summe aus S_0' und S_n, im Lageplan geht R durch den Schnittpunkt von S_0' und S_n oder, was das gleiche ist, durch den Schnittpunkt von S_0 und S_n.

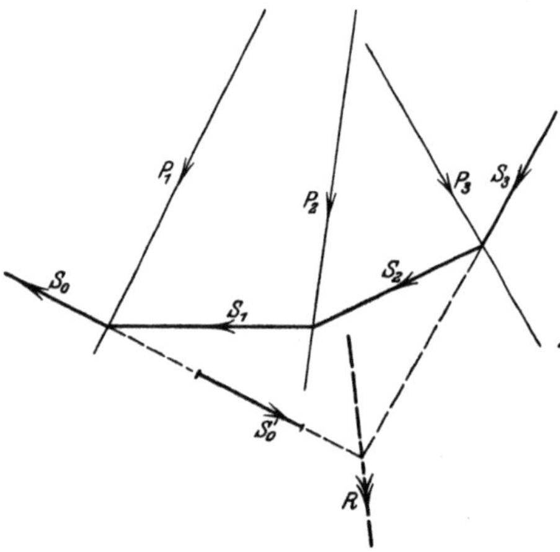

Abb. 243.

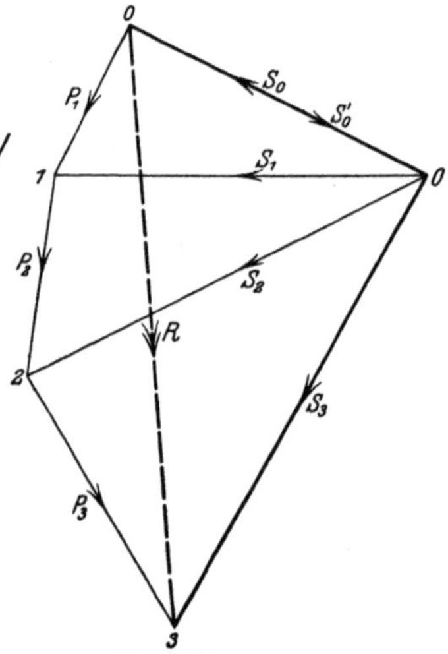

Abb. 244.

Natürlich ist man nicht an eine bestimmte Aufeinanderfolge der Kräfte gebunden. Man wird sie aufeinander folgen lassen, wie es für eine bequeme Zeichnung am geeignetsten erscheint. Lage, Richtung und Zahlenwert der Resultierenden bleibt durch die verschiedene Reihenfolge der Kräfte unberührt. Selbstverständlich muß aber die Aufeinanderfolge der Kräfte im Lageplan die gleiche sein wie im Kräfteplan.

Den Linienzug $S_0, S_1, \dots S_n$ im Lageplan nennt man Seileck oder Seilpolygon, die einzelnen Hilfskräfte $S_0, S_1, \dots S_n$ Seileckseiten, im besonderen nennt man S_0 oder S_0' die erste und S_n die letzte Seileckseite, beide meist auch die äußersten Seileckseiten. Dann hat man für die Ermittlung der Lage von R die einfache Formel:

Die Resultierende geht durch den Schnittpunkt der äußersten Seileckseiten. (b)

Den Punkt O im Kräfteplan, von dem aus man S_0 angetragen hat, nennt man den Pol und den Kräfteplan selbst meist Polfigur. Die einzelnen in der Polfigur vom Pol aus im Kräftemaßstab aufgetragenen Kräfte S_0, S_1, ... S_n heißt man Polstrahlen. Man beachte, daß im Kräfteplan die Kräfte maßstäblich eingetragen sind, man benötigt für sie einen Kräftemaßstab. Man beachte weiter, daß der Kräfteplan über die Lage der Kräfte keinen Aufschluß gibt. Diese selbst kommt der Hauptsache nach im Lageplan zum Ausdruck, man gibt für ihn einen Längenmaßstab an. Den Kräftezug P_1, P_2, ... P_n in der Polfigur vom Anfangspunkt 0 aus bis zum Endpunkt n heißt man wieder Krafteck.

Beispiel b) Zum Lastensystem der Abb. 245 suche man die Resultierende.

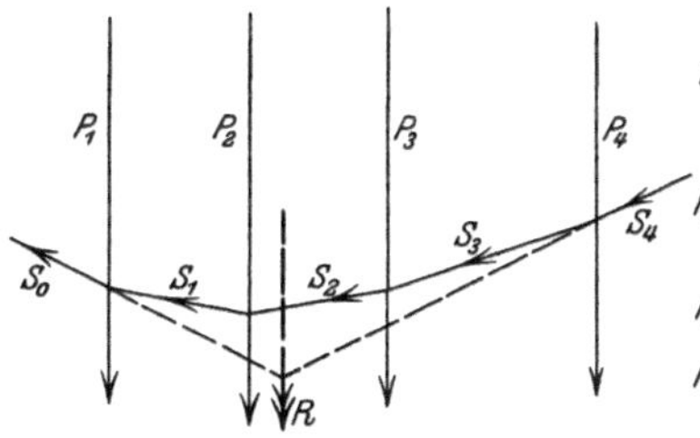

Abb. 245.

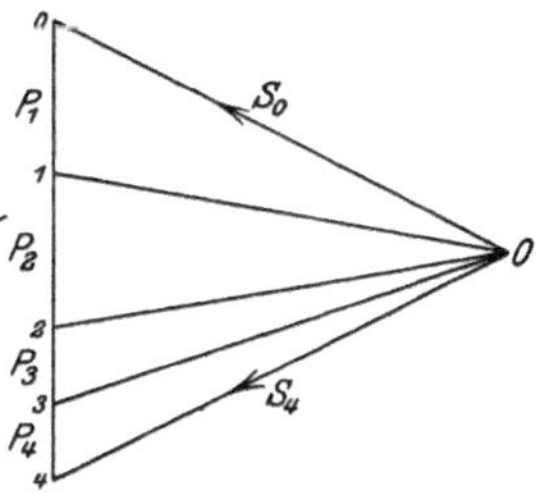

Abb. 246.

Die Lasten sind parallel, also ist auch die Resultierende parallel zu ihnen. Deren Zahlenwert ist gleich der Summe der Einzelkräfte; ihre Lage könnte man in diesem Fall unschwer, wie beim Beisp. a) angegeben, analytisch ermitteln, es wäre sonach nicht notwendig, ein Seileck zu zeichnen. Wenn allerdings das Seileck keinen anderen Zweck hätte, als nur die Resultierende eines Kräftesystems zu ermitteln, wäre es jedenfalls nie in die Statik eingeführt worden. Die Aufgaben, die man mit dem Seileck auf recht einfache Weise graphisch löst, sind aber überaus zahlreich; meist löst man für ein bestimmtes Kräftesystem mehrere verschiedenartige Aufgaben mit der gleichen Konstruktion. Deswegen findet es in der Statik recht ausgedehnte Anwendung.

Man gewöhne sich an einige schematische Einzelheiten, die bei allen Seileckkonstruktionen recht gute Dienste leisten. Den Punkt, von dem aus man die Kraft P_1 abträgt, bezeichnet man mit 0, den Endpunkt von P_1 mit 1, dann führt in der Polfigur die Kraft S_0 oder der Polstrahl S_0 vom Pol aus zum Punkt 0, der Polstrahl S_1 zum Punkt 1 usf.; die Resultierende ist der Vektor vom Beginn 0 des

Kraftteckes bis zu seinem Endpunkt n. Es erweist sich als praktische Raumausnützung, wenn man in der Polfigur die beiden äußersten Polstrahlen S_0 und S_n so zieht, daß sie mit der Resultierenden Winkel von ungefähr 45^0 bilden. Legt man nämlich den Pol weit weg von der Resultierenden, so erhält man ein sehr flaches Seileck, legt man ihn sehr nahe an die Resultierende, so wird das Seileck sehr steil. Im Lageplan trägt man die Seileckseite S_0 an beliebiger Stelle an, bringt sie zum Schnitt mit P_1 und erhält so die Resultierende S_1 von S_0 und P_1, da ihre Richtung ja der Polfigur zu entnehmen ist. Dann bringt man S_1 und P_2 zum Schnitt und erhält S_2 usw., bis man schließlich S_4 als Resultierende von S_3 und P_4 erhält. Durch den Schnittpunkt der äußersten Seileckseiten S_0 und S_4 muß die Resultierende R gehen.

Beispiel c) Wenn man den Pol des Seileckes in den Anfangspunkt 0 des Kraftteckes verlegt, welche Bedeutung haben dann die einzelnen Polstrahlen?

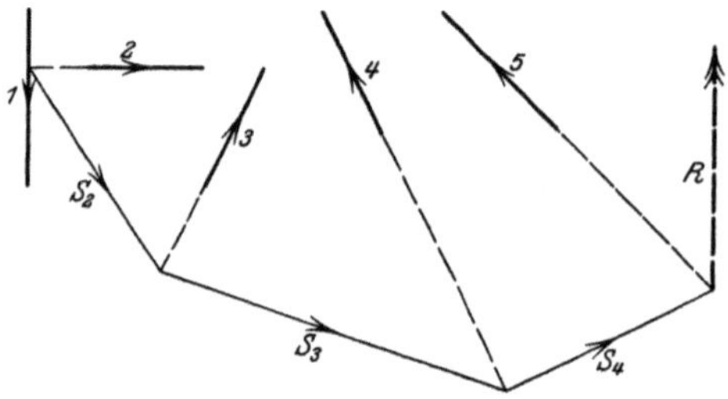

Abb. 247.

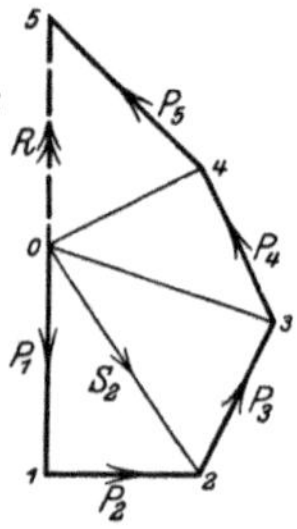

Abb. 248.

Hier wird $S_0 = 0$, S_1 fällt mit P_1 zusammen, S_2 ist die Resultierende aus P_1 und P_2, S_3 die Resultierende aus P_1, P_2, P_3 usw., s. Abb. 241 und 242, auch 247 und 248. In diesem Fall heißt man das Seileck oft auch die Mitteldrucklinie der gegebenen Kräfte.

Beispiel d) Wie findet man die Resultierende der zwischen den Seileckseiten S_i und S_k liegenden Kräfte $P_{i+1}, P_{i+2}, \ldots P_{k-1}, P_k$?

Im Kräfteplan wird sie als deren graphische Summe ermittelt, im Lageplan geht sie durch den Schnittpunkt von S_i und S_k.

Aufgabe a) Zum Kräftesystem der Abb. 247 ermittle man die Resultierende.

Lösung: Zahlenwert und Richtung von R gibt ein Kräfteplan, Abb. 248. Im Lageplan geht die Resultierende S_2 von P_1 und P_2 durch den Schnittpunkt von P_1 und P_2, dann die Resultierende S_3 von S_2 und P_3 durch deren Schnittpunkt usw.

Aufgabe b) Man ermittle die Resultierende R des durch Abb. 249 gegebenen Kräftesystems mit Hilfe eines Seileckes nach Zahlenwert, Richtung und Lage.

Lösung: Man zeichnet das Krafteck 0, 1, 2, 3, 4, 5, s. Abb. 250. Der Vektor von 0 nach 5 ist die Resultierende nach Zahlenwert und Richtung. Für die Lage wählt man den Pol O günstig; dadurch sind die beiden Hilfskräfte S_0 und S_0' bestimmt sowie die anderen Polstrahlen S_1 bis S_5. Man überträgt sie in den Lageplan als Seileckseiten, durch den Schnittpunkt von S_0 und S_5 muß R gehen.

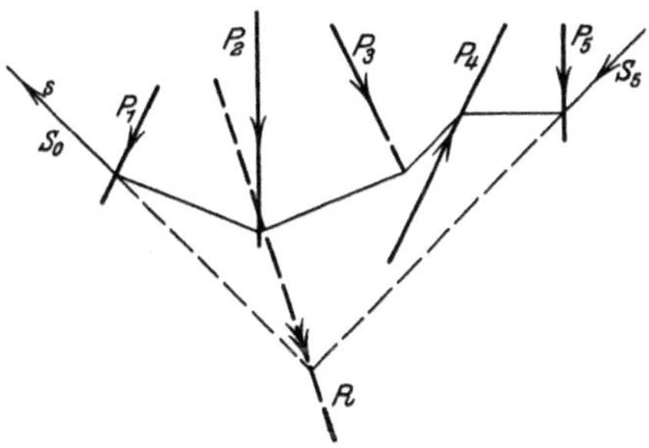

Abb. 249.

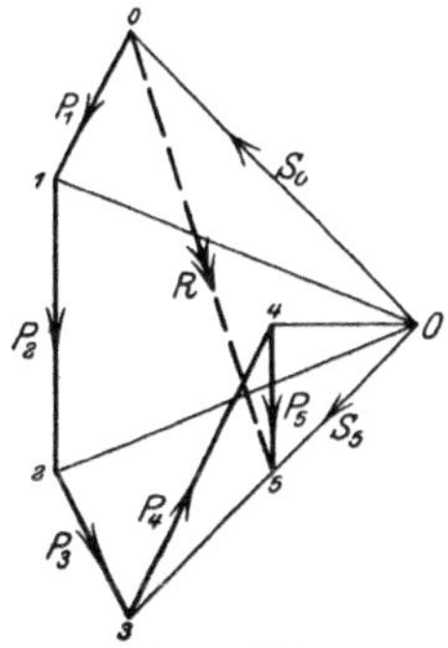

Abb. 250.

39. Ist ein Kräftesystem im Gleichgewicht, dann muß wegen $R = 0$ in der Polfigur das Krafteck geschlossen sein, d. h. der Anfangspunkt 0 des Kraftecks mit dem Endpunkt n zusammenfallen. Weiter muß nach (**38**a) auch $0 = \mathfrak{S}_n \widehat{+} \mathfrak{S}_0'$ gelten, und deswegen auch im Lageplan das Seileck geschlossen sein, somit die beiden äußersten Seileckseiten auf der nämlichen Geraden liegen; diese Gerade heißt die Schlußlinie des Seileckes. Man beachte wohl die Schreibweise

$$0 = \mathfrak{S}_n \widehat{+} \mathfrak{S}_0' \text{ im Gegensatz zu } 0 = \mathfrak{S}_n + \mathfrak{S}_0'. \qquad \text{(a)}$$

Die erste Gleichung drückt aus, daß die beiden Kräfte im Gleichgewicht sind und deswegen auf der nämlichen Geraden liegen müssen; die zweite nur, daß die graphische Summe beider Kräfte Null ist, daß sie also im allgemeinen Fall ein Kräftepaar bilden werden. Es führt somit der Fall, daß zwar das Krafteck geschlossen ist, nicht aber das Seileck, auf ein Kräftepaar.

Man fasse zusammen und merke:

> Für ein ebenes Gleichgewichtssystem muß sowohl das Krafteck wie das Seileck geschlossen sein; schließt sich nur das Krafteck, so ist das untersuchte Kräftesystem gleichwertig einem Kräftepaar. (b)

In praktischen Fällen treten meist nur Gleichgewichtssysteme auf, deren Seileck dann stets eine Schlußlinie hat. Meist sind die Auflagerkräfte unbekannt; die Seileckkonstruktion gibt ein recht einfaches Mittel, sie mit Hilfe der Schlußlinie zu ermitteln. Sei etwa das Kräftesystem P_1, P_2, ... P_n im Gleichgewicht mit den Auflagerkräften A und B,

$$\mathfrak{P}_1 \mathbin{\widehat{+}} \mathfrak{P}_2 \mathbin{\widehat{+}} \cdots \mathbin{\widehat{+}} \mathfrak{P}_n \mathbin{\widehat{+}} \mathfrak{A} \mathbin{\widehat{+}} \mathfrak{B} = 0. \tag{c}$$

Man nimmt wieder das Hilfssystem S_0 und S_0' hinzu und erhält, wenn man passend aufeinander folgen läßt,

$$\mathfrak{A} \mathbin{\widehat{+}} \mathfrak{S}_0' \mathbin{\widehat{+}} \underbrace{\mathfrak{S}_0 \mathbin{\widehat{+}} \mathfrak{P}_1} \mathbin{\widehat{+}} \mathfrak{P}_2 \mathbin{\widehat{+}} \cdots \mathbin{\widehat{+}} \mathfrak{P}_n \mathbin{\widehat{+}} \mathfrak{B} = 0.$$

Nun faßt man S_0 und P_1 zu S_1 zusammen, dann S_1 und P_2 zu S_2 usw.; man erhält der Reihe nach

$$\mathfrak{A} \mathbin{\widehat{+}} \mathfrak{S}_0' \mathbin{\widehat{+}} \underbrace{\mathfrak{S}_1 \mathbin{\widehat{+}} \mathfrak{P}_2} \mathbin{\widehat{+}} \cdots \mathbin{\widehat{+}} \mathfrak{P}_n \mathbin{\widehat{+}} \mathfrak{B} = 0,$$

$$\mathfrak{A} \mathbin{\widehat{+}} \mathfrak{S}_0' \mathbin{\widehat{+}} \underbrace{\mathfrak{S}_2 \mathbin{\widehat{+}} \mathfrak{P}_3} \mathbin{\widehat{+}} \cdots \mathbin{\widehat{+}} \mathfrak{P}_n \mathbin{\widehat{+}} \mathfrak{B} = 0,$$

. . . .

$$\mathfrak{A} \mathbin{\widehat{+}} \mathfrak{S}_0' \mathbin{\widehat{+}} \underbrace{\mathfrak{S}_{n-1} \mathbin{\widehat{+}} \mathfrak{P}_n} \mathbin{\widehat{+}} \mathfrak{B} = 0,$$

$$\mathfrak{A} \mathbin{\widehat{+}} \mathfrak{S}_0' \mathbin{\widehat{+}} \underbrace{\mathfrak{S}_n \mathbin{\widehat{+}} \mathfrak{B}} = 0.$$

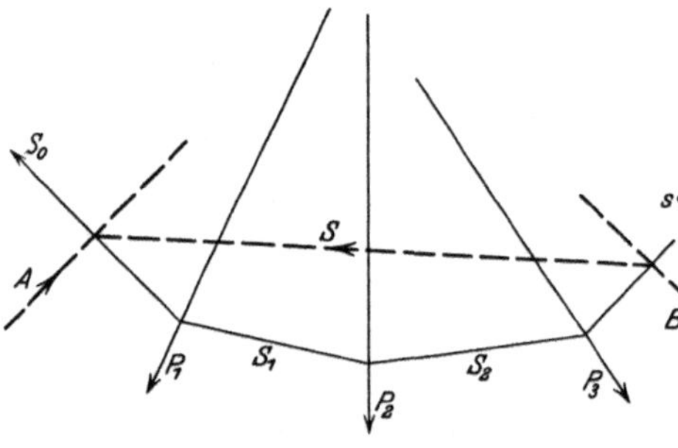

Abb. 251.

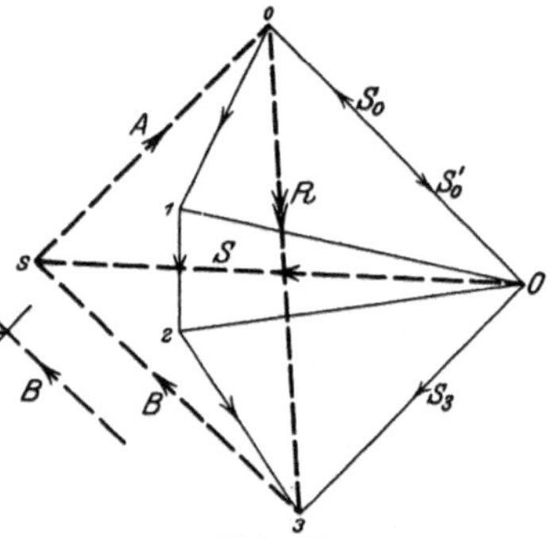

Abb. 252.

Für die Resultierende S von S_n und B gilt

$$\mathfrak{A} \mathbin{\widehat{+}} \mathfrak{S}_0' \mathbin{\widehat{+}} \mathfrak{S} = 0, \quad \text{wo} \quad \mathfrak{S} = \mathfrak{S}_n \mathbin{\widehat{+}} \mathfrak{B}, \tag{d}$$

siehe auch Abb. 251 und 252. S ist die Schlußlinie des Seileckes. Ihre Lage und Richtung ist durch die beiden Gleichungen bestimmt. Wendet man auf jede den Dreikräftesatz an, so muß nach der ersten Gleichung S durch den Schnittpunkt von A und S_0' gehen und nach der letzten durch den Schnittpunkt von B und S_n. Man hat somit den Satz:

Die Schlußlinie des Seileckes geht durch die Schnittpunkte der äußersten Seileckseiten mit den Auflagerkräften. (e)

Aus dem Lageplan entnimmt man die Richtung der Schlußlinie S und überträgt sie in den Kräfteplan, dann zeichnet man die dem Gleichungspaar (d) entsprechenden Dreiecke $s0O$ und Ons, wodurch man die Zahlenwerte von A und B erhält. Aus dieser Konstruktion ergibt sich der für viele Aufgaben wichtige Satz:

In der Polfigur schneiden sich die Auflagerkräfte auf der Schlußlinie. (f)

Anmerkung. Man beachte, daß S_0 und S_n die äußersten Seileckseiten für das nicht im Gleichgewicht befindliche Kräftesystem $P_1, P_2, \ldots P_n$ sind, dagegen S gleichzeitig die erste und letzte Seileckseite für das Gleichgewichtssystem $A, P_1, P_2, \ldots P_n, B$. Bei einem Gleichgewichtssystem fallen demnach die beiden äußersten Seileckseiten zusammen.

Beispiel a) Man ermittle für das am Balken der Abb. 253 angreifende Nutzlastensystem die Resultierende R, ferner die von ihm hervorgerufenen Auflagerkräfte A und B.
$P_1 = 1000$ kg, $P_2 = 3000$ kg, $P_3 = 2000$ kg.

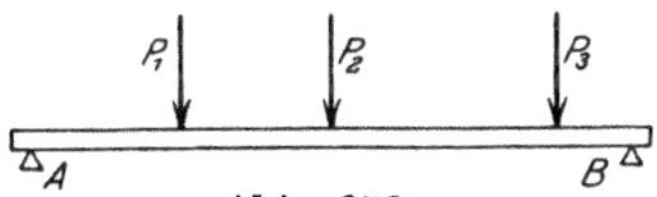

Abb. 253.

Man zeichnet zunächst für das Lastensystem das Seileck, unbekümmert um die Auflagerkräfte. Durch S_0 und S_3 bestimmt sich die Lage von R, den Zahlenwert $R = 6000$ kg und die Richtung entnimmt man dem Kräfteplan. Man bringt S_0 und S_3 zum Schnitt mit A und B und erhält damit die Schlußlinie S. Ein zu ihr paralleler Polstrahl S in der Polfigur schneidet auf R die beiden Auflagerkräfte A und B aus. $A = 2500$ kg, $B = 3500$ kg.

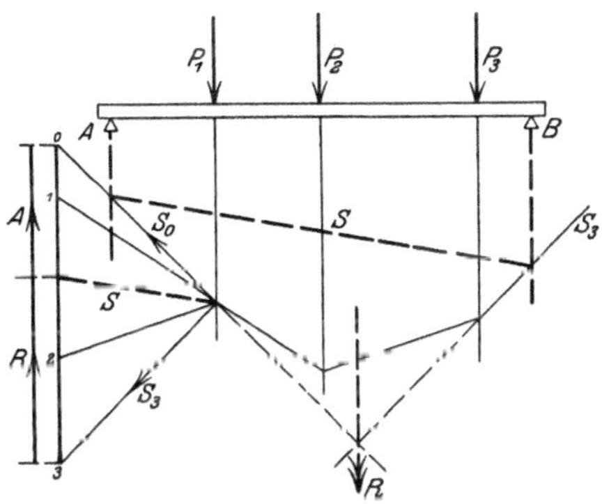

Abb. 254. K. M. 1 mm = 200 kg.

Um die durch das Ziehen von Parallelen hervorgerufenen Ungenauigkeiten auf ein möglichst geringes Maß herabzubringen, empfiehlt es sich, eine Anordnung des Kräfteplanes ähnlich der zu wählen, wie sie durch Abb. 254 zum Ausdruck gebracht ist.

Beispiel b) Die gleiche Aufgabe löse man für das Nutzlastensystem der Abb. 255. $P_1 = 2000$ kg, $P_2 = 1000$ kg, $P_3 = 2000$ kg, $P_4 = 1000$ kg.

Man zeichnet zuerst wieder das Seileck für das Lastensystem, genau so wie wenn die Auflagerkräfte gar nicht vorhanden wären. Der Vektor von 0 nach 4 ist die Resultierende $R = 2000$ kg. Im Seileck geht R durch den Schnittpunkt von S_0 und S_4, liegt also hier außerhalb des Balkens. Durch die Schnittpunkte von A und B mit S_0 und S_4 ist die Schlußlinie S bestimmt, ein zu ihr paralleler Polstrahl S im Kräfteplan schneidet auf R die gesuchten Auflagerkräfte A und B aus; es geht A vom Punkt s zum Punkt 0 und B vom Punkt 4 zu Punkt s. $A = 330$ kg ist ein Auflagerzug, $B = 2330$ kg ein Auflagerdruck.

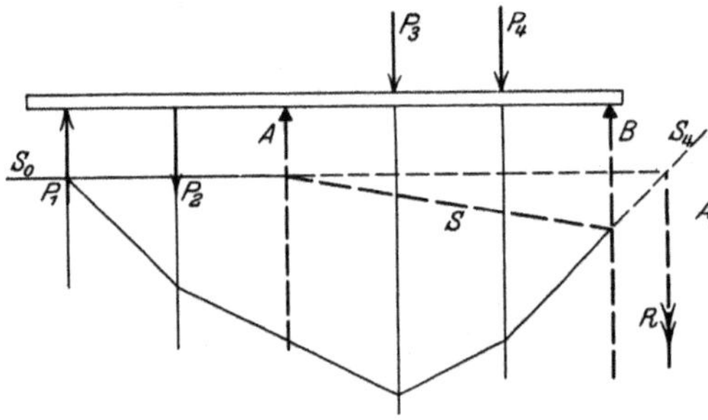

Abb. 255.
L. M. 1 : 200.

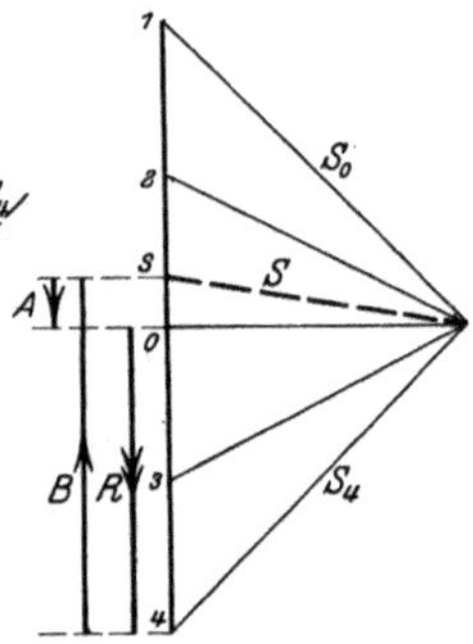

Abb. 256.
K. M. 1 mm = 100 kg.

Ist eine gegebene Kraft P mit zwei zu ihr parallelen unbekannten Kräften P_1 und P_2 im Gleichgewicht, s. Abb. 257, so ermittelt man deren Zahlenwerte am einfachsten mit Hilfe des Seileckes, wenn man P_1 und P_2 als die unter dem Einfluß von P erzeugten Auflagerkräfte an einem Balken auffaßt. Man zeichnet das Seileck, hier nur aus den beiden Seiten S_0 und S_1 bestehend, die zugleich die „äußersten" Seileckseiten sind. Durch die Schnittpunkte von S_0 mit P_1 und S_1 mit P_2 ist die Schlußlinie S im Seileck bestimmt, ein zu ihr paralleler Polstrahl im Kräfteplan schneidet auf P die beiden Kräfte P_1 und P_2 aus.

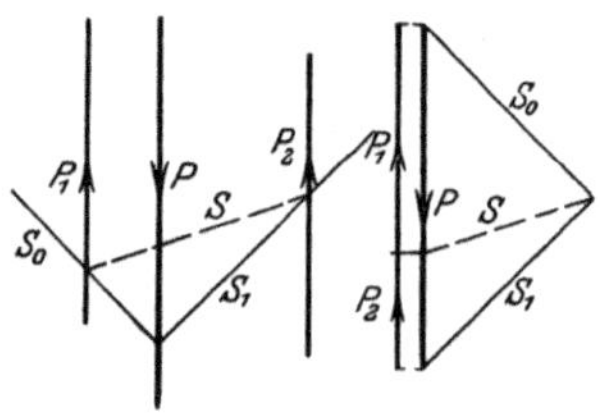

Abb. 257.

In entsprechender Weise wird eine Kraft P nach zwei zu ihr parallelen Komponenten zerlegt; man hat nur die Pfeile von P_1 und P_2 umgekehrt zu nehmen.

Analytisch löst man beide Aufgaben mit Hilfe des Hebelgesetzes, (**44** d).

Beispiel c) Zu dem Belastungsfall der Abb. 258 ermittle man mit Hilfe des Seileckes 1. Zahlenwert, Richtung und Lage der Resultierenden, 2. die Auflagerkräfte. $P_1 = 1\,000$ kg, $P_2 = 3\,000$ kg, $P_3 = 2\,000$ kg.

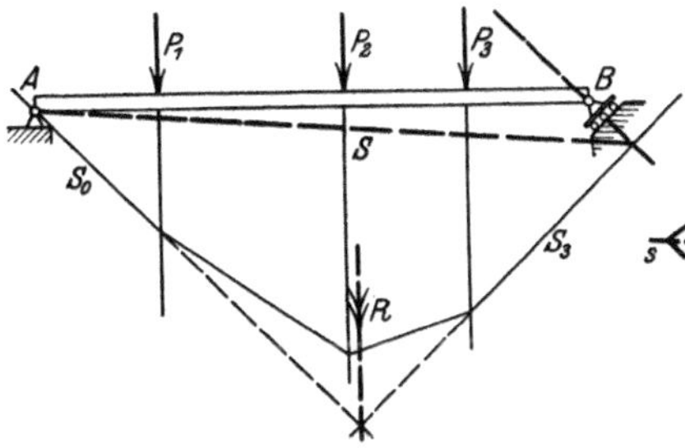

Abb. 258.
L. M. 1 : 100.

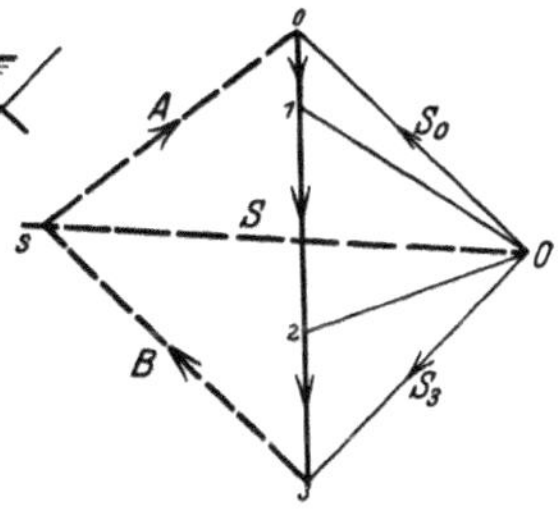

Abb. 259.
K. M. 1 mm = 200 kg.

Man beachte, daß man für die graphische Ermittlung der Auflagerkräfte die Schlußlinie benötigt, und daß diese durch die Schnittpunkte der Auflagerkräfte mit den äußersten Seileckseiten bestimmt ist. Im vorliegenden Fall ist von der Auflagerkraft A die Richtung unbekannt. Man kann sie also gar nicht zum Schnitt mit der Schlußlinie bringen, ausgenommen wenn diese gerade durch den Punkt A hindurchgeht. Damit das der Fall ist, legt man die erste Seileckseite willkürlich durch den Punkt A, dann ist A schon ein Punkt der Schlußlinie. Im übrigen zeichnet man das Seileck auf die gewöhnliche Weise; durch den Schnittpunkt von S_0 und S_3 geht die Resultierende R, deren Zahlenwert 6 000 kg und Richtung ist aus dem Kräfteplan bekannt.

Die Schlußlinie geht im Lageplan durch den Punkt A und den Schnittpunkt von S_3 mit B, im Kräfteplan wird die Schlußlinie parallel zu ihr eingetragen. Auf dieser schneiden sich die Auflagerkräfte; von B kennt man die Richtung, man bringt B zum Schnitt mit S im Punkt s, durch den auch A gehen muß. Mit Hilfe des Kräftemaßstabes entnimmt man der Abbildung, daß $A = 4\,300$ kg, $B = 4\,900$ kg.

Aufgabe a) An dem Balken der Abb. 260 greifen die Kräfte $P_1 = 2\,000$ kg, $P_2 = 4\,000$ kg, $P_3 = 6\,000$ kg an. Man ermittle ihre Resultierende und die von ihnen hervorgerufenen Auflagerkräfte.

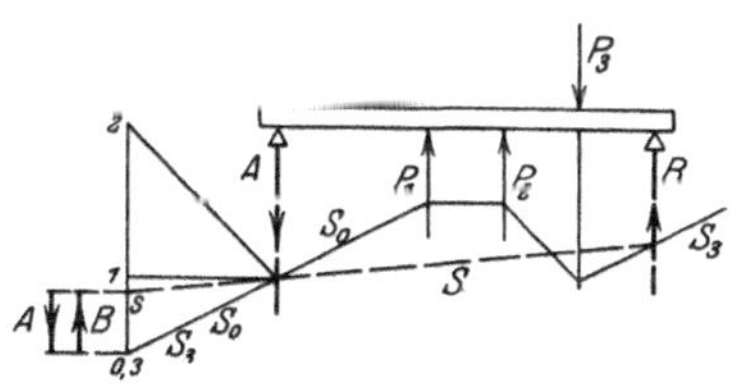

Abb. 260.

Lösung: Man zeichnet zunächst das Krafteck 0, 1, 2, 3 und findet, daß dieses sich schließt, daß also $R = 0$. Das Seileck dagegen schließt sich nicht, R liegt sonach im Unendlichen, das gegebene Kräftesystem ist nach (b) gleichwertig einem Kräftepaar. Die Auflagerkräfte greifen senkrecht am Balken an; um ihren Zahlenwert zu ermitteln, zeichnet man zunächst im Lageplan die Schlußlinie ein und überträgt diese dann in den Kräfteplan. Man findet $A = B = 1600$ kg, beide Stützkräfte bilden ein Kräftepaar; A geht nach abwärts, es muß deshalb an der Auflagerstelle A der Balken gegen Abheben gesichert werden.

40. Schließt man an den Endpunkt eines Stabes den Anfangspunkt eines zweiten Stabes durch ein Gelenk an und an dessen Endpunkt auf die gleiche Weise einen dritten Stab usf., so erhält man eine Stabkette. Die Stäbe sind alle in der gleichen Ebene befindlich vorausgesetzt, die Gelenkachsen alle senkrecht zu dieser Ebene. Die Stabkette der Abb. 261 ist beweglich, und zwar zwangläufig: ihre drei Stäbe sind als Scheiben zu betrachten, die durch insgesamt vier Gelenke unter sich und mit der Erde festgehalten sind und damit acht Auflagerungen oder Führungen haben, so daß der Kette von ihren $3 \cdot 3 = 9$ Freiheitsgraden acht genommen sind und nur mehr ein einziger verbleibt. (Natürlich hat eine Stabkette mit mehr als drei Stäben mehr als einen einzigen Freiheitsgrad, d. h. ihre Bewegung ist keine zwangläufige.)

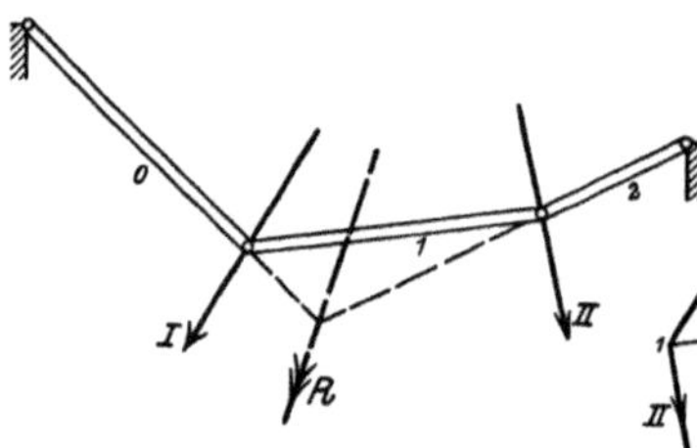

Abb. 261.

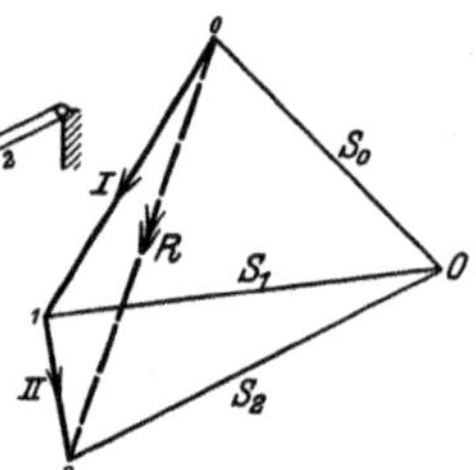

Abb. 262.

Die einzelnen Stäbe der Kette sind als gewichtslos vorausgesetzt. Greifen in den Gelenkpunkten der Kette irgendwelche Lasten an, so wird unter deren Einfluß zunächst eine Bewegung der Stäbe, ein „Schaukeln“ der Kette eintreten, bis sie allmählich unter dem Einfluß von Reibung und Luftwiderstand in einer Gleichgewichtslage zur Ruhe kommt. Dann ist an jedem Gelenk die dort angreifende Kraft im Gleichgewicht mit den Spannungen der beiden an das Gelenk angeschlossenen Stäbe (die Reibung wird vernachlässigt). Zeichnet man zu diesem System der Nutzlasten und Stabspannungen einen Kräfteplan, so ergibt sich zwanglos, daß die einzelnen in den Stäben auftretenden Spannungen die Seileckseiten für das an der Stabkette angreifende Lastensystem vorstellen. Im besonderen stellen die äußersten Seileckseiten die von der festen Erde ausgehenden Auflagerkräfte vor.

Umgekehrt kann man sich jedes Seileck als eine Stabkette vorstellen. Die Spannungen der Stabkette werden dann durch die Seileckseiten dargestellt.

Hat man eine Stabkette und bringt an den einzelnen Knotenpunkten beliebige Kräfte an, so wird sie im allgemeinen nicht im Gleichgewicht sein. Es wird beispielshalber unter dem Einfluß der an den Gelenkpunkten der Kette der Abb. 263 angreifenden Gewichte Q im allgemeinen erst nach einer stattgefundenen Bewegung sich ein Gleichgewichtszustand bilden. Wenn aber die Stabkette derart konstruiert ist, daß sie zu dem System der Gewichte Q bereits ein Seileck vorstellt, dann wird natürlich schon von Anbeginn an Gleichgewicht sein, es braucht sich ein Gleichgewichtszustand nicht erst herausbilden.

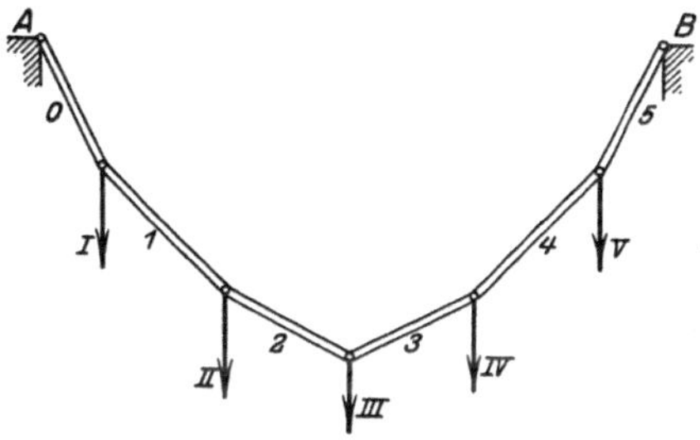

Abb. 263.

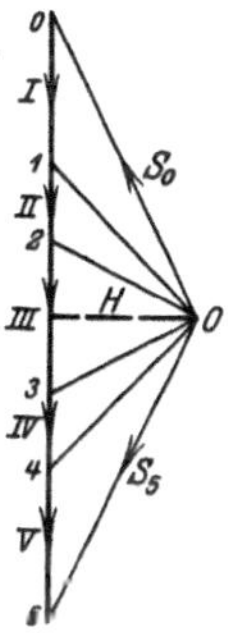

Abb. 264.

Von dieser Eigenschaft einer Stabkette, daß sie nämlich im Gleichgewicht ist, wenn sie kongruent ist dem zum gegebenen Lastensystem gehörigen Seileck, macht man praktisch vielfach Gebrauch: man konstruiert zu einem gegebenen Lastensystem die gewünschte Stabkette derart, daß sie kongruent ist mit einem Seileck zum Lastensystem, s. Abb. 265, dann wird die ganze Belastung von der Stabkette aufgenommen und durch sie allein zu den Auflagern weitergeleitet. Man hat demnach nicht notwendig, für die gewünschte sichere Übertragung des Lastensystems noch andere Stäbe einzuschalten. Selbstverständlich bildet die zum gegebenen Lastensystem konstruierte Stabkette nur für eben diesen Belastungsfall ein Gleichgewichtssystem.

Die horizontale Komponente der Spannung in einem Kettenstab nennt man ihren Horizontalzug; in Abb. 266 ist beispielsweise der Horizontalzug H_0 der Stabspannung S_0 eingetragen. Sind die Nutzlasten, für die man die passende Stabkette konstruiert hat, Vertikallasten, so wird der Horizontalzug für alle Stabspannungen gleich groß, Abb. 264.

Den Begriff „Horizontalzug" überträgt man auf den Kräfteplan eines Seileckes und nennt wieder Horizontalzug die horizontale Komponente eines jeden Polstrahles oder, was das gleiche ist, einer jeden Seileckseite.

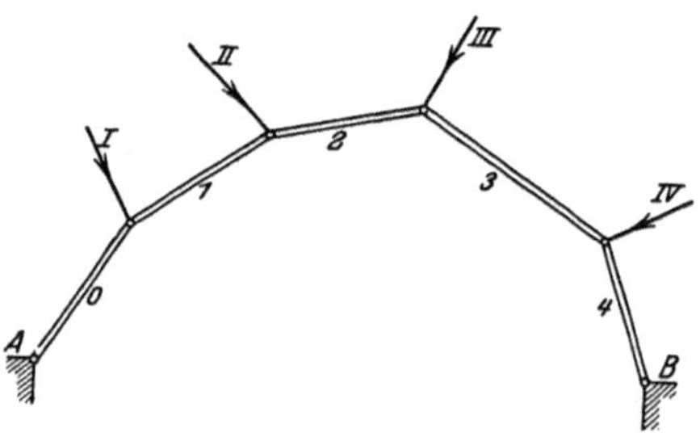

Abb. 265.

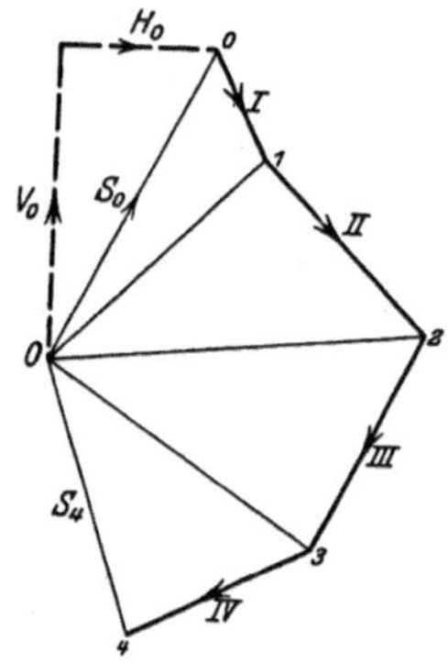

Abb. 266.

41. Bei der Konstruktion des Seileckes hatte man gewisse Freiheiten. Grundlage der Konstruktion ist ja, daß man zwei im Gleichgewicht befindliche Hilfskräfte S_0 und S_0' dem gegebenen Kräftesystem hinzufügt. Für S_0 selbst ist keinerlei Beschränkung gegeben, so daß man Zahlenwert, Richtung und Lage beliebig wählen kann. S_0 ist ein Vektor und hat als solcher in der vorgeschriebenen Ebene drei Freiheitsgrade. Man kann daher ∞^3 verschiedene Kräfte S_0 wählen und hat damit ∞^3 verschiedene Seileckfiguren, da zu jedem S_0 ein bestimmtes Seileck gehört, oder in anderer Ausdrucksweise:

Dem Seileck zu einem gegebenen Kräftesystem kann man drei Bedingungen vorschreiben. (a)

Beispielsweise verlangt die Lösung verschiedener Aufgaben, daß man das zu konstruierende Seileck durch drei vorgeschriebene Punkte hindurchgehen läßt, s. Beisp. c).

Die Beziehung, die zwischen zwei verschiedenen Seilecken zu einem gegebenen Kräftesystem besteht, ist unmittelbar aus der Konstruktion zu entnehmen. Hat man ein Seileck $U_0, U_1, \ldots U_n$ mit dem Pol U gezeichnet und noch ein zweites $V_0, V_1, \ldots V_n$ mit dem Pol V, so muß nach Konstruktionsangabe, s. Abb. 267 und 268, im Kräfteplan gelten

$$\mathfrak{T} = \mathfrak{U}_0 - \mathfrak{V}_0 \qquad \text{und ebenso} \qquad \mathfrak{T} = \mathfrak{U}_1 - \mathfrak{V}_1,$$

d. h. T ist sowohl die graphische Summe aus U_0 und $-V_0$ wie auch aus U_1 und $-V_1$. Der Konstruktion des Lageplanes ist noch zu entnehmen, daß T die Resultierende aus U_0 und $-V_0$ und ebenso die Resultierende aus U_1 und $-V_1$ ist, da ja

$$\mathfrak{U}_1 = \mathfrak{U}_0 \mathbin{\widehat{+}} \mathfrak{P}_1 \quad \text{und} \quad \mathfrak{V}_1 = \mathfrak{V}_0 \mathbin{\widehat{+}} \mathfrak{P}_1$$

und deswegen nach (7 e)

$$\mathfrak{U}_1 \mathbin{\widehat{-}} \mathfrak{U}_0 = \mathfrak{V}_1 \mathbin{\widehat{-}} \mathfrak{V}_0 \quad \text{oder} \quad \mathfrak{U}_1 \mathbin{\widehat{-}} \mathfrak{V}_1 = \mathfrak{U}_0 \mathbin{\widehat{-}} \mathfrak{V}_0 = \mathfrak{T}.$$

In der gleichen Weise entwickelt man, daß T auch die Resultierende aus U_2 und $-V_2$ oder allgemein aus U_i und $-V_i$ ist, es müssen sich deshalb im Lageplan je zwei Kräfte U_i und $-V_i$ oder, was das gleiche ist, je die beiden Seileckseiten U_i und V_i auf dieser Resultierenden T schneiden.

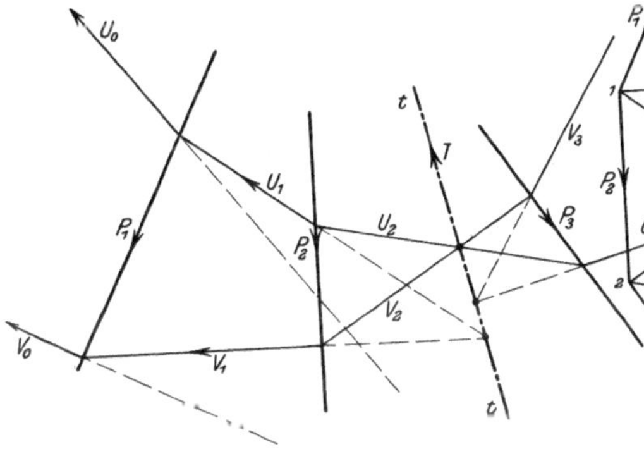

Abb. 267.

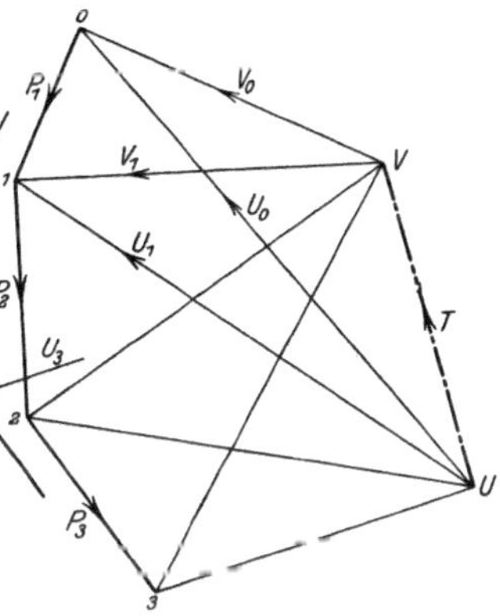

Abb. 268.

Bezeichnet man im Lageplan die Wirkungslinie von T als Polarachse, so besteht zwischen zwei verschiedenen Seilecken U und V zum nämlichen Kräftesystem der Zusammenhang,

daß je zwei entsprechende Seileckseiten U_i und V_i sich auf der Polarachse schneiden. (b)

Beispiel a) Man bestimme die Polarachse zu zwei Seilecken, die den gleichen Pol haben.

Je zwei entsprechende Seileckseiten U_i und V_i sind hier parallel, sie schneiden sich also im Unendlichen, die Polarachse ist hier die unendlich ferne Gerade.

Beispiel b) Was wird aus dem Seileck, wenn man die erste Seileckseite $\mathfrak{T}_0$ unendlich groß wählt?

Man erhält als Seileck eine Gerade, da ja $\mathfrak{T}_1 = \mathfrak{T}_0 \widehat{+} \mathfrak{P}_1$ wieder $\mathfrak{T}_0$ gibt, ebenso $\mathfrak{T}_2 = \mathfrak{T}_1 \widehat{+} \mathfrak{P}_2$ wieder $\mathfrak{T}_1$ oder $\mathfrak{T}_0$, so daß

$$\mathfrak{T}_0 = \mathfrak{T}_1 = \mathfrak{T}_2 = \ldots = \mathfrak{T}_n.$$

Die Wirkungslinie $\mathfrak{T}$ der Abb. 267, auf der sich die entsprechenden Seileckseiten U_i und V_i schneiden, ist als ein solches zur Geraden degenerierendes Seileck zu betrachten.

Beispiel c) Zu dem Belastungsfall der Abb. 269 zeichne man ein Seileck, das durch die gegebenen Punkte A, B, C geht. $P_1 = 6000$ kg, $P_2 = 4000$ kg, $P_3 = 2000$ kg, $P_4 = 4000$ kg, $P_5 = 4000$ kg.

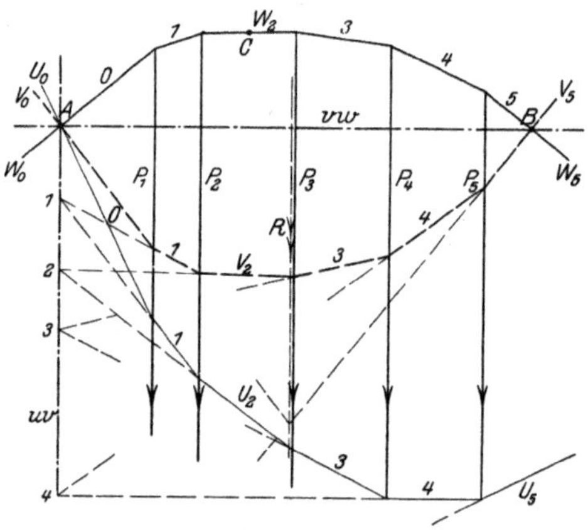

Abb. 269.

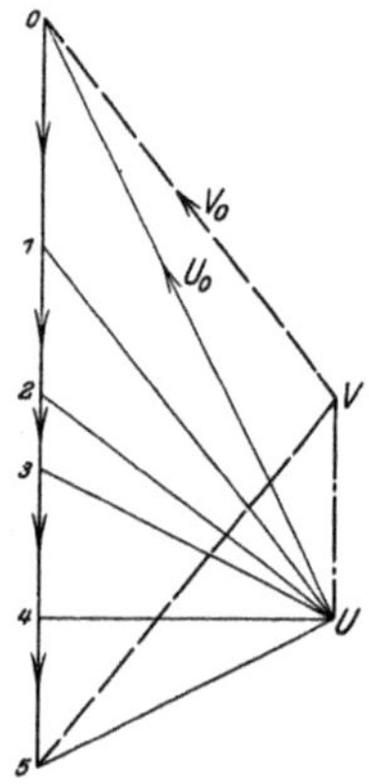

Abb. 270.

Man zeichnet zunächst ein beliebiges Seileck U, dessen erste Seite U_0 durch den Punkt A geht, in der Abbildung mit feiner Linie gezeichnet. Dann ein zweites V, dessen erste Seite gleichfalls durch A und dessen letzte Seite durch B geht. Um es zu erhalten, überlege man die Beziehung zwischen den beiden Seilecken U und V. Entsprechende Seileckseiten U_i und V_i müssen sich auf der gleichen Geraden uv, auf der Polarachse schneiden. U_0 und V_0 schneiden sich im Punkt A, durch den sie ja beide hindurchgehen sollen, U_n ist gefunden, V_n kann man durch den Punkt B beliebig annehmen, dann schneiden sich U_n und V_n in einem Punkt, der auf der erwähnten Geraden uv liegen muß, d. h. diese Gerade ist damit bestimmt. Man beachte, daß man V_n beliebig annehmen konnte, wenn man es nur durch B legt, woraus sich die Gerade uv bestimmt; man hätte auch die Gerade uv beliebig annehmen können, selbstverständlich so, daß sie durch den Schnittpunkt A von U_0 und V_0 geht, dann wäre dadurch V_n bestimmt, da sich V_n einmal mit U_n auf uv schneiden und andererseits durch B hindurchgehen muß. Die Gerade uv läßt das zweite

Seileck V recht einfach fortsetzen: die Seileckseite V_5 ist bestimmt; V_4 und U_4 schneiden sich auf uv, man hat somit von V_4 einen Punkt; einen zweiten hat man aus der Bedingung, daß V_4 die Fortsetzung von V_5 ist und sich deswegen mit V_5 auf der Kraft P_5 schneiden muß; in gleicher Weise findet man V_3 usw. Dieses zweite Seileck V, in Abbildung gestrichelt gezeichnet, erfüllt schon zwei der gegebenen Forderungen, da es ja sowohl durch A wie auch durch B geht. Zur Kontrolle kann man noch die Einzelstrahlen in die Polfigur übertragen. Das eigentlich gewünschte Seileck W durch alle drei Punkte A, B, C ist mit dem Seileck V in Zusammenhang zu bringen. Je zwei entsprechende Seiten der beiden Seilecke schneiden sich auf der Polarachse vw; V_0 geht mit W_0 durch A und V_5 mit W_5 durch B, also geht die Polarachse vw durch A und B. Mit ihrer Hilfe zeichnet man die durch C gehende Seileckseite W_2, die mit dem gezeichnet vorliegenden V_2 sich auf vw schneiden muß. Die an W_2 anschließenden Seileckseiten ermittelt man genau so wie es für die Seiten des Seileckes V angegeben wurde.

Eine zweite Lösung wird graphisch-analytisch so vorgehen, daß sie zuerst durch Rechnung die Lage der Resultierenden ermittelt und diese einzeichnet. Dann legt man durch A und B ein aus zwei Seiten bestehendes Seileck; beide Seiten, V_0 und V_5 in Abb. 269, müssen sich auf der Resultierenden schneiden. Zwei zu ihnen parallele Polstrahlen V_0 und V_5 im Kräfteplan bestimmen dessen Pol V und damit die andern Polstrahlen V_1, V_2, V_3, V_4, die man wieder als Seileckseiten in den Lageplan überträgt. Man erspart sich durch die angegebene Konstruktion das erste Seileck U. Vom Seileck V geht man wieder auf die oben angegebene Weise zum gewünschten Seileck W über.

Eine dritte Lösung ermittelt zuerst die Resultierende aller Kräfte, die zwischen den gegebenen Punkten A und C liegen, und ebenso die Resultierende aller jener zwischen C und B, und verfährt dann so wie an späterer Stelle bei der Ermittlung der Gelenkdrücke eines Dreigelenkbogens in Nr. 49 angegeben ist.

* **42.** Zwischen dem Lageplan und dem Kräfteplan eines ebenen Kräftesystems besteht ein recht einfacher Zusammenhang. Man beachte zunächst, daß jede Strecke des Lageplanes als Träger einer Kraft anzusehen ist; entweder ist sie die Wirkungslinie einer gegebenen Kraft, oder sie stellt wie bei einem Stabverband einen Stab und damit den Träger einer Spannung vor. In irgendeinem Maßstab hat man alle die im Lageplan auftretenden Kräfte in den Kräfteplan übertragen, so daß sicher jeder Strecke des Lageplanes eine zu ihr parallele Strecke im Kräfteplan entspricht. Aber auch umgekehrt muß jeder Strecke des Kräfteplanes auch eine bestimmte Strecke

des Lageplanes entsprechen, da eben nach Konstruktion jede Strecke im Kräfteplan als Darstellung einer bestimmten Kraft des Lageplanes entstanden ist.

Die einzelnen Strecken des Lageplanes werden in bestimmten Punkten zusammenstoßen; man kann diese als materielle Punkte ansprechen, an denen die durch die Strecken getragenen Kräfte angreifen. Selbstverständlich setzen wir voraus, daß das durch den Lageplan dargestellte Gebilde und damit auch jeder einzelne seiner Punkte im Gleichgewicht ist. Dann müssen die an jedem solchen Knotenpunkt des Lageplanes angreifenden Kräfte im Kräfteplan ein geschlossenes Krafteck bilden. Es ist also jedem Knotenpunkt des Lageplanes ein ganz bestimmtes Polygon zugeordnet.

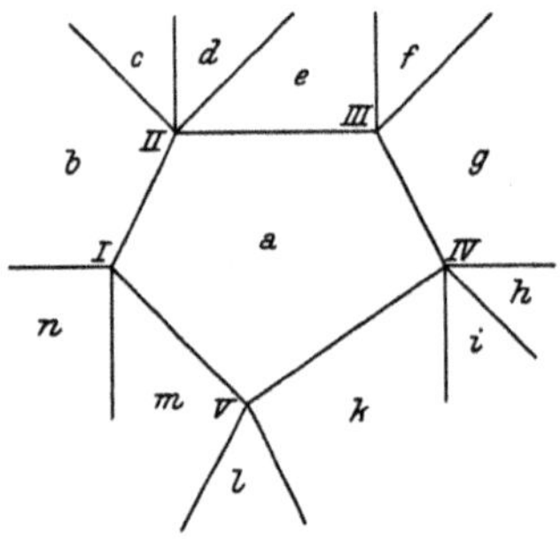

Abb. 271.

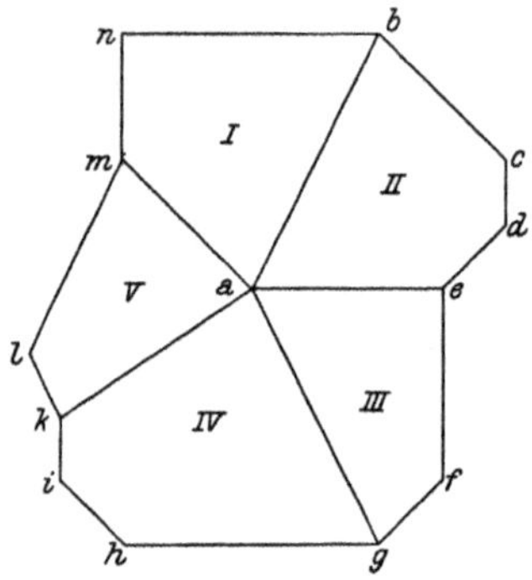

Abb. 272.

Die bisher angegebenen Beziehungen sind unschwer einzusehen, sie liegen ganz und gar in der Natur der beiden Pläne. Ein weiterer Zusammenhang zwischen den beiden Gebilden ist der, daß auch umgekehrt jedem geschlossenen Polygon des Lageplanes ein bestimmter Punkt des Kräfteplanes zugewiesen ist, vorausgesetzt daß im Innern des Polygons keine Strecken vorhanden sind. Abb. 271 stellt ein aus einem Lageplan herausgegriffenes Stück vor. Die einzelnen Polygone, die an diesem Stück teilnehmen, sind durch Buchstaben a, b, ... m, n gekennzeichnet. Mit Hilfe dieser Polygonbuchstaben kann man dann auch die einzelnen Stäbe und Knotenpunkte genau benennen. Dem im Gleichgewicht befindlichen Knotenpunkt I oder $amnb$, in dem also die Polygone a, m, n, b zusammenstoßen, muß im Kräfteplan ein geschlossenes Krafteck, also ein Polygon I entsprechen. Den einzelnen Polygonseiten am, mn, nb, ba des Lageplanes müssen im Kräfteplan gleichfalls Polygonseiten entsprechen; diese seien irgendwie gefunden und zu dem Polygon $amnba$ des Kräfteplanes zusammengesetzt. Wir wollen, um auch mit den Buchstabenbezeichnungen vollständig auszukommen, die Kraft, die von dem Stab oder der Strecke ab getragen wird, auch kurz als Kraft ab bezeichnen, die dann im Kräfteplan durch die entsprechende Strecke ab maßstäblich dargestellt wird.

Und nun beginnt unsere Überlegung, indem wir die an früherer Stelle (**17** a) schon angegebene Vorschrift für die Konstruktion eines Cremonaplanes genau beachten, nämlich 1. beim Ablesen der an den einzelnen Knotenpunkten des Lageplanes angreifenden Kräfte müssen diese Knotenpunkte immer im gleichen Sinn umlaufen werden, unserer bisherigen Gewohnheit entsprechend rechtsum, 2. man muß das Krafteck mit den bekannten Kräften beginnen und an sie die unbekannten sich anschließen lassen.

Dem Punkt I oder $amnba$ des Lageplanes entspricht im Kräfteplan das Polygon $amnba$, dem Punkt II oder $abcdea$ des Lageplanes im Kräfteplan das Polygon $abcdea$ usw. Im Kräfteplan muß wegen der gegebenen Vorschrift sicher ab auf ae folgen, ebenso am auf ab, und wieder ak auf am, ag auf ak, ae auf ag. Die Kräfte ae, ab, am, ak, ag können also nur bilden entweder ein Polygon oder ein Strahlensystem vom nämlichen Punkt aus. Ersteres ist nicht möglich, weil die Reihenfolge ae, ab am Knoten II durch bc seine Fortsetzung finden müßte, ebenso ag, ae am Knoten III durch ef usw., also gehen die Kräfte ae, ab, am, ak, ag im Kräfteplan vom nämlichen Punkt a aus, d. h. dem Polygon a des Lageplanes entspricht im Kräfteplan ein Punkt a. Was vom Punkt a gilt, läßt sich auch von den anderen Polygonen des Lageplanes als gültig erweisen.

Nun definiert man in der Statik (nicht in der Mathematik) als reziproke Figuren zwei zusammengehörige, aus Punkten und Strecken gebildete Figuren von der Beschaffenheit, daß jeder Strecke der ersten Figur eine parallele Strecke der zweiten zugeordnet ist und umgekehrt, wenn ferner jedem Punkt der ersten Figur ein bestimmtes Polygon der zweiten und ebenso jedem (im Innern nicht von Strecken durchsetzten) Polygon der ersten ein Punkt der zweiten Figur zugeordnet ist.

Diese Beziehung trifft für den Lageplan und Kräfteplan eines bestimmten Kräftesystems vollständig zu, Lageplan und Kräfteplan sind also zwei reziproke Figuren. Im besondern gilt diese Beziehung für den Kräfteplan eines ebenen Stabverbandes, wenn man die gegebenen Vorschriften (**17** a) erfüllt, man kann also umgekehrt sagen: diese Vorschriften lassen einen reziproken Kräfteplan entstehen, falls überhaupt ein solcher möglich ist.

Die aufgedeckten Beziehungen kann man noch weiterführen, insbesonders noch untersuchen, unter welchen Voraussetzungen auch rückwärts jedem Punkt des Kräfteplanes ein bestimmtes Polygon des Lageplanes zugeordnet ist und ferner jedem Polygon des Kräfteplanes ein bestimmter Punkt des Lageplanes. Für uns als Ingenieure haben solche Untersuchungen kein praktisches Interesse. Wir verlangen von einem Kräfteplan in der Hauptsache, daß er mit einem Minimum von Arbeit praktisch genaue Lösungen gibt. In dieser Hinsicht wird der durch Beachtung der gegebenen Konstruktionsvorschriften erhaltene Cremonaplan durch keinen anderen übertroffen.

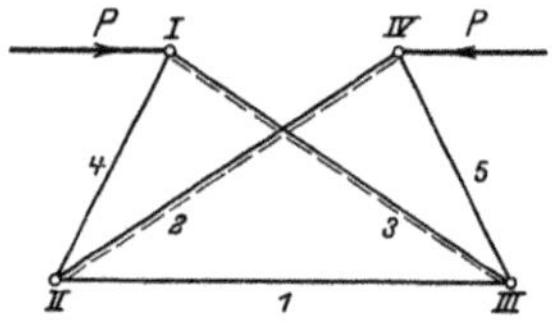

Abb. 273.

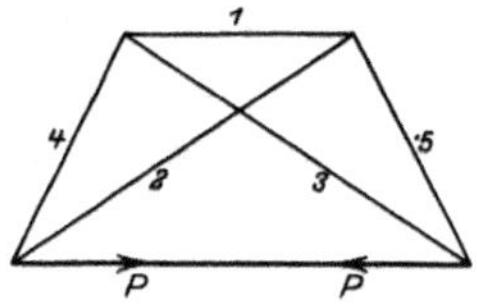

Abb. 274.

Beispiel a) Man beurteile den Kräfteplan zu dem Stabverband der Abb. 273.

Man beachte zunächst, daß das Polygon I II III durch den Stab II IV durchsetzt wird, ebenso das Polygon II III IV durch den Stab I III. Auf solche Stabverbände beziehen sich die vorausgehenden Untersuchungen nicht, wenn auch nichts im Wege liegt, auch sie in die Betrachtung miteinzubeziehen. Zeichnet man nach den gegebenen Vorschriften den Kräfteplan, s. Abb. 275, so sieht man, daß die Stabspannungen S_2 und S_3 je zweimal auftreten. Von einem Cremonaplan oder einem reziproken Kräfteplan kann also nicht die Rede sein. Will man einen solchen erzwingen, so muß man von der in **17** gegebenen Vorschrift abweichen, wie Abb. 274 erkennen läßt. Nach dieser Vorschrift müssen die Kräfte am Knoten I in der Reihenfolge P, S_3, S_4 zum Krafteck sich aneinanderschließen, was zutrifft; am Knoten II in der Reihenfolge S_4, S_2, S_1, während im Kräfteplan die Reihenfolge S_4, S_1, S_2 ist; für den Knoten III stimmt die Reihenfolge S_1, S_3, S_5 im Lageplan wieder mit derjenigen im Kräfteplan überein, während sie am Knoten IV wieder umgekehrt ist, nämlich P, S_5, S_2 im Lageplan und P, S_2, S_5 im Kräfteplan.

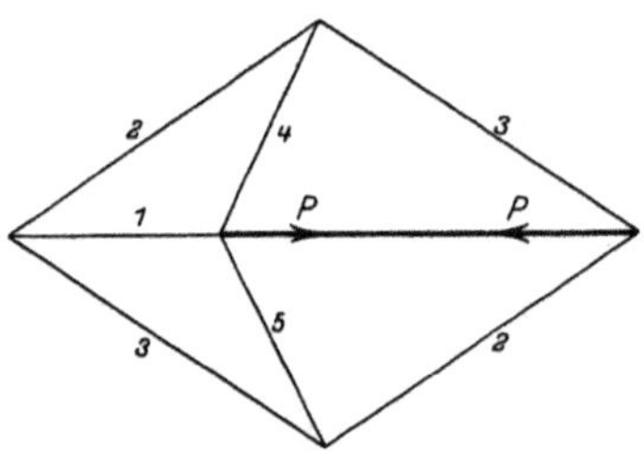

Abb. 275.

Um für den vorliegenden Lageplan einen reziproken Kräfteplan zu erhalten, müßte man also von der in **17** gegebenen Vorschrift abweichen. Für Stabverbände von der Art der Abb. 273, bei denen also Polygone durch Stäbe durchsetzt werden, die nicht dem Polygone angehören, kommt man mit der einfachen Konstruktionsvorschrift oft nicht mehr zum Ziel. Man könnte freilich die Vorschrift erweitern, indes kommen Fälle vor, wo es recht schwierig werden kann, einen reziproken Kräfteplan zu erhalten; der Gewinn, den man durch ihn hätte, steht aber in gar keinem Verhältnis zu der aufgewandten Arbeit, so daß es sich nicht lohnt, von der gegebenen Vorschrift für das Zeichnen eines Cremonaplanes irgendwie abzuweichen. Man wird also die Möglichkeit, daß bei dem nach Vorschrift gezeichneten Kräfteplan in einzelnen Fällen einige Spannungen doppelt auftreten, mit in Kauf nehmen.

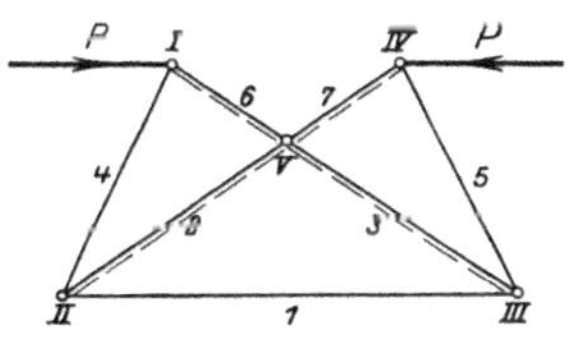

Abb. 276.

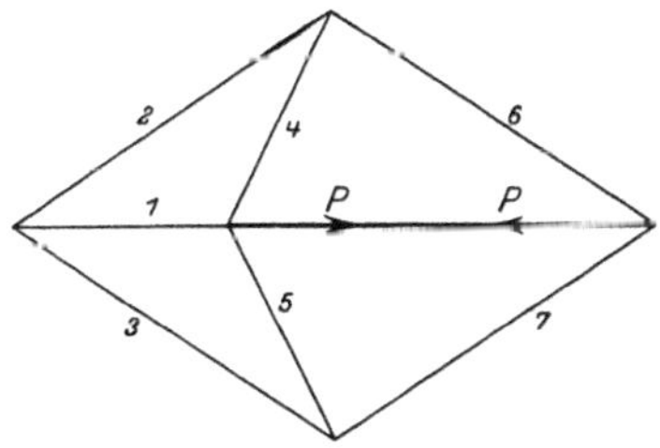

Abb. 277.

Beispiel b) Man zeichne zu dem Stabverband der Abb. 276 den Kräfteplan.

Man beachte, daß im Stabverband sich keine Stäbe mehr kreuzen, der Knoten V ist neu eingeschaltet. Man zeichnet nach der gegebenen Vorschrift den Kräfteplan und erhält ihn als reziproken, s. Abb. 277.

Scheibe und Scheibenaufgabe.

43. Der Druck von nicht unmittelbar am Erdboden angreifenden Lasten wird durch passend ausgeführte Baukonstruktionen, die man Träger oder Tragwerke nennt, zur Erde weitergeleitet. Der Träger kann ebensowohl als einfacher Stab oder Balken, der eine kleine Öffnung überbrückt, wie als schwierigere Konstruktion auftreten. Der Bauingenieur, der ihn meist als Brücke kennt, unterscheidet drei Hauptteile eines Trägers, die Fahrbahntafel oder den Fahrbahnkörper, den eigentlichen oder Hauptträger, auch Primärträger oder Primärkonstruktion genannt, und die Stützen (Widerlager und Pfeiler).

Nur bei den allereinfachsten Tragkonstruktionen greifen die Nutzlasten unmittelbar am Hauptträger an, etwa wenn eine Person über einen Balken geht, der einen Bach überbrückt. Von der gleichen konstruktiven Einfachheit sind auch die im Hochbau verwendeten Träger, die meist ohne besondere Vorkehrungen auf dem Mauerwerk aufliegen. In den praktisch in Frage kommenden Fällen des Brückenbaues werden die Verkehrslasten zunächst vom Fahrbahnkörper aufgenommen. In den einfachsten Fällen, etwa bei einem Steg für Fußgänger, wird der Fahrbahnkörper aus Brettern oder Bohlen bestehen, die unmittelbar auf den Hauptträgern, deren es in der Regel zwei sein werden, aufliegen. Die eigentlichen Träger können einfache hölzerne Balken sein oder Holzkonstruktionen, sie können natürliches oder künstliches Gestein als Konstruktionsmaterial haben, oder Eisen oder Eisen mit Gestein in passender Zusammensetzung usw.

Abb. 278.

Abb. 279.

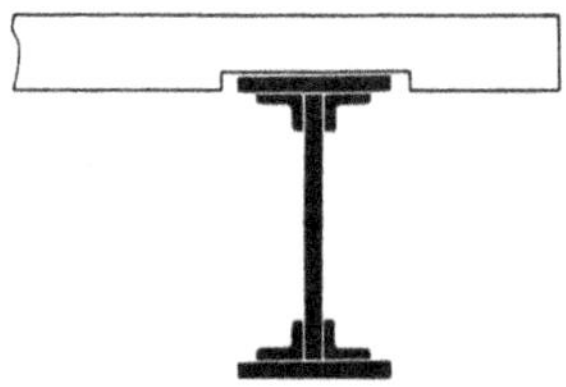
Abb. 280.

Die eisernen Träger können ungeteilten Querschnitt haben, in den einfacheren Fällen, besonders im Hochbau, kommt der I-Träger, sogenannter Doppel-T-Träger, am meisten zur Anwendung, s. Abb. 278; oder ihr Querschnitt ist aus mehreren Einzelteilen zusammengesetzt, s. Abb. 279, aber immer noch so, daß der Träger seiner ganzen Länge nach den Eindruck eines einzigen Stückes zuläßt. Er wird in den einfacheren Fällen ohne besondere Vorrichtungen auf den Stützlagern aufliegen. Bei einer Eisenbahnüberfahrt über eine kleine Öffnung wird der Fahrbahnkörper aus den Schienen und den auf zwei Hauptträgern unmittelbar aufliegenden Schwellen bestehen. Die Hauptträger werden in diesem Fall meist aus mehreren Teilen zusammengenietet sein, so wie Abb. 279 oder 280 andeutet.

Bei Tragkonstruktionen, deren Länge ein gewisses Maß überschreitet, wird der Fahrbahnkörper bestehen aus den auf den Hauptträgern ruhenden Querträgern, und den auf diesen wieder ruhenden kleineren Längsträgern samt Schienen oder Deckung. Beide, Quer- und Längsträger, nennt man wohl auch *Sekundärträger* gegenüber dem *Primärträger* (dieser in Abb. 281 schraffiert eingezeichnet), die ganze Fahrbahnkonstruktion auch Sekundärkonstruktion. Bei Straßenbrücken gehört zu ihr außer den Quer- und Sekundärlängsträgern auch die eigentliche Fahrstraße nebst den Fußwegen und dem Geländer, der notwendigen Verspannung usw.

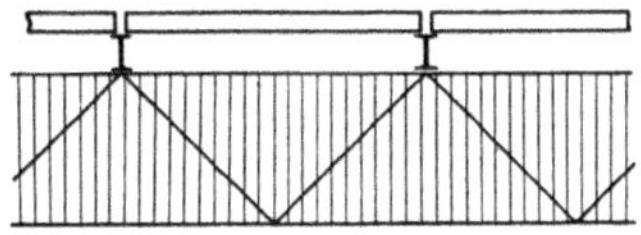
Abb. 281.

Bei größerer Spannweite wird der Träger meist gegliedert sein, wie etwa der an späterer Stelle noch zu besprechende Fachwerkträger, s. Abb. 281; die Auflagerkonstruktionen sind dann gewöhnlich mit größerer Sorgfalt durchgebildet.

Die Definition der Scheibe ist in Nr. **18** gegeben. In der Statik tritt sie als ebener Träger auf; man spricht dann oft auch von einer Tragscheibe. Umfangreichere Tragkonstruktionen kann man in mehrere Scheiben aufteilen, die unter sich durch Stäbe und Gelenke verbunden sind. Wenn man von Trägern oder Tragwerken oder Tragscheiben schlechtweg spricht, meint man natürlich immer den Hauptträger. Die Träger kann man nach verschiedenen Gesichtspunkten besprechen. Einmal hinsichtlich des Materials, wenn man Holz-, Eisen-, Stein-, Eisenbetonträger usw. unterscheidet. Hinsichtlich der Trägerwand unterscheidet man den Vollwandträger gegenüber dem gegliederten Träger.

In statischer Hinsicht teilt man die Träger ein in Balkenträger oder auch kurz Balken genannt, in Bogenträger, meist Bogen genannt (auch Druckbogen und zuweilen auch Sprengbogen) und Hängeträger oder auch Hängebogen oder Zugbogen genannt. Maßgebend für diese Einteilung ist die Auflagerreaktion unter dem Einfluß von Nutzlasten, die lotrecht am Träger angreifen.

Beim Balken werden durch lotrechte Lasten ausschließlich lotrechte Auflagerkräfte hervorgerufen, s. Abb. 254, 255, 285, 286; ohne Einfluß ist die Gestalt; der Träger der Abb. 282 ist beispielsweise ein Balken, wenn er auch die Form eines Bogens hat. [Nach einer anderen Festsetzung heißt Balken auch jeder Träger, der eine feste und eine verschiebbare Stütze hat. Darnach wäre der Träger der Abb. 258 ein Balkenträger, ebenso derjenige der Abb. 340.] Im Maschinenbau tritt der Balken als Achse und Welle auf.

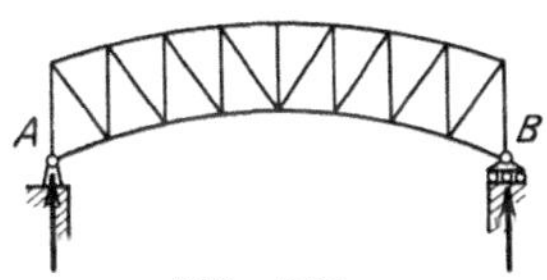

Abb. 282.

Die am Bogenträger angreifenden lotrechten Lasten üben auf die Auflager einen schief nach außen gerichteten Druck aus, die durch die Lasten hervorgerufenen Auflagerkräfte gehen umgekehrt schief nach innen, s. Abb. 283; die am Hängebogen angreifenden lotrechten

Abb. 283.

Lasten suchen die Auflager schief nach innen zu ziehen, die Auflagerkräfte werden als Reaktionen dann schief nach außen gehen, s. Abb. 284.

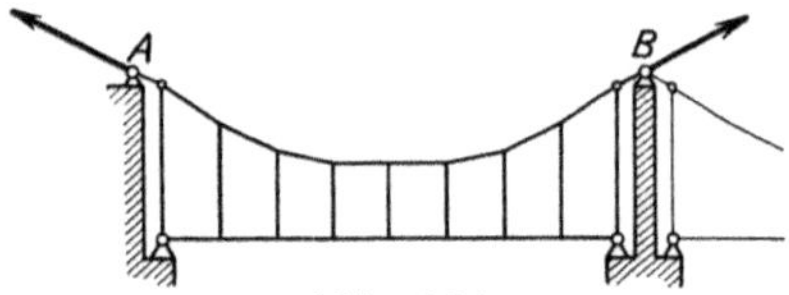

Abb. 284.

Hinsichtlich der Auflagerung und Stützung kann man noch weiter unterscheiden; Abb. 283 stellt den Zweigelenkbogen, Abb. 182 oder 162 den Dreigelenkbogen vor, Abb. 285 einen *durchlaufenden Balken*, der auf mehreren gleichhohen oder nahezu gleichhohen Stützen ruht, Abb. 286 oder 163 einen sogenannten *Gerberträger* oder Gerberschen Gelenkträger, der auch auf mehreren Stützen ruht, aber durch Gelenke geteilt ist.

Abb. 285.

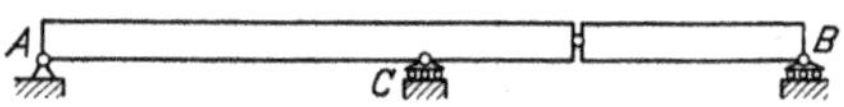

Abb. 286.

Die Auflagerung eines Trägers auf den Stützen ist recht mannigfach. In statischer Hinsicht hat man beim ebenen Träger, bei der Scheibe, zu unterscheiden: das Gleitlager (Abb. 164, 165, 166), das Rollen- oder Walzenlager (Abb. 167, 168) oder Walzkipplager (Abb. 169) oder das mit ihm gleichwertige Pendellager (Abb. 171, 172, 287), alle entsprechend einer Flächenlagerung, bei der also die Richtung der Auflagerkraft bekannt ist, nämlich senkrecht zur Lagerfläche, gegenüber der Lagerung durch ein Achsengelenk (Abb. 173, 174), kurz Gelenklagerung genannt, bei der auch die Richtung der Auflagerkraft unbekannt ist, und der *festen Einspannung*, bei der neben Zahlenwert und Richtung auch die Lage der Stützkraft unbekannt ist.

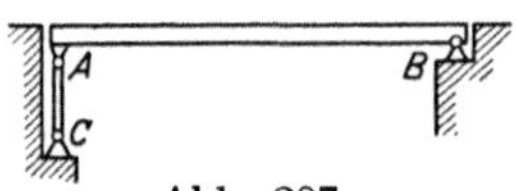

Abb. 287.

Einfache Träger wird man sehr oft ohne besondere Vorkehrungen auf die Stützen lagern und hat damit die Flächenlagerung in ihrer ursprünglichsten Form. Der Auflagerdruck verteilt sich dann auf die ganze Auflagerfläche, man nimmt aber für die Rechnung an, daß er nur an einem einzigen Punkt wirkt, und für diesen gedachten Auflagerpunkt die ungünstigste Lage, etwa das Ende des Balkens oder eine dem Ende benachbarte Stelle, s. Abb. 164. Durch atmosphärische Einflüsse wird zwischen dem Träger und seiner Unterlage eine gewisse Adhäsion entstehen, bei größeren Temperaturänderungen wird sich der Balken auszudehnen oder zusammenzuziehen suchen und dadurch eine Reibung zwischen sich und der Unterlage entstehen lassen; auf diese Adhäsion und Reibung nimmt man aber, als für die statische Rechnung ohne wesentlichen Einfluß, in erster Annäherung keine Rücksicht, setzt vielmehr voraus, daß der Auflagerdruck senkrecht zur gedrückten Fläche ist. Etwas genauer wird die Rechnung im Fall der Abb. 166, wo die Lage des Angriffspunktes der Auflagerkraft genauer angegeben werden kann. Um die durch Temperatureinflüsse hervorgerufenen Längenänderungen und die durch sie hervorgerufenen Adhäsionskräfte und Reibungen auf ein möglichst geringes Maß herabzudrücken, wählt man für das eine Ende des Balkens ein Rollenlager. Die Abb. 167, 168, 169 zeigen deren konstruktive Durchführung. Die Auflagerkraft kann man ohne wesentlichen Fehler als im Mittelpunkt des Rollenlagers senkrecht zur Lagerfläche angreifend voraussetzen. Das Rollenlager wird in statischer Hinsicht ersetzt durch ein Pendellager, s. Abb. 171, 172 und 287. Der Endpunkt A der Pendelstütze AC wird bei Längenänderung des Trägers einen sehr kleinen Kreisbogen um den anderen Endpunkt C beschreiben, dieser kleine Kreisbogen kann in erster Annäherung als ein geradliniges Wegstück in Richtung der Balkenachse betrachtet werden. Auch nach der Längenänderung des Balkens kann man die Pendelstütze noch als lotrechtstehend betrachten.

Durch ein Gelenklager oder kürzer durch ein Gelenk wird ein bestimmter Trägerpunkt gezwungen, an Ort und Stelle zu bleiben, vorausgesetzt, daß dieses Gelenk ihn mit der festen Erde verbindet. Abb. 175 gibt die von uns gebrauchte Darstellungsweise eines solchen Gelenkes, die Abb. 173 und 174 Skizzen für die praktisch durchgeführte Konstruktion.

Im Gelenk wird natürlich Reibung auftreten, durch die atmosphärischen Einflüsse auch mehr oder minder große Adhäsionserscheinungen; beide kann man durch passend gewähltes Material, in letzter Linie auch durch Schmierung verringern. Für die statische Berechnung setzt man in erster Annäherung voraus, daß im Gelenk weder Reibung noch Adhäsionserscheinungen auftreten; in zweiter Annäherung kann man diese Erscheinungen noch berücksichtigen (die durch sie im Träger hervorgerufenen Spannungen zählt man zu den Neben- oder Sekundärspannungen).

Von einem anderen Standpunkt aus unterscheidet man die Träger als statisch bestimmt und statisch unbestimmt. Die statische Unbestimmtheit, d. h. die Unmöglichkeit, gesuchte Kräfte mit den Gesetzen der Statik starrer Körper zu finden, kann sich entweder nur auf die Tragscheibe als solche erstrecken, d. h. die Aufgabe, die an der Scheibe angreifenden äußeren Kräfte zu ermitteln, ist statisch bestimmt, und nur die Ermittlung der im Innern der Scheibe angreifenden Kräfte bildet eine statisch unbestimmte Aufgabe, dann nennt man den Träger statisch bestimmt hinsichlich der Auflagerkräfte und statisch unbestimmt hinsichtlich der im Innern der Scheibe auftretenden Kräfte oder wohl auch einen innerlich statisch unbestimmten Träger. Ihm gegenüber steht der hinsichtlich der Auflagerkräfte statisch unbestimmte Träger, der entsprechend als äußerlich statisch unbestimmt zu bezeichnen wäre.

44. Als Scheibenaufgabe sei jede statisch bestimmte oder statisch unbestimmte Aufgabe bezeichnet, welche die an einer Scheibe angreifenden unbekannten äußeren Kräfte ermitteln soll. Meist sind das die Auflagerkräfte.

Die Scheibe hat drei Freiheitsgrade. Um sie in der Ebene festzuhalten, muß man ihr also drei Auflagerungen oder Führungen geben. Das kann auf verschiedene Weise erfolgen, etwa indem man sie nach Abb. 288 durch drei Stäbe in der Ebene festhält; oder nach Abb. 394 durch zwei Stäbe und ein Rollenlager; oder nach Abb. 294 durch einen Stab und ein Achsenlager (Gelenk); oder nach Abb. 178 oder 282 durch ein Flächen- und ein Gelenklager; oder nach Abb. 345 durch zwei Flächenlager und ein einen Stab ersetzendes Seil usw.

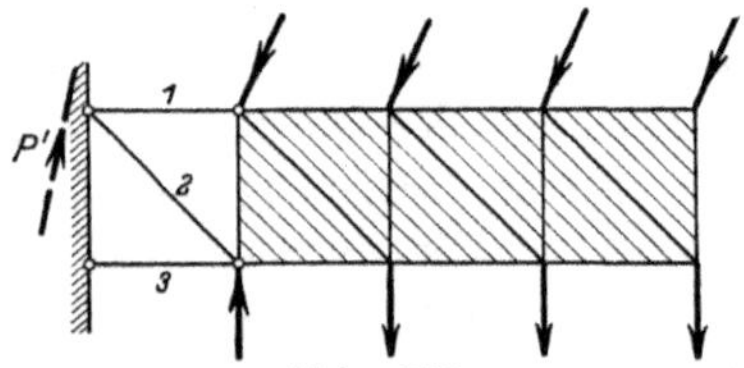

Abb. 288.

Ist eine Scheibe im Gleichgewicht, so kann man entsprechend der Zahl ihrer Freiheitsgrade drei Gleichgewichtsbedingungen aufstellen und daraus die Zahlenwerte von drei unbekannten äußeren Kräften ermitteln. Die Scheibenaufgabe ist also statisch bestimmt, wenn von den angreifenden äußeren Kräften nur drei unbekannt sind. Im Fall der Abb. 288 sind das die drei Stabspannungen S_1, S_2, S_3; im Fall der Abb. 394 die Stabspannungen S_1 und S_2 und der Zahlenwert des Auflagerdruckes bei A, dessen Richtung ja bekannt ist; im Fall der Abb. 294 die Stabspannung S_1 und der Zahlenwert A sowie die Richtung $\operatorname{tg}\varphi$ des Auflagerdruckes bei A (oder die beiden Komponenten H und V des Auflagerdruckes in senkrechter und wagrechter Richtung); im Fall der Abb. 340 bzw. 178 der Zahlenwert des Auflagerdruckes bei C und Zahlenwert sowie Richtung des Gelenkdruckes bei B (oder die beiden Komponenten des Gelenkdruckes); im Fall der Abb. 345 der Zahlenwert der Auflagerdrücke bei A und B sowie die Seilspannung S.

Eine Lösung der statisch bestimmten Scheibenaufgabe erhält man nach (**35** e) stets, wenn man zwei Gleichgewichtsbedingungen gegen Verschiebung und eine Gleichgewichtsbedingung gegen Drehung um eine zur Scheibenebene senkrechte Achse aufstellt; in analytischer Form

$$\Sigma X = 0, \quad \Sigma Y = 0, \quad \Sigma M = 0. \tag{a}$$

Dieses Lösungsverfahren wird freilich in den meisten speziellen Fällen durch einfachere Verfahren zu ersetzen sein, wie gleich unten durch die einzelnen Beispiele angegeben wird.

Recht häufig ist die Aufgabe zu lösen: an einem Stab greift ein Gleichgewichtssystem senkrechter Kräfte an, von denen zwei unbekannt sind; diese sind zu ermitteln. Man beachte, daß man nur zwei Unbekannte hat und für sie drei Gleichgewichtsbedingungen, daß also die Unbekannten scheinbar überbestimmt sind. Scheinbar, denn von den drei Gleichgewichtsbedingungen (a) wird die Gleichung $\Sigma X = 0$ identisch Null, wenn man die Stabrichtung als x-Richtung wählt. In dieser Richtung leistet nämlich keine der angreifenden Kräfte einen Beitrag, weil sie alle zu ihr senkrecht stehen.

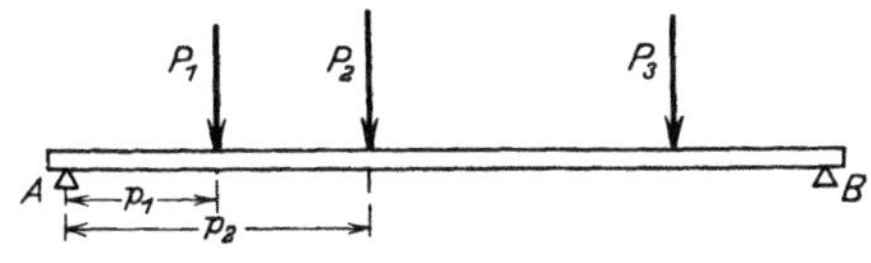

Abb. 289.

Diese Gleichgewichtsbedingung wird demnach identisch Null, $0 = 0$, es verbleiben für die Ermittlung der Auflagerkräfte, denn das werden die Unbekannten im praktischen Fall sein, nur mehr die beiden Gleichungen $\Sigma Y = 0$ und $\Sigma M = 0$; für den Fall der Abb. 289, wenn man bei der Momentengleichung den Auflagerpunkt B als Momentenpunkt wählt,

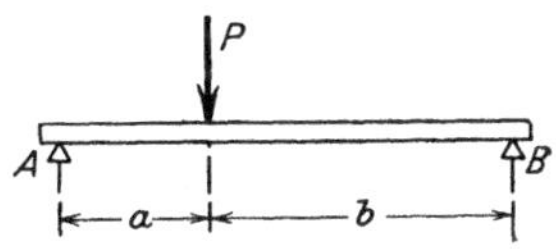

Abb. 290.

$$-P_1 - P_2 - \ldots - P_n + A + B = 0$$

und

$$-P_1(l - p_1) - P_2(l - p_2) - \ldots - P_n(l - p_n) + Al = 0$$

oder in kürzerer Schreibweise

$$A + B = \Sigma P \quad \text{und} \quad Al = \Sigma P(l - p). \tag{b}$$

Im speziellen Fall, wenn nur eine Nutzlast am Balken angreift, s. Abb. 290, erhält man

$$A = P\frac{b}{a+b}, \quad B = P\frac{a}{a+b} \quad \text{oder} \quad A : B = b : a \tag{c}$$

In der Elementarmechanik nennt man diese Formel H e b e l g e s e t z:

Es verhalten sich die beiden Auflagerkräfte A und B umgekehrt wie ihre Abstände vom Angriffspunkt der Nutzlast. (d)

Damit ist auch gleichzeitig angegeben, daß die größere Auflagerkraft der Nutzlast näher liegt.

Entsprechend findet man auch die **Resultante von zwei parallelen Kräften:**

> sie ist den gegebenen Kräften parallel und gleich ihrer Summe und teilt ihren Abstand im umgekehrten Verhältnis ihrer Zahlenwerte. (e)

Natürlich liegt sie der größeren Kraft näher.

Beispiel a) Man ermittle die Resultierende der beiden Kräfte der Abb. 291. $P_1 = 1000$ kg, $P_2 = 3000$ kg.

Es ist $R = P_1 + P_2 = 4000$ kg. R teilt den Abstand 6 m der beiden Kräfte im Verhältnis $P_2 : P_1 = 3 : 1$, hat also von P_1 den Abstand 4,5 m und von P_2 den Abstand 1,5 m.

Beispiel b) Man löse die gleiche Aufgabe unter der Voraussetzung, daß P_1 entgegengesetzt gerichtet ist wie in Abb. 291 angegeben.

Will man den verschiedenen Richtungssinn der beiden Kräfte berücksichtigen, so wird man passend $P_1 = +1000$ kg und $P_2 = -3000$ kg setzen. Dann erhält die Resultierende R' den Wert -2000 kg, geht also nach abwärts. Sie liegt näher der größeren Kraft P_2, aber außerhalb des durch die beiden Kräfte bestimmten Raumes. Ihre Abstände von P_1 und P_2 verhalten sich wieder wie $3:1$, also

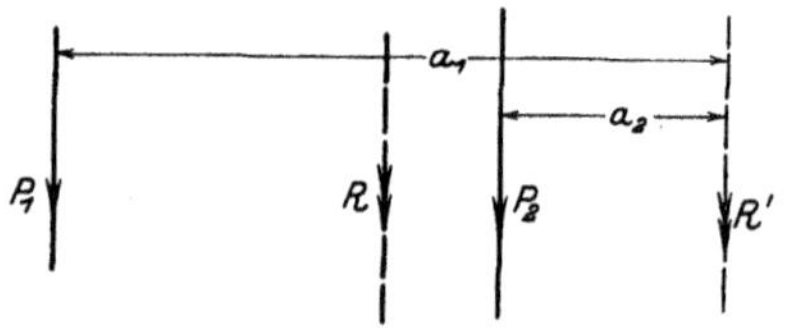

Abb. 291. L. M. 1 : 200.

$$a_1 : a_2 = 3 : 1 \quad \text{oder} \quad (6\,m + a_2) : a_2 = 3 : 1,$$

woraus sich $a_2 = 3\,m$ und $a_1 = 9\,m$ ergibt.

Beispiel c) Man löse Beisp. 39a) analytisch.

Es ist $R = \Sigma P = 6000$ kg $= 6$ t. Den Abstand r der Resultierenden vom linken Auflagerpunkt A ermittelt der Momentensatz für A als Momentenpunkt,

$$R r = P_1 a + P_2 \cdot 2a + P_3 \cdot 3{,}5\,a,$$

wo $a = 1\,m$. Nach Einsetzen der Werte für R und die P ergibt sich $r = \frac{7}{3}a$.

Die Auflagerkräfte A und B liefert Formel (b):

$$A + B = 6\,t, \quad A \cdot 4\,a = P_1 \cdot 3\,a + P_2 \cdot 2\,a + P_3 \cdot 0{,}5\,a$$

oder

$$A = 2500\,\text{kg}, \quad B = 3500\,\text{kg}.$$

Als Kontrolle kann dienen, daß R mit A und B im Gleichgewicht ist, von beiden also Abstände haben muß, die sich wie

2,5 : 3,5 oder wie 5 : 7 verhalten, was tatsächlich zutrifft. Siehe auch Abb. 254.

Beispiel d) Man löse Beisp. 39b) analytisch.

Mit Beachtung des verschiedenen Richtungssinnes der Nutzlasten erhält man $R = 2000$ kg $= 2\,t$ nach abwärts. Der Momentensatz für den linken Auflagerpunkt A als Momentenpunkt liefert den Abstand r der Resultierenden vom linken Auflager,

$$Rr = 2t \cdot 2a - 1t \cdot a + 2t \cdot a + 1t \cdot 2a,$$

wo $a = 1\,m$. Man setzt die bekannten Werte der P und R ein und erhält $r = 3{,}5\,a$, s. Abb. 255. Die Auflagerkräfte gibt Formel (b):

$$A + B = 2t, \quad A \cdot 3a = -2t \cdot 5a + 1t \cdot 4a + 2t \cdot 2a + 1t \cdot a$$

oder $A = -\frac{1}{3}t$, $B = +2\frac{1}{3}t$, d. h. A geht nach abwärts und ist sonach ein Auflagerzug.

Aufgabe a) Den drei am Balken der Abb. 292 angreifenden Kräften $P_1 = 4t$, $P_2 = 3t$, $P_3 = 2t$ soll durch eine einzige Kraft P Gleichgewicht gehalten werden. Gesucht ist deren Zahlenwert, Lage und Richtung.

Lösung: $P = 9t$ nach oben im Abstand p vom linken Auflager. p ergibt sich aus der Momentengleichung für A als Momentenpunkt,

$$4t \cdot 0 + 3t \cdot 2m + 2t \cdot 3m - 9t \cdot p = 0 \quad \text{oder} \quad p = \tfrac{4}{3}m.$$

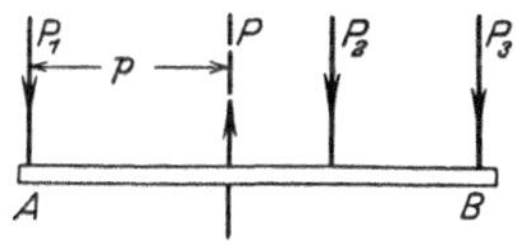

Abb. 292. L. M. 1 : 100.

Aufgabe b) Drei Zimmerleute tragen einen schweren Balken so, daß jeder die gleiche Last hebt. Wie machen sie das am einfachsten?

Lösung. Ein Mann trägt am äußeren Ende A, die beiden andern legen in einem noch zu bestimmenden Abstand a vom andern Ende einen Stab unter und tragen an seinen Enden C und D, s. Abb. 293. Das Balkengewicht Q greift im Mittelpunkt M an, die drei Auflagerkräfte sind je $\frac{1}{3}Q$, die Kräfte bei C und D haben eine Resultante $\frac{2}{3}Q$ in der Stabmitte B. Dann ist nach dem Hebelgesetz $AM : MB = 2 : 1$ und sonach $a = \frac{1}{4}l$.

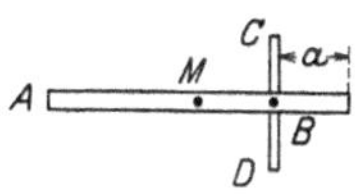

Abb. 293.

45. Statisch bestimmt tritt die Scheibenaufgabe in den nachfolgenden Formen auf, wenn man mit P die Resultierende sämtlicher bekannter Kräfte an der Scheibe bezeichnet.

I. P ist im Gleichgewicht mit einer einzigen nach Lage, Richtung und Zahlenwert unbekannten Kraft P'.

In diesem Fall muß P' entgegengesetzt gleich sein mit P. Man kann beispielsweise fragen, welchen Auflagerdruck P' der Träger der Abb. 288 erfährt; die Resultante P der an der Scheibe angreifenden

Nutzlasten muß dieser gesuchten Auflagerkraft P' entgegengesetzt gleich sein und in der nämlichen Geraden liegen.

II. P ist im Gleichgewicht mit zwei unbekannten äußeren Kräften P_1 und P_2; von P_1 kennt man die Richtung und den Angriffspunkt, von P_2 nur den Angriffspunkt.

Die Lösung erfolgt in praktischen Fällen am einfachsten graphisch mit dem Dreikräftesatz; die Richtung von P_2 ist bestimmt dadurch, daß P, P_1 und P_2 sich im nämlichen Punkt schneiden müssen, d. h. P_2 durch den Schnittpunkt von P und P_1 hindurchgeht.

Beispiel a) Man ermittle die Auflagerkräfte an der Scheibe der Abb. 294.

Die Nutzlast P, die Stabspannung S_1 und der Gelenkdruck A müssen sich im nämlichen Punkt schneiden, also im Schnitt von P und S_1. Man erhält so die Richtung von A und dann mit einem einfachen Krafteck

$$\mathfrak{P} + \mathfrak{A} + \mathfrak{S}_1 = 0$$

die Zahlenwerte S_1 und H, s. Abb. 295.

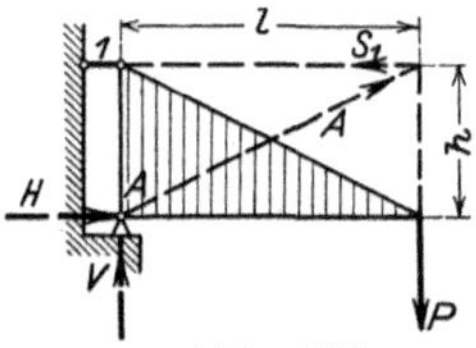

Abb. 294.

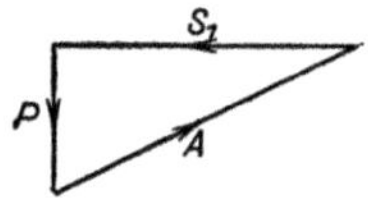

Abb. 295.

Wäre aus irgendwelchen Gründen eine analytische Lösung vorgeschrieben, so könnte man A in zwei Komponenten H und V nach rechts und oben zerlegen und die drei Gleichgewichtsbedingungen (**44** a) anschreiben (man beginne immer mit den bekannten Kräften),

$$H - S_1 = 0, \quad -P + V = 0, \quad P \cdot l - S_1 \cdot h = 0.$$

Die Momentenachse hat man senkrecht zur Scheibe durch A gelegt. Man findet so

$$S = P\frac{l}{h}, \quad H = P\frac{l}{h}, \quad V = P \quad \text{oder} \quad A = \sqrt{H^2 + V^2} = \frac{P}{h}\sqrt{l^2 + h^2}.$$

III. P ist im Gleichgewicht mit drei nach Lage und Richtung gegebenen Kräften P_1, P_2, P_3.

Rein analytisch kommt man immer zum Ziel, wenn man die drei Gleichungen (**44** a) anschreibt. Den Momentenpunkt O (oder genauer die durch O gehende Momentenachse senkrecht zur Scheibe) kann man natürlich wählen wie man will; die Lösung wird aber wesentlich einfacher, wenn man den Schnittpunkt von zwei unbekannten Kräften als Momentenpunkt wählt. Zu empfehlen ist die rein analytische Lösung nur, wenn die an der Scheibe angreifenden Kräfte recht günstige Lage gegenüber zwei noch auszuwählenden Richtungen haben, weil man ja mit den Projektionen der Kräfte auf die ausgewählten Richtungen rechnen muß.

Rein analytisch kann man auch mit alleiniger Anwendung des zweiten Hauptsatzes zum Ziel kommen (Momentenmethode). Man wählt den Schnittpunkt von P_1 und P_2 als Momentenpunkt O und schreibt für O die Momentengleichung an, in die P_3 als einzige Unbekannte eintritt und so recht einfach ermittelt werden kann. Genau so findet man P_1 und P_2. Auch diese rein analytische Lösung empfiehlt sich nur bei günstiger Lage der an der Scheibe angreifenden Kräfte.

In den meisten Fällen wendet man mit Vorteil eine analytisch-graphische Lösung an, indem man eine der unbekannten Kräfte nach der eben angegebenen Momentenmethode ermittelt, die beiden anderen dann nach dem Resultantensatz mit einem Krafteck.

Eine rein graphische Lösung (meist nach Culmann) wird sich dann empfehlen, wenn die an der Scheibe angreifenden Kräfte und insbesonders die Unbekannten P_1, P_2, P_3 ganz allgemeine Lage haben. Man wendet zweimal den Dreikräftesatz an, indem man für zwei der Unbekannten eine Resultante einführt. Die Formeln

$$\mathfrak{P} \mathbin{\widehat{+}} \mathfrak{P}_1 \mathbin{\widehat{+}} \mathfrak{P}_2 \mathbin{\widehat{+}} \mathfrak{P}_3 = 0 \quad \text{bzw.} \quad \begin{array}{ll} \mathfrak{P} \mathbin{\widehat{+}} \mathfrak{P}_1 \mathbin{\widehat{+}} \mathfrak{R} = 0 & (\alpha) \\ \mathfrak{R} = \mathfrak{P}_2 \mathbin{\widehat{+}} \mathfrak{P}_3 & (\beta) \end{array} \qquad \text{(a)}$$

geben eine Vorschrift für den Gang der Lösung. Um nämlich den Dreikräftesatz anwenden zu können, wird man zwei der Unbekannten, etwa P_2 und P_3, durch eine zunächst gleichfalls unbekannte Resul-

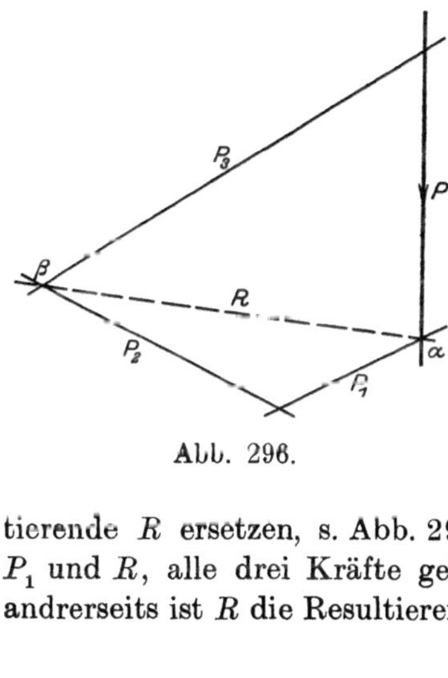

Abb. 296.

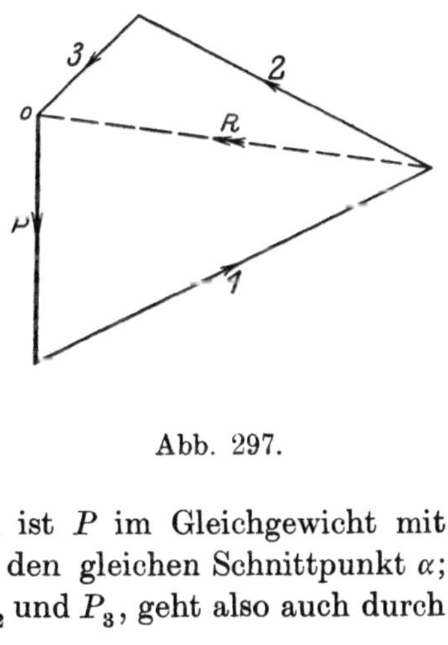

Abb. 297.

tierende R ersetzen, s. Abb. 296. Dann ist P im Gleichgewicht mit P_1 und R, alle drei Kräfte gehen durch den gleichen Schnittpunkt α; andrerseits ist R die Resultierende von P_2 und P_3, geht also auch durch deren Schnittpunkt β. R muß demnach sowohl durch den Schnittpunkt α von P und P_1 gehen wie auch durch denjenigen β von P_2 und P_3; damit ist die Lage und Richtung von R bekannt. Nun drückt man zunächst die erste Gleichung (α) durch ein Krafteck aus und gewinnt aus ihm P_1 und R, alsdann auch die zweite Gleichung (β), die P_2 und P_3 liefert, s. Abb. 297.

Beispiel b) An der Scheibe der Abb. 298 greifen die vier Kräfte A, B, C, D an, von denen $D = 1000$ kg bekannt ist. Man ermittle von den übrigen dreien zunächst mit Hilfe allgemeiner Überlegungen den Richtungssinn, alsdann den Zahlenwert nach verschiedenen Methoden.

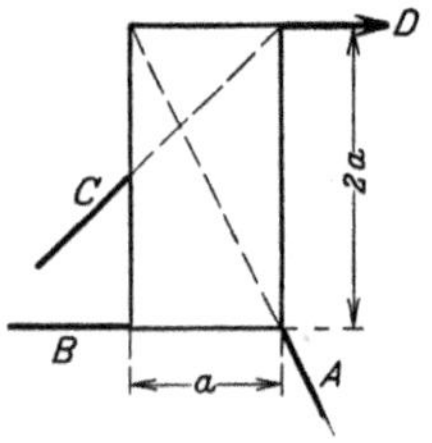

Abb. 298.

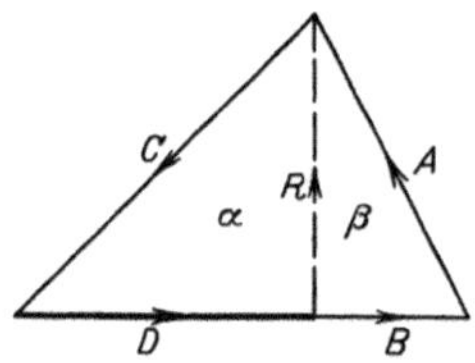

Abb. 299.

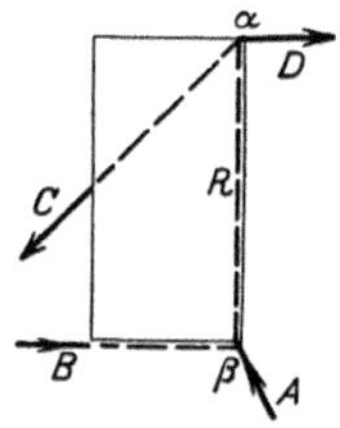

Abb. 300.

Es wäre nicht notwendig, den Richtungssinn der unbekannten Kräfte eigens zu ermitteln; man nimmt ihn gewöhnlich im voraus ganz beliebig an, am einfachsten, um ein Schema zu haben, wohl so, daß alle Pfeile von der Scheibe weggehen; wären die gesuchten Kräfte Stabspannungen, so hätte man sie durch die willkürliche Wahl des Richtungssinnes als Zugspannungen angenommen. Man weiß, daß bei der endgültigen Lösung ein „+“ für den gefundenen Zahlenwert bedeutet, der Richtungssinn war richtig angenommen, und ein „—“, er war falsch. Kann man aber im voraus den Richtungssinn der Unbekannten schon ermitteln, so werden bei der schließlichen Lösung die Zahlenwerte der gesuchten Kräfte natürlich alle mit dem „+“ versehen erscheinen, was als Kontrolle dienen kann.

Im vorliegenden Fall denke man sich einmal die Scheibe um den Schnittpunkt von A und B drehbar; dann würde D rechtsum drehen, also muß C wegen des bestehenden Gleichgewichtes linksum drehen; der Pfeil von C geht somit nach abwärts. Wäre der Schnittpunkt von B und C ein Drehpunkt, so würde D wieder rechtsum drehen, also A linksum, sein Pfeil geht nach oben. Ebenso findet man, daß der Pfeil von B nach rechts geht.

1. Am schnellsten ermittelt man die unbekannten Kräfte analytisch-graphisch. Man wählt den Schnittpunkt von A und B als

Drehpunkt und schreibt für ihn die Momentengleichung an. A und B leisten keinen Beitrag, nur C und D; es gilt

$$+D\cdot 2a - C\cdot a\sqrt{2} = 0 \quad \text{oder} \quad C = D\sqrt{2} = 1414 \text{ kg}.$$

A und B ermittelt man mit einem Krafteck $\mathfrak{C} + \mathfrak{D} + \mathfrak{B} + \mathfrak{A} = 0$, so wie Abb. 299 zeigt; ihr entnimmt man mit Hilfe des Kräftemaßstabes 1 mm $=$ 50 kg, daß $A = 1120$ kg, $B = 500$ kg.

2. Rein graphisch führt man für die Kräfte A und B eine Resultante R ein, die also durch deren Schnittpunkt β geht, s. Abb. 300. Da R mit C und D im Gleichgewicht ist, muß sie auch durch den Schnittpunkt α von C und D gehen. Damit ist Lage und Richtung von R bekannt. Ein erstes Krafteck $\mathfrak{D} + \mathfrak{R} + \mathfrak{C} = 0$ ergibt den Zahlenwert von C und R, ein zweites $\mathfrak{R} = \mathfrak{B} + \mathfrak{A}$ denjenigen von A und B, s. Abb. 299.

3. Rein analytisch wird man die Gleichungen (**44** a) aufstellen; es muß in wagrechter Richtung (x-Richtung) die Summe aller Beiträge Null sein, ebenso in lotrechter (y-Richtung), und ferner Gleichgewicht gegen Drehung um den Punkt β der Abb. 300.

$$D - A\frac{1}{\sqrt{5}} + B - C\frac{1}{\sqrt{2}} = 0, \qquad 0 + A\frac{2}{\sqrt{5}} + 0 - C\frac{1}{\sqrt{2}} = 0,$$

$$D\cdot 2a + A\cdot 0 + B\cdot 0 - C\cdot a\sqrt{2} = 0,$$

woraus sich $C = D\sqrt{2}$, $B = 0{,}5\,D$, $A = 0{,}5\,D\sqrt{5}$ ergibt.

Beispiel c) Wie gestaltet sich im Fall III die Lösung, wenn die gesuchten drei Kräfte P_1, P_2, P_3 parallel sind?

Wenn P ihnen nicht parallel ist, hat man den Ausnahmefall; ist aber P parallel, dann ist die Aufgabe statisch unbestimmt, weil von den drei Scheibengleichungen (**44** a) die eine identisch Null wird und somit nur zwei Gleichungen zur Bestimmung der Unbekannten P_1, P_2, P_3 übrigbleiben.

Aufgabe a) Das Gewicht des Stabes AB greift im Punkt C an, wo $AC = 2\cdot CB$. Kann der Stab an der durch Abb. 301 gegebenen Stelle auf dem reibungsfrei vorausgesetzten Kreisbogen im Gleichgewicht sein? Man ermittle seine Gleichgewichtslage auf dem Bogen.

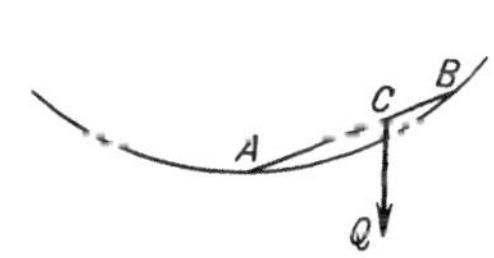

Abb. 301.

Lösung: An dem Stab greifen an: Gewicht Q, Auflagerdrücke A und B senkrecht zum Kreisbogen, also zum Kreismittelpunkt hin gerichtet. Q, A, B müssen durch den gleichen Punkt gehen, was bei der gegebenen Lage unmöglich. Da A und B stets zum Kreismittelpunkt gerichtet sind, muß auch Q durch diesen Punkt gehen und sonach C bei der Gleichgewichtslage genau lotrecht unter ihm liegen.

Aufgabe b) Vier nicht im gleichen Punkt angreifende Kräfte P_1, P_2, P_3, P_4 sind im Gleichgewicht. P_1 und P_2 sind vollständig bekannt, von P_3

ist nur der Zahlenwert unbekannt, von P_4 kennt man nur die Richtung, Zahlenwert und Lage sind unbekannt. Gesucht P_3 und P_4.

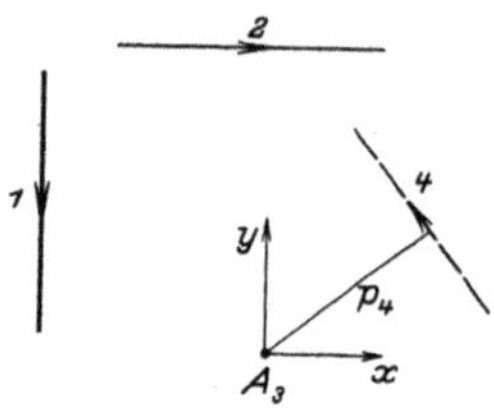

Abb. 302.

Lösung: Man ermittelt graphisch die Resultierende R von P_1 und P_2. Dann müssen R, P_3, P_4 im Gleichgewicht sein und sich somit im gleichen Punkt schneiden. P_4 muß also durch den Schnittpunkt von R und P_3 gehen. Die Zahlenwerte P_3, P_4 ergibt ein Kraftecks

$$\mathfrak{P}_1 + \mathfrak{P}_2 + \mathfrak{P}_3 + \mathfrak{P}_4 = 0 .$$

Aufgabe c) Wie gestaltet sich die Lösung der vorangehenden Aufgabe, wenn gegeben ist: von P_1 Angriffspunkt, Richtung und Zahlenwert $3\,t$, von P_2 Angriffspunkt und Richtung, von P_3 Angriffspunkt A_3 und Zahlenwert $\sqrt{2}\,t$, von P_4 Richtung und Zahlenwert $5\,t$, s. Abb. 302.

Lösung: Man rechnet analytisch und führt als Unbekannte ein: den Zahlenwert P_2, die Richtung $\operatorname{tg}\varphi_3$ von P_3 und den Abstand p_4 der Kraft P_4 von A_3. Die drei Scheibengleichungen

$$P_2 + \sqrt{2}\cos\varphi_3 - 3 = 0, \quad -3 + \sqrt{2}\sin\varphi_3 + 4 = 0, \quad -18 + 8P_2 - 5p_4 = 0$$

liefern zwei Lösungen (P_3 geht jedesmal nach abwärts)

$$1)\quad P_2 = 2\,t, \quad \operatorname{tg}\varphi_3 = -1, \quad p_4 = -0{,}4\,m;$$

$$2)\quad P_2 = 4\,t, \quad \operatorname{tg}\varphi_3 = +1, \quad p_4 = 2{,}8\,m.$$

46. Gegeben sei eine Scheibe: Durch ihre Ebene wird aus der festen Erde eine feste Scheibe ausgeschnitten, der gegenüber die gegebene Scheibe drei Freiheitsgrade hat. Um sie mit dieser festen Erdscheibe zu verbinden, in dieser festzuhalten, muß man ihr drei Führungen oder Auflagerungen geben. Auch gegenüber jeder andern Scheibe der gleichen Ebene hat sie drei Freiheitsgrade, weil man sich diese andere Scheibe ja immer fest vorstellen kann. Um somit Scheibe II gegen Scheibe I festzuhalten, s. Abb. 303, muß man ihr drei Auflagerungen oder Führungen gegenüber dieser festen Scheibe I geben; und zwar entweder drei Flächenführungen oder eine Flächenführung mit einer Gelenkführung. Eine Flächenführung ist dann gegeben, wenn durch eine passende Vorrichtung ein Punkt der Scheibe II gezwungen ist, sich auf einer gegenüber der Scheibe I festen Kurve zu bewegen.

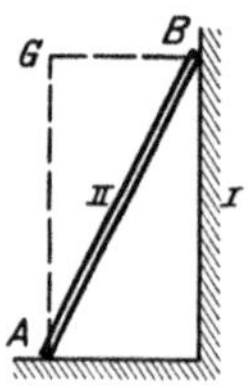

Abb. 303.

Beispielsweise sei der Stab AB der Abb. 303 gezwungen, in der Ebene der Abbildung mit seinen Endpunkten A und B immer auf der wagrechten bzw. lotrechten Wand zu gleiten, dann sind diese beiden Wände Flächenlagerungen oder Flächenführungen für die Punkte A und B. Durch diese zwei Führungen hat man der Stange zwei von ihren drei Freiheitsgraden genommen, sie hat nur mehr einen einzigen. Der Fall der Pendelführung, gleichwertig einer Flächenführung, ist durch Abb. 304 veranschaulicht. Der Punkt A der Scheibe II ist durch die gegebene Verbindung gezwungen, sich auf einem Kreisbogen um den Punkt A' zu bewegen, also auf einer gegenüber der Scheibe I festen Kurve; man kann auch sagen, er „pendelt" auf dem Kreisbogen. Wenn der von A zurückgelegte Weg nur sehr klein ist, dann ist man in erster Annäherung berechtigt, den Kreisbogen zu ersetzen durch ein geradliniges Wegstück, das senkrecht steht zum Stab, zur Pendelstütze AA'. Die Scheibe II hat gegenüber der Scheibe I nur mehr einen einzigen Freiheitsgrad, weil sie gegen dieselbe durch zwei Flächenführungen in A und B gestützt ist. Aus dieser Betrachtung sieht man, daß eine Pendelstützung oder Stabführung gleichwertig ist einer Flächenführung.

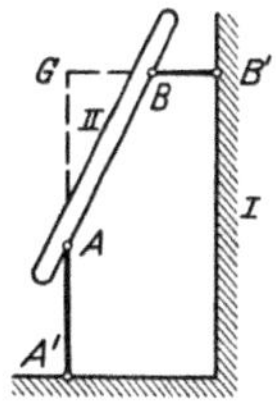

Abb. 304.

Eine Gelenkführung ist dann gegeben, wenn durch eine passende Vorrichtung ein Punkt der Scheibe II gegenüber der Scheibe I festgehalten ist, s. Abb. 305a und 305b. Die Scheibe II hat dann nur mehr einen einzigen Freiheitsgrad, jeder ihrer Punkte kann in den Fällen der Abb. 305a und 305b nur mehr einen Kreisbogen um den Punkt A beschreiben. In statischer Hinsicht wird also eine Gelenkführung durch zwei Stäbe oder allgemein zwei Flächenlagerungen ersetzt.

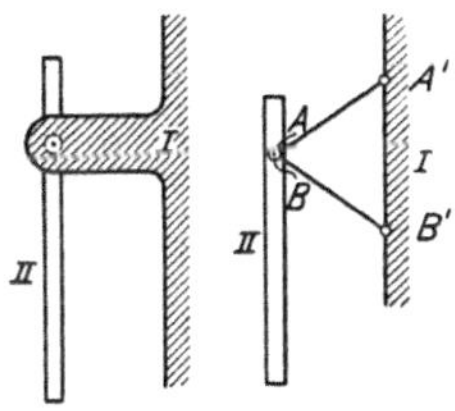

Abb. 305a und b.

Wenn es sich nur um sehr kleine Wege handelt, kann man den vom Punkt A der Abb. 304 zurückgelegten Kreisbogen in erster Annäherung als ein geradliniges Wegstück betrachten und deswegen auch als ein Stück des Kreises um den Punkt G, der in der Verlängerung $A'A$ liegt. Genau so überlegt man: Der bei der augenblicklichen Stellung von B zurückgelegte sehr kleine Weg kann in erster Annäherung betrachtet werden als ein Kreisbogen um den Punkt G, der in der Verlängerung $B'B$ liegt. Die Bewegung der Scheibe II aus der augenblicklichen Stellung kommt also in erster Annäherung, und soweit es sich nur um einen sehr kleinen Weg handelt, einer Drehung gleich um den Punkt G, den man als zur Scheibe I gehörig betrachten darf. Für diese augenblickliche Bewegung verhält sich also Punkt G genau so wie ein Gelenk, man nennt ihn aus diesem Grund ein virtuelles Gelenk (nach Föppl „imaginäres Gelenk"). Man beachte aber wohl, daß diese Betrachtung nur in statischer Hinsicht gilt und nicht auch in dynamischer; in den praktischen Fällen der Statik kommen aber Bewegungen der untersuchten statischen Gebilde überhaupt nicht vor oder nur sehr kleine durch Formänderungen hervorgerufene.

In statischer Hinsicht ersetzt also bei der Scheibe eine wirkliche oder gedachte Gelenkführung (reelles oder virtuelles Gelenk) immer zwei Flächenführungen. Denn die gleiche Betrachtung kann man natürlich auch auf die Scheibenverbindung der Abb. 303 anwenden, wo die Punkte A und B bei der augenblicklichen Stellung Wege zurücklegen, die in erster Annäherung als Kreisbögen um den Punkt G angesehen werden können, wenn sie sehr klein sind. Die vorausgehenden Entwicklungen faßt man zusammen:

> Zwei Scheiben werden durch drei Stäbe oder einen Stab und eine Gelenkführung (bis auf den Ausnahmefall) starr miteinander verbunden; der Verbindung zweier Scheiben durch einen Stab ist gleichwertig die Flächenführung; die Verbindung zweier Scheiben durch zwei Stäbe liefert ein reelles oder virtuelles Gelenk. (a)

Der Ausnahmefall ist näher zu untersuchen. Für die Scheibenverbindung der Abb. 306 (wie bei Abb. 303 denke man sich nur die Punkte A und B auf der wagrechten bzw. lotrechten Ebene geführt) ist in der augenblicklichen Stellung der Punkt G ein virtuelles Gelenk. Bei der Bewegung der Scheibe aus ihrer augenblicklichen Stellung wird in erster Annäherung, und soweit es sich nur um sehr kleine Wege handelt, jeder Punkt U der Scheibe II ein Wegstück g zurücklegen, das senkrecht steht zum Radius GU. In der Abbildung sind solche Wegstücke stark ausgezogen eingezeichnet. Würde man den Punkt U durch einen Stab mit dem Punkt M verbinden, so müßte er, falls er nicht der Scheibe II angehören würde, im nächsten Augenblick einen Weg m zurücklegen, der senkrecht steht zum Radius MU. Da er aber gleichzeitig als Punkt der Scheibe II gezwungen ist, auf ihr zu bleiben und deswegen im nächsten Augenblick einen Weg g senkrecht zu GU zurückzulegen, so muß er in Ruhe bleiben. Die Scheibe II ist durch die beiden Flächenführungen bei A und B und die Stabverbindung MU starr mit der Scheibe I verbunden. Wesentlich anders aber gestaltet sich die Verbindung der beiden Scheiben, wenn man den Stab $M'U$ wählt, wo $M'UG$ eine Gerade ist. Würde Punkt U nicht der Scheibe II angehören, so würde er als Punkt des Stabes $M'U$ einen Weg zurücklegen, der bei der augenblicklichen Stellung senkrecht steht zum Radius $M'U$ und damit auch zum Radius GU. Den gleichen Weg würde er aber auch als Punkt der Scheibe II zurücklegen, d. h. die

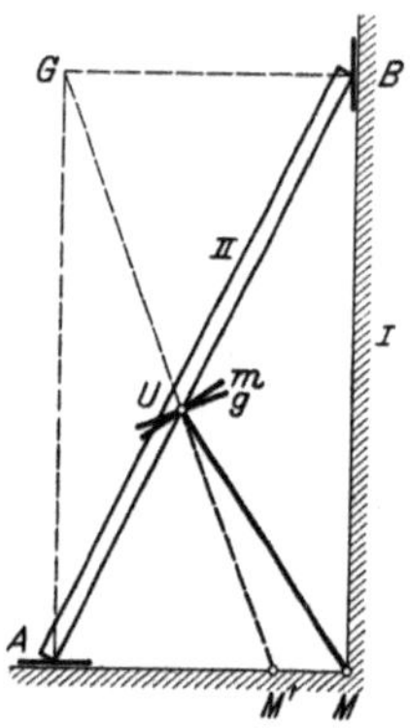

Abb. 306.

Stabverbindung $M'U$ verhindert nicht die Bewegung des Punktes U, wenigstens nicht für ein sehr kleines Wegstück. Trotz der beiden Flächenlager bei A und B und der Stabverbindung $M'U$ sind die beiden Scheiben I und II nicht starr miteinander verbunden, es hat die Scheibe II gegenüber der Scheibe I bei dieser Verbindung noch eine (sehr kleine) Bewegungsmöglichkeit.

Die gleiche Überlegung gilt natürlich auch, wenn man statt der Flächenlagerung eine Stabverbindung anwendet, s. Abb. 307. Man denke sich den Stab $M'U$ zunächst beseitigt, dann ist durch die beiden Stäbe $A'A$ und $B'B$ ein virtuelles Gelenk G bestimmt. Bei der augenblicklichen Stellung werden, soweit es sich nur um sehr kleine Wege handelt, die Punkte A, B und U Wege zurücklegen, die in erster Annäherung als geradlinig zu betrachten sind und senkrecht stehen zu den Geraden GA, GB und GU. In die Abbildung sind diese Wege stark ausgezogen eingezeichnet. Nimmt man noch einen weiteren Verbindungsstab $M'U$ hinzu, wo $M'UG$ eine Gerade ist, so wird dieser Stab die erwähnte Bewegung des Punktes U nicht verhindern, wenigstens nicht im nächsten Augenblick, d. h. die beiden Scheiben I und II der Abbildung sind durch die drei Stäbe nicht starr verbunden, es verbleibt bei dieser Verbindung noch eine, wenn auch sehr kleine, Bewegungsmöglichkeit. Stabverbindungen der besprochenen Art, die den Ausnahmefall bilden, nennt man oft auch wacklig.

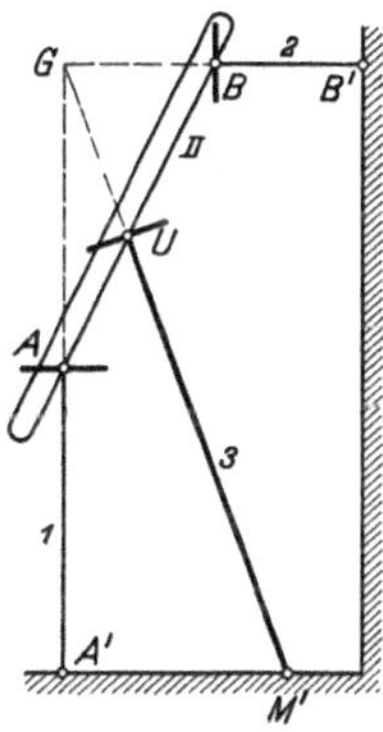

Abb. 307.

Der Ausnahmefall ist also zunächst dadurch charakterisiert, daß die miteinander durch drei Stäbe oder gleichwertige Führungen verbundenen Scheiben noch eine sehr kleine Bewegung gegeneinander ausführen können.

Nun denke man sich einmal an der Scheibe II irgendwelche Kräfte angreifend. Sie müssen jedenfalls durch die Verbindungsstäbe zur Scheibe I übergeführt werden, d. h. die in den Stäben 1, 2, 3 auftretenden Stabspannungen S_1, S_2, S_3 sind mit den an Scheibe II angreifenden Nutzlasten im Gleichgewicht. Letztere kann man zu einer Resultierenden P zusammenfassen, dann muß P im Gleichgewicht sein mit den durch den gleichen Punkt G gehenden drei Stabspannungen, was nach (9 g) unmöglich ist, wenn P von 0 verschieden ist. Man sieht also, auch aus diesem Grunde definiert eine Stabverbindung von der bezeichne-

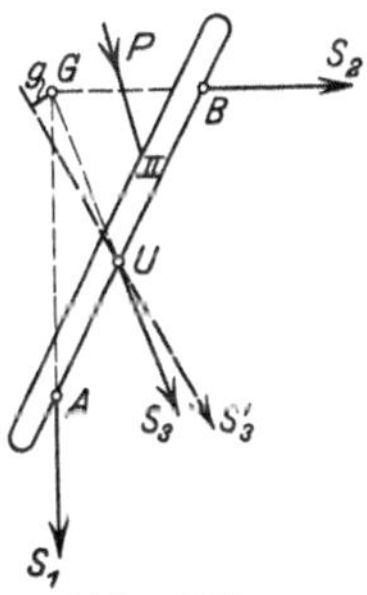

Abb. 308.

ten Art einen Ausnahmefall. Es kann die Resultierende P der an der Scheibe II angreifenden Nutzlasten nicht im Gleichgewicht sein mit den drei Stabspannungen, es wird erst eine, wenn auch sehr kleine Bewegung eintreten müssen, bis eben die drei Stäbe 1, 2, 3 sich nicht mehr im gleichen Punkt schneiden, ehe ein Gleichgewichtszustand sich ausbilden kann. Der Ausnahmefall muß in der Praxis möglichst vermieden werden, weil mit seinem Vorhandensein das Auftreten gefährlich großer Spannungen verbunden ist.

Man denke sich nämlich einmal die Scheibe II von der Scheibe I losgelöst, selbstverständlich so, daß im Kräftezusammenhang zwischen I und II nichts geändert wird, s. Abb. 308. Dann greifen an der Scheibe II an die Nutzlasten, die durch ihre Resultierende P ersetzt werden, und die Spannungen der drei Stäbe 1, 2, 3. Es sei für den Augenblick angenommen, daß der Stab 3 nicht durch das virtuelle Gelenk G geht, sondern etwas daneben; in dieser Lage sei er mit 3′ bezeichnet. Wenn man für das Gleichgewichtssystem P, S_1, S_2, S_3' eine Momentengleichung, bezogen auf G als Momentenpunkt, anschreibt,

$$P \cdot p + S_1 \cdot 0 + S_2 \cdot 0 - S_3' \cdot g = 0 \qquad \text{oder} \qquad S_3' = P\frac{p}{g},$$

so läßt sich aus dieser Gleichung entnehmen, daß S_3' einen recht großen Wert annehmen kann, wenn sein Abstand g vom virtuellen Gelenk G sehr klein ist, und daß dieser Wert S_3' um so größer wird, je mehr der Stab an das virtuelle Gelenk heranrückt. Wenn G auch auf der Verlängerung des Stabes 3 liegen würde, so würde S_3 wegen $g = 0$ den Wert ∞ annehmen; in Wahrheit kann dies aber nicht zutreffen, weil eben im gleichen Augenblick, in dem P oder die durch P repräsentierten Nutzlasten an der Scheibe angreifen, diese sofort die wie oben angegeben mögliche (sehr kleine) Bewegung vornimmt, nach deren Verlauf der virtuelle Schnittpunkt G der Stäbe 1, 2 nicht mehr auf der Verlängerung des Stabes 3 liegt. Er liegt freilich sehr wenig entfernt von dieser Verlängerung, weshalb auch S_3 einen für praktische Verhältnisse immer noch unzulässig großen Wert annimmt.

Man faßt die mit dem Begriff „Ausnahmefall" gegebenen Erscheinungen zusammen:

> Bei der Verbindung von zwei Scheiben durch drei Stäbe oder gleichwertige Führungen ist der Ausnahmefall charakterisiert durch eine (sehr kleine) Bewegungsmöglichkeit der einen Scheibe gegen die andere und durch das Auftreten sehr großer Stabspannungen (bzw. Auflagerkräfte bei Flächen- oder Gelenkführung). In der Praxis ist der Ausnahmefall im allgemeinen zu verwerfen

und nur in ganz besonders gearteten Fällen zuzulassen. (b)

Beim Ausnahmefall lassen sich die Spannungen bzw. Auflagerkräfte nicht mehr nach den Gesetzen der Statik starrer Körper ermitteln, der Ausnahmefall ist demnach als eine statisch unbestimmte Aufgabe zu betrachten, s. Nr. **67**.

Beispiel a) Man beurteile die Auflagerung des Balkens der Abb. 289 und 290.

Soll eine Scheibe fest mit der Erde verbunden werden, dann muß man ihr drei Führungen geben. Im vorliegenden Fall hat man deren nur zwei, der Balken steht also nicht in starrer Verbindung mit der Erde. Solange aber nur lotrechte Lasten an dem Balken angreifen, ist eine andere Führung nicht notwendig, weil er gegen eine lotrechte Verschiebung durch die Auflagerung gesichert ist.

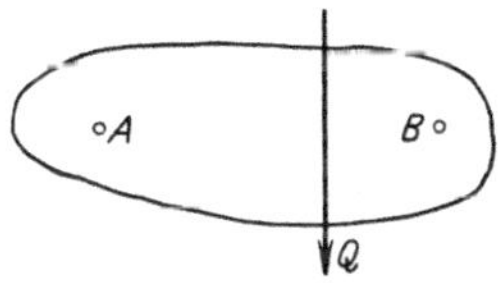

Abb. 309a

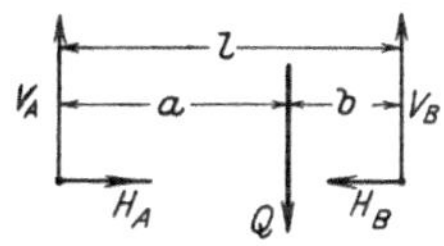

Abb. 309b.

Beispiel b) Die Scheibe der Abb. 309a ist in zwei Punkten festgehalten; diese Lagerung entspricht vier einfachen Flächenlagerungen. Die Aufgabe, die Auflagerkräfte bei A und B zu ermitteln, ist sonach statisch unbestimmt, und zwar einfach statisch unbestimmt, weil eine Auflagerung zu viel ist. Damit soll aber nicht gesagt sein, daß beide Kräfte überhaupt nicht bestimmt werden können. Jedenfalls gelten die drei Scheibengleichungen für die wag- und lotrechten Komponenten H_A, H_B, V_A, V_B der beiden Auflagerkräfte, s. Abb. 309b,

$$V_A + V_B = Q, \qquad H_A = H_B, \qquad V_A\, l - Q\, b = 0.$$

Aus ihnen lassen sich die lotrechten Komponenten V_A, V_B ermitteln. Statisch unbestimmt bleibt dann noch die Komponente $H_A = H_B$, die mit Hilfe der Sätze der Festigkeitslehre gefunden wird.

Beispiel c) Wenn eine Scheibe eingespannt ist, s. Abb. 310, so wird sie vollständig festgehalten, die Einspannung ist somit gleichwertig drei gewöhnlichen Flächenlagerungen. An der Einspannstelle werden sich die unendlich vielen, unendlich kleinen Auflagerkräfte zu einer Resultierenden P' zusammensetzen, die mit der Resultierenden P

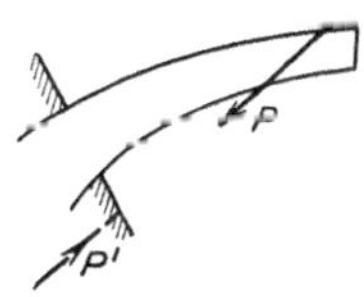

Abb. 310.

der an der Scheibe angreifenden Nutzlasten im Gleichgewicht sein muß.

Beispiel d) Die Scheibe der Abb. 311 ist an der Stelle A durch ein Gelenk geführt und an der Stelle B durch einen Zapfen, der in einen Schlitz der Scheibe ragt. Man beurteile die Führung der Scheibe und die unter dem Einfluß der Nutzlast P hervorgerufenen Auflagerkräfte A und B.

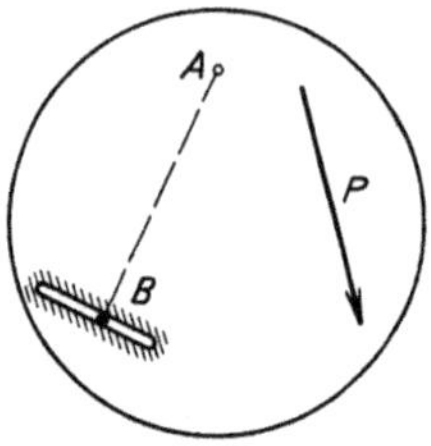

Abb. 311.

Wenn die Scheibe nur im Gelenk A festgehalten ist, so wird jeder ihrer Punkte noch einen Kreis um A beschreiben können. Der Punkt B würde dann einen Weg senkrecht zum Radius AB beschreiben. Diese Bewegung wird durch die vorliegende Schlitzführung nicht gehindert (wenigstens nicht auf eine sehr kleine Strecke), da die Führungsrichtung gleichfalls senkrecht ist zum Radius AB. Die Verbindung der Scheibe mit der Erde ist somit keine starre, sie bildet den Ausnahmefall.

In statischer Hinsicht kann man urteilen: Die Auflagerkraft B geht senkrecht zur Schlitzführung, d. h. in Richtung des Radius AB; nach dem Dreikräftesatz muß somit der Gelenkdruck bei A in die gleiche Gerade fallen; von den drei im Gleichgewicht befindlichen Kräften P, A, B liegen nun A und B in der gleichen Geraden, es müßte $P = 0$ sein wegen (9d), was der Annahme eines vorgeschriebenen P widerspricht; also Ausnahmefall.

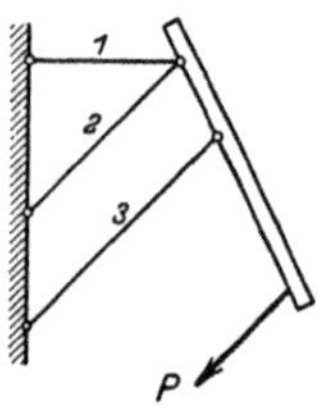

Abb. 312.

Aufgabe a) Der Stab AB der Abb. 312 ist durch die drei Stäbe 1, 2, 3 an eine Mauer angeschlossen; man ermittle die Stabspannungen S_1, S_2, S_3.

Lösung: $S_1 = 0$ nach (9g); S_2 und S_3 ermittelt der Hebelsatz zu

$$S_2 = +2P, \quad S_3 = -3P.$$

47. Die einfacheren Tragkonstruktionen bestehen aus einer einzigen starr mit der Erde verbundenen Scheibe, die entwickelteren setzen sich aus zwei, drei und mehr Scheiben zusammen, wie die Abb. 314, 335, 392, 393, 400 angeben. Die Frage, ob ein solcher Träger statisch bestimmt aufgelagert ist, erfordert die Abzählung der Freiheitsgrade des Scheibensystems und seiner Führungen oder Auflagerbedingungen. Es ist durch eine Flächenführung (Rollenlager, Gleitlager usw.) oder die ihr gleichwertige Stabverbindung je eine Auflagerbedingung oder einfache Führung vorgeschrieben, eine Gelenklagerung entspricht zwei einfachen Führungen. Diese Führungen oder Auflagerbedingungen können innere und äußere sein. Wie der Name bereits andeutet, wird durch eine **äußere Führung** oder äußere Auflagerbedingung die Tragkonstruktion unmittelbar an die Erde angeschlossen, während eine **innere Führung** einen Teil des Trägers mit einem andern Teil verbindet. Beispielsweise haben die drei Scheiben des Trägers der Abb. 314 die beiden Gelenke II und III als innere Führungen und die Gelenke I und IV sowie die Stabverbindung oder Pendelstütze als äußere Führungen oder Auflagerbedingungen. Der Träger der Abb. 392 setzt sich aus vier Scheiben und zwei Knotenpunkten I und II zusammen. Diese Einzelelemente sind durch insgesamt dreizehn innere Führungen unter sich verbunden, nämlich durch die sieben Stabverbindungen sowie durch die drei Gelenkführungen C, D, E, deren jede zwei einfachen Führungen entspricht. Durch die dreizehn Führungen sind die Einzelelemente des Trägers unter sich zu einer Scheibe verbunden. Diese Scheibe wieder ist durch vier äußere Führungen starr an die Erde angegliedert, nämlich durch die beiden Gelenke bei A und B.

Setzt sich ein Träger aus n einzelnen Knotenpunkten und s Scheiben zusammen, so wird man überlegen: Jeder Knotenpunkt hat zwei Freiheitsgrade, jede Scheibe drei, das System der n Knotenpunkte und s Scheiben demnach $2n + 3s$ Freiheitsgrade. So groß muß dann auch die Anzahl $m + p$ aller inneren und äußeren Führungen sein, durch die das System unter sich und mit der Erde statisch bestimmt verbunden wird. Man beachte aber wohl, wenn

$$m + p = 2n + 3s, \tag{c}$$

d. h. die Anzahl der Freiheitsgrade der Einzelelemente des Systems gleich ist der Anzahl seiner inneren und äußeren Führungen, so ist damit nur eine notwendige, aber noch nicht hinreichende Bedingung für die statisch bestimmte Auflagerung gegeben, da ja noch der Ausnahmefall, den man als statisch unbestimmte Lagerung zählt und auch berechnet, auftreten kann.

Beispiel a) Der Dreigelenkbogen der Abb. 331a besteht aus zwei Scheiben; deren sechs Freiheitsgrade sind durch die sechs Auflagerbedingungen genommen, die durch die drei Gelenke vorgeschrieben sind. Er ist statisch bestimmt gelagert, vorausgesetzt, daß kein Ausnahmefall vorliegt. Oder man wendet die vorangehende Formel an: es ist kein einzelner Knotenpunkt vorhanden, also $n = 0$; die Anzahl der Scheiben ist $s = 2$; beide sind durch $m = 2$ innere Führungen verbunden, nämlich durch das Gelenk bei C; und durch $p = 4$ äußere Führungen mit der Erde, nämlich durch die beiden Gelenke bei A und B; die Bedingung $m + p = 6 = 2n + 3s$ ist erfüllt.

Beispiel b) Der Dreigelenkbogen der Abb. 313a ist statisch unbestimmt aufgelagert; die beiden Scheiben sind durch das Gelenk und den Verbindungsstab unter sich zu einer starren Scheibe zusammengefaßt, deren drei Freiheitsgraden dann die vier durch die Seitengelenke gegebenen Auflagerbedingungen gegenüberstehen. Oder man schließt: die beiden Scheiben haben zusammen sechs Freiheitsgrade, sie sind aber durch drei Gelenke und einen Stab, also sieben Führungen, unter sich und mit der Erde verbunden. Oder man schließt: das Trägersystem besteht aus drei Scheiben, da man den Verbindungsstab auch als Scheibe auffassen kann; die drei Scheiben sind durch fünf Gelenke, also zehn Führungen, unter sich und mit der Erde statisch bestimmt verbunden, während sie doch nur neun Freiheitsgrade haben. Man hat sonach für den Träger eine Auflagerbedingung zu viel, er ist einfach statisch unbestimmt. Die Anwendung der Formel gibt: $n = 0$, $s = 2$, $m = 3$ durch Gelenk bei C und Stabverbindung, $p = 4$ durch die beiden Seitengelenke; es ist $m + p = 7$ und sonach um 1 größer als $2n + 3s = 6$.

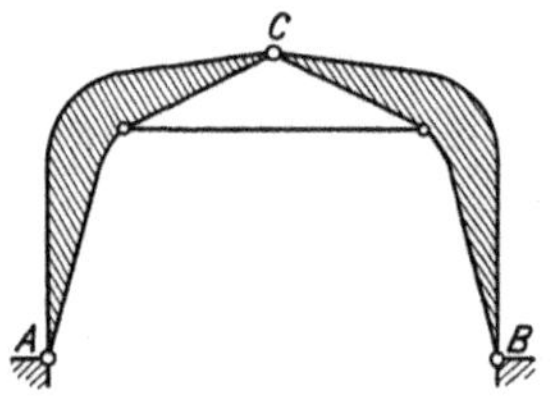

Abb. 313a.

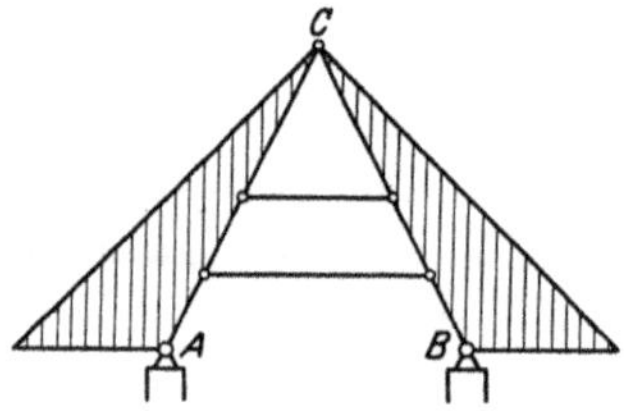

Abb. 313b.

Beispiel c) Entsprechend ergibt eine Abzählung für den Träger der Abb. 313b, daß $n = 0$, $s = 2$, $m = 4$ durch Gelenk bei C und zwei Stabverbindungen, $p = 4$; es ist sonach $m + p = 8$ um 2 größer als $2n + 3s = 6$. Der Träger hat zwei Auflagerbedingungen zu viel, er ist zweifach statisch unbestimmt.

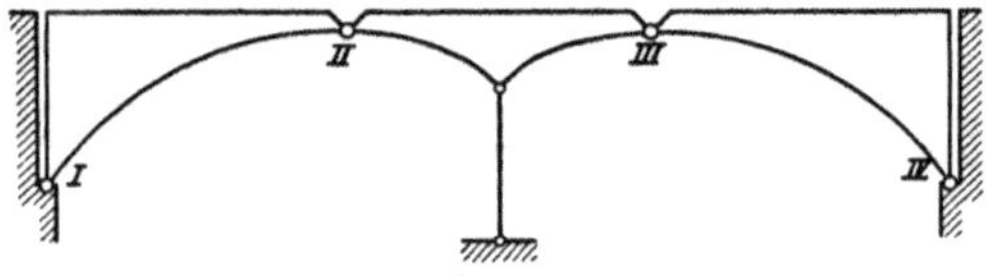

Abb. 314.

Beispiel d) Der Träger der Abb. 314 besteht aus drei Scheiben; wenn diese vollständig frei wären, hätten sie zusammen neun Freiheitsgrade; die gegebene Konstruktion faßt sie mit neun einfachen Führungen zu einem Träger zusammen, nämlich je zwei Führungen durch die vier Gelenke I, II, III, IV und eine durch die Pendelstütze in der Mitte. Diese Pendelstütze ist gleichwertig einem Rollenlager, der Träger verhält sich statisch genau so, wie wenn die mittlere Scheibe auf einem Pfeiler mit einem Rollenlager aufruhen würde, siehe hierzu Abb. 335.

Beispiel e) Der schon weiter oben erwähnte Träger der Abb. 392 besteht aus vier Scheiben und zwei einzelnen Knotenpunkten; für ihn ist $n = 2$, $s = 4$, $m = 13$, $p = 4$ und sonach $m + p = 17$ um 1 größer als $2n + 3s = 16$. Der Träger ist einfach statisch unbestimmt.

Beispiel f) Der Träger der Abb. 393 besteht aus den drei Scheiben *a*, *b*, *c* und den sieben Knotenpunkten des Hängegurtes. Diese Einzelelemente sind unter sich verbunden durch die acht Stäbe des Hängegurtes und die sieben Hängestäbe; mit der Erde durch die zwei seitlichen Ankerstäbe, ferner durch die drei Gelenke I, III, IV und die Pendelstütze bei II. Es ist $n = 7$, $s = 3$, $m = 15$, $p = 9$ und deswegen $m + p = 24$ um 1 größer als $2n + 3s = 23$. Der Träger ist einfach statisch unbestimmt.

Beispiel g) Man beurteile die Tragkonstruktion der Abb. 315.

Dieser Dreigelenkbogen wäre, wenn man nur die Zahl der Freiheitsgrade der einzelnen Scheiben und diejenigen der Auflagerbedingungen abzählen würde, als statisch bestimmt anzusprechen. In Wahrheit hat man hier den Ausnahmefall, was sich sowohl aus geometrischen wie statischen Erwägungen ergibt. Das Mittelgelenk III würde, wenn die Scheibe *b* nicht vorhanden wäre, um das Gelenk I einen Kreis beschreiben, der bei der augenblicklichen Stellung, und wenn es sich nur um eine sehr kleine Bewegung handelt, als geradliniges Wegstück senkrecht zur Geraden I II betrachtet werden darf. Als Punkt der Scheibe *b* würde III, wenn die Scheibe *a* nicht vorhanden wäre, den gleichen Weg zurücklegen, solange er sehr klein bleibt, d. h. die vorliegende Verbindung der beiden Scheiben verhindert nicht eine sehr kleine Bewegung des Punktes III, sie ist somit keine starre Verbindung, wir haben den Ausnahmefall.

Abb. 315.

In statischer Hinsicht überlegt man: Wäre das Gelenk III etwas höher gelegen als die Gelenke I und II, so wie Abb. 316a schematisch angibt, so würde eine in III angreifende Last P die durch Abb. 316b dargestellten Auflagerkräfte hervorrufen. Je mehr sich III seiner ursprünglichen Lage in der Horizontalen nähert, desto größer werden die Auflagerdrücke, wie die Abb. 317a und 317b andeuten. Könnte schließlich III auf der gleichen Geraden mit I und II liegen, wenn P angreift, so müßten die Auflagerdrücke unendlich groß werden. Dieser Fall tritt zwar nicht ein, weil eben unter dem Einfluß von P das Gelenk III sich etwas senkt, immerhin aber werden die Auflagerkräfte noch gefährlich groß.

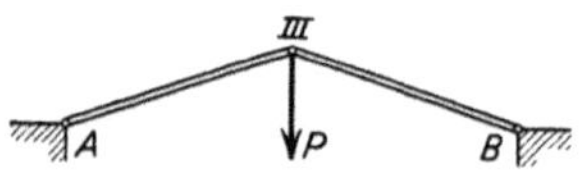

Abb. 316a.

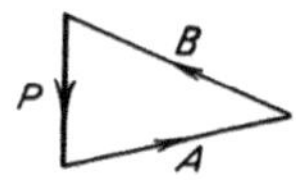

Abb. 316b.

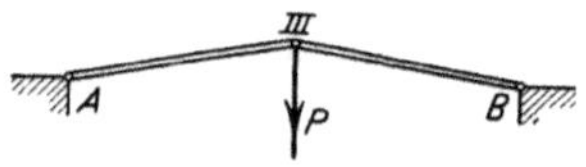

Abb. 317a.

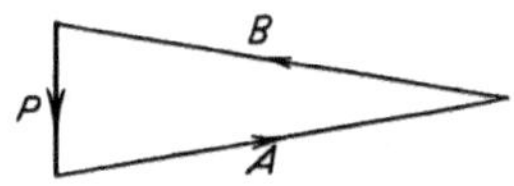

Abb. 317b.

Aufgabe a) Man beurteile die Verbindung der vier schraffiert gezeichneten Scheiben der Abb. 318.

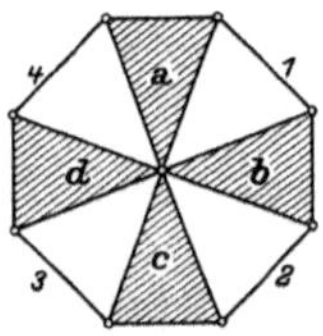

Abb. 318.

Lösung: Die Scheiben a und b sind durch einen Stab 1 und das Mittelgelenk starr verbunden; an dieses starre System ist Scheibe c wieder durch das Mittelgelenk und den Stab 2 starr angeschlossen und weiterhin an das System abc auch die Scheibe d starr durch einen Stab 3 und das Mittelgelenk, so daß der Stab 4 überflüssig ist.

Aufgabe b) Wenn der Körper der Abb. 319 im Gleichgewicht ist, wie viele Gleichgewichtsbedingungen kann man für die an ihm angreifenden äußeren Kräfte anschreiben?

Lösung: Er besteht aus drei Scheiben, die durch vier Stäbe verbunden sind, so daß er noch fünf Freiheitsgrade hat; man kann also für ihn fünf Gleichgewichtsbedingungen anschreiben und daraus fünf unbekannte äußere Kräfte ermitteln. Man wird etwa so vorgehen, daß man für jede einzelne Scheibe die bekannten drei Scheibengleichungen anschreibt. In diesen insgesamt neun Gleichungen treten auch die vier Stabspannungen S_1, S_2, S_3, S_4 auf, die man eliminiert, so daß noch fünf Gleichungen zur Ermittlung unbekannter äußerer Kräfte übrigbleiben.

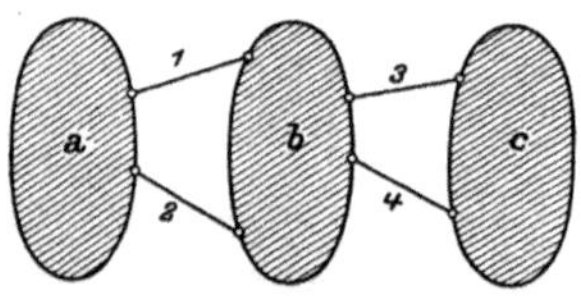

Abb. 319.

48. Wie man eine Scheibe mit der festen Erdscheibe oder allgemein zwei Scheiben unter sich starr verbindet, haben die vorausgehenden Zeilen entwickelt. Die starre Verbindung von zwei Scheiben mit der Erde, wie beim Dreigelenkbogen, oder von drei Scheiben unter sich, und die Ermittlung der von Scheibe zu Scheibe übertragenen Kräfte stützt sich auf die nachfolgende Überlegung.

Drei Scheiben a, b, c kann man unter sich auf verschiedene Weise zu einem starren System vereinigen. Etwa derart, daß man 1. die Scheibe b durch drei Stäbe starr mit a verbindet und c wieder durch drei Stäbe starr mit *b*. Oder 2. indem man *b* durch drei Stäbe mit *a* verbindet und *c* durch zwei Stäbe mit *b* und einen Stab mit *a* oder umgekehrt. Oder 3. indem man *b* durch zwei Stäbe mit *a* verbindet und *c* durch je zwei Stäbe mit *a* und *b*, siehe Abb. 320. Natürlich kann statt einer Stabverbindung auch eine Flächenführung eintreten, oder an Stelle von zwei Stabverbindungen eine Gelenkführung. Im Falle der Abb. 321 hat man die zwei Stäbe immer durch ein Gelenk ersetzt, die Stabverbindung der Abb. 320 bestimmt drei virtuelle Gelenke, Abb. 322 stellt eine Scheibenverbindung mit einem reellen und zwei virtuellen Gelenken vor.

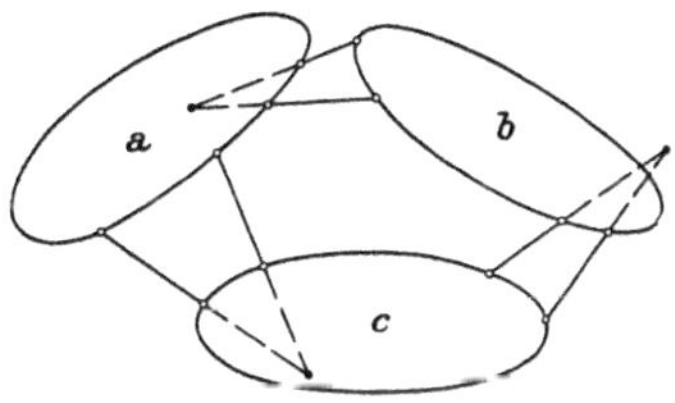

Abb. 320.

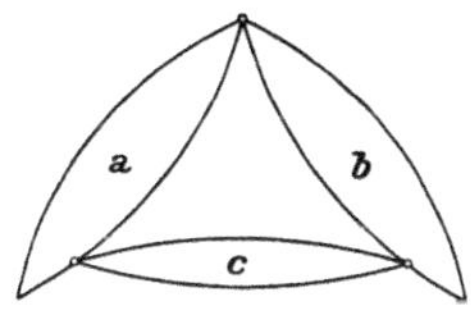

Abb. 321.

Die Ermittlung der von Scheibe zu Scheibe wirkenden Gelenkdrücke oder Stabspannungen geht derart vor, daß sie zunächst die Resultierende der an jeder der drei Scheiben angreifenden Nutzlasten aufsucht, sie seien mit A, B, C bezeichnet. Kontrolle ist dabei, daß sie sich nach (**9** c) im gleichen Punkt schneiden. Nun muß, wenn man die Scheibe *a* für sich untersucht, A im Gleichgewicht sein mit den von den andern Scheiben her wirkenden Gelenkdrücken oder Stabspannungen, s. Abb. 323. In den oben angeführten Fällen 1. und 2. geht man auf **45** II und III zurück, wenn man diese Gelenkdrücke oder Stabspannungen ermitteln will.

Im dritten Fall, der durch die Abb. 320, 321, 322 charakterisiert ist, wendet man wiederholt den Dreikräftesatz an. Bezeichnet man den von der Scheibe *b* auf die Scheibe *a* ausgeübten Gelenkdruck — bei der Verbindung der Scheibe durch zwei Stäbe ist dieser virtuelle Gelenkdruck die Resultierende der beiden Stabspannungen —, der durch das reelle oder virtuelle Gelenk *ab* oder *ba* geht, mit G_{ba}, und den von *c* her auf *a* wirkenden Gelenkdruck mit G_{ca}, so ist die Scheibe *a* im Gleichgewicht unter dem Einfluß der an ihr angreifenden Kräfte A, G_{ba} und G_{ca}, es gilt, s. Abb. 323,

$$\mathfrak{A} \mathbin{\hat{+}} \mathfrak{G}_{ba} \mathbin{\hat{+}} \mathfrak{G}_{ca} = 0.$$

Die gleiche Betrachtung wendet man auf die Scheiben *b* und *c* an, s. Abb. 324. Wenn man die von *c* und *a* her auf *b* ausgeübten Gelenkdrücke mit G_{cb} und G_{ab} bezeichnet und ebenso die von *a* und *b* her auf c ausgeübten mit G_{ac} und G_{bc}, so hat man noch zwei weitere Gleichungen, zyklische Vertauschungen der obigen, zusammen

$$\mathfrak{A} \mathbin{\widehat{+}} \mathfrak{G}_{ba} \mathbin{\widehat{+}} \mathfrak{G}_{ca} = 0, \quad \mathfrak{B} \mathbin{\widehat{+}} \mathfrak{G}_{cb} \mathbin{\widehat{+}} \mathfrak{G}_{ab} = 0, \quad \mathfrak{C} \mathbin{\widehat{+}} \mathfrak{G}_{ac} \mathbin{\widehat{+}} \mathfrak{G}_{bc} = 0. \quad \text{(a)}$$

Natürlich sind G_{ab} und G_{ba} als Kraft und Gegenkraft entgegengesetzt gleich. Nun schließt man: Man hat sechs Unbekannte, nämlich Richtung und Zahlenwert von jedem der drei Gelenkdrücke, und

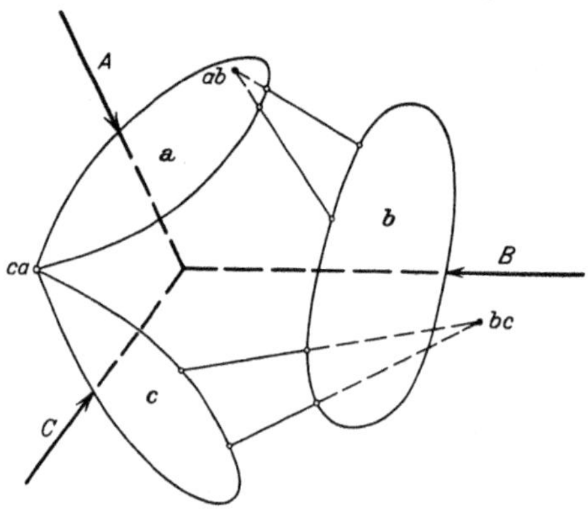

Abb. 322.

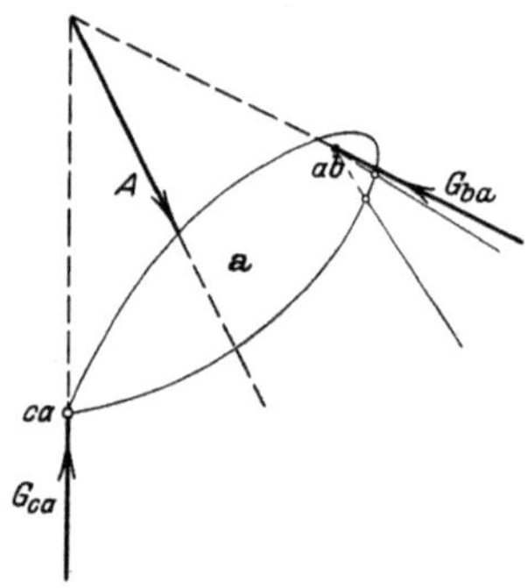

Abb. 323.

für diese sechs Unbekannten drei Vektorgleichungen der Ebene, die in sechs gewöhnliche analytische Gleichungen umgewandelt werden könnten. Man wird aber diese drei vektoriellen Gleichungen graphisch dar-

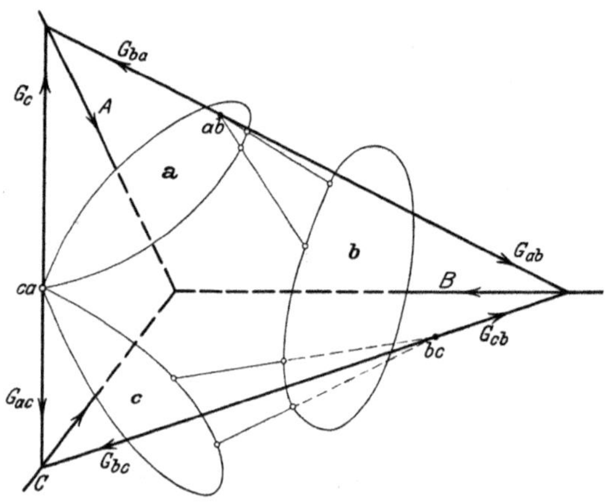

Abb. 324.

stellen und damit die Unbekannten ermitteln. Die erste Gleichung sagt aus, daß G_{ba} und G_{ca} sich auf A schneiden müssen, siehe Abb. 323 und 324. Entsprechend müssen auch G_{cb} und G_{ab} sich auf B schneiden und G_{ac} und G_{bc} auf C. Dann bestimmen die drei Gelenkdrücke ein Dreieck, dessen Seiten durch drei gegebene Punkte ab, bc, ca hindurch gehen und dessen Ecken auf drei gegebenen Geraden A, B, C liegen. Ein solches Dreieck ist aufzufassen als geschlossenes Seileck zum Gleichgewichtssystem A, B, C und demgemäß zu konstruieren.

Zusammengefaßt lautet die Aufgabe: Es soll zu dem Gleichgewichtssystem A, B, C ein Seileck durch die drei gegebenen Punkte ab, bc, ca konstruiert werden. Man zeichnet zunächst ein beliebiges erstes Seileck U durch die Punkte ab und bc; wenn nicht ein Zufall

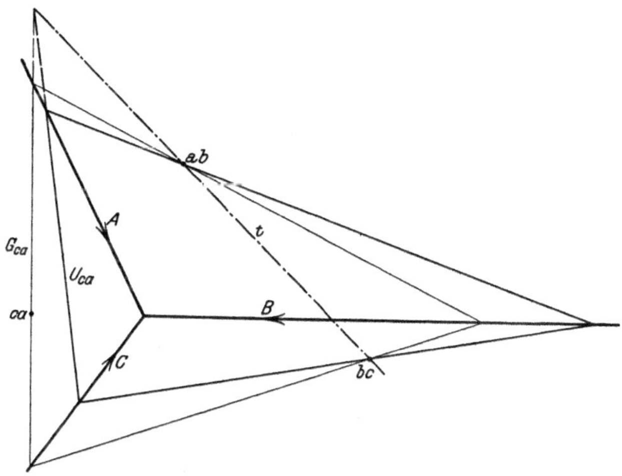

Abb. 325.

auftritt, wird dieses Seileck nicht durch den Punkt ca gehen. Das gesuchte Seileck G geht gleichfalls durch die Punkte ab und bc, also müssen sich nach (**41** b) auf der Geraden t durch diese Punkte entsprechende Seileckseiten U_i und G_i schneiden. Es wird sonach die Seite G_{ca} sich mit U_{ca} auf der Geraden t schneiden, ferner G_{ca} nach Vorschrift durch das Gelenk ca gehen, wodurch sie bestimmt ist. Zur Kontrolle kann man das Seileck fortsetzen, die Seiten G_{ab} und G_{bc} müssen dann durch ab bzw. bc gehen.

Hat man irgendeinen der drei Gelenkdrücke ermittelt, so ist die Bestimmung aller anderen Unbekannten Sache einfacher Kräftepläne.

Beispiel a) Man ermittle die Gelenkdrücke des Scheibenverbandes der Abb. 326, wenn $C_1 = 1000$ kg ist.

Man sucht zuvor die noch unbekannten äußeren Kräfte A, B, C_2, am einfachsten nach dem Dreikräftesatz; aus Symmetriegründen muß $C_1 = C_2$ sein, ihre Resultierende C ist mit A und B im Gleichgewicht. Dann greift an der Scheibe a die äußere Kraft A an, an der Scheibe b die äußere Kraft B, an der Scheibe c die Resultierende C. Man zeichnet zum Gleichgewichtssystem A, B, C das Seileck durch die drei Punkte I, II, III. Aus Symmetriegründen muß hier der Gelenkdruck G_{III} durch III horizontal sein, woraus sich dann die beiden anderen Gelenkdrücke G_I und G_{II} ergeben. Die Zahlenwerte liefert der Kräfteplan der Abb. 327.

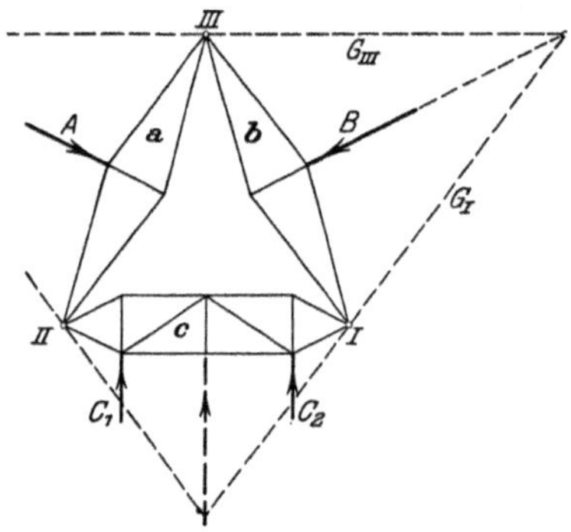

Abb. 326.

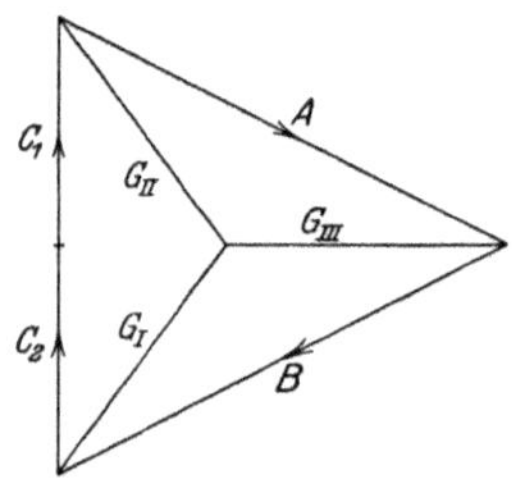

Abb. 327.

Beispiel b) Am gleichen Scheibenverband greifen die durch den gleichen Punkt gehenden äußeren Kräfte A, B, C an, s. Abb. 328. Wenn eine von ihnen bekannt ist, etwa C, ermittelt man die beiden anderen mit einem einfachen Kräfteplan $\mathfrak{A} + \mathfrak{B} + \mathfrak{C} = 0$, s. Abb. 329.

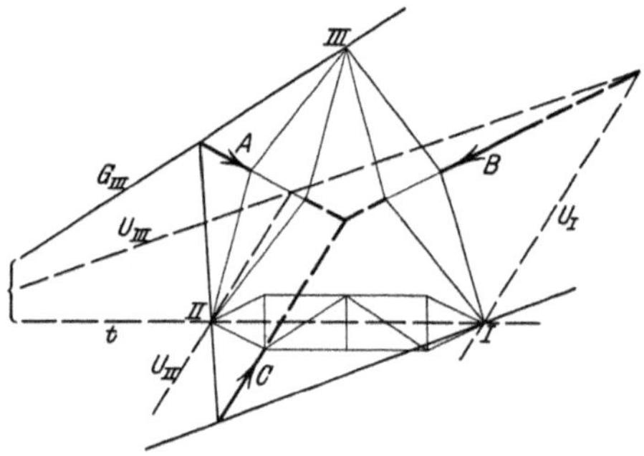

Abb. 328.

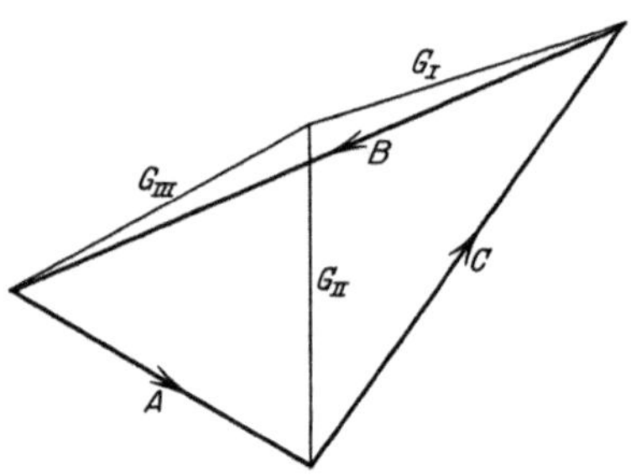

Abb. 329.

An jeder der drei Scheiben ist wieder die äußere Kraft im Gleichgewicht mit den Gelenkdrücken. Deren Ermittlung geschieht mit einem Seileck G durch die drei Gelenke; man zeichnet zuvor das Hilfsseileck U durch die beiden Gelenke I und II, in der Abbildung sind zwei der Seileckseiten parallel zu C gezogen. Wie erwartet, wird dieses Hilfsseileck bzw. dessen Seite U_{III} nicht durch den Punkt III gehen. Vom gesuchten Seileck G geht G_{III} durch III und schneidet sich mit U_{III} auf der Geraden t durch I und II; ist G_{III} konstruiert, dann schließen sich beiderseits G_I und G_{II} an. Im Kräfteplan wird man noch die Zahlenwerte G_I, G_{II}, G_{III} durch einfache Kraftecke ermitteln.

Beispiel c) Beweise:

Wenn drei Scheiben so verbunden sind, daß ihre drei wirklichen oder gedachten Gelenke in der nämlichen Geraden liegen, so bildet der Scheibenverband den Ausnahmefall. (b)

Man denkt sich die Scheibe c festgehalten, s. Abb. 330, und überlegt wie im Beispiel 47g), daß das Gelenk III als Punkt der Scheibe a beim Fehlen der Scheibe b sich um I drehen würde, und beim Fehlen der Scheibe a um II. Beide Bewegungen sind, solange sie unendlich klein bleiben, identisch, d. h. die vorliegende Verbindung verhindert die Bewegung des Punktes III senkrecht zur Geraden durch I und II nicht, solange nur sehr kleine Wege in Frage stehen.

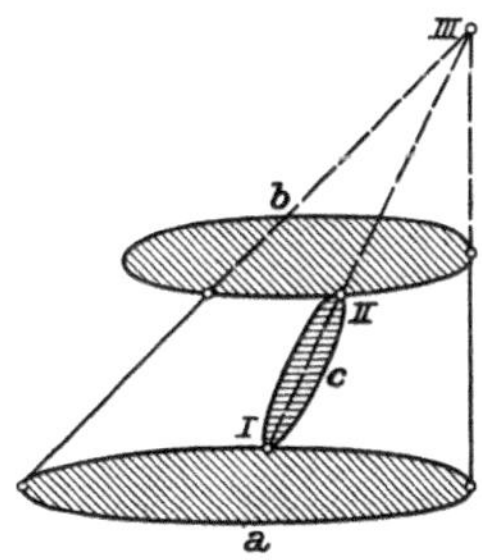

Abb. 330.

49. Der Dreigelenkbogen wird vielfach für Tragkonstruktionen verwendet. Für die Ermittlung der Auflagerkräfte unter dem Einfluß der an ihm angreifenden Kräfte hat man eine Reihe von Lösungsverfahren.

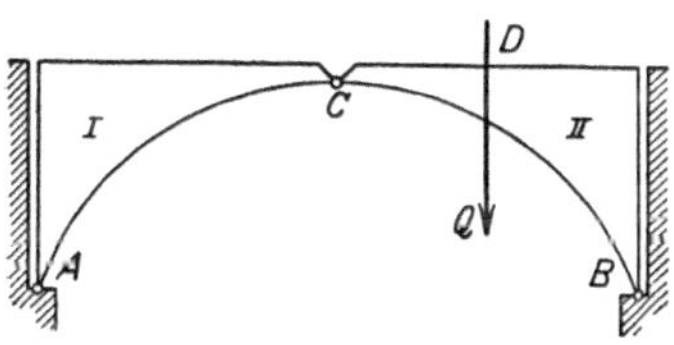

Abb. 331a.

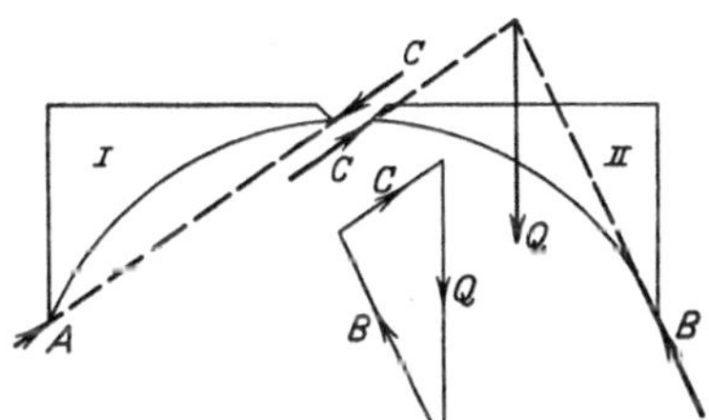

Abb. 331b.

I. Wenn nur eine einzige Nutzlast an einer der beiden Scheiben angreift (deren Gewicht wird natürlich auf andere Weise berücksichtigt), s. Abb. 331a, ist die Lösung recht einfach mit Hilfe des Zwei- und Dreikräftesatzes zu erhalten. An der linken Scheibe greifen an die beiden Gelenkdrücke (Kämpferdruck A und Mittelgelenkdruck C), die im Gleichgewicht sein und deswegen in der nämlichen Geraden liegen müssen, s. Abb. 331b; da der linke Kämpferdruck A durch den Punkt A und der Mittelgelenkdruck durch den Punkt C gehen müssen, ist zunächst die Richtung der beiden Gelenkdrücke bestimmt. An der Scheibe II greifen neben der Nutzlast Q noch die beiden Gelenkdrücke bei C und B an, s. Abb. 331b. Der Mittelgelenkdruck C ist seiner Richtung nach bestimmt worden; er greift als Reaktionskraft an der Scheibe II natürlich in entgegengesetzter Richtung an wie an der Scheibe I; er schneidet sich mit der Nutzlast Q in einem Punkt, durch den nach (9c) auch der Kämpferdruck B hindurchgehen muß, so daß auch dessen Richtung bestimmt ist. Nachdem nun die Richtungen aller Gelenkdrücke bekannt sind, ermittelt man ihre Zahlenwerte mit einem Kräfteplan $\mathfrak{Q} + \mathfrak{B} + \mathfrak{C} = 0$.

II. Genau die gleiche Überlegung wird man vornehmen, wenn mehrere Kräfte an einer der beiden Scheiben angreifen, die andere aber unbelastet ist. Man wird die Kräfte zu einer Resultierenden Q zusammenfassen und verfahren wie eben angegeben.

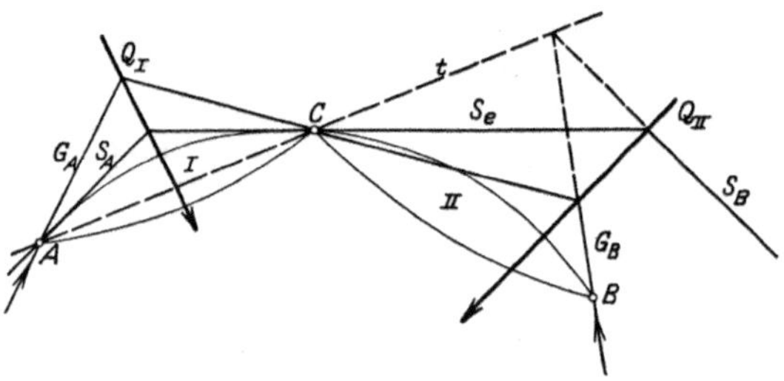

Abb. 332.

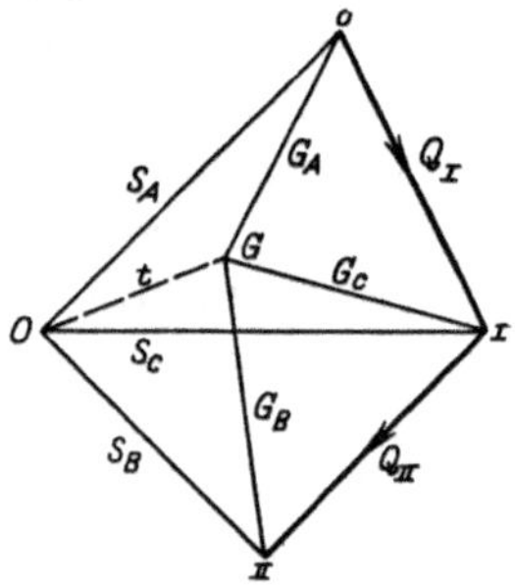

Abb. 333.

III. An jeder der beiden Scheiben I und II greife eine Last an, Q_I und Q_{II}, s. Abb. 332. Am einfachsten sind die drei Gelenkdrücke graphisch zu ermitteln, indem man nach der vorigen Nummer für das Gleichgewichtssystem der am Bogen angreifenden Nutzlasten und Auflagerkräfte A und B ein Seileck durch die Punkte A, B, C konstruiert. Die Erde ist als Scheibe III durch die Gelenke A und B an die Scheiben I und II angegliedert. Man wird also eine beliebige Seileckseite S_A durch das Kämpfergelenk A legen und an sie vom Schnittpunkt mit Q_I aus eine zweite durch das Scheitelgelenk C. Im Kräfteplan der Abb. 333 wird man die Seileckseiten S_A und S_C als Polstrahlen von 0 und I aus eintragen und erhält damit den Pol O, wodurch der dritte Polstrahl OII bestimmt ist. Nur gelegentlich eines Zufalls wird die ihm entsprechende Seileckseite S_B durch das Kämpfergelenk B gehen, nicht aber im allgemeinen Fall. Man hat nun ein erstes Seileck S durch die Gelenke A und C konstruiert, ein zweites G soll durch alle Punkte gehen. Die Seite G_B dieses Seileckes muß nach Vorschrift durch B gehen und ferner mit S_B sich auf der Geraden t durch A und C schneiden; anschließend an das gefundene G_B sind dann noch G_C und G_A zu zeichnen.

Weitere graphische Lösungen für diesen Fall siehe unter **55** und **65**.

IV. Wenn an beiden Scheiben beliebig viele Kräfte angreifen, so wird man für eine graphische Lösung am einfachsten die Kräfte an jeder Scheibe zu einer Resultierenden Q zusammenfassen und verfahren wie vorher angegeben: etwa mit Hilfe eines einzigen Seilecks. Geht dieses gleichzeitig durch die Gelenke, so stellen die entsprechenden Seileckseiten die Gelenkdrücke dar, s. Abb. 334.

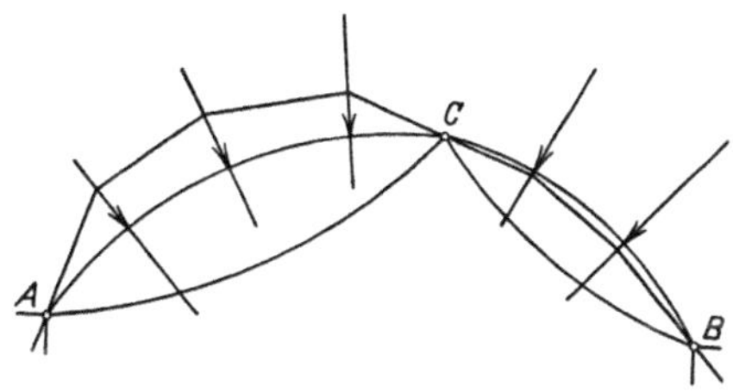

Abb. 334.

V. Oft wünscht man eine Formel für die Gelenkdrücke bzw. ihre Komponenten, dann wird man die Berechnung analytisch durchführen. Vorausgesetzt sind lotrechte Nutzlasten und gleichhoch liegende Kämpfergelenke. Am Bogen greifen vier unbekannte Auflagergrößen an, V_A, H_A, V_B, H_B, wenn man die Auflagerkräfte in Komponenten horizontal und vertikal zerlegt, s. Abb. 182. Für diese vier Unbekannten hat man nur die drei Gleichungen (**44** a) zur Verfügung, wenn man einzig das Gleichgewicht des ganzen Trägers berücksichtigt. Man mache aber nicht den falschen Schluß, daß der Bogen deswegen statisch unbestimmt wäre. Er ist eben keine Scheibe, sondern ein System von zwei nicht starr miteinander verbundenen Scheiben. Man kann ja für jede der beiden Scheiben allein die Gleichgewichtsbedingungen aufstellen und daraus die Unbekannten ermitteln. Zunächst lauten für den Bogen, als Ganzes betrachtet, die drei Gleichgewichtsbedingungen

$$H_A - H_B = 0, \quad P_1 + P_2 + \ldots + P_n - V_A - V_B = 0,$$
$$-P_1(l - p_1) - P_2(l - p_2) - \ldots - P_n(l - p_n) + V_A l = 0;$$

die letzte Gleichung gilt für B als Momentenpunkt. Oder in kürzerer Schreibweise

$$H_A = H_B, \quad V_A + V_B = \sum_A^B P, \quad V_A l = \sum_A^B P(l - p), \tag{a}$$

wo die Summierung über den ganzen Bogen sich erstreckt. Man hat: Die Horizontalkomponenten der Gelenkdrücke sind gleich, vorausgesetzt natürlich, daß die Kämpfergelenke in gleicher Höhe liegen, was beispielsweise für die Abb. 332 nicht zutrifft. Die Vertikalkomponenten V_A und V_B der Seitengelenke haben den gleichen Wert, wie wenn sie Auflagerkräfte an einem Balken wären, siehe (44b). Der Zahlenwert der Horizontaldrücke $H_A = H_B$ oder H, wie wir sie kürzer bezeichnen dürfen, ist noch durch eine Momentengleichung für die an der Scheibe I allein angreifenden Kräfte zu ermitteln, s. Abb. 183. Für C als Drehpunkt ist

$$-\Sigma P(a-p) - Hh + V_A a = 0 \quad \text{oder} \quad Hh = V_A a - \sum_A^C P(a-p), \tag{b}$$

wo die Summierung sich nur über die Scheibe I erstreckt. Wünscht man auch noch die Komponenten des Mittelgelenkdruckes bei C, so hat man für sie noch die beiden Gleichgewichtsbedingungen

$$H - H_C = 0 \quad \text{und} \quad -\sum_A^C P + V_A - V_C = 0$$

oder

$$H_C = H \quad \text{und} \quad V_C = V_A - \sum_A^C P. \tag{c}$$

VI. Wenn die beiden Seitengelenke verschieden hoch sind, siehe Abb. 332, wird eine analytische Lösung mit umständlichen Rechnungen verbunden sein, auch die Anwendung von Formeln, die man ja ein für allemal aufstellen könnte, ist unübersichtlich; es wird sich für diesen Fall immer eine graphische Lösung empfehlen, entweder so wie sie in III. angegeben ist oder spätere Zeilen noch bringen.

Beispiel a) An dem Dreigelenkbogen der Abb. 182, L. M. 1 : 400, greifen die Nutzlasten $P_1 = 12\,t$, $P_2 = P_3 = 10\,t$, $P_4 = P_5 = 20\,t$ an. Dann liefern die vorangehenden Formeln, wenn man die Dimensionen „Meter“ und „Tonne“ wegläßt,

$$V_A \cdot 18 = 12 \cdot 15 + 10 \cdot 12 + 10 \cdot 8 + 20 \cdot 6 + 20 \cdot 2$$

oder

$$V_A = 30;$$

$$V_A + V_B = 12 + 10 + 10 + 20 + 20$$

oder

$$V_B = 42;$$

$$H \cdot 6 = 30 \cdot 8 - 12 \cdot 5 - 10 \cdot 2$$

oder

$$H = \tfrac{1}{3} \cdot 80;$$

$$V_C = 30 - 12 - 10$$

oder

$$V_C = 8.$$

Damit ergeben sich die in der Tabelle zusammengestellten Werte der Komponenten, Richtungen und Zahlenwerte der drei Gelenkdrücke.

	V	H	$\mathrm{tg}\,\varphi$	G
A	30	$\frac{1}{3}\cdot 80$	9:8	40
B	42	$\frac{1}{3}\cdot 80$	63:40	50
C	8	$\frac{1}{3}\cdot 80$	3:10	28

Beispiel b) Man ermittle für die Tragkonstruktion der Abb. 335 die Auflagerkräfte und Gelenkdrücke, wenn nur an der Scheibe I eine lotrechte Nutzlast Q_I angreift.

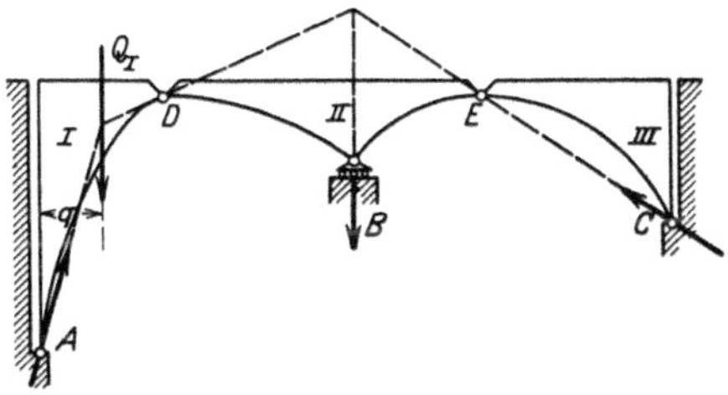

Abb. 335.

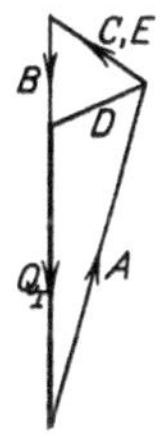

Abb. 336.

Man wendet auf die Scheibe III den Zweikräftesatz an; an ihr greifen nur die beiden Gelenkdrücke C und E an, die nach (**9**a) in der gleichen Geraden liegen und deswegen durch C und E gehen müssen. Auf die Scheibe II wendet man den Dreikräftesatz an (**9**c); der seiner Richtung nach unbekannte Gelenkdruck D geht durch den Schnittpunkt des Gelenkdruckes E mit dem senkrechten Flächendruck B. Auf die Scheibe I wendet man wieder den Dreikräftesatz an, es geht der Gelenkdruck A durch den Schnittpunkt des Gelenkdruckes D mit der Nutzlast Q_I. Die Richtungen der Auflager- und Gelenkdrücke sind somit gefunden, die Zahlenwerte ermittelt ein einfaches Kräftedreieck, siehe Abb. 336. Man beachte, daß man bei B nicht einen Auflagerdruck, sondern einen Auflagerzug erhält, daß also im Falle eines Rollenlagers Vorrichtungen vorhanden sein müssen, um ein Abheben der Scheibe II vom Auflager zu verhindern.

Man beachte ferner, daß der Linienzug A, D, E, C der Abb. 335 ein Seileck darstellt, und Abb. 336 die dazugehörige Polfigur ist.

Beispiel c) Man ermittle für die Tragkonstruktion des vorigen Beispiels die Auflager- und Gelenkdrücke, wenn nur an der mittleren Scheibe eine lotrechte Last Q_{II} angreift.

Auf die beiden Außenscheiben I und III wendet man den Zweikräftesatz an und findet die Richtung der Gelenkdrücke so wie eingezeichnet. An der Scheibe II ist Q_{II} im Gleichgewicht mit den Gelenkdrücken D und E und dem Auflagerdruck B. Um D, E, B zu ermitteln, wird man am einfachsten nach **45** III vorgehen und die Resultierende R von E und B einführen. Dann ist R im Gleichgewicht mit Q_{II} und D, mit einem gewöhnlichen Kraftеck sind D und R zu finden und letztere Kraft in E und B zu zerlegen.

Der Abbildung entnimmt man noch, daß der Linienzug A, D, R, E, C in der Trägerfigur ein Seileck durch die Gelenkpunkte A, D, E, C ist und der Kräfteplan die zugehörige Polfigur.

Beispiel d) Bei welcher Lage der Gelenkpunkte bildet die Tragkonstruktion der Abb. 335 einen Ausnahmefall?

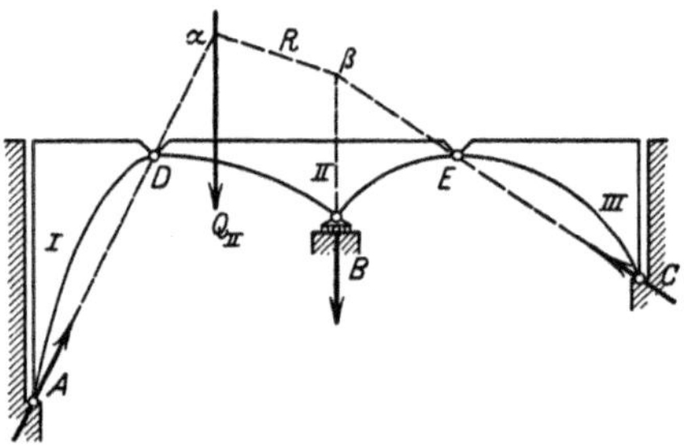

Abb. 337.

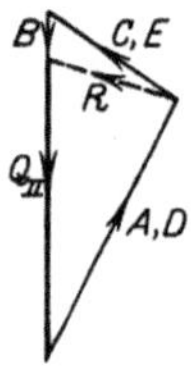

Abb. 338.

Wenn das Gelenk A eine solche Lage hätte, daß die Richtung des Gelenkdruckes D dieser Abbildung durch es hindurchginge, dann würden die beiden Gelenkdrücke A und D in die gleiche Gerade fallen und müßten trotzdem der Kraft Q_I das Gleichgewicht halten. Diese Lage bestimmt also den Ausnahmefall. Man wendet entweder Satz (**9** d) an und sagt, wenn Q_I mit A und D im Gleichgewicht sein soll, muß es Null sein, was aber hier bei gegebenem Q_I nicht zutreffen kann. Oder man sagt, Q_I würde unendlich große Gelenkdrücke A und D erzeugen, wenn nicht eine Bewegung der Gelenke eintreten würde, freilich nur eine sehr kleine, so daß nach Ausführung dieser Bewegung die Gelenkdrücke A und D nicht mehr in der gleichen Geraden liegen.

50. Für die nachfolgenden Aufgaben, wie auch allgemein für die meisten Aufgaben der Statik, besonders für Scheibenaufgaben, wird der Gebrauch des Dreikräftesatzes für die Ermittlung der Richtung unbekannter Auflagerkräfte eindringlich empfohlen. Für die Lösung der Aufgaben empfiehlt sich zuerst eine Orientierung über ihre statische Bestimmtheit; alsdann sucht man die Richtung der unbekannten Kräfte und zuletzt ihren Zahlenwert.

Aufgabe a) Der in der Ebene der Abb. 339 liegende Stab AB lagert im Punkt A auf einer Horizontalebene, im Punkt C auf einem Kreiszylinder. Man ermittle für verschiedene Stellungen E, A, C, B der Nutzlast Q graphisch die Auflagerkräfte. Den Maßstab wähle man dabei so, daß Q im Kräfteplan

100 mm groß wird. Stab, Zylinder und Unterlage sind absolut rauh gedacht, Stab und Zylinder gewichtslos. $\alpha = 45^0$, M. D. $= 1$ m.

Lösung: An dem Zylinder greifen nur zwei Kräfte an, also Zweikräftesatz. Vom Stab her geht der Druck durch C, von der Horizontalebene her der Auflagerdruck durch D, beide Kräfte liegen in der gleichen Geraden CD. Am Stab greifen drei Kräfte an, Nutzlast Q, Auflagerdrücke A und C, also Dreikräftesatz. Der Auflagerdruck A geht durch den Schnittpunkt von Q und C. Die Zahlenwerte von A und C ermittelt ein Kräfteplan $\mathfrak{A} + \mathfrak{Q} + \mathfrak{C} = 0$. Für die Stellung der Nutzlast Q bei E ist $A = 0{,}62\,Q$, $C = 0{,}44\,Q$; für Stellung A ist $A = Q$, $C = O$; für Stellung C ist $A = 0{,}42\,Q$, $C = 0{,}77\,Q$; für Stellung bei B ist $A = 0{,}57\,Q$, $C = 1{,}34\,Q$. Wenn die Nutzlast über C hinaus wandert, kommt sie zu einem Angriffspunkt, wo sie den Stab abzuheben sucht; statt eines Auflagerdruckes hat man einen Auflagerzug, durch passende Auflagerungskonstruktionen muß man dieses Abheben verhindern.

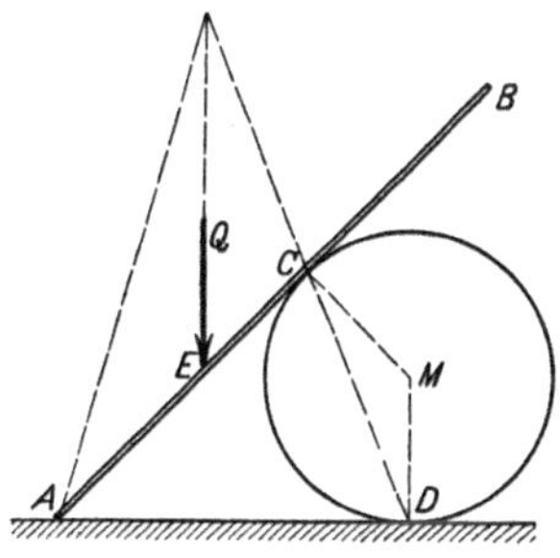

Abb. 339.

Aufgabe b) Der bei B um ein Achsengelenk drehbare Stab der Abb. 340 ruht bei C auf einer runden Tragstange auf. Gesucht sind 1. graphisch, 2. graphisch-analytisch, 3. analytisch die von dem Gelenk und der Tragstange auf den Stab wirkenden Auflagerkräfte, wenn die Reibung vernachlässigt wird. Am gewichtslos gedachten Stab greift bei A die Kraft $Q = 200$ kg an.

$$AC : CB = 1 : 2, \quad \operatorname{tg} \alpha = 0{,}5\,.$$

Lösung: Der Stab ist statisch bestimmt gelagert, weil er durch drei Auflagerungsbedingungen in seiner Lage festgehalten wird; man muß sich natürlich vorstellen, daß er auch gegen ein Abheben von C durch eine geeignete Lagerung gesichert ist; den drei Auflagerbedingungen entsprechen drei unbekannte Auflagergrößen.

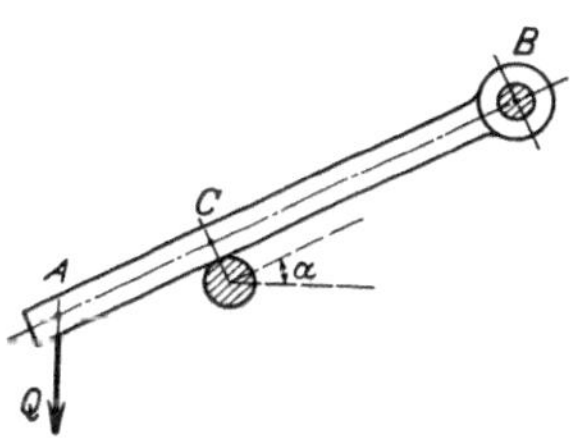

Abb. 340.

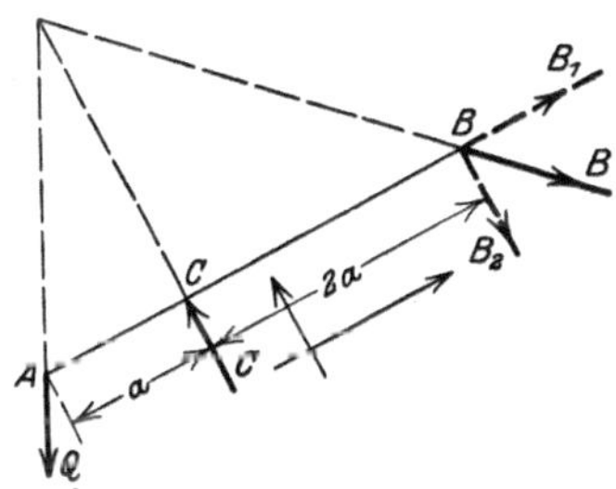

Abb. 341.

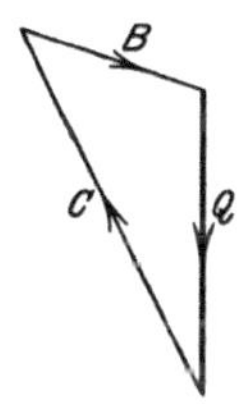

Abb. 342.

An dem Stab greifen drei im Gleichgewicht befindliche Kräfte an: Nutzlast Q, Flächendruck C senkrecht zum Stab, Gelenkdruck B, s. Abb. 341.

1. Nach dem Dreikräftesatz schneiden sich Q, C und B im nämlichen Punkt, woraus Richtung von B; Zahlenwert C und B durch Kräfteplan $\mathfrak{Q} + \mathfrak{C} + \mathfrak{B} = 0$, s. Abb. 342; $B = 127$ kg, $C = 267{,}5$ kg.

2. Momentengleichung für Gelenkachse liefert, s. Abb. 341,

$$-Q\cdot 3a\cos\alpha + C\cdot 2a = 0 \quad \text{oder} \quad C = Q\frac{3}{\sqrt{5}} = 268\,\text{kg}$$

wegen $\cos\alpha = 2:\sqrt{5}$. $B = 128$ kg durch einen Kräfteplan.

3. B hat zwei Komponenten B_1 und B_2 in Richtung des Stabes und senkrecht zu ihm. Nach (44a) wird

$$-Q\sin\alpha + B_1 = 0,\quad -Q\cos\alpha + C - B_2 = 0,\quad -Q\cdot 3a\cos\alpha + C\cdot 2a = 0$$

oder $$C = 268\,\text{kg} \quad \text{und} \quad B_1 = 89{,}6\,\text{kg},\; B_2 = 89{,}6\,\text{kg}$$

oder $$B = \sqrt{B_1^2 + B_2^2} = 126{,}4\,\text{kg}.$$

Aufgabe c) Gesucht sind 1. rein analytisch, 2. rein graphisch die Werte der an der Stange der Abb. 343 angreifenden, nach Richtung und Lage gegebenen Kräfte P_1, P_2, P_3, die mit der ebenfalls angreifenden Kraft $Q = 6\,000$ kg im Gleichgewicht sind.

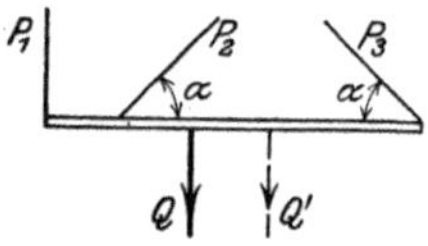

Abb. 343.

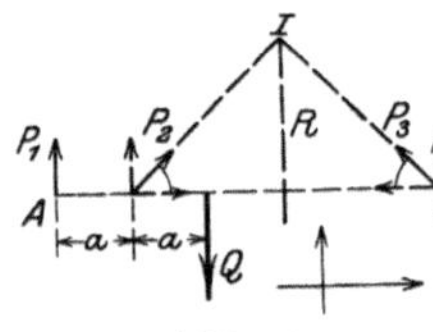

Abb. 344.

Wie groß sind P_1, P_2, P_3, wenn statt Q die gestrichelt eingezeichnete Kraft $Q' = 6000$ kg angreift.

L. M. der Abb. 1 : 200. $\alpha = 45^0$.

Lösung: Die Aufgabe ist statisch bestimmt, da man für den Stab drei Gleichgewichtsbedingungen hat und mit ihnen die drei nur in den Zahlenwerten unbekannten Kräfte ermitteln kann.

1. Rein analytisch nach (44a); Richtungssinn der Unbekannten willkürlich angenommen; Zerlegung in Komponenten längs der Stange und senkrecht zu ihr.

$$P_2\cos 45^0 - P_3\cos 45^0 = 0,\quad -Q + P_1 + P_2\cos 45^0 + P_3\cos 45^0 = 0,$$
$$-Q\cdot a + P_1\cdot 3a = 0,$$

die letzte Gleichung für den Schnittpunkt von P_2 und P_3 als gedachten Drehpunkt. $P_1 = \frac{1}{3}Q = 2000$ kg, $P_2 = 2828\,\text{kg} = P_3$.

Man hätte auch drei Momentengleichungen für die Schnittpunkte I von P_2 und P_3 sowie II von P_3 und P_1 und III von P_1 und P_2 anschreiben können und damit die Zerlegung in Komponenten vermieden.

2. Rein graphisch führt man für P_2 und P_3 eine Resultierende R ein, dann ist Q mit P_1 und R im Gleichgewicht, alle drei schneiden sich im gleichen Punkt, hier im Unendlichen, sie sind also parallel. Nach (44d) wird $P_1 = \frac{1}{3}Q$, $R = \frac{2}{3}Q$; R ist graphisch noch nach P_2 und P_3 zu zerlegen; $P_2 = 2828\,\text{kg} = P_3$.

Wenn Q' statt Q angreift, so wird $P_1 = 0$ nach (9g); Q' ist dann im Gleichgewicht mit P_2 und P_3; es wird $P_2' = 4\,242\,\text{kg} = P_3'$.

Aufgabe d) An der Stange AB der Abb. 345 greifen folgende Kräfte an: bei A und B der Auflagerdruck, bei C das Gewicht der Stange $G = 20$ kg, bei D die Spannung des Seiles DF, bei E die Last $Q = 100$ kg. Gesucht sind auf graphischem Weg die Auflagerdrücke bei A und B, sowie die Spannung des Seiles. Die Reibung ist zu vernachlässigen, ebenso die Dehnung des Seiles.

$$AF = 2\,m, \quad FB = 3\,m, \quad AD = 2\cdot DC = 2\cdot CE = EB.$$

Lösung: Die Aufgabe ist statisch bestimmt; die Stange ist durch drei Auflagerbedingungen festgehalten: zwei Flächenlagerungen und eine Seilverbindung (gleichwertig einer Stabverbindung, wenn sie einen Zug aufnimmt); den drei Auflagerbedingungen entsprechen drei unbekannte Auflagergrößen: Flächendrücke A und B, Seilspannung S.

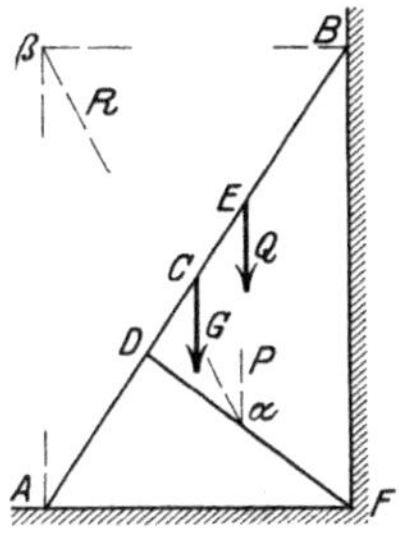

Abb. 345.
L. M. 1 : 100.

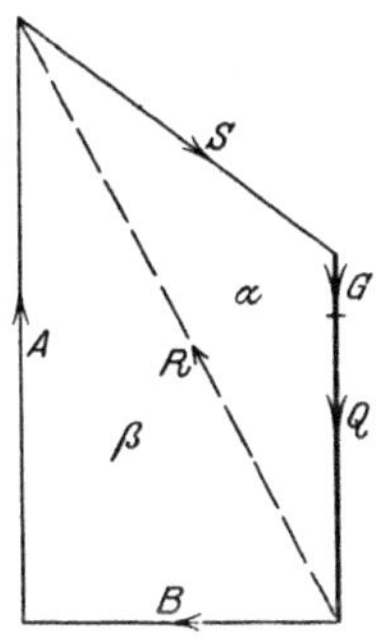

Abb. 346.
K. M. 1 mm = 5 kg.

G und Q zu einer Resultierenden P; Resultierende R von A und B eingeführt, die durch deren Schnittpunkt β geht, dann ist P im Gleichgewicht mit R und S und muß daher sich mit ihnen im nämlichen Punkt α schneiden. Damit ist Lage und Richtung von R gefunden; den Zahlenwert ermittelt ein Kräfteplan $\mathfrak{P} + \mathfrak{R} + \mathfrak{S} = 0$, der dann auch noch R nach A und B zerlegen läßt, s. Abb. 346. $A = 198$ kg, $B = 103$ kg, $S = 129$ kg.

Aufgabe e) Auf zwei in einer horizontalen Geraden sich schneidenden schiefen Ebenen wird für einen symmetrischen Stab vom Gewicht Q die Gleichgewichtslage gesucht. Die Reibung ist zu vernachlässigen.

Lösung: An dem Stab greifen drei Kräfte an, die in der Gleichgewichtslage sich im nämlichen Punkt schneiden müssen, die beiden Auflagerdrücke N_1 und N_2 senkrecht zu je einer schiefen Ebene und das Gewicht Q. Das Krafteck der Abb. 348 liefert die Werte der Auflagerkräfte,

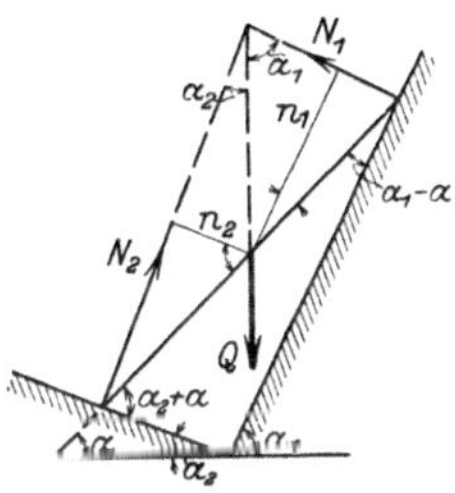

Abb. 347.

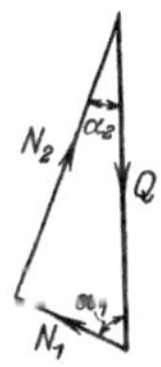

Abb. 348.

$$N_1 : N_2 : Q = \sin\alpha_2 : \sin\alpha_1 : \sin(\alpha_1 + \alpha_2);$$

eine Momentengleichung für den Stabmittelpunkt,

$$N_2 n_2 - N_1 n_1 = 0 \quad \text{oder} \quad N_2 \cos(\alpha_2 + \alpha) = N_1 \cos(\alpha_1 - \alpha),$$

gibt in Verbindung mit der vorausgehenden Gleichung durch

$$\cos(\alpha_2 + \alpha)\sin\alpha_1 = \cos(\alpha_1 - \alpha)\sin\alpha_2$$

die Gleichgewichtslage des Stabes durch Ermittlung des Winkels α; man findet

$$2\,\mathrm{tg}\,\alpha\cdot\sin\alpha_1\,\sin\alpha_2 = \sin(\alpha_1 - \alpha_2).$$

Aufgabe f) bis h) Die Scheibe S der Abb. 349 mit 351 ist mit der Mauer M auf verschiedene Weise verbunden. Man beurteile die Beanspruchung des Mauerwerkes in den verschiedenen Fällen. $P = 1000$ kg.

Lösung: Der Träger ist statisch bestimmt gelagert (vorausgesetzt natürlich, daß kein Ausnahmefall vorliegt), weil in allen Fällen drei Auflagerbedingungen vorhanden sind.

Man ermittelt zunächst die Richtung des Gelenkdruckes A mit Anwendung des Dreikräftesatzes, dann den Zahlenwert von A und B mit einem Kräfteplan.

Im ersten Fall ist das Gelenk gedrückt und der Stab gezogen.

$$A = 2230 \text{ kg}, \qquad B = 2000 \text{ kg}.$$

Im zweiten Fall sucht die Kraft P das Gelenk aus der Mauer herauszuziehen, den Stab drückt sie. $A = 2230$ kg, $B = 2000$ kg.

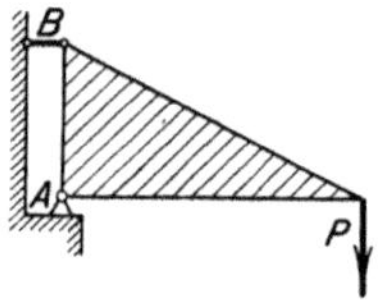

Abb. 349.

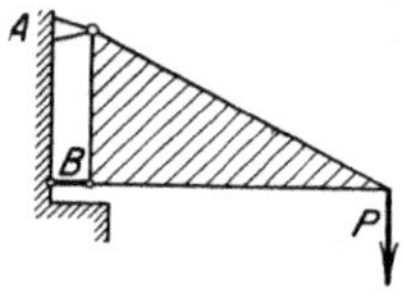

Abb. 350.

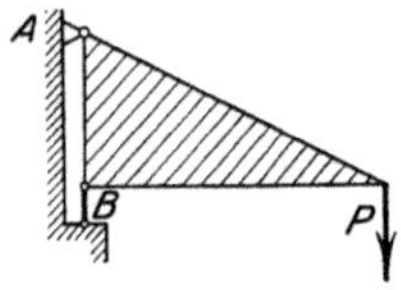

Abb. 351.

Die Befestigung im dritten Fall ist „wackelig", ein Ausnahmefall. Geometrische Überlegung: Die Auflagerung hindert nicht eine sehr kleine Bewegung des Punktes B. Statische Überlegung: P geht nicht durch den Schnittpunkt A der Auflagerkräfte A und B hindurch, nach (9g) müßte also $P = 0$ sein, was einen Widerspruch gäbe, da $P = 1000$ kg vorgeschrieben ist; wenn die gezeichnete Stellung des Trägers möglich wäre, müßte P unendlich groß sein.

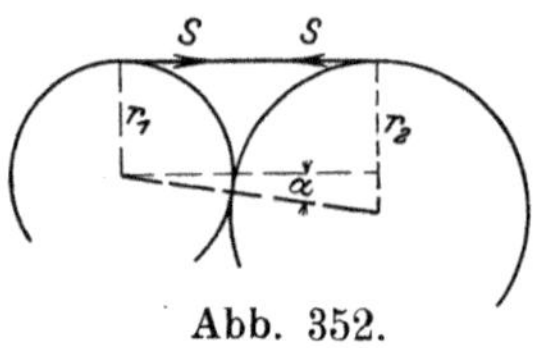

Abb. 352.

Aufgabe i) Zwei Kreiszylinder mit den Radien r_1 und r_2 werden durch eine um sie gelegte Schnur zusammengepreßt, s. Abb. 352. Wie groß ist die Pressung D unter dem Einfluß der Schnurspannung S?

Lösung: Man untersucht den linken Zylinder für sich; an ihm sind die beiden Schnurspannungen S, S und der Pressungsdruck D im Gleichgewicht. Dem zugehörigen Krafteck entnimmt man

$$D = 2\,S \cos\alpha = 4\,S\,\sqrt{r_1\,r_2} : (r_1 + r_2).$$

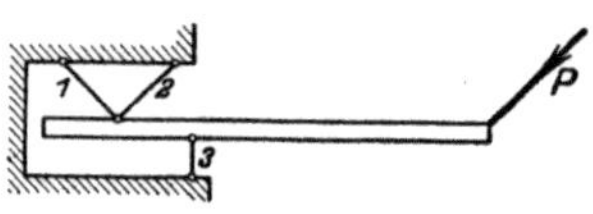

Abb. 353.

Aufgabe k) Die am Stab der Abb. 353 angreifenden Nutzlasten mit einer gegebenen Resultierenden $P = 1000$ kg rufen in den Stäben 1, 2, 3 Spannungen hervor, deren Zahlenwerte gesucht sind.

Lösung: Die Resultierende R von S_1 und S_2 geht durch den Schnittpunkt von P mit S_3. Ein Krafteck $\mathfrak{P} + \mathfrak{S}_3 + \mathfrak{R} = 0$ liefert S_3 und R; letztere Kraft ist noch nach S_1 und S_2 zu zerlegen. $S_1 = -2500$ kg, $S_2 = -1500$ kg, $S_3 = -3500$ kg.

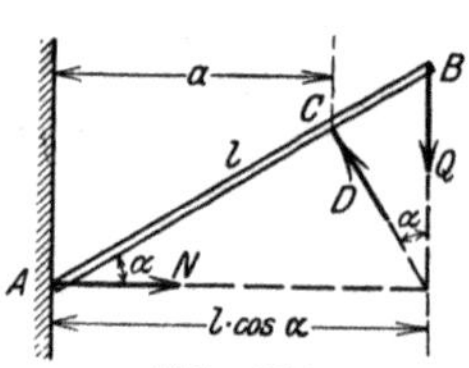

Abb. 354.

Abb. 355.

Aufgabe l) Abb. 354 gibt für den gewichtslos gedachten Stab AB eine Gleichgewichtslage. Er ruht bei C auf einer senkrecht zur Bildebene stehenden Tragstange und stützt sich bei A reibungsfrei gegen eine Wand; am Ende B greift eine Kraft Q lotrecht an. Man bestimme den Winkel α dieser Gleichgewichtslage, wenn a und l gegebene Größen sind, ferner die Auflagerdrücke.

Lösung: Für den Stab als eine Scheibe kann man im Fall des Gleichgewichtes die drei Scheibengleichungen aufstellen und aus ihnen drei Unbekannte ermitteln, die Drücke D und N und den Winkel α. Dem Krafteck der Abb. 355 entnimmt man

$$N = Q \operatorname{tg} \alpha, \qquad D = Q : \cos \alpha.$$

Die Momentengleichung für die Tragstange liefert

$$Q(l \cos \alpha - a) - N l \cos^2 \alpha \sin \alpha = 0$$

oder mit Benützung der vorausgehenden Gleichung

$$a = l \cos^3 \alpha \qquad \text{oder} \qquad \cos \alpha = \sqrt[3]{a : l}.$$

Aufgabe m) Der Kran der Abb. 356 ist bei A durch ein Spurlager, bei B durch ein Halslager gestützt. Das Eigengewicht des Kranes ist ebenso wie die Reibung zu vernachlässigen. Das bei F angreifende Gewicht ist $P = 10000$ kg. Man ermittle

1. die Auflagerkräfte bei A und B,
2. die am Kranbalken DF angreifenden Kräfte,
3. die an der Säule AB angreifenden Kräfte.

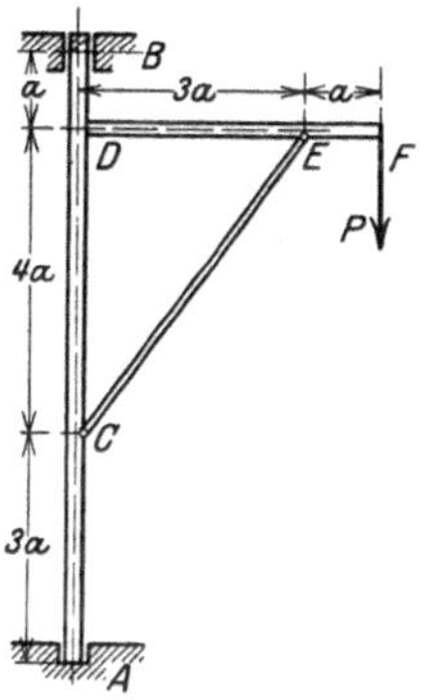

Abb. 356.

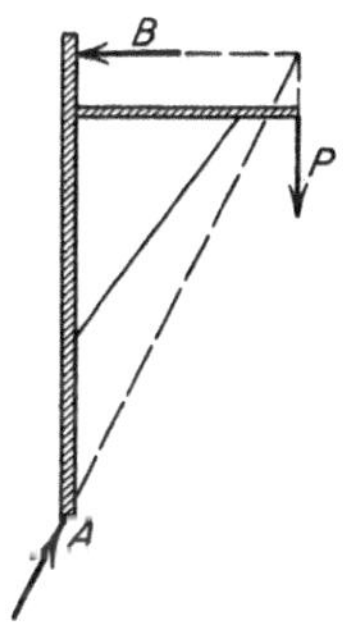

Abb. 357.

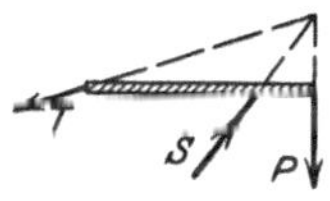

Abb. 358.

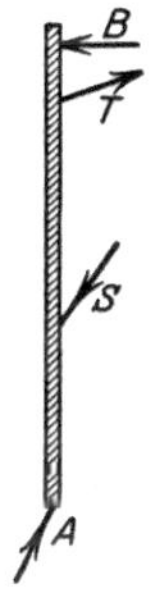

Abb. 359.

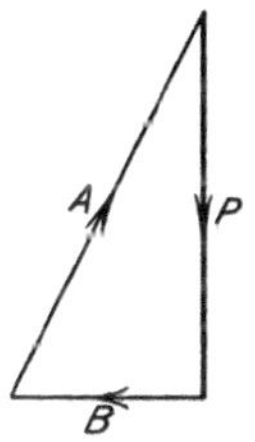

Abb. 360.

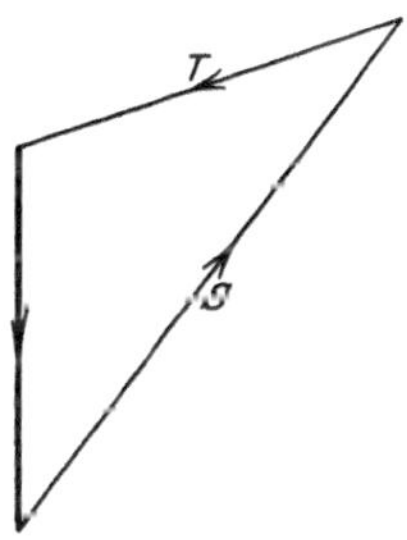

Abb. 361.

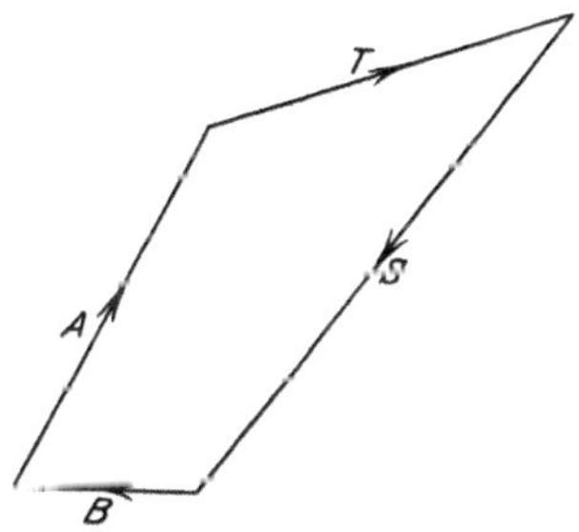

Abb. 362.

K. M. 1 mm = 400 kg.

Lösung: 1. Unter dem Einfluß der Nutzlast P legt sich der Kran am Halslager rechts an und erfährt dort einen Gegendruck B in horizontaler

Richtung, s. Abb. 357; die Richtung des Auflagerdruckes A am Spurlager ist unbekannt, er setzt sich aus zwei Komponenten zusammen, aus dem Gegendruck von der linken Seite des Spurlagers her, an die sich der Kran anlegt, und aus dem nach oben gehenden Gegendruck von der horizontalen Lagerfläche her. Man findet die Richtung von A mit dem Dreikräftesatz, seinen Zahlenwert und den von B durch ein Krafteck $\mathfrak{P} + \mathfrak{A} + \mathfrak{B} = 0$, s. Abb. 360. $A_h = 5\,000$ kg, $A_v = 10\,000$ kg, $A = 11\,200$ kg, $B = 5\,000$ kg.

2. Ebenso findet man die am Kranbalken DF angreifenden Kräfte, s. Abb. 358; von der Stabspannung S ist vorausgesetzt, daß sie in Richtung der Strebe wirkt, weil diese, ebenso wie die Stäbe eines Stabverbandes, als unendlich dünn gedacht ist. Man findet $S = 16\,700$ kg, $T = 10\,600$ kg, s. Abb. 361.

3. Die an der Säule allein angreifenden Kräfte, s. Abb. 359, sind die beiden Lagerdrücke A und B und die bereits ermittelten Kräfte S und T. Die letzten beiden sind, da sie jetzt an der Säule angreifen, als Reaktionskräfte mit dem umgekehrten Pfeil in den Kräfteplan einzusetzen. Dieser, $\mathfrak{B} + \mathfrak{A} + \mathfrak{T} + \mathfrak{S} = 0$ nach Abb. 362, dient als Kontrolle für die Richtigkeit der Lösung der ersten beiden Aufgaben.

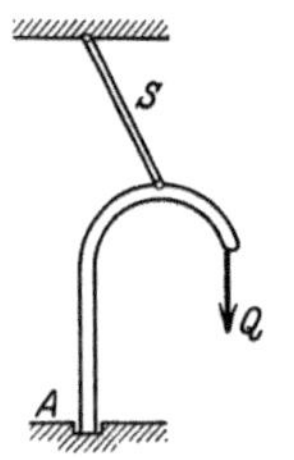

Abb. 363.

Aufgabe n) Abb. 363 gibt die Skizze eines Gießereikranes. Gesucht ist der Auflagerdruck A unter dem Einfluß der Nutzlast $Q = 2\,500$ kg.

Lösung: Nutzlast Q, Stabspannung S und Auflagerdruck A schneiden sich im gleichen Punkt, den Zahlenwert $A = 1\,175$ kg gibt das Krafteck.

Aufgabe o) Man ermittle mit einem Seileck die Auflagerkräfte, die der Balken der Abb. 364 unter dem Einfluß der Nutzlasten $P_1 = 365$ kg, $P_2 = 300$ kg, $P_3 = 1\,120$ kg erfährt.

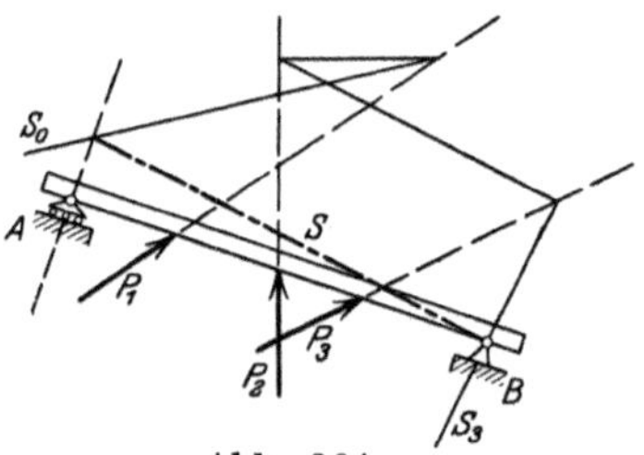

Abb. 364.

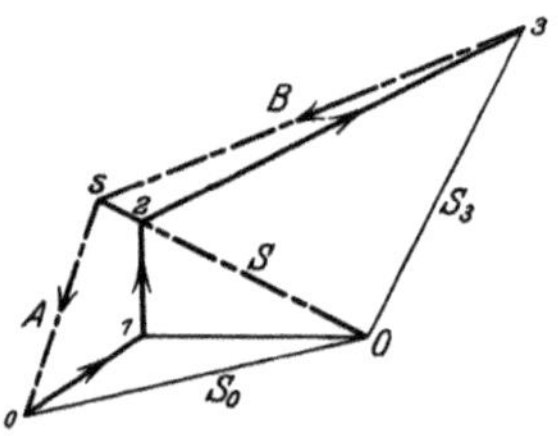

Abb. 365. K. M. 1 mm = 40 kg.

Lösung: Man beginnt den Kräfteplan mit dem Krafteck $\mathfrak{P}_1 + \mathfrak{P}_2 + \mathfrak{P}_3$, dann wählt man den Pol O passend und zeichnet das Seileck gleichfalls in den Lageplan ein, wobei man mit dem letzten Strahl S_3 beginnt und diesen durch das Auflager B legt (weil man die Richtung des Auflagerdruckes B nicht kennt). Die Schlußlinie S geht durch das Auflager B und den Schnittpunkt von A mit S_0; sie wird dann in den Kräfteplan eingetragen, vom Punkt 0 aus geht die Auflagerkraft A, durch deren Schnittpunkt mit S geht nach (**39f**) die Auflagerkraft B. Man entnimmt dem Kräfteplan $A = 590$ kg, $B = 1\,200$ kg.

Aufgabe p) Kann die Stabkette der Abb. 366a im Gleichgewicht sein, wenn P_I und P_{III} beliebig gegeben sind?

Lösung: Die Reibung wird vernachlässigt, die Stäbe sind gewichtslos vorausgesetzt. Dann gehen die Gelenkdrücke bei C und D in Richtung des

Stabes II und müssen entgegengesetzt gleich sein. Auf jede der Scheiben I und III wende man den Dreikräftesatz an und findet so die Richtung der Ge-

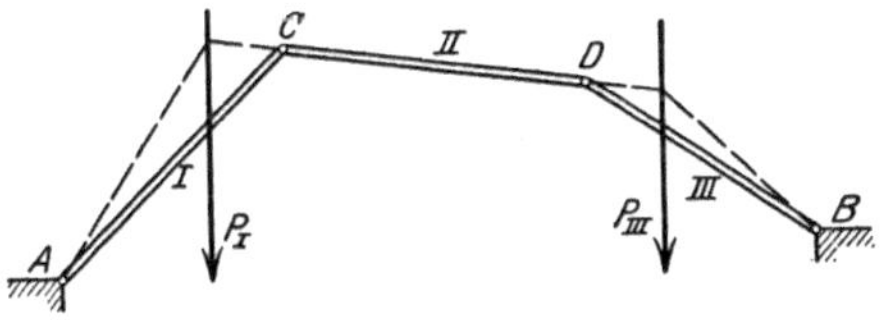

Abb. 366a.

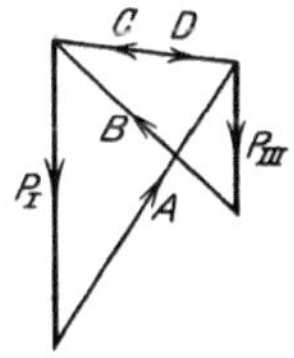

Abb. 366b.

lenkdrücke bei A und B und dann mit einfachen Kraftecken deren Zahlenwerte. Wenn also $P_I = 1000$ kg gegeben ist, dann muß P_{III} so gewählt werden, daß $C = D$, also $P_{III} = 490$ kg, s. Abb. 366b.

Statisch bestimmtes ebenes Fachwerk.

51. Fachwerkscheibe nennt man eine Scheibe, die aus einzelnen Stäben zusammengesetzt ist. Die Scheibe ist ein starrer ebener Körper, also auch die Fachwerkscheibe. Man wird zunächst ein erstes Bild der Fachwerkscheibe untersuchen, an das die praktischen Fälle mehr oder minder herankommen, und definiert: die Fachwerkscheibe ist gebildet aus unendlich dünn gedachten Stäben, die in den Endpunkten (Knotenpunkte genannt) miteinander gelenkartig verbunden sind. Die Verbindung und die Zahl der Stäbe muß so sein, daß ein an der Scheibe angreifendes Kräftesystem keine gegenseitige Verschiebung der einzelnen Knotenpunkte hervorruft, wenn die Stäbe starr sind. Eine Änderung der Form und der Lage der Scheibe kann also nur durch eine Längenänderung der Stäbe herbeigeführt werden.

Dieses Bild soll der Wirklichkeit gegenübergestellt werden. In der Praxis war der Name „Fachwerk" schon frühzeitig in Gebrauch für hölzerne Träger, die aus einzelnen Balken zusammengesetzt waren (beispielsweise Fachwerkbau bei Häusern), und ist jetzt noch in Gebrauch für alle Träger, die sich aus Stäben zusammensetzen, oft unabhängig von der Zahl dieser Stäbe, von ihrer Stärke und ihrer Verbindung in den Eckpunkten, oft auch unabhängig davon, daß der Verband, wenn die Stäbe unendlich dünn vorausgesetzt würden, in sich beweglich wäre („labiles" Fachwerk). Man unterscheidet in der Praxis häufig nicht zwischen Fachwerk und Fachwerkträger, so daß sich die Bezeichnung „Fachwerkscheibe" als eine unzweideutige rechtfertigt, die also eine in ihrer Ebene vollkommen frei bewegliche Scheibe vorstellt. Erst durch ihre Verbindung mit der Erde wird sie zu einem Träger, den man dann Fachwerkträger nennt. Will man zwischen Fachwerk (statt Fachwerkscheibe) und Fachwerkträger unterscheiden, so ist es vielleicht zweckmäßig von einem „freien Fachwerk“ (statt Fachwerkscheibe) zu sprechen.

Man beachte, daß wir zunächst nur ein erstes Bild der Fachwerkscheibe untersuchen, und daß wir deswegen auch nur eine erste Annäherung an die tatsächlich auftretenden Verhältnisse haben. Wie weit dieses erste Bild, diese erste Annäherung an die Wirklichkeit herankommt und zulässig ist, muß an späterer Stelle noch genauer untersucht werden. Der Vorteil, den man durch die Einführung des Bildes gewinnt, ist ein erheblicher. Vorausgesetzt ist auch noch, daß die Einzellasten nur an den Knotenpunkten der Scheibe angreifen.

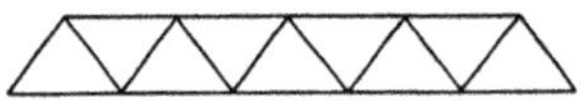

Abb. 367a.

Abb. 367b.

Abb. 367c.

Abb. 367d.

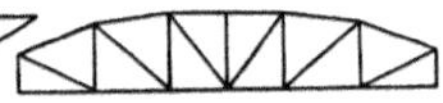

Abb. 367e.

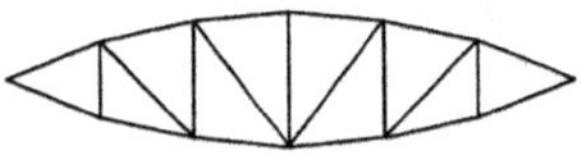

Abb. 367f.

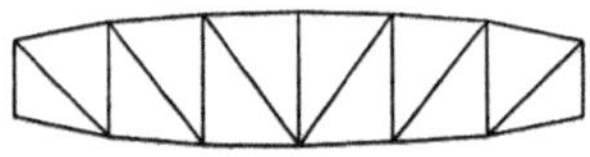

Abb. 367g.

In Wirklichkeit sind die Stäbe nicht unendlich dünn, sondern haben einen endlichen Querschnitt. In vereinzelten Fällen sind sie auch schwach gekrümmt. Die Verbindung der einzelnen Stäbe untereinander wird in den selteneren Fällen gelenkartig sein, meistens sind sie in den Enden einfach zusammengenietet; als Knotenpunkte der Stäbe sind dann die Schnittpunkte der Stabachsen zu betrachten. Und wenn die Stabenden gelenkartig verbunden sind, so werden bei Drehung Reibungen überwunden, die im Bild als nicht vorhanden zu betrachten sind. Die einzelnen Stäbe werden in erster Annäherung als starr und erst in zweiter Annäherung als elastisch betrachtet, in Wahrheit sind sie elastisch fest, auf die durch die Elastizität hervorgerufene Formänderung ist in zweiter Annäherung wohl Rücksicht zu nehmen. Der Vorteil, den man durch die Einführung des Bildes der Fachwerkscheibe hat, ist zunächst der, daß die einzelnen Stäbe nur Zug und Druck aufnehmen können, und daß Zug oder Druck in die Stabachse fallen. Damit dies zutrifft, dürfen die äußeren Kräfte nur in den Knotenpunkten angreifen. Fachwerke, die außerhalb der Knoten Lasten aufnehmen, sind im allgemeinen als fehlerhaft zu bezeichnen. Die Gewichte der Stäbe greifen freilich nicht in den Knotenpunkten an, sie sind aber so klein, daß man nur einen verschwindend kleinen Fehler macht, wenn man sie auf die beiden Endpunkte des Stabes verteilt.

Die meisten aus Stäben zusammengesetzten Raumkonstruktionen lassen sich als aus Fachwerkscheiben zusammengesetzt erkennen. Um etwa einen Raum zu überdachen, wird man eine gewisse Anzahl von kongruenten Fachwerkscheiben, „Binder“ oder „Dachbinder“ genannt, parallel nebeneinander auf die Mauer setzen. Sie bilden die Tragunterlage für das Dach und dessen Belastung. Das Dach selbst besteht aus der Bedeckung (Ziegel, Schiefer, Blech, Glas usw.) und deren allenfallsiger Unterlage, die auf den quer vom First zur Traufe gehenden Sparren aufliegt; diese ihrerseits werden getragen von den parallel mit dem First verlaufenden und auf den Bindern aufruhenden Pfetten oder Fetten. Außer dem Eigengewicht kommt als Dachbelastung noch Schneelast und Winddruck in Betracht. Eigengewicht, Schneelast und Winddruck werden durch die Binder auf das Mauerwerk übertragen.

Je nach der Gestalt des Binders unterscheidet man das Dach als Satteldach (deutscher Binder, s. Abb. 371, englischer Binder, s. Abb. 373, Wiegmann- oder Polonceaubinder, s. Abb. 369), Pultdach, Konsol- oder Kragdach, Mansardendach, Sägedach, Hallendach usw. Bei einem solchen Binder unterscheidet man die einzelnen Stäbe als Gurtstäbe, die die obere und untere Begrenzung des Binders bilden, den Ober- und Untergurt. Die inneren Stäbe, die die Füllung bilden, auch Füllungs- oder Wandstäbe genannt, unterscheidet man noch als Vertikalstäbe oder Vertikalpfosten und Diagonalen oder Streben. Bei einigen Fachwerken, s. Abb. 375, treten keine Vertikalstäbe auf, man hat nur Streben oder Diagonalen.

Die Fachwerkscheibe findet im Hochbau und besonders im Eisenhochbau für alle möglichen Zwecke noch Verwendung, als Unterzug bei Deckenkonstruktionen, bei Hallenbauten, als Element von Säulen usw. Im Brückenbau ist ihre Anwendung gewöhnlich folgende: man überdeckt eine Öffnung durch zwei oder mehrere Fachwerkscheiben (Tragscheiben), verbindet diese durch Querträger und andere Sekundärkonstruktionen, und erhält so eine Brücke. Neben der früher schon angegebenen Einteilung vom statischen Gesichtspunkt aus in Balkenträger, Bogenträger und Hängebogenträger wird man der Gestalt nach die Brückenträger einteilen in Parallelträger mit parallelen geraden Gurtlinien, s. Abb. 367 a, b, und Vieleckträger (Bogensehnenträger, s. Abb. 367 c, d, e, und Linsenträger, s. Abb. 367 f, g.)

Als Gerüst für Hebevorrichtungen kommt die Fachwerkscheibe in den verschiedensten Formen zur Anwendung.

Beispiel a) Die Stabkette der Abb. 263 oder 265 ist keine Fachwerkscheibe, weil die einzelnen Stäbe ihre gegenseitige Lage verändern können. Auch der Verband der Abb. 356 ist keine Fachwerkscheibe, Abb. 358 und 359 zeigten ja, daß die Säule AB und der Kranbalken DF nicht nur auf Zug und Druck beansprucht sind.

Beispiel b) Der Stabverband der Abb. 368a ist keine Fachwerkscheibe, weil ein Knotenpunkt noch einen Freiheitsgrad hat; im Begriff „Scheibe“ ist eben die starre Verbindung schon enthalten.

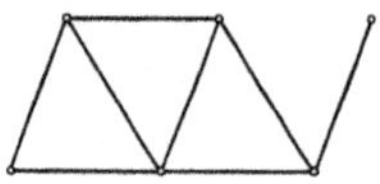
Abb. 368a.

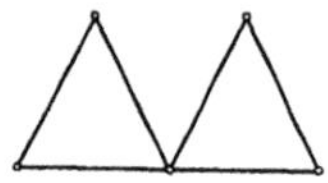
Abb. 368b.

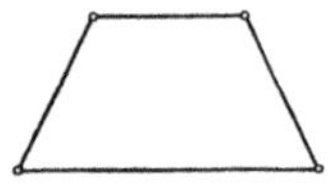
Abb. 368c.

Beispiel c) Auch der Stabverband der Abb. 368b ist nicht starr, stellt also keine Fachwerkscheibe vor; die beiden Dreiecke haben gegeneinander noch eine Bewegungsmöglichkeit. Ebensowenig ist die Stabverbindung der Abb. 368c als starr zu betrachten.

Beispiel d) Der Polonceau-Binder der Abb. 369 überträgt die Dachlast (Bedeckung, Sparren, Pfetten) auf das Mauerwerk. Dabei nimmt man gewöhnlich an, daß ein jeder Knotenpunkt diejenige Last

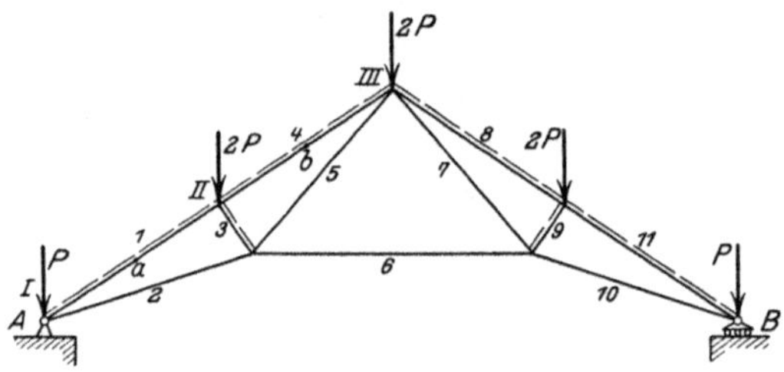

Abb. 369.

aufnimmt, die zwischen den Mittelpunkten der beiden an ihm angreifenden Stäbe des Obergurtes liegt. Der Knoten II der Abbildung

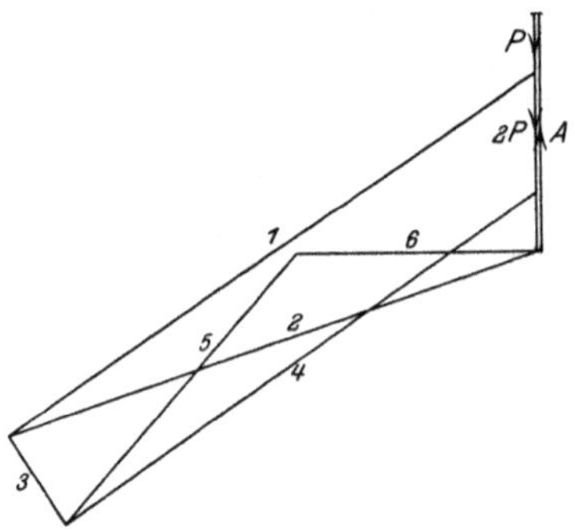

Abb. 370. K. M. 1 mm = 400 kg.

nimmt nach dieser Annahme sonach denjenigen Teil der gesamten Dachlast auf, der zwischen den beiden Stabmittelpunkten a und b liegt. Bezeichnet man diese Last mit 2 P, so muß dementsprechend der Knoten I nur die Last P aufnehmen. Die gesamte Dachlast, die der Binder aufnimmt und überträgt, ist 8 P, der Symmetrie wegen sind die Auflagerkräfte $A = 4P =$ B. Man beginnt mit dem linken

Knotenpunkt I und zeichnet einen Cremonaplan, so wie Abb. 370 zeigt. Es ist nicht notwendig, den ganzen Kräfteplan zu zeichnen, weil die beiden Hälften des Binders symmetrisch und symmetrisch beansprucht sind. Die Spannungen sind alle in der nachfolgenden Tabelle eingetragen, unter der Voraussetzung $P = 2\,000$ kg. Im Lageplan sind die gedrückten Stäbe durch gestrichelte Linien gekennzeichnet, die neben diesen Stäben herlaufen. Nach dieser Kennzeichnung sind die Stäbe 2, 5, 6, 7, 10 gezogen und die Stäbe 1, 3, 4, 8, 9, 11 gedrückt. Man beachte noch, was freilich selbstverständlich ist, daß die Stäbe des Obergurtes alle gedrückt und die des Untergurtes alle gezogen sind.

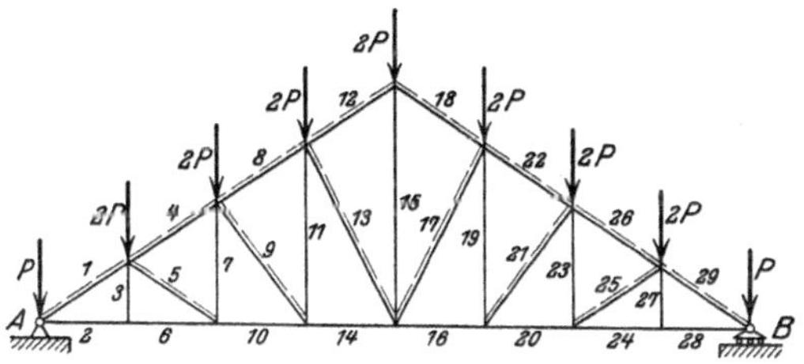

Abb. 371.

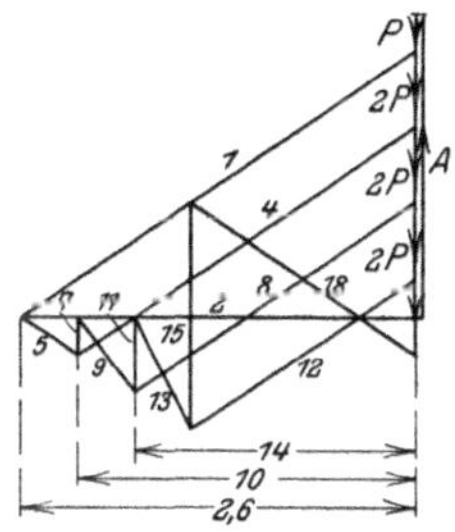

Abb. 372.
K. M. 1 mm = 400 kg.

Beispiel e) Der deutsche Binder der Abb. 371 überdacht die nämliche Öffnung wie der Polonceau-Binder des vorangehenden Beispiels. Auch die Höhe und die Belastung ist gleich angenommen, wenn man $P = 1\,000$ kg setzt. Abb. 372 gibt den Cremonaplan für die Stabspannungen und die nachfolgende Tabelle deren Zahlenwerte.

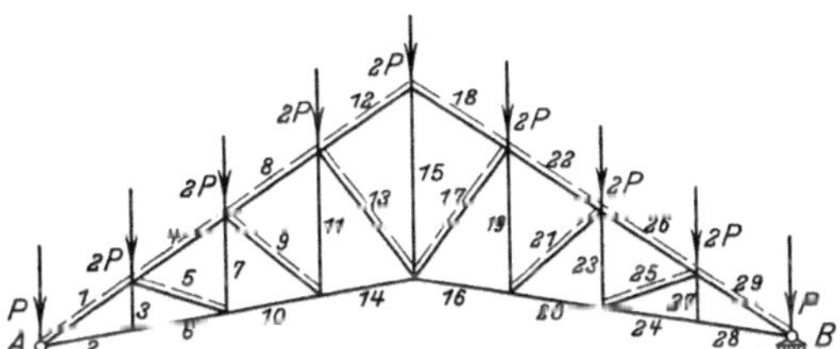

Abb. 373.

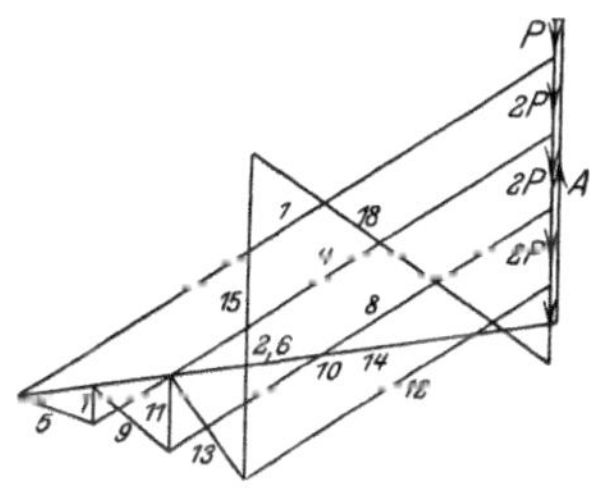

Abb. 374.
K. M. 1 mm = 400 kg.

Beispiel f) Der englische Binder der Abb. 373 hat die gleichen Hauptabmessungen wie die Binder der beiden vorangehenden Beispiele; Abb. 374 gibt den Cremonaplan für die Spannungen, die dem Plan entnommenen Zahlenwerte sind in die Tabelle eingetragen.

Man beachte die verschiedene Beanspruchung der drei Binder, die wesentlich durch deren Form bedingt ist. Naturgemäß müssen die Spannungen um so größer sein, einen je kleineren Winkel die beiden vom Auflager weggehenden Gurtstäbe haben.

Beispiel g) Auf dem Träger der Abb. 375 ruhen in den Knotenpunkten I, II, III, IV die Querträger auf und auf diesen wieder die Sekundärlängsträger *a*, *b*, *c*, *d*, *e*, die zunächst den Lastenzug $P_1 = 8\,t$, $P_2 = P_3 = P_4 = P_5 = 4\,t$ aufnehmen. Man kann die auf die Querträger und damit auf die Knotenpunkte übertragenen Lasten analytisch mit dem Hebelsatz ermitteln. Der Sekundärträger *a* ist unbelastet; der Sekundärträger *b* überträgt auf den Knoten I die Last $2\,t$ und auf den Knoten II die Last $6\,t$; der Sekundärträger *c* überträgt auf den Knoten II die Last $1\,t$ und auf den Knoten III die Last $3\,t$; vom Träger *d* her werden die Querträger über III und IV und damit diese Punkte selbst je mit $4\,t$ belastet, und vom Träger *e* her der Punkt IV mit $3\,t$ und der Punkt V mit $1\,t$. Letztere Last wird unmittelbar vom Erdboden aufgenommen, hat also auf den untersuchten Träger keinen Einfluß mehr.

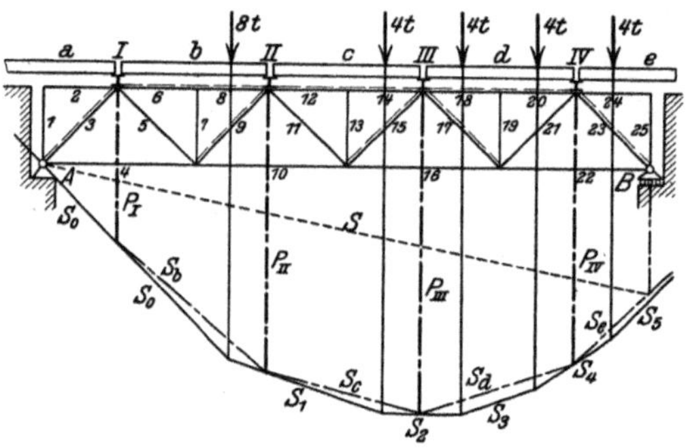

Abb. 375.
L. M. 1 : 100.

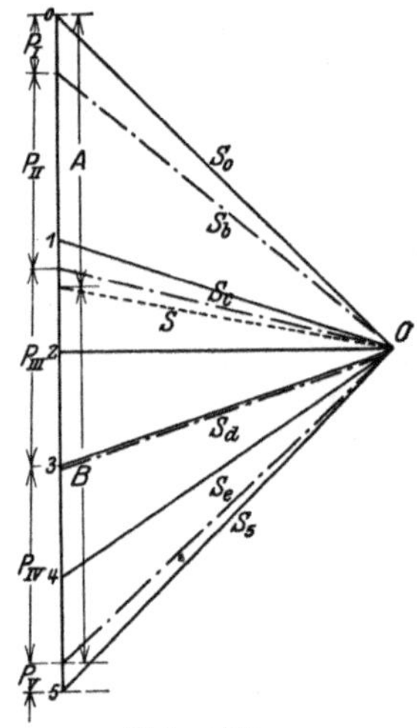

Abb. 376.
K. M. 1 mm = 400 kg.

Es werden demnach durch die Knotenpunkte der oberen Gurtung insgesamt aufgenommen: $P_I = 2\,t$, $P_{II} = (6 + 1)\,t$, $P_{III} = (3 + 4)\,t$, $P_{IV} = (4 + 3)\,t$. Diese an der Fachwerkscheibe angreifenden Lasten P_I, P_{II}, P_{III}, P_{IV} rufen die Auflagerkräfte $A = 9\frac{5}{8}\,t$, $B = 13\frac{3}{8}\,t$ hervor, wie eine Momentengleichung für das linke oder rechte Auflager angibt.

Graphisch findet man die an den Knotenpunkten angreifenden Lasten sowie die Auflagerkräfte am einfachsten mit Hilfe des Seileckes, wie die Abb. 375 und 376 zeigen. In diesen ist $O\,0\,1$ der

Kräfteplan und $S_0 S_1$ das Seileck für den Sekundärträger b; S_b ist die Schlußlinie für diesen Träger, sie schneidet im Kräfteplan auf P_1 die beiden Auflagerkräfte $P_I = 2\,t$ und $P'_{II} = 6\,t$ aus. Entsprechend ist $O\,1\,2$ der Kräfteplan und $S_1 S_2$ das Seileck für den benachbarten Sekundärträger c; die zugehörige Schlußlinie S_c schneidet im Kräfteplan wieder die Auflagerkräfte für den Sekundärträger ab, nämlich $P''_{II} = 1\,t$ und $P'_{III} = 3\,t$. Es ist dann $P_{II} = P'_{II} + P''_{II} = 7\,t$. Entsprechend findet man die Schlußlinien S_d, S_e zu den Sekundärträgern d und e und mit ihrer Hilfe die auf die Knoten III und IV wirkenden Kräfte $P_{III} = 7\,t$, $P_{IV} = 7\,t$. Für das Lastensystem P_I, P_{II}, P_{III}, P_{IV} ist dann S_0, S_b, S_c, S_d, S_e das Seileck und S die zugehörige Schlußlinie, die im Kräfteplan A und B ausschneidet.

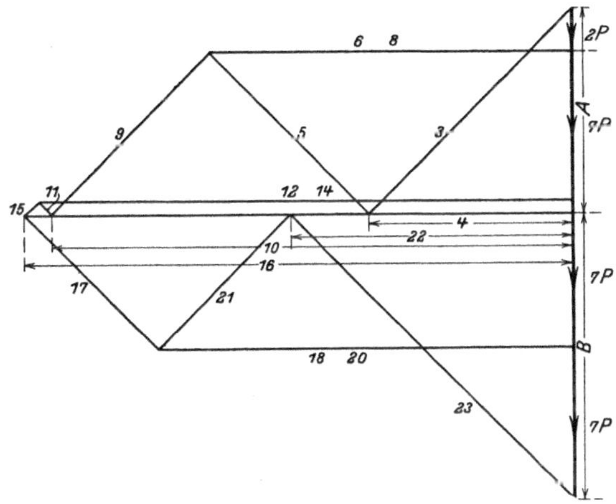

Abb. 377. K. M. 1 mm = 400 kg.

Abb. 377 liefert noch den Cremonaplan für das Spannungssystem unter dem Einfluß des gegebenen Lastenzuges, die dem Plan entnommenen Werte sind in der Tabelle zusammengestellt.

	Abb. 369	Abb. 371	Abb. 373	Abb. 375
1	− 21,05	− 12,6	− 16,85	0
2	+ 19,0	+ 10,5	+ 14,2	0
3	− 3,6	0	0	− 13,65
4	− 19,45	− 10,8	− 14,45	+ 9,05
5	+ 12,0	− 1,8	− 2,1	+ 10,75
6	+ 8,1	+ 10,5	+ 14,2	− 17,25
7	+ 12,0	+ 1,0	+ 1,0	0
8	− 19,45	− 9,0	− 12,0	− 17,25
9	− 3,6	− 2,5	− 2,65	− 10,75

	Abb. 369	Abb. 371	Abb. 373	Abb. 375
10	+ 19,0	+ 9,0	+ 12,2	+ 24,85
11	— 21,65	+ 2,0	+ 2,0	+ 0,95
12	—	— 7,2	— 9,65	— 25,5
13	—	— 3,3	— 3,35	0
14	—	+ 7,5	+ 10,1	— 25,5
15	—	+ 6,0	+ 8,65	— 0,95
16	—	+ 7,5	+ 10,1	+ 26,15
17	—	— 3,3	— 3,35	— 9,0
18	—	— 7,2	— 9,65	— 19,8
19	—	+ 2,0	+ 2,0	0
20	—	+ 9,0	+ 12,2	— 19,8
21	—	— 2,5	— 2,65	+ 9,0
22	—	— 9,0	— 12,0	+ 13,35
23	—	+ 1,0	+ 1,0	— 18,9
24	—	+ 10,5	+ 14,2	0
25	—	— 1,8	— 2,1	0
26	—	— 10,8	— 14,45	—
27	—	0	0	—
28	—	+ 10,5	+ 14,2	—
29	—	— 12,6	— 16,85	—

52. Def. Die Fachwerkscheibe heißt statisch bestimmt, wenn die Ermittlung der Stabspannungen eine statisch bestimmte Aufgabe ist, (a)

wenn die Stabspannungen sich also mit alleiniger Anwendung der Sätze der Statik starrer Körper ermitteln lassen.

In einer Fachwerkscheibe werden n Knotenpunkte durch m Stäbe verbunden. Es treten sonach m Stabspannungen auf, ferner dürfen nach **44** an der Scheibe auch drei dem Zahlenwert nach unbekannte äußere Kräfte angreifen, weil man für jede Scheibe, gleichgültig wie sie entstanden ist, drei Gleichgewichtsbedingungen anschreiben kann. Für diese $m+3$ Unbekannten, nämlich m Stabspannungen und drei äußere Kräfte, muß man $m+3$ Gleichungen aufstellen, wenn ihre Ermittlung auf dem gewöhnlichen rechnerischen Wege erfolgen soll. Die Scheibe ist als im Gleichgewicht befindlich vorausgesetzt, dann ist auch jeder einzelne Knotenpunkt im Gleichgewicht. Für jeden dieser einzelnen Knotenpunkte lassen sich zwei Gleichgewichtsbedingungen aufstellen, nach **14**, siehe auch Beispiel 37a), für die n Knotenpunkte der Scheibe somit $2n$. (Unter diesen $2n$ Knotenpunktsgleichgewichtsbedingungen befinden sich natürlich auch die drei Scheibengleichgewichtsbedingungen, da ja die Tatsache des Scheibengleichgewichts erst durch das Gleichgewicht aller Knotenpunkte gegeben ist.) Es muß daher $m + 3 = 2n$ sein, wenn die für alle einzelnen Knotenpunkte aufgestellten, d. h. die für die Scheibe überhaupt möglichen Gleichgewichtsbedingungen hinreichen sollen zur Ermittlung der Stabspannungen und der äußeren Kräfte, oder mit anderen Worten:

$$m + 3 = 2n \qquad \text{bzw.} \qquad m = 2n - 3 \tag{b}$$

ist die notwendige Bedingung dafür, daß das Fachwerk statisch bestimmt ist.

Eine notwendige, aber noch nicht hinreichende Bedingung! Es kann ja immer noch der Ausnahmefall möglich sein, und man zählt ein Fachwerk, das einen Ausnahmefall bildet, zu den statisch unbestimmten Fachwerken, weil die Berechnung eines solchen Ausnahmefalles mit den Mitteln der Festigkeitslehre zu erfolgen hat.

Beispiel a) Die Tragscheibe der Abb. 385 hat vier Knotenpunkte, die Stabzahl ist $5 = 2 \cdot 4 - 3$, also statisch bestimmte Fachwerkscheibe, wenn der Ausnahmefall nicht vorhanden.

Beispiel b) Die Tragscheibe der Abb. 394 hat 8 Knotenpunkte und $13 = 2 \cdot 8 - 3$ Stäbe, also statisch bestimmte Fachwerkscheibe, wenn der Ausnahmefall nicht auftritt.

Beispiel c) Die Tragscheibe der Abb. 396 hat 6 Knotenpunkte und $9 = 2 \cdot 6 - 3$ Stäbe, der Ausnahmefall tritt nicht auf (später ersichtlich), somit statisch bestimmte Fachwerkscheibe.

Beispiel d) Die Tragscheibe der Abb. 356 ist keine Fachwerkscheibe, wenn sie zuweilen auch die Benennung Fachwerk haben mag; die Stäbe sind nicht in den Endpunkten miteinander verbunden, auch greifen die äußeren Kräfte nicht in den Knotenpunkten an.

Beispiel e) Für den Dachbinder der Abb. 369 ist $n = 7$, $m = 11$; für die Binder der Abb. 371 und 373 ist $n = 16$, $m = 29$; für den Träger der Abb. 375 ist $n = 14$, $m = 25$. Es ist also jedesmal die Bedingung (b) erfüllt; der Ausnahmefall ist nicht vorhanden (später ersichtlich), die Träger dieser Abbildungen sind also statisch bestimmte Fachwerkscheiben.

Beispiel f) Der Stabverband der Abb. 378 ist nicht statisch bestimmt, wenn auch die Bedingung (b) erfüllt ist, $9 = 2 \cdot 6 - 3$; er ist überhaupt keine Fachwerkscheibe, da ja ein Knotenpunkt noch eine Bewegungsmöglichkeit hat.

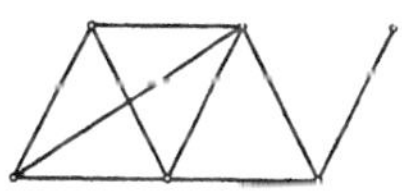
Abb. 378.

Für die Fachwerkscheibe ist schon im Begriff „Scheibe" die Bedingung enthalten, daß sie starr ist. Es kann aber gefragt werden, mit welcher geringsten Stabzahl kann man n Punkte zu einer Scheibe vereinigen. Man definiert:

Eine kinematisch oder **geometrisch bestimmte Fachwerkscheibe** hat die Eigenschaft: Starrheit bei geringster Stabzahl. (c)

Sind mehr Stäbe vorhanden als unbedingt notwendig, so nennt man die Fachwerkscheibe geometrisch unbestimmt; genauer sollte man sagen „geometrisch überbestimmt“. Man beachte aber noch, was in **55** über „schlaffe Diagonalen“ gesagt ist.

Wenn man zwei Punkte I, II zu einer Scheibe vereinigen will, so hat man dazu nur einen Verbindungsstab nötig. Diese Fachwerkscheibe, hier im speziellen Fall nur ein Stab, ist dann geometrisch bestimmt. Ein weiterer Punkt III wird durch zwei Stäbe 2 und 3 an den Stab starr angeschlossen. Die neue Fachwerkscheibe, das Dreieck I II III, benötigt also drei Stäbe für die drei Knotenpunkte, um geometrisch bestimmt zu sein. Einen vierten Punkt IV gliedert man starr an das Dreieck an, indem man ihn durch zwei Stäbe mit irgend zweien der Knotenpunkte I, II, III verbindet. Die geringste Stabzahl, um vier Punkte zu einer Scheibe zu vereinigen, ist somit fünf. In Abb. 379 ist der Punkt IV durch drei Stäbe mit der schon vorhandenen Scheibe starr verbunden, das System I, II, III, IV bildet jetzt freilich auch eine Fachwerkscheibe, aber eine geometrisch überbestimmte, weil die Verbindung nicht durch die geringstmögliche Stabzahl geschehen ist, und zwar eine einfach geometrisch überbestimmte, weil ein Stab mehr als notwendig vorhanden ist. Einen weiteren Punkt V wird man wieder durch zwei Stäbe an irgend zwei Knoten der Scheibe I II III IV starr angliedern. Die Möglichkeit der Angliederung ist hier naturgemäß eine größere als im vorigen Fall. Nicht in Betracht kommen kann die Angliederung durch zwei Stäbe, die in der nämlichen Geraden liegen, etwa durch die Stäbe I V und III V, da diese Verbindung keine starre ist; der Knoten V hätte noch eine (sehr kleine) Bewegungsmöglichkeit senkrecht zu diesen Stäben I V und III V, man

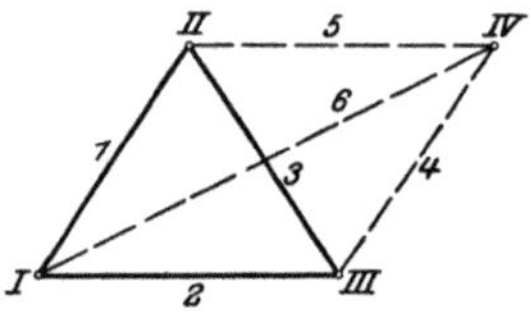

Abb. 379.

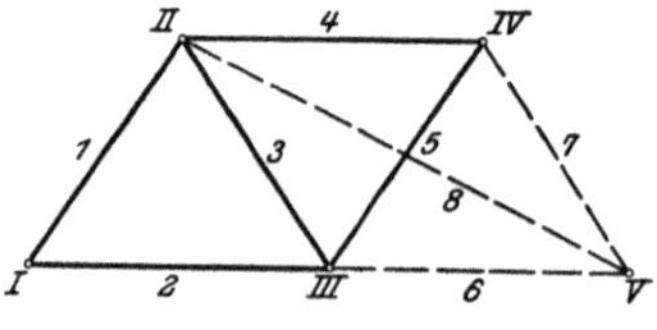

Abb. 380.

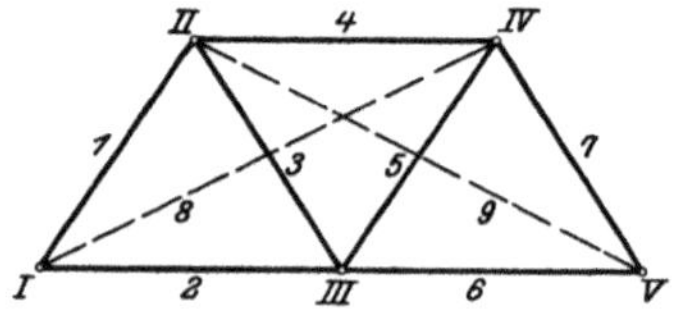

Abb. 381.

hätte den Ausnahmefall. Für die fünf Knotenpunkte ist somit sieben die geringste Stabzahl, um Starrheit zu erreichen. Abb. 380

stellt eine geometrisch überbestimmte Fachwerkscheibe vor, ebenso Abb. 381, und zwar ist letztere zweifach geometrisch überbestimmt, weil zwei Stäbe mehr als notwendig vorhanden sind, und erstere einfach geometrisch überbestimmt. Welche Stäbe dabei als überzählig anzusprechen sind, ist nicht gesagt. Man kann im Fall der Abb. 381 ebensowohl die Stäbe 8 und 9 als überzählig betrachten wie irgend zwei andere, nur keine solchen, etwa 1 und 2, durch deren Wegnahme die Fachwerkscheibe zu einem beweglichen Stabverband würde, oder zum Ausnahmefall, beispielsweise wenn man Stab 3 und 5 beseitigt.

Geht man so von einem Stab als Element einer Fachwerkscheibe aus, so sieht man, wie jeder neue Knotenpunkt durch je zwei Stäbe an die schon bestehende Scheibe angeschlossen wurde. Will man auf diese Weise n Knotenpunkte zu einer Scheibe zusammenfassen, so überlegt man, daß man für die ersten zwei Knotenpunkte nur einen Stab benötigt, um sie starr zu verbinden, für die übrigen $n - 2$ Punkte aber $2(n - 2)$ Stäbe; zusammen also $1 + 2(n - 2)$ oder $m = 2n - 3$ Stäbe, um die n Punkte zu einer Fachwerkscheibe zu vereinigen.

Fachwerkscheiben von der erst angegebenen Bildungsweise, daß also immer ein Knoten sich an die schon bestehende Scheibe mit zwei Stäben anschließt, unterscheiden sich hinsichtlich der Ermittlung der in ihnen auftretenden Spannungen wegen ihres einfachen Aufbaues so wesentlich von anderen Fachwerkscheiben, daß sich für sie ein eigener Name als praktisch erweist: sie sollen „einfach gebildete" oder kürzer „einfache" Fachwerkscheiben genannt werden.

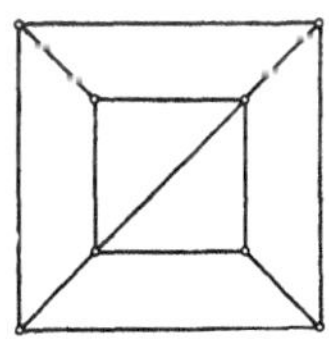

Abb. 382.

Die geschilderte Entstehungsweise, die als Ausgangselement einen Stab hat, ist in der Praxis zwar eine recht häufige, aber durchaus nicht die einzige, wie etwa Abb. 382 lehrt, die eine gleichfalls geometrisch bestimmte Fachwerkscheibe gibt.

Man kann nämlich auch folgendermaßen überlegen: Um n Punkte zu einer Scheibe zu vereinigen, muß man ihnen jede gegenseitige Bewegungsmöglichkeit nehmen. Nun hat das System der n Punkte in der Scheibenebene $2 \cdot n$ Freiheitsgrade, die Fachwerkscheibe aber, zu der man sie vereinigen will, soll noch drei Freiheitsgrade haben, folglich muß man dem System der n Punkte $2n - 3$ Freiheitsgrade nehmen, und das geschieht durch $2n - 3$ Stabverbindungen. Nach dieser Überlegung muß die Zahl der Stäbe, durch die n Knotenpunkte zu einer Fachwerkscheibe vereinigt sind,

$$m = 2n - 3 \tag{d}$$

sein, um diese geometrisch bestimmt zu machen. Die Bedingung (d) ist eine notwendige, aber noch nicht hinreichende, wie Abb. 378 lehrt, wo der Stabverband aus 6 Knoten und $9 = 2 \cdot 6 - 3$ Stäben besteht und trotzdem keine geometrisch bestimmte Fachwerkscheibe, überhaupt keine Scheibe vorstellt, da ja ein Knotenpunkt gegen die übrigen beweglich ist. Ferner ist zu überlegen, daß ja auch noch der Ausnahmefall auftreten kann; Abb. 383 gibt einen solchen Fall, der Knotenpunkt V hat eine (sehr kleine) Bewegungsmöglichkeit senkrecht zur Geraden II IV.

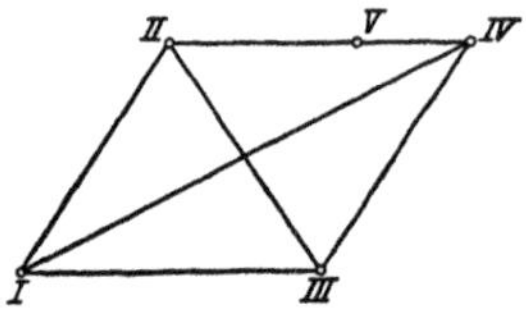

Abb. 383.

Die nachfolgenden Sätze werden zwar erst an späterer Stelle bewiesen, sollen aber trotzdem für die sofortige Anwendung hier schon angegeben werden.

Eine statisch bestimmte Fachwerkscheibe ist auch geometrisch bestimmt und umgekehrt (Föppls Satz). (e)

Die Stäbe einer statisch bestimmten Fachwerkscheibe sind spannungslos, wenn keine äußeren Kräfte angreifen. (f)

In einer statisch bestimmten Fachwerkscheibe ruft ein endliches System äußerer Kräfte immer nur endliche Spannungen hervor. (g)

Als Folgerungen dieser Sätze ergibt sich dann weiter:

Wenn in einer Fachwerkscheibe durch ein endliches System äußerer Kräfte unendlich große Spannungen hervorgerufen werden, dann bildet die Scheibe den Ausnahmefall. (h)

Wenn in einer Fachwerkscheibe Spannungen auftreten oder auftreten können, ohne daß äußere Kräfte angreifen, dann ist sie entweder statisch unbestimmt oder sie bildet den Ausnahmefall. (i)

Die Fachwerkscheiben der Praxis kann man vielfach durch die erstangegebene Bildungsweise sich entstanden denken, daß also immer ein Knoten sich durch zwei Stäbe starr an die schon bestehende Scheibe anschließt; wenn dabei keine Stabkreuzung stattfindet, so besteht eine solche Scheibe meist aus aneinandergesetzten Dreiecken. Wegen der angegebenen Bildungsweise ist eine solche Scheibe geometrisch und damit auch statisch bestimmt.

Beispiele dafür bieten die Abb. 367, 369, 371, 373, 375.

Charakteristisch für diese alle ist: die Knoten liegen nur auf der

Umgrenzung, es kommen also nur Gurt- und Wandstäbe vor, ein Dreieck reiht sich an das andere. Da diese Formen von Stabverbänden in der Praxis recht häufig sind, lohnt es sich, ihnen einen eigenen Namen zu geben; sie seien Dreiecksnetzwerke genannt. Für sie gilt dann:

Ein (nicht ringförmiges) Dreiecksnetzwerk ist statisch bestimmt. (k)

Ringförmig, so wie Abb. 384 zeigt, darf ein solches Netzwerk nicht sein, weil es in diesem Fall geometrisch überbestimmt ist, und zwar dreifach. Denkt man sich die gestrichelt gezeichneten Stäbe weggenommen, so erhält man ein nicht ringförmiges Dreiecksnetzwerk, das also nach (k) statisch bestimmt ist.

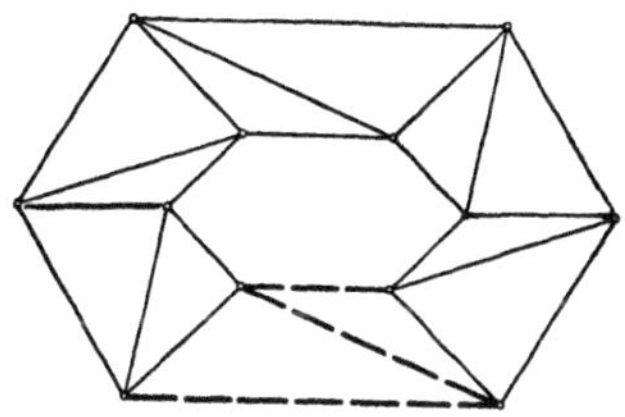

Abb. 384.

Beispiel g) Wenn nicht ein Ausnahmefall vorliegt, ist die Fachwerkscheibe der Abb. 382 geometrisch und deswegen auch statisch bestimmt; man zählt die Knoten und Stäbe ab und findet $13 = 2 \cdot 8 - 3$; oder man sagt, der innere quadratische Rahmen ist nach (k) statisch bestimmt, an ihn sind die vier Außenknoten durch acht Stäbe starr angeschlossen.

Beispiel h) Man ermittle von dem ebenen und eben beanspruchten Stabverband der Abb. 385 die Spannungen, die unter dem Einfluß der an demselben angreifenden Kräfte A, B, C, D entstehen. Von A kennt man Richtung und Zahlenwert 1000 kg, von B, C, D nur die Richtung; $a = 1$ m.

Lösung: Wenn nicht ein Ausnahmefall vorliegt, ist die Fachwerkscheibe statisch bestimmt; zu den vier Knotenpunkten gehören $5 = 2 \cdot 4 - 3$ Stäbe; oder man sagt, der Stabverband ist als Dreiecksnetzwerk nach (k) statisch bestimmt.

Man ermittelt zuvor die unbekannten äußeren Kräfte, hier die Zahlenwerte B, C, D. Für Punkt II als gedachten Drehpunkt ist die Momentengleichung

$$A \cdot a - C \cdot \frac{1}{2} a \sqrt{2} = 0,$$

wenn man den Pfeil der Kraft C vom Stabverband weggehend annimmt; sie liefert $C = A\sqrt{2} = 1400$ kg rund; B und D entnimmt man dem Kräfteplan der Abb. 386 zu $B = 700$ kg, $D = 700$ kg.

Rein graphisch ersetzt man B und D durch ihre Resultierende R, die also durch deren Schnittpunkt II geht; R ist mit A und C im Gleichgewicht, geht also durch deren Schnittpunkt I. Damit ist die

Richtung von R bekannt, ihren Zahlenwert ermittelt ein Kräfteplan $\mathfrak{A}+\mathfrak{C}+\mathfrak{R}=0$. Mit einem anschließenden Kräfteplan $\mathfrak{R}=\mathfrak{D}+\mathfrak{B}$ wird R noch nach D und B zerlegt, s. Abb. 386.

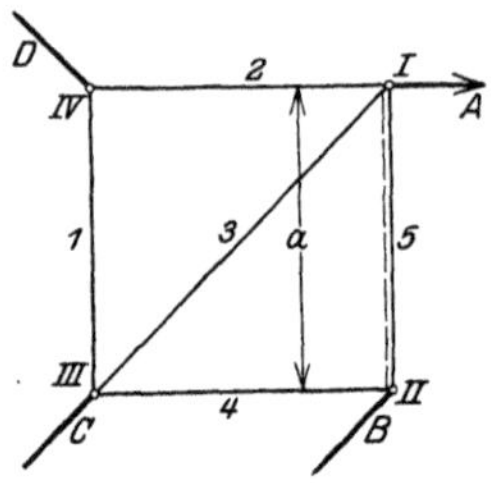

Abb. 385.
L. M. 1 : 50.

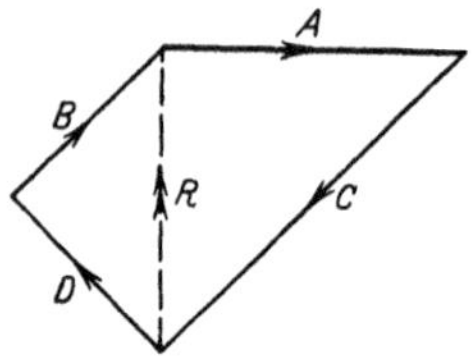

Abb. 386.

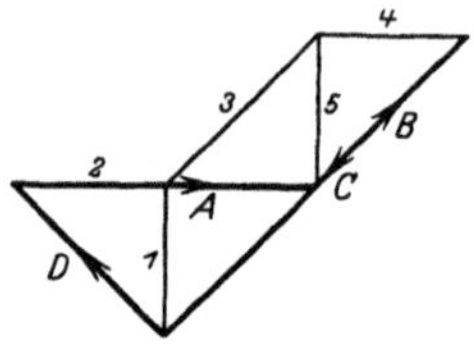

Abb. 387.

K. M. 1 mm = 50 kg.

Die Ermittlung der Spannungen beginnt an einem Punkt, wo nur zwei unbekannte Spannungen angreifen, also an II oder IV. Dem Cremonaplan der Abb. 387 entnimmt man $S_1 = 500$ kg, $S_2 = 500$ kg, $S_3 = 700$ kg, $S_4 = 500$ kg, $S_5 = -500$ kg.

53. Wenn man die Fachwerkscheibe durch drei geeignete Auflagerungen fest mit der Erde verbindet, so wird sie zu einem Fachwerkträger. Einen solchen kann man auch noch auf andere Weise erhalten, ohne daß man nötig hat, von der Scheibe auszugehen. Deren n Punkte oder einzelne davon kann man auch unmittelbar, ohne sie erst zu einer Scheibe zusammenzusetzen, fest mit der Erde verbinden. Da jeder Punkt in der Scheibenebene zwei Freiheitsgrade hat, also das System der n Punkte zusammen $2n$ Freiheitsgrade, so muß man ihm diese nehmen, indem man die einzelnen Punkte unter sich und mit der Erde verbindet durch m Stabverbindungen und p Auflagerungen, so daß die Formel

$$p + m = 2n \quad \text{oder} \quad m = 2n - p \tag{a}$$

eine Beziehung zwischen der Zahl der Stäbe und der Auflagerungsbedingungen bei gegebener Knotenpunktszahl gibt. Diese Beziehung ist wieder eine notwendige, aber noch nicht hinreichende Bedingung dafür, daß der Fachwerkträger geometrisch bestimmt ist.

Dem Gebrauch der Praxis folgend, werden wir Fachwerkscheiben und Fachwerkträger oft kurzweg als Fachwerke bezeichnen.

Beispiel a) Der Träger der Abb. 394 besteht aus einem durch drei Auflagerungsbedingungen mit der Erde verbundenen Dreiecksnetzwerk, ist also geometrisch und damit auch statisch bestimmt. Das gleiche gilt von den Trägern der Abb. 396 und 398.

Vom statischen Gesichtspunkt aus wird man urteilen: Für jeden der n Knotenpunkte eines ebenen Fachwerkträgers kann man zwei Gleichgewichtsbedingungen aufstellen, zusammen also $2n$ Gleichungen zur Bestimmung von Unbekannten. Als solche kommen zunächst von den äußeren Kräften die Auflagerkräfte bzw. ihre Komponenten in Betracht, und zwar p, wenn der Träger durch p Auflagerbedingungen mit der Erde verbunden ist. Weiter sind unbekannt die m Spannungen in den m Fachwerkstäben, zusammen $m+p$ Unbekannte. Soll die Aufgabe statisch bestimmt sein, so muß die Zahl $2n$ der Gleichungen ebenso groß sein als die Zahl $m+p$ der Unbekannten; es ist somit

$$m+p=2n \quad \text{oder} \quad m=2n-p \tag{b}$$

eine notwendige Bedingung, wenn der Träger statisch bestimmt sein soll.

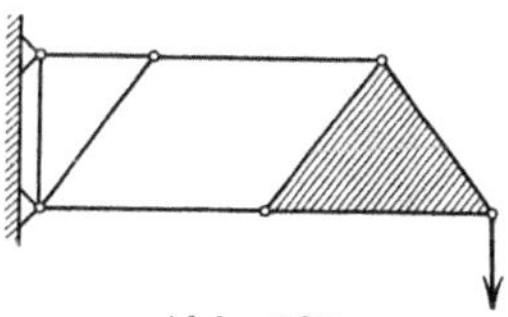

Abb. 388.

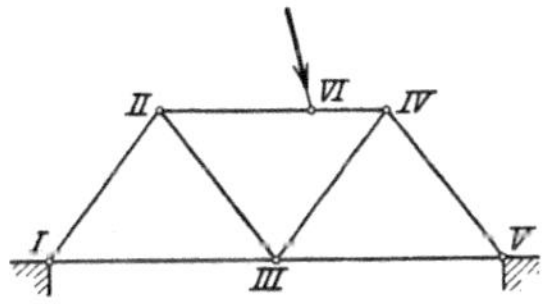

Abb. 389.

Eine notwendige, aber noch nicht hinreichende Bedingung! Durch Abb. 388 ist ein Stabverband gegeben, der sechs Knotenpunkte zählt, ferner acht Stäbe und vier Auflagerbedingungen, so daß wegen $8=2\cdot 6-4$ die Beziehung (b) erfüllt ist. Es wäre aber verkehrt, von einem statisch bestimmten Fachwerkträger zu sprechen oder überhaupt nur von einem Fachwerkträger, da ja ein beweglicher Stabverband vorliegt. Es kann sich nämlich der schraffiert gezeichnete Teil des Stabverbandes gegen den übrigen Teil bewegen. Ebensowenig ist der Träger der Abb. 389 statisch bestimmt; wegen $n=6$, $m=8$, $p=4$ und somit $8=2\cdot 6-4$ ist zwar die Bedingung (b) erfüllt, aber es liegt hier der Ausnahmefall vor; eine am Knoten VI angreifende Kraft wird ihm eine (sehr kleine) Bewegung geben und gleichzeitig gefährlich große Spannungen hervorrufen.

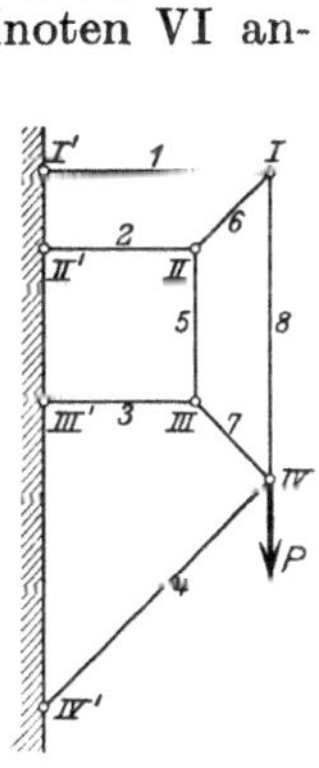

Abb. 390.

Beispiel b) Für den aus den vier Knoten I, II, III, IV bestehenden Stabverband der Abb. 390 ist $n=4$, $m=4$ und $p=4$, weil die vier Stäbe 1, 2, 3, 4 Auflagerstäbe (Pendelführungen) sind. Die Bedingung (b), hier $4=2\cdot 4-4$ ist erfüllt; wenn nicht der Ausnahmefall auftritt, ist der Träger statisch bestimmt. Man kann auch die Punkte I', II', III', IV' als zum Stabverband gehörig betrachten, dann ist $n=8$, $m=8$ und $p=8$, weil jeder der Punkte I', II', III', IV' ein Gelenk bildet, durch das der Stabverband an die Mauer angeschlossen ist. Die Bedingung (b) ist wieder erfüllt, $8 = 2 \cdot 8 - 8$.

Größere Fachwerkkonstruktionen kann man in der Regel betrachten als starre Verbindungen von Dreiecksnetzwerken und einzelnen Knotenpunkten durch eine entsprechende Anzahl von Stäben. So kann man beim Tragwerk der Abb. 391 unterscheiden, daß ein Dreiecksnetzwerk, die untere Fachwerkscheibe, mit den sieben auf dem oberen Parabelbogen liegenden Punkten und der Erde durch eine Reihe von Stäben und Führungen verbunden ist.

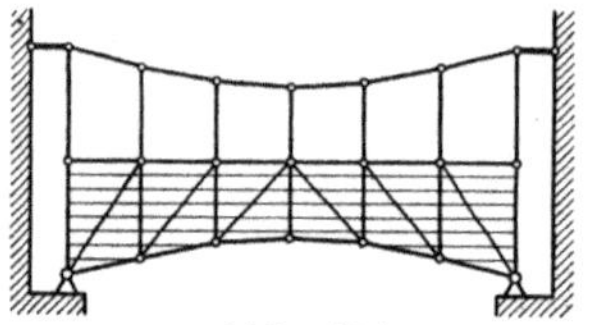
Abb. 391.

Besteht die Tragkonstruktion aus s Scheiben und n Knotenpunkten, so wird die Zahl m der Stäbe, die mindestens notwendig sind, um die Tragkonstruktion statisch bestimmt zu machen, durch die Überlegung bestimmt, daß die Zahl $m + p$ der Stäbe und Auflagerbedingungen gleich sein muß der Summe der Freiheitsgrade sämtlicher Konstruktionselemente, hier der Einzelscheiben und der Einzelpunkte, also gleich sein muß der Zahl $3s + 2n$. Durch diese Beziehung ist

$$m = 3s + 2n - p \tag{c}$$

festgestellt als notwendige Zahl der Stäbe einer aus s Scheiben und n Einzelpunkten zusammengesetzten Fachwerkkonstruktion, wenn sie geometrisch und damit statisch bestimmt sein soll. Die Formel ist nicht neu, sondern bereits in **47** aufgestellt; dort war m in allgemeinerer Bedeutung die Anzahl aller inneren Führungen; eine Stabverbindung ist nur ein Sonderfall der inneren Führung.

Beispiel c) Im Fall der Abb. 391, eine versteifte Brücke darstellend, ist $s = 1$ die Anzahl der Scheiben, $n = 7$ die Zahl der einzelnen Knotenpunkte, $p = 6$ die Zahl der Auflagerungen, nämlich je ein Seitengelenk unten und je ein seitlicher Führungsstab oben. Damit die Brücke statisch bestimmt ist, müssen $3 \cdot 1 + 2 \cdot 7 - 6 = 11$ Stäbe die Verbindung zwischen der Scheibe und den einzelnen Knotenpunkten herstellen. In Wirklichkeit sind es dreizehn Stäbe, also zwei überzählig, so daß die Tragkonstruktion als zweifach statisch unbestimmt erkannt ist.

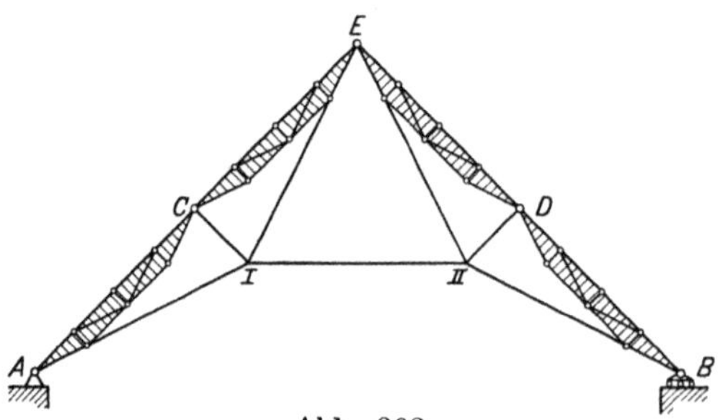

Abb. 392.

Beispiel d) Der Dachbinder der Abb. 392 besteht aus vier Dreiecksnetzwerken und zwei einzelnen Knotenpunkten; die Anzahl der Führungs- und Auflagerbedingungen ist neun, nämlich vier Gelenkverbindungen der Dreiecksnetzwerke unter sich und mit der Erde und einer Rollenlagerführung. Die Bedingung (c) verlangt $m = 3 \cdot 4 + 2 \cdot 2 - 9 = 7$ Stäbe, damit der Träger statisch bestimmt ist, was auch zutrifft.

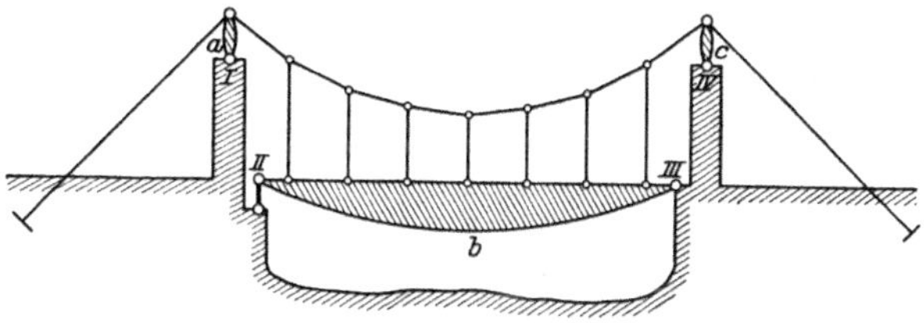

Abb. 393.

Beispiel e) Die Skizze der Abb. 393 gibt das Schema einer Hängebogenbrücke. Sie ist zusammengesetzt aus drei (schraffiert gezeichneten) Scheiben a, b, c und sieben freien Knotenpunkten; deren Verbindung unter sich und mit der Erde erfolgt durch drei Gelenke I, III, IV, durch die Pendelstütze bei II, die acht Gurtstäbe und sieben Hängestäbe, sowie die zwei äußeren Stützstäbe. Die Zahl der eingeschalteten Stäbe ist also 17, während nach (c) nur $m = 3 \cdot 3 + 2 \cdot 7 - 7 = 16$ für die statische Bestimmtheit notwendig sind. Der Träger ist demnach einfach statisch unbestimmt.

Aufgabe a) Man ermittle die Auflagerkräfte des durch Abb. 394 gegebenen Trägers, alsdann mit einem Cremonaplan die Spannungen der Einzelstäbe. $P = 1000$ kg.

Lösung. An der Tragscheibe (bestehend aus den drei quadratischen Rahmen, die zusammen ein Dreiecksnetzwerk bilden) greifen zwei bekannte Nutzlasten an und drei unbekannte Auflagerkräfte, der Flächendruck bei A und die Spannungen S_1 und S_2 in den Auflagerstäben

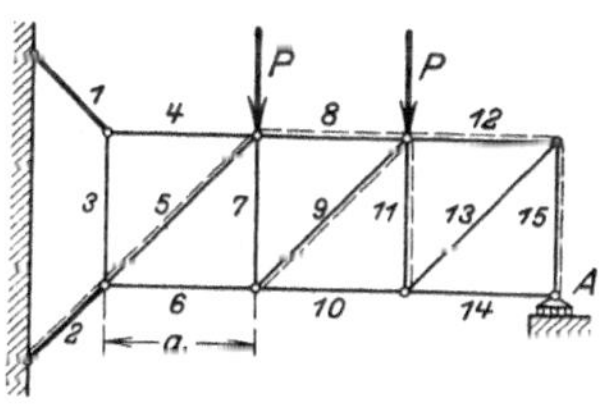

Abb. 394.
L. M. 1 : 200.

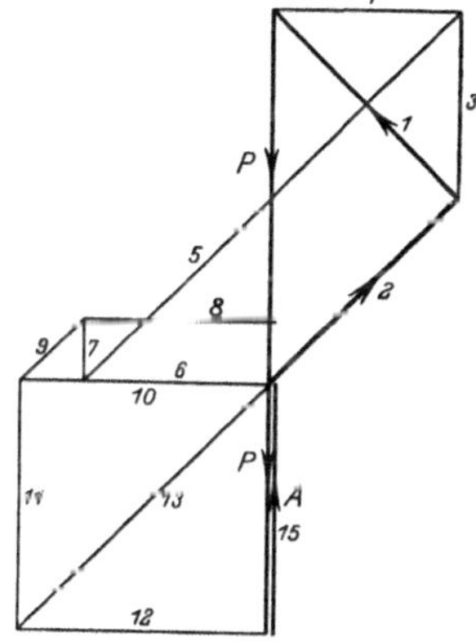

Abb. 395.
K. M. 1 mm = 40 kg.

1 und 2. Wenn nicht ein Ausnahmefall vorliegt, ist die Aufgabe statisch bestimmt. Für den Schnittpunkt von S_1 und S_2 ist die Momentengleichung

$$P\cdot 0{,}5\,a + P\cdot 1{,}5\,a - A\cdot 2{,}5\,a = 0 \quad \text{oder} \quad A = 0{,}8\,P = 800 \text{ kg}.$$

S_1 und S_2 aus dem Kräfteplan $\mathfrak{P}+\mathfrak{P}+\mathfrak{A}+\mathfrak{S}_2+\mathfrak{S}_1=0$ der Abb. 395. Spannungen aus einem Cremonaplan, beginnend am Punkt A.

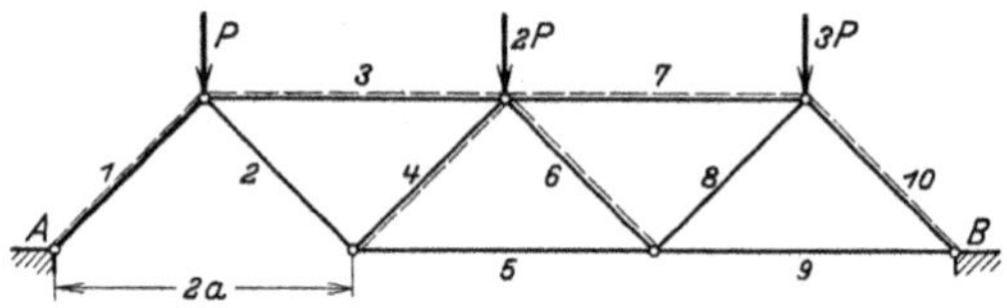

Abb. 396.

Aufgabe b) Die gleiche Aufgabe löse man für den durch Abb. 396 gegebenen Stabverband. $P = 1000$ kg.

Lösung: An der Tragscheibe, hier ein Dreiecksnetzwerk, greifen die Nutzlasten P, $2\,P$, $3\,P$ und drei unbekannte Auflagergrößen an: A wirkt in Richtung des Stabes 1, von B ist Zahlenwert und Richtung unbekannt. Die Aufgabe ist somit statisch bestimmt, wenn nicht der Ausnahmefall vorliegt. Eine Momentengleichung für den Auflagerpunkt B liefert

$$-P\cdot 5\,a - 2\,P\cdot 3\,a - 3\,P\cdot a + A\cdot 3\,a\sqrt{2} = 0 \quad \text{oder} \quad A = P\,\frac{14}{3\sqrt{2}} = -3330 \text{ kg}.$$

Ein Kräfteplan $6\,\mathfrak{P}+\mathfrak{B}+\mathfrak{A}=0$, s. Abb. 397, liefert $B = 4400$ kg.

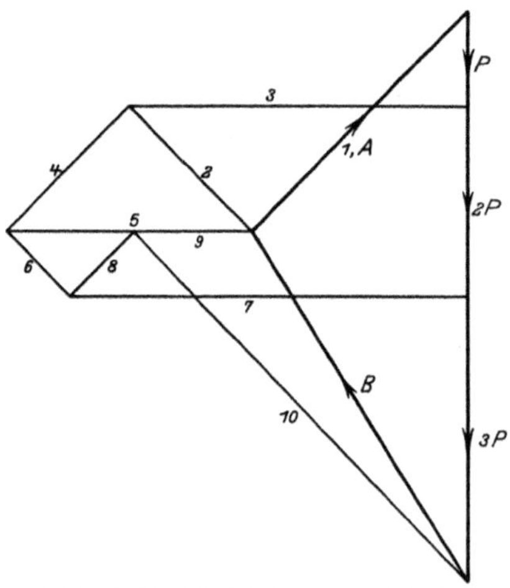

Abb. 397. K. M. 1 mm = 100 kg.

Spannungen aus einem Cremonaplan, der etwa am Punkt A beginnt, s. Abb. 397.

Eine rein graphische Lösung erhält man wie in Aufg. 50o) mit einem durch den Punkt B beginnenden Seileck.

Aufgabe c) mit e) Man untersuche, ob die Tragkonstruktionen der Abb. 398 mit 400 statisch bestimmt sind.

Lösung zu c) Der erste Träger besteht aus einer Netzwerkscheibe, die durch drei Stäbe starr mit der Erde verbunden ist, er ist also statisch bestimmt.

Lösung zu d) Der Träger besteht aus zwei Netzwerkscheiben die durch drei Gelenke C, A, B unter sich und mit der Erde starr verbunden sind, er ist also statisch bestimmt. Man kann den Träger auch als Drei-Gelenkbogen ansprechen.

Lösung zu e) Der Träger besteht aus vier Scheiben, denen die $4\cdot 3 = 12$ Freiheitsgrade durch drei Gelenke und sechs Stäbe genommen sind, er ist sonach statisch bestimmt.

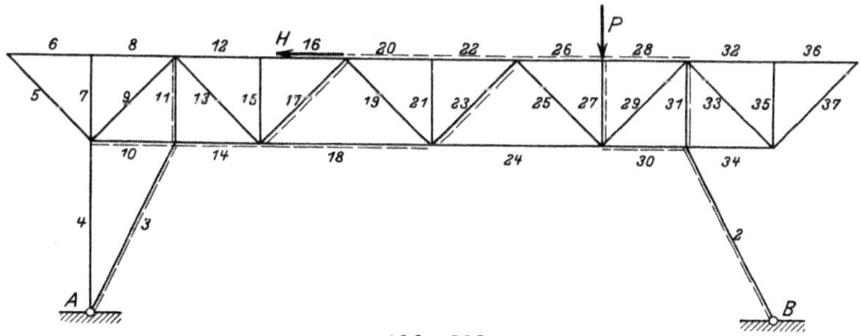

Abb. 398.

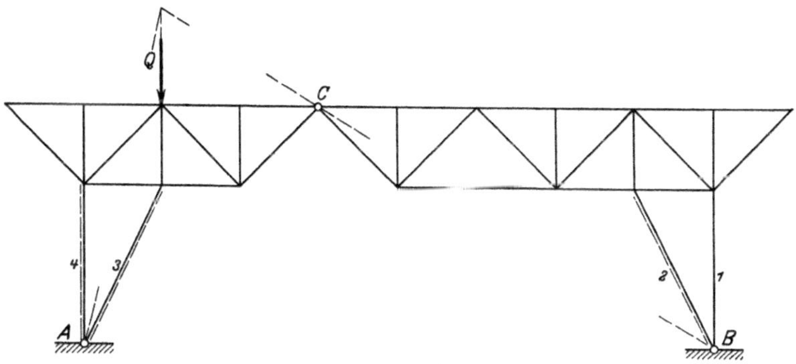

Abb. 399.

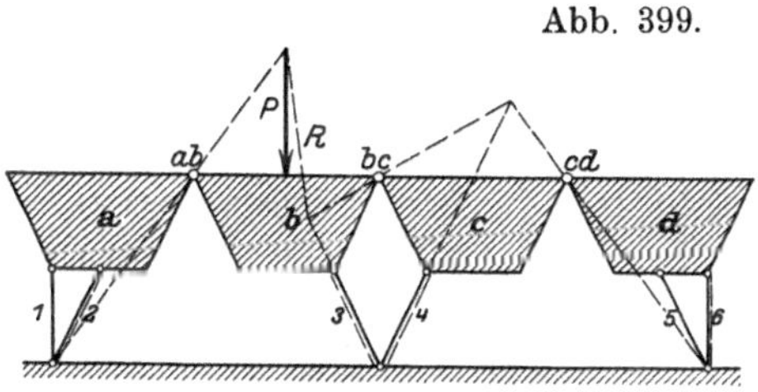

Abb. 400.

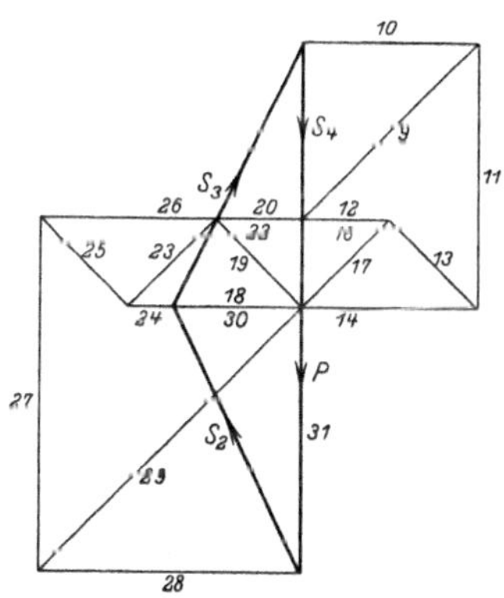

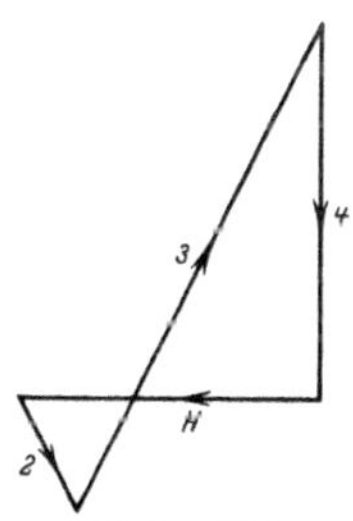

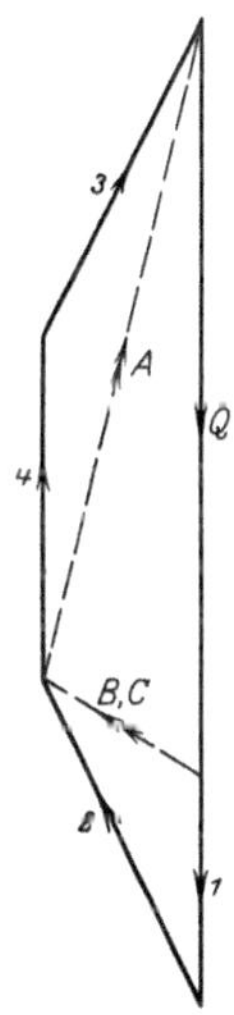

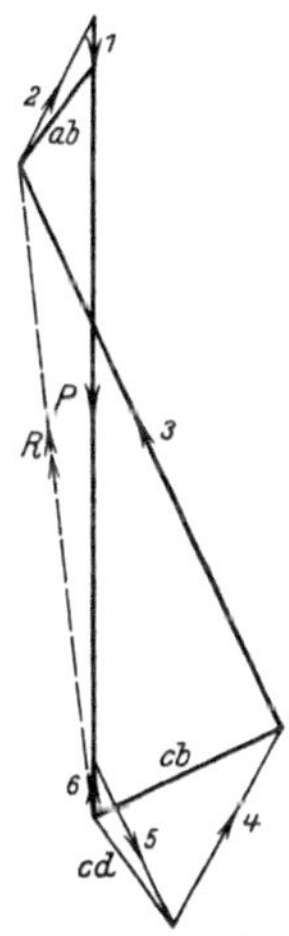

Abb. 401. Abb. 402. Abb. 403. Abb. 404.

K. M. 1 mm = 100 kg.

Aufgabe f) Man ermittle die Spannungen des Trägers der Abb. 398 unter dem alleinigen Einfluß der Kraft $P = 3000$ kg.

Lösung: Man findet zunächst, daß die Stäbe 5, 6, 7, 8, 15, 21, 37, 36, 35, 32, 34, 33 spannungslos sind. Dann ermittelt man am einfachsten erst die Spannungen des Lagerstabes 4 mit einer Momentengleichung für den Schnittpunkt der Stäbe 2 und 3 und erhält eine Zugspannung $S_4 = 1500$ kg. Nun kann man einen Cremonaplan zeichnen, indem man am linken Ende beginnt, mit dem Treffpunkt der Stäbe 4, 9, 10, s. Abb. 401.

Aufgabe g) Man ermittle die Spannungen in den Stäben 2, 3, 4 des Trägers der Abb. 398 unter dem alleinigen Einfluß der Kraft $H = 2000$ kg.

Lösung: Die Momentengleichung für den Schnittpunkt der Stäbe 2 und 3 liefert S_4 als Zugspannung vom Zahlenwert 2500 kg, und ein Krafteck $\mathfrak{S}_4 + \mathfrak{H} + \mathfrak{S}_2 + \mathfrak{S}_3 = 0$ dann S_2 als Zugspannung 840 kg und S_3 als Druckspannung 3625 kg, s. Abb. 402.

Aufgabe h) Für den Belastungsfall der Abb. 399 ermittle man die Spannungen der Stäbe 1, 2, 3, 4, wenn $Q = 5000$ kg.

Lösung: Man wendet auf die rechte Scheibe den Dreikräftesatz an und findet zunächst die Richtung der Gelenkdrücke B und C; alsdann auf die linke Scheibe den gleichen Satz, der die Richtung des Gelenkdruckes A und mit einem Krafteck $\mathfrak{Q} + \mathfrak{B} + \mathfrak{A} = 0$ auch dessen Zahlenwert liefert. B ist die Resultierende von S_1 und S_2, A diejenige von S_4 und S_3, s. Abb. 403.

$$S_1 = +1500 \text{ kg}, \quad S_2 = S_3 = -2350 \text{ kg}, \quad S_4 = -2300 \text{ kg}.$$

Aufgabe i) Man ermittle Richtung und Zahlenwert der Gelenkdrücke G_{ab}, G_{bc}, G_{cd} und die Spannungen der Stäbe 1, 2, 3, 4, 5, 6 der Tragkonstruktion der Abb. 400, wenn $P = 5000$ kg.

Lösung: Man wendet auf die Scheibe d den Dreikräftesatz an und findet die Richtung des Gelenkdruckes G_{cd} oder G_{dc}; der gleiche Satz liefert für die Scheibe c alsdann die Richtung von G_{bc} und für die Scheibe a die Richtung von G_{ba}. An der Scheibe b ist die gegebene Kraft P im Gleichgewicht mit G_{ab} und der Resultierenden R von G_{cb} und S_3. Die gesuchten Zahlenwerte findet man, indem man für jede einzelne Scheibe ein Krafteck zeichnet, s. Abb. 404. Für die Scheibe b ist das Krafteck stark ausgezogen gezeichnet.

54. Die erste Annäherung bei der Berechnung der Spannungen eines Fachwerkträgers, nämlich die Einzelstäbe als starr anzunehmen, ist nur für eben diese Spannungsberechnung gestattet. Ist dagegen nach der Formänderung eines Trägers gefragt, so muß man gerade auf das elastische Verhalten der Stäbe Rücksicht nehmen, desgleichen bei der Untersuchung eines statisch unbestimmten Trägers, oder des Ausnahmefalles, den man wie eine statisch unbestimmte Aufgabe behandelt. Im vorliegenden Band werden nur statisch bestimmte Fachwerkkonstruktionen behandelt, deren Spannungen also mit Hilfe der wenigen vorausgehenden Sätze vollständig zu ermitteln sind. Je nach der größeren oder geringeren Einfachheit dieser Spannungsermittlung teilt man die Fachwerkkonstruktionen ein in

1. einfache (genauer: einfach zu berechnende, oft auch „regelmäßige“ genannt), wenn bei beliebiger Belastung alle Spannungen mit Hilfe eines Cremonaplanes gefunden werden können,

2. nichteinfache, wenn man bei beliebiger Belastung mit Hilfe eines Cremonaplanes allein nicht zum Ziele kommt.

Man bedenke zunächst, daß man für einen Punkt in der Ebene, wenn er im Gleichgewicht ist, nur zwei Gleichgewichtsbedingungen anschreiben und deswegen mit einem ebenen Krafteck nur zwei an ihm angreifende unbekannte Kräfte ermitteln kann. [Die Richtung dieser beiden unbekannten Kräfte muß übrigens bekannt sein, weil man sonst ja mehr als zwei unbekannte Zahlenwerte hätte.] Man beachte ferner, wie diese für jeden Punkt eines Stabverbandes zu zeichnenden Kraftecke zu einem Cremonaplan sich ausdehnen: Nachdem die an der Fachwerkscheibe angreifenden äußeren Kräfte irgendwie ermittelt sind, beginnt man mit einem Knotenpunkt, an dem nur zwei unbekannte Spannungen angreifen, und zeichnet für diesen Punkt den Kräfteplan. Damit sind die beiden Spannungen gefunden, S_{14} und S_{15} im Fall der Abb. 409, man wendet sich zu demjenigen der benachbarten Knotenpunkte, an dem jetzt ebenfalls nur mehr zwei Spannungen unbekannt sind, im Fall der Abbildung zum Knoten VIII, wo S_{12} und S_{13} die einzigen Unbekannten sind, da ja S_{15} mittlerweile gefunden ist. Nach Ermittlung dieser beiden Spannungen kommt von den benachbarten Knotenpunkten wieder derjenige an die Reihe, an dem nurmehr zwei Spannungen unbekannt sind, S_{10} und S_{11} am Knoten VII der Abbildung, da S_{13} und S_{14} gefunden sind usw. Bei denjenigen Fachwerkkonstruktionen, die so wie in **52** geschildert aufgebaut sind, gelingt es immer, in der eben angegebenen einfachen Weise die unbekannten Spannungen zu ermitteln. Aus diesem Grunde heißt man sie und ganz allgemein auch alle jene Fachwerkkonstruktionen, deren Spannungen mit einfachen Kräfteplänen zu ermitteln sind, einfache Fachwerkkonstruktionen. Denn die richtige Durchführung und Anordnung der Kräftepläne nach den in (**17**a) gegebenen Regeln muß immer zu einem Cremonaplan führen. Insbesonders kann man für die in **52** definierten (nichtringförmigen) Dreiecksnetzwerke angeben, daß sie einfache Fachwerkkonstruktionen sind.

Bei der einfachen Fachwerkkonstruktion muß mindestens ein Knotenpunkt vorhanden sein, an dem nur zwei unbekannte Stabspannungen angreifen, d. h. es muß mindestens ein Knotenpunkt vorhanden sein, von dem nur zwei Stäbe ausgehen. Sicher ist also eine Fachwerkscheibe mit drei Knotenpunkten einfach. Oder ganz allgemein eine Fachwerkscheibe mit weniger als sechs Knotenpunkten. Man überlege. Jeder der m Stäbe einer statisch bestimmten Fachwerkscheibe gehört zwei Knotenpunkten an, folglich gehen von den n Knotenpunkten insgesamt $2m$ Stäbe oder $2 \cdot (2n - 3) = 4n - 6$

Stäbe aus, durchschnittlich also von jedem Knotenpunkt $4 - \frac{6}{n}$, d. h. von einzelnen Knotenpunkten werden mehr, von anderen wieder weniger Stäbe ausgehen, als diese Durchschnittszahl angibt. Solange nun $n < 6$, also $6 : n > 1$ und deswegen $4 - \frac{6}{n} < 3$, wird die Durchschnittszahl der von den einzelnen Knotenpunkten ausgehenden Stäbe kleiner als drei sein, es muß also mindestens ein Knotenpunkt vorhanden sein, von dem nur zwei Stäbe ausgehen. Wir schließen:

Eine Fachwerkscheibe mit weniger als sechs Knotenpunkten ist immer einfach. (a)

So ist beispielsweise die Fachwerkscheibe der Abb. 385 einfach, weil sie nur vier Knotenpunkte enthält, die Fachwerkscheiben der Abb. 394, 396, 398, 399, 405 sind einfach, weil sie Dreiecksnetzwerke sind.

Aufgabe a) Zu ermitteln sind die in dem Fachwerkträger der Abb. 405 auftretenden Spannungen.

Lösung: Die Fachwerkkonstruktion ist statisch bestimmt: Man zählt entweder die Knotenpunkte ab, hier 11, und die Zahl der Auflagerbedingungen, hier $p = 4$, und sagt, die Zahl der Stäbe muß $m = 2 \cdot 11 - 4 = 18$ sein, was zutrifft. Oder man überlegt, daß die Konstruktion aus zwei Dreiecksnetzwerken besteht, die durch $p = 6$ Führungen unter sich und mit der Erde starr verbunden sind (beide Scheiben durch ein Gelenk verbunden, Auflagergelenk links, Rollenlager links und in der Mitte); wegen $s = 2$ muß $m = 3 \cdot 2 - 6 = 0$ gelten, d. h. andere Stäbe als die zur Scheibenbildung gehörigen dürfen nicht vorhanden sein, was zutrifft. Oder man bedenkt einfach, daß die Fachwerkkonstruktion in zwei Fachwerkscheiben zu zerlegen ist, deren jede für sich statisch bestimmt gelagert ist, die linke wird durch das Gelenk und das Rollenlager festgehalten, eben deswegen ist dann auch der linke Auflagerpunkt der rechten Scheibe als durch ein Gelenk mit der Erde verbunden zu betrachten, während die Auflagerung rechts eine einzige Führung vorstellt.

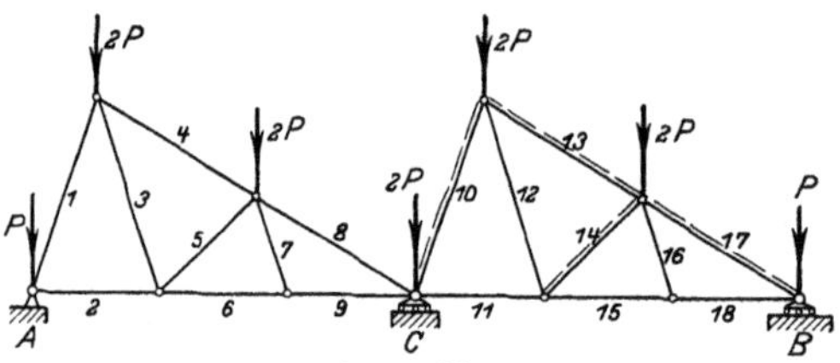

Abb. 405.

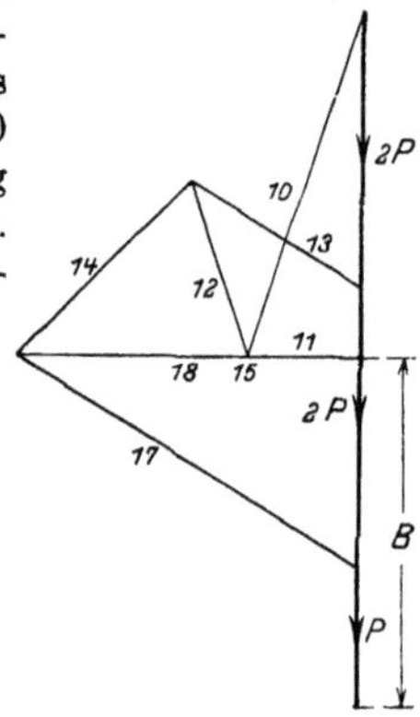

Abb. 406.

Die beiden Teile der zusammenhängenden Fachwerkkonstruktion sind gleich beansprucht, man ermittelt also nur die Spannungen des einen Trägers, etwa des rechten. Für C als Momentenpunkt lautet für diesen rechten Teil die Momentengleichung

$$2P \cdot a + 2P \cdot 3{,}5\,a + P \cdot 6\,a - B \cdot 6\,a = 0 \quad \text{oder} \quad B = 2{,}5\,P.$$

Der Auflagerdruck C setzt sich zusammen $C = C_r + C_l = 3{,}5\,P + 2{,}5\,P = 6\,P$, wo der erste Summand vom rechten Trägerteil und der zweite vom linken herrührt; $A = 3{,}5\,P$. Abb. 406 gibt den Cremonaplan für die Spannungen im rechten Trägerteil.

55. In der Statik macht man oft mit großem Vorteil Gebrauch vom Superpositionsprinzip:

Die resultierende Wirkung ist gleich der graphischen Summe der Einzelwirkungen. (a)

Den allgemeinen Beweis für dieses Prinzip gibt **63**, hier soll nur kurz der Sinn des Satzes angegeben werden, am einfachsten mit einem Beispiel an Hand der einen Dreigelenkbogen darstellenden Abb. 407. Wenn nur die Kraft Q_I an der linken Scheibe angreifen würde, dann hätte man die beiden Gelenkdrücke A_I und B_I so, wie sie Abb. 408 angibt. Entsprechend findet man die Gelenkdrücke A_{II} und B_{II} unter der Voraussetzung, daß nur die Kraft Q_{II} an der rechten Scheibe angreift. Der Gelenkdruck bei A ist A_I unter dem alleinigen Einfluß von Q_I, und A_{II} unter dem alleinigen Einfluß von Q_{II}; wenn Q_I und Q_{II} gleichzeitig angreifen, wird der resultierende Gelenkdruck bei A sich als die graphische Summe der Einzeldrücke A_I und A_{II} ergeben. Entsprechend ist der Gelenkdruck bei B unter dem gleichzeitigen Einfluß von Q_I und Q_{II} gleich der graphischen Summe der Einzeldrücke B_I und B_{II}.

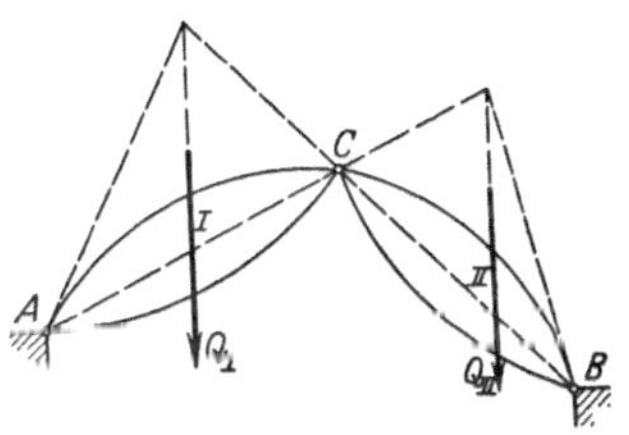

Abb. 407.

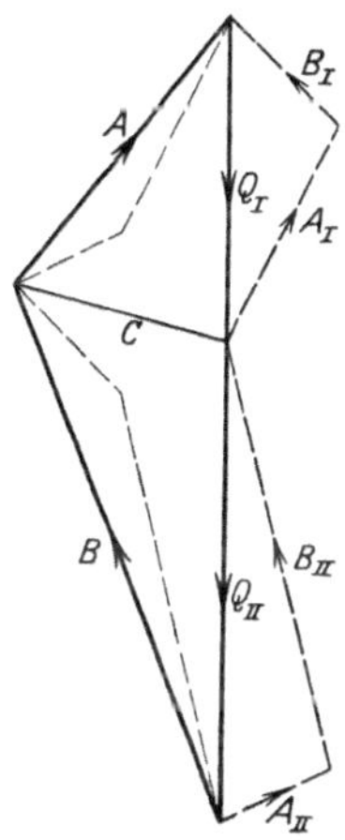

Abb. 408.

Beispiel a) Man ermittle die Spannungen des Stabverbandes der Abb. 409 unter dem Einfluß der Kraft P_1 allein und P_2 allein, sowie die Spannungen, wenn P_1 und P_2 gleichzeitig angreifen.

$$P_1 = 4000\ \text{kg}, \qquad P_2 = 6000\ \text{kg}.$$

Die Fachwerkkonstruktion ist einfach; der Träger ist ein Balken, die Auflagerkräfte beide lotrecht. Man ermittelt zunächst die Auflagerkräfte $A' = 2000$ kg und $B' = 2000$ kg unter dem alleinigen

Einfluß von P_1, und dann mit einem Cremonaplan die Spannungen $S_1{}'$, $S_2{}'$, ... $S_{15}{}'$. Ebenso berechnet man, wenn P_2 allein angreift, $A'' = 4\,500$ kg, $B'' = 1\,500$ kg und dann mit einem zweiten Cremonaplan die Spannungen $S_1{}''$, $S_2{}''$, ... $S_{15}{}''$, so wie sie in der Tabelle angegeben sind. Greifen P_1 und P_2 gleichzeitig an, so ergibt sich nach dem Superpositionsprinzip die resultierende Auflagerkraft $A = A' + A''$, denn A' und A'' sind parallel, die graphische Summe geht also in die gewöhnliche algebraische über. Ebenso ist $B = B' + B''$ und $S_i = S_i' + S_i''$, wie die Tabelle angibt. Zur Kontrolle zeigt man an einem dritten Kräfteplan, wie die gleichzeitig angreifenden Kräfte P_1 und P_2 die Spannungen $S_i = S_i' + S_i''$ bewirken.

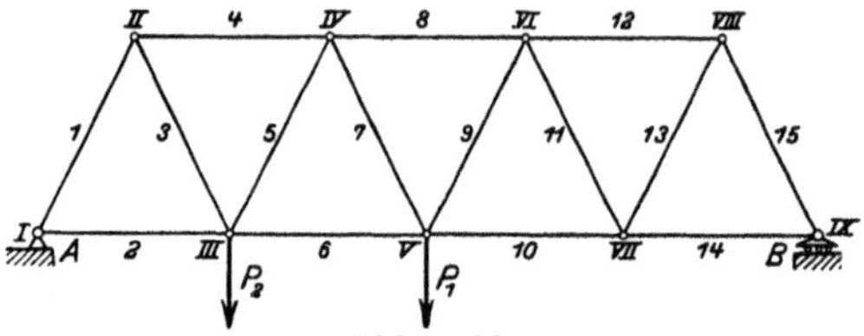

Abb. 409.

Im vorliegenden Fall ist $A' = B' = 2\,000$ kg, $A'' = 4\,500$ kg, $B'' = 1\,500$ kg, also $A = 6\,500$ kg, $B = 3\,500$ kg. Die Spannungen sind in der beifolgenden Tabelle in 1000 kg angegeben.

	1	2	3	4	5	6	7	8
S'	$-2{,}23$	$+1{,}00$	$+2{,}23$	$-2{,}00$	$-2{,}23$	$+3{,}00$	$+2{,}23$	$-4{,}00$
S''	$-4{,}95$	$+2{,}25$	$+4{,}95$	$-4{,}50$	$+1{,}65$	$+3{,}75$	$-1{,}65$	$-3{,}00$
S	$-7{,}18$	$+3{,}25$	$+7{,}18$	$-6{,}50$	$-0{,}58$	$+6{,}75$	$+0{,}58$	$-7{,}00$

	9	10	11	12	13	14	15
S'	$+2{,}23$	$+3{,}00$	$-2{,}23$	$-2{,}00$	$+2{,}23$	$+1{,}00$	$-2{,}23$
S''	$+1{,}65$	$+2{,}25$	$-1{,}65$	$-1{,}50$	$+1{,}65$	$+0{,}75$	$-1{,}65$
S	$+3{,}88$	$+5{,}25$	$-3{,}88$	$-3{,}50$	$+3{,}88$	$+1{,}75$	$-3{,}88$

Wenn man in einer Fachwerkkonstruktion mehr als die notwendige Zahl von Stäben anbringt, so ist sie statisch unbestimmt. Nun gibt es solche Konstruktionen, die scheinbar mehr als die notwendige Anzahl von Stäben enthalten, wenn man nämlich die sogenannten „schlaffen“ Diagonalen anbringt. Abb. 410 zeigt einen Stabverband mit vier Knoten und sechs Stäben; der Stabverband ist im allgemeinen statisch unbestimmt. „Im allgemeinen“ soll heißen, wenn keine außergewöhnlichen Stabanordnungen vorliegen. Nun denke man sich einmal den Diagonalstab 6 entfernt und für das gegebene Nutzlastensystem den Kräfteplan gezeichnet, so wie Abb. 413 darstellt. Dem Kräfteplan entnimmt man, daß Stab 5 gedrückt ist. Mit jeder Druckbeanspruchung tritt bei einem verhältnismäßig langen Stab auch gleichzeitig eine Knickungsbeanspruchung auf; wäre im praktischen Fall der Stab 5 etwa ein dünnes Bandeisen, so würde er bei einem noch ziemlich kleinen Druck S_5 bereits ausknicken, d. h. seitlich ausweichen und dadurch die Zerstörung einleiten. Um dieser Zerstörungsmöglichkeit durch Ausknicken vorzubeugen, wird man entweder dem Querschnitt des Stabes 5 eine geeignete Form geben, so daß er nur auf Druck beansprucht wird, oder man hilft

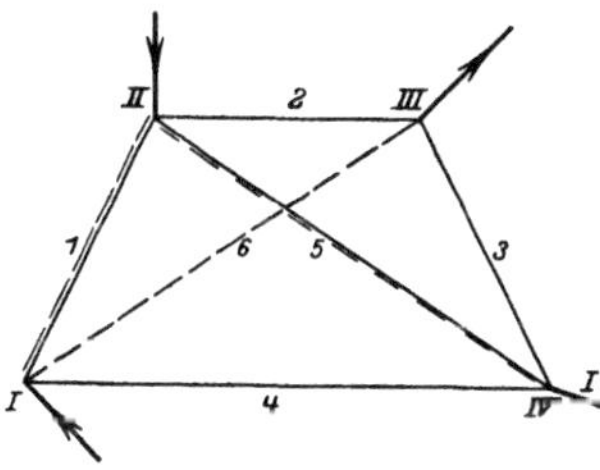

Abb. 410.

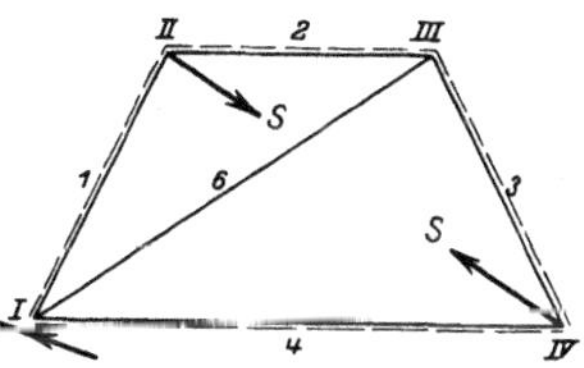

Abb. 412.

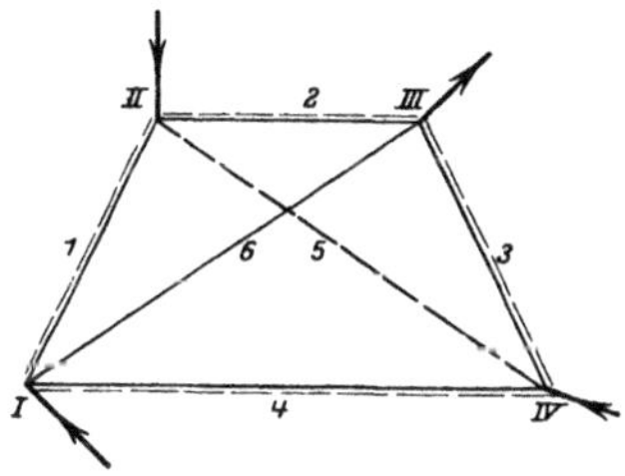

Abb. 411.

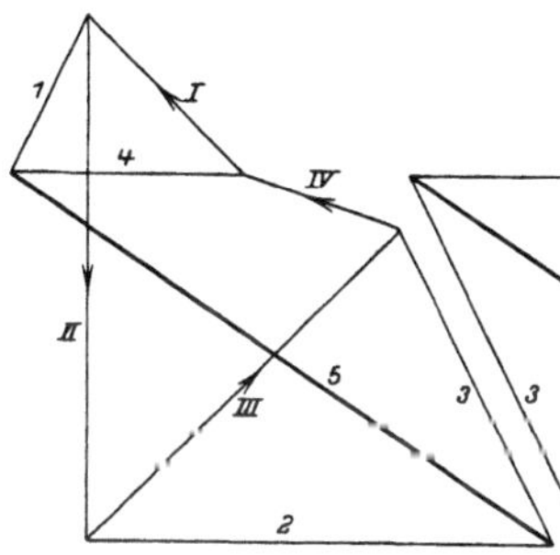

Abb. 413.

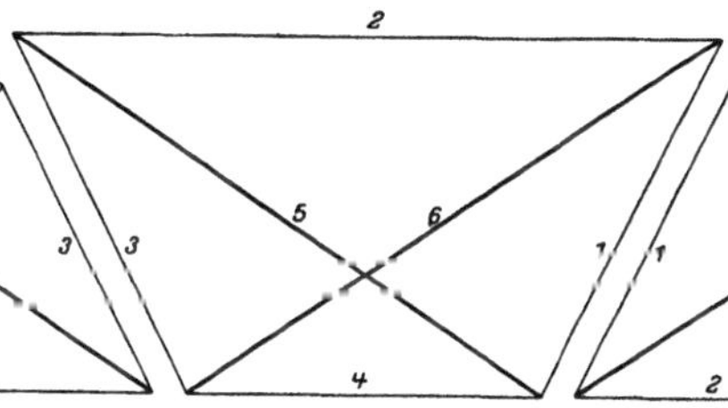

Abb. 415.
K. M. 1 mm = 400 kg.

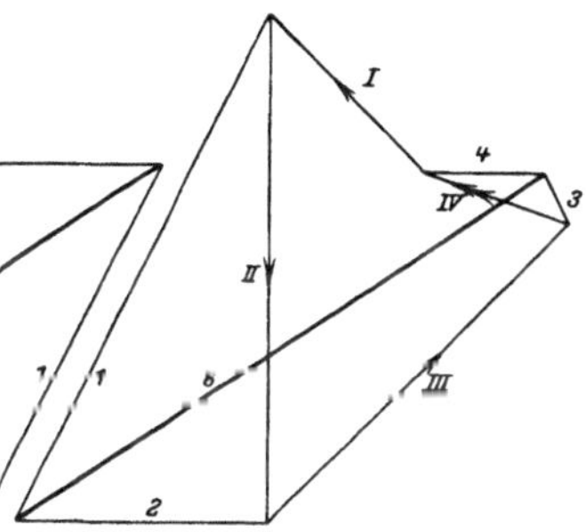

Abb. 414.

sich damit, daß man dem Stab 6, der genau so dimensioniert ist wie Stab 5, wieder einschaltet; in dem Augenblick, in dem Stab 5 beginnt, seitlich auszuweichen, wenn also die Knoten II und IV sich zu nähern und die Knoten I und III sich zu entfernen suchen, wird dieser eingeschaltete Stab 6 in Wirksamkeit treten, er wird der Entfernung der Knoten I und III entgegenwirken, d. h. er wird auf Zug beansprucht. Der Stab 5 bleibt ausgeknickt und nimmt keinerlei Spannung auf, in statischer Hinsicht verhält sich der Stabverband also genau so, wie wenn Stab 5 nicht vorhanden wäre. Abb. 411 gibt diesen Fall wieder, Abb. 414 den zugehörigen Kräfteplan, dem man die wichtige Tatsache entnimmt, daß die im Stab 6 auftretende Zugspannung den gleichen Wert hat wie sie die vom Stab 5 aufzunehmende Druckspannung gehabt hätte. Nun kann man sich den durch Abb. 411 gegebenen Fall auch dadurch hergestellt denken, daß man in dem Stab 5 eine Zugspannung S anbringt, die von gleichem Zahlenwert ist mit der gefundenen Druckspannung S_5, s. Abb. 412. Dann heben sich S und S_5 gegenseitig auf, der Stab 5 bleibt spannungslos, in statischer Hinsicht verhält er sich genau so, wie wenn er gar nicht vorhanden wäre.

Die für den Belastungsfall der Abb. 411 auftretenden Spannungen kann man daher in recht einfacher Weise durch Superposition der Belastungsfälle der Abb. 410 und 412 ermitteln, wie die zugehörigen Kräftepläne, s. Abb. 413 und 415, recht anschaulich zeigen. Bezeichnet man die durch den Belastungsfall der Abb. 410 erzeugten Spannungen mit S', für den Fall der Abb. 411 mit S, und im Fall der Abb. 412 mit S'', so ist $S = S' + S''$, wie auch die beistehende Tabelle angibt.

	1	2	3	4	5	6	Abb.
S'	$-5{,}0$	$+13{,}5$	$+10{,}0$	$+6{,}7$	$-18{,}9$	0	410 u. 413
S''	$-11{,}7$	$-21{,}0$	$-11{,}7$	$-10{,}5$	$+18{,}9$	$+18{,}9$	412 u. 415
S	$-16{,}7$	$-7{,}5$	$-1{,}7$	$-3{,}8$	0	$+18{,}9$	411 u. 414

Die durch die vorausgehenden Betrachtungen hinreichend erklärten „schlaffen Diagonalen“, oft auch nur kurz „Gegendiagonalen“ genannt, werden bei räumlichen Fachwerkkonstruktionen oft angewandt. Man erreicht damit: von den beiden Gegendiagonalen wird nur eine beansprucht, und zwar immer nur auf Zug, weil die andere, die auf Druck beansprucht worden wäre, wegen ihrer schlaffen Form ausgewichen ist und sich statisch so verhält, wie wenn sie gar nicht da wäre.

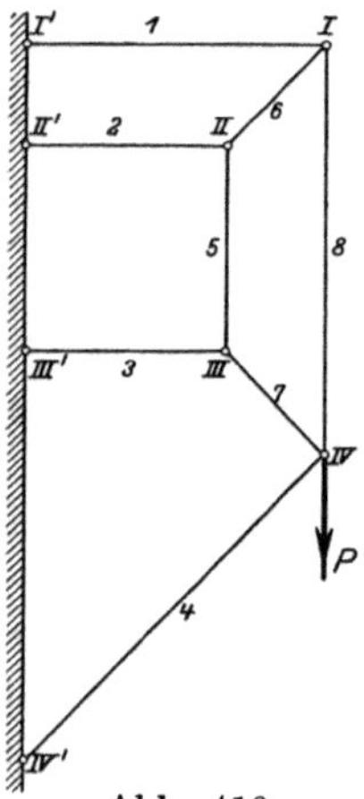

Abb. 416.

56. Für die einfachen Fachwerkkonstruktionen müssen sich auch bei beliebiger Belastung die Spannungen mit einem gewöhnlichen Cremonaplan ermitteln lassen. Man beachte die Ausdrucksweise „bei beliebiger Belastung“. Es ist beispielsweise die Fachwerkkonstruktion der Abb. 416 (aus „Föppl, Vorlesungen über Technische Mechanik II“) nichteinfach, weil sich bei beliebiger Belastung mit alleiniger Benützung eines Cremonaplanes die Spannungen nicht ermitteln lassen. An jedem Knotenpunkt greifen ja mehr als zwei unbekannte Stabspannungen an. Trotzdem aber läßt sich im vorliegenden besonderen Belastungsfall mit Anwendung eines Kunstgriffes, mit der **Methode des unbestimmten Kräftemaßstabes**, ein Cremonaplan unschwer erzwingen. Man setze einmal S_1 als bekannte Zugspannung voraus und trage sie an, zunächst ohne einen Maßstab zu bestimmen. Dann lassen sich auch die Spannungen S_8 und S_6 am Knoten I mit einem gewöhnlichen Krafteck ermitteln, s. Abb. 417; dann auch am Knotenpunkt II die Stabspannungen S_5 und S_2, und deswegen wieder am Knoten III die Spannungen S_7 und S_3. Am Knoten IV behandelt man die Nutzlast P wie eine unbekannte Kraft und ermittelt die beiden Unbekannten P und S_4 wieder mit einem gewöhnlichen Krafteck $\mathfrak{S}_7 + \mathfrak{S}_8 + \mathfrak{P} + \mathfrak{S}_4 = 0$.

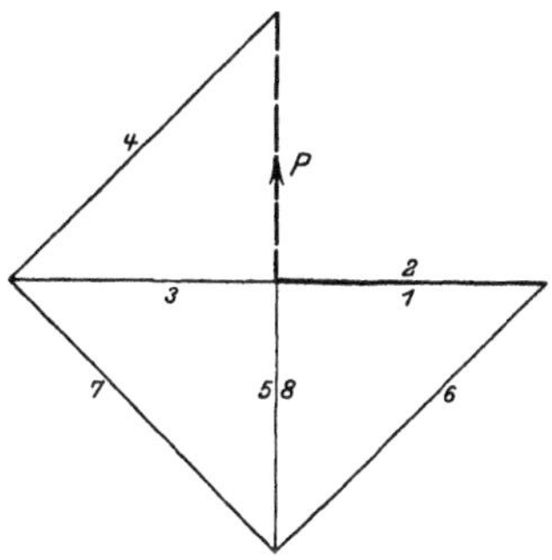

Abb. 417.

S_1 ist nun aber keineswegs falsch angetragen, denn je nach der Wahl des Kräftemaßstabes wird S_1 durch jede beliebige Strecke dargestellt, wenn diese nur parallel dem Stab 1 ist. Bei den bisherigen Aufgaben bestimmte man zuerst den Maßstab passend und trug dann dementsprechend die einzelnen Kräfte an; hier ist es umgekehrt, man hat S_1 passend angetragen und den Kräftemaßstab unbestimmt gelassen; er bestimmt sich aus der bekannten Tatsache, daß man den Wert des in den Kräfteplan ebenfalls mit eingetragenen P kennt. Im Plan der Abb. 417 ist P durch eine 20 mm lange nach oben gehende Strecke dargestelt, wegen $P = 1\,000$ kg bestimmt sich daraus nachträglich der Kräftemaßstab 1 mm $= -50$ kg, ein negativer Maßstab, weil ja P in Wirklichkeit nach abwärts geht, d. h. man hat den Pfeil von S_1 falsch gewählt und deswegen auch die Pfeile aller anderen Spannungen falsch gefunden.

Die Lösung nach der Methode des unbestimmten Maßstabes ist freilich recht einfach, aber nicht mehr anwendbar, wenn neben P auch noch eine Last Q an irgendeinem anderen der Knotenpunkte angreift. Für diese Lösungsweise ist anzugeben und zu merken, daß sie mit Vorteil dann anwendbar ist, wenn nur an einem, oder ganz allgemein, wenn an recht wenigen Knotenpunkten Nutzlasten angreifen.

Beispiel a) Man ermittle die Spannungen der Fachwerkkonstruktion der Abb. 418 nach der Methode des unbestimmten Maßstabes. $P = 1\,000$ kg.

Der durch die Abbildung gegebene Stabverband ist nichteinfach, weil an jedem Knotenpunkt mehr als zwei unbekannte Stabspannungen auftreten. Nach der vorgeschriebenen Methode nimmt man die

Spannung irgendeines Stabes, vielleicht S_2, als bekannt an und trägt sie in passend gewählter Größe als Zugspannung an. Ein Krafteck für den Knoten II liefert S_4 und S_5, ein weiteres für den Knoten I dann S_1 und S_6, am Knoten III behandelt man P als eine unbekannte Kraft und zeichnet mit S_5 beginnend das Krafteck $\mathfrak{S}_5 + \mathfrak{S}_6 + \mathfrak{S}_3 + \mathfrak{P} = 0$. Man erhält für P eine nach oben ge-

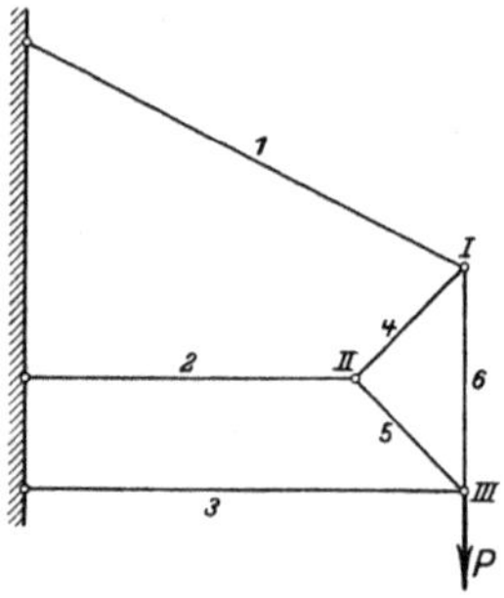

Abb. 418.

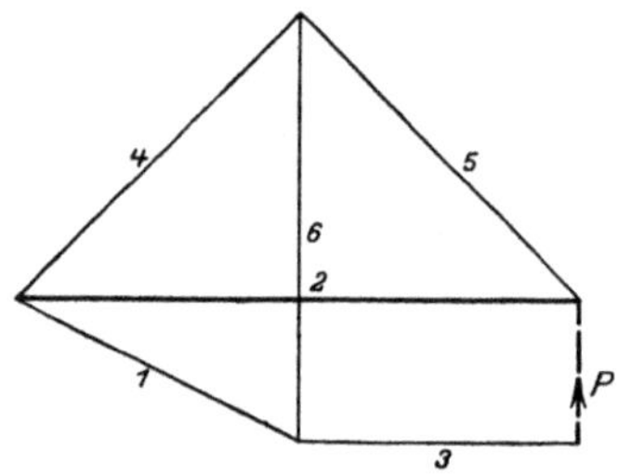

Abb. 419.

richtete Strecke von 10 mm, während doch P in Wirklichkeit nach unten geht, woraus sich nachträglich der Kräftemaßstab 1 mm $= -100$ kg ergibt. Wegen des —-Zeichens sind also alle Spannungen mit verkehrtem Pfeil einzutragen. Die Zahlenwerte der Spannungen sind in der Tabelle der Aufgabe b) als S' zusammengestellt.

Der Stabverband der Abb. 416 ist nichteinfach; nur in besonderen Belastungsfällen kann man nach der Methode des unbestimmten Maßstabes mit einem Cremonaplan allein die Spannungen ermitteln. Es sollen nun an diesen Stabverband drei weitere Knoten angeschlossen werden, und zwar so wie Abb. 420 zeigt. Die Ermittlung der Spannungen beginnt am Knoten VII, wo die beiden unbekannten Spannungen S_{14} und S_{13} mit einem einfachen Krafteck gefunden werden; am Knoten V wird ebenso S_{12} und S_9 und dann am Knoten VI S_{11} und S_{10} bestimmt.

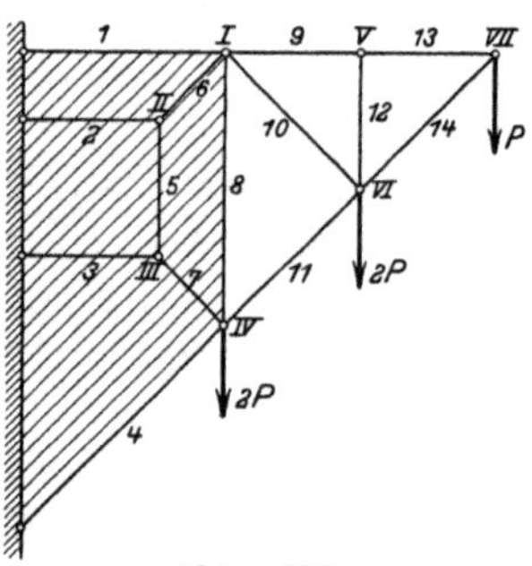

Abb. 420.

Bis hierher war der Stabverband einfach, der Fachwerkerest, in der Zeichnung schraffiert, ist nichteinfach, weil an jedem seiner Knotenpunkte mehr als zwei unbekannte Stabspannungen angreifen. Solcher Fachwerkkonstruktionen gibt es viele; einen Teil der Spannungen kann man mit einem gewöhnlichen Kräfteplan ermitteln, dann kommt man zu einem Rest, der nichteinfach ist. Diesen nichteinfachen Teil einer Fachwerkkonstruktion nennt man seine Grundfigur. In Abb. 420 ist also der schraffierte Teil die Grundfigur der Konstruktion. Nach dieser Erklärung ist demnach die Fachwerkscheibe immer eine Grundfigur, wenn an jedem ihrer Knotenpunkte mindestens drei Stäbe zusammentreffen.

Eine nichteinfache Fachwerkkonstruktion ist beispielsweise auch der Binder der Abb. 392; hier kann man nur die beiden vom linken und vom rechten Auflager weggehenden Stäbe mit einem einfachen Krafteck ermitteln; denkt man sich diese beiden Stäbe links und rechts weggenommen, so bildet der Rest die Grundfigur.

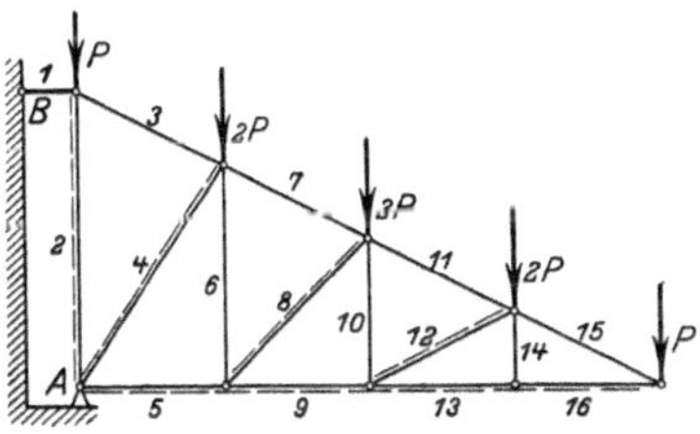

Abb. 421.

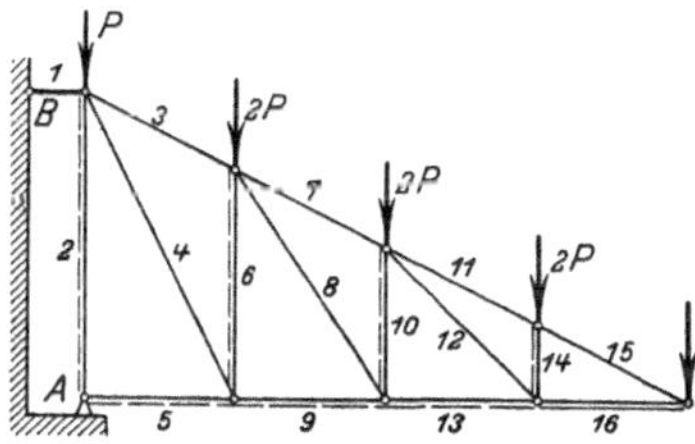

Abb. 422.

Aufgabe a) Man beurteile, welches der beiden Pultdächer der Abb. 421 und 422 ungünstiger beansprucht ist.

Lösung: Man zeichnet für jedes der beiden Dächer einen Cremonaplan, da ja beide einfach sind. Dem Plan entnimmt man die in die nachstehende Tabelle eingetragenen Spannungen. Es bedeuten die S die Spannungen im Dach der Abb. 421 uud die T die des anderen Daches. Der Zahlenwert von P ist für die Aufgabe belanglos, da ja im gleichen Verhältnis wie P sich ändert, auch die durch P hervorgerufenen Spannungen ab- oder zunehmen. In der Tabelle sind die Spannungen als Vielfache von P eingetragen, so daß also beispielsweise $S_2 = -5P$, $T_2 = -8P$. Den Kräfteplan selbst wird man am einfachsten mit $P = 1$ zeichnen. Man entnimmt der Tabelle, daß das zweite Pultdach ungünstiger beansprucht ist, weil größere Druckspannungen in ihm auftreten.

	1	2	3	4	5	6	7	8
S	+ 8	— 5	+ 8,9	— 3,6	— 6	+ 2	+ 6,7	— 2,8
T	+ 8	— 8	+ 6,7	+ 4,5	— 8	— 4	+ 4,5	+ 3,6

	9	10	11	12	13	14	15	16
S	— 4	+ 1	+ 4,5	— 2,3	— 2,0	0	+ 2,3	— 2
T	— 6	— 3	+ 2,3	+ 2,8	— 4,0	— 2,0	+ 2,3	— 2

Aufgabe b) Man ermittle die Spannungen, die in dem Fachwerkträger der Abb. 423 unter dem Einfluß von $P' = 1000$ kg allein auftreten, ebenso die unter dem alleinigen Einfluß von $P'' = 3000$ kg, sowie die Spannungen, wenn P' und P'' gleichzeitig wirken.

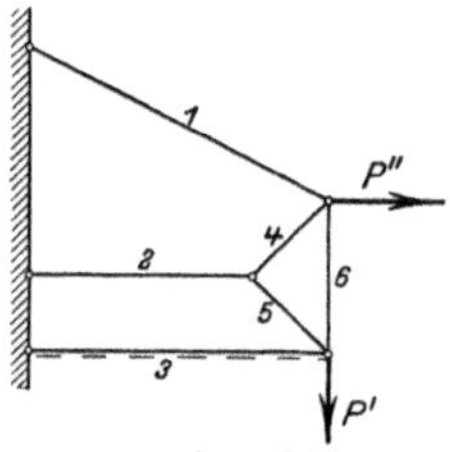

Abb. 423.

Lösung: Abb. 419 hat bereits die S_i' ermittelt, in der gleichen Weise findet man die S_i'', indem man nach der Methode des unbestimmten Maßstabes etwa S_2'' wieder als gegebene Zugspannung annimmt und 4 Längeneinheiten groß macht. $S_i = S_i' + S_i''$. Die gefundenen S_i, in der nachstehenden Tabelle in 1000 kg angegeben, kann man zur Kontrolle zu einem weiteren dritten Cremonaplan zusammenstellen.

	1	2	3	4	5	6
S'	+ 2,3	− 4	+ 2	− 2,8	− 2,8	+ 3
S''	0	+ 6	− 3	+ 4,2	+ 4,2	− 3
S	+ 2,3	+ 2	− 1	+ 1,4	+ 1,4	0

57. Die Spannungen einer nichteinfachen Fachwerkkonstruktion lassen sich nach der Ritterschen Momentenmethode immer dann ermitteln, wenn man von der Konstruktion durch einen Schnitt einen Teil so abschneiden kann, daß von den geschnittenen Stäben alle bis auf einen durch den nämlichen Punkt O gehen. Für diesen Punkt O als Momentenpunkt schreibt man eine Momentengleichung an, und ermittelt daraus die Spannung des nicht durch ihn gehenden Stabes.

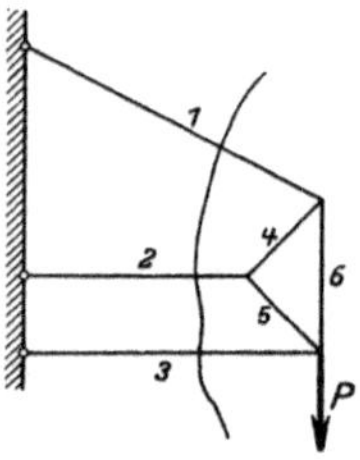

Abb. 424.

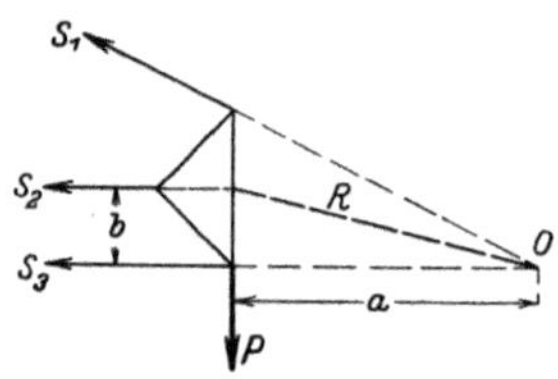

Abb. 425.

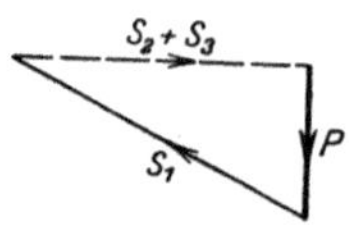

Abb. 426.

Die Spannungen der Fachwerkkonstruktion der Abb. 424 wird man für den besonderen Belastungsfall der Abbildung am einfachsten nach der Methode des unbestimmten Maßstabes ermitteln. Wenn aber an jedem Knotenpunkt äußere Kräfte angreifen, dann versagt diese Methode. Aber die Rittersche Momentenmethode führt bei jeder Belastung zum Ziel. Man überlegt: sicher ist der Stabverband im Gleichgewicht, also auch jeder einzelne seiner Teile, gleichgültig wie man sich denselben vom ganzen Körper abgegrenzt denkt. Der abgeschnitten gedachte rechte Teil, in Abb. 425 noch eigens herausgezeichnet, ist im Gleichgewicht unter dem Einfluß der an ihm angreifenden Nutzlast P und der Stabspannungen S_1, S_2, S_3, die jetzt die Rolle von äußeren Kräften spielen. Diese unbekannten Stabspannungen sind zweckmäßig im voraus immer als Zugspannungen anzunehmen, die Korrektur einer etwaigen falschen Annahme erfolgt ja schließlich durch das Vorzeichen der Lösung. Man ermittelt nun irgendeine der drei Spannungen mit einer Momentengleichung für den Schnittpunkt der beiden anderen, beispielsweise S_2 nach Abb. 425, indem man den Schnittpunkt O von S_1 und S_3 als Momentenpunkt wählt. Für ihn haben S_1 und S_3 kein Moment, die Momentengleichung wird

$$-P\cdot a - S_2\cdot b = 0 \qquad \text{oder} \qquad S_2 = -P\cdot\frac{a}{b} = -4\,P = -4000 \text{ kg}.$$

Der Pfeil von S_2 ist also umzukehren, so daß sich S_2 als eine Druckspannung vom Wert 4000 kg ergibt. Nach der Ermittlung von S_2 bestimmt man die anderen Spannungen S_1 und S_3 mit einem einfachen Krafteck.

Man hätte auch den Schnittpunkt von S_2 und S_3 als Momentenpunkt wählen können; weil er im Unendlichen liegt, geht die Momentengleichung hier in eine gewöhnliche Kräftegleichung über, es muß in lotrechter Richtung Gleichgewicht sein zwischen P, S_1, S_2, S_3; für diese Richtung liefern S_2 und S_3 keinen Beitrag, es muß also die lotrechte Komponente von S_1 entgegengesetzt gleich sein mit P, wie auch Abb. 426 angibt.

Beispiel a) Von dem Fachwerkträger der Abb. 427 kann man einen Teil so abschneiden, daß von den geschnittenen Stäben alle bis auf einen durch den nämlichen Punkt gehen; es schneiden sich S_1, S_2, S_3 in einem unendlich fernen Punkt. Die Momentengleichung für diesen Punkt geht hier über in die Bedingung, daß in der Richtung senkrecht zu den Stäben 1, 2, 3 Gleichgewicht sein muß, daher $S_4\cdot\cos 45^0 = P$ oder $S_4 = P\cdot\sqrt{2}$. Wenn so S_4 gefunden, kann man mit einem Cremonaplan alle übrigen Spannungen ermitteln.

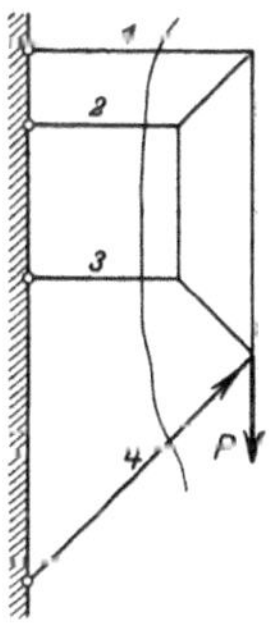

Abb. 427.

In der Praxis handelt es sich oft nur um die Ermittlung der Spannung eines einzigen Stabes; in diesem Falle wird mit Vorteil die Rittersche Momentenmethode angewandt, ebenso die Culmannsche Methode, die die gleichen Voraussetzungen verlangt wie die Rittersche, daß man nämlich die Fachwerk-

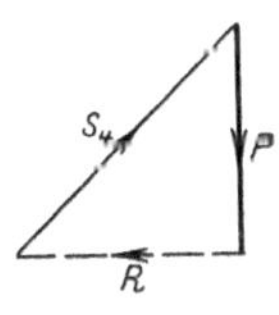

Abb. 428.

konstruktion durch einen gedachten Schnitt so in zwei Teile zerlegen kann, daß von den geschnittenen Stäben alle bis auf einen durch den nämlichen Punkt gehen.

Die am abgeschnitten gedachten Teil angreifenden äußeren Kräfte faßt man zu einer Resultierenden P zusammen, ebenso diejenigen Spannungen, die durch den gemeinsamen Punkt O gehen, zu einer Resultierenden R; bezeichnet man die Spannung jenes Stabes, der nicht durch O geht, mit S_i, so gilt $\mathfrak{P} \,\widehat{+}\, \mathfrak{R} \,\widehat{+}\, \mathfrak{S}_i = 0$, die drei Kräfte P, R und S_i müssen im Gleichgewicht sein. Die Resultierende R muß durch O gehen und auch durch den Schnittpunkt von P und S_i, dann kennt man die Richtung der Resultierenden R, die Zahlenwerte R und S_i sind durch ein einfaches Kraftedk zu ermitteln.

Beispiel b) In Abb. 424 trifft der Schnitt die drei Stäbe 1, 2, 3; S_1 und S_3 schneiden sich in O; also muß ihre Resultierende R durch O gehen, ferner auch durch den Schnittpunkt von P und S_2, weil diese drei Kräfte P, R und S_2 an dem abgeschnitten gedachten Teil im Gleichgewicht sind. Wenn S_2 gefunden, ermittelt man die übrigen Stabspannungen mit einem Cremonaplan.

Beispiel c) Von dem Fachwerkträger der Abb. 427 wird durch den Schnitt der rechte Teil abgetrennt; von den vier Stabspannungen, die geschnitten sind, gehen alle bis auf S_4 durch den nämlichen Punkt O, der hier im Unendlichen liegt. S_1, S_2, S_3 haben eine Resultierende R, die einmal durch O geht, ferner sich mit P und S_4 im gleichen Punkt schneiden muß; das Krafteck für das Gleichgewichtssystem P, R, S liefert S_4, s. Abb. 428. Die übrigen Spannungen werden durch einen Cremonaplan gefunden.

Beispiel d) Man ermittle die Spannungen des Dachbinders der Abb. 429. $P = 1000$ kg.

Der Binder ist symmetrisch und symmetrisch beansprucht, man braucht daher nur die eine Hälfte untersuchen. Die Auflagerkräfte sind $A = B = 3{,}5\,P$. Man kann in der üblichen einfachen Weise mit einem Cremonaplan die Spannungen S_1, S_2, ... S_6 ermitteln, wenn man vom linken Knotenpunkt ausgeht. In dieser einfachen Weise setzt sich aber der Kräfteplan nicht mehr fort, wenn man zum Knoten IV oder V gelangt, weil an jedem dieser Knoten immer noch mehr als zwei unbekannte Stabspannungen an-

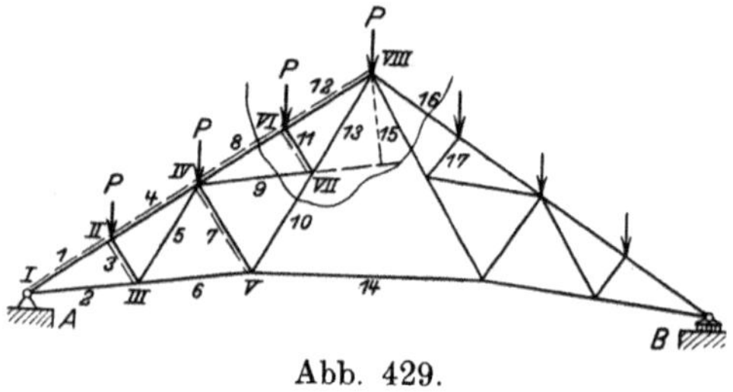

Abb. 429.

greifen. Auch an den übrigen Knoten VI, VII, VIII der linken Binderhälfte greifen mehr als zwei unbekannte Stabspannungen an. Der Binder hat sonach eine Grundfigur, deren linke Begrenzung durch die Knoten V, IV, VI, VIII gegeben ist.

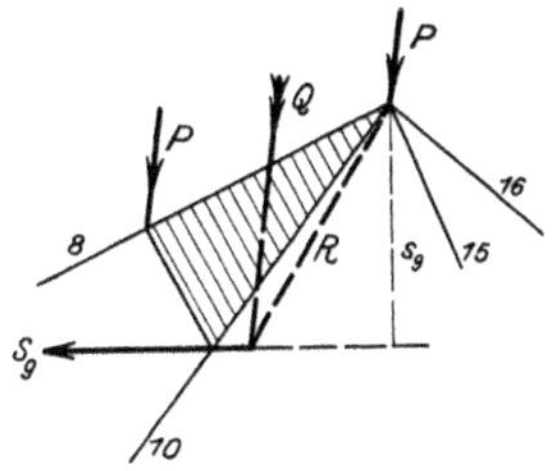

Abb. 430.

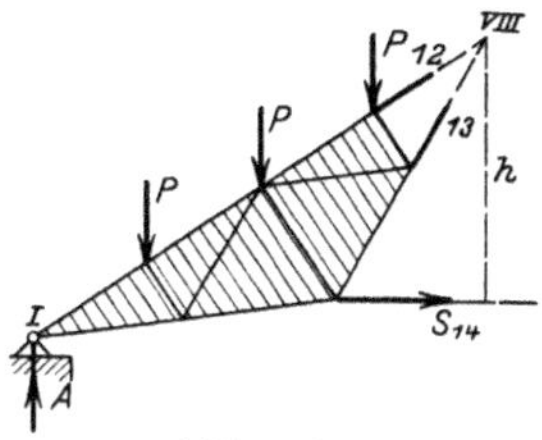

Abb. 431.

Mit einem gewöhnlichen Kräfteplan lassen sich in der linken Binderhälfte keine Spannungen mehr ermitteln, dagegen liefert die Rittersche Momentenmethode sofort die Spannung S_9, wenn man, wie die Abbildung zeigt, einen Teil des Binders sich abgeschnitten denkt, (in Abb. 430 ist er nochmal vergrößert herausgezeichnet), und die Gleichgewichtsbedingungen für diesen Teil benützt. Von den fünf geschnittenen Stäben 10, 9, 8, 16, 15, gehen alle bis auf den Stab 9 durch den gleichen Punkt VIII (genauer: ihre Verlängerungen gehen durch diesen Punkt), für den man eine Momentengleichung anschreibt,

$$-P \cdot a + S_9 \cdot s_9 = 0$$

und daraus

$$S_9 = P \cdot \tfrac{15}{16} = 940 \text{ kg}$$

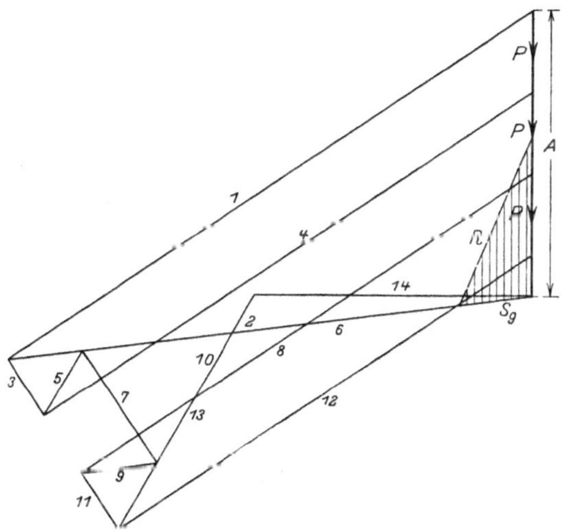

Abb. 432. K. M. 1 mm = 100 kg.

erhält. Da S_9 bekannt, greifen am Knoten IV nur mehr zwei unbekannte Kräfte an, S_8 und S_7, die man mit einem Krafteck ermittelt. Wenn man am Knoten IV die Reihenfolge S_5, S_4, P, S_8, S_9, S_7 im Krafteck einhält, dann wird der unterbrochene Kräfteplan jetzt fortgesetzt und dient so zur Ermittlung aller noch weiteren unbekannten Kräfte, s. Abb. 432.

Will man S_9 rein graphisch finden, so überlegt man: an dem abgeschnitten gedachten Teil greifen die bekannten Kräfte P, P mit der Resultierenden Q an; die durch den Knoten VIII gehenden Spannungen der Stäbe 8, 16, 15, 10 haben eine Resultierende R, die mit Q und S_9 im Gleichgewicht ist und deswegen mit ihnen durch den gleichen Punkt gehen muß. Daraus bestimmt sich die Richtung von R, den Zahlenwert von R und S_9 ermittelt dann das Kraftеck $2\mathfrak{P} + \mathfrak{S}_9 + \mathfrak{R} = 0$, siehe das schraffierte Dreieck der Abb. 432.

Man hätte auch in anderer Weise, so wie Abb. 431 zeigt, einen Teil des Binders abschneiden können. Der linke abgeschnittene Teil bildet für sich ein Gleichgewichtssystem, eine Momentengleichung mit dem Punkt VIII als gedachten Drehpunkt liefert S_{14},

$$A \cdot 4a - P \cdot 3a - P \cdot 2a - P \cdot a - S_{14} \cdot h = 0,$$

oder
$$S_{14} = 8P \cdot \frac{a}{h} = 8P \cdot \frac{3}{7} = 3430 \text{ kg}.$$

Mit diesem Wert S_{14} läßt sich der unterbrochene Cremonaplan am Knoten V fortsetzen.

58. Die Ermittlung der Stabspannungen eines Fachwerkes wird mit großem Vorteil von der Vorstellung ausgehen, daß der Stabverband nur der Träger des Spannungssystems ist. Man überlege, daß bei allen bisherigen Berechnungen das Stoffliche der Konstruktion gar keine Rolle spielte, daß man mit der Konstruktion immer nur als einem ideellen, aus Punkten und Strecken zusammengesetzten Gebilde rechnete. Ob der Stabverband wirklich oder nur gedacht vorhanden ist, war für das Verhalten der Kräfte belanglos, man kann sich ihn daher auch als beseitigt oder nicht vorhanden vorstellen, wenn nur an dem gegenseitigen Zusammenhang der äußeren Kräfte und Stabspannungen nichts geändert wird. Aus dieser Vorstellung resultieren die beiden nachfolgenden Sätze:

> Man kann einen Stab aus dem Fachwerk nehmen, ohne dadurch an dem augenblicklichen Spannungszustand etwas zu ändern, vorausgesetzt, daß man die Spannung dieses Stabes als äußere Kraft wirken läßt. (a)

Man muß natürlich, wie auch Abb. 433 andeutet, diese Stabspannung an zwei Knotenpunkten, an den Endpunkten des Stabes, als äußere Kräfte antragen, denn sie wirkte ja auch als innere Kraft an jedem der beiden Knotenpunkte in der Stabrichtung. Durch die gedachte Herausnahme des Stabes aus dem Stabverband wird dieser freilich labil oder beweglich, was aber für die Rechnung als solche belanglos ist, denn es hat sich ja am Kräftesystem, das wir untersuchen, nichts geändert.

Der andere Satz lautet:

> Man kann in das Fachwerk einen Stab einschalten, ohne dadurch an dem augenblicklichen Spannungszustand etwas zu ändern, vorausgesetzt, daß dieser Stab spannungslos bleibt. (b)

Durch diesen gedachten eingeschalteten Stab wird die Fachwerkkonstruktion zwar statisch unbestimmt, was aber für das am Stabverband auftretende Kräftesystem vollständig einflußlos ist, da ja der eingeschaltete Stab spannungslos bleiben muß.

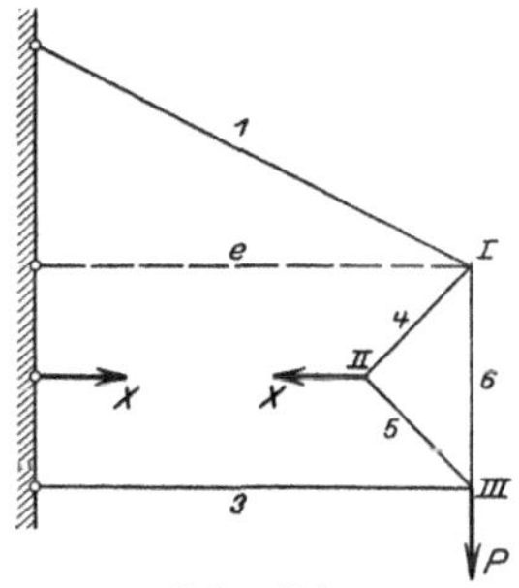

Abb. 433.

Mit der Hennebergschen Methode der Stabvertauschung kann man die Spannungen eines beliebigen statisch bestimmten Stabverbandes ermitteln. Sie benützt das Superpositionsprinzip und die beiden eben entwickelten Sätze und hat folgenden Gedankengang: Man nimmt einen passend ausgewählten Stab aus dem Verband heraus (meist „Laststab“ genannt) und läßt die in dem Stab vorhandene Spannung X als äußere Kraft an den beiden Knotenpunkten wirken, zwischen denen der Stab eingeschaltet war. An einer anderen, ebenfalls passend ausgewählten Stelle setzt man einen Stab ein, den Ersatzstab e, von dem man im voraus weiß, daß er spannungslos ist. An dem Fachwerk greifen dann an die wirklichen Nutzlasten P_1, P_2, ... P_n und die beiden gedachten Nutzlasten X, X.

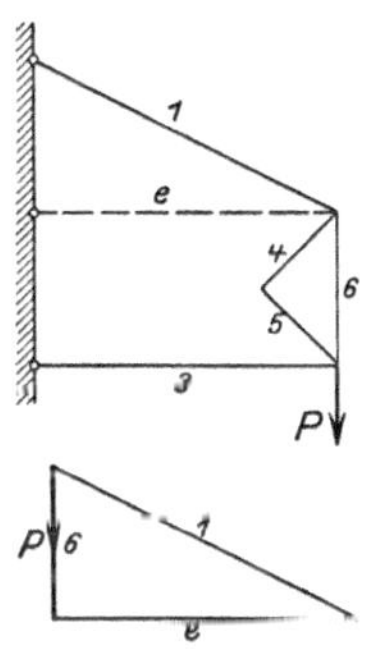

Abb. 434 u. 435.

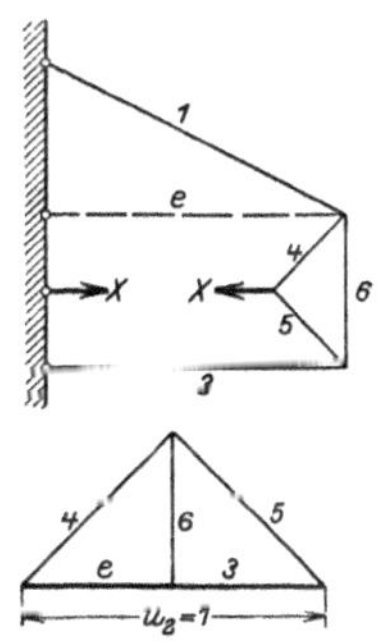

Abb. 436 u. 437.

Nun zeichnet man mit einem ersten Plan die Spannungen T_1, T_2, ... unter dem alleinigen Einfluß der wirklichen Nutzlasten P_1, P_2, ... P_n, so daß also die gedachten Nutzlasten X, X nicht mitwirken; und mit einem zweiten Plan die Spannungen U_1, U_2, ... unter dem alleinigen Einfluß der beiden gedachten Nutzlasten X, X, wo dann die wirklichen Nutzlasten P_1, P_2, ... P_n als nicht vorhanden zu betrachten sind. Die wahren Spannungen S_1, S_2, ... in den einzelnen Stäben 1, 2, ... sind durch Superposition zu erhalten,

$$S_1 = T_1 + U_1, \quad S_2 = T_2 + U_2, \ldots$$

oder allgemein

$$S_i = T_i + U_i. \tag{c}$$

Der zweite Kräfteplan ist unschwer zu zeichnen, wenn man überlegt: Hätte im Laststab die Spannung den Zahlenwert 1, dann würde sie in den einzelnen Stäben 1, 2,... die Spannungen u_1, u_2,... hervorrufen, sonach die Last X die Spannungen Xu_1, Xu_2, ..., so daß dann $U_i = Xu_i$. Der zweite Kräfteplan geht somit von $X = 1$ aus, er nimmt im Laststab eine Zugspannung gleich der Krafteinheit an. Hat man mit Hilfe der beiden Kräftepläne die T_i und u_i gefunden und am einfachsten in einer Tabelle zusammengestellt, so ergeben sich die wahren Spannungen mit

$$S_i = T_i + X \cdot u_i, \tag{d}$$

wo nur noch die Spannung X des Laststabes unbekannt ist. Diesen Wert liefert eine Kontrollgleichung, daß nämlich die Spannung S_e des eingeschalteten Ersatzstabes e den Wert Null haben muß,

$$S_e = 0 \quad \text{oder} \quad T_e + X \cdot u_e = 0. \tag{e}$$

[Die unter dem Einfluß der Lasteinheit $X = 1$ kg hervorgerufenen Spannungen u_1, u_2, ... heißt man auch „Einflußzahlen" für die Spannung des Laststabes.]

Beispiel a) Will man die Spannungen des Trägers der Abb. 424 nach der Hennebergschen Methode auffinden, so nimmt man etwa den Stab 2 heraus und setzt dafür an anderer Stelle den Stab e ein, s. Abb. 433. Der Zweck dieses Kunstgriffes ist der, den Stabverband so umzuformen, daß von einem Knotenpunkt nur zwei Stäbe ausgehen, hier vom Knoten II. Es hätte also keinen Zweck, den Ersatzstab etwa wieder vom Punkt II ausgehen zu lassen. Man zeichnet den ersten Cremonaplan, s. Abb. 435, unter der Annahme, daß nur die wirklichen Nutzlasten P angreifen, so wie Abb. 434 zeigt; alsdann einen zweiten, s. Abb. 437, unter der Annahme, daß die Nutzlast 1 statt X im Laststab angreift, s. Abb. 436. Die Werte T_i und u_i sind in die Tabelle eingetragen. Schließlich ermittelt man X aus der Kontrollgleichung $S_e = 0$ oder $T_e + X \cdot u_e = 0$, hier -2000 kg $- X \cdot 0{,}5 = 0$, zu $X = -4000$ kg und trägt die Spannungen $U_i = X \cdot u_i$ gleichfalls in die Tabelle ein, sowie noch die $S_i = T_i + U_i$. Man beachte noch, daß die u_i alle dimensionslos sind.

	1	2	3	4	5	6	e
T in 1000 kg	$+2{,}25$	0	0	0	0	$+1$	-2
u	0	$+1$	$-0{,}5$	$+0{,}5\sqrt{2}$	$+0{,}5\sqrt{2}$	$-0{,}5$	$-0{,}5$
U „ 1000 „	0	-4	$+2$	$-2\sqrt{2}$	$-2\sqrt{2}$	$+2$	$+2$
S „ 1000 „	$+2{,}25$	-4	$+2$	$-2\sqrt{2}$	$-2\sqrt{2}$	$+3$	0

Beispiel b) Auch auf das Fachwerk der Abb. 427 soll man die Hennebergsche Methode anwenden.

Man nimmt den Stab 1 aus dem Verband; um eine günstige Einschaltestelle für den Ersatzstab e zu finden, überlegt man: würde nur die wirkliche Nutzlast P angreifen und X nicht, so wären nach (9g) die Stäbe 6 und 8 und dann weiter die Stäbe 2 und 5 und weiter die Stäbe 3 und 7 spannungslos, es ist sonach praktisch, um einen günstigen Kräfteplan zu erhalten, den Stab e ganz unten einzuschalten, s. Abb. 438. Der Kräfteplan der Abb. 439 liefert die T_i unter dem alleinigen Einfluß von P, der Plan der Abb. 440 die u_i unter dem alleinigen Einfluß von $u_1 = 1$ statt X. Wegen $S_e = 0$ oder $T_e + X \cdot u_e = 0$, hier $1000\,\text{kg} + X \cdot 1 = 0$, erhält man $X = -1000$ kg, daraus die $U_i = X \cdot u_i$ und dann die $S_i = T_i + U_i$, wie die Tabelle angibt.

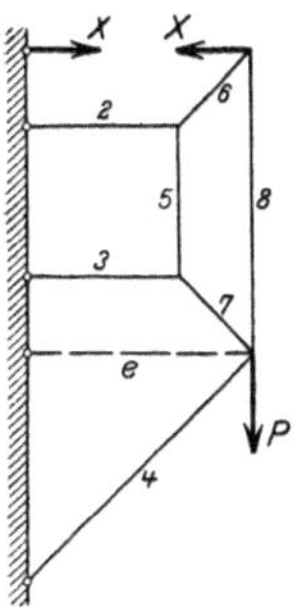

Abb. 438.

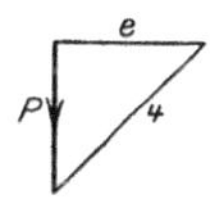

Abb. 439.

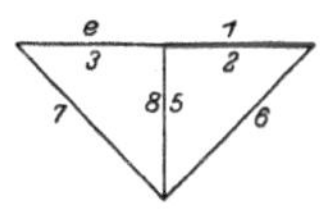

Abb. 440.

	1	2	3	4	5	6	7	8	e
T in 1000 kg	0	0	0	$-\sqrt{2}$	0	0	0	0	$+1$
u	$+1$	-1	-1	0	-1	$-\sqrt{2}$	$-\sqrt{2}$	$+1$	$+1$
U „ 1000 „	-1	$+1$	$+1$	0	$+1$	$+\sqrt{2}$	$+\sqrt{2}$	-1	-1
S „ 1000 „	-1	$+1$	$+1$	$-\sqrt{2}$	$+1$	$+\sqrt{2}$	$+\sqrt{2}$	-1	0

59. Die vorausgehenden Überlegungen sollen zusammengefaßt werden.

1. Die Spannungen in einem einfachen Fachwerk lassen sich mit einem Cremonaplan allein auffinden.
2. Für die Ermittlung der Spannungen in einem nichteinfachen Fachwerk wendet man an:

   A. In speziellen Fällen:

   a) die Methode des unbestimmten Kräftemaßstabes, nur anwendbar, wenn wenige äußere Kräfte angreifen;

   b) die Rittersche Momentenmethode oder die Culmannsche graphische Methode, wenn man das Fachwerk durch einen Schnitt so in zwei Teile zerlegen kann, daß von den geschnittenen Stäben alle bis auf einen durch den nämlichen Punkt gehen;

   c) die Föpplsche Methode der imaginären Gelenke, siehe weiter unten;

B. In allgemeinen Fällen:

a) die Hennebergsche Methode der Stabvertauschung;

b) die kinematische Methode von Müller-Breslau (noch zu besprechen im zweiten Band gelegentlich der Scheibenbewegung);

c) die Föpplsche Methode der Knotenpunktsbedingungen;

d) das Korrekturverfahren, s. **65**, dessen Spezialfälle die Hennebergsche Methode der Stabvertauschung und die Föpplsche Methode der Knotenpunktsbedingungen sind.

Die Föpplsche Methode der imaginären Gelenke ist dann anwendbar, wenn man die Fachwerkkonstruktion als Verbindung von drei Scheiben betrachten kann, die durch insgesamt drei reelle oder imaginäre Gelenke verbunden sind, s. **48**.

Beispiel a) Man kann mit ihr die Spannungen des Trägers der Abb. 441 ermitteln, wenn man nämlich die Erde als Scheibe a und die Stäbe 5 und 8 als Scheiben b und c einführt. Dann sind die Scheiben a und b durch die Stäbe 2 und 3 und somit durch ein im Unendlichen liegendes virtuelles Gelenk ab verbunden, die Scheiben b und c durch die Stäbe 6 und 7 und deswegen durch

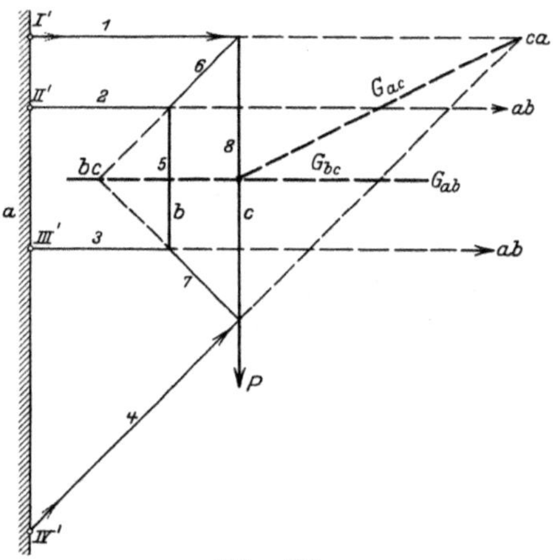

Abb. 441.

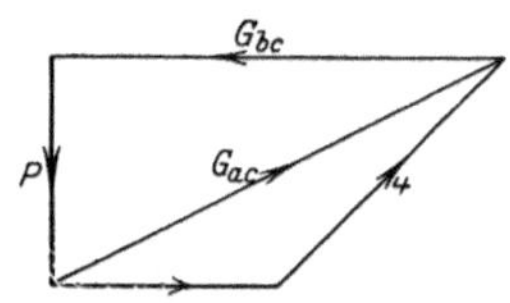

Abb. 442.

das virtuelle Gelenk bc und die Scheiben c und a durch das virtuelle Gelenk ca. An der Scheibe b greifen keine äußeren Kräfte an, die drei Gleichungen (**48**a) vereinfachen sich hier zu

$$\mathfrak{A} \mathbin{\widehat{+}} \mathfrak{G}_{ba} \mathbin{\widehat{+}} \mathfrak{G}_{ca} = 0, \quad \mathfrak{G}_{cb} \mathbin{\widehat{+}} \mathfrak{G}_{ab} = 0, \quad \mathfrak{P} \mathbin{\widehat{+}} \mathfrak{G}_{ac} \mathbin{\widehat{+}} \mathfrak{G}_{bc} = 0.$$

Die beiden Gelenkdrücke G_{cb} und G_{ab} sind im Gleichgewicht, gehen sonach wegen (**9**a) durch die Punkte cb und ab. Dann muß wegen der dritten Gleichung der Gelenkdruck durch ac, d. i. G_{ac}, durch den Schnittpunkt von P mit G_{bc} gehen und ist so der Lage und Richtung nach bekannt. Der Kräfteplan der Abb. 442 stellt diese dritte Gleichung dar, liefert also G_{ac}, d. i. die Resultierende aus S_1 und S_4.

G_{ac} ist der Gelenkdruck, der von der Scheibe a zur Scheibe c wirkt, also die Resultierende der an der Scheibe c angreifenden Stabspannungen S_1 und S_4. Man beachte das wohl, um nicht den Pfeil von S_1 und S_4 falsch einzutragen. (Die leicht gestrichelten Pfeile an den Punkten I′ und IV′ wären somit falsch.) Nachdem man eine Spannung des Stabverbandes gefunden, ermittelt man die anderen mit einem Cremonaplan.

Der Ausnahmefall des statisch bestimmten Fachwerkes wird am einfachsten durch ein Beispiel klargemacht. Dem Stabverband der Abb. 443, einem regelmäßigen Dreieck, sind seine drei Freiheitsgrade durch die drei Führungen genommen, er ist durch die Stäbe 4, 5, 6 mit der Erde verbunden. Diese Verbindung ist aber keine starre, weil sich alle drei Stäbe im gleichen Punkt schneiden, im Mittelpunkt des Dreieckes. Aus **46** weiß man bereits, daß die durch die Abbildung gegebene Führung einen Ausnahmefall darstellt, d. h. das Dreieck kann noch eine, wenn auch sehr kleine Bewegung ausführen, es kann etwas um den Dreiecksmittelpunkt schaukeln. Wir wissen, daß der Ausnahmefall durch zwei charakteristische Erscheinungen bestimmt ist: durch eine kleine Bewegungsmöglichkeit und durch das Auftreten unzulässig großer Spannungen. Aber auch von einem anderen Gesichtspunkt aus kann man den Ausnahmefall beurteilen. Es können in einem solchen Stabverband Spannungen auftreten, auch wenn keine äußeren Kräfte angreifen, wie der Kräfteplan der Abb. 444 zeigt, der aus einem beliebig angenommenen S_3 entstanden ist, d. h. wir können S_3 gleich jeder beliebigen Zahl setzen und immer einen Kräfteplan zeichnen, der dieses S_3 liefert.

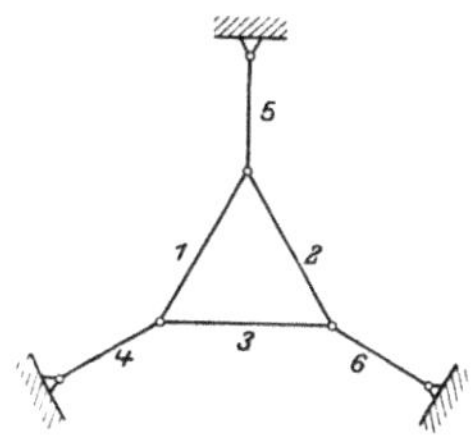

Abb. 443.

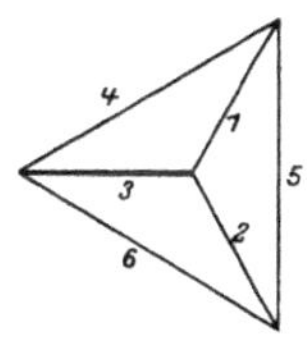

Abb. 444.

Die gleiche Betrachtung gilt auch für den Stabverband der Abb. 445, der ein durch vier Stäbe festgehaltenes regelmäßiges Viereck vorstellt. Den vier Knoten I, II, III, IV sollen nach Absicht ihre acht Freiheitsgrade durch die Stäbe 1, 2, ... 8 genommen werden. Daß aber der Stabverband den Ausnahmefall darstellt und somit keine starre Verbindung der Knoten mit der Erde liefert, kann man aus verschiedenen Tatsachen sehen. Einmal: es ist noch eine sehr kleine Bewegungsmöglichkeit vorhanden, das ganze Viereck kann um seinen Mittelpunkt etwas schaukeln. Dann sieht man auch, daß

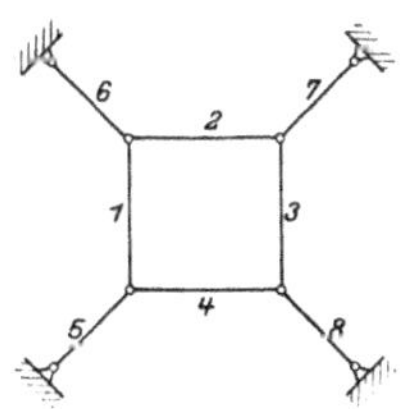

Abb. 445.

eine am Viereck angreifende äußere Kraft unendlich große Stabspannungen, d. h. praktisch unzulässig große S_5, S_6, S_7, S_8 hervorruft, wenn man nämlich den Vierecksmittelpunkt als Momentenpunkt wählt. Und weiter sieht man, daß in den einzelnen Stäben Spannungen auftreten können, auch wenn keine äußere Kraft vorhanden ist. Man braucht nur für irgendeine der Spannungen einen beliebigen Wert annehmen und kann dann mit diesem angenommenen Wert ein Spannungsbild zeichnen. Oder man denke sich den Stab 5 einmal ungenau abgemessen, vielleicht etwas zu klein geliefert und so einmontiert, dann kann er in allen Stäben Zugspannungen hervorrufen.

Das ist gerade die wesentlichste Eigenschaft aller nicht dem Typ der statisch bestimmten Fachwerke angehörigen Stabverbände, daß nämlich in ihnen auch Spannungen auftreten können, ohne daß äußere Kräfte vorhanden sind, z. B. Montierungsspannungen wie die eben erwähnten, oder Temperaturspannungen, wenn der Stabverband oder einzelne seiner Teile ihre Temperatur ändern.

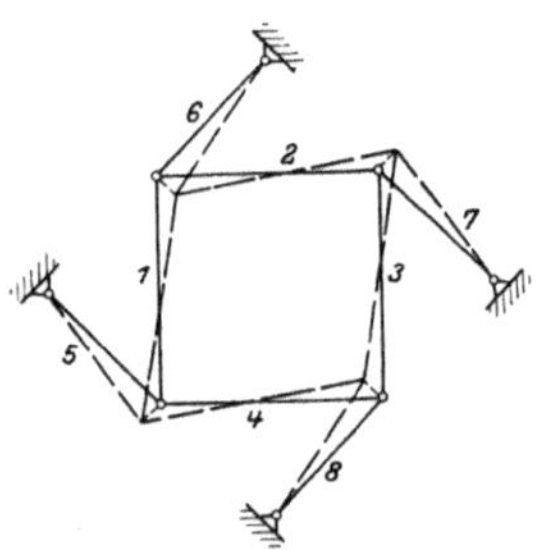

Abb. 446.

Auch der Stabverband der Abb. 446 ist ein Beispiel für einen Ausnahmefall. Die sehr kleine Bewegungsmöglichkeit ist leicht einzusehen, übrigens auch in der Abbildung noch zum Ausdruck gebracht. Und wenn man für irgendeine der Stabspannungen einen beliebigen Wert annimmt, so läßt sich für diesen ein Kräfteplan zeichnen, es können also wieder Spannungen in dem Stabverband auftreten, auch ohne daß äußere Kräfte vorhanden sind.

Der Ausnahmefall wird an späterer Stelle noch ausführlicher zu besprechen sein; einstweilen soll aber schon darauf hingewiesen werden, daß die zu zwei Achsen symmetrischen Stabverbände immer verdächtig sind, wenn sie gleichzeitig noch symmetrisch geführt werden. Als weitere Charakteristik wollen wir uns beim Ausnahmefachwerk merken (außer der kleinen Bewegungsmöglichkeit und den gefährlich großen Spannungen, die unter dem Einfluß einer äußeren Kraft in ihm auftreten):

Im Ausnahmefachwerk können Spannungen auftreten, auch wenn äußere Kräfte fehlen. (a)

Beispiel b) Woran erkennt man, daß die Fachwerkscheibe der Abb. 447 den Ausnahmefall vorstellt?

Wenn man alle Knoten belastet, ausgenommen VII und VIII, dann bleiben die Stäbe 10 und 11 und ebenso 12 und 13 spannungslos, am Knoten VI würden dann die Stäbe 8 und 9 unendlich große

Spannungen aufnehmen, falls sie in der gleichen Geraden liegen bleiben könnten.

Die nachfolgenden Zeilen bringen eine Reihe von Aufgaben über Fachwerke (Fachwerkscheiben sowohl wie Fachwerkträger). Für die Lösung solcher Aufgaben ist es empfehlenswert, zuerst sich klar zu werden, ob die Aufgabe statisch bestimmt ist oder nicht, meist durch Abzählen der Knotenpunkte und der Stäbe, sowie der Auflagerbedingungen und der Freiheitsgrade der gegebenen Gebilde, oft auch durch Anwendung des Satzes (**52**k) über Dreiecksnetzwerke. Dabei wird man mit Vorteil zuweilen die Auflagerung durch Auflagerstäbe ersetzt denken. Zu beachten ist, daß trotz richtiger Stabzahl der Ausnahmefall auftreten kann. Kommen unbekannte äußere Kräfte vor, meist Auflagerkräfte, so wird man zuerst deren Richtung feststellen, am einfachsten mit Anwendung des Zwei- und Dreikräftesatzes; auch die Lage gesuchter Kräfte wird mit diesen beiden Sätzen gefunden. Alsdann wird man den Zahlenwert der unbekannten äußeren Kräfte aufsuchen; am vorteilhaftesten mit einer Momentengleichung, wenn es deren drei sind, wobei der beliebige Momentenpunkt günstig so gewählt wird, daß er möglichst viele der unbekannten Kräfte schneidet; zwei nur dem Zahlenwert nach unbekannte Kräfte liefert am einfachsten ein Krafteck. Sind dann die äußeren Kräfte alle gefunden, so geht man an die Ermittlung der Stabspannungen; hierbei wird man sich meist zuvor orientieren, welche der Stäbe spannungslos sind.

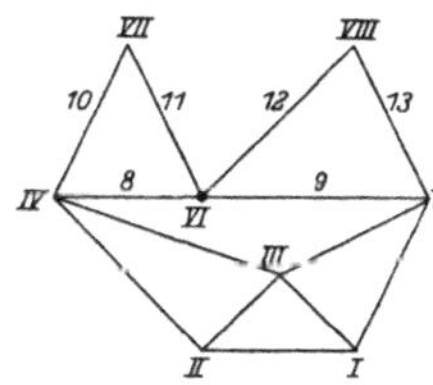

Abb. 447.

In einzelnen Fällen wird es sich zuweilen empfehlen, von diesem angeratenen Gang der Lösung abzuweichen, in der weitaus überwiegenden Zahl der Fälle, besonders der praktischen, wird aber erfolgreich der angegebene Weg begangen.

Aufgabe a) mit e) Man ermittle die in der Fachwerkscheibe der Abb. 448 auftretenden Spannungen, wenn $Q = 4000$ kg, a) nach der Methode des unbestimmten Kräftemaßstabes, b) nach der Ritterschen Momentenmethode, c) nach der Culmannschen graphischen Methode, d) nach der Föpplschen Methode der imaginären Gelenke, e) nach der Hennebergschen Methode der Stabvertauschung.

Lösung: Man zählt $m = 7$ und $n = 11$ ab und findet die Bedingung für die statisch bestimmte Fachwerkscheibe erfüllt; es könnte nur noch der Ausnahmefall vorhanden sein. Dann ermittelt man die Zahlenwerte der äußeren unbekannten Kräfte A, B, C, am einfachsten hier rein analytisch wegen der günstigen Richtung der Kräfte. Eine Momentengleichung für VI als Momentenpunkt liefert $A = \frac{2}{3} \cdot Q = 2667$ kg nach links; weiter ergibt sich analytisch

$C = A$ nach rechts, und $B = Q$ nach oben durch die Bedingung, daß in wag- und lotrechter Richtung Gleichgewicht ist.

Lösung zu a) Im Kräfteplan gibt man S_6 durch eine passend gewählte, sonst aber beliebige Strecke wieder; man setzt willkürlich S_6 als Zugspannung voraus. Durch S_6 sind am Knoten III die unbekannten Spannungen S_2 und S_4 bestimmt, siehe den Kräfteplan der Abb. 449, dann am Knoten IV die Unbekannten S_3 und S_7 und weiterhin S_9 und S_{10} am Knoten V. Am Knoten II überlegt man wie im Beisp. 13e): es muß in horizontaler Richtung Gleich-

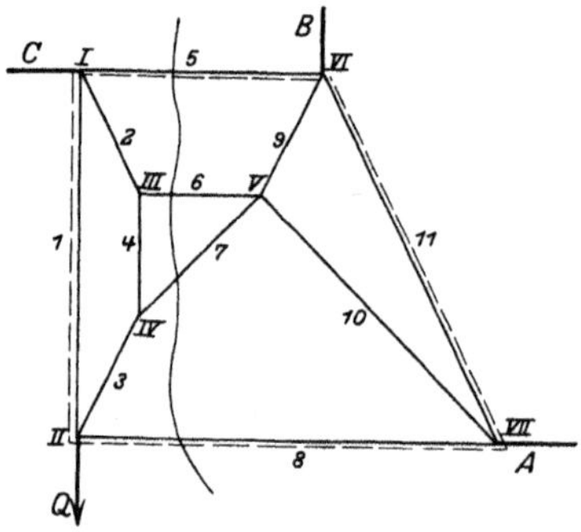

Abb. 448.

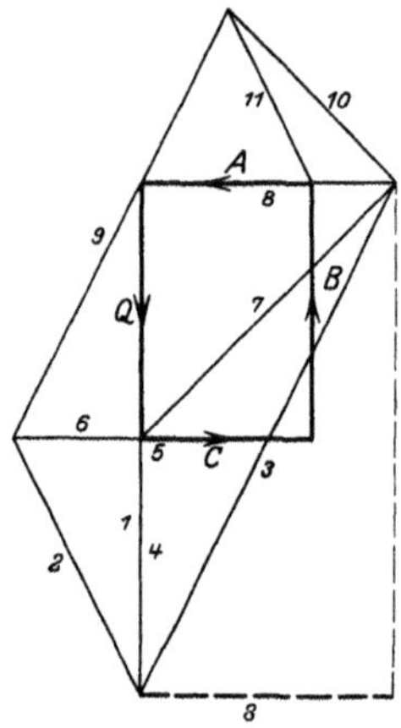

Abb. 449. K. M. 1 mm = 200 kg.

gewicht sein, also die Spannung S_8 entgegengesetzt gleich der Horizontalprojektion von S_3, weil ja in horizontaler Richtung S_1 und Q keinen Beitrag leisten. Dann geht man zum Knoten VII über und betrachtet die Nutzlast A als unbekannt, die dann im Verein mit S_{11} aus einem Krafteck zu erhalten ist. Da $A = 2667$ kg, in der Zeichnung 13,5 mm, in Wirklichkeit bekannt ist, bestimmt sich aus dem Kräfteplan der Maßstab 1 mm = 200 kg rund, womit dann die bereits gezeichneten Spannungen alle bekannt sind. S_1 und S_5 werden durch Fortsetzung des Kräfteplanes erhalten.

Lösung zu b) Man zerlegt die Fachwerkscheibe durch einen Schnitt so in zwei Teile, daß der Schnitt die Stäbe 5, 6, 7, 8 trifft. Von den Spannungen dieser Stäbe gehen alle bis auf S_7 durch den nämlichen Punkt O, der im Unendlichen liegt. Die Momentengleichung für O wird hier zur Kräftegleichung in Richtung senkrecht zu den Stäben 5, 6, 8 und liefert $S_7 \cdot \cos 45^0 = Q$ oder $S_7 = 5656$ kg, wenn man nur den linken Teil der Scheibe betrachtet. Wenn S_7 so gefunden, dann geht man vom Knoten IV aus und ermittelt die weiteren Stabspannungen mit einem Cremonaplan.

Lösung zu c) Man denkt sich die Scheibe, wie eben angegeben, in zwei Teile zerlegt und für den linken Scheibenteil die Gleichgewichtsbedingung

$$\mathfrak{Q} \overset{\frown}{+} \mathfrak{C} \overset{\frown}{+} \underbrace{\mathfrak{S}_5 \overset{\frown}{+} \mathfrak{S}_6 \overset{\frown}{+} \mathfrak{S}_8} \overset{\frown}{+} \mathfrak{S}_7 = 0 \quad \text{oder} \quad \mathfrak{Q} \overset{\frown}{+} \mathfrak{C} \overset{\frown}{+} \mathfrak{R} \overset{\frown}{+} \mathfrak{S}_7 = 0$$

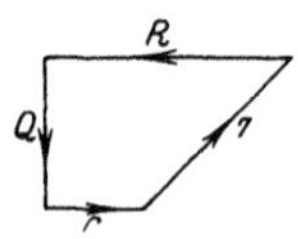

Abb. 450.

angeschrieben, wo R die Resultierende aus S_5, S_6, S_8 ist und deswegen horizontal läuft. Die beiden unbekannten Zahlenwerte R und S_7 entnimmt man einem einfachen Krafteck, s. Abb. 450, K. M. 1 mm = 400 kg. Wenn S_7 gefunden, ermittelt man die übrigen Spannungen mit einem Cremonaplan.

Lösung zu d) Die Föpplsche Methode der imaginären Gelenke zerlegt die Fachwerkscheibe in drei Einzelscheiben, hier die beiden Dreiecke a und b und den Stab 1 als Scheibe c. Das Gelenk ab ist reell, die Gelenke bc und ca sind virtuell, ca liegt im Unendlichen. Von den drei Gleichungen (48a) vereinfacht sich die mittlere zu $\mathfrak{G}_{ab} \widehat{+} \mathfrak{G}_{cb} = 0$, weil die Resultierende B' der an der Scheibe b angreifenden äußeren Kräfte hier 0 ist. Die beiden Gelenkdrücke G_{ab} und G_{cb} müssen also durch die Punkte ab und bc hindurchgehen. An der Scheibe c, in Abb. 452 noch einmal herausgezeichnet, greifen an: die Resultierende C' der äußeren Kräfte, der seiner Richtung nach mittlerweile gefundene Gelenkdruck G_{bc} von der Scheibe b her und der Gelenkdruck G_{ac} von der Scheibe a her. Letzterer geht durch das Gelenk ca und muß sich mit G_{bc} und C' im nämlichen Punkt schneiden, wodurch seine Lage und Richtung bekannt ist. Ein einfacher Kräfteplan, s. Abb. 453, ermittelt G_{bc} und G_{ac} aus dem bekannten C' und zerlegt G_{bc} in seine Komponenten S_2 und S_3. Die übrigen Spannungen ermittelt ein Cremonaplan.

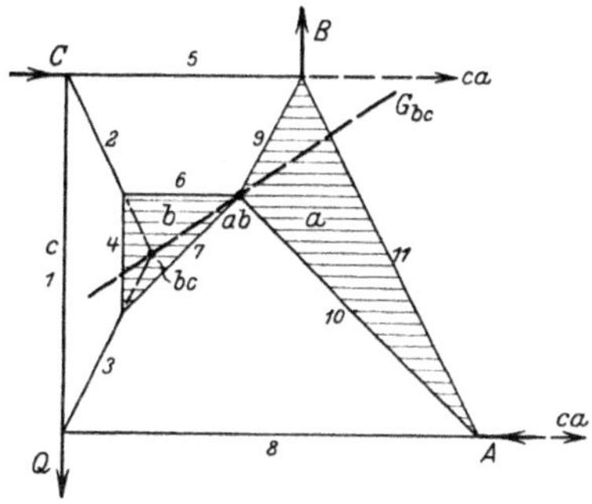

Abb. 451.

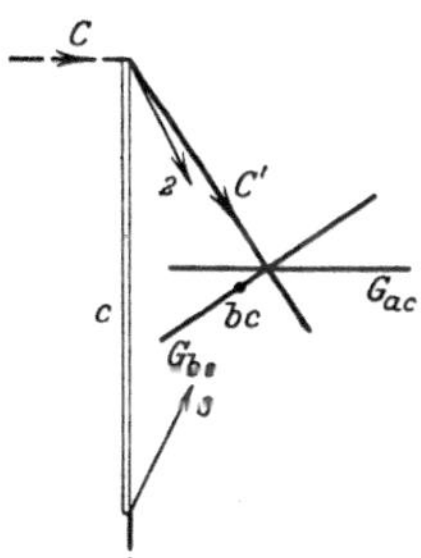

Abb. 452.

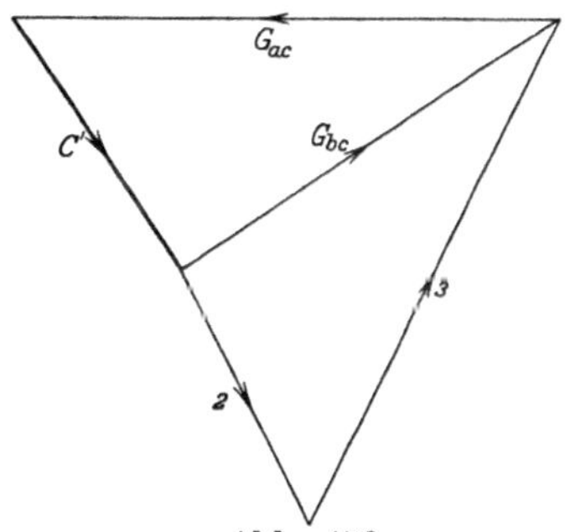

Abb. 453.

Lösung zu e) Nach der Hennebergschen Methode wird man etwa den Stab 6 entfernen und einen Ersatzstab e zwischen I und VII einschalten. Ein erster Kräfteplan ermittelt die Spannungen T_i unter dem alleinigen Einfluß der Nutzlasten Q, A, B, C. Nach (9g) ist $T_2 = 0$ und $T_4 = 0$, dann weiter ebenso $T_3 = 0$ und $T_7 = 0$, weiter $T_9 = 0$ und $T_{10} = 0$, weiter $T_8 = 0$ nach (9d). Die übrigen T ermittelt ein Cremonaplan. Ein zweiter Kräfteplan liefert die Spannungen u_i, die unter dem alleinigen Einfluß der Spannung $u_6 = 1$ im Laststab entstehen. Der Tabelle entnimmt man $T_e = -6000$ kg und $u_e = +3$ und daraus $X = 2000$ kg nach (58e). Dann liefert die Formel (58d) die Spannungen S_i so, wie sie in der Tabelle eingetragen sind.

	1	2	3	4	5	6	7	8	9	10	11	*e*
T in 1000 kg	+ 4	0	0	0	+ 2	0	0	0	0	0	+ 4,5	— 6
u	— 4	+ 2,25	+ 4,5	+ 2	— 3,35	+ 1	+ 2,8	— 2	+ 3,7	+ 1,9	— 3,7	+ 3
U in 1000 kg	— 8	+ 4,5	+ 9	+ 4	— 6,7	+ 2	+ 5,6	— 4	+ 7,4	+ 3,8	— 7,4	+ 6
S in 1000 kg	— 4	+ 4,5	+ 9	+ 4	— 4,7	+ 2	+ 5,6	— 4	+ 7,4	+ 3,8	— 2,9	0

60. Aufgabe a) Der Fachwerkträger der Abb. 454 wird rechts bei A durch eine Pendelstütze, links bei B und C durch Rollenlager gestützt. Die Knotenpunkte des Obergurtes tragen Lasten wie eingezeichnet, $P = 1000$ kg. Man gebe zunächst die drei Auflagerkräfte an, alsdann für die Stabspannungen einen Kräfteplan. Man beurteile die Fachwerkkonstruktion.

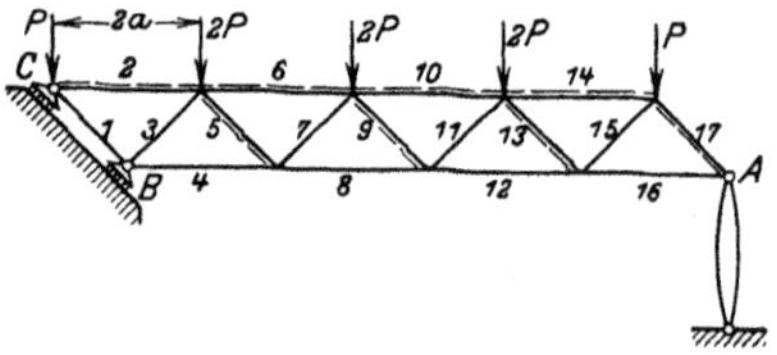

Abb. 454.

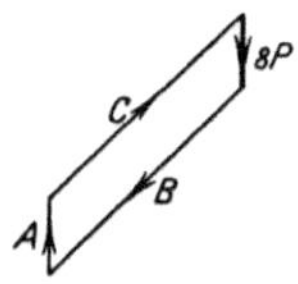

Abb. 455.

Lösung: Der Träger besteht aus einer Netzwerkscheibe, die durch drei Führungen mit der Erde verbunden ist, die notwendige Bedingung für die statische Bestimmtheit ist somit erfüllt. Die Richtungen der Auflagerkräfte A, B, C sind bekannt, sie stehen alle senkrecht zu den Auflagerflächen. Den Zahlenwert C liefert am einfachsten eine Momentengleichung für den Schnittpunkt von A und B als Momentenpunkt,

$$C \cdot a\sqrt{2} - P \cdot a - 2\,P \cdot 3\,a - 2\,P \cdot 5\,a - 2\,P \cdot 7\,a - P \cdot 9\,a = 0,$$

oder $C = 20\,P\sqrt{2} = 28000$ kg rund. A und B liefert ein Krafteck, s. Abb. 455, K. M. 1 mm = 1600 kg. Man sieht, daß B ein Auflagerzug ist, an der Auflagerstelle muß deswegen eine Vorrichtung vorhanden sein, um den Träger gegen Abheben zu sichern. Die Spannungen werden ohne Schwierigkeit durch einen Cremonaplan gefunden, da der Fachwerkträger ja einfach ist; sie sind in der Tabelle in 1000 kg eingetragen.

Der vorliegende Träger ist ein Schulbeispiel für eine unzweckmäßige Tragkonstruktion. Man beachte die großen Auflagerkräfte $A = 8$ t, $B = C = 28{,}5$ t, noch dazu daß B ein Auflagerzug ist, ferner die hohen Zahlenwerte der Spannungen, beispielsweise $S_5 = 39$ t.

	1	2	3	4	5	6	7	8	9
S	+ 26,7	— 39	+ 1,4	+ 38	— 4,2	— 35	+ 4,2	+ 32	— 7,1

	10	11	12	13	14	15	16	17
S	— 27	+ 7,1	+ 22	— 10	— 15	+ 10	+ 8	— 11,4

Aufgabe b) Man ermittle die Spannungen in dem Perrondach der Abb. 456, wenn $P = 1500$ kg.

Lösung: Das Dach besteht aus einer Netzwerkscheibe, durch drei Auflagerbedingungen mit der Erde verbunden. Bei der Auflagersäule wirkt ein Druck A nach oben, der Auflagerdruck bei B geht deswegen gleichfalls nach oben. Die Momentengleichung für B als Momentenpunkt liefert $A = \frac{16}{3} P$ $= 8000$ kg und deswegen $B = 4000$ kg. Der Fachwerkträger ist einfach, die mit einem Cremonaplan gefundenen Spannungen sind in die unten folgende Tabelle in 1000 kg eingetragen.

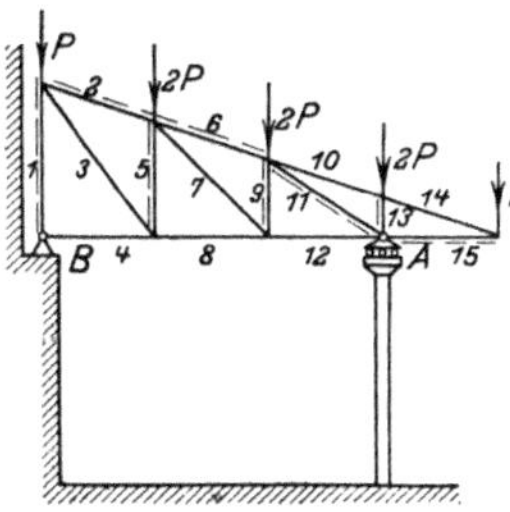

Abb. 456.

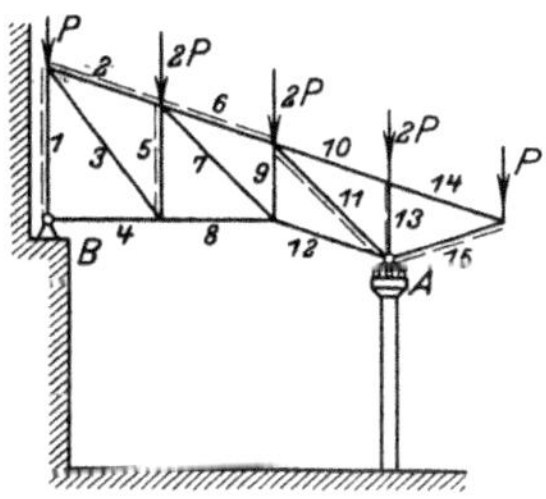

Abb. 457.

Aufgabe c) Welchen Vorteil hat die Dachkonstruktion der Abb. 457 gegenüber jener der vorausgehenden Aufgabe?

Lösung: An den Auflagerkräften ändert sich nichts, aus dem Kräfteplan bzw. der Tabelle sieht man aber, daß die in beiden Fällen besonders großen Spannungen der Stäbe 10, 11, 14, 15 wesentlich kleiner werden. Dazu kommt noch die gefälliger wirkende Form des Daches.

	1	2	3	4	5	6	7	8
b)	— 1	— 2,0	+ 4,1	0	— 3,3	— 3,2	+ 0,7	+ 2,5
c)	— 4	— 2,6	+ 4,1	0	— 3,3	— 3,2	+ 0,7	+ 3,1

	9	10	11	12	13	14	15
b)	— 0,5	+ 4,7	— 9,0	+ 3,0	— 3	+ 4,7	— 4,5
c)	+ 0,5	+ 2,4	— 7,5	+ 3,2	— 3	+ 2,4	— 2,4

Aufgabe d) Abb. 458 gibt einen Drehkran; AA' ist die Drehachse, D ist der Schnitt der kreisförmigen Rollagerbahn, natürlich ist der Kran gegen Abheben gesichert. Um den unter dem Einfluß des Ladegewichtes Q entstehenden Auflagerzug B zu vermindern, gleichzeitig auch um die Spannungen in einzelnen Stäben zu verringern, ist am andern Ende des Kranes ein Gegengewicht Q' angebracht. Der Einfluß des Eigengewichtes des Kranes ist durch die in den Knoten des Obergurtes angebrachten Lasten zum Ausdruck gebracht. Man ermittle die Auflagerkräfte und Spannungen unter dem alleinigen Einfluß 1. des Eigengewichtes, wenn $P = 200$ kg, 2. der Ladelast $Q = 6000$ kg, 3. des Gegengewichtes $Q' = 4000$ kg. Dann gebe man die nämlichen Größen an für den wirklichen Fall 4. der Entlastung, 5. der Belastung. Man stelle schließlich 6. diese letzte Beanspruchung derjenigen bei fehlendem Gegengewicht gegenüber.

Lösung: Der Kran ist ein statisch bestimmter Fachwerkträger (Netzwerkscheibe mit drei Auflagerbedingungen), und zwar ein einfacher. Die beiden Stützkräfte A und B gehen lotrecht; man ermittelt in den einzelnen Fällen immer zuerst B durch eine Momentengleichung für A als gedachten Drehpunkt.

1. Die Momentengleichung

$$-P\cdot 2 - 2\,P\cdot 1 + 4\,P\cdot 0 + 4\,P\cdot 1 + 3\,P\cdot 2 + P\cdot 3 - B\cdot 1 = 0$$

liefert
$$B = 9\,P = 1800 \text{ kg}$$

nach abwärts und deswegen $A = 24\,P = 4800$ kg nach aufwärts. Die Spannungen in 1000 kg ersehe man aus der Tabelle.

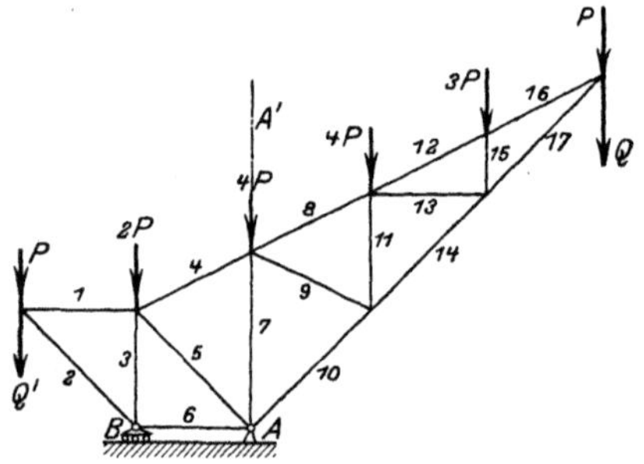

Abb. 458.

2. Die Momentengleichung liefert $B = 18000$ kg nach abwärts und deswegen $A = 24000$ kg nach aufwärts. Spannungen in der Tabelle.

3. Die Momentengleichung gibt $B = 8000$ kg, diesmal nach aufwärts, und $A = 4000$ kg nach abwärts. Spannungen in der Tabelle.

4. Im wirklichen Fall der Entlastung wirken gleichzeitig Q' und die P; man erhält die gesuchten Werte durch Superposition, siehe Tabelle.

	1	2	3	4	5	6
1	+ 0,2	0	+ 4	+ 4,2	+ 4,2	+ 0,2
2	— 0,3	0	— 5,6	— 5,9	— 5,9	— 0,3
3	+ 2,0	+ 18	— 4	— 2,0	+ 16	+ 20
4	+ 1,9	+ 13,5	0	+ 1,9	+ 15,4	+ 15,4
5	— 2,2	— 17	+ 5,6	+ 3,4	— 13,6	— 19,2
6	— 0,2	0	— 4	— 4,2	— 4,2	— 0,2
7	— 1,5	0	0	— 1,5	— 1,5	— 1,5
8	+ 1,1	+ 13,5	0	+ 1,1	+ 14,6	+ 14,6
9	+ 0,8	0	0	+ 0,8	+ 0,8	+ 0,8
10	— 2,4	— 17	0	— 2,4	— 19,4	— 19,4
11	— 1,1	0	0	— 1,1	— 1,1	— 1,1
12	+ 0,5	+ 13,5	0	+ 0,5	+ 14	+ 14
13	+ 0,6	0	0	+ 0,6	+ 0,6	+ 0,6
14	— 1,4	— 17	0	— 1,4	— 18,4	— 18,4
15	— 0,6	0	0	— 0,6	— 0,6	— 0,6
16	+ 0,5	+ 13,5	0	+ 0,5	+ 14	+ 14
17	— 0,6	— 17	0	— 0,6	— 17,6	— 17,6
A	— 4,8	— 24	+ 4	— 0,8	— 24,8	— 28,8
B	+ 1,8	+ 18	— 8	— 6,2	+ 11,8	+ 19,8

5. Der Fall der Belastung setzt gleichzeitige Wirkung von Q, Q' und der P voraus; siehe Tabelle.

6. Die wirkliche Belastung ohne Gegengewicht, d. h. nur Q und die P wirken, ist die Superposition der Fälle 1. und 2. Man sieht, daß durch die Wirkung des Gegengewichtes der Auflagerzug B sowie die größten Spannungen S_3 und S_5 verringert werden.

Aufgabe e) und f) Man ermittle die in der Fachwerkscheibe der Abb. 459 auftretenden Spannungen 1. nach der Methode des unbestimmten Kräftemaßstabes, 2. nach der Föpplschen Methode der imaginären Gelenke. $P = 4000$ kg.

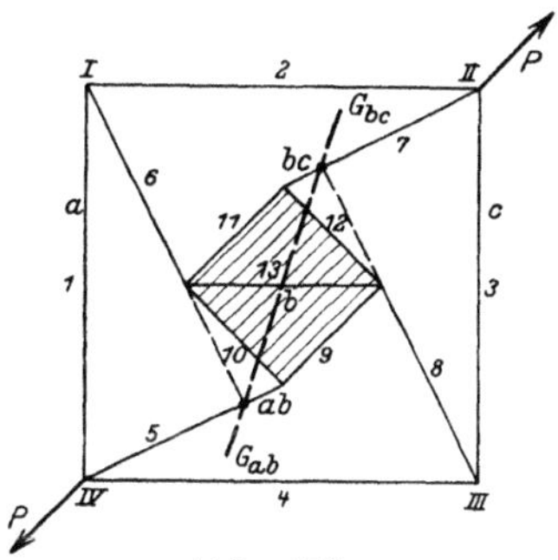

Abb. 459.

Lösung zu e) Wenn man die Scheibe um 180° in der Ebene dreht, so geht sie im vorliegenden Belastungsfall samt der Belastung in sich selbst über, es ist sonach $S_1 = S_3$, $S_6 = S_8$, $S_5 = S_7$ usw. Man nimmt für S_2 eine passend, sonst aber beliebig gewählte Strecke an, und zwar betrachtet man S_2 als Zugspannung. Nun kann man am Knoten I mit einem einfachen Krafteck S_1 und S_6 ermitteln. Dann geht man zum Knoten IV über, wo S_1 und $S_4 = S_2$ bekannt sind und deswegen S_5 und die als unbekannt zu betrachtende Kraft P mit einem Krafteck ermitteln lassen, siehe die durch gestrichelte Linien gegebene Hilfskonstruktion in Abb. 460. In diesem Krafteck ist $P = 4000$ kg durch eine Strecke 42,5 mm dargestellt, woraus sich nachträglich der Kräftemaßstab 1 mm $= 941$ kg ergibt. Die übrigen Spannungen ermittelt man durch Fortsetzung des Kräfteplanes. Man beachte noch, daß für einen Cremonaplan am Knoten IV die Kräfte im Uhrzeigersinn abzulesen sind und naturgemäß in dieser Reihenfolge P, S_1, S_5, S_4 im Krafteck aneinander anschließen müssen.

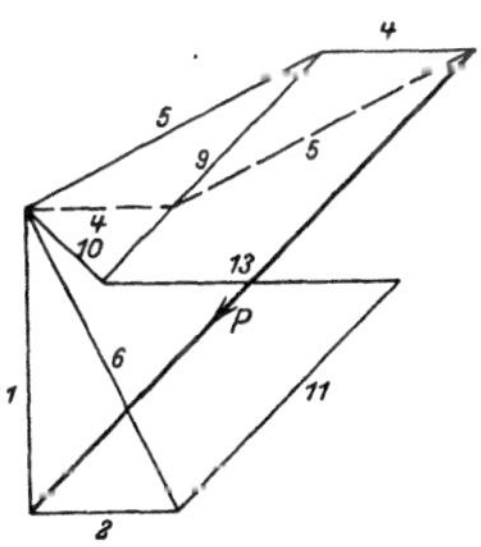
Abb. 460.

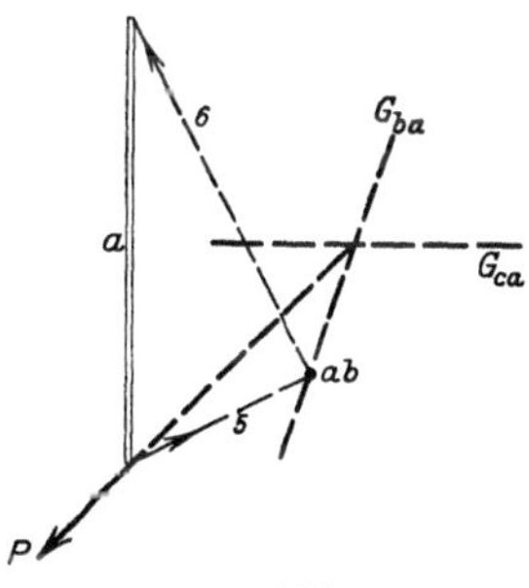

Abb. 461.

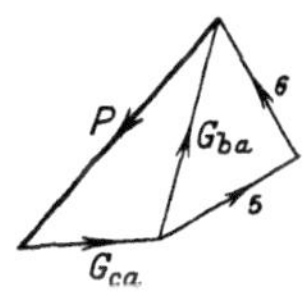

Abb. 462.
K. M. 1 mm $= 200$ kg.

Lösung zu f) Nach der Föpplschen Methode der imaginären Gelenke zerlegt man die Fachwerkscheibe in drei Einzelscheiben, so wie die Abb. 459 angibt. Alle drei Gelenke sind hier virtuell, das Gelenk ca liegt im Unendlichen. An der Scheibe b greift keine äußere Kraft an, es ist $B = 0$, die Gleichung (48a) wird $\mathfrak{G}_{ab} \hat{+} \mathfrak{G}_{cb} = 0$, die Gelenkdrücke G_{ab} und G_{bc} gehen beide durch ab und bc, wodurch ihre Lage und Richtung bestimmt ist. Man schreibt für die Scheibe a die Gleichgewichtsbedingung an, hier $\mathfrak{P} \hat{+} \mathfrak{G}_{ba} \hat{+} \mathfrak{G}_{ca} = 0$. G_{ca}

muß durch ca gehen und sich mit P und G_{ba} im gleichen Punkt schneiden, wodurch sich seine Richtung bestimmt, s. Abb. 461. Der letztangeschriebenen Gleichgewichtsbedingung entspricht der Kräfteplan der Abb. 462, der die Zahlenwerte von G_{ca} und G_{ba} bestimmt und daraus die beiden Komponenten S_5 und S_6 von G_{ba}. Mit dem Bekanntsein von S_5 und S_6 ermittelt ein Cremonaplan die weiteren Spannungen.

Aufgabe g) Die Fachwerkkonstruktion der Abb. 463 ist ein Bestandteil der sogenannten Reichstagskuppel oder Zimmermannschen Kuppel, siehe später 86 sowie Abb. 585; sie ist durch die Führungsstäbe 21, 22, 23, 24 mit der Erde verbunden. Man ermittle die im Fachwerk auftretenden Spannungen unter dem Einfluß der durch die Abbildung gegebenen Belastung $P = 1000$ kg.

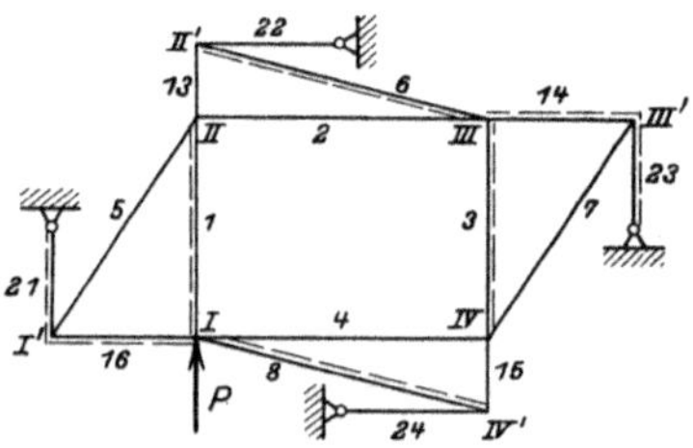

Abb. 463.

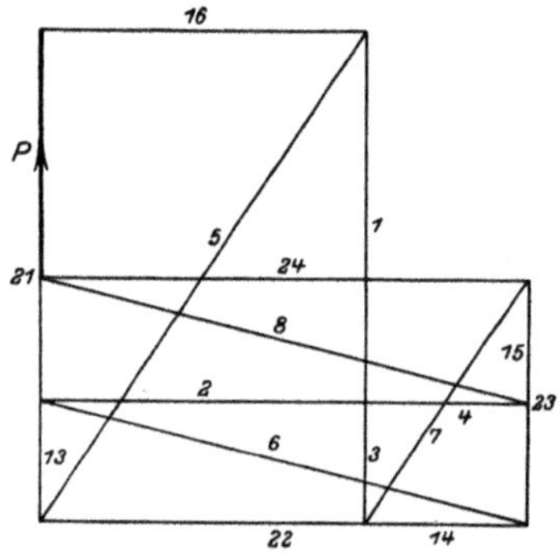

Abb. 464.

Lösung: Die Konstruktion ist statisch bestimmt, man zählt acht Knotenpunkte und vier Auflagerbedingungen, die Zahl der Stäbe muß sein $m = 2 \cdot 8 - 4 = 12$, was auch zutrifft. Die Ermittlung der einzelnen Stabspannungen geschieht nach der Methode des unbestimmten Kräftemaßstabes mit Anwendung einiger Kunstgriffe. Man beachte nämlich, daß die Gleichgewichtsbedingung in wagrechter Richtung erfordert $S_{22} = S_{24}$. Man nimmt für S_{22} eine passend gewählte wagrechte Strecke an und setzt dabei S_{22} als Zugspannung voraus. Dann ergeben sich mit einem Krafteck am Knoten II′ die Spannungen S_6 und S_{13}. Am Knoten III muß in Richtung von S_3 Gleichgewicht sein, was erfordert, daß S_3 entgegengesetzt gleich der Projektion von S_6 auf S_3 ist. Am Knoten IV′ ist S_{24} gleichgroß mit S_{22} anzutragen, selbstverständlich auch als Zugspannung; ein einfaches Krafteck liefert S_8 und S_{15}. Am Knoten IV ist jetzt nur mehr S_4 und S_7 unbekannt, beide sind wieder mit einem Krafteck zu finden; ebenso S_{14} und S_{23} am Knoten III′ und S_2 am Knoten III, dann S_5 und S_1 am Knoten II, ferner S_{21} und S_{16} am Knoten I′ und schließlich die als unbekannt zu betrachtende äußere Kraft P am Knoten I. P ist aber bekannt und liefert deswegen nachträglich den Kräftemaßstab, 1 mm = 50 kg in Abb. 464, wodurch dann alle Spannungen bestimmt sind. Man wird bei der Zeichnung des Kräfteplanes nicht gleich im Anfang zu einem Cremonaplan kommen, weil man nicht von Punkt zu Punkt fortschreitend sondern sprungweise bald hier bald dort eine Spannung ermittelt hat.

Aufgabe h) Wenn am Knotenpunkt I des Fachwerkes der Abb. 465 oder 463 eine Kraft P_I angreift, so wird man, um analytische Formeln für die auftretenden Spannungen zu erhalten, P_I in zwei Komponenten $P_{I\,II}$ und $P_{I\,IV}$ zerlegen. Man ermittle also noch die Spannungen unter dem Einfluß von $P_{I\,IV}$ und drücke dann alle Spannungen analytisch nach $P_{I\,II}$ und $P_{I\,IV}$ aus.

Lösung: Die Spannungen unter dem alleinigen Einfluß von $P_{I\,II}$ entnimmt man dem Cremonaplan der Abb. 464 und trägt sie in eine Tabelle ein. (Da für $P_{I\,II}$ kein bestimmter Wert angegeben, so überlegt man: für $P_{I\,II} = 1000$ kg ist $S_1 = -1500$ kg gefunden, es ist also $S_1 = -1{,}5 \cdot P_{I\,II}$; ebenso für die übrigen Spannungen.)

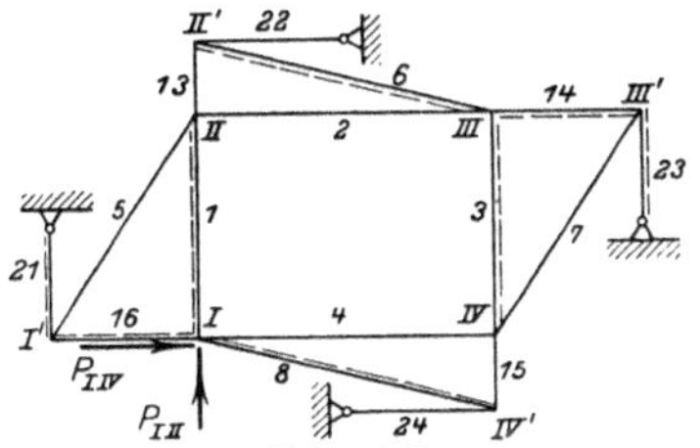

Abb. 465.

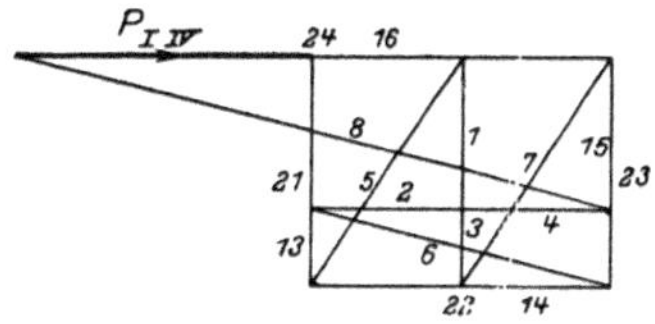

Abb. 466.

Wenn $P_{I\,IV}$ allein angreift, so wird eine Gleichgewichtsbedingung für die ganze Konstruktion in lotrechter Richtung liefern $S_{21} = S_{23}$. Man nimmt S_{21} wieder als Zugspannung an und stellt es durch eine passend ausgewählte Strecke im Kräfteplan dar, s. Abb. 466, dann ermittelt man am Knoten I' die Spannungen S_5 und S_{16} mit einem Krafteck und fährt wie bei der vorigen Aufgabe weiter. Es ist also wegen des Gleichgewichtes des Knotens II die Projektion von S_5 auf S_2 entgegengesetzt gleich mit S_2. Am Knoten III' ist die Zugspannung $S_{23} = S_{21}$ im Gleichgewicht mit S_7 und S_{14}, so daß diese mit einem Krafteck zu ermitteln sind. Dann gewinnt man S_3 und S_6 am Knoten III, ferner S_{13} und S_{22} am Knoten II', S_1 am Knoten II, S_4 und S_{15} am Knoten IV, S_8 und S_{24} am Knoten IV' und schließlich die als unbekannt zu betrachtende Kraft $P_{I\,IV}$ am Knoten I, woraus sich der Kräftemaßstab bestimmt, 1 mm $= 0{,}05\ P_{I\,IV}$, weil $P_{I\,IV}$ durch 20 mm dargestellt ist. Man kann nun alle Spannungen als Vielfache von $P_{I\,IV}$ angeben und in die Tabelle eintragen.

	1	2	3	4	5	6	7	8
α	− 1,5	+ 1,33	− 0,5	+ 0,67	+ 2,4	− 2,06	+ 1,2	− 2,06
β	− 0,5	+ 0,5	− 0,25	+ 0,5	+ 0,9	− 1,03	+ 0,9	− 2,06

	13	14	15	16	21	22	23	24
α	+ 0,5	− 0,67	+ 0,5	− 1,33	− 2	+ 2	− 1	+ 2
β	+ 0,25	− 0,5	+ 0,5	− 0,5	− 0,75	+ 1	− 0,75	+ 2

$$S_i = \alpha\, P_{I\,II} + \beta\, P_{I\,IV}.$$

Angenommen, es greift am Knoten I eine Kraft P_I mit den Komponenten $P_{I\,II} = 6000$ kg und $P_{I\,IV} = 3000$ kg an, so wird sie im Stab 1 die Spannung

$$S_1 = -1{,}5\, P_{I\,II} - 0{,}5\, P_{I\,IV} = -9000 \text{ kg} - 1500 \text{ kg} = -10500 \text{ kg}$$

hervorrufen.

Fünfter Abschnitt.

Wesen statischer Aufgaben.

61. Die Betrachtungen dieses Abschnittes werden allgemeine und zum Teil neue Gesetze bringen, die in recht vielen Fällen eine einfache Lösung von statischen Aufgaben gestatten. Zugrunde gelegt wird diesen Betrachtungen ein Gebilde, das aus n materiellen Punkten zusammengesetzt ist, und zwar so zusammengesetzt, daß es entweder ganz starr ist oder aus einzelnen starren Teilen besteht, etwa wie der Körper der Abb. 467 aus zwei in der nämlichen Ebene liegenden und durch ein Achsengelenk verbundenen Scheiben. Die Zahl n der das betrachtete Gebilde bestimmenden materiellen Punkte sei unbeschränkt, jedenfalls aber endlich; weiter ist vorausgesetzt, daß es p Freiheitsgrade hat. Für den Körper der Abb. 467 ist beispielsweise $p = 4$; für ein Gebilde, das aus zwei starren, durch ein Kugelgelenk verbundenen Körpern besteht, ist $p = 9$, da jeder starre Körper sechs Freiheitsgrade hat und durch ein Kugelgelenk im Raum drei Freiheitsgrade genommen werden.

Wenn das betrachtete Gebilde im Gleichgewicht ist, so kann man p gegenseitig voneinander unabhängige Beziehungen zwischen den an dem Gebilde angreifenden äußeren Kräften aufstellen. Beispielsweise für jede Scheibe des Körpers der Abb. 467 die drei Scheibengleichungen, was zusammen sechs Gleichgewichtsbedingungen gibt; von diesen werden zwei zur Ermittlung der beiden Komponenten des von II nach I wirkenden Gelenkdruckes gebraucht, so daß noch vier Gleichungen entsprechend der Zahl $p = 4$ der Freiheitsgrade zur Ermittlung der an dem Scheibensystem angreifenden äußeren unbekannten Kräfte übrigbleiben.

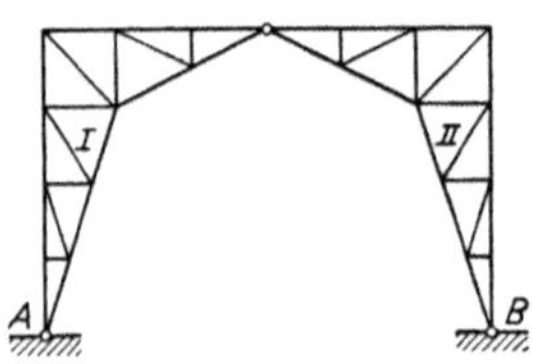

Abb. 467.

Ist das Gebilde im Gleichgewicht, dann auch jeder einzelne materielle Punkt. Man kann also für jeden Einzelpunkt zwei Gleichgewichtsbedingungen aufstellen, vorausgesetzt, daß das Gebilde eben ist; und drei, wenn es räumlich ist, oder auch nur eine einzige Gleichgewichtsbedingung, wenn es linear ist. Für das ganze System dieser n Punkte kann man sonach $2 \cdot n$ bzw. $3 \cdot n$ oder $1 \cdot n$, allgemein $k \cdot n$ gegenseitig voneinander unabhängige Beziehungen aufstellen, wo $k = 1$ für ein lineares Gebilde zu setzen ist, $k = 2$ für ein ebenes und $k = 3$ für ein räumliches. Mit Hilfe dieser kn Gleichungen kann man kn unbekannte Größen, die mit dem untersuchten Gebilde in Zusammenhang stehen und daher in jene Gleichungen eintreten, ermitteln. In den praktisch vorkommenden Fällen werden diese unbekannten Größen Kräfte sein, meistens Stabspannungen und Auflagerkräfte.

An dem untersuchten Gebilde greifen äußere Kräfte an und innere. Zwischen den äußeren Kräften müssen die oben schon erwähnten p Gleichgewichtsbedingungen bestehen. Man beachte wohl, daß diese p Gleichungen hervorgegangen sind aus der Tatsache, daß das untersuchte Gebilde im Gleichgewicht ist. Da aber das Gleichgewicht des Gebildes nur eine Folge des Gleichgewichtes jedes einzelnen materiellen Punktes ist, so müssen diese p Gleichgewichtsbedingungen in jenen angegebenen kn Gleichungen implizit schon enthalten sein. Wenn man also diese p Gleichungen zur Ermittlung von p äußeren Kräften verwendet, dann hat man in Wirklichkeit von jenen kn Gleichungen bereits p verwendet, so daß nur mehr $kn - p$ Gleichungen für die Ermittlung der inneren Kräfte allein übrigbleiben. $kn - p$ innere Kräfte dürfen deswegen an dem untersuchten Gebilde angreifen, nicht mehr und nicht weniger, wenn die Aufgabe statisch bestimmt sein soll. Im Fall der Abb. 467 ist $p = 4$; wenn die beiden Scheiben aus n materiellen Punkten zusammengesetzt sind, dann kann man, da hier $k = 2$ ist, für das Gebilde $2\,n$ Gleichgewichtsbedingungen aufstellen. In diesen $2\,n$ Gleichungen sind dann die vier Gleichungen schon enthalten, aus denen man die je zwei Komponenten der Auflagergelenkdrücke A und B ermittelt, so daß für die Ermittlung innerer Kräfte nur mehr $2\,n - 4$ Gleichungen zur Verfügung stehen.

Freilich wird die Lösung illusorisch, wenn die Zahl n der materiellen Punkte über die Maßen groß ist. Aber in diesem Falle verlangt auch niemand die von Punkt zu Punkt wirkenden inneren Kräfte zu wissen. Praktisch werden diese inneren statisch bestimmten Kräfte doch nur dann erfragt, wenn sie als Stabspannungen, als Gelenkdrücke usw. auftreten. In diesem Sinn ist die Voraussetzung zu verstehen, daß die Zahl n der Punkte beliebig sein darf.

Beispiel a) Das Gebilde der Abb. 468 ist eine Scheibe, bestehend aus den durch die Stäbe 1, 2, 3 verbundenen materiellen Punkten I, II, III. Es ist $p = 3$, das Gebilde hat drei Freiheitsgrade, von den angreifenden äußeren Kräften dürfen also drei unbekannt sein, etwa

X_1, Y_1, X_2, die dann ermittelt werden mit den drei Scheibengleichungen (**44**a)

$$X_1 + X_2 + X_3 = 0, \qquad Y_1 + Y_2 + Y_3 = 0, \qquad X_2 b - Y_2 a - Y_3 a = 0.$$

Die letzte Gleichung benützt den Momentenpunkt I.

Für jeden der drei Punkte I, II, III kann man zwei Gleichgewichtsbedingungen aufstellen, zusammen also sechs:

$$\left.\begin{aligned} X_1 + S_2 + S_3 \cos 30^0 &= 0 \\ Y_1 \qquad + S_3 \sin 30^0 &= 0 \end{aligned}\right\} \quad \left.\begin{aligned} X_2 \qquad - S_3 \cos 30^0 &= 0 \\ Y_2 - S_1 - S_3 \sin 30^0 &= 0 \end{aligned}\right\} \quad \left.\begin{aligned} X_3 - S_2 &= 0 \\ Y_3 + S_1 &= 0 \end{aligned}\right\}$$

Unter diesen $kn = 6$ Gleichungen sind die obigen p, die Scheibengleichungen, schon mitenthalten; man braucht beispielsweise nur die drei oberen oder die drei unteren Gleichungen addieren. Man kann somit aus den letztangeschriebenen Gleichungen nur mehr $kn - p = 3$ Unbekannte ermitteln, d. s. die Stabspannungen S_1, S_2, S_3.

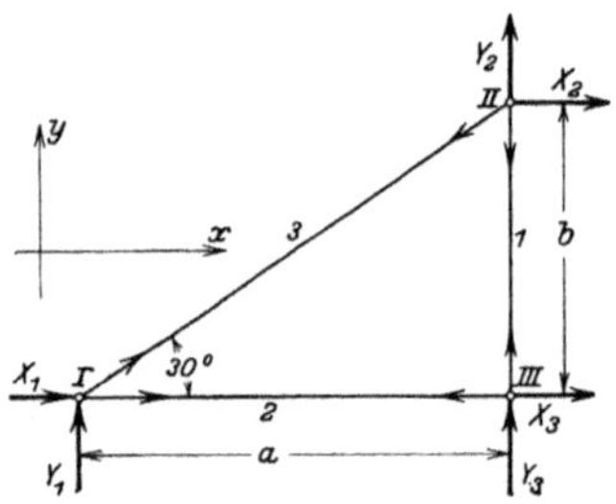

Abb. 468.

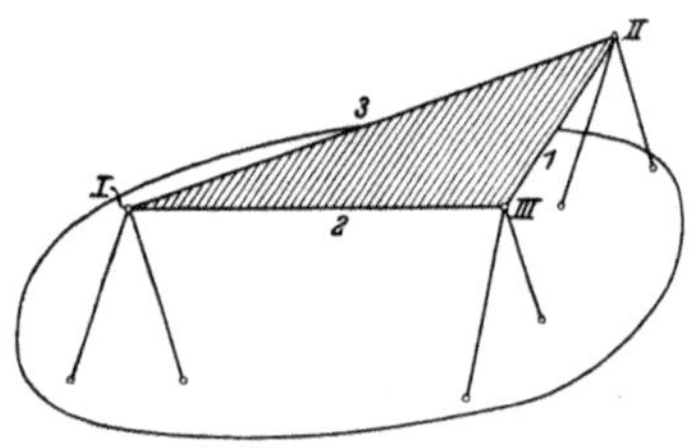

Abb. 469.

Beispiel b) Der Dreiecksstabverband der Abb. 468 ist im Raum fest mit der Erde verbunden, so wie Abb. 469 darstellt. Hier ist $p = 6$, der Stabverband hat im Raum sechs Freiheitsgrade, von den an ihm angreifenden äußeren Kräften dürfen also sechs Bestimmungsstücke unbekannt sein; im vorliegenden Falle werden das die Spannungen der sechs Stützstäbe sein, die für den Dreiecksverband die Rolle von Auflagerkräften spielen. Oder man sagt, für jeden der drei Knotenpunkte I, II, III kann man drei Gleichgewichtsbedingungen aufstellen, zusammen neun, und aus diesen neun Gleichungen die Spannungen S_1, S_2, S_3 der Verbindungsstäbe sowie die Spannungen der sechs Stützstäbe finden.

62. Für die folgenden Untersuchungen nehmen wir an, die jeweilige Aufgabe, die an dem untersuchten Gebilde angreifenden unbekannten Kräfte zu ermitteln, sei statisch bestimmt. Für diese gesuchten Kräfte bzw. für die n notwendigen Zahlenangaben zu ihrer Bestimmung hat man dann n Gleichungen. Beispielsweise ist im Fall der Abb. 467 für jeden der beiden Gelenkdrücke notwendig die

Angabe von zwei Zahlen, etwa der Horizontal- und Vertikalkomponente. H_l und V_l sind dann die beiden Bestimmungsstücke oder notwendigen Zahlenangaben für den linken Gelenkdruck.

Nach (37c) sind die auftretenden Gleichungen alle linear in den Unbekannten. Seien letztere $S_1, S_2, \ldots S_n$ genannt, so hat man im allgemeinen Fall für sie die n Gleichungen

$$\left.\begin{array}{l} a_{11} S_1 + a_{12} S_2 + \ldots + a_{1n} S_n + B_1 = 0 \\ a_{21} S_1 + a_{22} S_2 + \ldots + a_{2n} S_n + B_2 = 0 \\ \cdots\cdots\cdots\cdots\cdots\cdots\cdots\cdots \\ a_{n1} S_1 + a_{n2} S_2 + \ldots + a_{nn} S_n + B_n = 0 \end{array}\right\} . \qquad \text{(a)}$$

Dabei sind die Summanden $B_1, B_2, \ldots B_n$ die von den gegebenen Kräften, die wir abkürzend meist „Nutzlasten“ nennen, herrührenden Beiträge. Wenn man will, kann man sich jede einzelne dieser Gleichungen vorstellen als eine analytische Gleichgewichtsbedingung für einen materiellen Punkt des untersuchten Gebildes oder für einen seiner Teile. Dann ist der in dieser Gleichung auftretende Summand B_i der Beitrag der am jeweils untersuchten materiellen Punkt oder Teil angreifenden bekannten Kräfte.

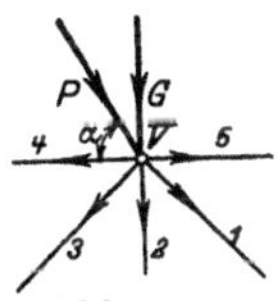

Abb. 470.

Für den Knotenpunkt V der Abb. 470, den man sich aus einem Fachwerk herausgegriffen vorstellen muß, würden beispielsweise die analytischen Gleichgewichtsbedingungen lauten:

$$\begin{array}{l} S_1 \cdot \cos 45^0 - S_3 \cdot \cos 45^0 - S_4 + S_5 + P \cdot \cos\alpha = 0 \\ -S_1 \cdot \cos 45^0 - S_2 \qquad - S_3 \cdot \cos 45^0 - P \cdot \sin\alpha - G = 0. \end{array}$$

Dann ist in der ersten Gleichung $P \cdot \cos\alpha$ und in der zweiten $-P \cdot \sin\alpha - G$ der Beitrag der gegebenen Nutzlasten P und G.

Die S_i werden, wie auch bei diesem Beispiel gezeigt, meistens Stabspannungen sein, oder auch lauter äußere Kräfte, etwa Auflagerkräfte. Es soll deshalb im folgenden über die S_i gar keine andere Voraussetzung gemacht werden, als daß es eben unbekannte Kräfte bzw. Zahlenangaben für solche sind.

Für die Untersuchung dieses Gleichgewichtssystems werden die Determinantensätze, siehe Math. I 40 bis 42 und 50, als bekannt vorausgesetzt. Nach ihnen geht man bei der Lösung eines Systems von linearen Gleichungen

$$\left.\begin{array}{l} a_1 x + b_1 y + c_1 = 0 \\ a_2 x + b_2 y + c_2 = 0 \end{array}\right\} \qquad \text{(b)}$$

aus von dem durch das Gleichungssystem gegebenen Schema, genannt „Matrix“,

$$\begin{matrix} a_1 & b_1 & c_1 \\ a_2 & b_2 & c_2 \\ \cdot & \cdot & \cdot \end{matrix}$$

aus dem man drei Determinanten zweiten Grades bilden kann, nämlich

$$+\begin{vmatrix} b_1 & c_1 \\ b_2 & c_2 \end{vmatrix}, \qquad -\begin{vmatrix} a_1 & c_1 \\ a_2 & c_2 \end{vmatrix}, \qquad +\begin{vmatrix} a_1 & b_1 \\ a_2 & b_2 \end{vmatrix},$$

d. s. die Unterdeterminanten zu den einzelnen durch Punkte angedeuteten Elementen der fingierten dritten Zeile der obigen Matrix. Man erhält als Lösung

$$x:y:1 = +\begin{vmatrix} b_1 & c_1 \\ b_2 & c_2 \end{vmatrix} : -\begin{vmatrix} a_1 & c_1 \\ a_2 & c_2 \end{vmatrix} : +\begin{vmatrix} a_1 & b_1 \\ a_2 & b_2 \end{vmatrix},$$

wofür man auch schreibt

$$x:y:1 = \begin{vmatrix} a_1 & b_1 & c_1 \\ a_2 & b_2 & c_2 \end{vmatrix}, \tag{c}$$

wo dann das rechts stehende Schema eine Abkürzung ist für das Verhältnis der drei aufeinanderfolgenden aus ihm bildbaren Determinanten zweiten Grades.

Solange die letzte dieser Determinanten, nämlich $D = (a_1 b_2 - a_2 b_1)$, die Diskriminante des Gleichungssystems, von Null verschieden ist, erhält man immer ein und nur ein System von endlichen Lösungen x und y.

Die angegebene Lösungsmethode erweitert sich bei drei linearen Gleichungen mit drei Unbekannten

$$\left.\begin{aligned} a_{11}x + a_{12}y + a_{13}z + A_1 &= 0 \\ a_{21}x + a_{22}y + a_{23}z + A_2 &= 0 \\ a_{31}x + a_{32}y + a_{33}z + A_3 &= 0 \end{aligned}\right\}. \tag{d}$$

Man geht aus von der Matrix

$$\begin{matrix} a_{11} & a_{12} & a_{13} & A_1 \\ a_{21} & a_{22} & a_{23} & A_2 \\ a_{31} & a_{32} & a_{33} & A_3 \\ \cdot & \cdot & \cdot & \cdot \end{matrix}$$

und findet als Lösung in der angegebenen abkürzenden Schreibweise

$$x:y:z:1 = \begin{vmatrix} a_{11} & a_{12} & a_{13} & A_1 \\ a_{21} & a_{22} & a_{23} & A_2 \\ a_{31} & a_{32} & a_{33} & A_3 \end{vmatrix}, \tag{e}$$

wo wieder das rechts vom Gleichheitszeichen stehende Schema das Verhältnis der vier aufeinanderfolgenden aus der Matrix bildbaren Determinanten dritten Grades ist. Oder wenn man nicht abkürzt.

$$x:y:z:1 = -\begin{vmatrix} a_{12} & a_{13} & A_1 \\ a_{22} & a_{23} & A_2 \\ a_{32} & a_{33} & A_3 \end{vmatrix} : + \begin{vmatrix} a_{11} & a_{13} & A_1 \\ a_{21} & a_{23} & A_2 \\ a_{31} & a_{33} & A_3 \end{vmatrix} :$$
$$-\begin{vmatrix} a_{11} & a_{12} & A_1 \\ a_{21} & a_{22} & A_2 \\ a_{31} & a_{32} & A_3 \end{vmatrix} : + \begin{vmatrix} a_{11} & a_{12} & a_{13} \\ a_{21} & a_{22} & a_{23} \\ a_{31} & a_{32} & a_{33} \end{vmatrix}$$

Solange die letzte dieser Determinanten, die Diskriminante

$$D = \begin{vmatrix} a_{11} & a_{12} & a_{13} \\ a_{21} & a_{22} & a_{23} \\ a_{31} & a_{32} & a_{33} \end{vmatrix}$$

oder in der Abkürzung

$$D = (a_{11} \quad a_{22} \quad a_{33}), \tag{f}$$

von Null verschieden ist, erhält man wieder stets ein und nur ein System von endlichen Lösungen x, y, z.

Man beachte, daß diese Diskriminante D frei ist von den Zahlenwerten A_1, A_2, A_3. Weiter beachte man, daß die nach der Formel (e) gefundenen Werte der Unbekannten linear sind in den Zahlenwerten A_1, A_2, A_3.

Die Lösung des vorliegenden Gleichungssystems (a) geht entsprechend aus von der Matrix

$$\begin{matrix} a_{11} & a_{12} & a_{13} \ldots a_{1n} & B_1 \\ a_{21} & a_{22} & a_{23} \ldots a_{2n} & B_2 \\ \cdot & \cdot & \cdot \quad \cdot \quad \cdot & \cdot \\ a_{n1} & a_{n2} & a_{n3} \ldots a_{nn} & B_n \\ a_{n1} & a_{n2} & a_{n3} \ldots a_{nn} & B_n \\ \cdot & \cdot & \cdot \quad \cdot & \cdot \end{matrix}$$

und gibt die Werte der Unbekannten in der Schreibweise

$$S_1 : S_2 : \ldots : S_n : 1 = \begin{vmatrix} a_{11} & a_{12} & a_{13} \ldots a_{1n} & B_1 \\ a_{21} & a_{22} & a_{23} \ldots a_{2n} & B_2 \\ \cdot & \cdot & \cdot \quad \cdot \quad \cdot & \cdot \\ a_{n1} & a_{n2} & a_{n3} \ldots a_{nn} & B_n \end{vmatrix}, \tag{g}$$

wo also wieder das rechts stehende Schema eine Abkürzung für das Verhältnis der $n+1$ aufeinanderfolgenden aus ihm bildbaren Determinanten $n$ten Grades ist. Solange deren letzte, die Diskriminante

$$D = (a_{11} \quad a_{22} \quad a_{33} \ldots a_{nn}), \tag{h}$$

von Null verschieden ist, hat man immer ein und nur ein System von endlichen Lösungen S_1, S_2, $\ldots S_n$, d. h. der Ausnahmefall, der sich ja durch die Lösungswerte ∞ auszeichnet, ist ausgeschlossen. Daß dieser Ausnahmefall nicht zutrifft, wollen wir in den folgenden Zeilen immer annehmen, d. h. wir setzen stets $D \gtrless 0$ voraus.

Die Lösung S_i ergibt sich aus der Formel (g) bis auf das Vorzeichen zu

$$S_i : 1 = \begin{vmatrix} a_{11} & a_{12} \dots a_{1\,i-1} & a_{1\,i+1} \dots a_{1n} & B_1 \\ a_{21} & a_{22} \dots a_{2\,i-1} & a_{2\,i+1} \dots a_{2n} & B_2 \\ \cdot & \cdot & \cdot & \cdot \\ a_{n1} & a_{n2} \dots a_{n\,i-1} & a_{n\,i+1} \dots a_{nn} & B_n \end{vmatrix} : D$$

oder

$$S_i = D_i : D \tag{i}$$

und ist sonach linear in den Beiträgen $B_1, B_2, \dots$, da D vollständig frei ist von diesen. Es läßt sich sonach S_i anschreiben

$$S_i = c_1 B_1 + c_2 B_2 + \dots + c_n B_n, \tag{k}$$

wo die Konstanten $c_1, c_2, \dots c_n$ unabhängig sind von den Beiträgen $B_1, B_2, \dots B_n$.

Nun sei ein Nutzlastensystem gegeben, das zu den obigen Gleichungen (a) die Beiträge

$$B_1', B_2', \dots B_n' \quad \text{statt} \quad B_1, B_2, \dots B_n$$

liefert, dann wird die Lösung $S_1', S_2', \dots$ dieses Gleichungssystems ausgedrückt durch die Formel

$$S_i' = c_1 B_1' + c_2 B_2' + \dots + c_n B_n'.$$

Und wenn ein zweites Nutzlastensystem mit den Beiträgen

$$B_1'', B_2'', \dots B_n'' \quad \text{statt} \quad B_1, B_2, \dots B_n$$

vorgelegt ist, so wird die Lösung durch die Formel

$$S_i'' = c_1 B_1'' + c_2 B_2'' + \dots + c_n B_n''$$

gegeben sein. Wenn nun die beiden Lastensysteme gleichzeitig angreifen, also die Beiträge

$$B_1 = B_1' + B_1'', \quad B_2 = B_2' + B_2'', \dots B_n = B_n' + B_n''$$

zum Gleichgewichtssystem (a) liefern, so werden die Zahlenwerte der gesuchten Kräfte dargestellt sein durch

$$\begin{aligned} S_i &= c_1(B_1' + B_1'') + c_2(B_2' + B_2'') + \dots + c_n(B_n' + B_n'') \\ &= c_1 B_1' + c_2 B_2' + \dots + c_n B_n' \\ &\quad + c_1 B_1'' + c_2 B_2'' + \dots + c_n B_n'' \end{aligned}$$

d. h.

$$S_i = S_i' + S_i''. \tag{l}$$

Wenn man die Beiträge der gegebenen Nutzlasten zu den Gleichgewichtsbedingungen (a) kurzweg als Ursachen bezeichnet und die von ihnen hervorgerufenen Spannungen oder allgemein gesuchten Kräfte $S_1, S_2, \ldots S_n$ als Wirkungen, so kann man das eben Gefundene in kurzer Sprechweise zusammenhalten:

Die Ursachen $P_1', P_2', \ldots$ mit den Beiträgen $B_1', B_2', \ldots B_n'$ haben die Wirkungen $S_1', S_2', \ldots S_n'$ hervorgerufen, die Ursachen $P_1'', P_2'', \ldots$ mit den Beiträgen $B_1'', B_2'', \ldots B_n''$ die Wirkungen $S_1'', S_2'', \ldots S_n''$ und die Ursachen $P_1, P_2, \ldots$ mit den Beiträgen $B_1' + B_1'', B_2' + B_2'', \ldots B_n' + B_n''$ die Wirkungen $S_1' + S_1'', S_2' + S_2'', \ldots S_n' + S_n''$, d. h. also

die resultierende Wirkung ist gleich der Summe der Einzelwirkungen. (m)

Man beachte wohl die recht wesentlichen Einschränkungen, unter denen dieser Satz bewiesen ist. Zunächst einmal ist zwischen den Ursachen und Wirkungen ein linearer Zusammenhang vorausgesetzt; dann von den Wirkungen, den Kräften $S_1, S_2, \ldots S_n$, daß sie immer die gleiche Richtung haben. Würde es sich nur um die Ermittlung von Stabspannungen in ebenen oder räumlichen Fachwerken handeln, oder allgemein um die Ermittlung der Zahlenwerte von Kräften, deren Richtung bekannt ist, dann wäre der Satz ja vollständig ausreichend. Beispielsweise geht über ihn die Hennebergsche Methode der Stabvertauschung, die auf dem bewiesenen Satz fußt, nicht hinaus.

63. Der vorausgehend entwickelte Satz über die resultierende Wirkung soll für verschiedene Zwecke erweitert, ferner soll ihm eine präzise und gleichzeitig kurze Ausdrucksweise gegeben werden. Zu diesem Zweck wird ein Symbol eingeführt: wir wollen durch die Schreibweise $(\mathfrak{P})$ den Verein, die Gesamtheit der am untersuchten Körper angreifenden gegebenen Kräfte $P_1, P_2, \ldots$ bezeichnen, und sprechen dann kurz vom Kräftesystem $(\mathfrak{P})$; durch die Schreibweise $(\mathfrak{S})$ das System der n gesuchten Kräfte $S_1, S_2, \ldots S_n$; und durch das „Kräftebild" $(\mathfrak{P})(\mathfrak{S})$ den Verein der am untersuchten Körper angreifenden gegebenen Nutzlasten $P_1, P_2, \ldots$ und gesuchten Kräfte $S_1, S_2, \ldots S_n$. Durch diese Schreibweise soll gleichzeitig zum Ausdruck gebracht werden, daß die S durch die P hervorgerufen werden, daß die S von den P abhängen, also die P die Ursachen und die S die Wirkungen sind. Die Abhängigkeit der S von den P ist der allgemeinen Überlegung wegen durch vektoriell-lineare Gleichungen von der Form

$$\left.\begin{array}{l} a_{11}\mathfrak{S}_1 + a_{12}\mathfrak{S}_2 + \ldots + a_{1n}\mathfrak{S}_n + \mathfrak{B}_1 = 0 \\ a_{21}\mathfrak{S}_1 + a_{22}\mathfrak{S}_2 + \ldots + a_{2n}\mathfrak{S}_n + \mathfrak{B}_2 = 0 \\ \cdots\cdots\cdots\cdots\cdots\cdots\cdots\cdots \\ a_{n1}\mathfrak{S}_1 + a_{n2}\mathfrak{S}_2 + \ldots + a_{nn}\mathfrak{S}_n + \mathfrak{B}_n = 0 \end{array}\right\} \quad \text{(a)}$$

vorausgesetzt. Jede dieser Gleichungen kann man, wenn man will, als Gleichgewichtsbedingung für einen der materiellen Punkte des untersuchten Körpers betrachten, oder auch als Gleichgewichtsbedingung für einen Teil des Körpers; es sind dann die B_i die Beiträge des gegebenen Kräftesystems P_1, P_2, ... zu dieser Gleichgewichtsbedingung. Von den S_i ist nur vorausgesetzt, daß sie statisch bestimmbar sind. Man wird genau die gleiche Überlegung anwenden wie in der vorigen Nummer, nur daß man jetzt vektorielle statt skalare Größen hat und findet entsprechend wie dort:

> Kommt am untersuchten Gebilde unter dem Einfluß eines gegebenen Kräftesystems $(\mathfrak{P}')$ das Kräftebild $(\mathfrak{P}')(\mathfrak{S}')$ zustande und unter dem Einfluß eines anderen gegebenen Kräftesystems $(\mathfrak{P}'')$ das Kräftebild $(\mathfrak{P}'')(\mathfrak{S}'')$, so rufen die vereinigt angreifenden Systeme $(\mathfrak{P}')$ und $(\mathfrak{P}'')$ das Kräftebild $(\mathfrak{P}' + \mathfrak{P}'')(\mathfrak{S}' + \mathfrak{S}'')$ hervor; (b)

oder kürzer:

> Superponieren sich die Ursachen, dann auch die Wirkungen; die resultierende Wirkung ist gleich der graphischen Summe der Einzelwirkungen (c)

als Ausdruck für das Superpositionsprinzip.

In der eben angeführten Vektorform wird der Satz selten zur Anwendung kommen. Die gesuchten Kräfte S_i, in der Regel als Stabspannungen auftretend, haben von vornherein meist vorgeschriebene Richtung, beispielsweise als Stabspannungen, bieten also zunächst keinen Anlaß zur Einführung von Vektoren. In diesem Falle geht eben die graphische Summe der Einzelwirkungen über in eine gewöhnliche Summe. Für verschiedene Betrachtungen aber, es sei nur an das Seileck und an verwandte Aufgaben erinnert, wird die vektorielle Form des Superpositionsprinzips recht gute Dienste leisten. Siehe auch **49** über die Ermittlung der Gelenkdrücke beim Dreigelenkbogen.

Es soll noch eigens darauf hingewiesen werden, daß das Superpositionsprinzip nur für lineare Wirkungen, d. h. solche, die durch lineare Gleichungen von den Ursachen abhängen, bewiesen ist.

> Sicher gilt also das Superpositionsprinzip im Gesamtgebiet aller statisch bestimmten Aufgaben. (d)

Wie weit es für andere Gebiete der Mechanik herangezogen werden darf, soll an späterer Stelle, wenn es zur Anwendung kommt, noch erörtert werden.

Beispiel a) Man ermittle die Gelenkdrücke der Tragkonstruktion der Abb. 471 unter dem Einfluß der gegebenen Belastung. $Q_I = 8\,t$, $Q_{II} = 8\,t$, $Q_{III} = 7\,t$.

Wenn man das Superpositionsprinzip anwendet, wird man zuerst die Gelenkdrücke unter dem alleinigen Einfluß von Q_I ermitteln, siehe Beisp. 49b), und dann ihre Werte, wenn Q_{II} allein angreift, siehe Beisp. 49c). In der gleichen Weise findet man die Gelenkdrücke unter dem alleinigen Einfluß von Q_{III}, s. Abb. 474 und die durch die feingestrichelten Linien gegebene Konstruktion in Abb. 471. Der resultierende Gelenkdruck ist an jeder Stelle gleich der graphischen Summe der gefundenen Einzeldrücke. Abb. 475 gibt schließlich die Zahlenwerte und Richtungen der wirklichen Gelenkdrücke A, D, E, C und des Lagerdruckes B, ihre Richtung ist dann noch als Kontrolle in Abb. 471 eingetragen.

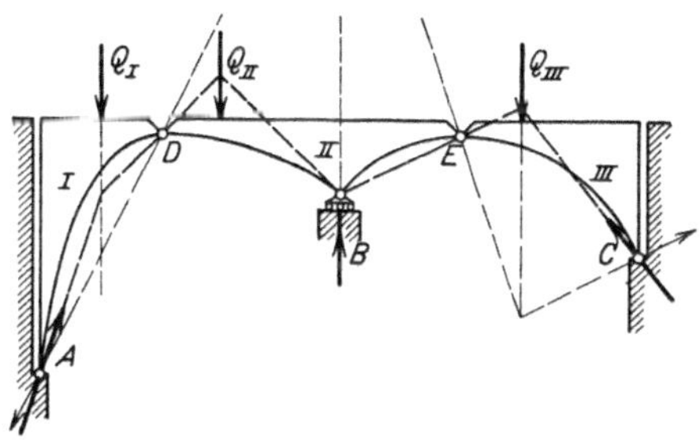

Abb. 471.

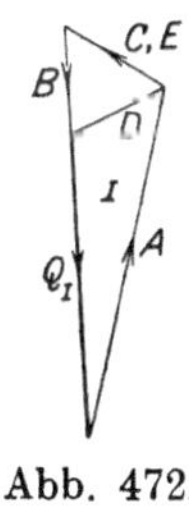

Abb. 472.

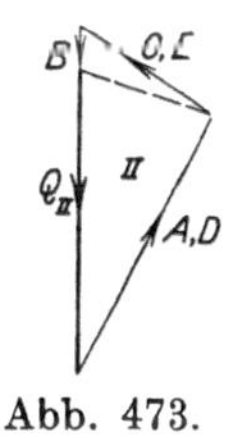

Abb. 473.

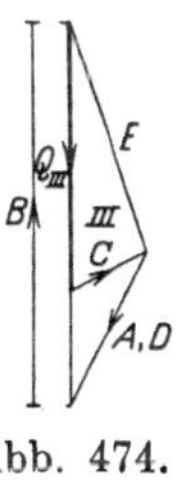

Abb. 474.

K. M. 1 mm = 400 kg.

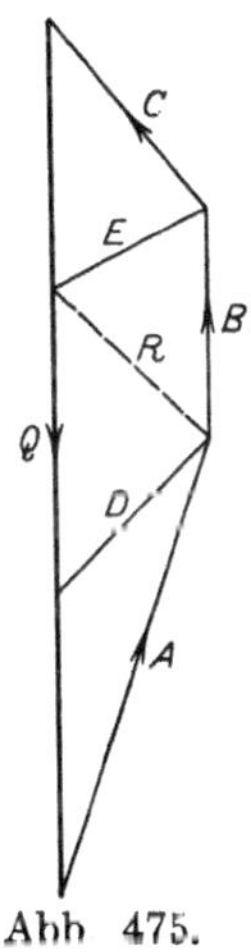

Abb. 475.

K. M. 1 mm = 400 kg.

Anmerkung. Dem aufmerksamen Leser wird die Bedeutung des Superpositionsprinzips nicht entgangen sein. Es enthält in sich alle anderen Sätze der Statik, wie etwa Resultantensatz, Arbeitssatz, Momentensatz. Seine Anwendung auf die Lösung von statischen Aufgaben ist dementsprechend eine recht vielseitige.

64. Charakteristisch für ein System von n linearen Gleichungen für n Unbekannte ist die Tatsache, daß es, abgesehen vom Ausnahmefall, stets eine und nur eine Lösung gibt. Hat man somit irgendwie eine Lösung für es erhalten, gleichgültig, ob man sie durch Erraten oder besser gesagt durch Vermuten und durch nachheriges Probieren als richtig gefunden oder auf anderem Weg ermittelt hat, so muß diese auch die einzige und richtige Lösung sein. In der Statik spielt dieser Satz vom möglichen Lösungssystem:

eine mögliche Lösung von linearen Aufgaben ist gleichzeitig auch die wahre Lösung, (a)

eine wichtige Rolle, da alle statisch bestimmten Aufgaben zu linearen Gleichungen führen und dabei den Ausnahmefall ausschließen. Besonders bei räumlichen statischen Aufgaben, und hier wieder meist bei Fachwerksaufgaben, gibt dieser Satz vielfach Anlaß zu recht einfachen Lösungen.

Das in den nachfolgenden Zeilen angegebene Verfahren (Korrekturverfahren) zur Lösung linearer Gleichungen wird sofort klar, wenn zuvor seine Anwendung auf recht einfache bekannte Fälle gezeigt wird.

Der einfachste Fall, der schließlich bei jeder statischen Aufgabe vorkommt, ist die Bestimmung des Vorzeichens der gesuchten statischen Größe. Man nimmt bekanntlich von vornherein bewußt oder unbewußt ein bestimmtes Vorzeichen derselben an. Ergibt dann die Lösung der Aufgabe ein negatives Vorzeichen für diese Größe, so heißt das nichts anderes, als daß das angenommene Vorzeichen, d. i. der Richtungssinn der statischen Größe, falsch war und nun entgegengesetzt zu nehmen ist. Die Korrektur der willkürlichen Annahme des Vorzeichens erfolgt also durch die schließliche Lösung.

Die Methode des unbestimmten Kräftemaßstabes nimmt für eine passend ausgewählte Spannung S_k eine beliebige zu ihr parallele Strecke, setzt also voraus, daß die Strecke in einem zunächst noch nicht bestimmten Maßstab die erwähnte Spannung darstelle. Die gegebenen äußeren Kräfte P betrachtet sie als unbekannt und sucht von ihnen eine, etwa P_l, nach S_k auszudrücken. Gelingt es, so bestimmt der bekannte Wert von P_l nachträglich den Maßstab von S_k und damit vom ganzen Kräfteplan.

Weiter sei erinnert, wie man in der elementaren Algebra lineare Gleichungen auflöst. Hat man etwa zwei solcher mit zwei Unbekannten, so wird man meist so verfahren, daß man deren eine wie eine bekannte gegebene Größe behandelt und die andere als gesuchte Größe nach ihr ausdrückt.

Der Vorgang bei dem zu beschreibenden Verfahren zur Auflösung statischer Gleichungen ist ein ähnlicher. Man geht wieder aus von dem System linearer Gleichungen

$$
\begin{aligned}
a_{11} S_1 + a_{12} S_2 + \ldots + a_{1n} S_n + B_1 = 0 \\
a_{21} S_1 + a_{22} S_2 + \ldots + a_{2n} S_n + B_2 = 0 \\
\ldots\ldots\ldots\ldots\ldots\ldots \\
\ldots\ldots\ldots\ldots\ldots\ldots
\end{aligned} \qquad \text{(b)}
$$

wo die S_i die gesuchten Größen sind, die gesuchten Wirkungen, die von den Ursachen P_i abhängen. Es rühren sonach die Konstanten $B_1, B_2, \ldots B_n$ des vorliegenden Gleichungssystems von einem gegebenen Kräftesystem (P) her. Nun verfährt man wieder ähnlich wie bei der Entwicklung des Superpositionsprinzips, daß man sich nämlich das Kräftesystem (P) als aus zwei Einzelsystemen (P') und (P'') zusammengesetzt denkt, daß also

$$P_1 = P_1' + P_1'', \quad P_2 = P_2' + P_2'', \ldots \quad \text{allgemein} \quad P_i = P_i' + P_i''.$$

Man geht zunächst aus vom Kräftesystem (P'), das die Beiträge

$$B_1', B_2', \ldots B_n' \quad \text{statt} \quad B_1, B_2, \ldots B_n$$

zum Gleichungssystem (b) liefert. Ferner gibt man einer der Unbekannten, etwa S_k, einen beliebigen Wert S_k' und behandelt sie wie eine gegebene Nutzlast. Man hat dann das Kräftesystem $P_1', P_2', \ldots P_m', S_k'$ oder in unserer Schreibweise das System (P', S_k') als System der Ursachen. Zwischen ihnen und den Wirkungen S_i' besteht dann der durch die Gleichungen (b) gegebene Zusammenhang.

Aus den $n-1$ ersten Gleichungen kann man die übrigen Unbekannten

$$S_1', S_2', \ldots S_{k-1}', S_{k+1}', \ldots S_n'$$

nach den P_i' und nach S_k' ausdrücken. Man erhält, weil ja S_k' beliebig und damit im allgemeinen falsch angenommen ist, wenn nicht ein Zufall auftritt, das natürlich gleichfalls falsche Lösungssystem

$$(P', S_k')(S'),$$

wo diese kurze, unter dem Namen „Kräftebild“ eingeführte Schreibweise angeben soll, daß unter dem Einfluß der gegebenen Kräfte oder Ursachen

$$P_1', P_2', \ldots P_m', S_k'$$

die Wirkungen

$$S_1', S_2', \ldots S_{k-1}', S_{k+1}', \ldots S_n',$$

erzielt werden.

Ein zweites Mal wählt man das Kräftesystem (P'') mit den Beiträgen

$$B_1'', B_2'', \ldots B_n'' \quad \text{statt} \quad B_1, B_2, \ldots B_n$$

und gibt der Unbekannten S_k den beliebigen Wert S_k''. Dann kann man wieder alle übrigen S_i'' nach den P_i'' und S_k'' ausdrücken und erhält das gleichfalls falsche Lösungssystem

$$(P'', S_k'')(S'').$$

Wir sind davon ausgegangen, daß das wirkliche Kräftesystem (P) sich aus den Teilsystemen (P') und (P'') superponiert, oder in anderer Ausdrucksweise, daß diese beiden Teilsysteme Komponenten des wirklichen Systems (P) sind, daß also

$$P_i = P_i' + P_i''.$$

Hat man zugleich die Werte S_k' und S_k'' so gewählt, daß sie Komponenten der gesuchten Kraft S_k sind, daß also

$$S_k = S_k' + S_k'',$$

dann ist nach dem Superpositionsprinzip (**63** c) auch

$$S_i = S_i' + S_i''. \tag{c}$$

Die $n$te Gleichung des Systems (b), die Schlußgleichung

$$a_{n1} S_1 + a_{n2} S_2 + \ldots + a_{nn} S_n + B_n = 0,$$

hat man noch gar nicht benützt. Wird $S_1 = S_1' + S_1''$, $S_2 = S_2' + S_2''$, . . . in sie substituiert, so gibt sie einen Zusammenhang zwischen S_k' und S_k'', da ja die S_i' und S_i'' alle nach S_k' und S_k'' ausgedrückt sind.

Recht häufig wählt man als erstes Teilsystem $(P, 0)$ und als zweites $(0, X)$. D. h. man ermittelt zuerst die Wirkung unter dem alleinigen Einfluß der wirklich auftretenden Nutzlasten, berücksichtigt also die gedachte Nutzlast X nicht; in einer zweiten Rechnung, die graphisch oder analytisch erfolgen kann, wird man die alleinige Wirkung der gedachten Nutzlast X untersuchen, demnach die wirklich vorhandenen Nutzlasten $P_1, P_2, \ldots$ nicht berücksichtigen und genau so vorgehen, wie wenn sie gar nicht vorhanden wären. Man wählt sonach als Teilsysteme

$$P_i' = P_i, \quad S_k' = 0 \quad \text{und} \quad P_i'' = 0, \quad S_k'' = X, \tag{d}$$

dann werden alle gefundenen S_i'' proportional X sein, die S_i' aber nur von den gegebenen Nutzlasten abhängig, die oben angegebene Schlußgleichung enthält X als einzige Unbekannte und läßt sie ermitteln.

Beispiel a) Die Hennebergsche Methode der Stabvertauschung ist ein besonderer Fall des vorausgehend entwickelten Lösungsverfahrens. Sie greift von den unbekannten Kräften eine heraus, bezeichnet sie mit X, und behandelt sie wie eine gegebene Nutzlast, von der also die Spannungen S_i des Fachwerkes abhängig sind. Zuerst ermittelt sie die Spannungen S_i' unter der Voraussetzung, daß das Kräftesystem $(P, 0)$ ist, oder um mit dem eben eingeführten Begriff des „Teilsystems“ zu reden, sie wählt $P_i' = P_i$ und $S_k' = 0$; beim zweiten Mal sucht sie die Werte der Spannungen S_i'' unter der Voraussetzung, daß das Kräftesystem $(0, X)$ angreift, sie wählt also alle $P_i'' = 0$ und $S_k'' = X$. In der Schlußgleichung

$$a_{n1} S_1 + a_{n2} S_2 + \dots + a_{nn} S_n + B_n = 0$$

ist als einzige Unbekannte nur mehr X vorhanden, die dann aus dieser Gleichung ermittelt werden kann. Aus der früheren Entwicklung der Hennebergschen Methode wissen wir, daß diese Schlußgleichung lautet

$$S_e' + S_e'' = 0 \qquad \text{oder} \qquad T_e + X \cdot u_e = 0. \tag{e}$$

Das vorausgehend entwickelte Verfahren soll auf die Lösung von vektoriellen Gleichungen erweitert werden. Man geht wieder aus von der Gleichungsgruppe (**63** a)

$$\begin{aligned} a_{11}\mathfrak{S}_1 + a_{12}\mathfrak{S}_2 + \dots + a_{1n}\mathfrak{S}_n + \mathfrak{B}_1 &= 0 \\ a_{21}\mathfrak{S}_1 + a_{22}\mathfrak{S}_2 + \dots + a_{2n}\mathfrak{S}_n + \mathfrak{B}_2 &= 0 \\ \dots\dots\dots\dots\dots\dots\dots\dots \\ \dots\dots\dots\dots\dots\dots\dots\dots \end{aligned}$$

und setzt für eine der Unbekannten, etwa $\mathfrak{S}_k$, einen beliebigen Wert $\mathfrak{S}_k'$ und statt der $\mathfrak{B}_i$ beliebige Werte $\mathfrak{B}_i'$. Dieser Annahme entsprechend muß $\mathfrak{S}_k'$ wie eine gegebene Nutzlast behandelt werden, man hat daher nur mehr $n-1$ Unbekannte, die Wirkungen

$$\mathfrak{S}_1', \mathfrak{S}_2' \dots \mathfrak{S}_{k-1}', \mathfrak{S}_{k+1}', \dots \mathfrak{S}_n',$$

die man aus den ersten $n-1$ Gleichungen ermitteln und nach den Ursachen $\mathfrak{P}_i'$ und $\mathfrak{S}_k'$ linear ausdrücken kann. Das erhaltene Kräftebild $(\mathfrak{P}', \mathfrak{S}_k')(\mathfrak{S}')$ ist natürlich falsch. Und ebenso falsch wird das Kräftebild $(\mathfrak{P}'', \mathfrak{S}_k'')(\mathfrak{S}'')$ sein, das man erhält, wenn man $\mathfrak{B}_i''$ statt $\mathfrak{B}_i$ wählt und für $\mathfrak{S}_k$ einen beliebigen Wert $\mathfrak{S}_k''$. Unter der Voraussetzung nun, daß die gewählten Teilsysteme $(\mathfrak{P}')$ und $(\mathfrak{P}'')$ Komponenten des Systems der gegebenen Nutzlasten sind und ebenso $\mathfrak{S}_k'$ und $\mathfrak{S}_k''$ Komponenten von $\mathfrak{S}_k$, daß sonach

$$\mathfrak{P}_i = \mathfrak{P}_i' + \mathfrak{P}_i'' \qquad \text{und} \qquad \mathfrak{S}_k = \mathfrak{S}_k' + \mathfrak{S}_k'', \tag{f}$$

wird nach (**63** c) auch

$$\mathfrak{S}_i = \mathfrak{S}_i' + \mathfrak{S}_i''. \tag{g}$$

Da die $\mathfrak{S}_i'$ und $\mathfrak{S}_i''$ alle sich nach den wirklich gegebenen Kräften $\mathfrak{P}_i$ bzw. ihren Komponenten $\mathfrak{P}_i'$ und $\mathfrak{P}_i''$ sowie nach $\mathfrak{S}_k'$ und $\mathfrak{S}_k''$ ausdrücken, wird die $n$te Gleichung des Systems, die Schlußgleichung

$$a_{n1}\mathfrak{S}_1 + a_{n2}\mathfrak{S}_2 + \cdots + a_{nn}\mathfrak{S}_n + \mathfrak{B}_n = 0$$

einen Zusammenhang zwischen $\mathfrak{S}_k'$ und $\mathfrak{S}_k''$ liefern.

Natürlich läßt sich dieses Verfahren insofern verallgemeinern, als man zwei, drei usw. der Unbekannten beliebig wählt und zum Schluß dann zwei, drei usw. Gleichungen für diese speziellen Unbekannten allein übrig hat. An späterer Stelle, bei der Zerlegung einer Kraft nach sechs Richtungen im Raum, wird davon Gebrauch gemacht.

*** 65.** Die vorausgehenden, sehr allgemein gehaltenen Überlegungen für die Lösungsmöglichkeit analytischer oder graphischer linearer Gleichungen bilden die Basis einer Lösung, des Korrekturverfahrens, das mit Vorteil angewandt wird und gegenüber den bisherigen Verfahren schneller und einfacher zum Ziel führt bei Ermittlung von Kräften, die gleichzeitig nach Richtung und Zahlenwert unbekannt sind, beispielsweise der Gelenkdrücke von Tragkonstruktionen von der Art der Abb. 476 und 477.

Sei S_k eine der gesuchten Größen, als Wirkung linear abhängig von der Ursache vorausgesetzt, wie es praktisch bei gesuchten Kräften am Fachwerk zutrifft; der Allgemeinheit halber sei sie als Vektor gedacht, d. h. man kennt weder Größe noch Richtung von ihr, nur ihren Angriffspunkt. Angenommen, S_k sei gefunden, und von ihr aus alle weiteren noch unbekannten Kräfte

$$S_1,\ S_2, \ldots S_{k-1},\ S_{k+1}, \ldots S_n$$

abgeleitet. Sie werden natürlich gleichfalls linear abhängig von S_k sein. Dann wird es immer am Schluß eine einfache Kontrolle geben, die letzte Gleichung des Systems (62a) oder (63a) — bei Fachwerken z. B. an den letzten Knotenpunkten, bei räumlichen Aufgaben durch die Affinitätsbeziehungen zwischen Grund- und Aufriß usw. — meist in Form einer analytischen Gleichung

$$T_1 + T_2 + \cdots + T_n = 0,$$

oder einer graphischen

$$\mathfrak{T}_1 + \mathfrak{T}_2 + \cdots + \mathfrak{T}_n = 0,$$

welche die Richtigkeit der gefundenen Lösung bestätigen soll.

Diese graphische Kontrollgleichung wird meist die Bedingung wiedergeben, daß sich beim Kräfteplan für den letzten Knotenpunkt das Krafteck, oder wenn man mehrere Kontrollgleichungen hat, daß sich die Kraftecke an den letzten Knotenpunkten schließen sollen. Oder daß die letzte der gesuchten Kräfte S_i, also S_n, durch einen bestimmten Punkt hindurchgehen soll usw.

Umgekehrt wird man urteilen: Wenn man für S_k einen beliebigen Wert annimmt, der vom wahren Wert verschieden ist, dann wird selbstverständlich im Laufe der analytischen oder graphischen Berechnung der Unbekannten S_i einmal ein Widerspruch kommen. Es werden die oben angegebenen Kontrollgleichungen nicht erfüllt sein. Bei der graphischen Durchführung der Lösung werden beispielsweise, wenn man im Kräfteplan zum letzten oder zu den letzten Knotenpunkten gelangt, die Kraftecke nicht mehr geschlossen sein. Oder es werden die letzten der gesuchten Kräfte nicht mehr durch einen vorgeschriebenen bestimmten Kontrollpunkt hindurchgehen usw.

Der Gedankengang des Korrekturverfahrens ist recht einfach: Man nimmt eine von den gesuchten Größen, etwa S_k, als bekannt an und behandelt sie dementsprechend wie die anderen gegebenen Nutzlasten. Dann ist das System (P, S_k) das Ursachensystem, von dem ausgehend man alle die übrigen Unbekannten $S_1, S_2, \ldots S_n$ ermitteln soll. Wenn etwa S_k eine gesuchte Stabspannung ist, dann kann man verfahren, wie bei der Hennebergschen Methode bereits angegeben: man denkt sich den Stab, der S_k trägt, beseitigt und S_k oder in anderer Benennung X als gegebene Nutzlast, die je an den Endpunkten dieses Stabes wirkt. Man hat dann die wirklichen Nutzlasten $P_1, P_2, \ldots$ und die gedachte Nutzlast S_k, die zusammen ein System (P, S_k) bilden, aus dem das „Spannungsbild" $(P, S_k)(S)$ hervorgeht, d. h. man wird die Spannungen $S_1, S_2, \ldots S_{k-1}, S_{k+1}, \ldots S_n$ als Wirkungen der Nutzlasten $P_1, P_2, \ldots P_m, S_k$ ermitteln.

Dieses System zerlegt man nun in zwei Gruppen oder Komponenten (P', S_k') und (P'', S_k''), d. h. $P_i = P_i' + P_i''$, $S_k = S_k' + S_k''$, und erhält dann zwei verschiedene Spannungsbilder $(P', S_k')(S')$ und $(P'', S_k'')(S'')$, die jede einzeln für sich natürlich falsch sind. Die im Verlauf der Untersuchung oder spätestens am Schluß vorhandene Kontrollgleichung, die für das wirkliche Kräftebild lauten würde

$$\mathfrak{T}_1 + \mathfrak{T}_2 + \ldots + \mathfrak{T}_n = 0,$$

wird nun für das erste Kräftebild allein werden

$$\mathfrak{T}_1' + \mathfrak{T}_2' + \ldots + \mathfrak{T}_n' \gtrless 0,$$

oder in anderer Form

$$\mathfrak{T}_1' + \mathfrak{T}_2' + \ldots + \mathfrak{T}_n' = \mathfrak{W}'.$$

Man beachte also: Wäre man vom wirklich angreifenden System (P, S_k) ausgegangen, S_k als bekannt vorausgesetzt, dann hätte man die richtigen Werte aller S_i gefunden, und zwar mit Hilfe der ersten $n-1$ Gleichungen allein, und die Schlußgleichung bliebe als Kontrolle übrig, sie müßte durch die gefundenen Werte aller S_i erfüllt sein, es dürfte sich kein Widerspruch ergeben. Umgekehrt wenn das Ausgangssystem falsch ist, (P', S_k') statt (P, S_k), und damit auch die dadurch bedingten S_i', so wird die Kontrollgleichung einen „Widerspruch" W' ergeben. Ebenso erhält man für das andere Spannungsbild $(P'', S_k'')(S'')$, erzeugt durch das willkürlich gewählte Ausgangssystem (P'', S_k''), einen anderen „Widerspruch",

$$\mathfrak{T}_1'' + \mathfrak{T}_2'' + \ldots + \mathfrak{T}_n'' = \mathfrak{W}''.$$

Nun sind ja die beiden Systeme (P', S_k') und (P'', S_k'') als Komponenten des wirklichen Systems (P, S_k) vorausgesetzt, d. h.

$$\mathfrak{P}_i = \mathfrak{P}_i' + \mathfrak{P}_i'' \quad \text{und} \quad \mathfrak{S}_k = \mathfrak{S}_k' + \mathfrak{S}_k'',$$

dann ist nach (**63** c) auch

$$\mathfrak{S}_i = \mathfrak{S}_i' + \mathfrak{S}_i'' \quad \text{und ebenso} \quad \mathfrak{T}_i = \mathfrak{T}_i' + \mathfrak{T}_i''$$

oder

$$(\mathfrak{T}_1' + \mathfrak{T}_1'') + (\mathfrak{T}_2' + \mathfrak{T}_2'') + \ldots + (\qquad) = 0$$

oder

$$\mathfrak{W}' + \mathfrak{W}'' = 0. \tag{a}$$

Die letzte Gleichung, die Kontrollgleichung, gibt einen Zusammenhang zwischen S_k' und S_k''. Natürlich muß, wenn die Rechnung richtig durchgeführt wurde, W' parallel W'' sein.

Für die besondere Wahl wie in (**64** d)

$$(P', S_k') \equiv (P, 0), \qquad (P'', S_k'') \equiv (0, X)$$

sind wieder alle S_i'' und T_i'' und damit auch W_i'' proportional X.

Entsprechend wird bei willkürlicher Annahme einer weiteren Unbekannten S_l als äußere Kraft die durch die Ausgangssysteme

$$(P', S_k', S_l') \equiv (P, 0, 0), \qquad (P'', S_k'', S_l'') \equiv (0, X, 0),$$
$$(P''', S_k''', S_l''') \equiv (0, 0, Y)$$

erzeugte Kontrollgleichung

$$(\mathfrak{T}_1' + \mathfrak{T}_1'' + \mathfrak{T}_1''') + (\mathfrak{T}_2' + \mathfrak{T}_2'' + \mathfrak{T}_2''') + \ldots + (\qquad) = 0$$

bzw.

$$\mathfrak{W}' + \mathfrak{W}'' + \mathfrak{W}''' = 0. \tag{b}$$

W'' und W''' sind den Unbekannten X und Y proportional, W' ist eine nur durch die Kräfte P_i bestimmte bekannte Größe, so daß aus der graphischen Kontrollgleichung W'' und W''' und damit $X = S_k$ bzw. $Y = S_l$ ermittelt werden kann.

Man kann das Korrekturverfahren in eine Formel kleiden:

Um linear abhängige statisch bestimmte Kräfte aufzufinden, mache man über eine oder mehrere derselben eine mögliche willkürliche Annahme.

Die anderen gesuchten Kräfte ergeben sich dann durch Superposition der von den gegebenen Kräften allein abhängigen und der von der willkürlich angenommenen Kraft allein abhängigen Komponenten. Eine einfache Kontrollgleichung ergibt dann analytisch oder graphisch die willkürlich angenommenen Kräfte. (c)

Die Föpplsche Methode der Knotenpunktsbedingungen für die Ermittlung von Stabspannungen in einem Fachwerk ist ebenso wie die Hennebergsche Methode der Stabvertauschung eine spezielle Anwendung des Korrekturverfahrens. Wie diese denkt sie sich aus dem Fachwerk einen Stab k, den Laststab, herausgenommen und behandelt die in ihm wirkende Spannung $S_k = X$ wie eine gegebene Nutzlast. Dann sucht sie die Spannungen T_i unter dem alleinigen Einfluß der wirklichen Nutzlasten und die Spannungen U_i unter dem Einfluß der gedachten Nutzlast X allein. Es ist wie bei der Hennebergschen Methode die wirkliche Spannung in jedem Stab

$$S_i = T_i + U_i \qquad \text{oder} \qquad S_i = T_i + X u_i. \tag{d}$$

Bis hierher sind die Wege für die beiden Verfahren ganz gleich, sie trennen sich nur in der Ermittlung der Laststabspannung X. Das Föpplsche Verfahren nimmt keinen Ersatzstab zu Hilfe, sondern irgendeine der Gleichgewichtsbedingungen, die sich bei der Zeichnung des Kräfteplanes an den letzten Knotenpunkten ergeben. Eine solche Gleichung ist im Sinn des Korrekturverfahrens dann die notwendige Kontrollgleichung zur Bestimmung von X.

Der allgemeine Weg zur Ermittlung von Stabspannungen mit Hilfe des Korrekturverfahrens wird überlegen: man behandelt die Spannung S_k oder X des ausgewählten Laststabes k wie eine gegebene Nutzlast, die je an den Endknoten des Stabes angreift. Dann sucht man die Spannungen S_i' oder T_i unter dem alleinigen Einfluß des wirklich gegebenen Nutzlastensystemes und die Spannungen S_i'' oder $U_i = X u_i$ unter dem alleinigen Einfluß der beliebig angenommenen Laststabspannung X. Man wird oder kann im Verlaufe der (graphisch oder analytisch durchgeführten) Rechnung zu einem Fachwerksteil kommen (Ersatzstab beim Hennebergschen, Knotenpunkt beim Föpplschen Verfahren, allgemein ein ganz beliebiger Fachwerksteil), an dem weniger unbekannte Kräfte angreifen als sich mit Hilfe der Gleichgewichtsbedingungen ermitteln ließen, d. h. diese Gleichgewichtsbedingungen sind für unsere als gegeben angenommene Laststabspannung X eine Kontrolle, um ihren richtigen Wert zu finden.

Beispiel a) Man ermittle die Gelenkdrücke des Dreigelenkbogens der Abb. 332 bzw. 476 mit Anwendung des Korrekturverfahrens.

Man betrachtet den ersten Gelenkdruck A als eine gegebene Nutzlast und zerlegt das System der (wirklich und gedacht) gegebenen Kräfte Q_I, Q_{II}, A oder in der symbolischen Schreibweise das System (Q, A) in zwei Gruppen (Q, A') und (Q, A''), wo A' und A'' Komponenten von A sind. Beide können beliebig angenommen werden. Natürlich muß diese Annahme möglich sein: im vorliegenden Fall ist es nicht gestattet, A' oder A'' sowohl nach Richtung wie nach dem Zahlenwert beliebig anzunehmen, da ja durch die Annahme der Richtung schon der Zahlenwert mitbestimmt ist; A muß doch am linken Bogenteil mit der Nutzlast Q_I und dem Gelenkdruck C im Gleichgewicht sein.

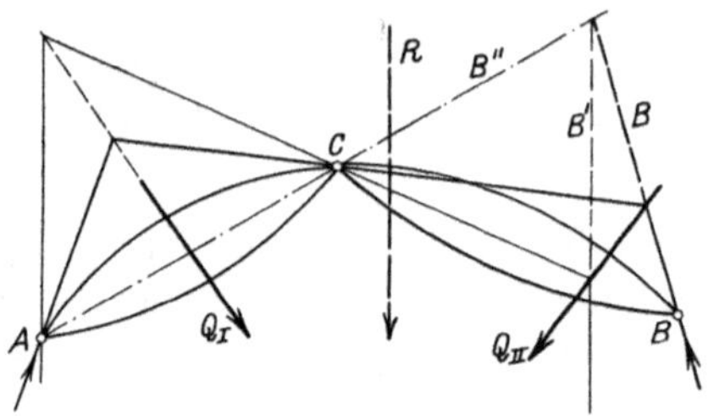

Abb. 476.

Man ermittelt nun die Gelenkdrücke unter dem Einfluß von (Q, A'): durch A' ist auch der Gelenkdruck C' bestimmt und ebenso B', weil A' und B' sich auf der Resultierenden R von Q_I und Q_{II} schneiden müssen. In Abb. 476 ist A' parallel R angenommen, dann wird auch B' parallel dazu; da A' falsch angenommen war, wird auch der Gelenkdruck B' falsch sein, was sich dadurch zeigt, daß er nicht durch das Gelenk B geht. Eine zweite Konstruktion sucht die Gelenkdrücke unter dem Einfluß von $(0, A'')$ auf, d. h. man denkt sich die wirklichen Nutzlasten als nicht vorhanden, nur den wie eine Nutzlast behandelten Gelenkdruck A'': offenbar müssen die Gelenkdrücke alle in der nämlichen Geraden liegen, da keine Nutzlasten am Träger wirken; man wählt A'' durch die Gelenke A und C, dann liegen auch C'' und B'' auf dieser Geraden (strichpunktierte Konstruktion).

Die Kontrollgleichung ist: A' und A'' sind die Komponenten von A, dann auch B' und B'' diejenigen des Gelenkdruckes B; er muß deswegen einmal durch den Schnittpunkt von B' und B'' gehen, nach Vorschrift aber auch durch das Gelenk B, wodurch er bestimmt ist, und durch die Rückkonstruktion auch C und A.

Beispiel b) Man löse Beisp. 63a) mit Anwendung des Korrekturverfahrens.

Man betrachtet wieder den Gelenkdruck A als gegebene Nutzlast und hat damit das Ursachensystem Q_I, Q_{II}, Q_{III}, A, in unserer symbolischen Schreibweise (Q, A), das man in zwei Gruppen (Q, A') und $(0, A'')$ teilt, wo also A' und A'' Komponenten des Gelenkdruckes A sind. Von beiden kann die Richtung beliebig genommen werden, der Zahlenwert bestimmt sich aus der Tatsache, daß der nächste Gelenkdruck D' durch das Gelenk D gehen muß.

Man ermittelt zuerst alle Gelenk- und Auflagerdrücke unter dem alleinigen Einfluß von (Q, A'): durch das angenommene A' ist der Gelenkdruck D' bestimmt, zuerst im Lageplan der Abb. 477 seine Richtung, alsdann im Kräfteplan der Abb. 478 der Zahlenwert; durch D' und Q_{II} ist im Kräfteplan ihre Resultierende R' bestimmt, die mit B' und E' im Gleichgewicht sein muß und damit auch die Richtung des Gelenkdruckes E', da er durch E und den Schnittpunkt von R' mit B' gehen muß, und sein Zahlenwert durch den Kräfteplan; schließlich ist aus dem Kräfteplan noch die Richtung von C' bestimmt. Da A' falsch angenommen war, wird auch C' falsch sein, im Lageplan wird dieser Gelenkdruck nicht durch das vorgeschriebene Gelenk C hindurchgehen.

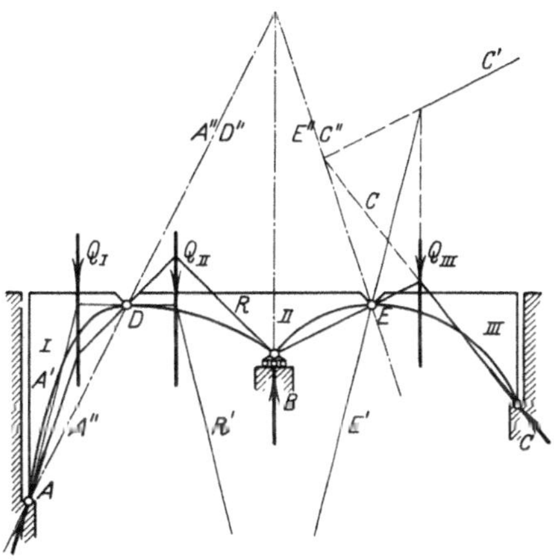

Abb. 477.

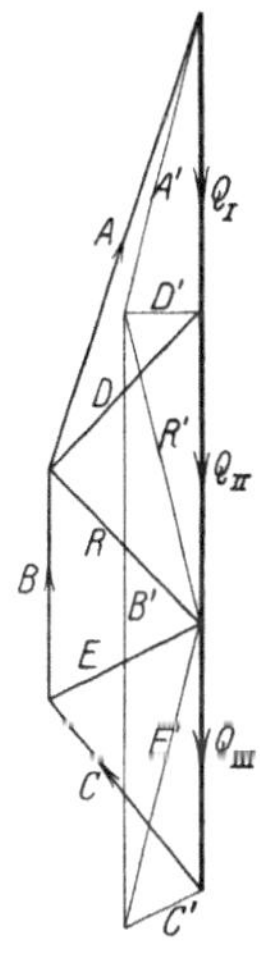

Abb. 478.

Eine zweite Konstruktion ermittelt die Gelenkdrücke unter dem Einfluß von $(0, A'')$, d. h. die wirklichen Nutzlasten werden als nicht vorhanden gedacht; offenbar müssen A'' und D'' in der gleichen Geraden liegen, da ja keine Nutzlasten an der Scheibe I angreifen; an der Scheibe II ist D'' mit B'' und E'' im Gleichgewicht, nach dem Dreikräftesatz bestimmt sich daraus die Richtung von E''; an der Scheibe III greifen nur E'' und C'' an, beide liegen in der gleichen Geraden; A'' war falsch angenommen, so wird auch C'' falsch sein und deswegen nicht durch das Gelenk C gehen.

Kontrollgleichung: A' und A'' sind die Komponenten von A, also auch C' und C'' die Komponenten des Gelenkdruckes C, dieser muß sonach einmal durch den Schnitt von C' und C'' gehen und nach Vorschrift durch das Gelenk C, wodurch er zunächst im Lageplan und dann durch Übertragen auch im Kräfteplan bestimmt ist; durch Rückwärtskonstruktion bestimmt man daraus die anderen Gelenkdrücke und den Auflagerdruck B.

*** 66.** Die vorausgehende Entwicklung des Korrekturverfahrens ist recht allgemein gehalten, um möglichst viele Wege für seine Anwendung offen zu halten. In der Mehrzahl aller Fälle aber ist der Gedankengang weitaus einfacher, auch wenn es sich um die Ermittlung von vektoriellen Größen handelt, die also nach Zahlenwert und Richtung unbekannt sind. Von den gesuchten Größen $S_1, S_2, \ldots S_n$ nimmt man S_k als bekannt an und zählt sie zu dem System der gegebenen Kräfte, so daß es jetzt heißt (P, S_k). Dieses Ursachensystem zerlegt man gewöhnlich in die Komponentensysteme $(P, 0)$ und $(0, X)$, wo also $S_k' = 0$ und $S_k'' = X$ ist. D. h. man ermittelt zuerst die unbekannten Größen $S_1', S_2', \ldots S'_{k-1}, S'_{k+1}, \ldots S_n'$ unter dem alleinigen Einfluß der wirklichen Nutzlasten $P_1, P_2, \ldots$, also unter der Voraussetzung, daß $S_k = 0$ ist. Und in einer zweiten Rechnung oder graphisch durch einen zweiten Kräfteplan diese Unbekannten unter dem alleinigen Einfluß von X. In dieser zweiten Rechnung werden die Unbekannten alle proportional zu X sein. Durch die Kontrollgleichung findet man zunächst die Richtung und dann den Zahlenwert von X.

Ein Beispiel wird den Gedankengang des Korrekturverfahrens klarer machen. In der Mechanik wird oft die Aufgabe behandelt, ein n-Eck zu konstruieren, dessen Ecken auf n gegebenen Geraden $g_1, g_2, \ldots g_n$ liegen, und dessen Seiten durch n gegebene Punkte $U_1, U_2, \ldots U_n$ gehen. Beispielsweise bilden die aufeinanderfolgenden Gelenkdrücke von Tragkonstruktionen von der Art der Abb. 476 und 477 solche n-Ecke. Die Aufgabe wäre sicher recht einfach weiter zu lösen, wenn man eine Seite schon hätte. Sei diese S_1, dann ist die nächste Seite S_2 dadurch bestimmt, daß sie durch den Schnittpunkt von S_1 mit der vorgeschriebenen Geraden g_1 sowohl als auch durch den vorgeschriebenen Punkt U_2 gehen muß. In der gleichen Weise ergibt sich fortlaufend $S_3, S_4, \ldots S_n$. Alle diese Seiten $S_2, S_3, \ldots S_n$ sind so linear abhängig von S_1. Wenn man diese n Seiten als Kräfte auffaßt, etwa als Gelenkdrücke durch die vorgeschriebenen Punkte, die „Gelenke" $U_1, U_2, \ldots U_n$, so erhält man nach dem Korrekturverfahren eine recht einfache Lösung. Man nimmt die erste Seite als S_1' ganz willkürlich innerhalb der vorgeschriebenen Bedingungen an und erhält fortlaufend durch Erfüllung der übrigen Bedingungen die anderen Seiten $S_2', S_3', \ldots S_n'$. Wenn man dann das n-Eck schließt, d. h. die Seite S_1' mit S_n' auf der vorgeschriebenen Geraden zum Schnitt bringt, sieht man daß S_n nicht durch den vorgeschriebenen

Punkt U_n geht, was ja zu erwarten war, da eben S_1' falsch angenommen ist. In der neuen Ausdrucksweise kann man sagen: Die Seite S_1' bestimmt das Kräftebild $(S_1')(S')$. Eine andere Annahme S_1'' für die erste Seite bestimmt das Kräftebild $(S_1'')(S'')$. Auch bei dieser Annahme wird sich ergeben, daß S_n'' nicht durch den vorgeschriebenen Punkt U_n geht. Die wirkliche Kraft S_1 kann man als Resultierende von S_1' und S_1'' betrachten — es handelt sich nicht um die Zahlenwerte, sondern nur um die Tatsache, daß S_1' und S_1'' durch den gleichen Punkt gehen wie S_1, oder allgemein S_i' und S_i'' durch den gleichen Punkt wie S_i. Unter der Annahme, daß S_1 die Resultierende aus S_1' und S_1'' ist, muß auch S_i die Resultierende aus S_i' und S_i'' sein; die Kontrollgleichung heißt dann, es muß S_n die Resultierende aus S_n' und S_n'' sein, d. h. die gesuchte Kraft S_n geht einmal durch den Schnittpunkt von S_n' und S_n'' als deren Resultierende und gleichzeitig der Vorschrift wegen durch den Punkt U_n.

Beispiel a) Abb. 479 löst die Aufgabe für den Fall eines Fünfeckes; die gegebenen Geraden, auf denen die Ecken des gesuchten Fünfeckes liegen sollen, gehen alle durch den gleichen Punkt, dann ist die Aufgabe sicher lösbar.

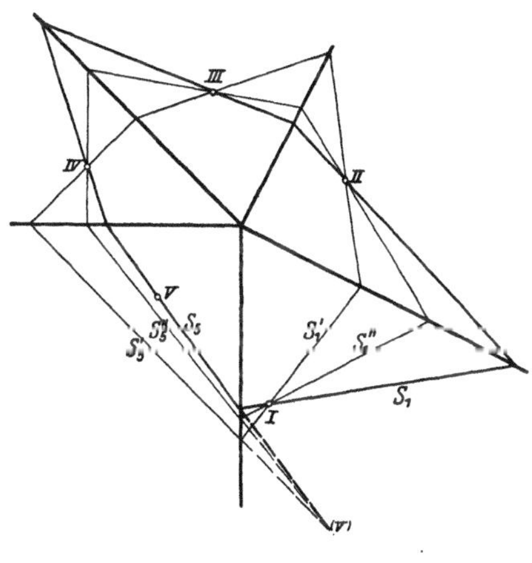

Abb. 479.

Die Richtung von S_1' bzw. S_1'' ist beliebig gewählt, in der Abbildung die fein gezeichneten Linien. Durch S_1' ist S_5' bestimmt, ebenso S_5'' durch S_1''. Beide schneiden sich in (V). S_5 muß nun einerseits als Resultierende von S_5' und S_5'' durch diesen Punkt (V) gehen, andrerseits nach Vorschrift durch V.

Beispiel b) Abb. 480 löst die gleiche Aufgabe an einem Dreieck; die drei vorgeschriebenen Geraden gehen durch den gleichen Punkt.

Als Fall der Mechanik betrachtet ist diese Aufgabe beispielsweise zu lösen, wenn das zu einem gegebenen im Gleichgewicht befindlichen Kräftesystem gesuchte Seileck durch drei Punkte gehen soll, oder beim allgemeinen Fall der Föpplschen Methode der imaginären Gelenke usw.

Man zieht ganz willkürlich eine erste Seite S_1' durch I, dadurch erhält man ein bestimmtes S_2' durch II und S_3', welch letztere Seite das Dreieck schließt; daß S_1' falsch angenommen war, zeigt sich dadurch, daß S_3' nicht durch den Punkt III gehen wird. In der gleichen Weise konstruiert man ein neues Dreieck S_1'', S_2'', S_3''. Die wirkliche Seite S_3 geht einmal als Resultierende von S_3' und S_3'' durch deren Schnittpunkt (III), dann nach Vorschrift durch den gegebenen Punkt III. Am einfachsten wird die Konstruktion, wenn man S_1' durch I und II legt (das Dreieck artet zu einer Geraden aus) und das zweite Mal die erste Seite S_1'' parallel einer der Geraden, auf der sie sich mit S_2'' schneiden soll, siehe Abb. 480.

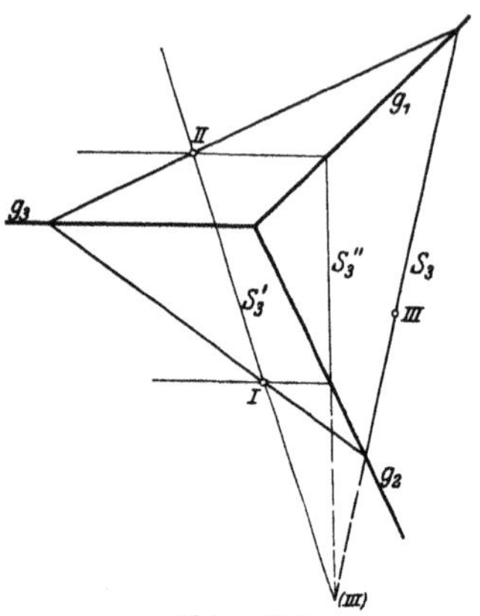

Abb. 480.

Beispiel c) Ist die vorausgehende Aufgabe auch lösbar, wenn die drei Geraden g_1, g_2, g_3 nicht durch den gleichen Punkt gehen?

Nicht nach dem angegebenen Verfahren, da sie nicht linear ist. Die statische Auffassung der drei Geraden als Kräfte verlangt, daß diese miteinander im Gleichgewicht sind und deswegen durch den gleichen Punkt gehen.

Aufgabe a) Man zeichne ein Viereck, dessen Ecken auf vier vorgeschriebenen Geraden g_1, g_2, g_3, g_4 liegen und dessen Seiten durch vier vorgeschriebene Punkte I, II, III, IV gehen.

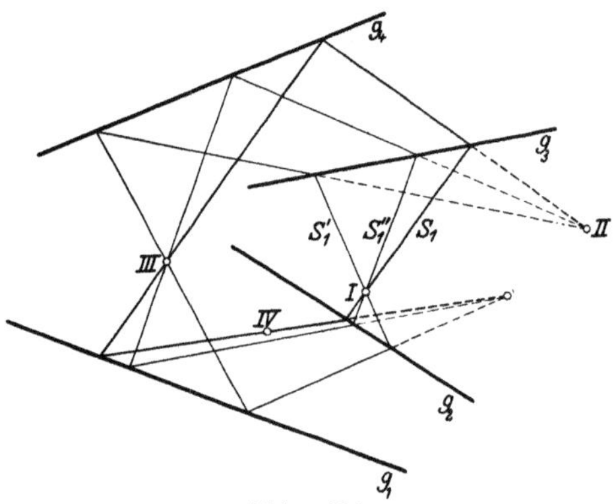

Abb. 481.

Lösung: Man zieht willkürlich eine erste Seite S_1', daraus ergeben sich linear S_2', S_3', S_4'; die letztere Seite wird aber, da sie das Viereck schließen soll, nicht durch den Punkt IV gehen, außer man hätte sie durch einen Zufall bereits so gefunden. Eine zweite Annahme S_1'' liefert ebenso S_2'', S_3'', S_4'', auch letztere Seite geht nicht durch IV, wenn sie das Viereck schließt. Die wirkliche Seite S_4 geht dann wieder durch den Schnittpunkt (IV) von S_4' und S_4'' sowie nach Vorschrift durch IV und ist dadurch bestimmt und deswegen rückwärts auch die übrigen Seiten, s. Abb. 481.

Aufgabe b) Dürfen die vier Geraden und die vier Punkte der vorigen Aufgabe beliebig in der Ebene liegen?

Lösung: Nicht, wenn man die Aufgabe auf die angegebene Weise lösen will. Im allgemeinen ist die Aufgabe nichtlinear, nur bei besonderer Lage der Punkte und Geraden darf sie als statische Aufgabe betrachtet werden.

Aufgabe c) Eine Gerade soll durch einen vorgeschriebenen Punkt A so gelegt werden, daß sie auch noch durch den schwer zu erreichenden Schnittpunkt von zwei gegebenen Geraden geht.

Erste Lösung: Die vorliegende Aufgabe gestattet wie so viele projektivgeometrische eine einfache Lösung, hier mit Hilfe des Seileckes, wenn man die gegebene Gerade wie auch die gesuchten als Kräfte ansieht, und zwar die gesuchte P als Resultierende der beiden gegebenen P_1 und P_2. Wegen (38 b) müssen die Endstrahlen des Seileckes auf der gesuchten Geraden sich schneiden, siehe Abb. 482. Man legt also ein erstes Seileck so, daß seine Endstrahlen durch den Punkt A gehen. Im Kräfteplan trägt man vom Pol O aus die drei Polstrahlen parallel den Seileckseiten an und ebenso die Kräfte P_1 und P_2 parallel den gegebenen Geraden, dann ergibt sich die Resultierende P; eine Parallele zu ihr im Lageplan ist die gesuchte Gerade.

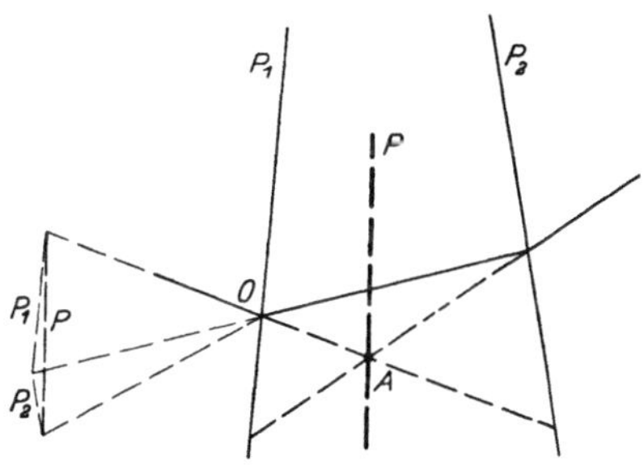

Abb. 482.

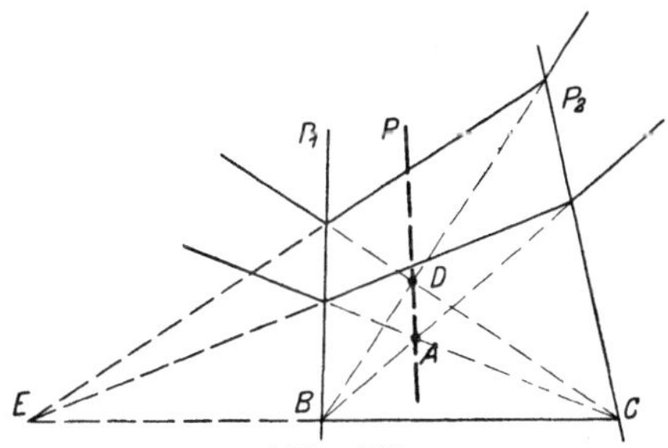

Abb. 483.

Zweite Lösung: Oder man zeichnet noch ein zweites Seileck derart, daß die Schnittpunkte B und C entsprechender Seileckseiten auf den gegebenen Geraden P_1 und P_2 liegen — man ist dann vollständig unabhängig von der Größe der gedachten Kräfte, für den Wert $P_1 = 0$ und $P_2 = 0$ wäre die Gerade EBC das ausartende Seileck —, dann bestimmen dessen Endstrahlen einen weiteren Punkt D der gesuchten Geraden.

67. Wenn man eine statische Aufgabe analytisch löst, so werden die n gesuchten statischen Größen $S_1, S_2, \ldots S_n$, die in diesen Aufgaben auftreten, durch ein System von n linearen Gleichungen von der Form (62a) gelöst. Dieses System hat stets eine und nur eine Lösung, wenn seine Diskriminante D von Null verschieden ist.

Die Lösungen S_i erscheinen nach (62i) in der Form

$$S_i = D_i : D,$$

wo D die Diskriminante des Gleichungssystemes ist. Sie ist von der Belastung, d. h. von den gegebenen Kräften $P_1, P_2, \ldots$ und von ihren Beiträgen $B_1, B_2, \ldots B_n$ zum Gleichungssystem vollständig unabhängig, die D_i aber sind durch diese Beiträge, also durch die äußeren Kräfte, wesentlich bestimmt. D_i läßt sich entwickeln und in der Form

$$D_i = b_1 B_1 + b_2 B_2 + \dots + b_n B_n$$

anschreiben, und wenn man die Beiträge B nach den Nutzlasten P ausdrückt, in der Form

$$D_i = p_1 P_1 + p_2 P_2 + \dots, \tag{a}$$

so daß sich die Spannung S_i des Stabes i in der Form

$$S_i = \frac{p_1 P_1 + p_2 P_2 + \dots}{D} \tag{b}$$

anschreiben läßt.

Wird nun $D = 0$, so hat man den Ausnahmefall; es werden die S_i entweder einen unendlich großen oder einen unbestimmten Wert annehmen; letzteren nur dann, wenn von den Nutzlasten P alle diejenigen, die im Zähler von S_i auftreten, den Wert 0 annehmen, weil dann S_i in der Form $0:0$ erscheint. Im allgemeinen Belastungsfall aber, den wir uns dadurch herstellen, daß wir uns die P alle von 0 verschieden denken, wird der Ausnahmefall dadurch charakterisiert, daß jede Spannung den Wert ∞ annimmt. Alle Stabspannungen werden sonach im allgemeinen Belastungsfall unendlich groß, wenigstens theoretisch, wenn wir davon ausgehen, daß das untersuchte Gebilde starr ist. In Wahrheit kommt natürlich dessen elastisches Verhalten zur Geltung, und zwar in der Weise, daß, wenn eine der (soeben als unendlich groß gefundenen) Kräfte einen ungewöhnlich großen Wert erreicht, eben eine solche Formänderung des Gebildes eintritt, daß die ganze Untersuchung ihre Grundlage verliert, und man dementsprechend das oben gefundene Resultat nicht auf das Gebilde anwenden darf. Immerhin kann man aber sagen, daß der Ausnahmefall mit dem Auftreten gefährlich großer Spannungen verbunden ist.

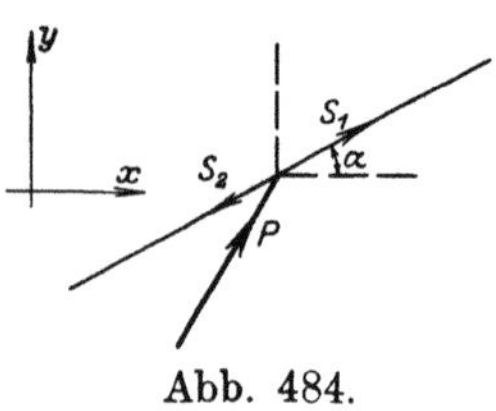

Abb. 484.

Ein in der Praxis auftretender Fall ist durch Abb. 484 oder 488 wiedergegeben. Man denke beispielsweise an die Aufhängung von elektrischen Bogenlampen an Drähten, die eine Straße überqueren. Jedenfalls hätte man es, um das Schaukeln der Lampen zu vermeiden, gerne, wenn diese Drähte ganz horizontal wären. Das ist natürlich unmöglich, es wird der Draht an der Aufhängestelle immer einen Knick haben, die beiden Drahtseile werden mehr oder weniger geneigt gegeneinander sein.

Wir wollen einmal annehmen, was aber praktisch unmöglich ist, daß die Kraft P der Abb. 484 mit den beiden unbekannten Kräften S_1 und S_2 im Gleichgewicht ist. Dann würden sich für S_1 und S_2 die Werte ∞ ergeben. Man wird die Überlegung einer früheren Stelle wiederholen, indem man sich die beiden Kräfte S_1 und S_2 unter einem sehr kleinen Winkel ν gegeneinander geneigt denkt, s. Abb. 485 und 486. Je geringer dieser Neigungswinkel ist, desto mehr nähern sich S_1 und S_2 dem Wert ∞.

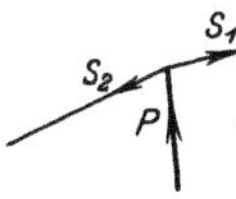

Abb. 485.

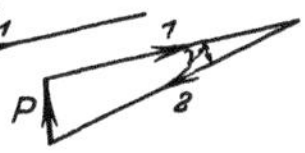

Abb. 486.

Abb. 487.

Analytisch kommt man an Hand der Abb. 484 zu folgendem Resultat: Die Gleichgewichtsbedingungen in der wag- und senkrechten Richtung sind

$$S_1 \cos\alpha - S_2 \cos\alpha + H = 0$$
$$S_1 \sin\alpha - S_2 \sin\alpha + V = 0,$$

wenn H und V die Komponenten von P sind. Die Diskriminante des Gleichungssystems ist hier

$$D = \begin{vmatrix} \cos\alpha & -\cos\alpha \\ \sin\alpha & -\sin\alpha \end{vmatrix} = 0,$$

es ist der Ausnahmefall vorhanden. Die Lösung der Gleichung würde liefern

$$S_1 : S_2 : 1 = \begin{vmatrix} \cos\alpha & -\cos\alpha & H \\ \sin\alpha & -\sin\alpha & V \end{vmatrix} = \begin{vmatrix} \cos\alpha & H \\ \sin\alpha & V \end{vmatrix} : \begin{vmatrix} \cos\alpha & H \\ \sin\alpha & V \end{vmatrix} : \begin{vmatrix} \cos\alpha & \cos\alpha \\ \sin\alpha & \sin\alpha \end{vmatrix}$$
$$= (V\cos\alpha - H\sin\alpha) : (V\cos\alpha - H\sin\alpha) : 0$$

oder

$$S_1 = \infty, \qquad S_2 = \infty.$$

Abb. 487 gibt einen Sonderfall des Ausnahmefalles, wenn nämlich die Kraft P in die Richtung der beiden Unbekannten fällt. Es wird $V : H = \operatorname{tg}\alpha$ oder $V \cdot \cos\alpha = H \cdot \sin\alpha$ und damit die Lösung

$$S_1 : S_2 : 1 = 0 : 0 : 0,$$

d. h. die Werte von S_1 und S_2 bleiben unbestimmt, unbestimmt wenigstens für die Hilfsmittel, die die Statik starrer Körper zur Verfügung hat. Das lehrt auch die unmittelbare Betrachtung der Abb. 487. Man hat eine Gleichgewichtsbedingung in Richtung der Kräfte, $P + S_1 - S_2 = 0$, während die andere in Richtung senkrecht zu ihnen $0 = 0$ oder identisch Null wird. Für die beiden Unbekannten S_1 und S_2 hat man demnach nur eine einzige Gleichung, die Aufgabe ist statisch unbestimmt.

Der Ausnahmefall tritt in der Statik meist in folgenden Formen auf:

die gegebene Kraft P soll mit zwei in der nämlichen Geraden liegenden Kräften S_1 und S_2 im Gleichgewicht sein, ohne selbst in dieser Geraden zu liegen, s. Abb. 484;

die gegebene Kraft P soll im Gleichgewicht sein mit drei in der nämlichen Ebene liegenden Kräften P_1, P_2, P_3, ohne selbst in dieser Ebene zu liegen;

die gegebene Kraft P soll im Gleichgewicht sein mit drei durch den nämlichen Punkt gehenden gesuchten Kräften P_1, P_2, P_3, ohne selbst durch diesen Punkt zu gehen;

einige weitere Ausnahmefälle sind an späterer Stelle noch zu besprechen.

Die beim Ausnahmefall auftretenden Formänderungen sollen an einem speziellen Beispiel besprochen werden. Man denke sich zwei Stäbe, s. Abb. 488, die unter sich und an den Enden mit der Erde durch Gelenke verbunden sind. Die Endgelenke sind als unnachgiebig vorausgesetzt. Unter dem Einfluß der Kraft P werden die beiden gewichtslos gedachten Stäbe, die vorher genau wagrecht waren, sich in der Mitte um die Strecke δ senken. Naturgemäß werden die beiden Stäbe sich auch etwas verlängern, und zwar jeder um Δl. Dann besteht zwischen diesen Formänderungen δ und Δl die Beziehung

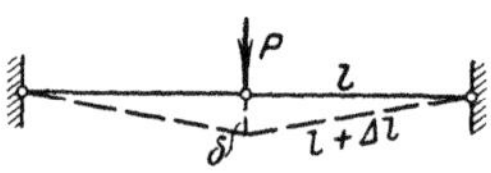

Abb. 488.

$$(l + \Delta l)^2 = \delta^2 + l^2 \quad \text{oder} \quad 2\,l \cdot \Delta l + (\Delta l)^2 = \delta^2,$$

oder wenn man auf der linken Gleichungsseite den sehr kleinen Summanden $(\Delta l)^2$ gegenüber $2\,l \cdot \Delta l$ vernachlässigt,

$$2\,l \cdot \Delta l = \delta^2. \tag{c}$$

Man beachte diese Formel; sie sagt: wenn δ sehr klein ist, dann ist $\Delta l = \delta^2 : 2\,l$ erst recht klein. Bei der Annahme $l = 1$ m und $\delta = 1$ cm wäre beispielsweise $\Delta l = 1\,\text{cm}^2 : 200\,\text{cm} = 0{,}05$ mm. In der Sprechweise der Differentialrechnung sagt man auch, wenn δ unendlich klein von der ersten Ordnung ist, dann ist Δl unendlich klein von der zweiten Ordnung. Man kann also Δl vernachlässigen gegenüber δ und (natürlich nicht ganz einwandfrei richtig) sagen:

Im Ausnahmefall treten bei einem Stabverband Formänderungen ein, ohne daß die Stäbe selbst Längenänderungen erfahren. (d)

Diese Beziehung, die entsprechend auch bei anderen Ausnahmefällen zutrifft, drückt sich auch aus in der Sprechweise: der Stabverband ist „wackelig“.

Da der Kraft P im Ausnahmefall nur durch unendlich große Widerstände Gleichgewicht gehalten werden kann, solche praktisch aber nicht auftreten können, wird die Kraft P immer eine Formänderung so lange hervorrufen, bis der Ausnahmefall verschwunden ist. Das Bild des starren Körpers ist also mit dem Ausnahmefall nicht vereinbar. Praktisch wird im Ausnahmefall unter dem Einfluß einer endlichen Belastung eine sehr große Kraft (eine gefährlich oder unzulässig große Kraft sagen wir besser) statt einer unendlich großen Kraft auftreten.

Tritt der Ausnahmefall, der natürlich zu vermeiden ist, in der Praxis auf, so ist er mit Hilfe der Festigkeitslehre zu behandeln.

Beispiel a) Beweise:

> Der Ausnahmefall ist bei einem Fachwerk unabhängig von der Belastung, d. h. nur durch die Fachwerkkonstruktion gegeben. (e)

Damit der Ausnahmefall für irgendeine Belastung auftritt, muß eine der Spannungen den Wert ∞ haben. Das ist nach (b) nur möglich, wenn die Diskriminante des Gleichungssystems 0 ist. Dann hat aber auch jede andere Spannung einen unendlich großen oder unbestimmten Wert, je nachdem der Zähler D_i einen endlichen Wert hat oder den Wert 0.

> Wenn also eine der Spannungen des Stabverbandes unendlich groß wird, dann haben alle Spannungen entweder einen unendlich großen oder einen unbestimmten Wert. (f)

Nun ist weiter zu beachten, daß die Diskriminante D vollständig frei ist von den Beiträgen B der äußeren Kräfte; wenn sie sonach für irgendeine Belastung den Wert 0 hat, dann auch für jede Belastung, da sie ja von dieser vollständig unabhängig ist. Dann müssen also bei jeder beliebigen Belastung die Spannungen unendlich oder unbestimmt werden, wenn sie bei irgendeiner Belastung unendlich groß werden.

Beispiel b) Beweise:

> Im Ausnahmefall können auch im belastungsfreien Zustand Spannungen auftreten. (g)

Man geht wieder aus von der Formel (b); wegen des Ausnahmefalles muß $D = 0$ sein, ferner müssen nach (a) wegen des belastungsfreien Zustandes alle D_i verschwinden; es muß sonach sein

$$S_1 : S_2 : \ldots : 1 = 0 : 0 : \ldots : 0,$$

d. h. die Spannungen werden alle unbestimmt, es kann also im Stab i eines Ausnahmefachwerkes jede beliebige Spannung S_i auftreten.

Beispiel c) Beweise:

Wenn ein Fachwerk für irgendeine Belastung statisch bestimmt ist, dann auch für jede Belastung. (h)

Jedenfalls muß die allgemeine Bedingung $m = 2n - 3$ für die Fachwerkscheibe bzw. $m = 2n - p$ für einen Fachwerkträger im voraus erfüllt sein, wenn das Fachwerk statisch bestimmt sein soll; ist die Zahl m der Stäbe größer als diese Bedingung verlangt, dann ist ohne weiteres unabhängig von der Belastung das Fachwerk statisch unbestimmt. Der Beweis kann sich jedenfalls nur beziehen auf den Ausnahmefall, der ja auch zum statisch unbestimmten Fachwerk zählt und der auftreten kann, auch wenn die obige Bedingung über die notwendige Zahl der Stäbe erfüllt ist.

Wenn ein Fachwerk für irgendeine Belastung statisch bestimmt ist, dann muß in jedem Stab eine endliche und bestimmte Spannung auftreten, was wegen (b) zur Voraussetzung hat, daß die Diskriminante D des für die Spannung aufzustellenden Gleichungssystems von 0 verschieden ist. Nun ist aber D vollständig unabhängig von der Belastung und nur durch den Aufbau des Fachwerkes gegeben; wenn also einmal D einen bestimmten Wert hat, dann behält es diesen für jede beliebige Belastung. Ist sonach für irgendeine Belastung D von 0 verschieden, dann auch für jede Belastung, bei jeder Belastung treten dann endliche und bestimmte Werte für die Spannungen auf, d. h.

das Fachwerk ist statisch bestimmt, wenn bei irgendeiner Belastung endliche und bestimmte Werte in jedem Stab auftreten. (i)

Beispiel d) Beweise:

Die Stäbe eines statisch bestimmten Fachwerkes sind spannungslos, wenn keine äußeren Kräfte angreifen. (k)

Damit das Fachwerk statisch bestimmt ist, muß, abgesehen von der für die Stabzahl notwendigen Bedingung, die Diskriminante D der Formel (b) von 0 verschieden sein. Wenn keine äußeren Kräfte angreifen, dann nehmen alle D_i den Wert 0 an und damit auch alle Spannungen S_i.

Beispiel e) Beweise:

Wenn beim Fehlen äußerer Kräfte die Stäbe eines Fachwerkes stets spannungslos sind, dann ist dieses statisch bestimmt. (l)

Selbstverständlich ist vorausgesetzt, daß die für die Stabzahl notwendige Bedingung erfüllt ist. Damit die Stäbe alle spannungslos sind, d. h. die S_i alle den Wert 0 haben, ist nach Formel (b) Bedingung, daß neben den D_i, die ja alle wegen der fehlenden Belastung den Wert 0 haben, nicht auch noch die Diskriminante D verschwinden darf, weil ja sonst unbestimmte Werte für die Spannungen auftreten würden. Es muß also D von 0 verschieden sein, d. h. das Fachwerk ist statisch bestimmt.

Sechster Abschnitt.

Statische Aufgaben des Raumes.

Elementaraufgabe der räumlichen Kräftezerlegung.

68. Ein materieller Punkt im Raum hat drei Freiheitsgrade; wenn er im Gleichgewicht ist, kann man drei Gleichgewichtsbedingungen aufstellen und daraus drei Unbekannte ermitteln. Wenn an ihm das Gleichgewichtssystem P_1, P_2, P_3, P_4 angreift, dann ist gefragt, welche Zahlenangaben für die vier Kräfte dürfen unbekannt sein, wenn man noch in der Lage sein soll, diese Unbekannten aufzufinden. Zur Bestimmung einer Kraft im Raum gehören, wenn man ihren Angriffspunkt schon kennt, drei Zahlenangaben. Entweder man gibt ihre drei Komponenten in den Grundrichtungen an (analytische Rechnungsweise) oder ihren Zahlenwert und die Richtung durch zwei weitere Zahlenangaben (graphische Rechnungsweise: Richtung im Grundriß und Aufriß und Zahlenwert).

Es kann also von den vier angegebenen Kräften etwa P_4 vollständig unbekannt sein, dann braucht man drei Zahlenangaben zu ihrer Ermittlung, und diese drei Zahlenangaben werden von den Gleichgewichtsbedingungen für den materiellen Punkt geliefert. Im wesentlichen ist diese Aufgabe die gleiche, wie wenn man die Resultierende R der drei gegebenen Kräfte P_1, P_2, P_3 aufsuchen soll, weil eben R entgegengesetzt gleich ist zu P_4. Oder es kann von P_3 der Zahlenwert unbekannt sein und von P_4 die Richtung, was wieder drei Zahlenangaben erfordert usw.

In praktischen Fällen ist meist die Aufgabe gestellt: Von den vier im Gleichgewicht befindlichen Kräften P, P_1, P_2, P_3 sind nur die Zahlenwerte P_1, P_2, P_3 unbekannt und zu ermitteln. Diese Elementaraufgabe der räumlichen Kräftezerlegung ist in der Praxis dadurch recht oft gegeben, daß ein Knotenpunkt durch drei Stäbe fest mit der Erde oder mit einem anderen starr anzunehmenden Gebilde verbunden ist, s. Abb. 489, und daß jede an diesem Knotenpunkt angreifende Kraft P in den Stäben die Stabspannungen S_1, S_2, S_3 erzeugt, von denen somit die Richtungen gegeben und nur die Zahlenwerte zu ermitteln sind. Zuweilen hat man für diese Elementaraufgabe die Bezeichnung Bockgerüstaufgabe, den Stabverband der Abb. 489 nennt man ein Bockgerüst. Für die Elementaraufgabe hat man schon recht viele Lösungen erdacht, von denen die wichtigsten zu besprechen sind. Die Aufgabe ist so lange statisch bestimmt, als die drei unbekannten Kräfte nicht in der gleichen Ebene liegen, siehe (**67**).

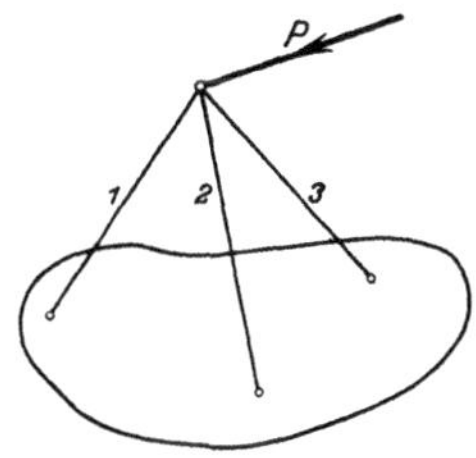

Abb. 489.

Wir wissen, daß man mit einem ebenen Kräfteplan zwei Unbekannte ermitteln kann. Bei der Elementaraufgabe treten freilich drei Unbekannte auf, man bedenke aber, daß man doch nicht im Raum arbeitet, sondern in der Ebene, im Grund- und Aufriß oder in einem anderen passend gewählten Riß. Nun kommt es gerade bei den Aufgaben der Praxis sehr häufig vor, daß entweder im Grundriß oder im Aufriß eine der drei Unbekannten verschwindet, wenn sie nämlich zum Riß senkrecht steht. Oft wird man mit Vorteil einen Seitenriß einführen, beispielsweise wenn etwa eine der gesuchten Kräfte senkrecht zu ihm steht und deshalb die Projektion Null in ihm hat. Für die Elementaraufgabe der räumlichen Kräftezerlegung hat man demnach eine

I. Erste Lösung durch unmittelbare Zerlegung mit einem ebenen Kräfteplan, wenn in einem der Risse eine Unbekannte S_i verschwindet. In diesem Riß sind mit einem einfachen Krafteck $\mathfrak{P} + \mathfrak{S}_k + \mathfrak{S}_l = 0$ die beiden anderen Unbekannten S_k und S_l zu ermitteln. Hat man etwa im Aufriß die beiden Unbekannten S_k'' und S_l'' ermittelt, dann geht man zum Grundriß über, indem man S_k'' und S_l'' hinablotet und S_k' und S_l' erhält.

Beispiel a) Die Abb. 490, 492, 494, 496 usw. stellen je einen durch drei Stäbe fest mit der Erde verbundenen Knotenpunkt dar, an dem P angreift. Die Stabverbände sind durch Grund- und Aufriß gegeben, P' soll die Grund- und P'' die Aufrißprojektion vorstellen, der Zahlenwert von P ist immer so gewählt, daß in der

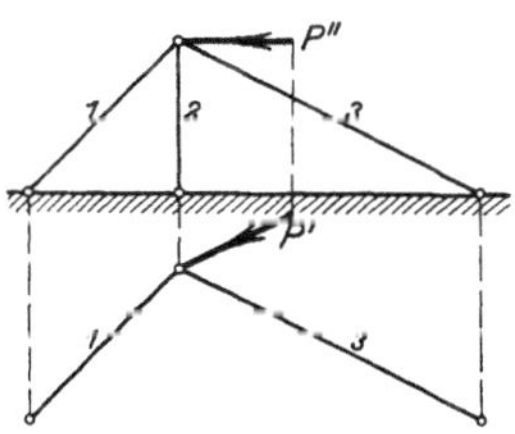

Abb. 490.

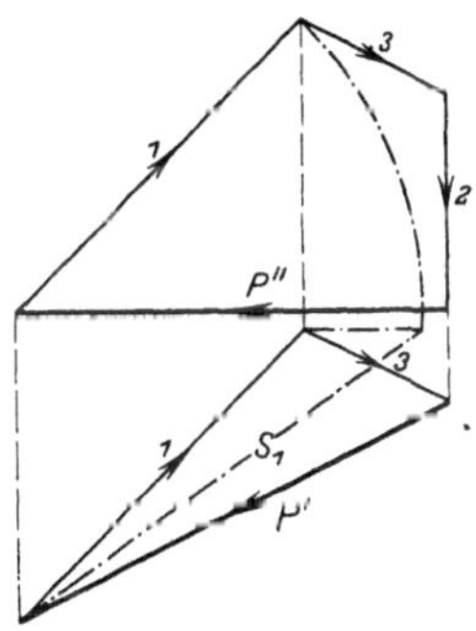

Abb. 491.
K. M. 1 mm = 400 kg.

zeichnerischen Lösung ein Kräftemaßstab 1 mm = 100 kg brauchbare Kräftepläne gibt. Im Fall der Abb. 490 ist im Grundriß $S_2' = 0$, P'' ist im Aufriß zu 12000 kg gegeben, durch Hinabloten erhält man P', das man unmittelbar nach S_1' und S_3' zerlegt. Es wird S_1 eine Druck- und S_3 eine Zugspannung, man trägt dementsprechend die Pfeile im Grundriß und dann ebenso im Aufriß ein, d. h. S_1 als Druck- und S_3 als Zugspannung. Im Aufriß beginnt man mit der bekannten Kraft P'' den Kräfteplan zu zeichnen. Selbstverständlich wird man (wenn es auch nicht unbedingt notwendig ist) im Aufriß die gleiche Reihenfolge der Kräfte einhalten wie im Grundriß, also hier die Reihenfolge P, S_1, S_3 und S_2, indem man S_1 und S_3 vom Grundriß zum Aufriß hinauflotet. Man erhält dann noch im Aufriß S_2''. Die wahren Werte ermittelt man nach einer der bekannten Konstruktionen der darstellenden Geometrie (hier Umklappverfahren) und findet $S_1 = -13800$ kg, $S_2 = +6000$ kg, $S_3 = +4900$ kg.

Bei dieser Gelegenheit soll aufmerksam gemacht werden, daß es im Raum keinen Cremonaplan gibt und daß es deswegen auch gar keinen Zweck hat, sich um die Reihenfolge der Kräfte am jeweils untersuchten Knotenpunkt zu kümmern.

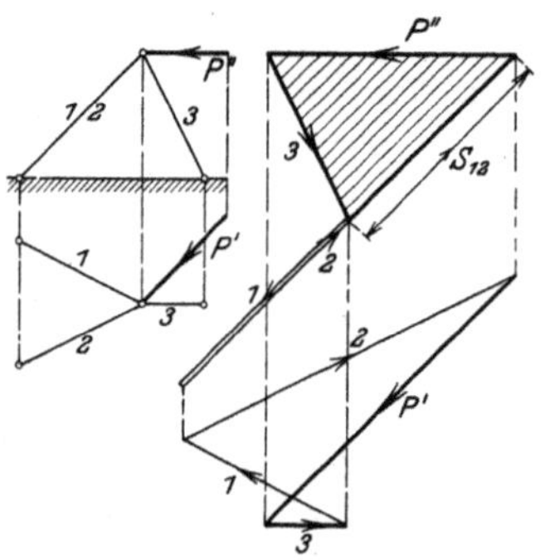

Abb. 492. Abb. 493.
K. M. 1 mm = 400 kg.

II. Zweite Lösung durch unmittelbare Zerlegung mit einem ebenen Kräfteplan, wenn in einem der Risse von den drei Unbekannten zwei in der gleichen Geraden liegen, wie beispielsweise Abb. 492 angibt. In diesem Riß führt man für die beiden Unbekannten eine Resultierende R ein oder denkt sich eine solche eingeführt, dann kann man durch einen Kräfteplan $\mathfrak{P} + \mathfrak{R} + \mathfrak{S}_k' = 0$ die dritte der Unbekannten in dem betreffenden Riß ermitteln. Man geht dann zum andern Riß über, indem man hinab- oder hinauflotet, und hat in diesem nur mehr zwei Unbekannte, die auch wieder mit einem einfachen ebenen Kräfteplan gefunden werden.

Beispiel b) Im Fall der Abb. 492 liegen im Aufriß S_1'' und S_2'' in der gleichen Geraden, $P'' = 8000$ kg. Man zerlegt in diesem Riß $\mathfrak{P} + \mathfrak{S}_3 + \mathfrak{S}_{12} = 0$ und findet S_3'', schraffiertes Dreieck der Abb. 493. Dann trägt man im Grundriß die durch Hinabloten erhaltenen Kräfte P' und S_3' aneinander an (stark ausgezogen) und ermittelt S_1' und S_2'. Nun geht man wieder zum Aufriß zurück, indem man S_1' und S_2' hinauflotet. Nachdem man so in beiden

Rissen die Spannungen ermittelt hat, wird man nach einer der üblichen Methoden noch die wahre Größe aufsuchen und findet

$$S_1 = +8\,000\ \text{kg}, \quad S_2 = -16\,000\ \text{kg}, \quad S_3 = +5\,900\ \text{kg}.$$

Aufgabe a) Man ermittle die Stabspannung des Bockgerüstes der Abb. 494 unter der Annahme, daß $P' = 10\,000$ kg.

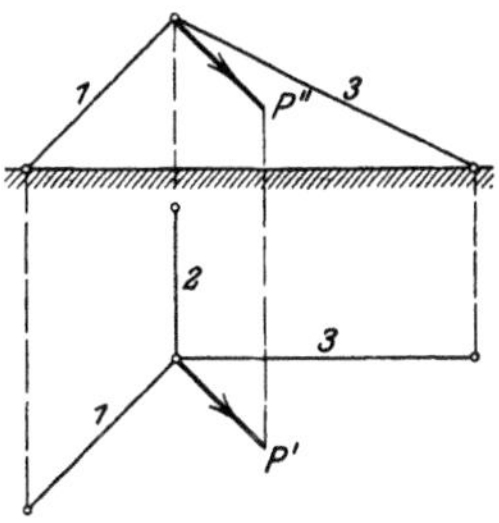

Abb. 494.

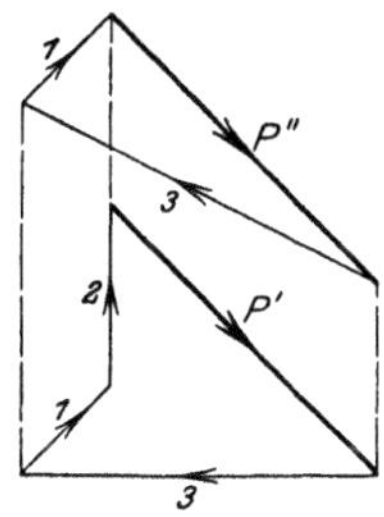

Abb. 495. K. M. 1 mm = 400 kg.

Lösung: Im Aufriß ermittelt man mit einem einfachen Krafteck S_1'' und S_3'', weil $S_2'' = 0$, s. Abb. 495. Durch Hinabprojizieren in den Grundriß erhält man zuerst S_3' und S_1', das Krafteck wird durch S_2' geschlossen. Kontrolle: Bei richtiger Zeichnung muß S_2' lotrecht stehen.

$$S_1 = -4\,000\ \text{kg}, \quad S_2 = +4\,800\ \text{kg}, \quad S_3 = -10\,500\ \text{kg}.$$

Aufgabe b) Man ermittle die im Stabverband der Abb. 496 auftretenden Stabspannungen unter der Annahme $P'' = 12\,000$ kg.

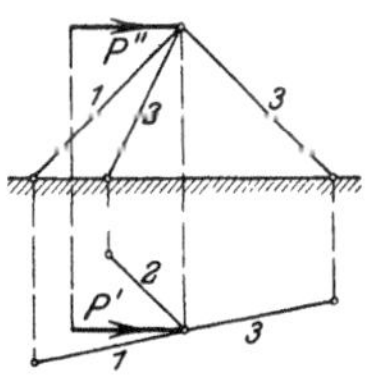

Abb. 496.

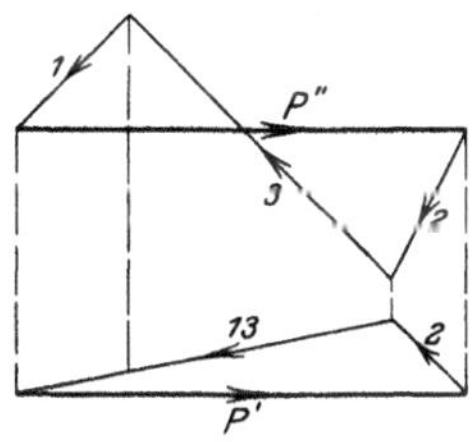

Abb. 497. K. M. 1 mm = 400 kg.

Lösung: Man beginnt im Grundriß mit dem Krafteck $\mathfrak{P} + \mathfrak{S}_2 + \mathfrak{S}_{13} = 0$, s. Abb. 497, wo S_{13}' die Resultierende der beiden gleichgerichteten Spannungen S_1' und S_3' ist. Dann lotet man in den Aufriß hinauf und findet dort S_3'' und S_1'', die wieder in den Grundriß zurückzuloten sind und auch dort S_1' und S_3' einzeln ergeben.

$$S_1 = +4\,300\ \text{kg}, \quad S_2 = +4\,850\ \text{kg}, \quad S_3 = -10\,000\ \text{kg}.$$

69. III. Eine recht einfache Lösung nach der Methode des unbestimmten Maßstabes kann man dann vornehmen, wenn in einem der Risse die bekannte Kraft P verschwindet, wie etwa beim Fall der Abb. 498.

In diesem Riß gibt man eine der gesuchten Spannungen durch eine willkürlich, aber passend gewählte Strecke wieder. Sie stellt tatsächlich die gesuchte Spannung dar, man kennt nur den Maßstab der Darstellung noch nicht. Durch diese willkürliche Annahme bestimmen sich die beiden andern Spannungen in dem betreffenden Riß. Im andern Riß ergeben sich dann die Spannungen durch Hinauf- oder Hinabprojizieren. Gleichzeitig wird durch dieses Vorgehen auch die als unbekannt anzunehmende Nutzlast P bestimmt. Da man aber deren Zahlenwert kennt, ergibt sich daraus nachträglich der Maßstab und mit dessen Hilfe auch der Zahlenwert aller Spannungen.

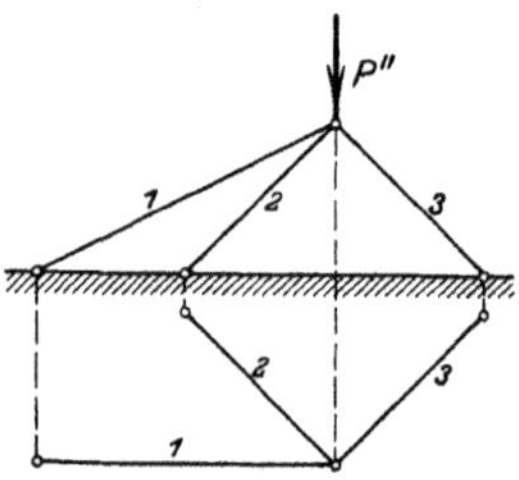

Abb. 498.

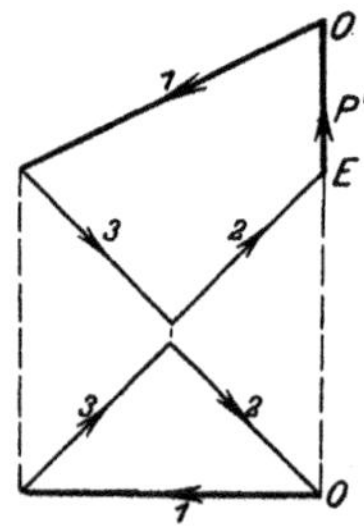

Abb. 499.

Beispiel a) Im Fall der Abb. 498 steht $P = 4000$ kg senkrecht zum Grundriß, verschwindet also in ihm. Man stellt im Grundriß die Spannung S_1 durch eine passend gewählte Strecke dar, s. Abb. 499, nach Abbildung 20 mm. Im vorhinein nimmt man S_1 als Zugspannung an. S_2' und S_3' bestimmen sich aus S_1'. Im Aufriß trägt man, vom Punkt O ausgehend, in der gleichen Reihenfolge wie im Grundriß, die Spannungen S_1'', S_3'', S_2'' an, die man durch Hinaufloten erhält, und kommt zum Endpunkt E. Der Vektor von E nach O, in Abbildung gleich 10 mm nach oben, stellt dann die Kraft P vor. Diese ist gleich 4000 kg und geht nach unten, man erhält also den Kräftemaßstab 1 mm $= -400$ kg, wo das Zeichen „—" andeutet, daß der Pfeil von S_1 und damit auch der Pfeil jeder anderen Spannung falsch angenommen war. Man korrigiert und erhält

$$S_1 = -8900\,\text{kg}, \quad S_2 + 6900\,\text{kg}, \quad S_3 = -6900\,\text{kg}.$$

IV. Die gleiche einfache Lösung nach der Methode des unbestimmten Maßstabes kann man auch dann vornehmen, wenn in einem der Risse die bekannte Kraft P mit einer der unbekannten S_i in der gleichen Geraden liegt, wie etwa beim Bockgerüst der Abb. 500.

Hier fällt im Aufriß P'' mit S_1'' in die gleiche Gerade. Man denkt sich zunächst einmal P'' als unbekannt und stellt eine der Spannungen, am besten S_2'', durch eine passend gewählte Strecke dar, indem man S_2 als Zugspannung voraussetzt, s. Abb. 501. Durch die

Annahme von S_2'' ist S_3'' und die Resultierende R'' aus S_1'' und P'' bestimmt. Man geht zum Grundriß über und lotet zu diesem Zweck die erhaltenen Spannungen hinab. Da S_2 sowohl zum Grundriß wie auch zum Aufriß senkrecht steht, ist ein „Hinabloten“ im gewöhnlichen Sinne zunächst nicht möglich. Man überlege aber, daß doch die Projektionen S_2' und S_2'' der im Stab 2 auftretenden Spannung S_2 das gleiche Verhältnis haben müssen wie die Projektionen ihrer

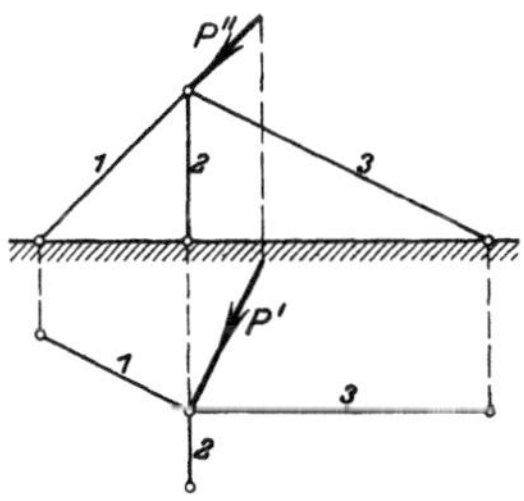

Abb. 500.

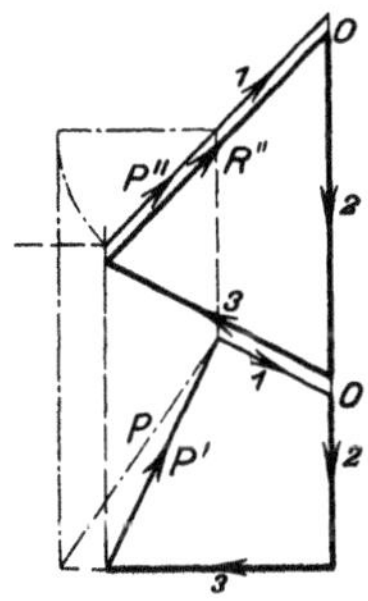

Abb. 501.

Träger, des Stabes 2, da ja die Spannung S_2 und der Stab 2 die gleiche Richtung haben. Der Abb. 500 entnimmt man, daß die Aufrißprojektion des Stabes 2 doppelt so groß ist wie die Grundrißprojektion, also muß auch zwischen den Projektionen S_2' und S_2'' das gleiche Verhältnis bestehen, d. h. S_2' ist halb so groß wie S_2''. Man trägt also vom Anfangspunkt O aus zuerst S_2' ab, dann S_3', beide stark ausgezogen, und ermittelt nun P' und S_1', weil man ja wieder P' als Unbekannte annehmen muß. Durch Hinaufloten erhält man auch im Aufriß P'' und S_1''. Die Ermittlung der wahren Größe von P ergibt in der Zeichnung die Strecke 18,5 mm, und somit wegen $P = 10\,000$ kg nachträglich den Kräftemaßstab 1 mm $= (10\,000 : 18{,}5)$ kg. Der Pfeil von S_2'' ist wieder falsch gewählt. Man korrigiert und erhält

$$S_1 = +6080\,\text{kg}, \quad S_2 = -13\,500\,\text{kg}, \quad S_3 = +9050\,\text{kg}.$$

Aufgabe a) Man ermittle die Spannungen des Stabgerüstes der Abb. 502, wenn $P = 4000$ kg gegeben ist.

Lösung: Im Aufriß betrachtet man S_1'' als Zugspannung und stellt sie durch eine passend gewählte Strecke dar, s. Abb. 503; ein Krafteck $\mathfrak{S}_1'' + \mathfrak{S}_2'' + \mathfrak{S}_3'' = 0$ liefert S_2'' und S_3'', dann lotet man hinab in den Grundriß und erhält ein Krafteck, das erst durch den Vektor von E nach O durch die Kraft P' geschlossen wird. Es wird $P' = 4000$ kg durch 10 mm dargestellt, womit sich nachträglich der Kräftemaßstab 1 mm $= 400$ kg bestimmt. Man findet

$$S_1 = +8900\,\text{kg}, \quad S_2 = -10\,350\,\text{kg}, \quad S_3 = +3450\,\text{kg}.$$

Aufgabe b) Man ermittle die Spannungen des Stabverbandes der Abb. 504, $P = 10\,000$ kg.

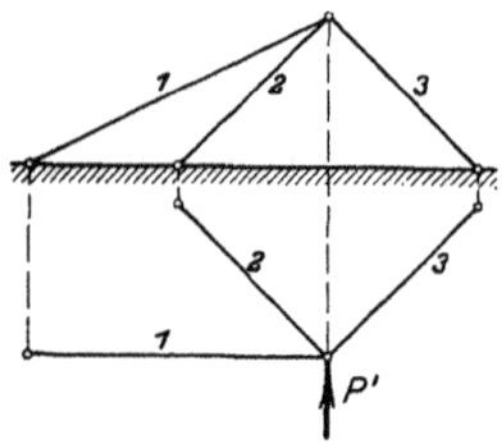

Abb. 502.

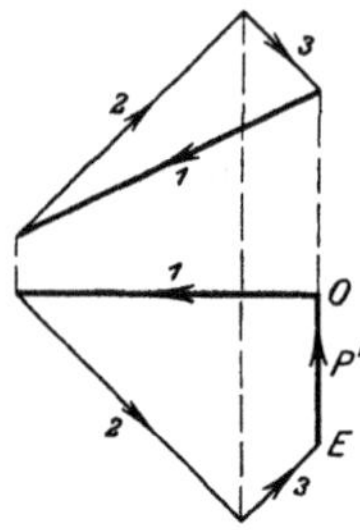

Abb. 503.

Lösung: Im Grundriß betrachtet man S_3' als Druckspannung und stellt sie durch eine beliebig gewählte Strecke dar, s. Abb. 505. Dann zeichnet man das Krafteck $\mathfrak{S}_3' + \mathfrak{S}_1' + \mathfrak{R}' = 0$, wo R' die Resultierende von P' und S_2'. Das erhaltene Krafteck wird in den Aufriß projiziert: man erhält S_3'' und S_1'' durch Hinaufprojizieren und kann mit Hilfe des Kraftecks die beiden Unbekannten S_2'' und P'' ermitteln. Schließlich wird noch im Grundriß S_2' und P' durch Hinabloten erhalten. P' wird im Grundriß durch 40 mm dargestellt, woraus sich der Kräftemaßstab 1 mm = 250 kg nachträglich bestimmt.

$$S_1 = +6000 \text{ kg}, \quad S_2 = -2800 \text{ kg}, \quad S_3 = -4900 \text{ kg}.$$

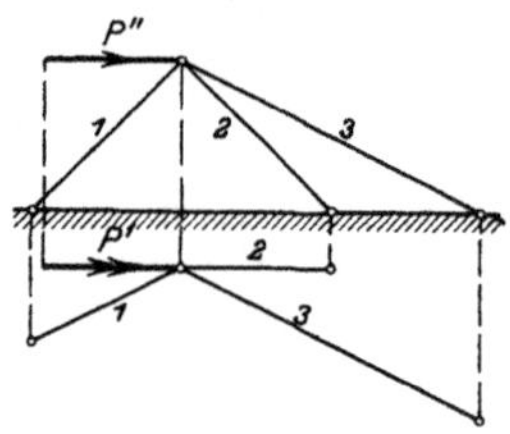

Abb. 504.

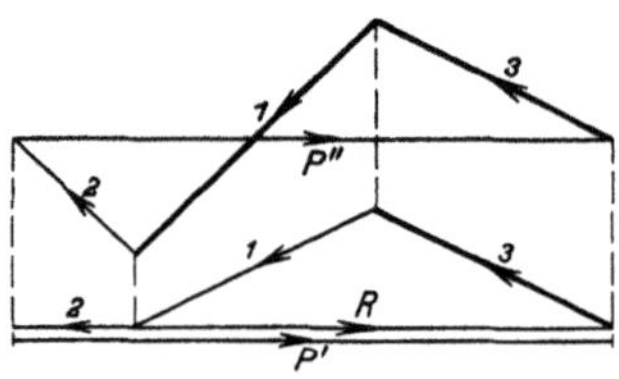

Abb. 505.

70. Es wurde oben schon erwähnt, daß die in der Praxis auftretenden Fälle der Elementaraufgabe der Kräftezerlegung meist Sonderfälle sind und mit den bereits angegebenen Methoden am einfachsten gelöst werden. Sind solche Sonderfälle aber nicht vorhanden, so wird man mit Vorteil eine der ersten beiden im Nachfolgenden gegebenen Lösungen anwenden. Im Besonderen haben die Lösungen nach dem Korrekturverfahren den Vorzug, daß sie eine Raumvorstellung vollständig vermeiden.

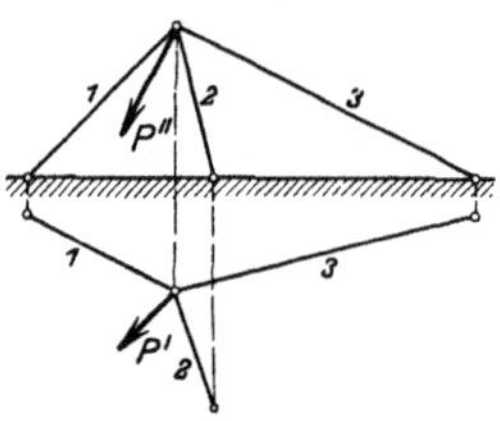

Abb. 506.

I. Erste Lösung nach dem Korrekturverfahren. Man nimmt S_1 in einem der Risse, etwa im Aufriß, willkürlich an und betrachtet sie als eine gegebene Nutzlast. Dann erzeugt im Aufriß die wirkliche Nutzlast P die Spannungen U_2 und U_3 und die gedachte Nutzlast S_1 die Spannungen V_2 und V_3, die alle mit einfachen ebenen Kraftecken

$$\mathfrak{P}'' + \mathfrak{U}_2'' + \mathfrak{U}_3'' = 0, \qquad \mathfrak{S}_1'' + \mathfrak{V}_2'' + \mathfrak{V}_3'' = 0$$

zu ermitteln sind, s. Abb. 507. U_2 und V_2 sind die Komponenten von S_2 und ebenso U_3 und V_3 die von S_3.

In jedem Riß muß Gleichgewicht sein,

$$\mathfrak{P} + \mathfrak{S}_1 + \mathfrak{S}_2 + \mathfrak{S}_3 = 0,$$

oder

$$(\mathfrak{P} + \mathfrak{U}_2 + \mathfrak{U}_3) + (\mathfrak{S}_1 + \mathfrak{V}_2 + \mathfrak{V}_3) = 0,$$

also speziell im Grundriß

$$(\mathfrak{P}' + \mathfrak{U}_2' + \mathfrak{U}_3') + (\mathfrak{S}_1' + \mathfrak{V}_2' + \mathfrak{V}_3') = 0 \tag{a}$$

Diese letzte Gleichung ist für uns eine Kontrollgleichung und gestattet den Wert von S_1 zu ermitteln.

Lotet man nämlich die im Aufriß erhaltenen Werte U und V hinab in den Grundriß, so wird die Kontrollgleichung nur unter der Voraussetzung erfüllt sein, daß das willkürlich angenommene S_1 gleich ist dem wahren Wert. In diesem Falle müßte das durch die Kontrollgleichung (a) dargestellte Krafteck geschlossen sein. Wenn nicht gerade ein glücklicher Zufall vorhanden ist, wird man natürlich S_1 immer falsch annehmen, was sich dadurch äußern wird, daß das Krafteck nicht geschlossen ist, so wie das durch die Abb. 507 dargestellt wird. Die Korrektur ist aber recht einfach: Man hat nur den Kräftezug $\mathfrak{S}_1' + \mathfrak{V}_2' + \mathfrak{V}_3'$ so zu verkleinern, daß sein Endpunkt E_v mit dem Endpunkt E_u des Kräftezuges $\mathfrak{P}' + \mathfrak{U}_3' + \mathfrak{U}_2'$ zusammenfällt und gleichzeitig das dann geschlossene Krafteck von allen Pfeilen im gleichen Sinn umfahren wird. Im vorliegenden Falle der Abb. 507 wird man die Spannungen S_1', V_2', V_3' alle im Verhältnis der Strecke $OE_u : OE_v$ verkleinern und gleichzeitig ihre Pfeile (man hat eben S_1 fälschlich als Zugspannung angenommen) im entgegengesetzten Sinn nehmen müssen. Dann schließt sich der Kräftezug im Grundriß, s. Abb. 508. Selbstverständlich muß auch im Aufriß das Kräftedreieck $\mathfrak{S}_1'' + \mathfrak{V}_2'' + \mathfrak{V}_3''$ im gleichen Ver-

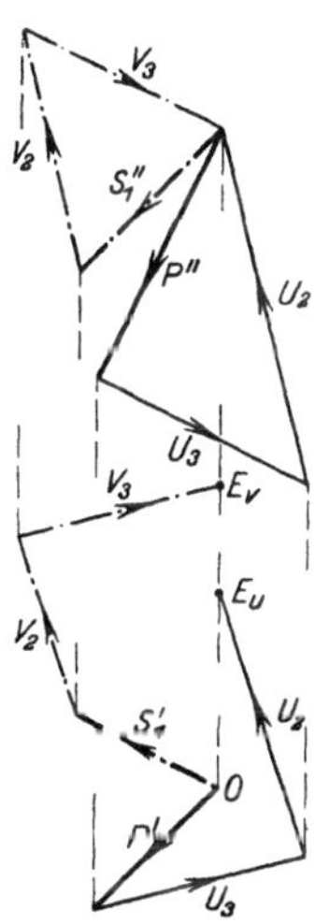

Abb. 507.

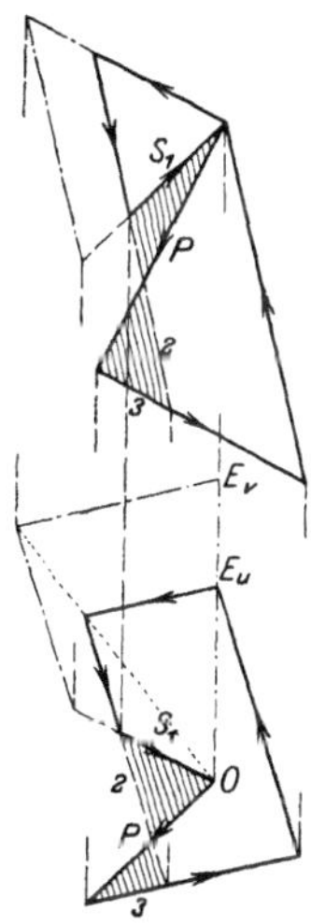

Abb. 508.

hältnis verkleinert werden. Die wirklichen Spannungen superponieren sich dann zu

$$\mathfrak{S}_2 = \mathfrak{U}_2 + \mathfrak{V}_2, \quad \mathfrak{S}_3 = \mathfrak{U}_3 + \mathfrak{V}_3.$$

Diese superponierten Spannungen sind noch in Abb. 508, die den letzten Teil der Konstruktion hervorhebt, in dem schraffierten Krafteck zusammengestellt.

Beispiel a) Man ermittle für den Fall der Abb. 509 die Spannungen der drei Stäbe mit Hilfe des Korrekturverfahrens. $P' = 14\,000$ kg.

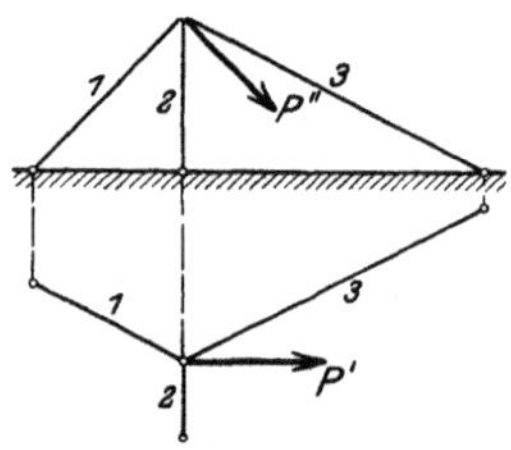

Abb. 509.

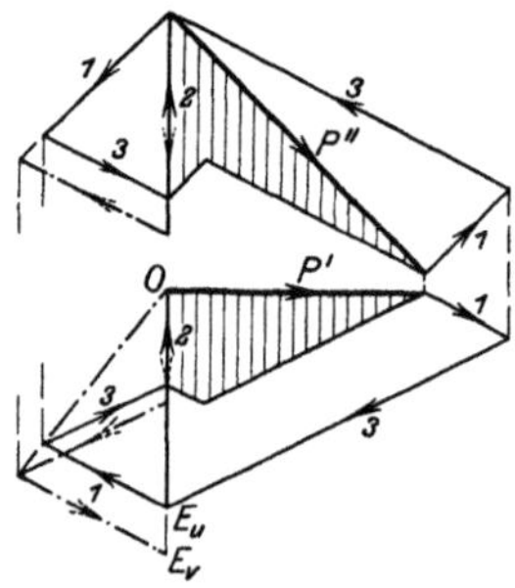

Abb. 510. K. M. 1 mm = 800 kg.

Man denkt sich S_2 im Aufriß als bekannt und behandelt es wie eine Nutzlast. Dann superponiert man: Im Aufriß ruft P'' die Spannungen U_1'' und U_3'' hervor und das beliebig angenommene S_2'' die Spannungen V_1'' und V_3''. Man lotet in den Grundriß hinab (weil die Richtung von S_2 die gleiche ist wie die des Stabes 2 und die Stabprojektion im Grundriß halb so groß ist wie im Aufriß, muß auch die Grundrißprojektion S_2' gleich der Hälfte der Aufrißprojektion S_2'' sein) und findet dort die nicht geschlossenen Kräftezüge

$$\mathfrak{P}' + \mathfrak{U}_1' + \mathfrak{U}_3' \quad \text{und} \quad \mathfrak{S}_2' + \mathfrak{V}_1' + \mathfrak{V}_3'.$$

(Letzterer strichpunktiert.) Die Kontrolle lautet wieder

$$(\mathfrak{P}' + \mathfrak{U}_1' + \mathfrak{U}_3') + (\mathfrak{S}_2' + \mathfrak{V}_1' + \mathfrak{V}_3') = 0,$$

oder OE_u und OE_v müssen entgegengesetzt gleich sein. Man wird daher die durch die gedachte Nutzlast S_2 hervorgerufenen Kräftezüge im Aufriß und Grundriß im Verhältnis $OE_u : OE_v$ verkleinern und gleichzeitig ihre Pfeile entgegengesetzt eintragen. Dann superponiert man in beiden Rissen (durch die schraffierten Dreiecke angedeutet)

$$\mathfrak{S}_1 = \mathfrak{U}_1 + \mathfrak{V}_1, \quad \mathfrak{S}_2 = \mathfrak{U}_2 + \mathfrak{V}_2;$$

aus beiden Rissen ermittelt man die wahren Werte

$$S_1 = +\,3000 \text{ kg}, \quad S_2 = -\,11\,200 \text{ kg}, \quad S_3 = -\,14\,600 \text{ kg}.$$

II. Lösung mit schiefer Projektion. Mit einem Krafteck kann man nur zwei Unbekannte ermitteln, man wird sich deshalb von dem vorgegebenen Kräftesystem P, S_1, S_2, S_3, das an dem Bockgerüst angreift, eine Projektion verschaffen, in der nur zwei Unbekannte erscheinen. Man könnte beispielsweise die Kräfte senkrecht auf eine Ebene projizieren, die zu einer der gesuchten Spannungen, etwa S_3, senkrecht ist; in dieser Projektion muß dann S_3 verschwinden, es sind nurmehr S_1 und S_2 unbekannt; das Verfahren ist umständlich und im allgemeinen Fall nicht zu empfehlen. Weitaus zweckmäßiger ist es, wenn man die Projektionsstrahlen so wählt, daß sie zwar auch in Richtung einer der unbekannten Spannungen gehen, (weil diese dann in der Projektion verschwinden), daß man aber als Projektionsebene entweder den Grund- oder Aufriß beibehält. Einige Beispiele werden das Verfahren veranschaulichen.

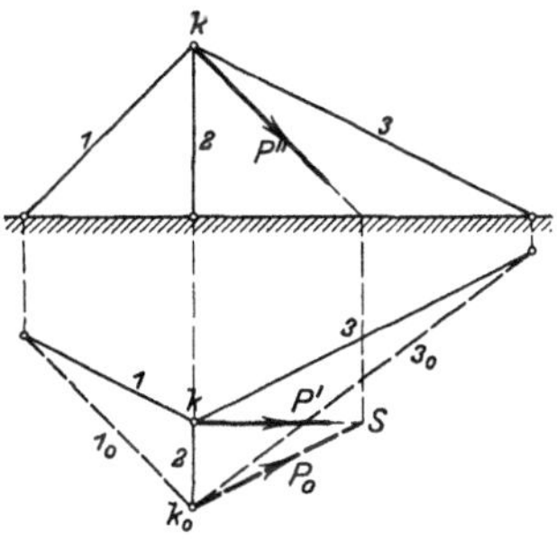

Abb. 511.

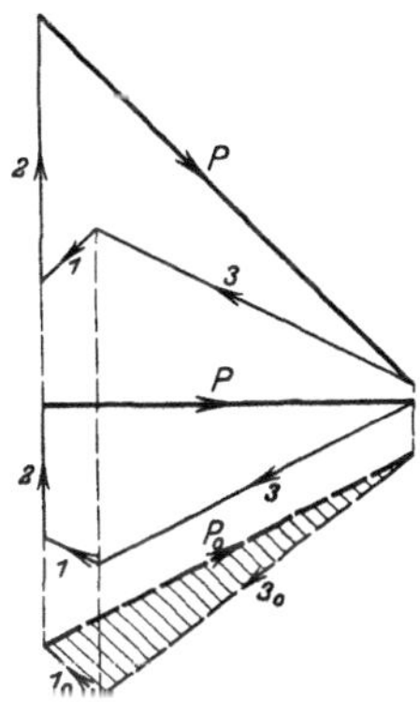

Abb. 512.

Beispiel b) Das Kräftesystem der Abb. 509 projiziert man durch Strahlen in Richtung des Stabes 2 auf den Grundriß. Dann wird der Knoten k in den Spurpunkt k_0 des Stabes 2 projiziert, s. Abb. 511, der Stab 2 selbst ebenso wie die Spannung S_2 wird zu einem Punkt; die beiden Stäbe 1 und 3 (und ebenso ihre Spannungen S_1 und S_3) haben 1_0 und 3_0 als Projektion, P_0 ist die Projektion der gegebenen Kraft P. Selbstverständlich muß P_0 durch die Spur S der Kraft P gehen, denn die Punkte des Grundrisses selbst bleiben ja bei der Projektion erhalten. Das neue Kräftesystem ist jetzt P_0, S_{10}, S_{30}; S_2 ist ja bei der Projektion verschwunden.

Mit einem gewöhnlichen Krafteck ermittelt man P_0, S_{30}, S_{10}, siehe das schraffierte Krafteck der Abb. 512, und geht dann durch Rückprojektion zu den wahren Grundrißspannungen P', S_3', S_1' über, die erst mit S_2' sich zu einem Krafteck schließen, so daß auch diese letzte Spannung ermittelt ist. Man projiziert noch in den Aufriß und hat nur mehr die wahren Werte aufzusuchen. Bei dieser Rückprojektion ist als selbstverständlich zu beachten, daß im gleichen Verhältnis wie die Projektionen der Stablängen auch die der Spannungen rückwärts sich ändern.

Beispiel c) Man ermittle die Spannungen, die in dem Bockgerüst der Abb. 513 unter dem Einfluß der Kraft P entstehen; $P' = 4000$ kg.

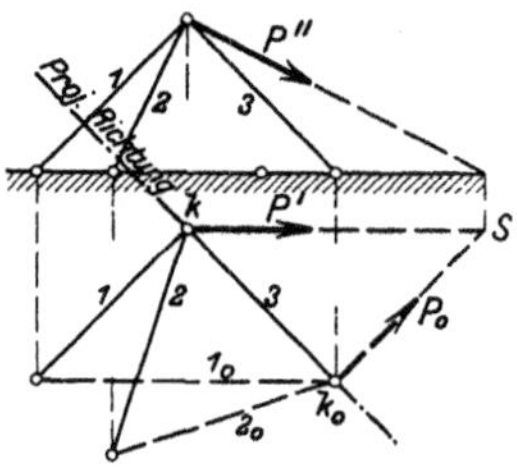

Abb. 513.

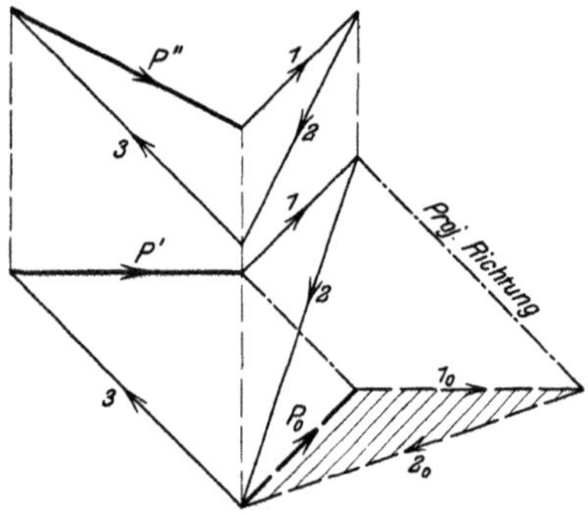

Abb. 514. K. M. 1 mm = 200 kg.

Man projiziert das Kräftesystem in Richtung des Stabes 3; der Knotenpunkt k, an dem alle Stäbe angreifen, kommt im Grundriß an die Stelle k_0, Stab 3 und Spannung S_3 verschwinden in der Projektion. Für das projizierte System P_0, S_{10}, S_{20} zeichnet man das Krafteck, in Abb. 514 schraffiert. Dann geht man zurück zum Ursprungsystem unter Beachtung der Projektionsrichtung; die Kräfte P', S_1', S_2' schließen sich erst mit Hinzunahme von S_3' zu einem Krafteck. Lotet man noch in den Aufriß hinauf, so ist die Aufgabe gelöst.

III. Lösung mit Hilfe des Dreikräftesatzes (Culmannsche Methode). Die Lösung entspricht ganz und gar der bei der Scheibenaufgabe (**45** a) unter dem gleichen Namen eingeführten. Das im Gleichgewicht befindliche Kräftesystem

$$\mathfrak{P} \mathbin{\widehat{+}} \mathfrak{S}_1 \mathbin{\widehat{+}} \mathfrak{S}_2 \mathbin{\widehat{+}} \mathfrak{S}_3 = 0 \quad \text{zerlegt man in} \quad \begin{matrix} \mathfrak{P} \mathbin{\widehat{+}} \mathfrak{S}_1 \mathbin{\widehat{+}} \mathfrak{R} = 0 & (\alpha) \\ \mathfrak{R} = \mathfrak{S}_2 \mathbin{\widehat{+}} \mathfrak{S}_3. & (\beta) \end{matrix} \qquad \text{(b)}$$

Man führt also für zwei der gesuchten Kräfte ihre Resultierende R ein. Von ihr weiß man einmal nach (**9** b), daß sie in der gleichen Ebene β liegen muß wie S_2 und S_3, und dann nach (**9** c), daß sie auch in der nämlichen Ebene α wie P und S_1 liegen muß. Sie kann daher nur die Schnittgerade $\alpha\beta$ dieser beiden Hilfsebenen α und β als Wirkungslinie haben. Damit ist die Richtung von R bekannt.

Jede der beiden Gleichungen (α) und (β) ist durch ein Krafteck darzustellen; aus dem ersten gewinnt man S_1 und nebenbei R, aus dem zweiten S_2 und S_3.

Zuweilen wird die Aufgabe gestellt, man soll eine gegebene Kraft P nach drei Komponenten P_1, P_2, P_3 zerlegen, deren Richtung bekannt und deren Zahlenwert gesucht ist. Im wesentlichen ist diese Aufgabe natürlich die gleiche wie die eben entwickelte, es ist nur auf den Unterschied zu achten: die vorgelegte Aufgabe handelt von der Zerlegung einer Kraft nach drei Komponenten, die vorher gelöste ermittelt die drei mit P im Gleichgewicht befindlichen Kräfte. Im vorliegenden Falle schreibt man, wenn man die Lösung mit dem Dreikräftesatz anwendet,

$$\mathfrak{P} = \mathfrak{P}_1 \mathbin{\widehat{+}} \mathfrak{P}_2 \mathbin{\widehat{+}} \mathfrak{P}_3 \qquad \text{oder} \qquad \begin{aligned} \mathfrak{P} &= \mathfrak{P}_1 \mathbin{\widehat{+}} \mathfrak{R} & (\alpha) \\ \mathfrak{R} &= \mathfrak{S}_2 \mathbin{\widehat{+}} \mathfrak{S}_3. & (\beta) \end{aligned} \qquad \text{(c)}$$

Es ist in der Zeichnung nur auf die Pfeile zu achten.

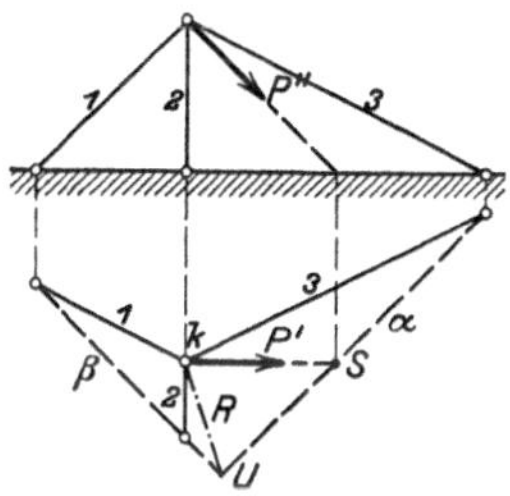

Abb. 515.

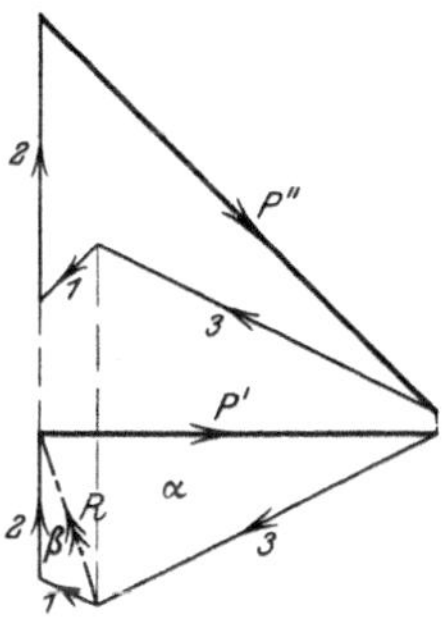

Abb. 516.

Beispiel d) Man löse Beisp. a) nach der Culmannschen Methode.

Die Gleichgewichtsbedingungen

$$\mathfrak{P} \mathbin{\widehat{+}} \mathfrak{S}_1 \mathbin{\widehat{+}} \mathfrak{S}_2 \mathbin{\widehat{+}} \mathfrak{S}_3 = 0 \qquad \text{oder} \qquad \begin{aligned} \mathfrak{P} \mathbin{\widehat{+}} \mathfrak{S}_3 \mathbin{\widehat{+}} \mathfrak{R} &= 0 & (\alpha) \\ \mathfrak{R} = \mathfrak{S}_1 \mathbin{\widehat{+}} \mathfrak{S}_2 &= 0 & (\beta) \end{aligned}$$

dienen als Wegweiser und Vorschrift für die Lösung, s. Abb. 515. Man ermittelt die durch P und S_3 bestimmte Hilfsebene α und ebenso die durch S_1 und S_2 gehende Ebene β nach den Regeln der darstellenden Geometrie; man benötigt aber nur die Spuren beider Ebenen in einem der Risse. Sie schneiden sich in einem Punkt $\alpha\beta$ oder U, der gleichzeitig der Spurpunkt von R sein muß, da ja R in der Schnittgeraden beider Ebenen liegt. Dann ist die Richtung kU auch gleichzeitig diejenige von R. In Abb. 515 hat man die Richtung von R im Grundriß ermittelt. Nun zeichnet man zuerst das Krafteck (α), das S_1 und R liefert, und dann das Krafteck (β), das auch noch S_2 und S_3 gibt. Man lotet in den Aufriß hinauf, das Krafteck muß geschlossen sein, was als Kontrolle dient.

Aufgabe a) Man ermittle nach dem Projektionsverfahren die Spannungen S_1, S_2, S_3, die unter dem Einfluß der an dem Bockgerüst der Abb. 517 angreifenden Kraft auftreten. $P'' = 500$ kg.

Lösung: Man projiziert in Richtung des Stabes 2, so daß k nach k_0 fällt, der Spurpunkt S der Kraft P im Grundriß liegt im Unendlichen, P_0 ist deshalb parallel P'. Dann zeichnet man das Krafteck $\mathfrak{P}_0 + \mathfrak{S}_{10} + \mathfrak{S}_{30} = 0$, s. Abb. 518, und projiziert

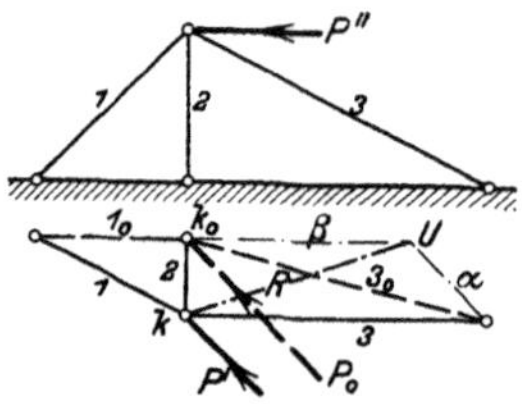

Abb. 517.

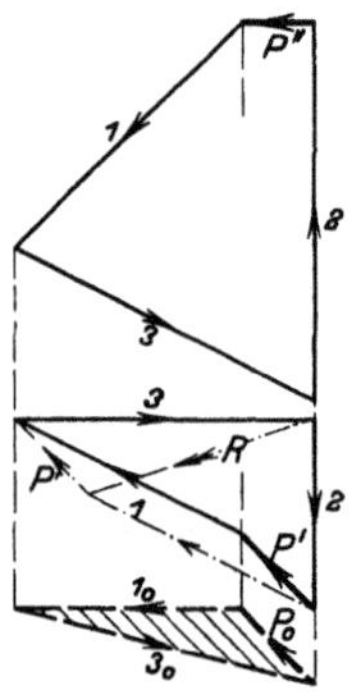

Abb. 518. K. M. 1 mm = 500 kg.

rückwärts zum gewöhnlichen Grundriß, woraus sich auch noch S_2' ergibt. Wenn man in den Aufriß hinauflotet, muß das Krafteck in diesem geschlossen sein, was als Kontrolle dient.

Aufgabe b) Man löse die gleiche Aufgabe mit Hilfe des Dreikräftesatzes.

Lösung: Man zerlegt die Gleichgewichtsbedingung

$$\mathfrak{P} + \mathfrak{S}_1 + \mathfrak{S}_2 + \mathfrak{S}_3 = 0 \quad \text{in} \quad \begin{aligned} &\mathfrak{P} + \mathfrak{S}_3 + \mathfrak{R} = 0 \qquad (\alpha) \\ &\mathfrak{R} = \mathfrak{S}_1 + \mathfrak{S}_2 \qquad (\beta) \end{aligned}$$

und sucht die Richtung der Resultierenden R auf, in Abb. 517 strichpunktiert. Dann zeichnet man für jede der beiden Gleichungen (α) und (β) das Krafteck, in Abb. 518 fein strichpunktiert eingezeichnet.

71. IV. Zweite Lösung nach dem Korrekturverfahren (Verfahren nach Müller-Breslau). Wenn die Kräfte P, S_1, S_2, S_3 im Gleichgewicht sind, so muß ihre graphische Summe 0 sein und sonach der Kräftezug P, S_1, S_2, S_3 sowohl im Grundriß wie auch im Aufriß ein geschlossenes Krafteck bilden, gleichzeitig müssen die Endpunkte aller dieser vier Kräfte genau senkrecht untereinander liegen, wenn zwei Endpunkte, etwa die der Ursache P, untereinander liegen. Auf diese Bedingung baut sich die Kontrollgleichung bei der Anwendung des Korrekturverfahrens auf.

Man trägt im gegebenen Kräftemaßstab die Kraft P so ab, daß ihre entsprechenden Endpunkte I und II im Grund- und Aufriß genau senkrecht untereinander liegen, siehe den Kräfteplan Abb. 520 zum Kräftesystem der Abb. 519. Wäre in einem der Risse S_1 bekannt, etwa im Grundriß, so wären in diesem sofort die beiden anderen Kräfte S_2 und S_3 zu ermitteln und dann durch einfaches Hinaufloten alle Kräfte auch im Aufriß.

Nun wendet man wieder das Korrekturverfahren an und wählt im Grundriß (oder auch im Aufriß) den Zahlenwert von S_1 beliebig und bestimmt daraus S_2 und S_3. Man erhält so im Grundriß das Krafteck I II III′ IV′, wobei S_1 von II nach III′ und S_2 von III′ nach IV′ geht. Dann projiziert man S_1 auf die im Aufriß bereits abgetragene Richtung von S_1 hinauf und erhält dort III′ als Endpunkt von S_1. Von ihm aus trägt man die Richtung von S_2 ab und projiziert wieder den Eckpunkt IV′ als Endpunkt von S_2 hinauf. Wäre S_1 zufällig richtig gewählt worden, so müßte jetzt die Strecke IV′ I im Aufriß die vorgeschriebene Richtung von S_3 haben. Bei unserer Annahme trifft dies nicht zu, die Seite S_3 oder IV′I weicht von der vorgeschriebenen Richtung ab. Man wählt ein zweitesmal einen beliebigen

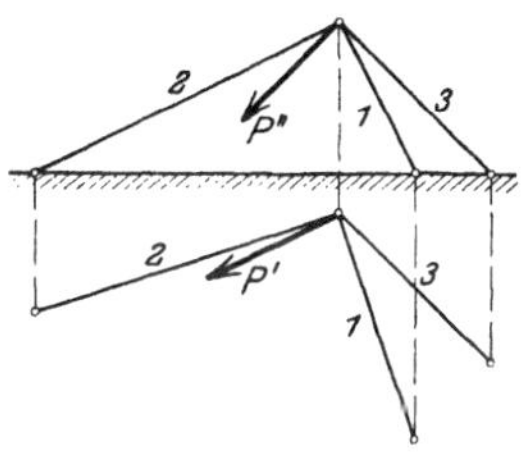

Abb. 519.

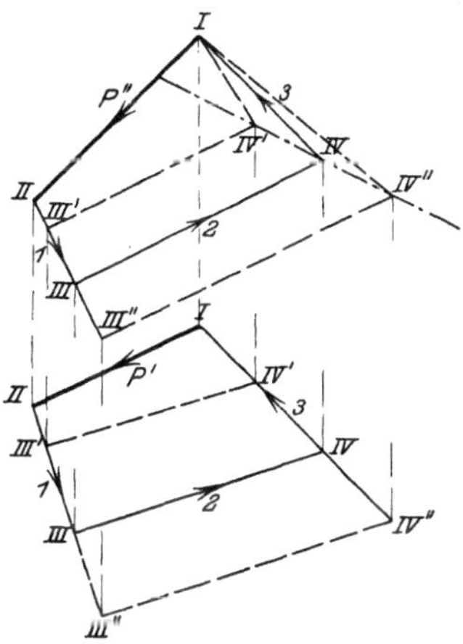

Abb. 520.

Zahlenwert von S_1 im Grundriß und verfährt wie eben angegeben, dann findet man schließlich im Aufriß wieder die Seite S_3 oder IV″I von der vorgeschriebenen Richtung abweichend. Nun gibt es bei jeder statisch bestimmten Aufgabe eine lineare Kontrolle: in unserem Fall müssen, wie man auch den Zahlenwert von S_1 im Grundriß wählen mag, die jeweiligen Eckpunkte IV, IV′, IV″ auf einer Geraden liegen; in Abb. 520 ist sie strichpunktiert eingetragen. Auf ihr muß der gesuchte Eckpunkt IV liegen. Man trägt also im Aufriß von I aus die gegebene Richtung von S_3 an, die auf der Kontrollgeraden den wirklichen Eckpunkt IV ausschneidet. Dann ist I IV die wirkliche Aufrißprojektion von S_3 und die entsprechend der vorgeschriebenen Richtung gezeichnete Strecke III IV die wirkliche Projektion von S_2 und II III diejenige von S_1. Durch Hinabloten erhält man dann auch die Grundrißprojektion. Damit ist die Aufgabe gelöst, die wahre Größe erhält man nach einer der üblichen Konstruktionen.

*V. Lösung mit dem Kräfte-Parallelepiped. Durch drei an einem Punkt A angreifende Kräfte ist ein Parallelepiped bestimmt, s. Abb. 521; die Resultierende R dieser drei Kräfte, d. i. ihre graphische Summe, ist durch den Vektor AE gegeben, also durch die vom Angriffspunkt A ausgehende Diagonale des Parallelepipeds. Die gleiche räumliche Beziehung muß zwischen vier im Gleichgewicht befindlichen Kräften P, S_1, S_2, S_3 gegeben sein, da ja die Resultierende R der drei Kräfte S_1, S_2, S_3 mit P entgegengesetzt gleich sein muß. Wenn nun die Aufgabe gestellt ist, man soll die mit P im Gleichgewicht befindlichen, durch ihre Richtung gegebenen Kräfte S_1, S_2, S_3 ermitteln, so kommt diese Aufgabe darauf hinaus, ein Parallelepiped von gegebenen Kantenrichtungen und gegebener Diagonale aufzusuchen. Die Kanten dieses gefundenen Parallelepipeds stellen dann die gesuchten Kräfte dar, wenn die gegebene Kraft P durch die Diagonale wiedergegeben wird. Gedanklich bereitet diese Lösungsweise wohl die geringsten Schwierigkeiten.

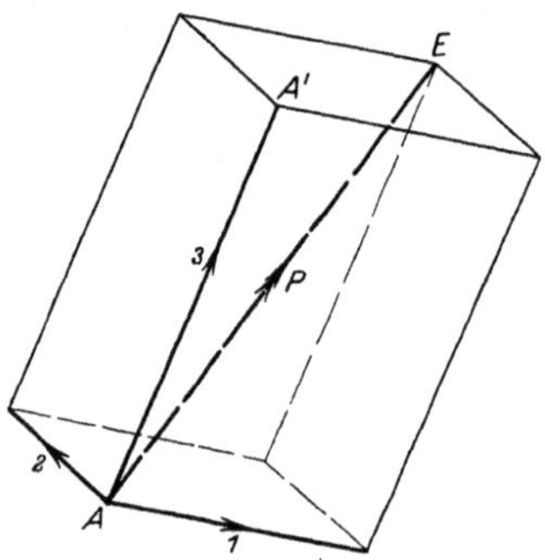

Abb. 521.

Die Aufgabe hat rein geometrischen Charakter: Man legt durch den Endpunkt E von P eine Ebene parallel zur Ebene durch die Kanten 1 und 2, sie schneidet die Kante AA' ab und liefert so S_3, ebenso schneidet die Ebene durch E parallel den Kanten 2 und 3 die Kraft S_1 ab und die Ebene parallel den Kanten 3 und 1 die Kraft S_2.

Es wird praktisch sein, wenn man eine der drei Kräfte S_i gefunden hat, die anderen beiden mit einem einfachen Kräfteplan im Grund- oder Aufriß zu ermitteln.

VI. Analytische Lösung. Um die Richtung der gegebenen Kraft S und der gesuchten S_1, S_2, S_3 durch Zahlenwerte wiederzugeben, trägt man vom Angriffspunkt O aus auf den gegebenen Richtungen beliebige Strecken l bzw. l_1, l_2, l_3 ab. Dann verhalten sich die Komponenten der Kräfte S, S_1, S_2, S_3 wie die entsprechenden Projektionen der abgetragenen Strecken, wenn man diese unter Zugrundelegung eines Koordinatensystems noch mit Vorzeichen zur Festsetzung ihres Richtungssinnes versieht. Bezeichnet man die Komponenten der gegebenen Kraft S in den drei Grundrichtungen mit $X, Y, Z,$ diejenigen der gesuchten Kräfte S_i mit $X_i, Y_i, Z_i,$ die Komponenten der Strecke l_i mit $x_i, y_i, z_i,$ dann hat man

$$X : Y : Z : S = x : y : z : l,$$

oder
$$X = S\frac{x}{l}, \quad Y = S\frac{y}{l}, \quad Z = S\frac{z}{l}, \tag{a}$$

bzw.
$$X_i : Y_i : Z_i : S_i = x_i : y_i : z_i : l_i$$

oder
$$X_i = S_i\frac{x_i}{l_i}, \quad Y_i = S_i\frac{y_i}{l_i}, \quad Z_i = S_i\frac{z_i}{l_i}. \tag{b}$$

Der materielle Punkt, an dem die vier Kräfte S_1, S_2, S_3, S angreifen, ist im Gleichgewicht, was

$$X_1 + X_2 + X_3 + X = 0, \qquad Y_1 + Y_2 + Y_3 + Y = 0,$$
$$Z_1 + Z_2 + Z_3 + Z = 0$$

bedingt, oder mit Einsetzung der angeschriebenen Werte

$$S_1\frac{x_1}{l_1} + S_2\frac{x_2}{l_2} + S_3\frac{x_3}{l_3} + S\frac{x}{l} = 0,$$

$$S_1\frac{y_1}{l_1} + S_2\frac{y_2}{l_2} + S_3\frac{y_3}{l_3} + S\frac{y}{l} = 0,$$

$$S_1\frac{z_1}{l_1} + S_2\frac{z_2}{l_2} + S_3\frac{z_3}{l_3} + S\frac{z}{l} = 0.$$

Man betrachtet $S_1 : l_1$, $S_2 : l_2$, $S_3 : l_3$ als die Unbekannten und ermittelt sie nach (**62** e)

$$\frac{S_1}{l_1} : \frac{S_2}{l_2} : \frac{S_3}{l_3} : \frac{S}{l} = \begin{vmatrix} x_1 & x_2 & x_3 & x \\ y_1 & y_2 & y_3 & y \\ z_1 & z_2 & z_3 & z \end{vmatrix}.$$

B e i s p i e l a) Man löse das Beispiel 70a) analytisch.

Als Strecken l_1, l_2, l_3 wählt man die Stablängen vom Knotenpunkt bis zum Spurpunkt mit dem Grundriß, als Strecke l die Länge vom Angriffspunkt der Kraft P bis zum Spurpunkt S im Grundriß. Die Zahlenwerte entnimmt man der Abb. 522, Längenmaßstab 1:200, sie sind in der nachstehenden Tabelle zusammengestellt.

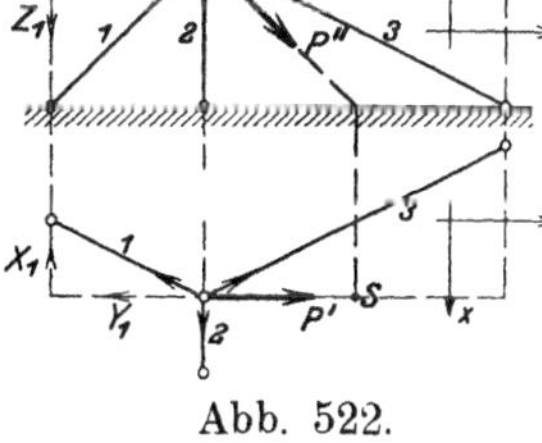

Abb. 522.

Kräfte	x in m	y in m	z in m	l in m	W in t
S_1	-1	-2	-2	3	$+3$
S_2	$+1$	0	-2	$\sqrt{5}$	$-11{,}2$
S_3	-2	$+4$	-2	$2\sqrt{6}$	$-14{,}6$
S	0	$+2$	-2	$2\sqrt{2}$	$+19{,}8$

Man erhält

$$\frac{S_1}{3}:\frac{S_2}{\sqrt{5}}:\frac{S_3}{2\sqrt{6}}:\frac{P}{2\sqrt{2}}=\begin{vmatrix}-1 & 1 & -2 & 0\\ -2 & 0 & 4 & 2\\ -2 & -2 & -2 & -2\end{vmatrix}=-\begin{vmatrix}1 & -2 & 0\\ 0 & 4 & 2\\ -2 & -2 & -2\end{vmatrix}:$$

$$+\begin{vmatrix}-1 & -2 & 0\\ -2 & 4 & 2\\ -2 & -2 & -2\end{vmatrix}:-\begin{vmatrix}-1 & 1 & 0\\ -2 & 0 & 2\\ -2 & -2 & -2\end{vmatrix}:+\begin{vmatrix}-1 & 1 & -2\\ -2 & 0 & 4\\ -2 & -2 & -2\end{vmatrix}$$

$$=-4:20:12:-28=1:-5:-3:7.$$

Mit $P'=14\,000$ kg und damit $P=19\,800$ kg findet man die wahren Werte der Spannungen so, wie sie in der Tabelle unter W in 1000 kg eingetragen sind, beispielsweise:

$$\frac{S_1}{3}:\frac{P}{2\sqrt{2}}=1:7 \quad \text{oder} \quad S_1=P\frac{3}{14\sqrt{2}}=2970 \text{ kg}.$$

Die vorausgehend angegebene Lösung hat den Vorzug, wie alle allgemeinen Verfahren überhaupt, daß sie geringe gedankliche Schwierigkeiten bereitet, dafür aber die Rechnung umständlicher wird. Will man die Aufgabe gerade analytisch lösen, vielleicht um Formeln aufzustellen, so kann man sich die Aufgabe rechnerisch noch etwas vereinfachen. Wenn beispielsweise nur nach einer einzigen der Unbekannten gefragt ist, etwa nach S_1, so wird am schnellsten eine Gleichgewichtsbedingung gegen Verschiebung in Richtung senkrecht zu den beiden anderen Unbekannten S_2 und S_3 zum Ziel führen. In diese Gleichung tritt nur S_1 als einzige Unbekannte ein. Man kann auch das Projektionsverfahren der vorausgehenden Nummer anwenden, um zu einer analytischen Formel für die unbekannte Spannung zu kommen.

72. Aufgabe a) mit c) Man gebe die Spannungen S_1, S_2, S_3 in den Stabverbänden der Abb. 523 mit 525 an. $P=6000$ kg.

Lösung zu a) $S_2=0$ nach (9d), weil P, S_1, S_3 in der gleichen Ebene liegen. Einfaches Krafteck im Aufriß ermittelt S_1 und S_3.

$$S_1=-4900 \text{ kg}, \quad S_3=+3450 \text{ kg}.$$

Lösung zu b) Entweder unmittelbare Zerlegung im Aufriß, $\mathfrak{P}+\mathfrak{S}_1+\mathfrak{S}_{23}=0$, wo S_{23} die Resultierende von S_2 und S_3 ist; oder Methode des unbestimmten Maßstabes, wenn man im Grundriß beginnen will.

$$S_1 = -3650 \text{ kg}, \quad S_2 = -1200 \text{ kg}, \quad S_3 = +3000 \text{ kg}.$$

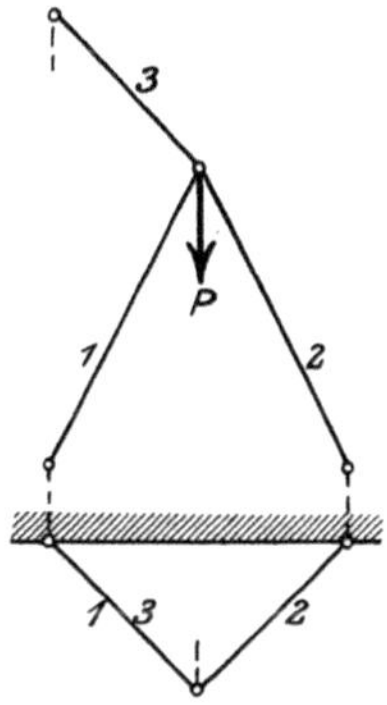

Abb. 523.

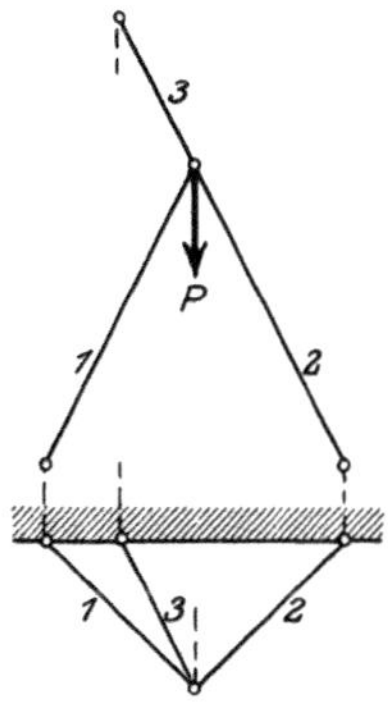

Abb. 524.

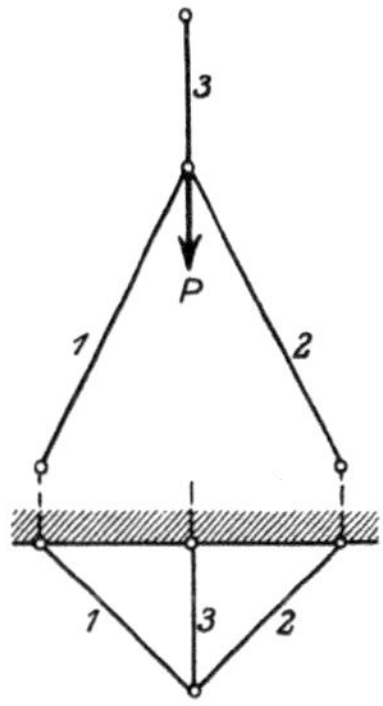

Abb. 525.

Lösung zu c) Der Stabverband ist symmetrisch und symmetrisch belastet, also $S_1 = S_2$. Man kann entweder im Seitenriß ein Krafteck zeichnen, oder man beginnt im Grundriß nach der Methode des unbestimmten Maßstabes; $S_3' = S_3''$, weil auch die beiden Stabprojektionen gleichgroß sind.

$$S_1 = S_2 = -2450 \text{ kg}, \quad S_3 = +2800 \text{ kg}.$$

Aufgabe d) Von den vier im Gleichgewicht befindlichen Kräften P_1, P_2, P_3, P_4 der Abb. 526 ist von P_3 der Zahlenwert unbekannt und von $P_4 = 300$ kg die Richtung. Man ermittle P_3 und P_4.

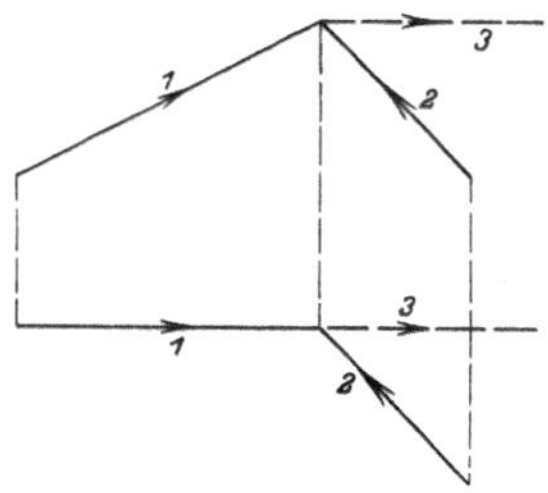

Abb. 526.
K. M. 1 mm = 10 kg.

Lösung: Man entnimmt der Abbildung $X_1 = 0$, $Y_1 = 200$ kg, $Z_1 = 100$ kg, $X_2 = -100$ kg, $Y_2 = -100$ kg, $Z_2 = 100$ kg, $X_3 = 0$, $Y_3 = P_3$, $Z_3 = 0$, $X_4 = P_4 \cos\alpha$, $Y_4 = P_4 \cos\beta$, $Z_4 = P_4 \cos\gamma$, wo $\cos^2\alpha + \cos^2\beta + \cos^2\gamma = 1$ nach (Math. I 191). Dann schreibt man die drei Gleichgewichtsbedingungen an

$$0 - 100 + 0 + P_4 \cos\alpha = 0, \qquad 200 - 100 + P_3 + P_4 \cos\beta = 0,$$
$$100 + 100 + 0 + P_4 \cos\gamma = 0$$

und berechnet elementar wegen $P_4 = 300$ kg die Richtungskoeffizienten $\cos\alpha$, $\cos\beta$, $\cos\gamma$ von P_4 und den Zahlenwert P_3 zu

$$\cos\alpha = 1:3, \quad \cos\gamma = -2:3, \quad \cos\beta = \pm 2:3,$$

also

$$X_4 = 100 \text{ kg}, \quad Y_4 = \pm 200 \text{ kg}, \quad Z_4 = -200 \text{ kg}, \quad P_3 = -100 \text{ kg} \mp 200 \text{ kg},$$

wo entweder nur die oberen oder nur die unteren Vorzeichen gelten.

Aufgabe e) Die drei Stäbe KA, KB, KC der Abb. 527a sind im Punkt K durch ein reibungsloses Gelenk verknüpft und in den Punkten A, B, C durch Schnüre verbunden; die Unterlage ist reibungsfrei vorausgesetzt. Man ermittle die Spannungen der drei Schnüre, wenn bei K die lotrechte Last $P = 200$ kg angreift.

Lösung: P ist im Gleichgewicht mit den Spannungen der drei Stäbe 1, 2, 3. Jede einzelne Stabspannung ist im Fußpunkt im Gleichgewicht mit den Spannungen der beiden Schnüre und dem senkrechten Auflagerdruck. Beispielsweise die Stabspannung S_1 am Punkt A mit den Schnurspannungen S_4 und S_5 und dem lotrechten Auflagerdruck. Die Schnüre muß man sich der vereinfachten Rechnung halber genau an den Endpunkten der Stäbe angebracht vorstellen. Die Spannungen S_1, S_2, S_3 ermittelt man, ausgehend im Grundriß von der Methode des unbestimmten Maßstabes; man nimmt beispielshalber S_1 als eine Druckspannung an und stellt sie durch eine Strecke von 3 cm dar, und er-

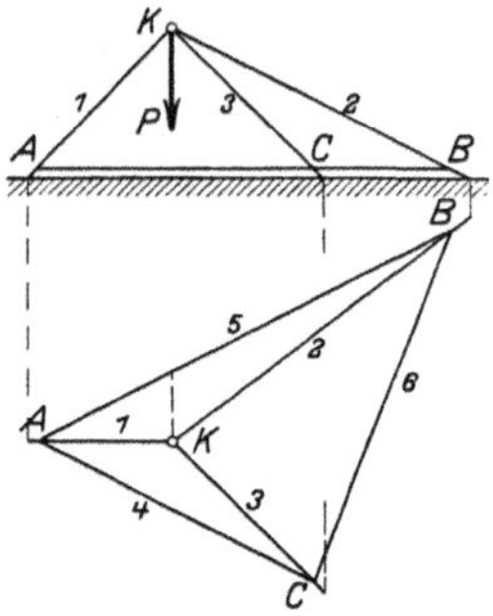

Abb. 527a.

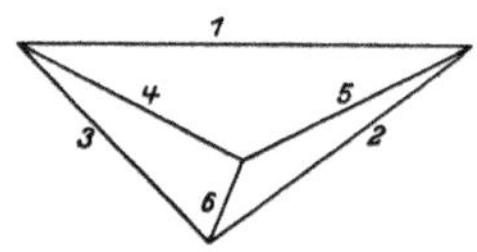

Abb. 527b.

mittelt mit einem Krafteck S_2 und S_3, ferner noch die Schnurspannungen S_4, S_5, S_6, s. Abb. 527b. Dann wird zum Aufriß hinaufprojiziert, es ergibt sich, daß die Kraft $P = 200$ kg durch eine Strecke von $51^1/_4$ mm dargestellt wird, und daraus nachträglich der Kräftemaßstab $1 \text{ mm} = 200 \text{ kg} : 51^1/_4 = 3{,}9$ kg. Man findet mit diesem Maßstab $S_4 = S_5 = 66$ kg, $S_6 = 23$ kg.

Aufgabe f) Das Stabgerüst der Abb. 528, gegeben durch Grund- und Aufriß sowie axonometrische Zeichnung, ist durch die am Knoten I angreifende Last $P = 4000$ kg beansprucht. Ist die Ermittlung der Stabspannungen eine statisch bestimmte Aufgabe? Man ermittle die Spannungen.

Lösung: Den beiden Knotenpunkten I und II sind ihre Freiheitsgrade

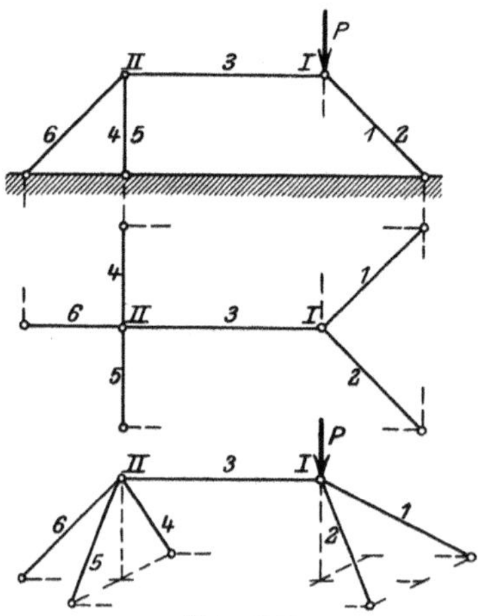

Abb. 528.

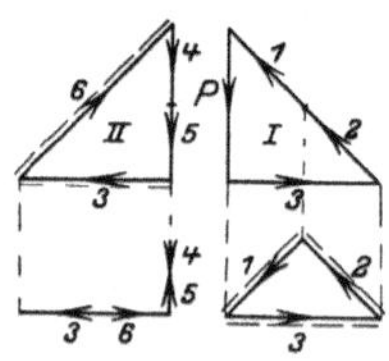

Abb. 529. K. M. 1 mm = 400 kg.

durch die sechs Stäbe genommen. Wenn nicht gerade der Ausnahmefall vorliegt (kenntlich durch das Auftreten unendlich großer Spannungen), ist die Aufgabe statisch bestimmt.

Man beginnt im Aufriß am Knoten I und findet mit einem Krafteck

$\mathfrak{P}'' + \mathfrak{S}_3'' + \mathfrak{S}''_{12} = 0$ unmittelbar S_3'', s. Abb. 529; durch Hinabloten wird im Grundriß aus dem Krafteck $\mathfrak{S}_3' + \mathfrak{S}_1' + \mathfrak{S}_2' = 0$ noch S_1' und S_2' gefunden und durch Hinaufloten auch noch ihre Aufrißprojektion. Damit sind die Spannungen am Punkt I gefunden. Am Knoten II ist die mittlerweile bekannte Spannung S_3 im Gleichgewicht mit S_4, S_5, S_6. Ein gewöhnliches Krafteck $\mathfrak{S}_3'' + \mathfrak{S}_6'' + \mathfrak{S}''_{45} = 0$ liefert im Aufriß S_6'' und gleichzeitig auch S_4'' und S_5'', die ja aus Symmetriegründen beide gleichgroß sein müssen. Man lotet hinab und beachtet, daß die Grundrißprojektionen von S_4 und S_5 ebenso groß sind wie ihre Aufrißprojektionen, da ja auch die Stäbe im Grund- und Aufriß gleiche Projektionen haben. Aus beiden Projektionen findet man die wahren Werte

$$S_1 = S_2 = -3470 \text{ kg}, \quad S_3 = -4000 \text{ kg}, \quad S_4 = S_5 = +2800 \text{ kg}, \quad S_6 = -5600 \text{ kg}.$$

Aufgabe g) Man löse die gleiche Aufgabe für das Bockgerüst der Abb. 530. $P = 4000$ kg.

Lösung: Man beginnt am Knoten I, am einfachsten im Aufriß nach der Methode des unbestimmten Maßstabes, indem man S_3 als Zugspannung annimmt und etwa durch eine Strecke von 40 mm darstellt, s. Abb. 531. Die aus dem Krafteck $\mathfrak{S}_3'' + \mathfrak{S}_2'' + \mathfrak{S}_1'' = 0$ gefundenen anderen Spannungen lotet man hinab in den Grundriß und findet dort, weil P durch eine Strecke von 80 mm dargestellt ist, den Kräftemaßstab 1 mm = 50 kg. Man geht über zum Knoten II, wo S_3 und P bekannt, S_4, S_5, S_6 unbekannt sind. Im Grundriß wendet man am einfachsten wieder die Methode des unbestimmten Kräftemaßstabes an und stellt S_5, als Druckspannung betrachtet, etwa wieder durch eine Strecke von 40 mm dar und zeichnet das Krafteck $\mathfrak{S}_5' + \mathfrak{S}_4' + \mathfrak{S}'_{36} = 0$; dann wird in den Aufriß projiziert (die Resultierende R'' aus P'' und S_3'' betrachtet man als Unbekannte) und das Krafteck $\mathfrak{S}_5'' + \mathfrak{S}_4'' + \mathfrak{S}_6'' + \mathfrak{R}'' = 0$ gezeichnet. Man findet dabei, daß der Stab 6 spannungslos ist, aus dem bekannten Wert von R bzw. von P und S_3 bestimmt sich für den linken Knotenpunkt der Kräftemaßstab 1 mm = 50 kg.

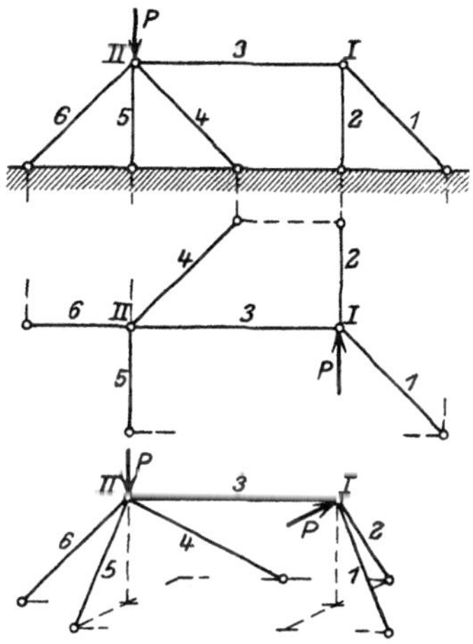

Abb. 530.

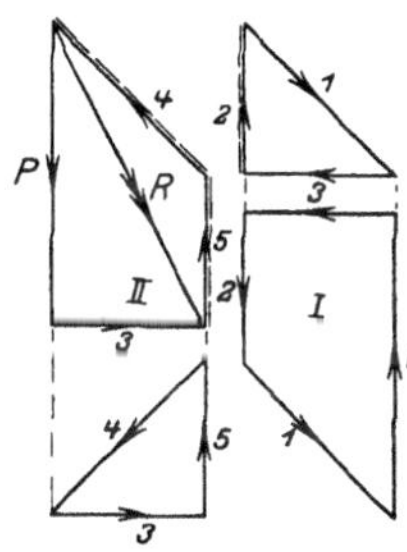

Abb. 531.

Nachdem so alle Spannungen im Grund- und Aufriß gefunden, sucht man noch die wahren Größen auf,

$$S_1 = +3470 \text{ kg}, \quad S_2 = S_5 = -2800 \text{ kg}, \quad S_3 = +2000 \text{ kg},$$
$$S_4 = -3470 \text{ kg}, \quad S_6 = 0.$$

Aufgabe h) Man ermittle die Spannungen, die in dem Stabverband der Abb. 532 unter dem Einfluß der beiden Kräfte P und Q auftreten;

$$P'' = Q'' = 4000 \text{ kg}.$$

Lösung: Am Knoten I treten vier Unbekannte auf, man muß also am Knoten II beginnen. Im Grundriß ist $S_4' = 0$, man findet durch unmittelbare Zerlegung S_5' und S_6', dann projiziert man in den Aufriß und erhält dort S_5'', S_6'', S_4''. Am Knoten I sind jetzt nur mehr S_1, S_2, S_3 unbekannt. Man beginnt im Grundriß und findet durch unmittelbare Zerlegung S_2' aus dem

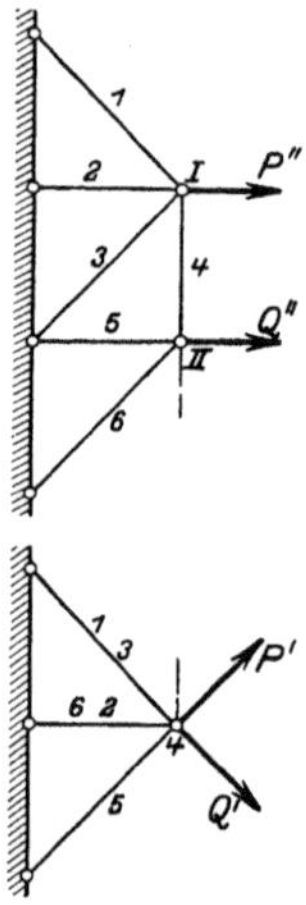

Abb. 532.

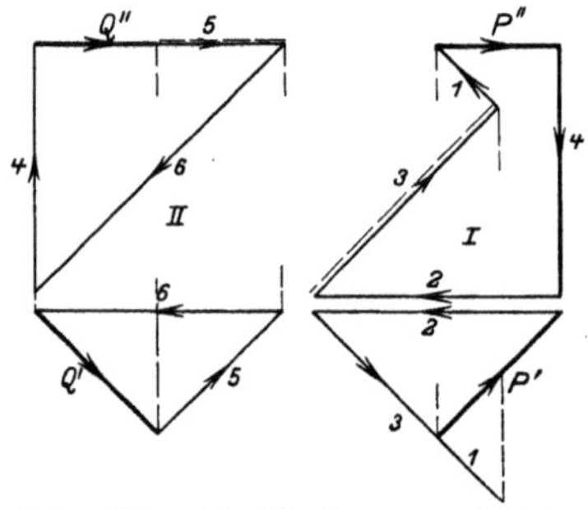

Abb. 533. K. M. 1 mm = 400 kg.

Krafteck $\mathfrak{P}' + \mathfrak{S}_2' + \mathfrak{S}_{31}' = 0$, daraus im Aufriß S_2'' und mit dessen Hilfe S_1'' und S_3'' und daraus wiederum durch Hinabloten S_1' und S_3'. Nach einer der üblichen Methoden ermittelt man noch die wahren Werte der Spannungen, in 1000 kg

$$S_1 = +3{,}47, \quad S_2 = +8, \quad S_3 = -10{,}4, \quad S_4 = +8, \quad S_5 = -5{,}6, \quad S_6 = +11{,}2.$$

Kräftepaar und Kraftkreuz.

73. Den Verein von zwei gleichen entgegengesetzt gerichteten Kräften nennt man ein Kräftepaar. Ist also dessen eine Kraft $\mathfrak{P}$, so ist die andere $-\mathfrak{P}$, ihre graphische Summe ist Null, so daß ein Kräftepaar keine Schiebungs-, sondern nur eine Drehwirkung haben kann. Für irgendeinen Punkt C der Ebene als gedachten Drehpunkt ist der Zahlenwert des Momentes dieses Kräftepaares gleich

$$M = P(p + a) - Pa \quad \text{oder} \quad M = Pp,$$

wo man p auch den „Arm“ des Paares nennt, s. Abb. 534.

Das Moment eines Kräftepaares ist sonach unabhängig von der Wahl des Momentenpunktes C. (a)

Ein Kräftepaar hat nur eine Drehwirkung, eine solche ist aber nach Größe und Richtung vollständig durch einen Momentenvektor $\mathfrak{M}$

ausgedrückt, dessen Zahlenwert $M = Pp$ und dessen Richtung senkrecht zur Ebene des Kräftepaares ist. Dabei ist wieder der Richtungssinn des Vektors so, daß der Pfeil zum Beschauer geht, wenn dieser die Drehung des Kräftepaares als eine im Uhrzeigersinn gehende wahrnimmt.

Wenn ein Kräftepaar nur eine Drehwirkung hat, die Drehwirkung aber vollständig durch einen Momentenvektor $\mathfrak{M}$ dargestellt werden kann, so fragt man, ob man nicht diesen Momentenvektor $\mathfrak{M}$ (auch „Achse" des Kräftepaares genannt) unmittelbar als Bild des Kräftepaares wählen kann, und zwar als ein ganz und gar ein-eindeutiges, so daß man also ebensogut mit diesem Momentenvektor wie mit dem Kräftepaar selbst operieren kann. Man überlege nur, daß ein Momentenvektor vollständig frei ist, d. h. daß man ihn irgendwohin im Raum verlegen kann, wenn nur sein Zahlenwert und seine Richtung erhalten bleibt. Dann werden also alle jene Kräftepaare durch den gleichen Momentenvektor dargestellt, die gleichen Zahlenwert der Drehwirkung haben (einschließlich des Drehsinnes) und einander parallel sind. Und die Folge ist, daß alle diese Kräftepaare einander gleich sein müssen, da sie ja alle durch den gleichen Momentenvektor dargestellt werden können. Im Sinne der Mechanik sind nun zwei Kräftepaare einander immer gleich, wenn sie gleiche Drehwirkung haben; denn eine andere mechanische Wirkung hat ja ein Kräftepaar nicht. Man schließt so:

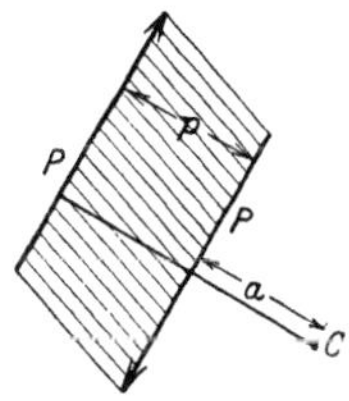

Abb. 534.

Kräftepaare mit gleicher Drehwirkung, d. h. alle parallelen Kräftepaare mit gleichem Momentenvektor, sind gleichwertig, so daß es für die mechanische Wirkung auf einen starren Körper gleich ist, ob das eine oder das andere dieser Kräftepaare angreift. (b)

* Wem diese allgemeine Überlegung nicht beweiskräftig genug ist, der kann im einzelnen auch folgenden Beweisgang einschlagen. Zunächst entwickelt man:

Zwei Kräftepaare der nämlichen Ebene mit gleicher Parallelogrammfläche und entgegengesetzt gleichem Drehsinn heben sich in ihrer Kräftewirkung vollständig auf. (c)

Nach Voraussetzung gilt $P_1 p = Q_1 q$ für die beiden Parallelogrammflächen der Abb. 535. Wenn man für P_1 und Q_1 ihre Resultierende R einführt und die Momentengleichung für den Schnittpunkt von P_2 und Q_2 anschreibt,

$$P_1 p - Q_1 q + Rr = 0,$$

so ergibt sich aus der Voraussetzung, daß $Rr = 0$ und somit $r = 0$ sein muß, d. h. die Resultierende von P_1 und Q_1 geht durch den Schnittpunkt von P_2 und Q_2. Ebenso muß natürlich auch die Resultierende von P_2 und Q_2 durch den Schnittpunkt von P_1 und Q_1 gehen. Beide Resultierenden sind ferner einander entgegengesetzt gleich, wie ein Krafteck zeigen kann, sie sind also im Gleichgewicht, d. h. die beiden Kräftepaare heben sich in ihrer mechanischen Wirkung vollständig auf.

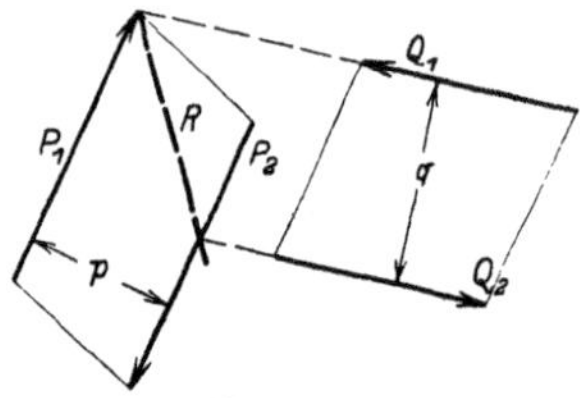

Abb. 535.

Wenn man in einem Kräftepaar die Pfeile der beiden Einzelkräfte umkehrt, so wird dadurch auch der Drehsinn des Paares umgekehrt, das neue Kräftepaar hebt das alte Paar in seiner Kräftewirkung auf.

Beide Folgerungen kann man zusammenfassen: Wenn ein Kräftepaar K_1 durch ein anderes Kräftepaar K_2' in seiner Bewegungswirkung aufgehoben wird, so ist es jedenfalls demjenigen Kräftepaar K_2 gleichwertig, das aus K_2' durch Umkehrung des Drehsinnes hervorgeht, sonach:

> Kräftepaare der nämlichen Ebene sind gleichwertig, wenn sie die gleiche Parallelogrammfläche und den gleichen Drehsinn haben. (d)

Für die Kräftewirkung an einem starren Körper ist es deswegen ganz gleichgültig, welches der beiden gleichwertigen Kräftepaare man an ihm angreifen läßt, oder in anderer Ausdrucksweise, man kann ohne Änderung der Kräftewirkung ein Kräftepaar in ein anderes der nämlichen Ebene umwandeln, wenn es gleiche Parallelogrammfläche und gleichen Drehsinn hat.

Der Satz (c) läßt sich verallgemeinern:

> Zwei parallele Kräftepaare K_1 und K_2 von gleichen Parallelogrammflächen und entgegengesetztem Drehsinn heben sich in ihrer Kräftewirkung auf. (e)

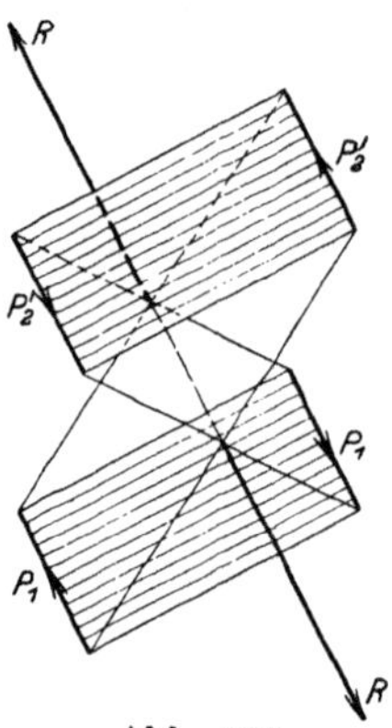

Abb. 536.

Man kann zunächst das Kräftepaar K_2 in ein neues gleichwertiges K_2' umwandeln, dessen Einzelkräfte P_2', P_2' gleichgroß und parallel sind mit denen von P_1, P_1 und den gleichen Abstand haben, s. Abb. 536. Wird dann jedesmal eine Kraft des Paares K_1 mit der gleichgerichteten Kraft des Paares K_2' zu einer Resultierenden zusammengesetzt, so liegen beide Resultierende in der gleichen Geraden und sind entgegengesetzt gleich, demnach im Gleichgewicht, d. h. die Kräftepaare K_2' und K_1 heben sich in der Kräftewirkung auf und damit auch die Kräftepaare K_1 und K_2, da ja K_2 bezüglich der Kräftewirkung gleichwertig ist mit K_2'.

Es sind sonach alle Kräftepaare der gleichen Ebene oder von Parallelebenen gleichwertig, wenn sie gleiche Parallelogramm-Flächen und gleichen Drehsinn haben.

74. Welches ist die resultierende Wirkung zweier am nämlichen starren Körper angreifender Kräftepaare im Sinne der Mechanik? Nach dem Superpositionsprinzip die graphische Summe der Einzelwirkungen.

Die Wirkung eines Kräftepaares ist einzig eine Drehwirkung, also ist die resultierende Wirkung zweier Kräftepaare gleich der graphischen Summe ihrer einzelnen Drehwirkungen. Was ist aber unter der graphischen Summe der Drehwirkungen zu verstehen? Die Drehwirkung eines Kräftepaares ist hinreichend bestimmt durch den Momentenvektor des Kräftepaares, also die Drehwirkung von zwei beliebigen Kräftepaaren P_1, P_1 und P_2, P_2 mit den bezüglichen Momentenvektoren $\mathfrak{M}_1$ und $\mathfrak{M}_2$ bestimmt durch einen Momentenvektor

$$\mathfrak{M} = \mathfrak{M}_1 + \mathfrak{M}_2,$$

beliebig gegebene Kräftepaare werden zu einem resultierenden Kräftepaar zusammengefaßt, indem man ihre Momentenvektoren graphisch addiert. (a)

Anm. Elementar beweist man diesen Satz zunächst für zwei in der gleichen Ebene liegende Kräftepaare. Zu diesem Zweck wird man das Kräftepaar P_2, P_2 wie oben angegeben in ein neues P_1', P_1' so umwandeln, s. Abb. 537, daß die eine Kraft P_1' entgegengesetzt gleich ist mit einer der beiden Kräfte P_1 und auf ihr liegt. Dann heben sich beide auf und es bleibt als resultierendes Kräftepaar dasjenige der andern entsprechenden Kräfte P_1, P_1'. Das neue Kräftepaar P_1, P_1' ist gleich der algebraischen Summe der beiden gegebenen Kräftepaare. Liegen die beiden Kräftepaare, die man zusammenfassen will, in parallelen Ebenen, so wird man zunächst das zweite Paar in die Ebene des ersten verlegen und dann verfahren wie eben angegeben.

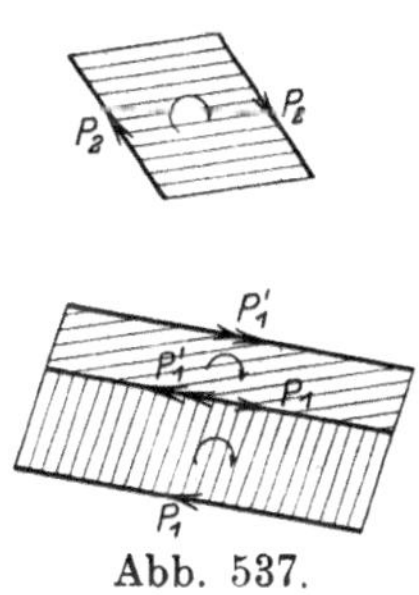

Abb. 537.

Liegen beide Kräftepaare in zwei gegeneinander geneigten Ebenen α und β, so wird man das erste Paar P_1, P_1 in ein neues Paar Q_1, Q_1 so umwandeln, daß die eine Kraft Q_1 des Paares in der Schnittgeraden $\alpha\beta$ der beiden Ebenen liegt. Ebenso wird man das zweite Paar P_2, P_2 in ein neues Paar Q_2, Q_2 so umwandeln, daß Q_2 ebenfalls in dieser Schnittgeraden liegt und zugleich entgegengesetzt gleich ist mit Q_1. Dann heben sich die in der Schnittgeraden liegenden Kräfte Q_1 und Q_2 auf, es bleibt nur mehr Q_1 in der Ebene α und Q_2 in der Ebene β. Beide Kräfte sind entgegengesetzt gleich, bilden also wieder ein Kräftepaar.

Abb. 538 gibt einen Querschnitt durch die beiden Ebenen α und β. In ihm projizieren sich die Einzelkräfte der betrachteten Paare als Punkte. Von den beiden noch bleibenden Kräften ist Q_1 zum Beschauer gehend gedacht, also Q_2 von ihm weggehend. Die Kräfte der drei Paare Q_1, Q_1, Q_2, Q_2 und Q_1, Q_2 haben alle gleichen Zahlenwert, so daß die Flächen der Paare und damit die Zahlenwerte M_1, M_2, M der Kräftepaare sich verhalten wie die Strecken q_1, q_2, q der Abbildung. Trägt man von einem Punkt O aus in einem pas-

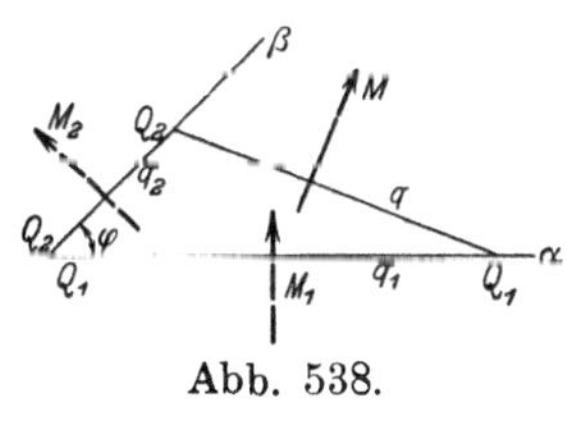

Abb. 538.

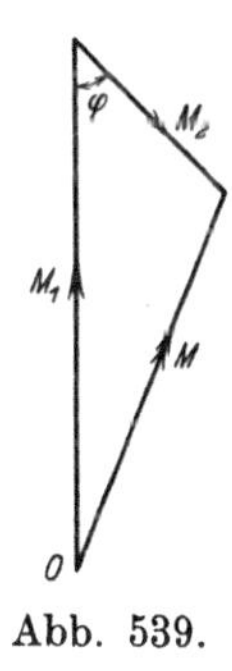

Abb. 539.

send gewählten Maßstab den Momentenvektor M_1 ab, s. Abb. 539, an ihn anschließend den Momentenvektor M_2 und bildet die graphische Summe S der beiden, so ist das durch diese graphische Summierung gegebene Dreieck dem Dreieck q_1, q_2, q ähnlich, weil M_1 und M_2 den gleichen Winkel wie q_1 und q_2 einschließen und auch das gleiche Verhältnis bilden wie q_1 und q_2. Dann ist aber auch die graphische Summe von M_1 und M_2 einmal senkrecht zu q und gleichzeitig gilt $S : M_1 : M_2 = q : q_1 : q_2$, d. h. der resultierende Momentenvektor M der beiden gegebenen Kräftepaare ist gleich der graphischen Summe der Momentenvektoren dieser gegebenen Paare.

Beispiel a) Man fasse die drei Kräftepaare AA, BB, CC, die an dem Quader der Abb. 540 angreifen, zu einem einzigen zusammen. Die Lösung erfolge analytisch. Die Kantenlängen sind 2 m, 2 m, 4 m. Die Kräfte sind $A = B = 1000$ kg, $C = 2000$ kg, so daß sie also durch die Kanten maßstäblich dargestellt werden.

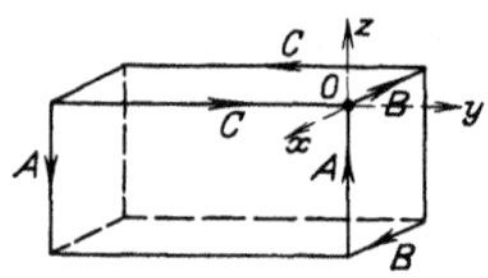

Abb. 540.

Man wählt den Punkt O als Nullpunkt des Koordinatensystems und in diesem die Richtung entgegengesetzt von B als x-, die von C als y-, und die von A als z-Richtung. Das Kräftepaar A, A liegt in der x-Ebene, sein Momentenvektor M_A ist somit parallel der x-Achse, hat aber entgegengesetzten Richtungssinn, weil der Pfeil vom Beschauer weggeht. Der Zahlenwert des Momentenvektors ist $M_A = 1000 \text{ kg} \cdot 4 \text{ m} = 4000$ mkg.

Der Vektor M_B des Paares B, B ist parallel der y-Achse und läuft im gleichen Sinn wie diese, der Zahlenwert ist $M_B = 2000$ mkg. Der Vektor M_C des Paares C, C geht entgegengesetzt zur z-Richtung, der Zahlenwert ist $M_C = 2000 \text{ kg} \cdot 2 \text{ m} = 4000$ mkg. Es ist

$$M^2 = M_A{}^2 + M_B{}^2 + M_C{}^2$$

oder $$M = 2000 \text{ mkg} \cdot \sqrt{4 + 1 + 4} = 6000 \text{ mkg}.$$

Die Richtung ist gegeben durch die Richtungskoeffizienten (Math. I 193)

$$\cos\alpha : \cos\beta : \cos\gamma : 1 = 4000 : 2000 : 4000 : 6000$$

oder $$\cos\alpha = \tfrac{2}{3}, \quad \cos\beta = \tfrac{1}{3}, \quad \cos\gamma = \tfrac{2}{3}.$$

Beispiel b) Die gleiche Aufgabe löse man graphisch im Momentenmaßstab (abgekürzt M. M.) 1 mm = 100 mkg.

Man entwickelt wie eben angegeben die Zahlenwerte der Momentenvektoren der drei Kräftepaare,

$$M_A = 4000 \text{ mkg}, \quad M_B = 2000 \text{ mkg}, \quad M_C = 4000 \text{ mkg}$$

und trägt sie von einem beliebig gewählten Punkt des Raumes aus ab, s. Abb. 541. Entsprechend dem vorgeschriebenen Momentenmaßstab werden sie dargestellt durch Strecken 40 mm, 20 mm, 40 mm.

Dann faßt man im Aufriß und im Grundriß die Komponenten zu Resultierenden M″ und M' zusammen. Nach einer bekannten Konstruktion ermittelt man die wahre Größe und findet dafür eine Strecke von 60 mm, die sonach 6000 mkg darstellt.

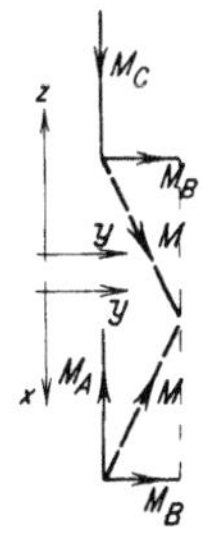

Abb. 541.
M.M. 1 mm = 400 mkg.

Beispiel c) Man fasse die an dem Quader der Abb. 542 angreifenden Kräftepaare P_1, P_1, P_2, P_2, P_3, P_3 zu einem einzigen zusammen. Die Lösung erfolge analytisch. Die Kantenlängen des Quaders sind 1 m, 1 m, 2 m, die Kräfte alle $P_i = 1000$ kg.

Man wählt wie bei den vorausgehenden Beispielen die Kanten des Quaders als Koordinatenrichtungen. Das Kräftepaar P_1, P_1 hat einen Momentenvektor $M_1 = 1000$ mkg in Richtung der y-Achse, s. Abb. 543, das Kräftepaar P_2, P_2 einen Momentenvektor $M_2 = 1000\text{ mkg}\sqrt{5}$ parallel dem Grundriß; diesen Momentenvektor kann man zerlegen in zwei Komponenten $M_{21} = +2000$ mkg und $M_{22} = -1000$ mkg in der x- und y-Richtung. Das Kräftepaar P_3, P_3 liegt in einer zum Seitenriß senkrechten Ebene, der Momentenvektor M_3 ist dann parallel zum Seitenriß, er schaut nach oben, sein Zahlenwert ist $1000\text{ mkg}\sqrt{2}$, seine Komponenten M_{31} und M_{33} in der x- und z-Richtung sind beide gleich 1000 mkg. Der resultierende Momentenvektor ist gleich der graphischen Summe der Einzelvektoren; analytisch findet man die Komponenten von M als Summe der Einzelkomponenten, hier

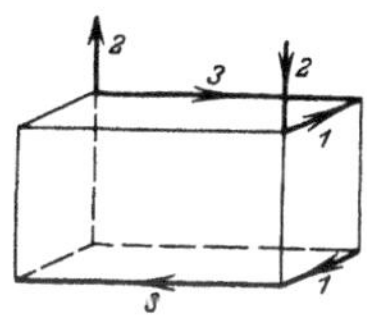

Abb. 542.

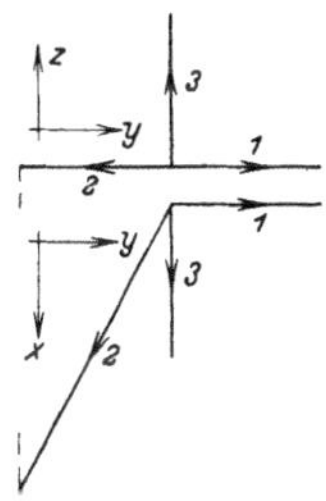

Abb. 543.
M. M. 1 mm = 100 mkg.

$$M_x = M_{21} + M_{31} = 3000\text{ mkg},$$
$$M_y = M_1 + M_{22} = 0,$$
$$M_z = M_{33} = 1000\text{ mkg}.$$

Dann ist $M = \sqrt{M_x^2 + M_y^2 + M_z^2} = 1000\text{ mkg}\sqrt{10}$.

Die Richtung von M ist gegeben durch seine Richtungskoeffizienten (Math. I 193)

$$\cos\alpha : \cos\beta : \cos\gamma : 1 = M_x : M_y : M_z : M = 3 : 0 : 1 : \sqrt{10}$$

oder $$\cos\alpha = 0{,}3\sqrt{10}, \quad \cos\beta = 0, \quad \cos\gamma = 0{,}1\sqrt{10}.$$

Beispiel d) Die gleiche Aufgabe löse man graphisch im Momentenmaßstab 1 mm = 25 mkg.

Man zeichnet im Aufriß und Grundriß den Quader ein und dann entsprechend dem angegebenen Maßstab die Momentenvektoren senkrecht zu den zugehörigen Kräftepaaren, s. Abb. 543. Dann findet man den resultierenden Momentenvektor M als graphische Summe der Einzelvektoren, und zwar im Grundriß M' und im Aufriß M''. Die wahre Größe von M gibt eine der üblichen Konstruktionen der darstellenden Geometrie. Man entnimmt dem Plan $M = 3150$ mkg.

75. Kräfte, die in der gleichen Ebene liegen, haben stets eine Resultierende, war nach (**36d**) entwickelt worden. Gibt es dann auch für ein Kräftepaar eine Resultierende, d. h. kann man auch ein Kräftepaar durch eine Einzelkraft ersetzen?

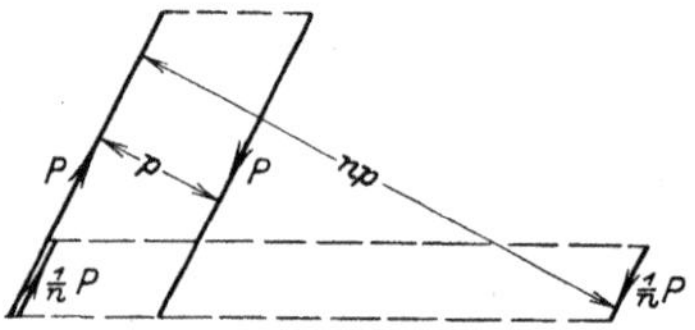

Abb. 544.

Wenn man ein Kräftepaar in ein anderes umwandelt oder wenn man es verlegt, so bleibt dabei stets erhalten der Momentenvektor des Paares, d. h. es bleibt erhalten der Zahlenwert dieses Vektors, nämlich die Parallelogrammfläche Pp, und seine Richtung senkrecht zum Kräftepaar (mit Einschluß des Richtungssinnes).

Wenn man also das Kräftepaar in ein anderes umwandelt, das den Abstand p der Kräfte auf $n \cdot p$ vergrößert, s. Abb. 544, so müssen dafür die beiden Kräfte P des Paares n mal so klein werden, also den Wert $\frac{1}{n} \cdot P$ annehmen. Wählt man n sehr groß, so werden die Kräfte $\frac{1}{n} \cdot P$ des neuen Paares entsprechend sehr klein, und wählt man insbesonders $n = \infty$, so werden die Kräfte des umgewandelten Paares den Wert $1 : \infty$ annehmen, sie werden beide unendlich klein. Bei dieser Umwandlung wird naturgemäß die eine Kraft im Endlichen bleiben, die andere unendlich weit entfernt sein. Die erstere hat keine endliche Wirkung mehr und kann deswegen vernachlässigt werden, nicht aber die andere, die zwar auch nur einen unendlich kleinen Zahlenwert hat, aber einen unendlich großen Dreharm für jeden im Endlichen liegenden Momentenpunkt, deren Moment M also endlich sein kann und auch ist, nämlich $np \cdot \frac{P}{n} = Pp$, wenn man auch $n = \infty$ wählt. Man sieht demnach:

Ein Kräftepaar vom Moment M kann durch eine unendlich kleine im Unendlichen liegende Kraft

R ersetzt werden. Diese unendlich kleine Kraft *R* hat dann keine Translationswirkung, wohl aber eine Drehwirkung *M*. (a)

Für ein Kräftepaar hat man also neben der Darstellung durch einen Momentenvektor auch noch diejenige durch eine unendlich kleine im Unendlichen liegende Kraft. Man verwechsle aber nicht: Diese unendlich kleine Kraft kann als gleichwertig mit dem Kräftepaar betrachtet werden, der Momentenvektor $\mathfrak{M}$ aber ist nur ein Bild des Kräftepaares, mit dem sich zwar recht bequem arbeiten läßt, der aber für das Kräftepaar genau das gleiche bedeutet, wie für das Moment einer Einzelkraft. Bei Drehwirkungen und bei Drehbewegungen wird man sich mit Vorteil dieses Bildes erinnern, besonders wenn man zu rechnerischen Überlegungen übergeht.

In der Raumvorstellung ist es recht praktisch, wenn man zu jedem Kräftepaar sich auch immer gleichzeitig sein Bild vorstellt, nämlich den zur Kräftepaarfläche irgendwo (da der Vektor ja völlig frei ist im Gegensatz zur Kraft) senkrecht errichteten Momentenvektor $\mathfrak{M}$, dessen Zahlenwert gleich ist dem Zahlenwert der Parallelogrammfläche des Kräftepaares. Und umgekehrt, wenn man mit diesem Momentenvektor selbst arbeitet (und besonders rechnet), wird es von großem Vorteil sein, wenn man sich immer zu jedem solchen Momentenvektor das zugehörige Kräftepaar senkrecht zum Vektor vorstellt.

Oft ist es erwünscht, eine Kraft aus ihrer Wirkungslinie heraus von einem Angriffspunkt *A* nach einem solchen *A'* zu verlegen, s. Abb. 545. Zu diesem Zweck bringt man am Punkt *A'* zwei im Gleichgewicht befindliche Kräfte *P* parallel der gegebenen Kraft *P* an. Die ursprüngliche Kraft *P* durch *A* und die mit ihr entgegengesetzt laufende *P* durch *A'* bilden ein Kräftepaar, in der Abbildung schraffiert, so daß man jetzt statt der ursprünglichen Kraft durch *A* die mit ihr gleiche und gleichgerichtete Kraft durch *A'* hat und dazu ein Kräftepaar.

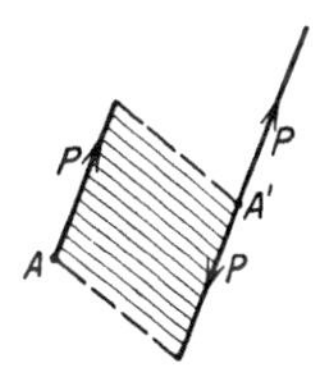

Abb. 545.

Jedesmal wenn eine Kraft von einem Angriffspunkt *A* nach einem neuen Angriffspunkt *A'* außerhalb ihrer Richtungslinie verlegt wird, entsteht ein Kräftepaar, das Verlegungskräftepaar. Der Vektor dieses Paares steht senkrecht zur verlegten Kraft. (b)

Beispiel a) In welchen Punkt *A'* muß eine gegebene Kraft *P* verlegt werden, damit das Verlegungskräftepaar den Wert *K* erhält?

Wenn *A'* den Abstand *a* von der gegebenen Kraft *P* hat, so wird das Verlegungskräftepaar Pa. Soll dieses demnach den Wert K haben, so muß $a = K:P$ sein, d. h. A' kann jeder beliebige Punkt im Abstand $K:P$ von der Kraft P sein. Ein negatives a bedeutet, daß die gegebene Kraft P um den Punkt A' linksum zu drehen sucht. Ist etwa $P = 90$ kg und $K = 360$ mkg gegeben, so muß $a = 4$ m sein.

Beispiel b) Beweise:

> Ein Kräftepaar K läßt sich mit einer zu seiner Ebene parallelen Kraft P immer zu einer Resultierenden zusammensetzen; diese ist der Einzelkraft gleich und parallel gerichtet. (c)

Man kann nach dem vorausgehenden Beispiel die Kraft P nach einem Punkt A' so verlegen, daß das entstehende Kräftepaar parallel ist dem gegebenen und gleichzeitig den Wert $-K$ annimmt. Das gegebene Kräftepaar K und das Verlegungspaar $-K$ sind dann im Gleichgewicht, als Resultierende bleibt nur noch die nach dem Punkt A' verlegte Einzelkraft P übrig.

76. Zwei windschiefe Kräfte lassen sich nicht durch eine Einzelkraft ersetzen, sie haben also keine Resultierende. Den Verein von diesen zwei windschiefen Kräften kann man sonach nicht weiter vereinfachen, er bildet eine gewisse Einheit für sich. Es erweist sich als praktisch, eine Benennung einzuführen, und man definiert deswegen:

> Ein Kraftkreuz ist der Verein von zwei windschiefen Kräften. (a)

Greifen an einem starren Körper beliebig viele Kräfte an, so ist es im allgemeinen nicht möglich, für diese Kräfte eine Resultierende zu finden. Es wird sich aber zeigen, daß man dieses System immer auf ein Kraftkreuz zurückführen kann, und zwar mit Hilfe der Elementaraufgabe des Kraftkreuzes: Eine Kraft P ist in zwei Komponenten P_A und P_ε so zu zerlegen, daß P_A durch einen vorgeschriebenen Punkt A geht und P_ε in einer vorgeschriebenen Ebene ε liegt. Für diese Aufgabe hat man zwei Lösungen.

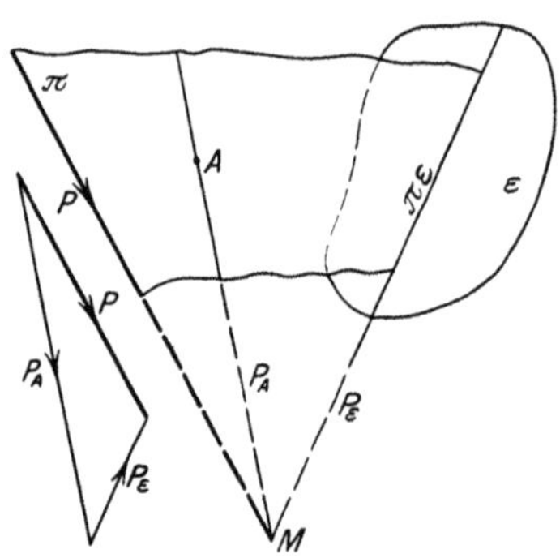

Abb. 547. Abb. 546.

Die erste Lösung benützt den Dreikräftesatz und sagt, die Kraft P liegt mit ihren Komponenten P_A und P_ε in der nämlichen

Ebene (in der „Operationsebene“ π), siehe Abb. 546, und geht mit ihnen durch den nämlichen Punkt M. Weil alle drei Kräfte in dieser Operationsebene liegen müssen, also auch A, muß diese Ebene, die immer zuerst zu bestimmen ist, durch P und A gehen. Nun muß P_ε einmal in dieser Operationsebene π liegen und dann nach Vorschrift auch in der Ebene ε, sie liegt also in der Schnittgeraden $\pi\varepsilon$ beider Ebenen. Damit ist die Lage und Richtung von P_ε bestimmt und deswegen auch diejenige von P_A, weil P mit seinen Komponenten durch den nämlichen Punkt gehen muß, also den Schnittpunkt von P mit P_ε. Durch einen Kräfteplan $\mathfrak{P} = \mathfrak{P}_A \widehat{+} \mathfrak{P}_\varepsilon$ ermittelt man noch die Zahlenwerte von P_A und P_ε, s. Abb. 547.

Sonderfälle der Elementaraufgabe des Kraftkreuzes:

I. Die Gerade $\pi\varepsilon$ ist parallel P. Die Lösung der Elementaraufgabe ermittelt immer zunächst die Operationsebene π, dann liegt P_ε in der Schnittgeraden $\pi\varepsilon$. P_ε und P schneiden sich in einem Punkt M, durch den auch P_A hindurch gehen muß. Wenn nun $\pi\varepsilon$ und damit auch P_ε parallel zu P ist, so liegt M im Unendlichen, es ist dann die Kraft P nach zwei parallelen Komponenten zu zerlegen, eine Aufgabe, die entweder zu lösen ist nach **39** mit Hilfe des Seilecks oder analytisch mit Anwendung des Hebelgesetzes.

II. Die Operationsebene π ist parallel zu ε. Es liegt P_ε in der Schnittgeraden $\pi\varepsilon$. Da beide Ebenen parallel sind, so liegt $\pi\varepsilon$ und damit auch P_ε im Unendlichen, die Aufgabe ist selbst wieder ein Sonderfall von I. Da hier die Komponente P_ε im Unendlichen liegt, wird $P_A = P$, dagegen P_ε unendlich klein. Es kommt diese Zerlegung darauf hinaus, daß man P parallel nach A verlegt; bei dieser Verlegung tritt ein Verlegungskräftepaar auf, das gleichwertig ist der unendlich fernen und unendlich kleinen Kraft P_ε.

Beispiel a) Die an dem Quader der Abb. 548 angreifenden Kräfte A, B, C fasse man zu einem Kraftkreuz zusammen.

$$A = B = C = 8000 \text{ kg}.$$

Die Kraft C zerlegt man in zwei Komponenten C_A und C_ε, deren eine durch einen Punkt A auf der Kraft A geht und deren andere in einer Ebene ε durch B liegt. Dann fasse man die beiden Kräfte A und C_A zu einer Resultierenden zusammen und ebenso die

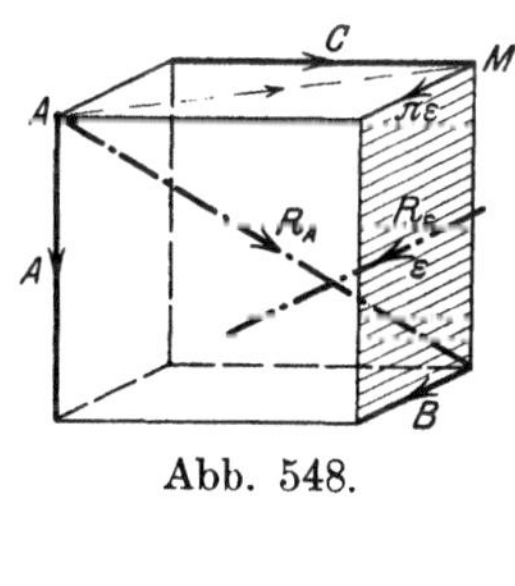

Abb. 548.

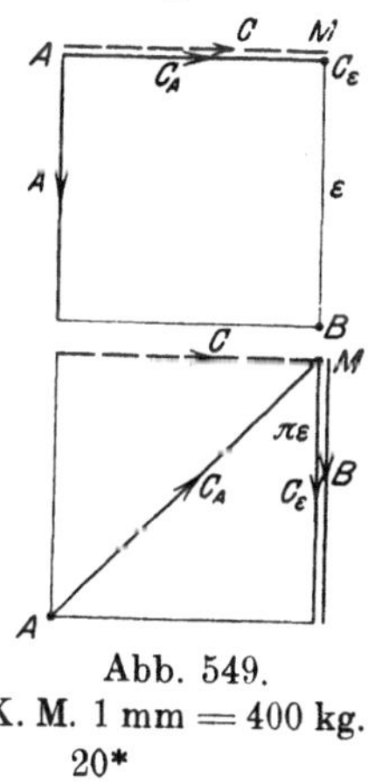

Abb. 549.
K. M. 1 mm = 400 kg.

beiden Kräfte B und C_ε. Die Operationsebene π durch C und A ist die obere Ebene des Quaders, sie schneidet die vorgeschriebene Ebene ε in der Geraden $\pi\varepsilon$, in der oberen rechten Kante des Quaders; sie ist die Wirkungslinie von C_ε. Die drei Kräfte C, C_A und C_ε müssen sich im nämlichen Punkt M schneiden, d. i. der hintere Endpunkt der Kante $\pi\varepsilon$. Dann ist AM die Wirkungslinie der Kraft C_A. C ist nun in die beiden Komponenten C_ε und C_A zu zerlegen; wenn man den Kräftemaßstab so wählt, daß C durch die hintere Kante dargestellt wird, dann stellt die Diagonale AM die Komponente C_A und die Kante $\pi\varepsilon$ die Komponente C_ε vor, siehe auch Grund- und Aufrißdarstellung der Aufgabe in Abb. 549. In dieser Abbildung ist dann noch die Zusammenfassung der Kräfte A und C_A zu einer Resultierenden R_A und der Kräfte B und C_ε zu einer Resultierenden R_ε vorzunehmen. Schließlich gibt Abb. 548 noch in axonometrischer Darstellung die beiden Kräfte R_A und R_ε, die beide ein Kraftkreuz bilden.

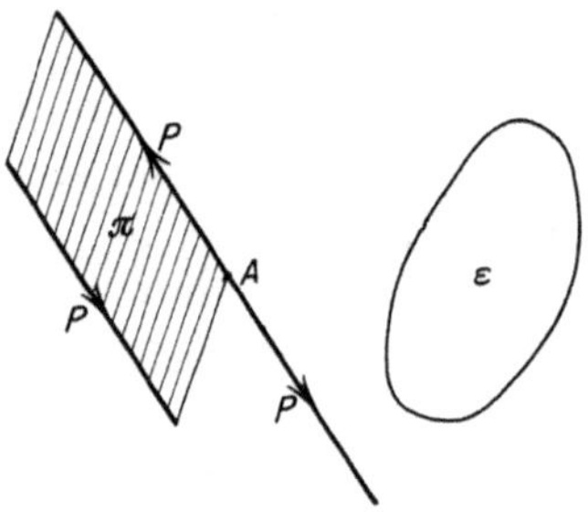

Abb. 550.

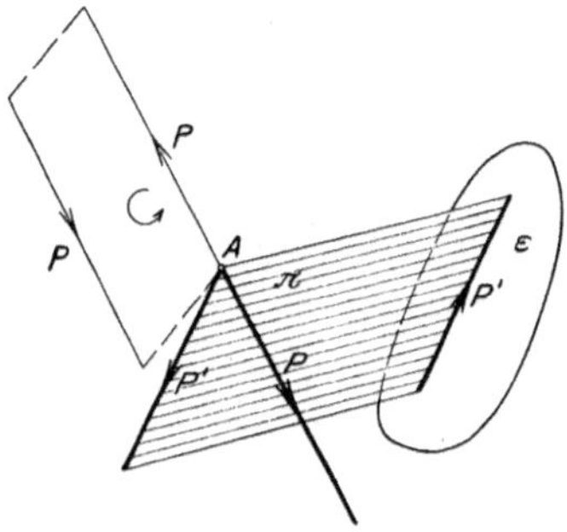

Abb. 551.

Die zweite Lösung der Elementaraufgabe des Kraftkreuzes verlegt P parallel nach A, s. Abb. 550. Das bei dieser Parallelverlegung entstehende Verlegungskräftepaar P, P wandelt man dann in seiner eigenen Ebene π so in ein anderes P', P' um, daß die eine Kraft P' in die Ebene ε zu liegen kommt (sie hat die Schnittgerade von π und ε als Wirkungslinie), die andere Kraft P' aber immer noch durch den Punkt A geht, s. Abb. 551. Dann liegt in der Ebene ε eine Kraft $P' = P_\varepsilon$, durch den Punkt A gehen zwei Kräfte P und P', die man zur gesuchten Kraft P_A zusammenfassen wird.

Im Sonderfall, wenn nämlich die Ebene π des Verlegungskräftepaares parallel der vorgeschriebenen Ebene ε ist, wird man das entstehende Kräftepaar P, P in diese parallele Ebene ε verlegen und in ihr durch eine unendlich kleine und gleichzeitig unendlich ferne Kraft P_ε ersetzen. (Natürlich ist das nur eine Sprechweise, nur zu dem Zweck gebraucht, um der gestellten Aufgabe zu genügen; in der Praxis rechnet man nicht mit diesen unendlich kleinen Kräften, sondern mit dem Kräftepaar selbst bzw. seinem Moment.)

Beispiel b) Man wende das eben angegebene Verfahren auf das vorausgehende Beispiel an.

Man verlegt die Kraft C nach dem Punkt A und erhält dabei das in der Abb. 552 durch die schraffierte Fläche gegebene Kräftepaar C, C, sowie die durch den doppelten Pfeil gekennzeichnete Einzelkraft C, die durch den vorgeschriebenen Punkt A geht. Das Kräftepaar C, C dreht man in seiner Ebene um 90^0 und verwandelt es in das gleichwertige Kräftepaar C', C', dessen eine Kraft durch den vorgeschriebenen Punkt A geht und dessen andere in der vorgeschriebenen Ebene ε liegt.

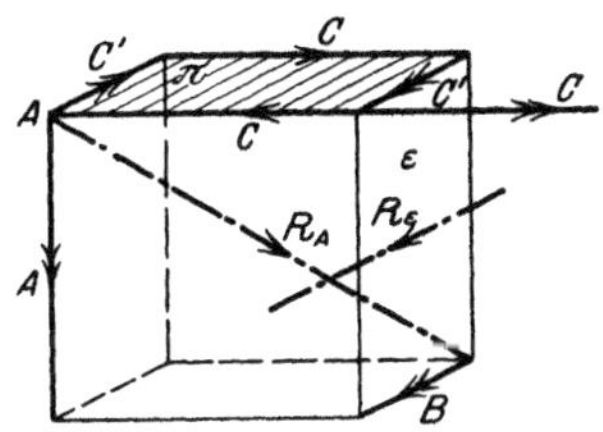

Abb. 552.

Dann faßt man die drei Kräfte A, C', C, alle durch den doppelten Pfeil ausgezeichnet, zu einer Resultierenden R_A zusammen, und ebenso die Kräfte C' und B, die in der Ebene ε liegen, zu einer Resultierenden R_ε.

77. Ein beliebiges Kräftesystem läßt sich im allgemeinen nicht auf eine resultierende Einzelkraft zurückführen, aber wenigstens auf ein Kraftkreuz, wie gleich entwickelt werden soll. Man spricht dann vom resultierenden Kraftkreuz, weil es das gegebene Kräftesystem in seiner Kräftewirkung vollständig ersetzt.

Die Aufsuchung des resultierenden Kraftkreuzes ist im besonderen Falle der Beisp. 76a) und 76b) schon durchgeführt. Im allgemeinen ist durch die vorausgehende Nummer der Weg schon angedeutet. Man wählt die bestimmenden Elemente A und ε willkürlich, natürlich passend. Dann wendet man auf jede Einzelkraft P_i des Systems die Elementaraufgabe an, d. h. man zerlegt P_i in zwei Komponenten P_{iA} und $P_{i\varepsilon}$ und erhält damit statt des gegebenen Systems $P_1, P_2, \ldots P_n$ die zwei Komponentensysteme

$$P_{1A}, P_{2A}, \ldots P_{nA} \quad \text{und} \quad P_{1\varepsilon}, P_{2\varepsilon}, \ldots P_{n\varepsilon}.$$

Die Komponenten P_{iA} des ersten Systems gehen alle durch den Punkt A und lassen sich zu einer Resultierenden R_A zusammenfassen, die Komponenten $P_{i\varepsilon}$ des zweiten Systems liegen alle in der nämlichen Ebene ε und lassen sich durch eine Resultierende R_ε ersetzen. Der Verein von R_A und R_ε, die im allgemeinen windschief sind, ist das resultierende Kraftkreuz.

Selbstverständlich werden in Sonderfällen einzelne der Komponenten P_{iA} oder $P_{i\varepsilon}$ den Wert Null haben. Wenn nämlich von

Anfang an eine der Kräfte des gegebenen Systems, etwa P_l, bereits in der gegebenen Ebene ε liegt, dann ist eben diese Kraft P_l mit ihrer Komponente $P_{l\varepsilon}$ identisch und P_{lA} hat den Wert Null.

Wenn ein gegebenes Kräftesystem vorliegt, so wird man als Punkt A praktisch denjenigen wählen, durch den bereits viele Kräfte des Systems hindurchgehen, weil man dann diese Kräfte nicht mehr in Komponenten zerlegen muß, und ebenso wird man als Ebene ε mit Vorteil diejenige wählen, in der bereits mehrere Kräfte liegen.

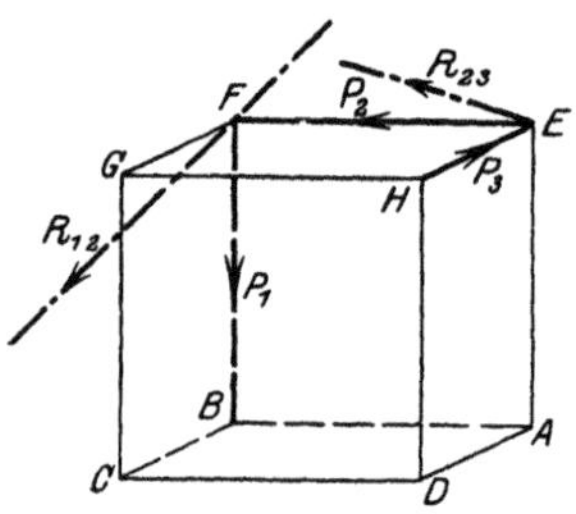

Abb. 553.

Beispiel a) Die an dem Würfel der Abb. 553 angreifenden Kräfte P_1, P_2, P_3 fasse man zu einem Kraftkreuz zusammen.

Es wäre hier unpraktisch, die Elementaraufgabe anzuwenden, weil von den drei Kräften zwei durch den gleichen Punkt E bzw. F gehen. Man faßt P_1 und P_2 zu einer Resultierenden R_{12} zusammen, dann ist der Verein von P_3 und R_{12} ein resultierendes Kraftkreuz. Oder man faßt P_2 und P_3 zu einer Resultierenden R_{23} zusammen, dann ist der Verein von P_1 und R_{23} gleichfalls ein resultierendes Kraftkreuz.

Beispiel b) Man fasse das am Würfel der Abb. 554 angreifende Kräftesystem zu einem resultierenden Kraftkreuz zusammen. Die Kräfte P haben alle den Wert 8000 kg.

Man wählt den Punkt F und die vordere Ebene $CDGH$ als Träger der Wirkungslinien des Kraftkreuzes. P_1 und P_2 gehen bereits durch den Punkt F, es ist

$$P_{1F} = P_1, \quad P_{1\varepsilon} = 0, \quad P_{2F} = P_2, \quad P_{2\varepsilon} = 0.$$

Die dritte Kraft zerlegt man in P_{3F} und $P_{3\varepsilon}$. Die Operationsebene π_3 geht durch P_3 und F, sie ist die obere Ebene $EFGH$. Die Schnittgerade $\pi\varepsilon$ geht durch die Kante GH, also liegt $P_{3\varepsilon}$ in dieser Kante; $P_{3\varepsilon}$ und P_3 schneiden sich im Punkt M_3, hier im Punkt H. Durch ihn muß P_{3F} gehen, in der Abb. 554 sind $P_{3\varepsilon}$ und P_{3F} durch gestrichelte Linien gekennzeichnet. Man zerlegt P_3 nach den zwei Komponenten mit einem einfachen Kräfteplan. Die Kraft P_4 liegt bereits in der Ebene ε, es ist $P_{4F} = 0$, $P_{4\varepsilon} = P_4$.

Nun faßt man P_{1F}, P_{2F}, P_{3F} zu einer Resultierenden R_F zusammen, und ebenso $P_{3\varepsilon}$ und $P_{4\varepsilon}$ zu einer Resultierenden R_ε. In Abb. 555 ist die Lösung mit den Hilfsmitteln der darstellenden Geometrie gegeben, die in der Ebene ε liegenden Kräfte sind durch doppelte Pfeile bezeichnet, die axonometrischen Zeichnungen der

Abb. 554 unterstützen den Gedankengang. Man findet $R_F = 19\,700$ kg, $R_\varepsilon = 16\,000$ kg.

Beispiel c) Falls ein Kräftesystem überhaupt eine Resultierende hat, gibt es immer nur eine einzige. Man frägt sich: Gibt es auch nur ein einziges Kraftkreuz zu einem gegebenen Kräftesystem? Das vorausgehende Beisp. a) gibt bereits eine Antwort; man konnte zu einem gegebenen Kräftesystem zwei verschiedene Kraftkreuze konstruieren. Allgemein überlegt man: eine Kraft im Raum oder ein Vektor im Raum ist erst durch fünf Zahlenangaben vollständig bestimmt. Es gibt also im Raum ∞^5 verschiedene Vektoren und damit auch Kräfte. Ein Kraftkreuz setzt sich aus zwei Kräften zusammen, es ist daher erst durch zehn Zahlenangaben vollständig bestimmt; im Raum gibt es also ∞^{10} verschiedene Kraftkreuze. Wenn nun ein Kräftesystem gegeben ist und durch ein Kraftkreuz ersetzt werden soll, so kann man sechs Bedingungen über den Zusammenhang dieses Kraftkreuzes mit dem gegebenen Kräftesystem anschreiben, so daß noch vier Zahlenangaben notwendig sind, um ein bestimmtes Kraftkreuz zu erhalten. Es gibt somit zu einem gegebenen Kräftesystem ∞^4 verschiedene Kraftkreuze, die alle einander gleichwertig sind, weil ja jedes einzelne das gegebene Kräftesystem in seiner Kräftewirkung ersetzt. Man merke:

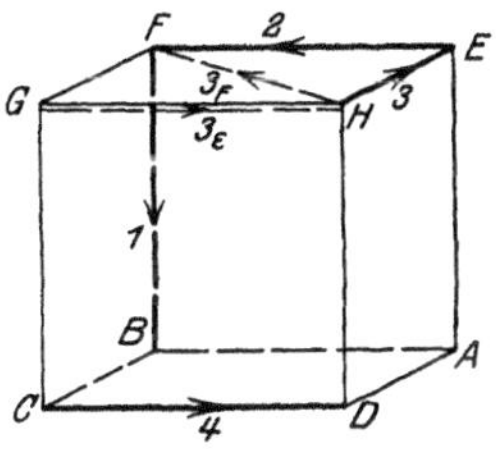

Abb. 554.

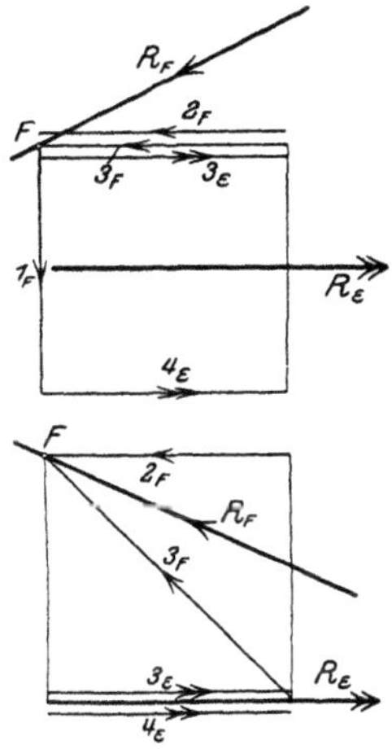

Abb. 555.
K. M. 1 mm = 400 kg.

Zu einem gegebenen Kräftesystem gibt es ∞^4 resultierende Kraftkreuze, die alle einander gleichwertig sind. (a)

Man kann somit dem zu einem gegebenen Kräftesystem gewünschten Kraftkreuz vier Bedingungen vorschreiben. In der Elementaraufgabe für die Kraftkreuzkonstruktion sind beispielsweise bereits vier solcher Bedingungen enthalten; man hat der einen Resultierenden R_A einen bestimmten Punkt A vorgeschrieben und der anderen Resultierenden R_ε eine bestimmte Ebene ε. Wenn man aber einer Wirkungslinie einen Punkt vorschreibt, so hat man damit zwei Bedingungen gegeben, und ebenso zwei Bedingungen, wenn man ihr vorschreibt, sie soll in einer bestimmten Ebene liegen.

Eine Gerade im Raum hat vier Freiheitsgrade, sie ist durch vier Bedingungen bestimmt. Wenn man also für die eine Wirkungslinie R_l des Kraftkreuzes eine bestimmte Gerade l vorschreibt, so muß damit die andere R_l' vollständig bestimmt sein. Die Lösung der Aufgabe erfolgt am einfachsten, wenn man die Kräfte auf eine Ebene senkrecht zu R_l projiziert.

Ebenso kann man der einen Wirkungslinie R_1 einen Punkt A vorschreiben und der zweiten R_2 die Richtung, dann muß das Kraftkreuz dadurch vollständig bestimmt sein. Durch die erste Vorschrift für R_1 sind zwei Zahlenangaben gemacht, ebenso durch die zweite Vorschrift zwei für R_2.

Oder man schreibt der ersten Wirkungslinie R_1 vor, daß sie in einer bestimmten Ebene ε liegen soll, und der zweiten R_2 eine bestimmte Richtung. Auch dadurch ist das Kraftkreuz vollständig bestimmt.

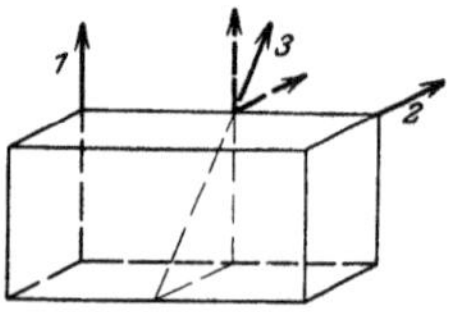

Abb. 556.

Aufgabe a) Man fasse die drei Kräfte P_1, P_2, P_3 der Abb. 556 zu einem Kraftkreuz zusammen.

Lösung: Am einfachsten zerlegt man P_3 in zwei Komponenten P_3' und P_3'' parallel zu P_1 und P_2. Dann ist die Resultierende Q_1 von P_1 und P_3' die eine Kraft des Kraftkreuzes und die Resultierende Q_2 von P_3'' und P_2 die andere; $Q_1 = P_1 + P_3'$, $Q_2 = P_2 + P_3''$.

Aufgabe b) An dem Quader der Abb. 557a mit den Kanten a, a, $2a$ greifen die Kräfte $P_1 = P_3 = 2P$, $P_2 = P_4 = P_5 = P_6 = P$ an. Man fasse das Kräftesystem zu einem Kraftkreuz zusammen, dessen eine Wirkungslinie durch den Punkt A geht und dessen andere in der vorderen Ebene ε liegt. $P = 1000$ kg.

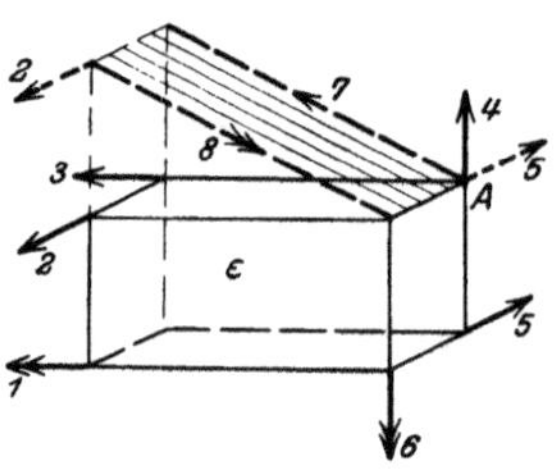

Abb. 557a.

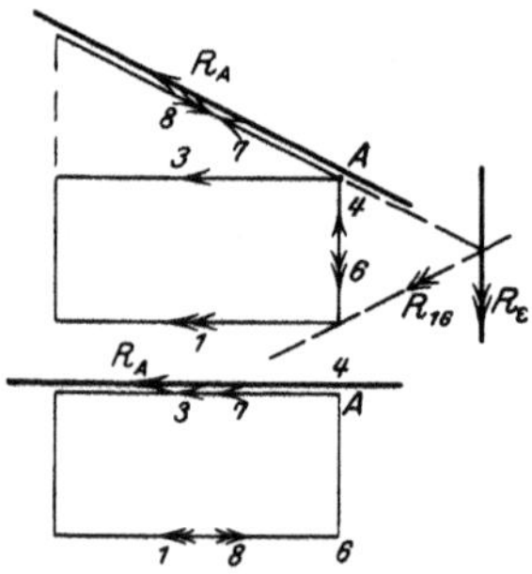

Abb. 557b. K. M. 1 mm = 100 kg.

Lösung: P_3 und P_4 gehen bereits durch den Punkt A, brauchen also nicht mehr zerlegt werden; ebenso liegen P_1 und P_6 bereits in der Ebene ε. Das Kräftepaar P_2, P_5 hebt man zunächst um a und wandelt es dann in ein anderes P_7, P_8 so um, daß P_7 durch den Punkt A geht und P_8 in der Ebene ε liegt. Dann ist R_A die Resultierende aus P_3, P_4, P_7 und R_ε die Resultierende aus P_1, P_6, P_8, s. Abb. 557b. Es wird $R_A = 2000\sqrt{5}$ kg, $R_\varepsilon = 2000$ kg.

Aufgabe c) Man wandle das Kraftkreuz P_1, P_2 der Abb. 558 in ein anderes R_1, R_2 um, dessen eine Wirkungslinie R_1 so vorgeschrieben ist, wie die Abbildung angibt. $P_1 = 3000$ kg, $P_2 = 6000$ kg.

Lösung: Wenn man den Pfeil von R_1 und vom gesuchten R_2 umdreht, so sind P_1, P_2, R_1, R_2 im Gleichgewicht. Dann sind auch die Projektionen dieses Kräftesystems im Aufriß, Grundriß und Seitenriß im Gleichgewicht. Man benützt den Dreikräftesatz, um in jedem der drei Risse eine Aussage über die Lage von R_2 machen zu können, s. Abb. 559. Im Aufriß schneiden sich P_2, R_1 und R_2 im Punkt S_1, der also auf der Kante FG liegt; im Grundriß haben P_1, R_1, R_2 den Punkt S_2 gemeinsam, im Seitenriß P_1, P_2, R_2 den Punkt S_3. In diesem Riß kann man R_2 als einzige Unbekannte ermitteln. Man weiß, daß R_2 die Kante FG im Punkt S_1 schneidet; diesen Punkt S_1 projiziert man vom Seitenriß hinüber zum Grundriß und erhält in ihm so die Richtung von R_2; in entsprechender Weise erhält man die Richtung von R_2 im Aufriß.

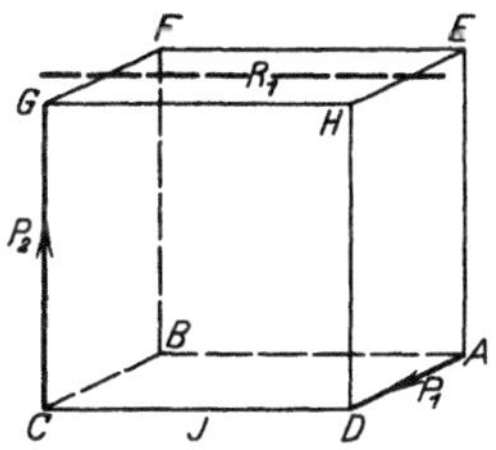

Abb. 558.

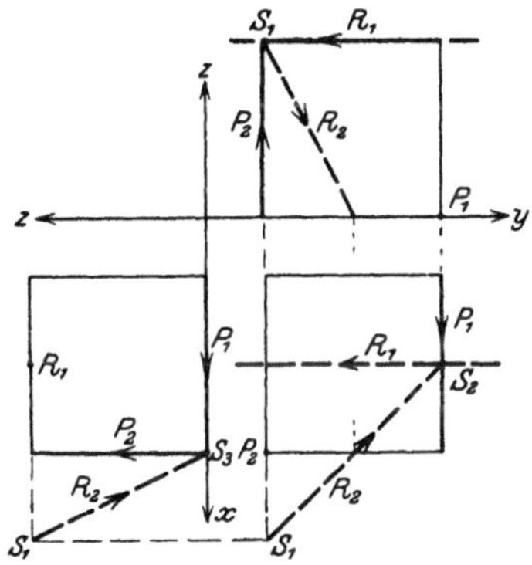

Abb. 559.

Mit einem Krafteck ermittelt man die gesuchten Kräfte R_1 und R_2 im Grund und Aufriß und dann die wahre Größe. $R_1 = 3000$ kg, $R_2 = 7350$ kg. Die Pfeile sind dann noch verkehrt zu nehmen, wie sie durch Erfüllung der Gleichgewichtsbedingungen im Kräfteplan gefunden wurden.

78. In der Praxis wird die Kraftkreuzaufgabe, meist ohne daß man überhaupt diesen Namen anwendet, gewöhnlich folgendermaßen ausgeführt: Man wählt einen beliebigen Punkt A (zuweilen „Reduktionszentrum" genannt) passend aus und verlegt alle Kräfte P_1, $P_2, \ldots P_n$ dorthin; bei jeder solchen Verlegung einer Kraft P_i entsteht ein Verlegungskräftepaar M_i; dann faßt man die verlegten Kräfte, die jetzt alle durch den Punkt A gehen, zu einer Resultierenden (auch „Reduktionsresultante" genannt)

$$\mathfrak{G} = \Sigma \mathfrak{P}$$

zusammen; und alle Kräftepaare, deren jedes ja durch seinen Momentenvektor $\mathfrak{M}_i$ vollständig bestimmt ist, zu einem resultierenden Kräftepaar oder resultierenden Momentenvektor

$$\mathfrak{M} = \Sigma\, \mathfrak{M}.$$

Dieses in der Praxis meist angewandte Verfahren, Kräfte im Raum zusammenzufassen, ist tatsächlich ein Sonderfall der vorher geschilderten allgemeinen Kraftkreuzaufgabe. Wählt man nämlich den Punkt A so wie eben getan und als Ebene ε die unendlich ferne Ebene, so liegt die Schnittgerade $\pi\varepsilon$ jedesmal im Unendlichen. Jede Einzelkraft P_i ist sonach zu zerlegen in zwei Komponenten, deren eine durch den Punkt A geht und deren andere im Unendlichen liegt und deswegen unendlich klein wird, d. h. ein Kräftepaar vorstellt. Damit ist aber nichts anderes verlangt, als daß P_i nach dem Punkt A verlegt werden soll.

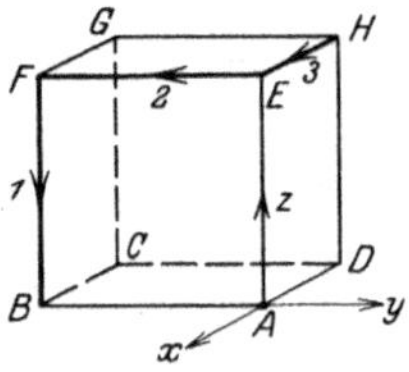

Abb. 560.

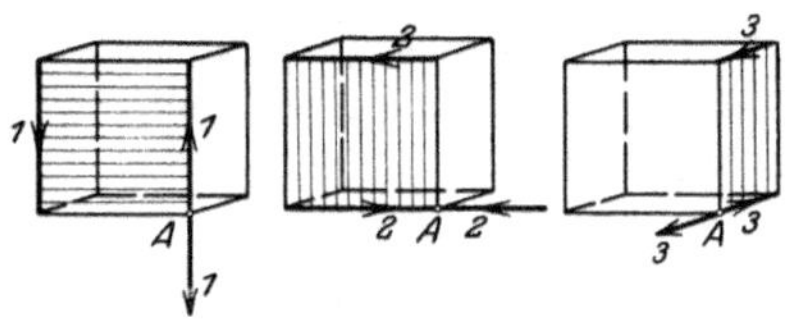

Abb. 561.

Beispiel a). Die an dem Würfel der Abb. 560 angreifenden Kräfte P_1, P_2, P_3 verlege man alle in den Punkt A. Dann fasse man alle Kräfte im Punkt A zu einer Resultierenden R und alle Verlegungskräftepaare zu einem resultierenden Moment M zusammen. Würfelkante $a = 1$ m, $P_1 = P_2 = P_3 = 300$ kg. Vorgeschrieben: K. M. 1 mm = 5 kg, M. M. 1 mm = 50 mkg.

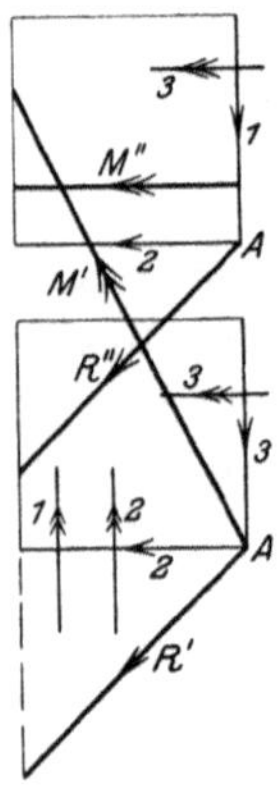

Abb. 562.
L. M. 3 : 200;
K. M. 1 mm = 20 kg;
M. M. 1 mm = 20 mkg.

Bei der Verlegung von P_1 nach A entsteht das Kräftepaar $M_1 = 300$ mkg mit einem Momentenvektor entgegengesetzt der x-Richtung, s. Abb. 561. Bei der Verlegung von P_2 hat der Vektor M_2 des entstehenden Verlegungskräftepaares gleichen Zahlenwert und gleiche Richtung wie M_1. Bei der Verlegung von P_3 ist der Momentenvektor M_3 entgegengesetzt gerichtet der y-Achse und hat den Zahlenwert $M_3 = 300$ mkg. In Abb. 561 sind die in den Punkt A verlegten Kräftepaare dargestellt, in Abb. 562 die verlegten Kräfte P_1, P_2, P_3 und die Momentenvektoren M_1, M_2, M_3, (letztere kenntlich durch doppelte Pfeile, die Lage ist natürlich beliebig) eingetragen und die Resultierenden R und M ermittelt. $R = 515$ kg, $M = 675$ mkg.

Wenn der Punkt A nicht vorgeschrieben wäre, würde man praktischer die Kräfte entweder in den Punkt F verlegen, wo bereits die Kräfte P_1 und P_2 angreifen; man müßte dann nur mehr P_3 dorthin verlegen; oder man wählt den Punkt E, an dem bereits P_2 und P_3 angreifen, und verlegt nur mehr P_1 dorthin.

Beispiel b) Können drei windschiefe Kräfte im Gleichgewicht sein?

Nein, denn wenn das möglich wäre, könnte man durch zwei von ihnen eine Achse legen, die die dritte Kraft nicht schneidet; dann müßte für diese Achse das Drehmoment aller Kräfte 0 sein, was nicht zutrifft, da die beiden ersten Kräfte überhaupt keinen Beitrag zur Momentengleichung liefern, die dritte Kraft aber einen von Null verschiedenen. Die drei im Gleichgewicht befindlichen Kräfte müssen also in der nämlichen Ebene liegen.

Aufgabe a) Wie müssen drei Kräfte im Raum liegen, wenn sie im Gleichgewicht sind?

Eben wurde entwickelt, daß sie in der nämlichen Ebene liegen müssen. Kräfte der nämlichen Ebene haben stets eine Resultierende, man kann sonach P_1 und P_2 zu einer solchen, die mit R bezeichnet sei, zusammenfassen. R muß mit P_3 im Gleichgewicht sein, beide müssen deswegen in der nämlichen Geraden liegen, d. h. P_3 geht durch den Schnittpunkt von P_1 und P_2. Damit ist für jede beliebige Lage der Dreikräftesatz bewiesen.

Aufgabe b) Können vier windschiefe Kräfte im Gleichgewicht sein?

Ja; man denke sich ein Kraftkreuz P_1, P_2 und dieses dann in ein anderes Q_1', Q_2' umgewandelt, so zwar, daß Q_1' mit P_1 und P_2 windschief ist, was ja immer möglich ist, da man die Wirkungslinie von Q_1' beliebig vorschreiben kann. Dann nehme man statt der beiden Kräfte Q_1' und Q_2' ihre entgegengesetzt gleichen, die mit Q_1 und Q_2 bezeichnet seien, d. h. man kehre einfach die Pfeile von Q_1' und Q_2' um, es müssen dann die Kräfte P_1, P_2, Q_1, Q_2 miteinander im Gleichgewicht sein. Von diesen vier Kräften sind zwei windschief, nämlich P_1 und P_2, da sie ja ein Kraftkreuz bilden, aus dem gleichen Grund Q_1 und Q_2, nach Konstruktionsvorschrift aber auch P_1 und Q_1, sowie P_2 und Q_1; es könnte also höchstens Q_2 mit P_1 (oder P_2) sich schneiden. Dann könnte man für diese beiden eine Resultierende R einführen, die mit P_2 und Q_1 (bzw. P_1 und Q_1) im Gleichgewicht wäre und also mit ihnen in der gleichen Ebene läge, was der Konstruktionsvorschrift von Q_1 widerspricht.

Aufgabe c). Man ersetze das Kräftesystem der Abb. 557a auf die einfachst mögliche Weise durch eine gleichwertige Gruppe von zwei Kräften.

Lösung. Es bilden P_4 und P_6 ein Kräftepaar $K_1 = Pa$, ebenso P_2 und und P_5 ein solches $K_2 = Pa\sqrt{5}$. Beide kann man zu einem resultierenden Moment $K = 2Pa\sqrt{2}$ zusammenfassen, ebenso die beiden Kräfte P_1 und P_3 zu einer Resultierenden $G = 4P$, s. Abb. 563. Dann bildet der Verein von G und K einen gleichwertigen Ersatz für das gegebene Kräftesystem; das Kräftepaar K ist als unendlich kleine im Unendlichen liegende Kraft zu betrachten.

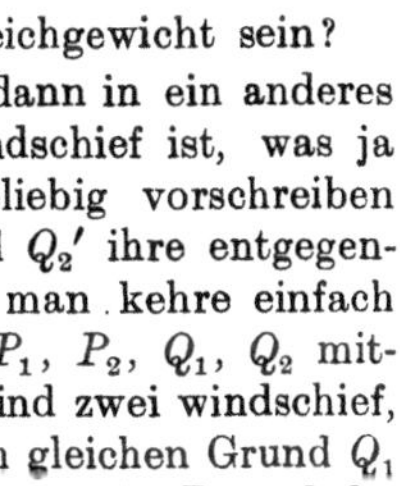

Abb. 563.

79. Eine Kraft hat eine zweifache Bewegungswirkung; sie sucht den Körper, an dem sie angreift, zu verschieben und gleichzeitig zu drehen, sie hat also eine Schiebungs- und eine Drehwirkung, oder in anderer Ausdrucksweise, sie hat eine Translations- und eine Rotationswirkung. Greift die Kraft an einem materiellen Punkt an, so ist ihre Wirkung an diesem selbstverständlich nur eine Schiebungswirkung. Diese ist nur bedingt durch Zahlenwert und Richtung der Kraft und deswegen vollständig ausgedrückt, wenn man die Kraft als Vektor kennt, weil ja im Begriff Vektor Zahlenwert und Richtung enthalten ist. Auf die Schiebungswirkung ist also die Lage der Kraft ohne jeden Einfluß.

Die Schiebungswirkung einer Kraft P_i ist durch die Angabe des Vektors $\mathfrak{P}_i$ oder seiner drei Komponenten X_i, Y_i, Z_i in den Grundrichtungen eines räumlichen Koordinatensystems vollständig bestimmt. Man kann diese drei bestimmenden Größen auch als die statischen Koordinaten der Schiebungswirkung einer Kraft bezeichnen, eben in dem Sinne, daß durch ihre Angabe die Schiebungswirkung vollständig bestimmt ist.

Dagegen ist für die Drehwirkung einer Kraft P_i bezüglich eines (wirklichen oder gedachten) Drehpunktes O die Lage dieser Kraft gegenüber dem Drehpunkt ebenso von Bedeutung wie ihr Zahlenwert. Die Drehwirkung einer Kraft P_i wird ja durch ihr Moment bestimmt und dieses Moment K_i für einen bestimmten Drehpunkt ist gleich dem Produkt aus der Kraft und ihrem Dreharm. Je weiter die Kraft also vom Drehpunkt O entfernt ist, desto größer ist auch ihre Drehwirkung. Man beachte aber, daß zur vollständigen Beschreibung der Drehwirkung nicht nur die Kenntnis ihrer Intensität gehört, sondern auch die Kenntnis, um welche Achse im Raum die Drehung vor sich geht. Die Drehwirkung oder das Moment einer Kraft ist eben ein Vektor, der erst durch Angabe von Zahlenwert und Richtung vollständig bestimmt ist, oder was das gleiche ist, durch Angabe seiner Komponenten in den drei Grundrichtungen eines räumlichen Koordinatensystems. Nach (25 m) sind die Komponenten L_i, M_i, N_i dieses Vektors K_i gegeben durch die Formel

$$L_i = Y_i z_i - Z_i y_i, \quad M_i = Z_i x_i - X_i z_i, \quad N_i = X_i y_i - Y_i x_i, \qquad \text{(a)}$$

wo X_i, Y_i, Z_i die Komponenten der wirkenden Kraft P_i und x_i, y_i, z_i die Koordinaten ihres Angriffspunktes sind, vorausgesetzt, daß der Drehpunkt zum Nullpunkt eines räumlichen Koordinatensystems gemacht wird. Diese drei bestimmenden Größen L_i, M_i, N_i kann man auch als die statischen Koordinaten der Drehwirkung einer Kraft für den vorgeschriebenen Punkt O bezeichnen, in dem Sinne, daß durch ihre Angabe die Drehwirkung der Kraft vollständig bestimmt ist.

Die Gesamtwirkung einer Kraft im Sinne der Mechanik setzt sich zusammen aus einer Schiebungs- und einer Drehwirkung. Sie ist somit durch die sechs Größen X_i, Y_i, Z_i, L_i, M_i, N_i vollständig bestimmt. Man nennt sie deswegen auch die **statischen Koordinaten der Kraft** P_i.

Beispiel a) Man stelle die sechs statischen Koordinaten einer Kraft P an Hand der Abb. 564 dar.

P wird zunächst in seinem Angriffspunkt A mit den Koordinaten x, y, z in die Komponenten X, Y, Z längs der drei Grundrichtungen zerlegt, und dann jede dieser Komponenten nach dem Nullpunkt O verlegt. Beispielsweise wird man die Komponente X so verlegen, daß man zuerst im Punkt A' die beiden entgegengesetzt gleichen Kräfte X und X' anbringt. Die Kraft X im Punkt A und X' bilden ein Kräftepaar, dessen Momentenvektor entgegengesetzt der y-Richtung geht; in der Abbildung ist das Kräftepaar durch die schraffierte Fläche und den Momentenvektor M_y' gekennzeichnet; der Zahlenwert ist $M_y' = -Xz$, wo das $-$-Zeichen den Richtungssinn des Kräftepaares angibt. Die Kraft X im Punkt A' wird weiter in den Punkt A'' verlegt, und zwar in der Weise, daß man an diesem Punkt die entgegengesetzt gleichen Kräfte X und X'' anbringt. Die Kraft X im Punkt A' und X'' bilden wieder ein Kräftepaar, dessen Momentenvektor M_z'' in Richtung der z-Achse läuft, der Zahlenwert ist $M_z'' = Xy$. Die Kraft X greift jetzt am Punkt O an, denn man kann sie ja auf der x-Achse verschieben.

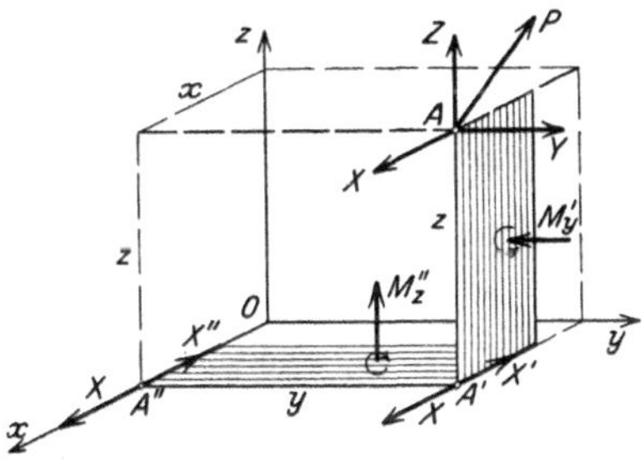

Abb. 564.

Genau so verlegt man auch die Komponenten Y und Z zum Punkt O, man erhält dann jedesmal zwei Kräftepaare mit Momentenvektoren parallel den Achsenrichtungen. Die Zahlenwerte ergeben sich durch einfache zyklische Vertauschung der Komponenten X, Y, Z und der Koordinaten x, y, z. Es sind bei der Verlegung von

$$X \qquad\qquad Y \qquad\qquad Z$$

die Verlegungskräftepaare

$$M_y' = -Xz, \qquad M_z' = -Yx, \qquad M_x' = -Zy,$$

$$M_z'' = +Xy, \qquad M_x'' = +Yz, \qquad M_y'' = +Zx,$$

so daß bei der Verlegung von P nach dem Punkt O entstanden sind die drei Kräftepaare

$$L = M_x' + M_x'', \qquad M = M_y' + M_y'', \qquad N = M_z' + M_z''$$

oder

$$L = Yz - Zy, \qquad M = Zx - Xz, \qquad N = Xy - Yx.$$

Beispiel b) Darf man die sechs Koordinaten einer Kraft P beliebig wählen, um eine bestimmte Kraft zu erhalten?

Nein, denn man weiß, daß eine Kraft oder allgemein ein Vektor im Raum durch fünf Zahlenangaben vollständig bestimmt ist. Eine Gerade hat im Raum vier Freiheitsgrade (Math. I 197), und auf dieser Geraden hat eine Kraft, da sie ja in ihr beliebig verschoben werden kann, einen einzigen Freiheitsgrad, eine Kraft im Raum also fünf Freiheitsgrade. Es muß deswegen zwischen den sechs Koordinaten einer Kraft noch ein Zusammenhang bestehen, und zwar ist dieser gegeben durch die Formel

$$XL + YM + ZN = 0, \tag{b}$$

wie eine einfache Ausrechnung sofort ersehen läßt.

Beispiel c) Die Komponenten einer Kraft $P = 120$ kg in den drei Grundrichtungen eines räumlichen Koordinatensystems verhalten sich wie $1:2:2$ und sind positiv; ihr Angriffspunkt ist $A = 3 \mid 1 \mid 2$. Gesucht sind ihre statischen Koordinaten, wenn man den Nullpunkt als gedachten Drehpunkt wählt.

Nach Angabe ist $X = 1\varrho$, $Y = 2\varrho$, $Z = 2\varrho$ und deswegen $P = \varrho\sqrt{1+4+4} = 3\varrho$; weil $P = 120$ kg gegeben, wird $\varrho = 40$ kg. Es sind dann die statischen Koordinaten der Schiebungswirkung

$$X = 40 \text{ kg}, \qquad Y = 80 \text{ kg}, \qquad Z = 80 \text{ kg}.$$

Die statischen Koordinaten der Drehwirkung L, M, N sind nach (a), weil der Dreharm vom Nullpunkt zum Angriffspunkt A geht und somit hier $x = 3$, $y = 1$, $z = 2$, in mkg

$$L = 80 \cdot 2 - 80 \cdot 1, \quad M = 80 \cdot 3 - 40 \cdot 2, \quad N = 40 \cdot 1 - 80 \cdot 3$$

oder

$$L = +80 \text{ mkg}, \qquad M = +160 \text{ mkg}, \qquad N = -200 \text{ mkg}.$$

Als Kontrolle wendet man die letzte Formel (b) an,

$$+80 \cdot 40 + 160 \cdot 80 - 200 \cdot 80 = 0.$$

Aufgabe a) Auf der im Raum durch das Gleichungspaar

$$y = 0{,}5\,x + 4 \qquad z = -x + 5$$

gegebenen Geraden liegt eine Kraft P mit der Komponente -20 kg in der x-Richtung. Man gebe ihre sechs statischen Koordinaten an, wenn man sich den Nullpunkt als Drehpunkt denkt.

Lösung: Die Gerade hat (Math. I 221) die Richtungskoeffizienten

$$\cos\alpha : \cos\beta : \cos\gamma = 1 : 0{,}5 : -1 = 2 : 1 : -2.$$

Die nämlichen Richtungskoeffizienten hat auch die untersuchte Kraft P, also ist $X:Y:Z = 2:1:-2$; wegen $X = -20$ kg wird $Y = -10$ kg, $Z = 20$ kg und $P = 30$ kg.

x_i, y_i, z_i sind die Projektionen des Vektors r vom Drehpunkt O zum Angriffspunkt A der Kraft, hier also die Koordinaten dieses Angriffspunktes A, weil der Nullpunkt als Drehpunkt vorausgesetzt ist. Der Angriffspunkt A kann auf der Geraden beliebig gewählt werden, da ja die Kraft auf der Geraden verschoben werden kann. Wählt man sein $x = \xi$, so wird wegen der gegebenen Geradengleichung

$$x_i = \xi, \qquad y_i = 0{,}5\,\xi + 4, \qquad z_i = -\xi + 5$$

und deswegen in mkg

$$L = -10\,(5 - \xi) - 20\,(0{,}5\,\xi + 4),$$

$$M = 20\,\xi + 20\,(5 - \xi), \qquad N = -20\,(0{,}5\,\xi + 4) + 10\,\xi$$

oder

$$L = -130, \qquad M = 100, \qquad N = -80.$$

Die sechs Koordinaten der untersuchten Kraft sind also

$$X = -20\text{ kg}, \quad Y = -10\text{ kg}, \quad Z = 20\text{ kg}, \quad L = -130\text{ mkg}, \quad M = 100\text{ mkg},$$
$$N = -80\text{ mkg}.$$

Diese Koordinaten L, M, N müssen naturgemäß unabhängig vom Angriffspunkt A der Kraft sein; als Kontrolle dient, daß die eingeführte Größe ξ hinausgefallen ist. Eine weitere Kontrolle besteht in der Aufstellung der Beziehung (b), hier

$$-130 \cdot -20 + 100 \cdot -10 - 80 \cdot 20 = 0.$$

Aufgabe b) Die Beziehung (b) läßt sich mit Anwendung von Vektoren einfach anschreiben und auch entwickeln. Beweis!

Lösung: X, Y, Z sind die Komponenten der Kraft P, und L, M, N diejenigen des Kräftepaares oder Momentes K. Es ist nach (22e)

$$\mathfrak{P}\mathfrak{K} = XL + YM + ZN,$$

so daß also die Beziehung (b) auch in der Form

$$\mathfrak{P}\mathfrak{K} = 0$$

anzuschreiben ist. Diese Beziehung ist übrigens unmittelbar einzusehen, da ja bei jeder Verlegung der Kraft P die Ebene des entstehenden Verlegungskräftepaares parallel ist zu P, oder in anderer Ausdrucksweise: der Vektor K des Verlegungskräftepaares ist senkrecht zur verlegten Kraft P.

*** 80.** Die Schiebungswirkung einer Kraft P_i ist durch die Angabe des Vektors $\mathfrak{P}_i$ oder seiner drei Komponenten X_i, Y_i, Z_i in den Grundrichtungen eines räumlichen Koordinatensystems vollständig bestimmt. Da für die Schiebungswirkung die Lage der Kraft ohne Einfluß ist, so wird ein Kräftesystem die gleiche Schiebungswirkung haben, wenn man alle Kräfte in den nämlichen Punkt A verlegt; die dorthin verlegten Kräfte lassen sich in ihrer gesamten Wirkung definitionsgemäß vollständig durch ihre graphische Summe (auch Reduktions-Resultante genannt) ersetzen, so daß die Schiebungs- oder Translationswirkung eines Kräftesystems $P_1, P_2, \ldots P_n$ gegeben ist durch deren graphische Summe $\mathfrak{G} = \Sigma\mathfrak{P}$, oder was das gleiche ist, durch die drei Komponenten von R, nämlich

$$X = \Sigma X, \qquad Y = \Sigma Y, \qquad Z = \Sigma Z. \tag{a}$$

Diese drei Komponenten kann man wieder die Koordinaten der Schiebungswirkung eines Kräftesystems nennen.

Für irgendeinen gewählten Punkt O als gedachten Drehpunkt hat die Kraft P_i ein Moment, dessen Größe und Richtung durch den Momentenvektor $\mathfrak{V}_i$ zum Ausdruck gebracht wird. Analytisch gibt man diese Drehwirkung durch die drei Komponenten L_i, M_i, N_i von V_i in den Grundrichtungen an. Dann hat das Kräftesystem $P_1, P_2, \ldots P_n$ eine resultierende Drehwirkung, die man vektoriell als graphische Summe der Einzelvektoren $\mathfrak{V}_i$ angeben kann oder analytisch durch die drei Komponenten

$$L = \Sigma L, \qquad M = \Sigma M, \qquad N = \Sigma N,$$

oder

$$L = \Sigma(Yz - Zy), \qquad M = \Sigma(Zx - Xz), \qquad N = \Sigma(Xy - Yx). \qquad \text{(b)}$$

Diese drei Komponenten kann man entsprechend als die Koordinaten der Drehwirkung des Kräftesystems bezeichnen.

Die sechs Größen

$$X, Y, Z, L, M, N$$

nennt man die Koordinaten der Bewegungswirkung eines Kräftesystems oder auch kürzer einfach die statischen Koordinaten eines Kräftesystems.

Diese Koordinaten der Bewegungswirkung eines Kräftesystems sind direkt ein Maß für die Bewegungswirkungen selbst. Im besonderen wird die Dynamik später zeigen, daß die Bewegungswirkungen eines Kräftesystems proportional sind diesen Koordinaten.

Im Sonderfall des Gleichgewichtes eines Kräftesystems ist seine Bewegungswirkung Null, so daß dann auch die Koordinaten der Bewegungswirkung den Wert Null annehmen. Im Falle des Gleichgewichtes eines Kräftesystems ist also

$$X = 0, \quad Y = 0, \quad Z = 0, \quad L = 0, \quad M = 0, \quad N = 0. \qquad \text{(c)}$$

Diese Gleichungen, die notwendige und gleichzeitig hinreichende Bedingung für das Gleichgewicht eines Kräftesystems, sind uns nicht neu, sie wurden bereits als die allgemeinen Bedingungen für den Fall des Gleichgewichtes eines Kräftesystems in **35** aufgestellt. In der Tat ist ja auch die Entwicklung der letzten Zeilen nichts anderes als eine Wiederholung der früheren, nur mit dem Unterschied, daß man die letzten Entwicklungen im wesentlichen auf das Superpositionsprinzip stellt.

Beispiel a) Man gebe die sechs statischen Koordinaten des Kräftesystems an, das an dem Würfel der Abb. 560 angreift. Als gedachter Drehpunkt sei Punkt A vorgeschrieben.

Als Koordinatenachsen wählt man die Kanten des Würfels so, wie die Abbildung zeigt. Die Kräfte P_1, P_2, P_3 werden alle nach dem Punkt A verlegt, s. auch Beisp. 78a), dann ist

$$X = +P_3 = +300\,\mathrm{kg}, \qquad Y = -P_2 = -300\,\mathrm{kg},$$
$$Z = -P_1 = -300\,\mathrm{kg}.$$

Die Kraft P_1 hat für den Punkt A das Drehmoment -300 mkg, oder man sagt, bei der Verlegung von P_1 nach A entsteht ein Kräftepaar $L_1 = 300$ mkg in der negativen x-Richtung, wo also das $-$Zeichen angibt, daß der Pfeil entgegengesetzt der Achsenrichtung läuft. Die Verlegung von P_2 erzeugt ein Kräftepaar $L_2 = -300$ mkg, die Verlegung von P_3 ruft $M = -300$ mkg hervor, so daß $L = -600$ mkg, $M = -300$ mkg, $N = 0$. Die sechs statischen Koordinaten des Kräftesystems sind damit

$$X = +300\,\mathrm{kg}, \qquad Y = -300\,\mathrm{kg}, \qquad Z = -300\,\mathrm{kg},$$
$$L = -600\,\mathrm{mkg}, \qquad M = -300\,\mathrm{mkg}, \qquad N = 0.$$

Ein räumliches Kräftesystem läßt sich stets auf den Verein einer Einzelkraft G und eines Einzelmomentes K zurückführen; im allgemeinen ist eine weitere Reduktion nicht möglich. Der Zahlenwert von G sowie die Richtung ergeben sich aus den drei Koordinaten X, Y, Z nach den Regeln der Mathematik zu

$$G = \sqrt{X^2 + Y^2 + Z^2}, \tag{d}$$

$$\cos\alpha : \cos\beta : \cos\gamma : 1 = X : Y : Z : G. \tag{e}$$

In der gleichen Weise findet man Zahlenwert und Richtung von K durch

$$K = \sqrt{L^2 + M^2 + N^2}, \tag{f}$$

$$\cos\lambda : \cos\mu : \cos\nu : 1 = L : M : N : K. \tag{g}$$

Beispiel b) Welchen Winkel ϑ schließen G und K ein?

Die Raumgeometrie gibt an (Math. I 196)

$$\cos\vartheta = \cos\alpha\cos\lambda + \cos\beta\cos\mu + \cos\gamma\cos\nu$$
$$= \frac{X}{G}\cdot\frac{L}{K} + \frac{Y}{G}\cdot\frac{M}{K} + \frac{Z}{G}\cdot\frac{N}{K}$$

oder

$$\cos\vartheta = \frac{XL + YM + ZN}{GK} \tag{h}$$

Beispiel c) Wann hat ein Kräftesystem eine Resultierende?

Wenn das System eine Resultierende hat, muß auch jede gleichwertige Kräftegruppe, in die man das gegebene System überführt, eine Resultierende haben; also auch jedes gleichwertige Kraftkreuz

P_1, P_2, d. h. dieses Kraftkreuz P_1, P_2 degeneriert zu einem Paar sich schneidender Kräfte und ebenso auch das Paar G und K. Damit aber eine Einzelkraft G und ein Kräftepaar K eine Resultierende haben, ist notwendig, daß die Einzelkraft zur Ebene des Kräftepaares parallel ist, s. Beisp. 75b), oder in anderer Ausdrucksweise:

> Die Reduktionsgrößen G und K eines gegebenen Kräftesystems müssen, als Vektoren betrachtet, zueinander senkrecht stehen, wenn dieses eine wirkliche Resultierende haben soll. (i)

Dann muß aber zwischen den Richtungskoeffizienten der beiden Vektoren G und K die Beziehung $\cos\vartheta = 0$ bestehen, oder es muß gelten

$$XL + YM + ZN = 0. \tag{k}$$

Aufgabe a) Man zeige, daß die Projektion K' von K auf G konstanten Wert hat.

Lösung: Rein graphisch kann man schließen: Geht man von einem Reduktionspunkt A zu einem andern A' über, so ist das entstehende Verlegungskräftepaar parallel zu G oder sein Vektor senkrecht zu G. Dieses neue Verlegungskräftepaar ist zu dem schon vorhandenen hinzuzufügen, es ändert sich also durch diese Zusammensetzung nichts an der Projektion von K auf G.

Aufgabe b) Was ergibt sich aus der Tatsache, daß die Projektion von K auf G konstant ist?

Lösung: Wenn man K in zwei Komponenten K_a und K_s parallel und senkrecht zu G zerlegt, dann hat die erste K_a oder K', wie sie in der vorausgehenden Aufgabe bezeichnet wurde, konstanten Wert, die zweite K_s aber ist variabel je nach der Wahl des Reduktionspunktes A. Diesen kann man nun auch so wählen, daß K_s den Wert 0 erhält, dann ist K parallel zu G. Die durch den so gefundenen Punkt A gehende Gerade von der Richtung G nennt man die Zentralachse des gegebenen Kräftesystems.

In vektorieller Schreibweise drückt man diese Beziehung durch die Formel

$$\mathfrak{G}\mathfrak{K} = \text{const.} \tag{l}$$

aus. Im besondern Falle gilt für jedes Kräftesystem, das eine Resultierende hat,

$$\mathfrak{G}\mathfrak{K} = 0. \tag{m}$$

Aufgabe c) Wie müssen vier Kräfte liegen, damit sie im Gleichgewicht sind?

Lösung: Wählt man eine beliebige Gerade, die drei der Kräfte schneidet, als Momentenachse, so verschwindet das Moment dieser drei Kräfte, es muß also auch das Moment der vierten Kraft für diese Achse Null sein, d. h. jede beliebige Gerade durch die ersten drei Kräfte muß auch die vierte Kraft schneiden. Alle jene Geraden, die drei gegebene Kräfte bzw. ihre Wirkungslinien schneiden, bilden in ihrer Gesamtheit eine Regelschar. Es müssen also die vier Kräfte, wenn sie im Gleichgewicht sein sollen, der nämlichen Regelschar angehören.

Stützung und Gleichgewicht des starren Körpers.

81. Wenn ein starrer Körper im Gleichgewicht ist, so gelten für ihn sechs Gleichgewichtsbedingungen, deren analytische Formulierung sechs Gleichungen gibt und damit sechs Unbekannte ermitteln läßt.

Ein unter allen Umständen gangbarer Weg zur Ermittlung dieser Unbekannten: die Aufstellung der drei Verschiebungsgleichgewichtsbedingungen und der drei Drehungsgleichgewichtsbedingungen, oder auch in anderer Ausdrucksweise, das Nullsetzen der sechs Koordinaten des am starren Körper angreifenden Kräftesystems, ist bereits angegeben. Dieser als unbedingt sicher bezeichnete Weg hat nur rechnerische Schwierigkeiten, die in manchen Fällen freilich recht bedeutend sind. Man überlege: sechs Gleichungen mit sechs Unbekannten. Im allgemeinen Fall, wenn in jeder der Gleichungen die sechs Unbekannten auftreten, kann die rechnerische Durchführung recht umfangreich werden. Ganz abgesehen von den Mühseligkeiten, die bei der Aufstellung dieser sechs Gleichungen, insbesonders der Momentengleichungen, auftreten. Zum Glück sind freilich die meisten Aufgaben, und gerade die der Praxis, derart gegeben, daß man zwar sechs Gleichungen erhält, aber jede nur mit ganz wenig Unbekannten, oft nur mit einer, die man dann sofort ermitteln kann. Die Beispiele 31 a) und 31 b) lassen ersehen, wie solche Aufgaben auch rechnerisch unschwer zu lösen sind.

Um einen Körper starr mit der Erde zu verbinden, benötigt man sechs Auflagerungen. Die nachfolgend angegebenen Abbildungen geben eine Reihe von Möglichkeiten für die gewünschten Stützungen an. Man kann beispielsweise dem starren Körper in einem ersten Punkt eine Punktführung (entsprechend einer Kugelgelenklagerung) geben, in einem zweiten Punkt eine Linienführung und in einem dritten Punkt eine Flächenführung, Abb. 176 und 225; oder in je drei Punkten eine Linienführung, Abb. 180; oder sechs Stabführungen, die sechs Flächenführungen entsprechen, Abb. 570; oder eine Punktführung und drei Stabführungen, Abb. 572; oder zwei Linienführungen und zwei Stabführungen, Abb. 179 usw.

Wenn man sich über die passende Wahl der Führungen erst entscheiden muß, dann ist ein wesentlicher Punkt zu beachten: man muß vermeiden, daß der Ausnahmefall eintritt, d. h. daß die vermeintlich starre Führung in Wirklichkeit „wackelig“ ist, daß sie eine sehr kleine Bewegungsmöglichkeit zulaßt. Die Voraussetzungen des Ausnahmefalles sind im Raum oft schwer zu übersehen, wenn man nicht nach **62** analytisch vorgehen und die Determinante des Gleichungssystems der unbekannten Stützkräfte aufstellen will. Bei einer ganz speziellen Führung des starren Körpers kann man den Ausnahmefall sofort erkennen, wenn nämlich alle Stützkräfte von der nämlichen Geraden geschnitten werden. Zu diesem Zweck definiert man:

Nullinie zu einem gegebenen System von Kräften heißt jede Gerade, für die das Moment des Kräftesystems Null wird. (a)

Ohne weiteres ist einzusehen:

Eine Gerade, die alle Kräfte eines gegebenen Systems schneidet, ist eine Nullinie zu diesem Kräftesystem; (b)

denn wenn man sie als Momentenachse wählt, so wird das Moment einer jeden Einzelkraft und damit auch das Moment des Kräftesystems Null.

Wenn für die sechs Stützkräfte oder sechs Stützkomponenten eines mit der Erde verbundenen Körpers eine Nullinie existiert, so hat man den Ausnahmefall. Denn die am Körper angreifenden Nutzlasten müssen mit den Stützkräften im Gleichgewicht sein, es muß also für jede Gerade als gedachte Drehachse und damit auch für die Nullinie die Summe aller Momente Null sein. Nun denke man sich einmal eine einzige Nutzlast angreifend, dann hat das Moment der Stützkräfte für die Nullinie den Wert Null, gleichzeitig ist aber auch die Summe der Momente aller angreifenden Kräfte Null, es müßte deshalb auch das Moment der Nutzlast den Wert Null haben, auch wenn sie nicht die Nullinie schneidet, was einen Widerspruch gäbe. Denn sicher kann man die Nutzlast im voraus so angreifen lassen, daß sie die Nullinie nicht schneidet.

Eine andere Überlegung: Die gegebene Nutzlast sei P und habe für eine gegebene Gerade das Moment Pp. Die Stützkräfte seien S_1, $S_2, \ldots S_6$ und ihre Momente für die gegebene Gerade $S_1 s_1, \ldots S_6 s_6$. Die Summe aller Momente muß im Gleichgewichtsfall Null sein,

$$Pp + S_1 s_1 + \ldots S_6 s_6 = 0.$$

Diese Gerade sei einen Augenblick so vorausgesetzt, daß sie die ersten fünf Stützkräfte $S_1, \ldots S_5$ schneidet und von der letzten Stützkraft S_6 einen sehr kleinen Abstand hat, dann wird die Momentengleichung werden

$$Pp + S_1 \cdot 0 + S_2 \cdot 0 + \ldots + S_5 \cdot 0 + S_6 s_6 = 0$$

oder

$$S_6 = -P \frac{p}{s_6}. \tag{c}$$

s_6 ist als sehr klein vorausgesetzt, es wird daher S_6 sehr groß werden, unabhängig von dem Wert P, zu dem es ja proportional ist.

Wenn nun die ausgewählte Momentenachse eine Nullinie für das System der sechs Stützkräfte und damit $s_6 = 0$ wäre, dann würde $S_6 = \infty$. Die gleiche Betrachtung kann man natürlich auch für die anderen Auflagerkräfte $S_1, \ldots S_5$ vornehmen, alle würden den Wert ∞ annehmen. In Wahrheit treten diese Fälle natürlich nicht ein, denn sobald S_6 einen größeren Wert annimmt, wird eine Formänderung zustande kommen, die einzelnen Stützstäbe oder Auflagervorrichtungen werden ihre Lage ändern, diejenige Gerade, die vorher eine Nullinie war, wird es nicht mehr sein, sobald die äußere Kraft P zur Wirkung gelangt ist und eine Formänderung hervorgerufen hat, sie wird die sechs Stützkräfte nicht mehr alle schneiden, vielleicht auch gar keine mehr; jedenfalls aber wird sie von ihnen einen recht kleinen Abstand haben, und die Wirkung wird die sein, daß die einzelnen Auflagerkräfte $S_1, \ldots S_6$ zwar nicht den Wert ∞, sicher aber einen unzulässig großen Wert annehmen.

Wenn also für die sechs Auflagerkräfte oder Auflagerkomponenten eine Nullinie vorhanden ist, dann hat man den Ausnahmefall. Selbstverständlich kann ein Ausnahmefall auch bei anderer Lage der Auflagerkomponenten eintreffen, das Vorhandensein einer Nullinie ist nur eine Möglichkeit für das Auftreten des Ausnahmefalles.

Wenn sich von den sechs Stützkräften eines starren Körpers vier im nämlichen Punkt schneiden, dann gibt es für das System dieser Stützkräfte immer eine Nullinie, die dann durch den gemeinsamen Schnittpunkt der vier Kräfte geht und die andern beiden schneidet; denn nach den Lehren der analytischen Raumgeometrie läßt sich durch einen Punkt und zwei Gerade stets eine Gerade legen. Gehen von den sechs Stützkräften fünf durch den gleichen Punkt, dann gibt es zum System der Stützkräfte ∞^1 Nullinien, die dann alle durch den gemeinsamen Schnittpunkt gehen und die sechste Kraft schneiden. Und gehen endlich alle sechs Stützkräfte durch den gleichen Punkt, so ist jede Gerade durch diesen gemeinsamen Punkt eine Nullinie, es gibt für das System der Stützkräfte dann ∞^2 Nullinien. Man faßt zusammen:

> Bei der Auflagerung des starren Körpers ist der Ausnahmefall vorhanden, wenn sich mehr als drei Auflagerkomponenten im nämlichen Punkt schneiden. (d)

Man beachte wohl, daß dieser gemeinsame Schnittpunkt von vier oder fünf oder sechs Stützkräften durchaus nicht ein Stützpunkt sein muß.

Im Fall der Abb. 565 gehen die vier Stützkräfte S_1, S_2, S_3, S_6 durch den gleichen Punkt; durch die Stäbe 1, 2, 3 erhält der starre Körper eine Punktführung in A, durch die Stäbe 4, 5 eine Linienführung in B, durch den Stab 6 eine Flächenführung oder Pendelführung in C. Im allgemeinen ist bei einer Führung durch sechs Stäbe der Körper starr mit der Erde verbunden, im vorliegenden Fall aber ist die Gerade AB eine Nullinie, da sie alle sechs Stützkräfte schneidet, man hat den Ausnahmefall, die Stützung des Körpers ist „wackelig“, jede an ihm angreifende Nutzlast wird eine Formänderung hervorrufen, auch wenn man sich die Stäbe als starr vorstellt.

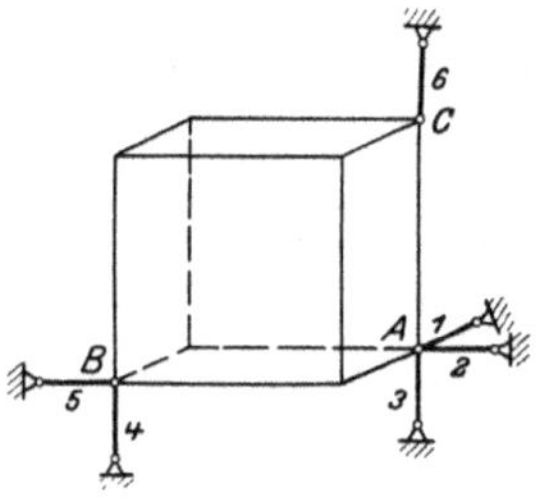

Abb. 565.

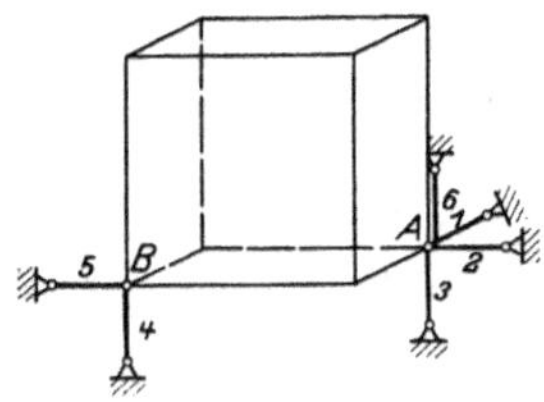

Abb. 566.

Wesentlich anders ist die durch Abb. 566 gegebene Auflagerung. Hier ist der Punkt A durch vier Stäbe mit der Erde verbunden. Es genügen aber bereits die Stäbe 1, 2, 3, um ihn festzuhalten. Da der Körper im Punkt A festgehalten ist, hat er noch drei Freiheitsgrade, die ihm durch die zwei Stäbe 4 und 5 aber nicht genommen werden, er hat also noch einen Freiheitsgrad, von einem Festhalten kann natürlich hier keine Rede sein, also auch nicht von einem Ausnahmefall.

Wenn von den sechs Auflagerkomponenten mehr als drei in der nämlichen Ebene liegen, dann gibt es für die sechs Komponenten immer eine Nullinie, die in dieser Ebene liegt, denn die beiden letzten Komponenten schneiden die Ebene je in einem Punkt, die Gerade durch diese beiden Punkte ist die Nullinie. Liegen von den sechs Stützkräften fünf in der nämlichen Ebene, dann ist jede Gerade dieser Ebene, die durch den Schnittpunkt der letzten Kraft mit der Ebene geht, eine Nullinie; in diesem Fall hätte man sonach ∞^1 Nullinien zum gegebenen System; und liegen schließlich alle sechs Stützkomponenten in der nämlichen Ebene, dann sind alle die ∞^2 Geraden dieser Ebene Nullinien. Man faßt zusammen:

> Bei der Auflagerung des starren Körpers ist der Ausnahmefall vorhanden, wenn von den sechs Auflagerkomponenten mehr als drei in der nämlichen Ebene liegen. (e)

Beispiel a) Die Welle der Abb. 567, die als unendlich dünn betrachtet werden kann, ist in den beiden Punkten A und B festgehalten. Man beurteile das Gleichgewicht dieser Welle und die Auflagerkräfte in den Punkten A und B.

Durch die beiden Punkte A und B sind der Welle nur fünf ihrer Freiheitsgrade genommen, sie hat ja noch eine Bewegungsmöglichkeit, sie kann sich noch um die Achse AB drehen. Gleichgewicht an der Welle ist nur möglich, wenn das Moment der äußern Kraft für diese Achse Null ist. Von dem System der äußeren Kräfte ist nichts ausgesagt, es sei auf den Punkt A reduziert, seine statischen Koordinaten seien X, Y, Z, L, M, N; dabei soll die Achse AB als z-Achse eingeführt werden. Damit Gleichgewicht ist, muß dann das Moment N der Nutzlast für die Achse AB den Wert Null haben, also $N = 0$, die Nutzlast darf also nicht beliebig gewählt werden.

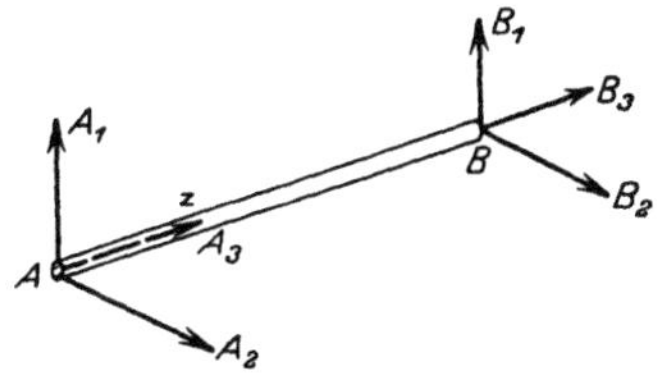

Abb. 567.

Man stellt die Gleichgewichtsbedingungen für das System der Nutzlasten und Auflagerkräfte A und B auf; letztere zerlegt man in die Komponenten $A_1, A_2, A_3, B_1, B_2, B_3$ längs der drei Koordinatenachsen. Dann lauten diese Gleichgewichtsbedingungen

$$X + A_1 + B_1 = 0, \quad Y + A_2 + B_2 = 0, \quad Z + A_3 + B_3 = 0$$
$$L + B_2 l = 0, \quad M - B_1 l = 0, \quad 0 = 0.$$

Es wird die letzte Gleichung identisch Null, man erhält für die sechs Unbekannten $A_1, A_2, A_3, B_1, B_2, B_3$ somit nur fünf Gleichungen, so daß die Aufgabe statisch unbestimmt bleibt. Als statisch unbestimmte Größen treten hier entweder A_3 oder B_3 auf, von denen man nur angeben kann

$$Z + A_3 + B_3 = 0;$$

die übrigen Auflagerkräfte lassen sich ermitteln,

$$B_1 = M : l, \quad B_2 = -L : l, \quad A_1 = -X - M : l, \quad A_2 = -Y + L : l.$$

Beispiel b) Wie wird man ein auf hoher Mauer ruhendes Dach oder eine Kuppel stützen, um die Mauer möglichst wenig zu beanspruchen?

Um die Mauer nicht zu stark konstruieren zu müssen, wird man darnach trachten, sie möglichst nur auf Druck zu beanspruchen. Man wird die vom Dach aufgenommenen seitlich wirkenden Kräfte, vor allem den Winddruck, so zur Mauer weiter leiten, daß sie auf diese nur in einer Richtung auftreffen, die in der Flucht der Mauer liegt, also keine Komponente senkrecht zur Mauerfläche hat. Zu diesem Zweck ordnet man die Auflager als Linienführungen senkrecht zur

Mauer an, dann kann in Richtung dieser Führung, also senkrecht zur Mauer, keine Kraft wirken. Abb. 180 ist ein Beispiel der angegebenen Lagerung. In den Punkten A, B, C ruht eine Platte mit ihren Stützpunkten in reibungsfrei gedachten Linien. Längs dieser Linien ist jeder einzelne Stützpunkt beweglich, kann also in dieser Richtung keine Kraft übertragen.

Beispiel c) Von sechs gesuchten Kräften schneiden sich P_1, P_2, P_3 im Punkt A und P_4, P_5, P_6 im Punkt B. Wie muß eine Kraft P liegen, damit sie mit ihnen im Gleichgewicht ist? Ist die Aufgabe, die Auflagerkraft zu bestimmen, dann statisch bestimmt?

Wählt man die Gerade AB als Momentenachse, so haben die gesuchten Kräfte das Moment 0 für sie; damit Gleichgewicht ist, muß auch P für diese Achse das Moment 0 haben und sie deswegen schneiden. Von den allgemeinen sechs Gleichgewichtsbedingungen wird wieder eine identisch Null, für die sechs unbekannten Kräfte stehen so nur fünf Gleichungen zur Verfügung, die Aufgabe ist deswegen einfach statisch unbestimmt.

Aufgabe a) Wenn ein Körper in drei Punkten A, B, C festgehalten ist, dann beurteile man sein Gleichgewicht und die unter dem Einfluß eines gegebenen Kräftesystems entstehenden Auflagerkräfte.

Lösung: Wenn die drei Stützpunkte in der nämlichen Geraden liegen, dann hat der Körper noch einen Freiheitsgrad. Gleichgewicht ist also nur möglich, wenn das System der gegebenen Nutzlasten für diese Gerade das Moment Null hat. Man wird die allgemeinen sechs Bedingungsgleichungen aufstellen, aus denen man aber nur fünf Unbekannte ermitteln kann, entsprechend wie bei Beisp. a). Wählt man nämlich die Gerade AB als z-Achse, die anderen Koordinatenachsen ganz beliebig, so wird die Momentengleichung für diese Achse identisch Null; für die neun unbekannten Auflagergrößen A_1, A_2, A_3, B_1, B_2, B_3, C_1, C_2, C_3 hat man sonach nur fünf Gleichungen, die Aufgabe ist also vierfach statisch unbestimmt.

Liegen die drei Punkte A, B, C nicht in der nämlichen Geraden, so kann bei jeder beliebigen Belastung Gleichgewicht stattfinden, man hat aber nur sechs Gleichgewichtsbedingungen für die neun Auflagergrößen, die Aufgabe bleibt sonach dreifach statisch unbestimmt.

Aufgabe b) Was läßt sich über die Auflagerkräfte eines eingespannten Körpers aussagen?

Lösung: Das System der gegebenen Nutzlasten muß mit dem System der Auflagerkräfte im Gleichgewicht sein. Oder: die statischen Koordinaten X, Y, Z, L, M, N und die statischen Koordinaten des Systems der Auflagerkräfte X', Y', Z', L', M', N' müssen entgegengesetzt gleich sein. Eine Einspannung ist gleichwertig mit mindestens sechs Auflagerbedingungen.

82. Für die Aufgabe, die unter dem Einfluß von Nutzlasten auftretenden Stützkräfte am starren Körper bzw. ihre Komponenten zu ermitteln, hat man eine Reihe von Lösungen. Die Aufgaben der Praxis sind in der überwiegenden Mehrzahl der Fälle so gegeben, daß man die eine oder die andere der nachfolgenden *speziellen Methoden* anwenden kann.

I. Graphisch-analytisches Verfahren. Man erhält oft eine recht einfache Lösung, wenn man *einen oder mehrere der Risse (Grund-, Auf- und Seitenriß) für sich wie eine eigene Aufgabe behandelt.* (a)

Es ist ja klar, daß in jedem Riß für sich Gleichgewicht bestehen muß. Es trifft sich vielfach, daß in einem der Risse nur drei von den Unbekannten auftreten, oder daß man einen Hilfsriß so wählen kann, daß nur drei der gesuchten Kräfte sich in ihm projizieren. Man hat dann eine Scheibenaufgabe: In diesem Riß ist die Resultierende der äußern Kräfte im Gleichgewicht mit den drei zur Projektion gelangten Kräften. Sind diese ermittelt, dann kann man zu einem der andern Risse übergehen und dort graphisch oder analytisch die übrigen unbekannten Kräfte aufsuchen. Oft wird sich das Kräftesystem auch so projizieren, daß man im betrachteten Riß wenigstens eine der Unbekannten sofort ermitteln kann; die Aufgabe ist damit schon recht wesentlich vereinfacht.

Beispiel a) Ein Quader (gegeben durch die axonometrische Zeichnung der Abb. 568 sowie Grund- und Aufriß in Abb. 569) mit den Kanten a, $2a$, $2a$ ist durch sechs Stäbe starr mit der Erde verbunden. Außer dem Gewicht Q greift an ihm auch noch die Kraft P an. Gesucht sind a) analytisch, b) graphisch die Spannungen der sechs Stützstäbe. $a = 40$ cm, $Q = 1000$ kg, $P = 2000$ kg.

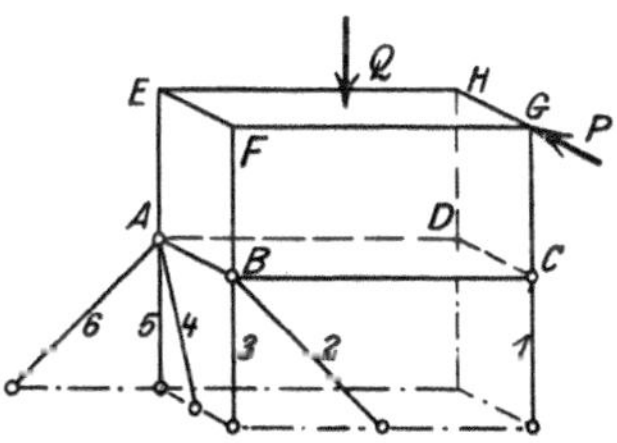

Abb. 568.

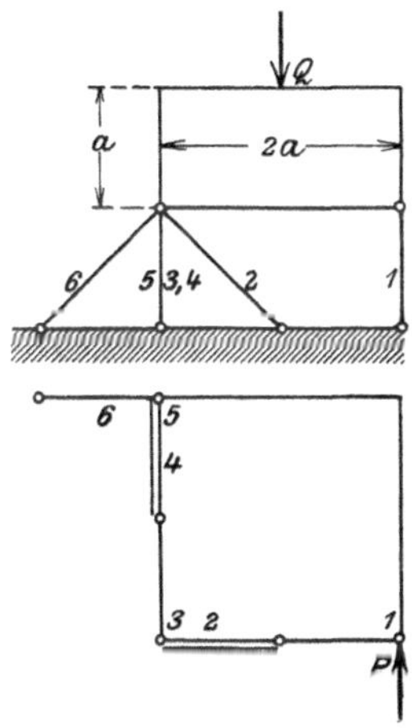

Abb. 569.

Die Stäbe 1, 3, 5 stehen senkrecht zum Grundriß, in ihm verschwinden also ihre Projektionen, ebenso auch die Nutzlast Q, es ist in ihm P' im Gleichgewicht mit S_2', S_4', S_6'.

Man verfährt wie bei der Scheibenaufgabe angegeben und findet zuerst (im vorhinein nimmt man alle Stäbe als gezogen an) $S_2' = -P$, alsdann $S_4' = +P$ und $S_6' = -P$. Werden diese Spannungen in den Aufriß hinaufprojiziert, so erhält man $S_2'' = -P\sqrt{2} = S_2$, $S_4'' = +P$ und damit $S_4 = P\sqrt{2}$, $S_6'' = -P\sqrt{2} = S_6$. Im Aufriß ermittelt man noch S_1'' durch eine Momentengleichung zu $S_1'' = -0{,}5\,Q = S_1$. Die beiden noch unbekannten Kräfte S_3 und S_5 lassen sich entweder aus dem Seitenriß ermitteln. Oder S_3 durch eine räumliche Betrachtung, wenn man nämlich die Gerade AD als Momentenachse wählt; schließlich liefert eine Verschiebungsgleichung in der lotrechten Richtung noch S_5. In der beistehenden Tabelle sind die Grund- und Aufrißwerte sowie die wahren Werte der Spannungen in 1000 kg zusammengestellt.

	1	2	3	4	5	6
S''	$-0{,}5$	$-2\sqrt{2}$	$+3$	$+2$	$-1{,}5$	$-2\sqrt{2}$
S'	0	-2	0	$+2$	0	-2
S	$-0{,}5$	$-2\sqrt{2}$	$+3$	$+2\sqrt{2}$	$-1{,}5$	$-2\sqrt{2}$

II. Momentenverfahren, besonders dann zu empfehlen, wenn durch fünf der vorgeschriebenen Wirkungslinien für die Stützkräfte eine Gerade gelegt werden kann. (b)

Für diese schreibt man eine Momentengleichung an und ermittelt die von der Geraden nicht geschnittene Auflagerkraft, etwa S_6 genannt. Auch die andern fünf Unbekannten lassen sich mit Momentengleichungen finden, da man durch vier Komponenten immer eine Gerade legen und für diese wieder eine Momentengleichung anschreiben kann.

Beispiel b) Die an dem Quader des vorigen Beispiels angreifenden Spannungen kann man recht einfach auch nach dem Momentenverfahren ermitteln, wenn man zuerst die Gerade AB als Momentenachse wählt. Für sie haben die Spannungen der Stäbe 2, 3, 4, 5, 6 das Moment Null, auch die Nutzlast P liefert den Beitrag 0 zur Momentengleichung, weil sie parallel zur Momentenachse ist. Dann heißt die Momentengleichung, wenn der Beschauer vorne gedacht ist,

$$Q \cdot a + S_1 \cdot 2a = 0 \quad \text{oder} \quad S_1 = -0{,}5\,Q,$$

wo das „—" wieder andeutet, daß der angenommene Pfeil falsch, also S_1 eine Druckspannung ist. Wählt man weiterhin die Gerade AE als Momentenachse, so wird für sie die Gleichung, wenn der Beschauer nach abwärts sieht,

$$-P \cdot 2a - S_2 \cos 45^0 \cdot 2a = 0 \quad \text{oder} \quad S_2 = -P\sqrt{2},$$

wenn man S_2 in zwei Komponenten in Richtung der Kanten BC und FB zerlegt. Die anderen Kräfte Q, S_1, S_3, S_4, S_5, S_6 schneiden die Momentenachse (und zwar die ersten drei im Unendlichen). Man kann nun, wenn man auf dem begonnenen Weg weiterfahren will, die Kante AD als Drehachse wählen und aus der aufgestellten Gleichung S_3 ermitteln usw.

III. Lösung mit dem Dreikräftesatz wie bei der Elementaraufgabe des Kraftkreuzes, wenn zufällig (allerdings selten) drei von den gesuchten Kräften durch den nämlichen Punkt A gehen und die andern drei in der nämlichen Ebene ε liegen. (c)

Greift nur eine Nutzlast P an, so führt man für die durch den Punkt A gehenden Unbekannten, sie seien mit S_1, S_2, S_3 bezeichnet, eine Resultierende R_A ein, und für die drei in der Ebene ε liegenden Kräfte S_4, S_5, S_6 eine Resultierende R_ε. Dann ist P im Gleichgewicht mit R_A und R_ε. Man überlegt jetzt wie bei der Elementaraufgabe des Kraftkreuzes: Diese drei Kräfte P, R_A, R_ε liegen in der nämlichen Ebene (Operationsebene), die deshalb durch A und P gehen muß; R_ε muß in dieser Ebene π und nach Vorschrift auch in der Ebene ε liegen, sonach in der Schnittgeraden $\pi\varepsilon$; alle drei Kräfte P, R_A, R_ε müssen sich im nämlichen Punkt M schneiden, im Schnittpunkt von $\pi\varepsilon$ mit P; R_A liegt also in der Geraden MA. Damit sind die Richtungen der beiden gesuchten Kräfte R_A und R_ε gefunden, die Ermittlung der Zahlenwerte erfolgt mit einem gewöhnlichen Krafteck in einem der Risse. Nun ist R_A die Resultierende von S_1, S_2, S_3, man muß also R_A nach diesen drei Kräften zerlegen, Elementaraufgabe der räumlichen Kräftezerlegung, s. Nr. **68** bis **72**, ebenso ist R_ε nach den Kräften S_4, S_5, S_6 zu zerlegen, Scheibenaufgabe, s. Nr. **45** III.

Greifen mehrere Nutzlasten P_1, P_2, ... P_n an, so wird man superponieren: Man sucht zuerst die Stützkräfte unter dem Einfluß von P_1 allein wie eben angegeben und findet S_1', S_2', ... S_6', dann untersucht man den Einfluß von P_2 allein und findet S_1'', S_2'', ... S_6'' usw. Die resultierenden Stützkräfte sind dann

$$S_1 = S_1' + S_1'' + \dots,$$
$$S_2 = S_2' + S_2'' + \dots,$$
$$\dots\dots\dots$$
$$S_6 = S_6' + S_6'' + \dots$$

Oder man ersetzt das gegebene Kräftesystem durch ein Kraftkreuz R_1, R_2, dessen eine Wirkungslinie durch den Punkt A geht und dessen andere in der Ebene ε liegt.

Beispiel c) Die den Quader des Beisp. a) stützenden Stäbe kann man in zwei Gruppen teilen: S_1, S_2, S_3 liegen in der gleichen Ebene, sie heiße ε; S_4, S_5, S_6 gehen durch den nämlichen Punkt A. Man führt die Resultierenden $\boldsymbol{R_A}$ und $\boldsymbol{R_\varepsilon}$ ein,

$$\mathfrak{R}_A = \mathfrak{S}_4 \widehat{+} \mathfrak{S}_5 \widehat{+} \mathfrak{S}_6, \qquad \mathfrak{R}_\varepsilon = \mathfrak{S}_1 \widehat{+} \mathfrak{S}_2 \widehat{+} \mathfrak{S}_3.$$

An dem Quader greifen zwei Nutzlasten an, P und Q. Beide bilden ein Kraftkreuz, das man in ein anderes R_1, R_2 so umwandelt, daß R_1 durch den Punkt A geht und R_2 in der Ebene ε liegt, dann ist R_1 im Gleichgewicht mit $\boldsymbol{R_A}$, also R_A entgegengesetzt gleich mit R_1, und ebenso $\boldsymbol{R_\varepsilon}$ entgegengesetzt gleich mit R_2.

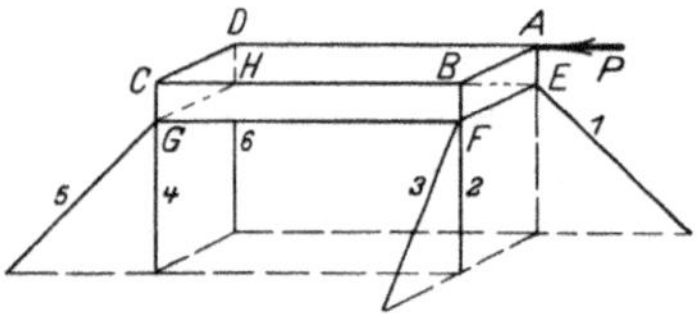

Abb. 570.

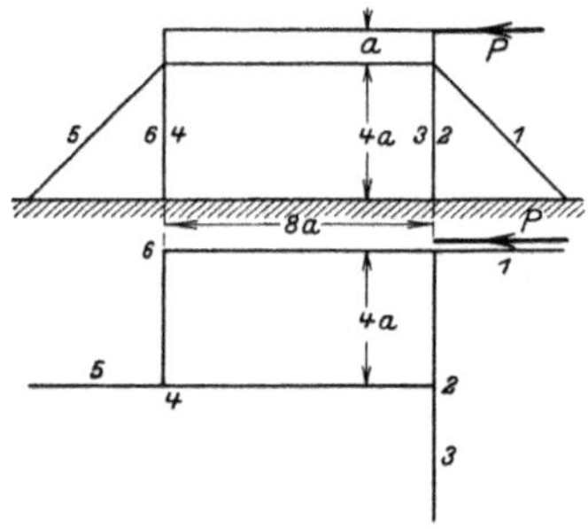

Abb. 571.

Aufgabe a) An der gewichtslosen gedachten, durch die Abb. 570 und 571 gegebenen Platte greift die Kraft P an. Man ermittle die Spannungen der Stützstäbe.

Erste Lösung: Man entnimmt dem Grundriß aus der Gleichgewichtsbedingung in Richtung von S_3, daß $S_3 = 0$, und weiterhin, daß auch $S_5 = 0$ nach (9d) und $S_1' = P$ oder $S_1 = P\sqrt{2}$. Im Aufriß liefert für den Punkt G eine Momentengleichung $S_2 = -\frac{7}{8}P$ und die Verschiebungsgleichgewichtsbedingung in Richtung dieses Stabes $S_4 + S_6 = -\frac{1}{8}P$. Im Raum wird man noch eine Momentengleichung für die Gerade HE aufstellen, die $S_4 = \frac{7}{8}P$ liefert. Damit ergibt sich $S_6 = -P$.

Zweite Lösung: Zu einer Momentengleichung für die Achse EA liefert nur S_5 einen Beitrag, also $S_5 = 0$. Zur Momentengleichung für die Achse HD liefern nur S_3 und S_5 einen Beitrag, also auch $S_3 = 0$. Die Momentengleichung für die Achse FB ist

$$-P \cdot 4\mathrm{a} + S_1 \cos 45^0 \cdot 4\mathrm{a} = 0 \quad \text{und} \quad \text{liefert} \quad S_1 = P\sqrt{2}.$$

Eine Momentengleichung für die Achse GH liefert S_2 usw.

Aufgabe b) Der Quader der Abb. 572 mit den Kanten a, a, $2a$ ist im Punkt A festgehalten. Die restierenden drei Freiheitsgrade sind ihm durch die in der oberen Ebene liegenden Stäbe 1, 2, 3 genommen. Gesucht ist der unter dem Einfluß der Kraft Q entstehende Gelenkdruck bei A, sowie die Spannung der Stäbe 1, 2, 3.

Erste Lösung: Aus dem Grundriß erhält man sofort $S_1 = 0$ nach (9g). Der Aufriß gibt die Richtung des Gelenkdruckes nach dem Dreikräftesatz und liefert mit einem Krafteck S_3 und A''. Man projiziert in den Grundriß und findet wieder mit dem Dreikräftesatz aus einem einfachen Krafteck S_2 und A'.

$$S_1 = 0, \quad S_2 = -0{,}5\,Q, \quad S_3 = +0{,}5\,Q, \quad A = 0{,}5\,Q\sqrt{6}.$$

Zweite Lösung: Eine Momentengleichung für die Achse AE liefert $S_1 = 0$, eine solche für die Achse BA gibt $S_2 = -0{,}5\,Q$ und diejenige für die Achse DA den Wert $S_3 = 0{,}5\,Q$. Nun wendet man den Dreikräftesatz an: Die Resultierende S_{23} von S_2 und S_3 geht durch den Punkt G, durch diesen muß auch der Gelenkdruck A gehen. Ein gewöhnliches Krafteck im Aufriß

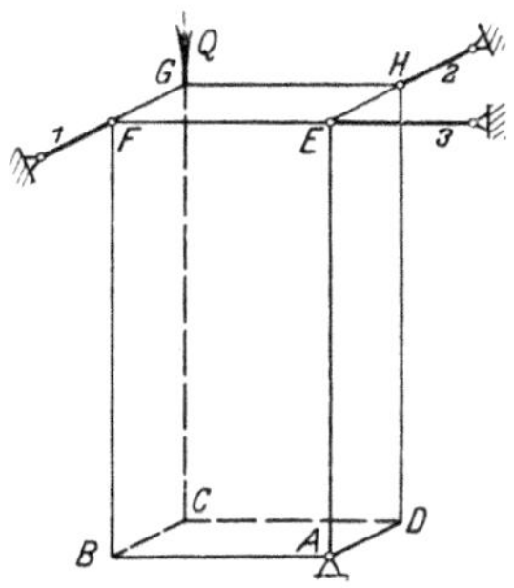

Abb. 572.

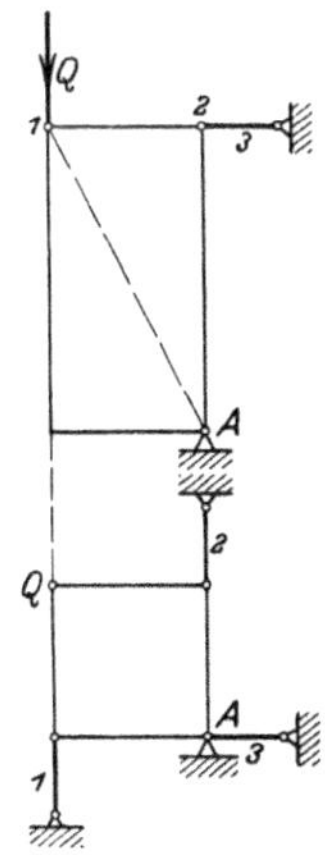

Abb. 573.

und im Grundriß liefert dessen Projektion und dann die wahre Größe. Oder man zerlegt A in seine Komponenten A_1, A_2, A_3 in Richtung der Kanten DA, BA und AE und findet mit Gleichgewichtsbedingungen gegen Verschiebung in diesen drei Richtungen $A_3 = Q$, $A_2 = -0{,}5\,Q = A_1$; es ist also $A = 0{,}5\,Q\sqrt{6}$, seine Richtungskoeffizienten sind bestimmt durch

$$\cos\alpha : \cos\beta : \cos\gamma : 1 = -1 : -1 : 2 : \sqrt{6}.$$

Aufgabe c) Die gleiche Aufgabe löse man für das durch die Abb. 574 und 575 gegebene Tetraeder.

Lösung: Die drei Spannungen haben eine Resultierende S, die in der Horizontalebene liegt; S ist mit P und dem Gelenkdruck D im Gleichgewicht, alle drei müssen sich also im nämlichen Punkt schneiden. Damit dieses möglich ist, müs-

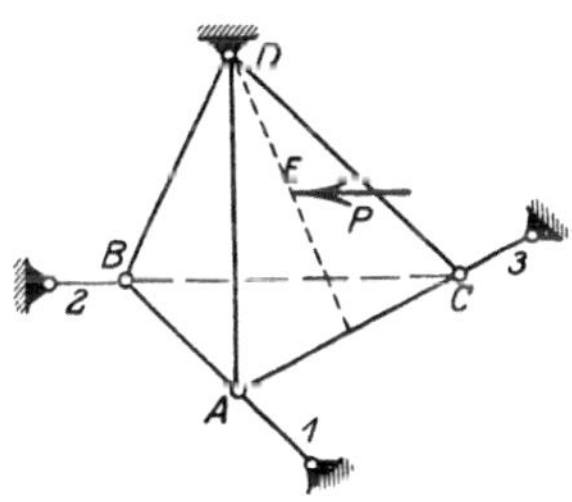

Abb. 574.

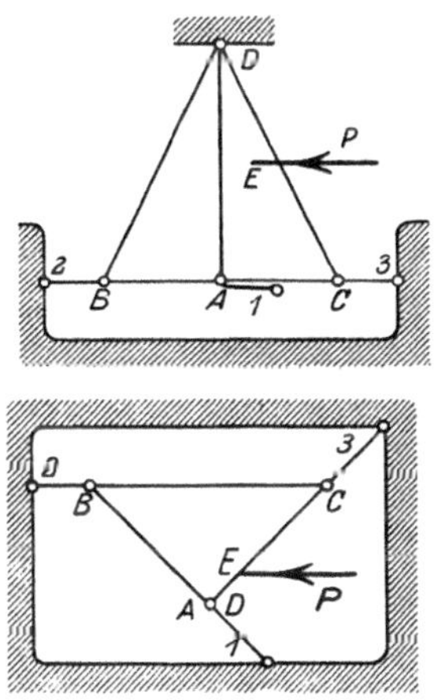

Abb. 575.

sen S und D parallel P sein. Daraus ergibt sich sofort, daß $D = S = \frac{1}{2}P$. Nach dem Hebelgesetz müssen im Grundriß beide gleiche Entfernung von P

haben. S ist als Resultierende noch nach S_1, S_2, S_3 zu zerlegen. Die Lösung dieser Scheibenaufgabe liefert $S_2 = -\frac{1}{4}P$, $S_1 = S_3 = +\frac{1}{8}P\sqrt{2}$.

Auf die gleiche Lösung kommt man, wenn man nach dem Verfahren (c) die Kraft P in zwei Komponenten zerlegt, deren eine durch das Gelenk D geht und deren andere in der Ebene der drei Stäbe liegt.

83. Für den allgemeinen Fall der Kräfteermittlung am starren Körper hat man verschiedene Verfahren, um die gesuchten Kräfte aufzufinden.

I. Das schon öfters besprochene, immer zum Ziel führende allgemeine analytische Verfahren: Man schreibt die drei Gleichgewichtsbedingungen gegen Verschiebung und die drei Gleichgewichtsbedingungen gegen Drehung an; oder in anderer Sprechweise: die sechs statischen Koordinaten des an dem starren Körper angreifenden Kräftesystems müssen verschwinden. Der Gedanke dieser Lösungsmethode ist recht einfach, die Ausführung selbst bringt meist ziemlich umständliche Rechnungen mit sich. Es sind daher, um umfangreiche Rechnungen möglichst zu vermeiden, die Richtungen, für die man die drei Gleichgewichtsbedingungen gegen Verschiebung anschreiben soll, möglichst günstig auszuwählen; noch mehr gilt dieser Rat für die Auswahl der Momentenachsen.

Beispiel a) Man soll mit diesem allgemeinen Verfahren die Spannungen des Beisp. 82a) ermitteln.

Durch die Form des gegebenen Körpers und die Lage der Auflagerstäbe sind die Richtungen, für die man die Verschiebungsgleichgewichtsbedingungen aufstellen will, schon gegeben, es sind die Kantenrichtungen. Die drei Momentenachsen wird man mit Vorteil durch den Punkt A legen, weil durch ihn drei der gesuchten Kräfte hindurchgehen und diese dann in den Momentengleichungen nicht auftreten. Es sollen sonach die Kanten AB, AD, AE in diesem Richtungssinn die Koordinatenachsen x, y, z vertreten; dann lauten die sechs Gleichgewichtsbedingungen

$$X = 0 \quad \text{oder} \quad -P + S_4 \cos 45^0 = 0$$

$$Y = 0 \quad \text{„} \quad S_2 \cos 45^0 - S_6 \cos 45^0 = 0$$

$$Z = 0 \quad \text{„} \quad -Q - S_1 - S_2 \cos 45^0 - S_3 - S_4 \cos 45^0 - S_5 - S_6 \cos 45^0 = 0$$

$$L = 0 \quad \text{„} \quad Q \cdot a + S_1 \cdot 2a = 0$$

$$M = 0 \quad \text{„} \quad -Qa + Pa - S_1 \cdot 2a - S_2 \cos 45^0 \cdot 2a - S_3 \cdot 2a = 0$$

$$N = 0 \quad \text{„} \quad -P \cdot 2a - S_2 \cos 45^0 \cdot 2a = 0,$$

aus denen man die gesuchten Zahlenwerte ermittelt zu

$$S_1 = -0{,}5\,Q, \quad S_2 = -P\sqrt{2}, \quad S_3 = +1{,}5\,P, \quad S_4 = P\sqrt{2},$$
$$S_5 = -0{,}5\,(P + Q), \quad S_6 = -P\sqrt{2}.$$

II. Zweites rein analytisches Verfahren. Mit großem Vorteil wird in der Praxis sehr oft nur mit Momentengleichungen gerechnet. Die einzige Schwierigkeit bei dieser Rechnungsweise ist die Auffindung passender Momentenachsen. Jedenfalls ist klar, daß man (besonders bei Beginn der Rechnung) nur solche Momentenachsen auswählt, die von möglichst vielen der gesuchten Kräfte geschnitten werden. Wenn man zufällig eine solche findet, die fünf der gesuchten Unbekannten schneidet, hat man den Sonderfall II der vorigen Nummer. Im allgemeinsten Fall aber, wenn solche Gerade nicht vorhanden, kann man nach Föppl verfahren: Es lassen sich stets zwei Gerade finden, die vier gegebene Gerade schneiden; man legt also durch vier passend ausgewählte von den zu ermittelnden Kräften, sie seien S_1, S_2, S_3, S_4 geheißen, zwei solche Gerade und schreibt für jede eine Momentengleichung an. In diesen beiden Momentengleichungen treten nur die zwei Unbekannten S_5 und S_6 auf, die man aus den beiden Gleichungen ermitteln kann. Die anderen Unbekannten sind nach irgendeiner der bereits angegebenen Methoden aufzufinden. Freilich: in Spezialfällen wird man mit den früher angegebenen Verfahren bedeutend einfacher rechnen, und im allgemeinsten Fall wird es sehr schwer fallen, diese beiden Geraden durch vier ausgewählte Kräfte zu finden.

Aufgabe a) und b) An dem Quader der Abb. 576 und 577 vom Gewicht $Q = 800$ kg greift noch eine Nutzlast $P = 1200$ kg an mit den Komponenten 800 kg, 800 kg, 400 kg in den drei Grundrichtungen. Wie sind die Tragstäbe des Quaders beansprucht

a) nur unter dem alleinigen Einfluß des Gewichtes Q,

b) wenn auch noch die Kraft P angreift?

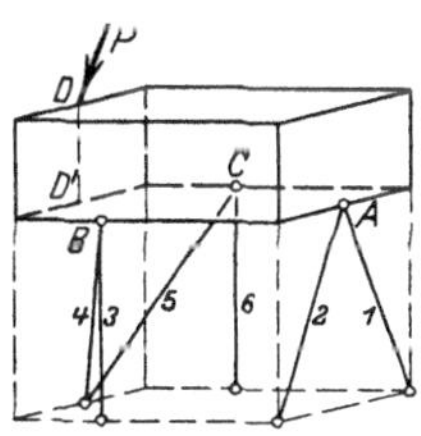

Abb. 576.

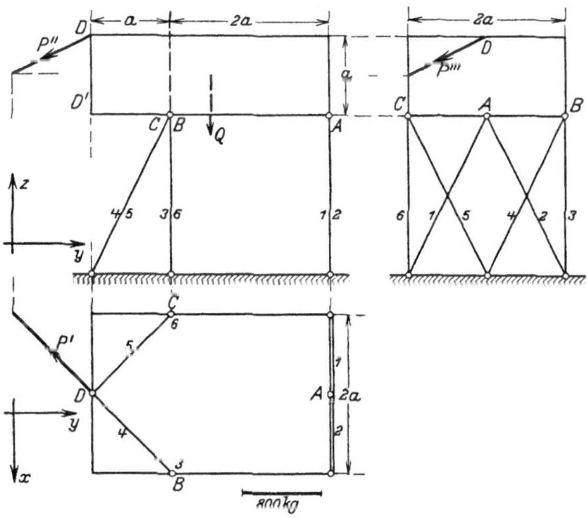

Abb. 577.

Lösung zu a) Der Quader ist symmetrisch gestützt und belastet, es wird $S_1 = S_2$, $S_3 = S_6$, $S_4 = S_5$ sein. Dem Grundriß der Abb. 577 entnimmt man, daß $S_4 = 0 = S_5$, alsdann dem Aufriß durch eine Momentengleichung für die Achse BC, daß die Resultierende S''_{12} von S_1'' und S_2'' den Wert 0,25 Q hat und deswegen $S_1'' = S_2'' = -0{,}125\,Q$ wird. Eine Translationsgleichung in der Richtung der Stäbe 3 und 6 liefert noch, am einfachsten im Aufriß $S_3 = S_6 = -0{,}375\,Q$. Durch die bekannten Raumbeziehungen findet man noch die Grundrißprojektionen und schließlich die wahren Werte, so wie sie in der Tabelle angegeben sind.

Lösung zu b) Man ermittelt die Stabspannungen unter dem alleinigen Einfluß von P, denkt sich somit den Körper gewichtslos. Der Grundriß läßt ersehen, daß $S_5' = 0 = S_5$ und $S_4' = -P'$, ferner $S_1' = S_2'$ und damit auch $S_1 = S_2$.

Im Aufriß ermittelt man zunächst die Resultierende S''_{12} aus S_1'' und S_2'' durch eine Momentengleichung für den Punkt B und erhält $S''_{12} = 600$ kg und daraus $S_1'' = S_2'' = 300$ kg, daraus $S_1 = S_2$. Im Seitenriß liefert eine Momentengleichung für den Punkt B

$$-800\text{ kg}\cdot a - 400\text{ kg}\cdot a - S'''_{12}\cdot a - S_6'''\cdot 2a = 0 \quad \text{oder} \quad S_6''' = S_6 = -900\text{ kg}.$$

Im Aufriß wird man noch eine Gleichgewichtsbedingung in Richtung der Stäbe 3 und 6 anschreiben oder auch ein gewöhnliches Krafteck zeichnen und $S''_{36} = 600\text{ kg} = S_{36} = S_3 + S_6$ erhalten und daraus $S_3 = +1500$ kg. Die wahren Werte von S_1, S_2 und S_4 ermittelt der Zusammenhang zwischen Grund- und Aufriß so, wie sie in der Tabelle angegeben sind. In ihr sind die Spannungen unter dem alleinigen Einfluß von Q und von P in Kilogramm gegeben, sowie auch, wenn beide gleichzeitig angreifen.

	1	2	3	4	5	6
Q	$-50\sqrt{5}$	$-50\sqrt{5}$	-300	0	0	-300
P	$+150\sqrt{5}$	$+150\sqrt{5}$	$+1500$	$-800\sqrt{6}$	0	-900
$P, Q.$	$+100\sqrt{5}$	$+100\sqrt{5}$	$+1200$	$-800\sqrt{6}$	0	-1200

Zweite Lösung: Ebene α durch Stab 1 und 2 und Ebene β durch Stab 3 und 4 schneiden sich in der Geraden $\alpha\beta$, die man als Momentenachse wählt. $\alpha\beta$ schneidet alle Stäbe bis auf 5, ferner Q und P, also ist $S_5 = 0$. In der gleichen Weise kann man S_4 ermitteln, wenn man die Schnittgerade der Ebenen durch die Stäbe 1 und 2 und durch die Stäbe 5 und 6 als Momentenachse wählt. Oder man beachtet, daß im Grundriß von den Stabspannungen nur S_4 einen Beitrag in der y-Richtung leistet, da ja $S_5 = 0$ ist; eine Gleichgewichtsbedingung in dieser Richtung liefert $Y - S_4' \cos 45^0 = 0$, wo Y der Beitrag der gegebenen Kraft P ist. Nach Ermittlung von S_5 und S_4 ist die Aufgabe wesentlich vereinfacht.

Ebenso kann man auch im Grundriß eine Momentengleichung für den Schnittpunkt der Wirkungslinien von S_1 und S_4 aufstellen und findet etwas einfacher $S_5 = 0$. In der gleichen Weise ergibt sich S_4 durch eine Momentengleichung für den Schnittpunkt der Wirkungslinien von S_5 und S_1 im Grundriß.

Dritte Lösung: Nach Föppl schreibt man zwei Momentengleichungen an für jene beiden Geraden, die die Stäbe 3, 4, 5, 6 schneiden. Die eine dieser Geraden geht durch B und C, die andere lotrecht durch den Schnittpunkt der beiden Stäbe 4 und 5. Zu beiden Momentengleichungen liefern nur die Spannungen S_1 und S_2 einen Beitrag, man hat somit zwei Gleichungen für sie.

Sind sie gefunden, bereitet die Fortsetzung der Lösung keine Schwierigkeiten mehr.

Aufgabe c) An dem durch die axonometrische Zeichnung und den Seitenriß der Abb. 578 und 579 gegebenen Stab ACD greifen an den Dreharmen p_1 und p_2 die Kräfte P_1 und P_2 senkrecht zum Stab an. $AC = CD = 3$ m, $P_1 = 1000$ kg, $P_2 = 2000$ kg, $p_1 = p_2 = 1$ m. Man wünscht, daß die eine der beiden Auflagerkräfte A und B, und zwar A, die durch die Abbildung gegebene Lage und Richtung hat. Man gebe die Lage und Richtung der anderen Auflagerkraft B an, sowie den Zahlenwert der beiden.

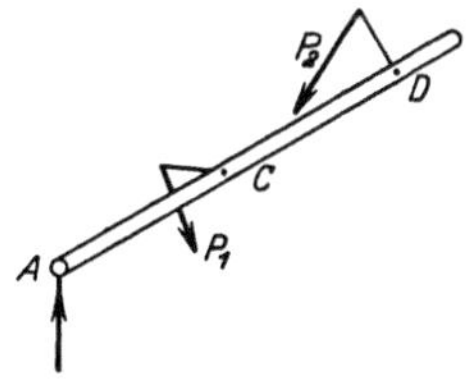

Abb. 578.

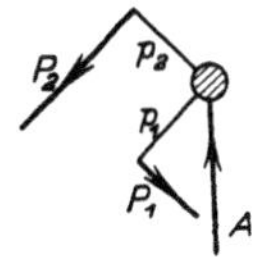

Abb. 579.

Lösung: Man beachte vor allem, daß die Auflagerkraft B nicht an dem Stab angreift; es könnte ja sonst kein Gleichgewicht gegen Drehung um den Stab bestehen. Die Lösung beginnt im Grundriß, wo A verschwindet, s.

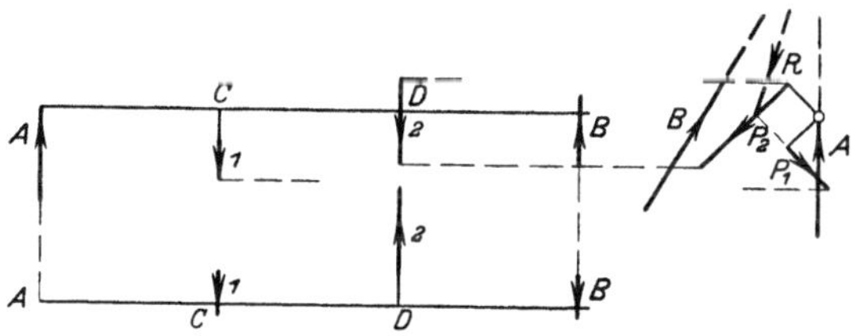

Abb. 580.

Abb. 580; das Gleichgewicht im Grundriß erfordert, daß B' parallel P_1' und P_2' ist. $P_1' = 500 \text{ kg} \sqrt{2}$ und $P_2' = 1000 \text{ kg} \sqrt{2}$ erfordert nach (**44**d), daß $B' = 500 \text{ kg} \sqrt{2}$ ist und den Abstand 9 m von A hat. Im Aufriß ist die Richtung und Lage von B aus dem Grundriß bereits bekannt, die Gleichgewichtsbedingungen gegen Verschiebung und Drehung liefern wegen

$$P_1'' = 500 \text{ kg} \sqrt{2} \quad \text{und} \quad P_2'' = 1000 \text{ kg} \sqrt{2}$$

die Werte $A'' = A = 2000 \text{ kg} \frac{1}{3} \sqrt{2}$ und $B'' = 2500 \text{ kg} \frac{1}{3} \sqrt{2}$. Die gefundenen Werte überträgt man noch in den Seitenriß und findet dort die Lage von B. Es müssen sich A''', R''' und B''' im gleichen Punkt schneiden, wenn R''' die Resultierende von P_1''' und P_2''' im Seitenriß ist.

84. III. Lösung mit Hilfe des Korrekturverfahrens. Man nimmt S_1, S_2, S_3 als bekannte Nutzlasten an und superponiert: Die wirkliche Nutzlast P allein angreifend ruft die Auflagerkomponenten S_4', S_5', S_6' hervor (wenn man sich die gesuchten Kräfte der Einfachheit halber als Auflagerkräfte vorstellt), die im Grundriß wie bei der Scheibenaufgabe ermittelt werden können. Auf die gleiche Weise ermittelt man die Spannungen S_4'', S_5'', S_6'', die unter dem alleinigen Einfluß der gedachten Nutzlast S_1 entstehen; dann die Spannungen S_4''', S_5''', S_6''' unter dem alleinigen Einfluß von S_2 und schließlich noch die Komponenten S_4'''', S_5'''', S_6'''' unter der Annahme, daß S_3 allein angreifen würde. Die Ermittlung aller dieser Auflagerteilkomponenten geschieht je durch einen Kräfteplan und gestattet, die erhaltenen Komponenten alle nach P, S_1, S_2, S_3 oder genauer nach den Grundrißkomponenten von P, S_1, S_2, S_3 auszudrücken. Man wird also finden:

$$\left.\begin{array}{llll} S_4' = \alpha' P, & S_4'' = \alpha'' S_1, & S_4''' = \alpha''' S_2, & S_4'''' = \alpha'''' S_3, \\ S_5' = \beta' P, & S_5'' = \beta'' S_1, & S_5''' = \beta''' S_2, & S_5'''' = \beta'''' S_3, \\ S_6' = \gamma' P, & S_6'' = \gamma'' S_1, & S_6''' = \gamma''' S_2, & S_6'''' = \gamma'''' S_3, \end{array}\right\} \quad \text{(a)}$$

dann superponieren und sagen: In Wahrheit greifen diese Kräfte, nämlich die wirkliche Nutzlast P und die gedachten Nutzlasten S_1, S_2, S_3, gleichzeitig an, die von ihnen hervorgerufenen Auflagerkräfte S_4, S_5, S_6 haben also den Wert

$$\left.\begin{array}{l} S_4 = \alpha' P + \alpha'' S_1 + \alpha''' S_2 + \alpha'''' S_3, \\ S_5 = \beta' P + \beta'' S_1 + \beta''' S_2 + \beta'''' S_3, \\ S_6 = \gamma' P + \gamma'' S_1 + \gamma''' S_2 + \gamma'''' S_3. \end{array}\right\} \quad \text{(b)}$$

Die nur mehr vorkommenden Unbekannten S_1, S_2, S_3 ermittelt man aus der Kontrolle: Die Z-Komponenten aller am starren Körper angreifenden Kräfte bilden für sich ein Gleichgewichtssystem. Diese Kontrolle gestattet die Aufstellung von drei Gleichgewichtsbedingungen, nämlich einer Gleichung gegen Verschiebung und zweier Gleichungen gegen Drehung. In den drei Gleichungen treten nur mehr die Unbekannten S_1, S_2, S_3 auf, so daß damit die Aufgabe im Prinzip gelöst ist.

Beispiel a) An dem durch Abb. 581 gegebenen Quader, gegeben durch Grundriß, Aufriß und Seitenriß, greift die Nutzlast P an, die mit den sechs Stabspannungen S_1, S_2, S_3, S_4, S_5, S_6 im Gleichgewicht ist. Für die Ermittlung dieser Spannungen kann man keines der angegebenen speziellen Verfahren anwenden. Das erst angegebene rein analytische Verfahren würde zunächst eine umständliche Zerlegung der Spannungen in Komponenten längs der Achsen eines passend ausgewählten Koordinatensystems erfordern, dann die Aufstellung der drei Verschiebungsgleichungen und der drei Drehgleichungen und schließlich die Auflösung dieser sechs Gleichungen, in denen im vorliegenden Fall alle die sechs Unbekannten erscheinen würden, also eine recht mühselige Rechnung. Auch die zweite der rein analytischen Methoden führt zu den nämlichen rechnerischen Schwierigkeiten, wenn man nicht vorzieht, nach Föppl durch vier ausgewählte Spannungen je ein paar von Momentenachsen zu legen; man müßte aber für diesen Zweck erst ein Hyperboloid konstruieren, was vielleicht noch größere Schwierigkeiten, wenn auch nur zeichnerische, macht.

Das Korrekturverfahren führt recht rasch und leicht zu einer Lösung. Man betrachtet die Spannungen S_1, S_2, S_3 als bekannt und

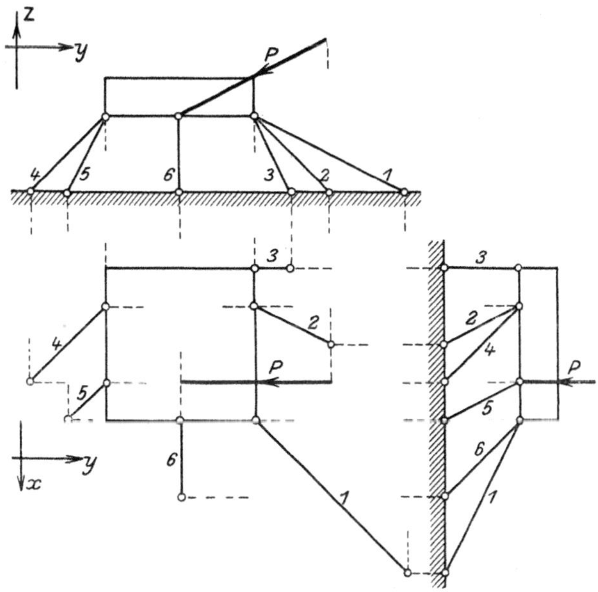

Abb. 581.

behandelt sie wie Nutzlasten. Dann hat man nur drei Unbekannte S_4, S_5, S_6, die im Grundriß allein ermittelt werden können. In ihm projiziert sich der Quader als Scheibe, man hat somit eine

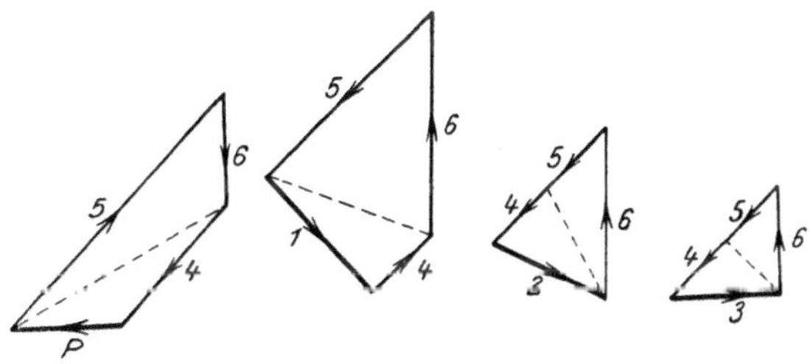

Abb. 582.

Scheibenaufgabe. Wenn von den wirklichen und gedachten Nutzlasten P, S_1, S_2, S_3 die Nutzlast P allein angreifen würde, dann ergäbe sich, s. Abb. 582,

$$S_4' = +\sqrt{2}\,P, \quad S_5' = -2\sqrt{2}\,P, \quad S_6' = +P.$$

Ebenso rufen die gedachten Nutzlasten S_1, S_2, S_3, jede für sich, hervor die Spannungen

$$\left.\begin{array}{lll} S_4'' = -0{,}5\,S_1, & S_5'' = +1{,}5\,S_1, & S_6'' = -\sqrt{2}\,S_1, \\ S_4''' = +0{,}2\sqrt{10}\,S_2, & S_5''' = +0{,}2\sqrt{10}\,S_2, & S_6''' = -0{,}6\sqrt{5}\,S_2, \\ S_4'''' = +0{,}5\sqrt{2}\,S_3, & S_5'''' = +0{,}5\sqrt{2}\,S_3, & S_6'''' = -S_3. \end{array}\right\} \quad (c)$$

Damit superponieren sich die Grundrißprojektionen S_4, S_5, S_6 zu

$$\left.\begin{array}{l} S_4 = \sqrt{2}\,P - 0{,}5\,S_1 + 0{,}2\sqrt{10}\,S_2 + 0{,}5\sqrt{2}\,S_3 \\ S_5 = -2\sqrt{2}\,P + 1{,}5\,S_1 + 0{,}2\sqrt{10}\,S_2 + 0{,}5\sqrt{2}\,S_3 \\ S_6 = P - \sqrt{2}\,S_1 - 0{,}6\sqrt{5}\,S_2 - S_3 \end{array}\right\}. \quad (d)$$

Man benötigt jetzt nur mehr drei Gleichungen für die Unbekannten S_1, S_2, S_3. Wie oben angegeben, werden diese drei notwendigen Gleichungen gestellt durch die Kontrolle: Die Z-Komponenten aller am Quader angreifenden Kräfte müssen für sich im Gleichgewicht sein. Es gibt selbstverständlich auch noch andere Kontrollmöglichkeiten, die angegebene folgt aber zwanglos aus dem bisherigen Verfahren. Wir haben nur den Grundriß der am Quader angreifenden Kräfte benützt, oder genau so operiert, wie wenn die Kräfte gar keine Komponenten senkrecht zum Grundriß, also in der z-Richtung hätten. Die drei Gleichungen, die das Gleichgewicht der Z-Komponenten ausdrücken, sind die Verschiebungsgleichung in der z-Richtung und zwei Momentengleichungen, in unserem Fall praktisch eine Momentengleichung für die Kante, an der S_4 und S_5 angreifen, und eine Momentengleichung für die Kante, an der S_6 und S_1 angreifen. Man beachte, daß bei diesen Momentengleichungen die Lage der Z-Komponenten von wesentlichem Einfluß ist, daß es also gar nicht gleichgültig ist, wo man die Zerlegung der Kräfte in Komponenten vornimmt. Damit nur die Z-Komponenten einen Beitrag zum Moment liefern, nehme man die Zerlegung aller Kräfte in der unteren horizontalen Ebene des Quaders vor, dann schneiden alle anderen Komponenten der Kräfte die beiden ausgewählten Momentenachsen. Die Z-Komponenten sind

$$Z = 0{,}5\,P, \qquad Z_1 = 0{,}25\sqrt{2}\,S_1, \qquad Z_2 = 0{,}4\sqrt{5}\,S_2, \qquad Z_3 = 2\,S_3,$$
$$Z_4 = 0{,}5\sqrt{2}\,S_4, \qquad Z_5 = \sqrt{2}\,S_5, \qquad Z_6 = S_6.$$

Mit diesen Werten ergeben sich die drei Kontrollgleichungen

$$\left.\begin{array}{l} Z + Z_1 + Z_2 + Z_3 + Z_4 + Z_5 + Z_6 = 0, \\ -Z\cdot 2 + Z_1\cdot 4 + Z_2\cdot 4 + Z_3\cdot 4 + Z_6\cdot 2 = 0, \\ +Z\cdot 1 + Z_2\cdot 3 + Z_3\cdot 4 + Z_4\cdot 3 + Z_5\cdot 1 = 0, \end{array}\right\} \quad (e)$$

oder wenn man zunächst alle Z nach den Grundrißkomponenten der Spannungen ausdrückt,

$$\begin{aligned}
0{,}5\,P + 0{,}25\sqrt{2}\,S_1 + 0{,}4\sqrt{5}\,S_2 + 2\,S_3 + 0{,}5\sqrt{2}\,S_4 + \sqrt{2}\,S_5 + S_6 &= 0,\\
0{,}5\,P + 0{,}5\sqrt{2}\,S_1 + 0{,}8\sqrt{5}\,S_2 + 4\,S_3 \qquad\qquad\qquad\qquad + S_6 &= 0,\\
0{,}5\,P \qquad\quad + 1{,}2\sqrt{5}\,S_2 + 8\,S_3 + 1{,}5\sqrt{2}\,S_4 + \sqrt{2}\,S_5 \qquad &= 0,
\end{aligned}$$

und daraus wieder nach Berücksichtigung der Werte von S_4, S_5, S_6

$$\left.\begin{aligned}
-3\,P + \sqrt{2}\,S_1 + 0{,}8\sqrt{5}\,S_2 + 5\,S_3 &= 0,\\
+3\,P - \sqrt{2}\,S_1 + 0{,}4\sqrt{5}\,S_2 + 6\,S_3 &= 0,\\
-\,P + 1{,}5\sqrt{2}\,S_1 + 4{,}4\sqrt{5}\,S_2 + 21\,S_3 &= 0.
\end{aligned}\right\} \qquad \text{(f)}$$

Die Auflösung dieser drei Gleichungen gibt, wenn die Grundrißprojektion von P den Wert 1 hat, die Grundrißprojektionen der ersten drei Spannungen

$$S_1 = 2{,}481, \qquad S_2 = -0{,}908, \qquad S_3 = 0{,}221.$$

Die Gleichungen (d) liefern schließlich noch

$$S_4 = -0{,}251 \qquad S_5 = 0{,}468, \qquad S_6 = -1{,}516.$$

Damit sind die Grundrißprojektionen aller Stützkräfte bekannt, man hat nur in den Aufriß hinaufzuprojizieren und dann noch die wahren Werte der gesuchten Kräfte zu ermitteln.

Über zwei weitere rein graphische Lösungen der allgemeinen Aufgabe mit Hilfe des Korrekturverfahrens, die eine unter alleiniger Benützung von Kräfteplänen und Seileck, siehe „Egerer, Neue Methoden der Berechnung ebener und räumlicher Fachwerke, Verlag Julius Springer, Berlin."

Die einfacheren räumlichen statisch bestimmten Fachwerke.

85. Ein Punkt im Raum hat drei Freiheitsgrade, ein System von n Punkten sonach $3\,n$. Um dieses System starr mit der Erde zu verbinden, muß man ihm seine $3\,n$ Freiheitsgrade durch $3\,n$ Auf-

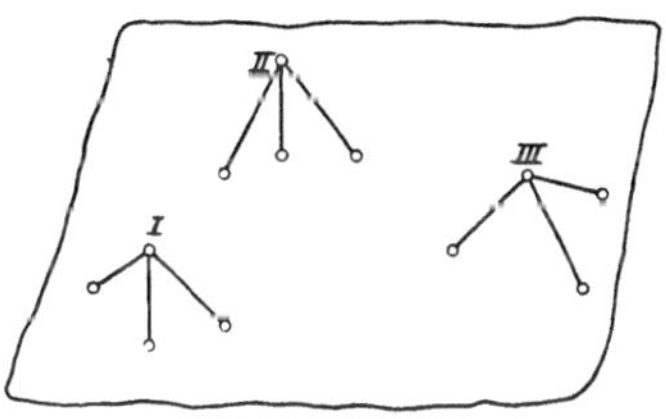

Abb. 583.

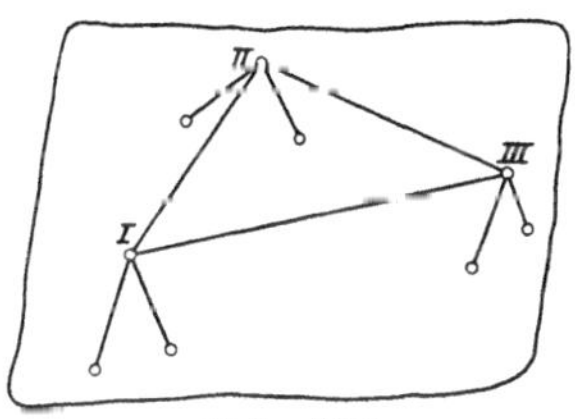

Abb. 584.

lagerungen oder Führungen nehmen, etwa in der Weise, daß man jeden einzelnen Punkt durch drei Stäbe fest mit der Erde verbindet, s. Abb. 583, wo $n = 3$. Oder auf andere Weise, indem man die

n Punkte unter sich durch m Stäbe starr verbindet und diesen starren Körper dann durch sechs weitere Stäbe starr mit der Erde, s. Abb. 584, wo das Dreieck den starren Körper bildet. Oder wieder auf andere Weise, indem man durch eine gewisse Anzahl von Stäben die n Punkte zu einem nicht starren Körper zusammenfaßt und die ihm verbleibenden p Freiheitsgrade durch p Führungen aufhebt, beispielsweise indem man noch p Stäbe so anbringt, daß der Körper unter sich starr und gleichzeitig starr mit der Erde verbunden ist; in Abb. 590 sind die sechs Punkte I, II, III, IV, V, VI durch sechs Stäbe zu einem Ring zusammengefaßt, der noch zwölf Freiheitsgrade hat und deswegen durch zwölf weitere Stäbe zu einem in sich starren und mit der Erde starr verbundenen Körper wird.

Fachwerkkörper wollen wir jeden Körper nennen, der aus einzelnen Stäben starr zusammengesetzt ist. Wenn wir zunächst mit dem Bild des Fachwerkkörpers arbeiten, so wäre dieses dahin definiert, daß es aus unendlich dünnen und starr gedachten Stäben gebildet ist; daß diese Stäbe in den Eckpunkten, Knotenpunkte genannt, gelenkartig und reibungsfrei verbunden sind, daß die äußeren Kräfte nur in den Knotenpunkten angreifen, daß die Zahl der Stäbe und ihre Verbindung keine gegenseitige Verschiebung der Knotenpunkte unter dem Einfluß der Nutzlast zuläßt. Für den Fachwerkkörper findet man zuweilen die Benennung „freies räumliches Fachwerk".

Ein räumlicher Fachwerkträger (meist nur Fachwerk genannt) ist jede räumliche Tragkonstruktion, die aus einzelnen Stäben zusammengesetzt ist; die einzelnen Knotenpunkte der Tragkonstruktion sind als gegenseitig unverschieblich vorausgesetzt, solange man die einzelnen Stäbe als starr annimmt.

Für die Annäherung des eingeführten Bildes an die Wirklichkeit gelten genau die gleichen Betrachtungen wie bei der Fachwerkscheibe und beim ebenen Fachwerkträger.

Die Definition des statisch bestimmten Fachwerkkörpers ist die gleiche wie die der Fachwerkscheibe (52a). Genau die gleichen Überlegungen wie dort (man hat nur zu beachten, daß der Punkt im Raum drei Freiheitsgrade hat und ein starrer Körper sechs) ergeben, daß die n Knotenpunkte des Fachwerkkörpers durch

$$m = 3n - 6 \tag{a}$$

Stäbe verbunden sein müssen, wenn er statisch bestimmt sein soll, und daß diese Beziehung zwar eine notwendige, aber noch keine hinreichende Bedingung für die statische Bestimmtheit ist, d. h. daß immer noch der als statisch unbestimmte Aufgabe zu betrachtende Ausnahmefall möglich ist.

Der geometrisch bestimmte Fachwerkkörper wird entsprechend definiert wie unter (52c) die geometrisch bestimmte Fachwerkscheibe. Auch nach dieser Definition ergibt sich $m = 3n - 6$ als Mindestzahl der notwendigen Stäbe, um n freie Punkte unter sich zu einem starren Gebilde zu vereinigen.

Nach dem Föpplschen Beweis ist wieder

ein statisch bestimmter Fachwerkkörper gleichzeitig auch geometrisch bestimmt und umgekehrt. (b)

Vom Fachwerkkörper kann man dadurch zu einem räumlichen Fachwerkträger übergehen, daß man ihn starr mit der festen Erde verbindet. Doch ist diese Entstehungsweise des räumlichen Fachwerkes in praktischen Fällen recht selten die normale. Als Bildungsweise wird man vielmehr die folgende anzunehmen haben: Man verbindet n Knotenpunkte durch Stäbe unter sich zu einem (im allgemeinen nicht starren) Gebilde von p Freiheitsgraden, dann verbindet man dieses Gebilde mit der festen Erde durch eine weitere Anzahl von Stäben so, daß die einzelnen Knotenpunkte unter sich und gegen die Erde unverschieblich sind. Wenn man für diese starre Verbindung die Mindestzahl von Stäben verwendet, dann hat man einen geometrisch und damit auch gleichzeitig einen statisch bestimmten räumlichen Fachwerkträger.

Den Fachwerkträger der Abb. 590 kann man in folgender Weise entstanden denken: Man hat zuerst die sechs Knotenpunkte I, II, III, IV, V, VI durch die sechs Ringstäbe I II, II III, ... zu einem Ring verbunden, der dann noch zwölf Freiheitsgrade hat; sie werden ihm genommen durch die von den einzelnen Knotenpunkten ausgehenden sechs Gratstäbe I I′, II II′, ... und die sechs Diagonalstäbe I VI′, II I′, ... Man kann auch die unteren Punkte I′, II′, III′, IV′, V′, VI′ als noch zum Fachwerkträger gehörig betrachten und sagen: Die zwölf Knotenpunkte sind durch je sechs Ringstäbe, Gratstäbe und Diagonalstäbe zu einem Gebilde von $3 \cdot 12 - 18 = 18$ Freiheitsgraden verbunden. Dieses Gebilde wird unter sich und mit der festen Erde starr verbunden durch achtzehn Auflager oder Führungen, und zwar dadurch, daß man jeden der Punkte I′, II′, ... festhält, also jedem drei Auflagerungen gibt.

86. In der Mehrzahl der Fälle ist ein räumlicher Fachwerkträger folgendermaßen aufgebaut: n Knotenpunkte liegen in der gleichen Ebene und sind durch n Ringstäbe in dieser Ebene zu einem „Ring" zusammengefaßt. Die Gesamtheit dieser Stäbe und aller der zur nächst unteren Ebene führenden Stäbe werde als „Stockwerk" bezeichnet. Beispielsweise besteht die Kuppel der Abb. 590 aus einem einzigen Stockwerk, dem die sechs Ringstäbe I II, II III, ... die sechs Gratstäbe I I′, II II′, ... und die sechs Diagonalstäbe II I′ III II′, ... angehören. Die Kuppel der Abb. 595 besteht aus drei Stockwerken; zum mittleren Stockwerk gehören die sechs Ringstäbe I′ II′, II′ III′, ..., die sechs Gratstäbe I′ I″, II′ II″, ... und die sechs Diagonalstäbe I′ VI″, II′ I″, ... Die ganze Fachwerkkonstruktion baut sich aus mehreren solcher Stockwerke auf, der durch die Abb. 590 gegebene Sonderfall eines einzigen Stockwerkes kommt als praktischer Fall selten vor.

Solche aus mehreren Stockwerken aufgebaute Fachwerkkonstruktionen lassen sich zwei bestimmten Klassen zuweisen.

Erste Klasse: Die n Punkte einer Stockwerkebene sind mit dem darunter liegenden Stockwerk durch $3n$ Stäbe starr verbunden, so daß das obere Stockwerk für sich eine statisch bestimmte räumliche Fachwerkkonstruktion darstellt. Die Kuppel der Abb. 595 besteht aus drei Stockwerken, das dritte Stockwerk besteht aus sechs Knotenpunkten und achtzehn Stäben und bildet für sich ein statisch bestimmtes räumliches Fachwerk. Die Berechnung der in diesem Stockwerk auftretenden Spannungen ist eine statisch bestimmte Aufgabe, unabhängig davon, ob die beiden unteren Stockwerke statisch bestimmt oder statisch unbestimmt sind, gleichgültig wie viele Stäbe in diesem unteren Stockwerk vorhanden sind, wenn sie nur für die Aufrechterhaltung der Stabilität ausreichen. Wenn daher an den Knotenpunkten I, II, III, IV, V, VI des oberen Stockwerkes keine äußeren Kräfte angreifen, so werden die sämtlichen Stäbe des Stockwerkes frei von Spannungen sein.

Der Charakter dieser Klasse ist demnach, daß die Spannungen der Stäbe eines bestimmten Stockwerkes nur abhängig sind von den Kräften, die an den oberen Knoten dieses Stockwerkes oder der nächstoberen Stockwerke angreifen, oder umgekehrt unabhängig von den äußeren Kräften, die an den unteren Knotenpunkten dieses Stockwerkes oder noch weiter unten liegenden Knotenpunkten angreifen.

Zweite Klasse: Die n Punkte eines Stockwerkes sind mit dem darunter liegenden Stockwerk durch mehr als $3n$ Stäbe verbunden, so daß das obere Stockwerk jedenfalls statisch unbestimmt wäre, wenn die unteren Stockwerke für sich schon den starren Körper vorstellen würden. Die Kuppel der Abb. 585 gibt ein Beispiel für diese Klasse: Die vier Knotenpunkte des oberen Stockwerkes sind durch sechzehn Stäbe mit dem nächstunteren Stockwerk verbunden. Wenn man das obere Stockwerk wegnehmen würde, so verblieben für die acht Knotenpunkte des zweiten Ringes nur acht Ringstäbe, acht Gratstäbe und vier Diagonalstäbe, d. h. das untere Stockwerk für sich hat nicht die genügende Anzahl von Stäben, um einen starren Körper bilden zu können.

Charakteristisch für die räumlichen Fachwerke der zweiten Klasse ist, daß in den Stäben eines Stockwerkes auch dann Spannungen entstehen können, wenn in den unteren Knotenpunkten dieses Stockwerkes oder noch weiter unten äußere Kräfte angreifen.

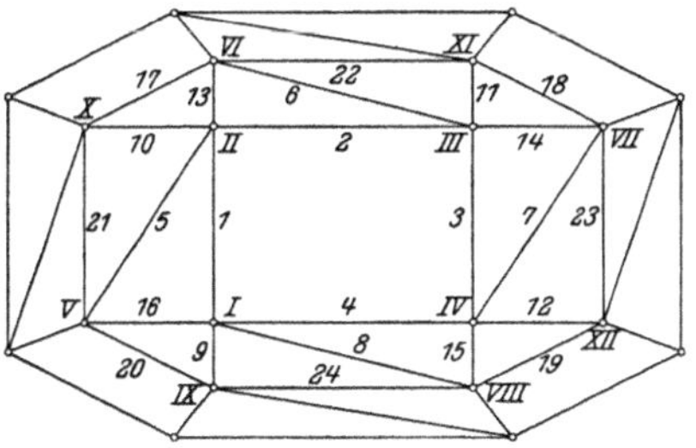

Abb. 585.

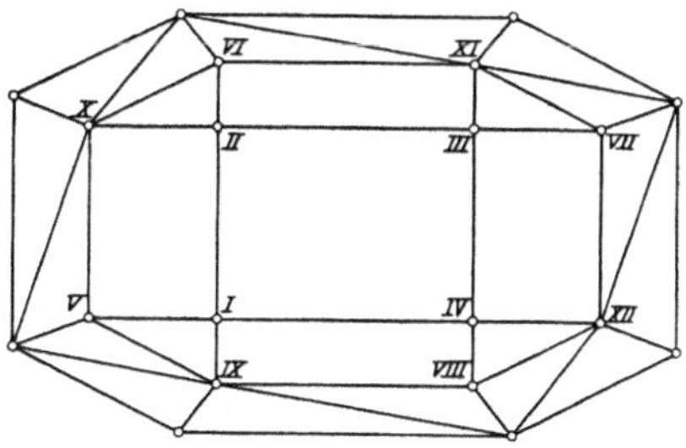

Abb. 586.

Soll ein räumliches Fachwerk bzw. das untersuchte Stockwerk eines solchen der ersten Klasse angehören, so ist die notwendige Bedingung: Die n Knotenpunkte dieses Stockwerkes und der darüberliegenden Stockwerke müssen durch $3n$ Stäbe unter sich und mit dem nächstunteren Stockwerk starr verbunden sein.

Bildungsweise eines räumlichen Fachwerkes der ersten Klasse: Am einfachsten werden n Knotenpunkte unter sich durch n Stäbe zu einem Ring vereinigt; die restierenden $2n$ Stäbe werden dann günstig so verteilt, daß von jedem Knotenpunkt des Ringes aus zwei Stäbe zum nächstunteren Stockwerk gehen. Dies trifft beispielsweise zu bei den noch zu besprechenden Schwedlerkuppeln und Netzwerkkuppeln, s. Abb. 590 und 605, oder bei der Kuppel der Abb. 586.

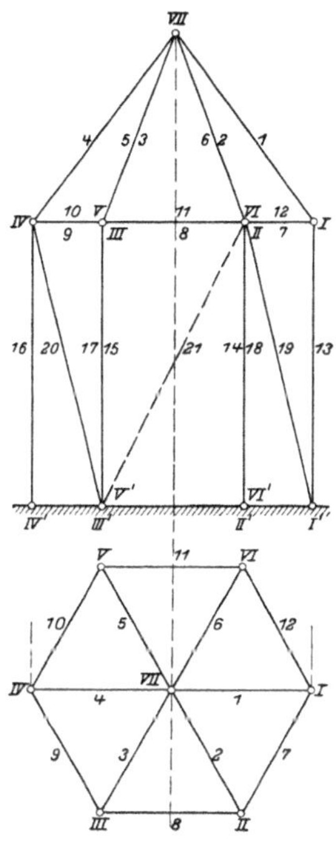

Abb. 587.

Die Fachwerkskonstruktionen der zweiten Klasse sind mannigfaltiger Art. Beispiele für sie sind das Zeltdach der Abb. 587, die Föpplsche Leipziger Kuppel der Abb. 588, die Scheibenkuppel (nach Schlink) der Abb. 589, die Reichstagskuppel (nach Zimmermann) der Abb. 585.

Unter den räumlichen Stabverbänden zeichnen sich wegen ihres gesetzmäßigen Aufbaues besonders aus die Flechtwerke, die Föppl folgendermaßen definiert:

„Ein Flechtwerk ist ein räumliches Fachwerk, dessen Knotenpunkte und Stäbe sämtlich auf einem Mantel enthalten sind, der einen inneren Raum umschließt.“ (a)

Alle bisher erwähnten räumlichen Fachwerkkonstruktionen sind nach dieser Definition Flechtwerke oder Teile von Flechtwerken.

Für praktische Fälle kommen besonders jene Flechtwerke in Betracht, deren Einzelflächen Dreiecke sind; von ihnen gilt nach Föppl:

„Jede aus Dreiecken zusammengesetzte Mantelfläche, die einen einfach zusammenhängenden Raum vollständig umschließt, liefert im allgemeinen, wenn man die Kanten als Stäbe und die Ecken als Knotenpunkte auffaßt, ein geometrisch und statisch bestimmtes Fachwerk, das man ein Flechtwerk nennt.“ (b)

Der Satz ist leicht zu erweisen, wenn man die Eulersche Polyeder-Formel

$$k + 2 = f + e \qquad \text{(c)}$$

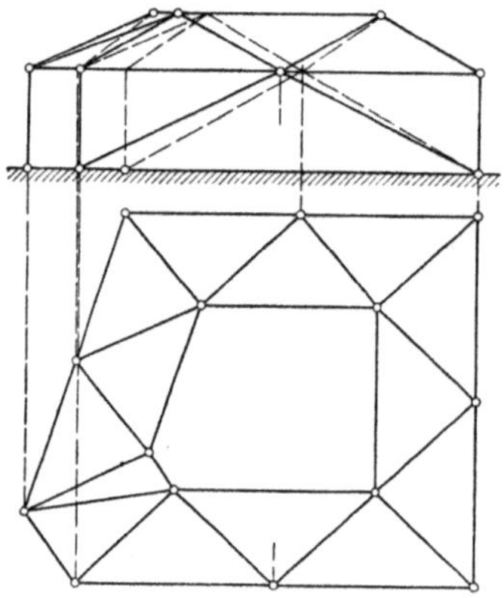

Abb. 588.

benützt, wo k die Anzahl der Kanten, f die der Flächen und e die Anzahl der Ecken bedeutet. Ist nämlich die Mantelfläche nur aus Dreiecken zusammengesetzt, so besteht eine weitere einfache Beziehung zwischen f und k, daß nämlich zu jeder Dreieckfläche drei Kanten gehören, die aber immer nur halb zu zählen sind, weil ja jede Kante gleichzeitig auch einem zweiten Dreieck angehört. Wenn also f die Anzahl der Dreiecksflächen ist, so wird die der Kanten $k = \frac{1}{2} \cdot 3 f$ oder umgekehrt $f = \frac{2}{3} k$.
Mit dieser Beziehung wird die Formel (c) zu

$$k + 2 = \tfrac{2}{3} k + e \qquad \text{oder} \qquad m = 3n - 6, \qquad \text{(d)}$$

wenn man wieder n für die Zahl der Eckpunkte oder Knotenpunkte und m für die Zahl der Kanten oder Stäbe einführt. Man sieht, für jedes Flechtwerk, dessen Mantel aus Dreiecken sich zusammensetzt, ist die Bedingung der statischen und geometrischen Bestimmtheit erfüllt, oder mit andern Worten:

jedes Flechtwerk, dessen Mantel aus Dreiecken zusammengesetzt ist, ist statisch und geometrisch bestimmt, wenn nicht ein Ausnahmefall vorliegt. (e)

Nun wird weiter gefragt: wie kann man ein Flechtwerk als Tragkonstruktion ausbilden. Das ist natürlich klar, daß ein ganzes Flechtwerk nicht selber eine Tragkonstruktion sein wird, da sie ja einen vollständig geschlossenen Mantel vorstellt. Aber, wenn das aus Dreiecken zusammengesetzte Flechtwerk statisch bestimmt und damit in sich starr ist, so ist offenbar jeder einzelne Teil I, wie man sich denselben auch aus dem ganzen Flechtwerk herausgegriffen denken mag, starr mit dem anderen Teil II verbunden. Wenn man sich den anderen Teil II als einen Bestandteil der festen Erde vorstellt, dann kann man auch sagen, der Flechtwerkteil I ist in sich und mit der Erde starr verbunden. Daraus geht hervor, daß jeder einzelne Flechtwerkteil ein statisch bestimmtes räumliches Fachwerk vorstellt, vorausgesetzt, daß die Auflagerung den Bedingungen über statische Bestimmtheit genügt. Die Nutzanwendung dieser Betrachtung ist recht einfach: Es erweist sich als vorteilhaft, große Räume durch flechtwerkähnliche Gebilde zu umschließen (Kuppeln, Bahnhofhallen, Türme, Pfeiler, Gasbehälter, große Flüssigkeitsbehälter, Krangerüste usw.). Der Vorteil solcher Gebilde ist der, daß ihr Innenraum nicht von Stäben durchkreuzt wird.

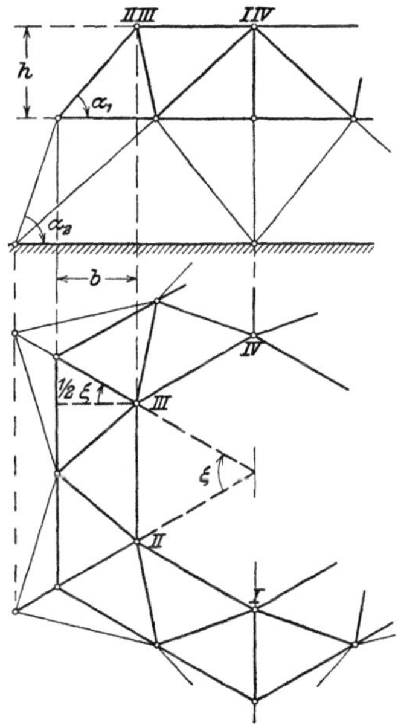

Abb. 589.

Die graphische Ermittlung der Stabspannungen in räumlichen Fachwerken führt man auf die Elementaraufgabe der räumlichen Kräftezerlegung, Nr. 68 bis 72, zurück. Von den Verfahren, die die einfachste Berechnung der Raumfachwerke ermöglichen, kommen für uns nur in Betracht

I. das Komponentenverfahren, charakterisiert durch den Satz: jede mögliche Lösung eines linearen Gleichungssystems ist auch die wirkliche Lösung,

II. das Korrekturverfahren, das über eine der Spannungen eine passende, aber sonst willkürliche Annahme macht, und deren Sonderfall, nämlich

III. die Hennebergsche Methode der Stabvertauschungen.

87. Von allen Fachwerk-Kuppelkonstruktionen ist die Schwedler-Kuppel eine der ältesten und auch jetzt noch verbreitetsten. Wie schon angegeben, gehört sie der ersten Klasse der räumlichen Fachwerke an. Sie hat n Ringstäbe, die zusammen den in der horizontalen Ebene liegenden Ring bilden, n Grat- oder Sparrenstäbe, die jeden Knotenpunkt mit dem entsprechenden nächstunteren Knotenpunkt verbinden, ferner n Diagonalstäbe. Diese sind die längsten der ganzen Konstruktion, wenn sie Druck aufnehmen, sind sie recht ungünstig beansprucht, man wird daher in jedem Fach Doppeldiagonalen ausführen, und zwar „schlaff", so daß dadurch an der statischen Bestimmtheit der ganzen Konstruktion sich nichts ändert, siehe Nr. **55**.

Soll man die Spannung unter dem Einfluß von Nutzlasten ermitteln, so wird man die nachfolgenden Fälle unterscheiden.

I. Einzellast. Am schnellsten kommt man mit der Elementaraufgabe der räumlichen Kräftezerlegung zum Ziel. Zunächst weiß man, daß die Nutzlast nur diejenigen Stäbe in Spannung versetzen kann, die dem Stockwerk des belasteten Knotenpunktes angehören; alle Stäbe, die oberhalb des belasteten Knotenpunktes liegen, bleiben spannungsfrei. Dann wendet man auf die Stabspannungen, die an den nicht belasteten Knotenpunkten angreifen, die Sätze (**9**a), (**9**d), (**9**e) an.

Beispielsweise gilt für die Kuppel der Abb. 590: Am Knoten II liegen von den im Gleichgewicht befindlichen vier Kräften S_1, S_7, S_{14}, S_2 die ersten drei in der nämlichen Ebene, die vierte aber nicht, es muß nach (**9**e) also $S_2 = 0$ sein. Am Knoten III greifen jetzt die drei im Gleichgewicht befindlichen Spannungen S_8, S_{15}, S_3 an, die nicht in der gleichen Ebene liegen und deswegen nach (**9**f) den Wert Null haben müssen. Die gleiche Beziehung gilt für die Spannungen S_9, S_{16}, S_4 am Knoten IV, und für die Spannungen S_{10}, S_{17}, S_5 am Knoten V und schließlich noch für S_{11}, S_{18}, S_6 am Knoten VI. Es werden durch die am Knoten I angreifende Nutzlast P nur die (in der Abbildung stark ausgezogenen) Stäbe 12, 13, 1, 7, 14 in Spannung versetzt, also ein Ringstab, zwei Gratstäbe und zwei Diagonalstäbe.

Am Knoten I ermittelt man die Spannungen S_{12}, S_{13}, S_1 nach einem der in den Nr. **68**—**71** angegebenen Verfahren. Die Fälle der Praxis sind meist so gegeben, daß man eine der speziellen Methoden anwenden kann. Das gefundene S_1 ist noch mit S_7 und S_{14} im Gleichgewicht, die mit einem gewöhnlichen Krafteck im Grund- oder Aufriß ermittelt werden.

Beispiel a) Am Knoten I der Schwedler-Kuppel der Abb. 590 greift eine Last P an, man ermittle die von ihr hervorgerufenen Spannungen.

Man wird, wie eben angegeben, zuerst die spannungslosen Stäbe aufsuchen. Als beansprucht verbleiben die Stäbe 12, 13, 1, 7, 14. Man ermittelt zunächst am Knoten I die Spannungen der Stäbe 12, 13, 1, am einfachsten mit schiefer Projektion nach **70** II in Richtung des Stabes 13, so wie Abb. 591 zeigt, dann noch die Spannung am Knoten II mit einem einfachen Krafteck. Die gefundenen Spannungen sind noch in Abb. 590 durch die schraffierten Kraftecke wiedergegeben.

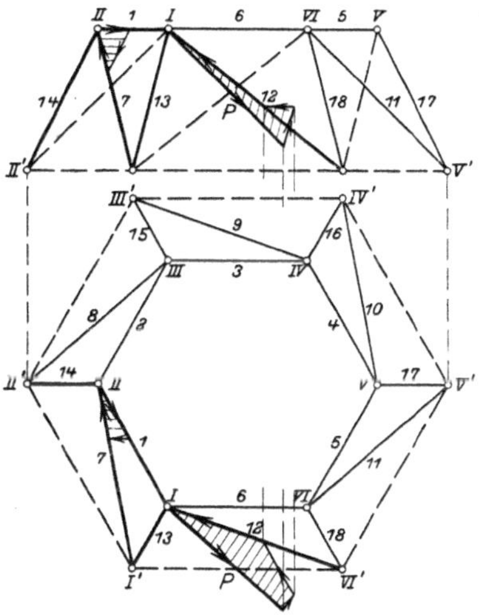

Abb. 590.

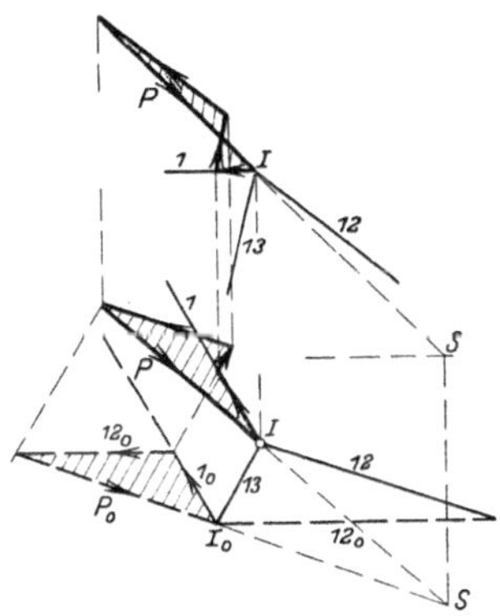

Abb. 591.

Beispiel b) An dem Knotenpunkt I des eisernen Turmpfeilers der Abb. 592, entnommen „Mehrtens, Statik der Baukonstruktionen, Engelmann“, greift eine Nutzlast $P_1 = 1000$ kg an. Man ermittle die in den Stäben auftretenden Spannungen, wenn die Nutzlast 1. in Richtung des Stabes 5 nach abwärts, 2. in Richtung des Stabes 9 nach abwärts, 3. in Richtung des Stabes 4 von I nach IV, 4. in Richtung des Stabes 1 von I nach II, 5. in lotrechter Richtung angreift.

Für die ersten vier Fragen wendet man am einfachsten das Komponentenverfahren an: Jede mögliche Lösung ist auch gleichzeitig die richtige Lösung.

Eine in Richtung des Stabes 5 angreifende Kraft P wird unmittelbar von ihm aufgenommen und zur Erde weitergeleitet, ohne daß dabei die anderen Stäbe beansprucht werden; es sind sonach alle Stäbe spannungslos, ausgenommen $S_5 = -P$. Genau so findet man, daß alle Stäbe spannungslos sind, ausgenommen $S_9 = -P$, wenn die Kraft in Richtung des Stabes 9 nach abwärts wirkt.

Eine in Richtung des Stabes 4 angreifende Kraft wird von den

Stäben 9 und 5 aufgenommen und zur Erde weiter geleitet, die übrigen Stäbe bleiben alle spannungslos. Mit einem ebenen Krafteck findet man, s. Abb. 593, für die absoluten Zahlenwerte

$$S_9 : S_5 : P = s_9 : s_5 : t$$

oder
$$S_9 = -P\frac{s_9}{t}, \qquad S_5 = +P\frac{s_5}{t}, \tag{a}$$

wo s_5, s_9, t die Längen von I V, I VIII, V VIII sind. Natürlich sind s_5 und s_9 die wahren Längen der Stäbe 5 und 9, in der Abbildung sind nur die Grundrißprojektionen sowohl der Kräfte wie auch der Stäbe eingetragen.

Eine in Richtung des Stabes 1 angreifende Kraft wird zunächst vom Stab 1 aufgenommen und zum Knoten II geleitet und dort ebenso wie bei der vorhergehenden Aufgabe von den Stäben 10 und 6 zur Erde weiter geleitet.

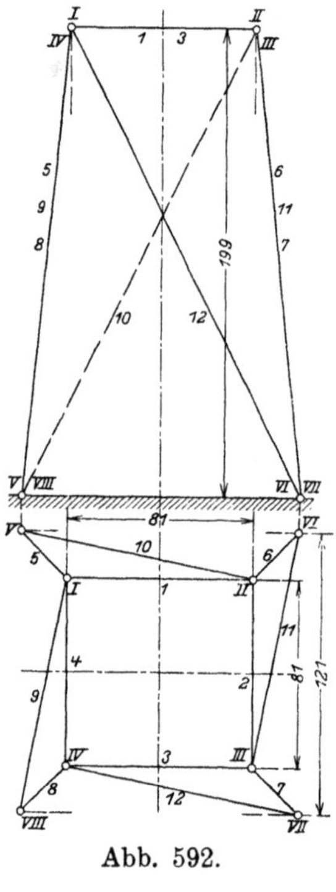
Abb. 592.

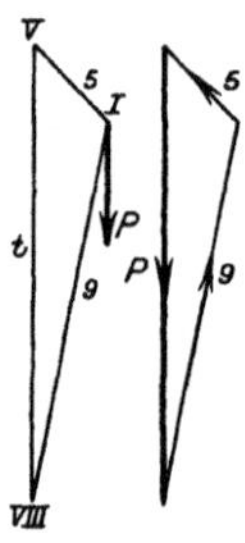
Abb. 593.

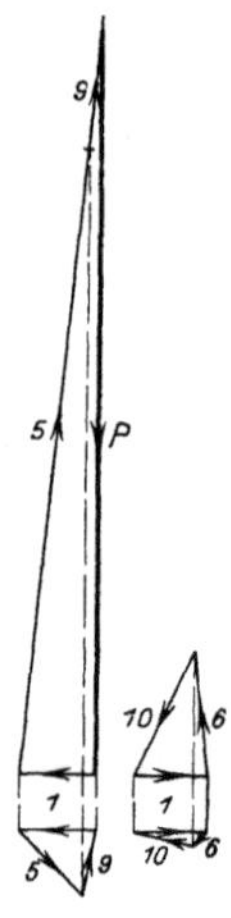
Abb. 594.

Alle Stäbe sind spannungslos, mit Ausnahme von

$$S_1 = -P, \qquad S_{10} = +P\frac{s_{10}}{t}, \qquad S_6 = -P\frac{s_6}{t}. \tag{b}$$

Wenn die Nutzlast lotrecht angreift, findet man die Spannungen entsprechend wie beim Beisp. a). Es werden nur die Stäbe 9, 5, 1, 10, 6 in Spannung versetzt. Im Aufriß kann man unmittelbare Zerlegung anwenden und mit einem einfachen Krafteck zunächst S_1 angeben, siehe Abb. 594; man geht zum Grundriß über und findet dort S_9 und S_5 und deswegen beide auch im Aufriß; mit einem zweiten Krafteck auch noch S_{10} und S_6 in beiden Rissen. Die wahren Zahlenwerte ergeben sich nach einer der üblichen Konstruktionen der darstellenden Geometrie.

Im allgemeinen wird jeder Knotenpunkt der Kuppel belastet (Eigengewicht, Schneedruck, Winddruck), so daß im praktischen Fall die Stabspannungen unter dem Einfluß eines Lastensystems ermittelt werden. Für die Berechnung hat man zwischen einem symmetrischen und einem unsymmetrischen Lastensystem zu unterscheiden.

II. Symmetrisches Lastensystem. Voraussetzung für ein solches ist einmal, daß die Kuppel selbst symmetrisch ist, d. h. alle Meridianschnitte durch die einzelnen Knotenpunkte kongruent sind; und weiter, daß die an den Knoten

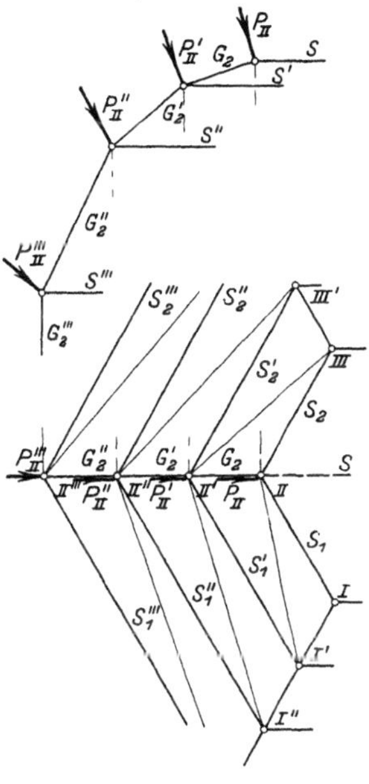

Abb. 595.

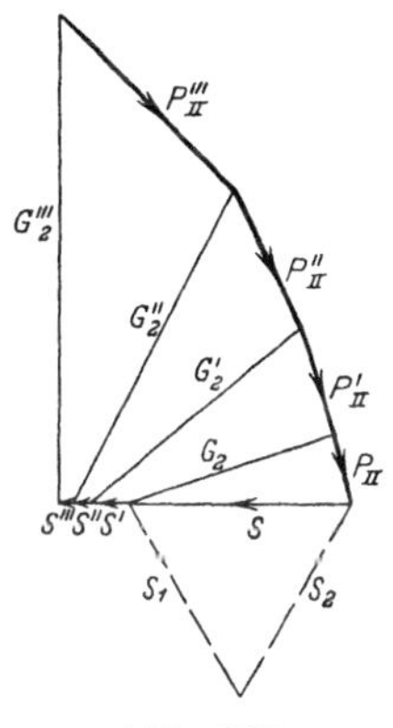

Abb. 596.

angreifenden Lasten nur in diesen Meridianschnitten liegen, ferner, daß jeder Meridianschnitt in der nämlichen Weise belastet ist. Ein solches symmetrisches Lastensystem ist beispielsweise das System der Eigengewichte.

Man vermutet, daß ein symmetrisches Lastensystem auch ein symmetrisches Spannungssystem hervorruft. Zu einem solchen würde aber gehören, daß die Diagonalen alle spannungslos sind. Nun ist in der Tat dieses Spannungssystem ein mögliches und deswegen nach (64a) auch das wirkliche Lösungssystem. Man greift einen einzigen Meridian heraus, etwa nach Abb. 595 den durch den Knoten II gelegten. Aus Symmetriegründen muß die Resultierende S von S_1 und S_2 horizontal im Meridian liegen, das gleiche gilt für die Resultierende S'

von S_1' und S_2' usw. Dann ist am Knoten II die Nutzlast P_{II} im Gleichgewicht mit S und G_2, s. Abb. 596, beide sind mit einem gewöhnlichen ebenen Kräfteplan zu ermitteln. Am Knoten II′ sind die unbekannten Kräfte S' und G_2' im Gleichgewicht mit P_{II}' und G_{II} und daher ebenso zu ermitteln; das gleiche gilt für die weiter unten folgenden Knoten II″, II‴ usw. Hat man alle S, S', S'', ... und G_2, G_2', G_2'', ... gefunden, so muß man nur noch die Resultierende S, S', ... nach ihren Komponenten S_1 und S_2, S_1' und S_2', ... zerlegen. Damit ist dann die Aufgabe gelöst.

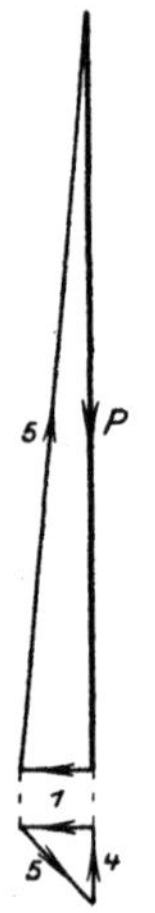

Abb. 597.

Beispiel c) Wie groß sind die Spannungen im Turmpfeiler der Abb. 592, wenn an jedem Knotenpunkt die Last $P = 1000$ kg lotrecht angreift?

Die Belastung ist symmetrisch und deswegen entsprechend der vorausgehenden Entwicklung auch das Spannungssystem

$$S_1 = S_2 = S_3 = S_4, \quad S_5 = S_6 = S_7 = S_8,$$
$$S_9 = S_{10} = S_{11} = S_{12} = 0.$$

Die unbekannten Spannungen kann man so ermitteln, wie eben angegeben wurde, im vorliegenden Fall ist eine unmittelbare Lösung mit einem einfachen Krafteck möglich, weil im Aufriß jeweils eine Ringstabspannung verschwindet. Am Knoten I ermittelt man im Aufriß S_1 und S_5, dann projiziert man zum Grundriß hinab und findet noch S_4, s. Abb. 597.

Beispiel d) Die Meridianform der Kuppel der Abb. 595 ist statisch insofern günstig, als die Ringstabspannungen recht klein sind, s. Abb. 596, abgesehen natürlich von den Stäben des obersten Ringes. Kann man die Form des Meridians so angeben, daß die Ringstabspannungen S_i', S_i'', S_i''' den Wert Null haben?

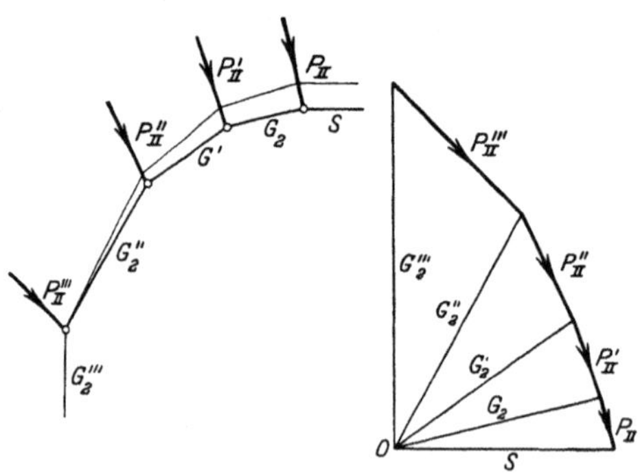

Abb. 598.

Ja, wenn der Meridian ein Seileck für das gegebene Nutzlastensystem ist. Abb. 598 zeigt die neuere Form des Meridians. Man wählt zum Kräftezug der Nutzlasten den Pol des Seilplans so, daß die oberste Meridianseite wagrecht und die unterste lotrecht verläuft. In der Abbildung stellt die feingezeichnete Linie die alte gegebene Form des Meridians dar.

88. III. Bei beliebiger Belastung erfolgt die Ermittlung der Stabspannungen nach der Komponentenmethode rein graphisch oder analytisch. Die für einen bestimmten zahlenmäßig gegebenen Belastungsfall meist allein in Betracht kommende graphische Untersuchung symmetrischer oder unsymmetrischer Schwedler-Kuppeln überlegt: Am Knoten i ist durch den dort angreifenden Diagonalstab d_i und Gratstab g_i eine Ebene ε_i bestimmt, die für den Knoten i charakteristisch ist, s. Abb. 599. In dieser Ebene liegt eine Fachwand der Kuppel. Jede in der Ebene ε_i am Knoten i angreifende Kraft E_i wird gemeinsam von Diagonal- und Gratstab aufgenommen und zum nächstunteren Stockwerk bzw. zur Erde abgeleitet.

[Sieht man diese aus dem Satz von der möglichen Lösung sich ergebende Beziehung nicht unmittelbar ein, so wendet man Satz (9e) auf den unbelastet gedachten Knotenpunkt $i-1$ an und findet $S_{i-1}=0$; und ebenso $S_i=0$, wenn man ihn auf den Knotenpunkt i anwendet, weil E_i, D_i, G_i in der nämlichen Ebene liegen.]

Eine in Richtung des Ringstabes s_i fallende Nutzlast S_i wird zunächst von ihm aufgenommen und zum nächsten Knoten $i+1$ geleitet und dort gemeinsam von den Stäben d_{i+1} und g_{i+1} aufgenommen und abwärts geführt.

Mit beiden Tatsachen ist nun der Weg gekennzeichnet, den das Komponentenverfahren einschlägt, um die unter dem Einfluß von P_i entstehenden Spannungen zu ermitteln. Man legt eine Ebene π_i (Operationsebene) durch P_i und den Ringstab s_i und bringt sie mit der Ebene ε_i zum Schnitt; die Schnittgerade heiße e_i, s. Abb. 599. In der Ebene π_i zerlegt man die Nutzlast P_i in zwei Komponenten S_i und E_i längs des Ringstabes s_i und der Geraden e_i. Die erste Komponente E_i wird unmittelbar von den Stäben d_i und g_i der Ebene ε_i aufgenommen, S_i durch den Ringstab s_i zum Knoten $i+1$ weiter geleitet und dort in der Ebene ε_{i+1} von den Stäben g_{i+1} und d_{i+1} aufgenommen.

Es werden also durch die am Knoten i angreifende Kraft P_i beansprucht die Stäbe

$$s_i, \quad g_i, \quad g_{i+1}, \quad d_i, \quad d_{i+1},$$

oder umgekehrt: von den vom Knoten i ausgehenden Stäben ist s_i nur gespannt, wenn P_i angreift, und entsprechend der Stab s_{i-1} nur, wenn P_{i-1} angreift, der Stab g_i wird sowohl durch P_i wie auch durch P_{i-1} beeinflußt; der Stab d_i wird gleichfalls durch P_i und P_{i-1} beeinflußt.

Will man nun die Spannungen der einzelnen Stäbe unter dem

Einfluß eines an der Kuppel angreifenden zahlenmäßig gegebenen Lastensystems ermitteln, so wird man beim Knoten I beginnen, dort die beiden Ebenen π_1 und ε_1 zum Schnitte bringen und dann P_1 nach E_1 und S_1 zerlegen. E_1 erzeugt D_1'' und G_1'', beide sind einem gewöhnlichen ebenen Krafteck zu entnehmen. S_1 ist schon die Spannung im Ringstab s_1, sie ruft am Knoten II die Spannungen D_2' und G_2' hervor, auch diese beiden ermittelt man mit einem gewöhnlichen ebenen Krafteck im Grund- oder Aufriß. Dann geht man zum Knoten II über und zerlegt dort wieder P_2 nach E_2 und S_2. E_2 läßt D_2'' und G_2'' entstehen, S_2 ist die Spannung im Ringstab s_2, sie erzeugt am Knoten III die Spannungen D_3' und G_3' usw. Man hat nur noch zu beachten, daß die Gratstäbe und Diagonalstäbe einer jeden Fachwand von den beiden Kräften, die an den oberen Fachwandknotenpunkten angreifen, in Spannung versetzt werden, daß also

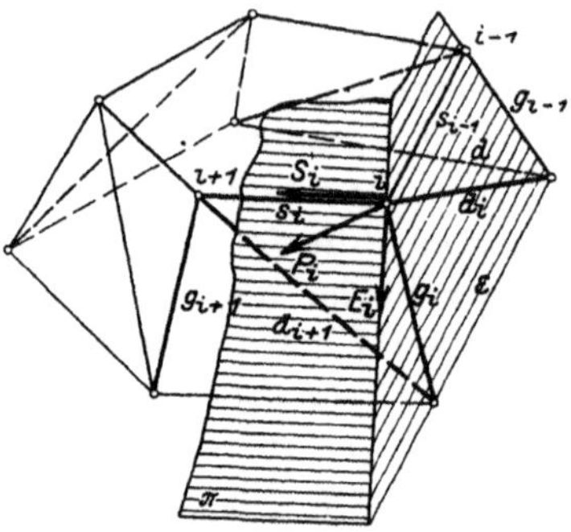

Abb. 599.

$$D_i = D_i' + D_i'', \qquad G_i = G_i' + G_i''. \tag{a}$$

Das besprochene Verfahren läßt sich ebensogut für eine symmetrische wie auch für eine unsymmetrische Kuppel anwenden.

89. IV. Analytisches Verfahren bei beliebiger Belastung. Hat man für eine gegebene Kuppel umfangreichere Rechnungen vorzunehmen, wie es der praktische Fall meist erfordert, so empfiehlt oder mindestens verlohnt es sich, analytische Formeln für die Ermittlung der Stabspannungen aufzustellen. Für den Konstrukteur sind bei etwaigen Änderungen an der Gestalt der Kuppel solche vorhandene Formeln von größtem Wert, weil sie allein den Einfluß der Einzellast auf die Beanspruchung zum Ausdruck bringen.

Die Aufstellung der Formeln geht davon aus, daß eine am Knoten i in Richtung des Gratstabes g_i angreifende Kraft H_i' unmittelbar durch den Gratstab aufgenommen und sofort zur Erde weitergeleitet wird, ohne daß die übrigen Stäbe des Fachwerks in Anspruch genommen werden, s. Abb. 600.

[Man kann auch sagen, von den am Knoten i angreifenden Kräften H_i, D_i, G_i, S_i liegen die ersten drei in der gleichen Ebene, also ist $S_i = 0$ nach (**9**e), und von den jetzt verbleibenden Kräften H_i, D_i, G_i liegen zwei in der nämlichen Geraden, D_i aber nicht, also ist auch $D_i = 0$ nach (**9**d), es muß also $G_i = H_i$ sein.]

Ebenso sieht man, daß eine Kraft T_i' in Richtung des Ringstabes s_{i-1} gemeinsam vom Diagonal- und Gratstab der Fachwand i aufgenommen und durch die beiden Stäbe d_i und g_i zur Erde weitergeleitet wird.

[Man kann auch sagen, von den vier Kräften T_i', D_i, G_i, S_i muß letztere den Wert Null haben wegen (**9**e).]

Und weiter sieht man, daß eine Kraft N_i' in Richtung des Ringstabes s_i zunächst von diesem aufgenommen und zum Knoten $i+1$ geleitet und dort wieder gemeinsam vom Diagonalstab d_{i+1} und Gratstab g_{i+1} abwärts geführt wird.

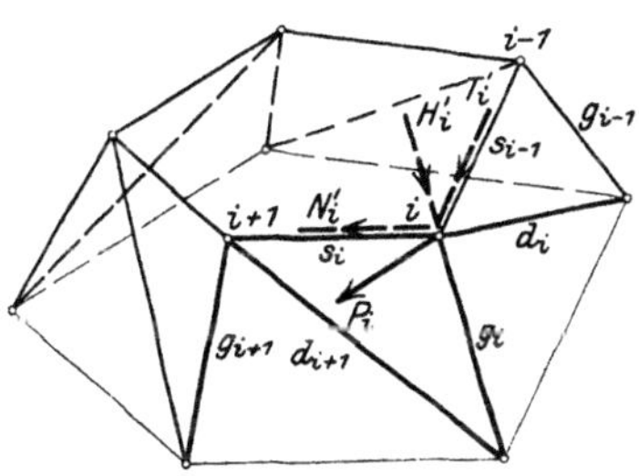

Abb. 600.

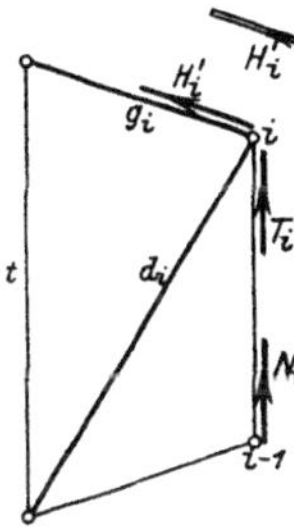

Abb. 601 a.

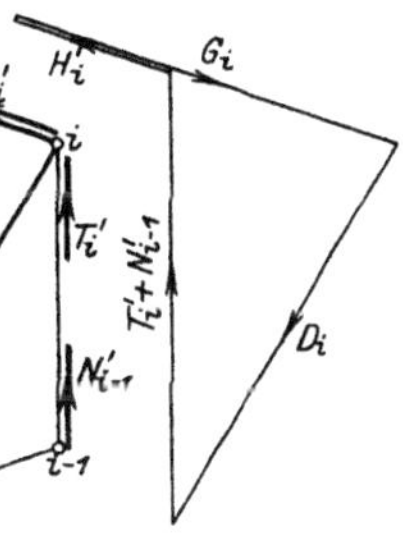

Abb. 601 b.

Insgesamt nehmen also an der Aufnahme von P_i Anteil die Spannungen

$$S_i, \qquad D_i, \qquad G_i, \qquad D_{i+1}, \qquad G_{i+1},$$

wie das ja auch schon in der vorigen Nummer entwickelt worden ist.

Wenn man nun die unter dem Einfluß eines Lastensystems auftretenden Spannungen ermitteln will, so zerlegt man jede Kraft P_i in drei Komponenten, H_i' in Richtung des Gratstabes, T_i' in Richtung des Ringstabes s_{i-1}, N_i' in Richtung des Ringstabes s_i, und zwar zählt man H_i' positiv nach abwärts, die T_i' und N_i' positiv, wenn sie die Kuppel rechtsum zu drehen suchen.

Der Ringstab s_i nimmt nur die Komponente N_i' auf, ein positives N' erzeugt Druckspannung, also ist

$$S_i = -N_i'. \tag{a}$$

Der Diagonalstab und der Gratstab bei i nehmen gemeinsam auf die Komponente T_i' von P_i und die Komponente N_{i-1}' von P_{i-1}, s. Abb. 601a. Außerdem nimmt der Gratstab auch noch die Komponente H_i' auf. Abb. 601 b gibt den Kräfteplan für den Knoten i. Es ist, wenn man auch gleich das Vorzeichen der Spannungen berücksichtigt, der Abbildung zu entnehmen

$$-(G_i - H_i') : D_i : (T_i' + N_{i-1}') = g : d : t$$

oder
$$D_i = \frac{d}{t}(T_i' + N_{i-1}') \tag{b}$$

$$G_i = -\frac{g}{t}(T_i' + N_{i-1}') - H_i'. \tag{c}$$

Ist die Kuppel unsymmetrisch, was aber gerade bei der Schwedlerkuppel sehr selten der Fall ist, so sind natürlich für jede Fachwand die Stabgrößen b, d, t mit anderen Werten einzusetzen.

Die Nutzlasten einer Kuppel sind meist so in Komponenten zerlegt, daß eine von ihnen lotrecht ist. Es wird daher von Vorteil sein, die vorausgehenden Formeln noch so umzuwandeln, daß die gesuchten Spannungen sich als abhängig von solchen Komponenten ergeben. Zu diesem Zweck sei vorausgesetzt, daß die am Knoten i jeweils angreifende Kraft P in drei Komponenten Z, T, N lotrecht und in Richtung der Ringstäbe s_i und s_{i-1} zerlegt ist. Man hat jetzt noch den Zusammenhang dieser neuen Komponentengruppe Z, T, N mit der früheren Gruppe H', T', N' herzustellen. Vorausgesetzt ist eine symmetrische Kuppel. Man zerlegt H' zunächst in zwei Komponenten lotrecht und radial, d. h. zum Mittelpunkt des Ringes gehend, s. Abb. 602. Die erste ist

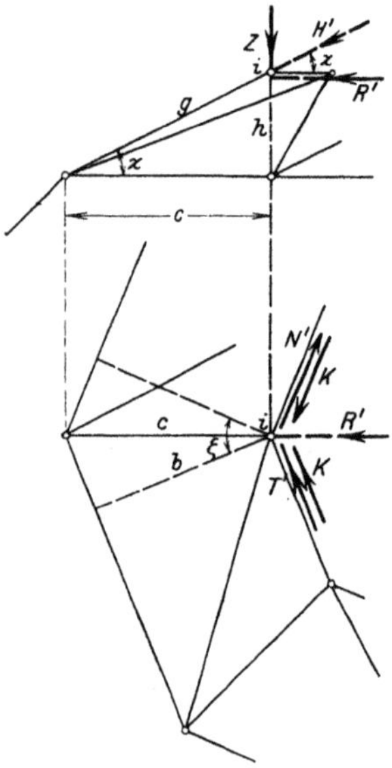

Abb. 602.

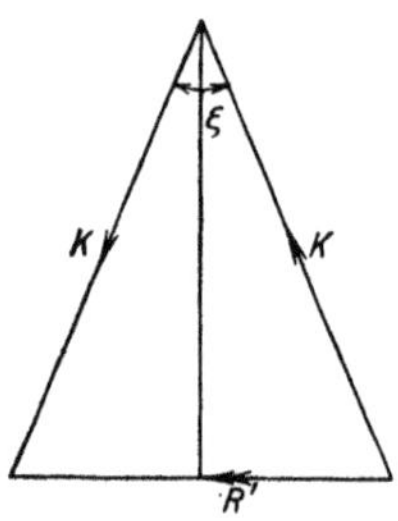

Abb. 603.

$$Z = H' \sin\chi = H' \frac{h}{g}, \tag{d}$$

wo χ der Neigungswinkel des Gratstabes g und damit von H' gegen die Horizontale ist; die zweite ist

$$R' = H' \cos\chi = Z \frac{g}{h} \cos\chi$$

oder
$$R' = Z \frac{c}{h}, \tag{e}$$

wenn c und h die Horizontal- bzw. Vertikalprojektionen des Gratstabes g sind. R' zerlegt man wieder in zwei Komponenten K längs der beiden Ringstäbe; sie haben gleichen Wert, s. Abb. 602 und 603, nämlich

$$K = R' : 2 \sin \tfrac{1}{2} \zeta,$$

oder mit Berücksichtigung des Wertes R' aus der obigen Formel und wegen $b = c \cdot \cos \frac{1}{2} \zeta$ und $\sin \zeta = 2 \sin \frac{1}{2} \zeta \cos \frac{1}{2} \zeta$,

$$K = Z \frac{c}{2 h \sin \frac{1}{2} \zeta} = Z \frac{b c}{b h \, 2 \sin \frac{1}{2} \zeta} = Z \frac{b}{\cos \frac{1}{2} \zeta \cdot 2 h \sin \frac{1}{2} \zeta}$$

oder

$$K = Z \frac{b}{h \sin \zeta}. \tag{f}$$

Damit wird, wenn man noch den festgesetzten Richtungssinn von T und H beachtet,

$$T = T' + K, \qquad N = N' - K, \qquad Z = H' \frac{h}{g}$$

oder umgekehrt

$$T' = T - K, \qquad N' = N + K, \qquad H' = Z \frac{g}{h}; \tag{g}$$

oder wenn man die Werte einsetzt,

$$T' = T - Z \frac{b}{h \sin \zeta}, \qquad N' = N + Z \frac{b}{h \sin \zeta}, \qquad H' = Z \frac{g}{h}. \tag{h}$$

Dann hat man für die Spannungen der Stäbe eines bestimmten Stockwerkes die Formeln

$$\left.\begin{aligned} S_i &= - N_i' = - Z_i \frac{b}{h \sin \zeta} N_i, \\ G_i &= - \frac{g}{t} (T_i' + N_{i-1}') - H_i' \\ &= \frac{b g}{h t \sin \zeta} (Z_i - Z_{i-1}) - Z_i \frac{g}{h} - \frac{g}{t} (T_i + N_{i-1}) \\ D_i &= \frac{d}{t} (T_i' + N_{i-1}') \\ &= \frac{d b}{h t \sin \zeta} (- Z_i + Z_{i-1}) + \frac{d}{t} (T_i + N_{i-1}). \end{aligned}\right\} \tag{i}$$

Für den Sonderfall, daß nur **lotrechte Lasten** angreifen (Eigengewicht, Schneedruck), werden alle T und N zu Null und damit die vorausgehenden Formeln zu

$$\left.\begin{aligned} S_i &= - Z_i \frac{b}{h \sin \zeta}, \\ G_i &= \frac{b g}{h t \sin \zeta} (Z_i - Z_{i-1}) - Z_i \frac{g}{h}, \\ D_i &= \frac{b d}{h t \sin \zeta} (- Z_i + Z_{i-1}), \end{aligned}\right\} \tag{k}$$

und für den Sonderfall einer symmetrischen lotrechten Belastung, wo also alle Z einander gleich sind, wird

$$S_i = -Z_i \frac{b}{h \sin \zeta}, \quad G_i = -Z_i \frac{g}{h}, \quad D_i = 0. \tag{1}$$

Selbstverständlich gelten alle die vorausgehenden Formeln immer nur für ein bestimmtes Stockwerk, weil nur innerhalb eines solchen die Werte b, d, g, h, t sich nicht ändern.

Beispiel a) An der Schwedlerkuppel der Abb. 592 greifen in den Punkten I und II die lotrechten Lasten $P_1 = 2000$ kg und $P_2 = 3000$ kg an. Man ermittle die Spannungen.

Die Kuppel ist symmetrisch, für sie sind die Einzelwerte der vorausgehenden Formeln, die Länge in Metern gemessen,

$$b = 2{,}0, \quad g = 20{,}1, \quad h = 19{,}9, \quad t = 12{,}1, \quad d = 22{,}4,$$

$$\sin \zeta = \sin \frac{\pi}{2} = 1.$$

Man erhält

$$S_i = -Z_i \frac{2}{19{,}9}, \quad G_i = \frac{2 \cdot 20{,}1}{19{,}9 \cdot 12{,}1}(Z_i - Z_{i-1}) - \frac{20{,}1}{19{,}9} Z_i,$$

$$D_i = \frac{2 \cdot 22{,}4}{19{,}9 \cdot 12{,}1}(-Z_i + Z_{i-1})$$

oder

$$S_i = -1{,}005\, Z_i, \quad G_i = -0{,}843\, Z_i - 0{,}167\, Z_{i-1}, \quad D_i = +0{,}186(Z_{i-1} - Z_i).$$

Für die vorgeschriebenen Werte $Z_1 = 2000$ kg, $Z_2 = 3000$ kg wird

$$S_1 = -2010 \text{ kg}, \quad S_2 = -3015 \text{ kg}, \quad S_3 = 0, \quad S_4 = 0;$$

$$G_1 = -1686 \text{ kg}, \quad G_2 = -2763 \text{ kg}, \quad G_3 = -501 \text{ kg}, \quad G_4 = 0;$$

$$D_1 = -372 \text{ kg}, \quad D_2 = +186 \text{ kg}, \quad D_3 = +508 \text{ kg}, \quad D_4 = 0.$$

90. Das Zeltdach ist eine räumliche Fachwerkkonstruktion der ersten Klasse, wenn es einen der Abb. 604 entsprechenden Aufbau hat. Im First ist das Dach offen gelassen, ein Abschluß kann erfolgen durch eine sogenannte „Laterne“ oder auf andere Weise, statisch muß dieser Abschluß des Dachfirstes aber immer so sein, daß die an den Knotenpunkten des obersten Ringes angreifenden Lasten bekannt sind. Unter dieser Voraussetzung wird das Zeltdach genau in der gleichen Weise behandelt wie eine Schwedlerkuppel. Es unterscheidet sich übrigens, was den obersten Ring anlangt, in gar keiner Weise von einer solchen Kuppel. Man kann wenn man will das Zeltdach auch als einen Sonderfall der Schwedlerkuppel behandeln, als einen Sonderfall insofern, weil alle Fachwände von Stockwerk zu Stockwerk die gleiche Neigung gegen die Horizontalebene haben. In Abb. 604 ist durch die stark ausgezogenen Stäbe (d. s. die in Spannung versetzten) die Ableitung der am Knoten i angreifenden Nutzlast P_i zur Erde, der „Kräfteabfluß“, dargestellt.

Würde man die Sparrenstäbe fortsetzen, bis sie sich oben im First schneiden, so hätte man ein Zeltdach von erheblich verwickelterem Aufbau, ein Zeltdach, das der zweiten Klasse der räumlichen Fachwerkkonstruktion zuzuweisen wäre, wie jenes der Abb. 587. Eine am Knoten i angreifende Nutzlast P_i würde im allgemeinen alle Stäbe der Konstruktion in Spannung versetzen, auch wenn dieser Knoten einem tiefer unten liegenden Ring angehörte.

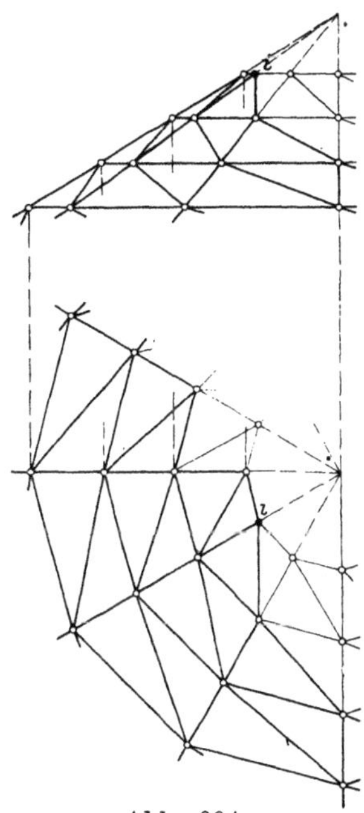
Abb. 604.

91. Die Netzwerkkuppel, dargestellt durch Abb. 605, hat einen wesentlich anderen Aufbau wie die Schwedlerkuppel. Es liegen nicht mehr die einzelnen Knotenpunkte I, II, III, IV, V eines Ringes mit den entsprechenden Knoten I′, II′, ... des nächstunteren Ringes auf dem gleichen Meridian, bei einer symmetrischen Netzwerkkuppel wird ein Meridianschnitt durch einen Knotenpunkt des oberen Ringes den nächstunteren Ring in der Mitte eines Ringstabes schneiden, den weiter unten folgenden Ring wieder in einem Knoten usw. Die von einem Ring zum nächstunteren Ring führenden Stäbe lassen sich nicht mehr als Grat- und Diagonalstäbe unterscheiden, beide sind gleichwertige „Füllungsstäbe“.

Bei einer symmetrischen Netzwerkkuppel wird die Ermittlung der Spannungen am einfachsten auf analytischem Weg erfolgen mit Hilfe einer schiefen Projektion nach **70** II. Es lassen sich Formeln aufstellen, die dann für jede beliebige Belastung anzuwenden sind und auch gleichzeitig ein Urteil über den statischen Wert der Netzwerkkuppel geben, abgesehen davon, daß sie den Einfluß der Einzellast zu diskutieren gestatten. Man benützt den Projektionssatz (**13** d), indem man an jedem Knotenpunkt das dort angreifende Kräftesystem projiziert. Der durch den untersuchten Knoten gelegte Meridian schneidet die zum Knoten i gehörige untere Fachwand nach der Höhe l dieser Wand. Die am Knoten i angreifende Nutzlast P_i zerlegt man im vorhinein in drei Komponenten: H_i' in Richtung dieser Fachwandhöhe l, T_i' tangential und R_i' radial, so wie die Abb. 605 und 606 angeben. Dabei sollen die H_i' nach abwärts positiv gezählt werden, die T_i' positiv, wenn sie die Kuppel rechtsum zu drehen suchen, und die R_i' positiv, wenn sie nach innen gehen.'

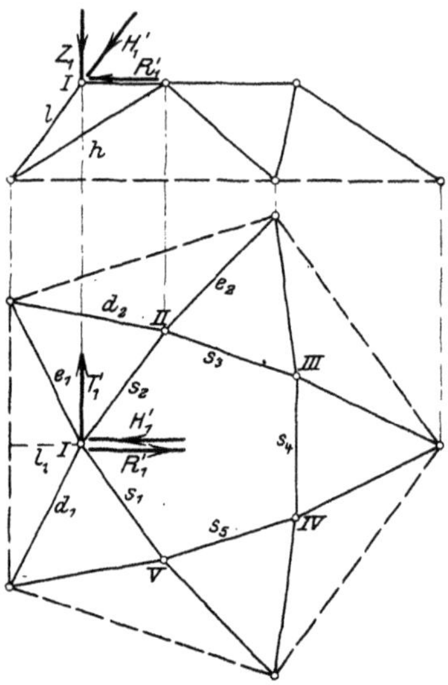

Abb. 605.

Wenn man nun das am Knoten i angreifende Kräftesystem H_i', T_i', R_i', S_i, S_{i+1}, D_i, E_i in Richtung der Fachwandhöhe l auf die Ringebene des Punktes i schief projiziert, so verschwindet H_i' bei dieser Projektion, die in der Ringebene liegenden Kräfte T_i', R_i', S_i S_{i+1} bleiben in wahrer Größe erhalten, die Projektionen der Diagonalstabspannungen D_i und E_i erhalten die Richtung der Komponente T_i'. Abb. 606 gibt dieses projizierte System wieder. Es ist nach (**13**d) selbst wieder ein Gleichgewichtssystem, man kann auf es die gewöhnlichen Gleichgewichtsbedingungen anwenden. Der Wert der Diagonalstabspannungen D_i und E_i bzw. ihrer Projektionen ist einstweilen belanglos, da sie in die Gleichungen, die die Ringstabspannung ermitteln sollen, gar nicht eintreten. Die Gleichgewichtsbedingungen gegen Verschiebung in radialer Richtung lauten, wenn man $\pi = n\zeta$ einführt,

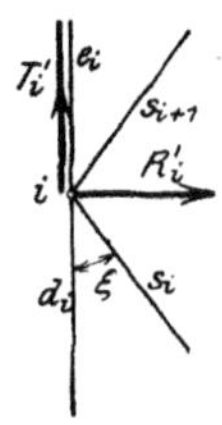

Abb. 606.

$$R_i' + (S_i + S_{i+1}) \sin\zeta = 0 . \tag{a}$$

Wer sich mit der gegebenen Ableitung nicht befreunden will, kann auch folgendermaßen schließen: Von den drei Komponenten H', T', R' werden H' und T' unmittelbar von den beiden Füllungsstäben aufgenommen und zur Erde weiter geleitet, ohne daß die Ringstäbe in Spannung versetzt werden, es ist sonach nur der Einfluß von R' auf die Spannungen zu untersuchen. Über das Gleichgewichtssystem R_i', S_i, S_{i+1}, D_i, E_i kann man urteilen: Die Resultierende der ersten drei Kräfte muß mit der Resultierenden F_i von D_i und E_i im Gleichgewicht sein, beide Resultierende müssen also in der gleichen Geraden liegen, und zwar in der Geraden, in der T_i' liegt, weil einerseits die Resultierende von R_i', S_i, S_{i+1} in der horizontalen Ebene liegen muß und andrerseits die Resultierende F_i

in der Fachwandebene. Es bilden also die Kräfte R_i', S_i, S_{i+1} und F_i für sich ein Gleichgewichtssystem, seine Komponenten in der radialen Richtung müssen deshalb als Summe Null haben.

Obige Gleichung kann man n-mal anschreiben, nämlich für jeden der n Knotenpunkte des untersuchten Ringes, und aus den n Gleichungen die n Ringstabspannungen S_1, S_2, ... ermitteln. Die Gleichungen lauten

$$\begin{aligned} R_1' + (S_1 + S_2)\sin\zeta &= 0, \\ R_2' + (S_2 + S_3)\sin\zeta &= 0, \\ R_3' + (S_3 + S_4)\sin\zeta &= 0, \\ \ldots\ldots\ldots\ldots\ldots\ldots \\ R_n' + (S_n + S_1)\sin\zeta &= 0. \end{aligned} \tag{b}$$

Man wird immer die zweite, vierte, sechste ... Gleichung mit einem „—" versehen und alle Gleichungen addieren. Dabei sind zwei Fälle zu unterscheiden, einmal daß die Zahl n der Knoten ungerade und dann, daß n geradzahlig ist.

I. n ist ungeradzahlig, dann behält die erste und letzte Gleichung ihr „+", und die Summierung der Gleichungen gibt

$$R_1' - R_2' + R_3' - R_4' + \ldots + R_n' + 2\,S_1 \sin\zeta = 0. \tag{c}$$

In der gleichen Weise erhält man die Formeln für die übrigen Ringstabspannungen

$$\begin{aligned} R_2' - R_3' + R_4' - R_5' + \ldots + R_1' + 2\,S_2 \sin\zeta &= 0, \\ R_3' - R_4' + R_5' - R_6' + \ldots + R_2' + 2\,S_3 \sin\zeta &= 0, \\ \ldots\ldots\ldots\ldots\ldots\ldots\ldots\ldots\ldots\ldots\ldots &, \end{aligned}$$

wenn man der zweiten Gleichung bzw. der dritten usw. das +-Zeichen läßt und die übrigen abwechselnd mit dem „—" und „+" versieht. Oder allgemein, wenn man die Abkürzung

$$A_i' = R_i' - R_{i+1}' + R_{i+2}' - + \ldots + R_{i-1}' \tag{d}$$

einführt und wieder $\pi = n\,\zeta$ berücksichtigt,

$$2\sin\frac{\pi}{n}\cdot S_i = -A_i'. \tag{e}$$

Man wird praktisch zunächst eine der Ringstabspannungen S_i nach dieser Formel ermitteln, die übrigen alle dann einfach mit Hilfe von (a).

Im Prinzip ist damit die Aufgabe gelöst; wenn man alle Ringstabspannungen gefunden hat, treten an jedem Knoten nur mehr die beiden Unbekannten D_i und E_i auf, die mit T_i', H_i', R_i', S_i und S_{i+1} im Gleichgewicht sind. Beide lassen sich mit einem ebenen Kräfteplan im Grundriß recht einfach ermitteln.

II. n ist geradzahlig, dann erhält die zweite, vierte, sechste usw. der Gleichungen (b) ein „—", man addiert und findet

$$R_1' - R_2' + - \dots + R_{n-1}' - R_n' = 0, \tag{f}$$

ein Resultat, das im Widerspruch damit steht, daß man jedenfalls die Nutzlast so wählen kann, daß die linke Seite dieser Gleichung nicht Null ist. Man hat also den Ausnahmefall: wäre die Voraussetzung richtig, daß die Kuppel starr bleibt, dann würden die Spannungen unendlich groß sein, d. h.

eine symmetrische Kuppel mit gerader Zahl der Ringstäbe bildet den Ausnahmefall. (g)

In Wahrheit sind natürlich die Spannungen nicht unendlich, sondern die Nutzlasten werden die Kuppel deformieren, so daß die Voraussetzungen für unendlich große Werte der Stabspannungen nach der Deformation nicht mehr zutreffen, jedenfalls aber werden sie gefährlich hohe Spannungen in den Einzelstäben hervorrufen.

Auch Formel (e) kann man zu einer Aussage veranlassen: Bei großer Zahl n der Stäbe kann man angenähert $\pi : n$ statt $\sin(\pi : n)$ setzen, dann geht (e) über in

$$2\pi S_i = -n A_i'. \tag{h}$$

Da man nun den Wert A_i', der ja von der äußern Belastung abhängt, ziemlich konstant halten kann, so wächst die Spannung der Ringstäbe mit ihrer Zahl.

Die Netzwerkkuppel, von der Schwedlerkuppel im Aufbau sich scheinbar nicht viel unterscheidend, verhält sich so ganz anders wie diese. Sie ist der Schwedlerkuppel sowohl in statischer wie auch in konstruktiver Hinsicht unterlegen. Konstruktiv bietet ihr Aufbau jedenfalls bedeutend größere Schwierigkeiten, wie der einer Schwedlerkuppel, in statischer Hinsicht wird sie stärker beansprucht wie jene. Ein anderer Umstand kommt noch hinzu: Die Kuppelbauten der Praxis haben in den einzelnen Ringen oft eine ganz erhebliche Anzahl von Knotenpunkten, 20—30 und noch mehr; bei der Schwedlerkuppel wird durch eine solche Anwendung erzielt, daß die Nutzlasten sich auf mehr Knotenpunkte verteilen und dadurch die an diese Knotenpunkte angeschlossenen Konstruktionsstäbe geringer beanspruchen. Bei der Netzwerkkuppel aber nimmt mit zunehmender Knotenpunktzahl auch die Spannung der Ringstäbe ganz erheblich zu. Übrigens ist diese Erscheinung auch unmittelbar aus der Tatsache zu schließen, daß die symmetrische Netzwerkkuppel für ein geradzahliges n den Ausnahmefall bildet. Wenn nämlich n sehr groß ist, theoretisch unendlich groß, dann wird sich die Kuppel mit gerader und ungerader Zahl der Stäbe wenig unterscheiden.

Noch einige Umstände sind bei der Netzwerkkuppel zu beachten. Wenn sie symmetrisch ist, dann ist die Spannung in jedem Ringstab oder Diagonalstab gleichgroß, ob man nur einen einzigen Knotenpunkt belastet oder alle Knotenpunkte gleichzeitig, vorausgesetzt daß die Nutzlasten an jedem Knotenpunkt alle die gleichen Komponenten R, T, N haben. Zum Beweis lasse man einmal nur am Knotenpunkt I eine Nutzlast P_1 angreifen, dann wird von den Komponenten R_i' nur R_1' von Null verschieden sein, also

$$A_1' = R_1' \quad \text{und deswegen} \quad S_1 = -R_1' : 2 \sin \frac{\pi}{n}.$$

Wenn dagegen alle Knotenpunkte in der gleichen Weise belastet sind, so daß

$$R_1' = R_2' = \ldots = R_n',$$

so wird gleichfalls

$$A_1' = R_1' \quad \text{und deswegen} \quad S_1 = -R_1' : 2 \sin \frac{\pi}{n}.$$

Eine weitere Merkwürdigkeit für die Netzwerkkuppel läßt sich aus der Formel (d) ablesen; Wenn man immer nur jeden zweiten Knotenpunkt belastet, also den ersten, dritten, fünften ... und $n$ten, so verschwinden in

$$A_1' = R_1' - R_2' + R_3' - R_4' + - \ldots + R_n'$$

die negativen Glieder, es wird

$$A_1' = R_1' + R_3' + R_5' + \ldots + R_n'$$

einen sehr großen Wert annehmen können und deswegen die Spannung S_1 sehr groß werden lassen. Wenn man noch weiter geht und scheinbar die Kuppel dadurch entlastet, daß man an den eben unbelastet gedachten Knotenpunkten die gleiche Kraft wie an den übrigen anbringt, nur mit entgegengesetzter Richtung, so werden in der Summe A_1' die negativen Glieder alle positiv und A_1' zu

$$A_1' = R_1' + R_2' + R_3' + \ldots + R_n'.$$

Mit diesen Verhältnissen ist eine geometrische Eigenschaft der symmetrischen Netzwerkkuppel mit geradzahligem n in Einklang zu bringen. Es ist bereits entwickelt, daß eine solche Kuppel einen Ausnahmefall darstellt. Dieser ist geometrisch dadurch charakterisiert, daß die einzelnen Knotenpunkte eine (sehr kleine) Bewegungsmöglichkeit haben. Im vorliegenden Fall ist aber diese Bewegungsmöglichkeit größer als „sehr klein". Man stelle sich einmal vor, daß in der Netzwerkkuppel der Abb. 607 alle Ringstäbe fehlen bis auf den, der die Punkte I und II verbindet, dann wird der Knotenpunkt II einen Kreisbogen beschreiben müssen, wenn der Knoten I einen solchen beschreibt, und zwar geht II nach aufwärts, wenn I nach abwärts geht, und umgekehrt. Der durch die beiden Knotenpunkte I und II und die Stäbe s_2, d_1, e_1, d_2, e_2 bestimmte Bewegungsmechanismus ist zwangläufig, jeder Lage des Knoten I entspricht eine ganz bestimmte Lage des Knoten II, weil ja beide durch den Stab s_2 verbunden sind. Wenn man sich nun den Punkt III ebenfalls bewegt denkt, so daß er genau so tief liegt wie I, und den Punkt IV genau so hoch wie II, so werden die Verbindungsstäbe der vier Knoten I, II, III, IV in der neuen Lage die gleiche Länge haben wie in der alten, d. h. die durch Abb. 607 dargestellte Netzwerkkuppel kann „schaukeln", sie besitzt also nicht nur eine (vom Ausnahmefall herrührende praktisch sehr kleine und theoretisch) unendlich kleine Bewegungsmöglichkeit, sondern sogar eine endliche, die über die durch den Ausnahmefall charakterisierte weit hinausgeht.

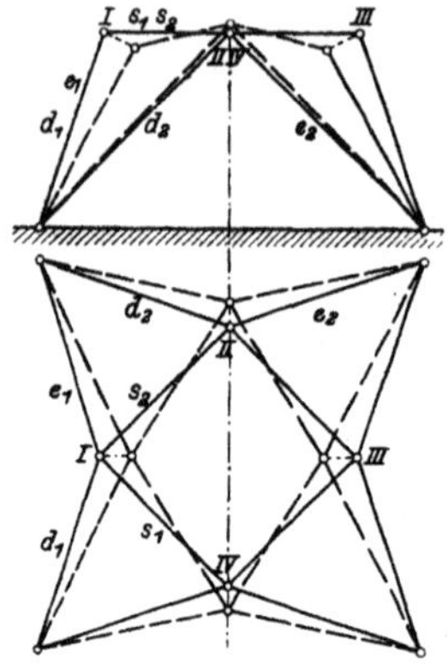
Abb. 607.

92. Im praktischen Fall empfiehlt es sich, im vorhinein die am untersuchten Knoten angreifenden Nutzlasten P in drei Komponenten Z, T, R zu zerlegen, von denen Z lotrecht steht und nach abwärts positiv gezählt wird, während T und R die gleiche Richtung haben wie T' und R' in den vorhergehenden Zeilen. Zwischen den beiden Komponentengruppen H', R', T' und Z, R, T läßt sich wieder eine ähnliche Beziehung wie bei der Schwedlerkuppel ableiten. An Hand der Abb. 608 ist sofort zu sehen $T = T'$. Man zerlegt H' in zwei Komponenten $H' \sin\chi$ und $H' \cos\chi$ lotrecht und radial; dann ist $Z = H' \sin\chi$ und $R = R' - H' \cos\chi$. Wenn man noch $\operatorname{cotg}\chi = b : h$ einführt, so erhält man den Zusammenhang der beiden Gruppen

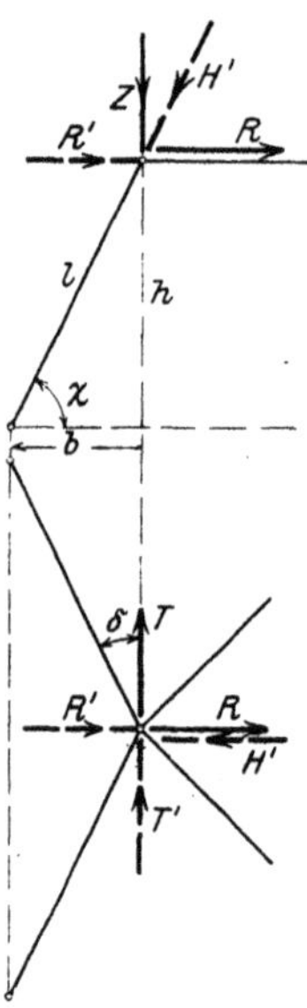

Abb. 608.

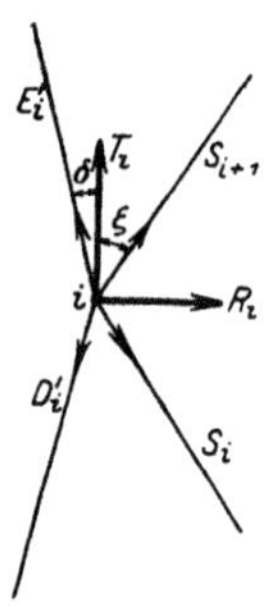

Abb. 609.

$$\left.\begin{array}{lcl} T = T' & & T' = T \\ Z = H' \sin\chi & \text{oder} & H' = Z : \sin\chi \\ R = R' - Z\,\dfrac{b}{h} & & R' = R + Z\,\dfrac{b}{h} \end{array}\right\} \qquad \text{(a)}$$

Hier interessiert besonders die letzte Formel

$$R' = R + Z\frac{b}{h}, \tag{b}$$

mit welchem Wert die Formel (**91d**) übergeht in

$$A_i' = (R_i - R_{i+1} + - \cdots + R_{i-1}) + \frac{b}{h}(Z_i - Z_{i+1} + - \cdots + Z_{i-1}), \tag{c}$$

oder wenn man zur Abkürzung setzt

$$A_i = R_i - R_{i+1} + - \cdots + R_{i-1} \tag{d}$$

$$B_i = Z_i - Z_{i+1} + - \cdots + Z_{i-1}, \tag{e}$$

in

$$A_i' = A_i + \frac{b}{h} B_i. \tag{f}$$

Mit diesen Abkürzungen erhält man schließlich eine brauchbare Formel für die Ringstabspannung, nämlich

$$2h\sin\frac{\pi}{n}\cdot S_i = -hA_i - bB_i. \tag{g}$$

Der Vollständigkeit halber soll auch eine Formel für die Spannungen der Füllungsstäbe gegeben werden. Zu diesem Zweck stellt man für den Punkt i im Grundriß zwei Gleichgewichtsbedingungen auf, am einfachsten diejenigen gegen Verschiebung in der tangentialen und radialen Richtung, s. Abb. 609. Letztere lautet

$$R_i + (S_i + S_{i+1})\sin\zeta - (D_i' + E_i')\sin\delta = 0$$

oder

$$Z\frac{b}{h} + (D_i' + E_i')\sin\delta = 0, \tag{h}$$

wegen (b) und (**91a**). Die andere Gleichung ist

$$T_i + (S_{i+1} - S_i)\cos\zeta + (E_i' - D_i')\cos\delta = 0.$$

Beide Gleichungen vereinigt geben die Grundrißprojektionen der Füllungsstäbe durch

$$\left.\begin{aligned} 2D_i'\cos\delta &= +T_i + (S_{i+1} - S_i)\cos\zeta - Z\frac{b}{h}\operatorname{cotg}\delta \\ 2E_i'\cos\delta &= -T_i - (S_{i+1} - S_i)\cos\zeta - Z\frac{b}{h}\operatorname{cotg}\delta \end{aligned}\right\} \tag{i}$$

Durch Hinaufprojizieren in den Aufriß kann man noch die Aufrißprojektionen D_i'' und E_i'' der Füllungsstäbe ermitteln und aus beiden Projektionen die wahren Werte D_i und E_i.

93. Um die Spannungen in einer **beliebigen unsymmetrischen Netzwerkkuppel** auf **graphischem Wege** zu ermitteln, geht man aus von folgender Aufgabe:

An einer Netzwerkkuppel greifen nur horizontale Lasten H an, die also in der Ringebene liegen; gesucht sind die Stabspannungen.

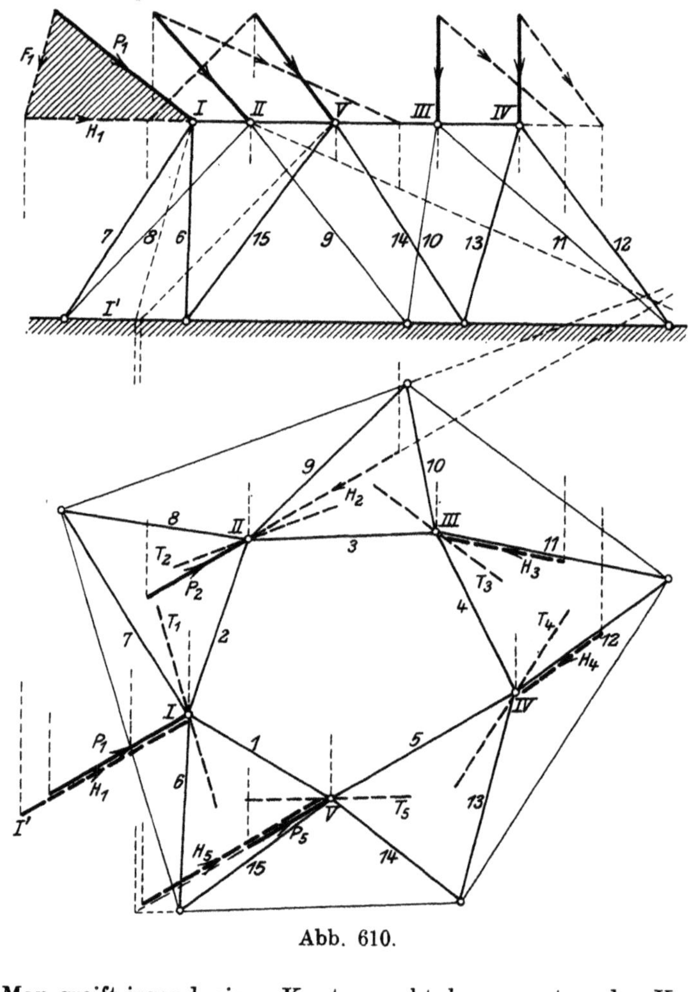

Abb. 610.

Man greift irgend einen Knotenpunkt heraus, etwa den Knoten I der Abb. 610, wo der Grundriß die gestellte Aufgabe charakterisiert. An ihm sind die in der gleichen Ebene liegenden Kräfte H_1, S_1, S_2 im Gleichgewicht mit den beiden Diagonalstabspannungen S_6, S_7, also muß die Resultierende T der beiden letzten auch in dieser Horizontalebene liegen. Da nun T als Resultierende von S_6 und S_7 auch der zum Knoten gehörigen unteren Fachwandebene ε angehören muß, so kann sie nur in der Schnittgeraden der Ebene ε mit der horizontalen Ringebene liegen. In der Abbildung ist diese Schnittgerade gestrichelt angezeichnet. Damit ist die Aufgabe vereinfacht: An jedem

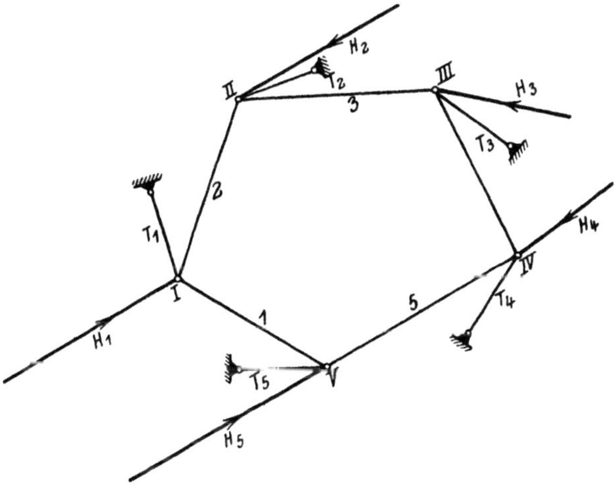

Abb. 611.

Knotenpunkt der Netzwerkkuppel der Abbildung greifen nur horizontale Kräfte an, nämlich die gegebene Nutzlast H, die beiden Ringstabspannungen und die Resultierende T; die Ringstabspannungen

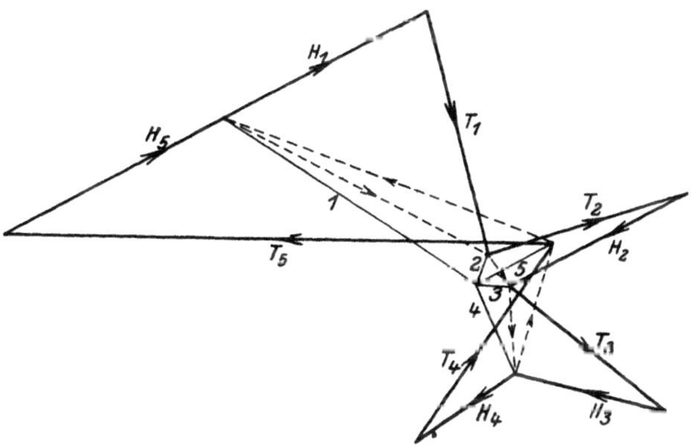

Abb. 612.

und die Resultierende T sind gesucht. Diese Aufgabe ist eine ebene, und zwar kann sie als eine ebene Fachwerksaufgabe betrachtet werden. Es steht nichts im Weg, die an jedem Knoten auftretende Resultierende T als einen unbekannten Auflagerdruck oder -zug zu betrachten und damit den Grundriß der Kuppel als eine ebene Fachwerkskonstruktion, so wie das durch Abb. 611 dargestellt ist. Das Fachwerk hat fünf Knoten, wenn kein Ausnahmefall vorliegt, ist es statisch bestimmt, da den fünf Knoten fünf Stäbe und fünf Auflagerbedingungen entsprechen. Die Ermittlung der Spannungen geschieht

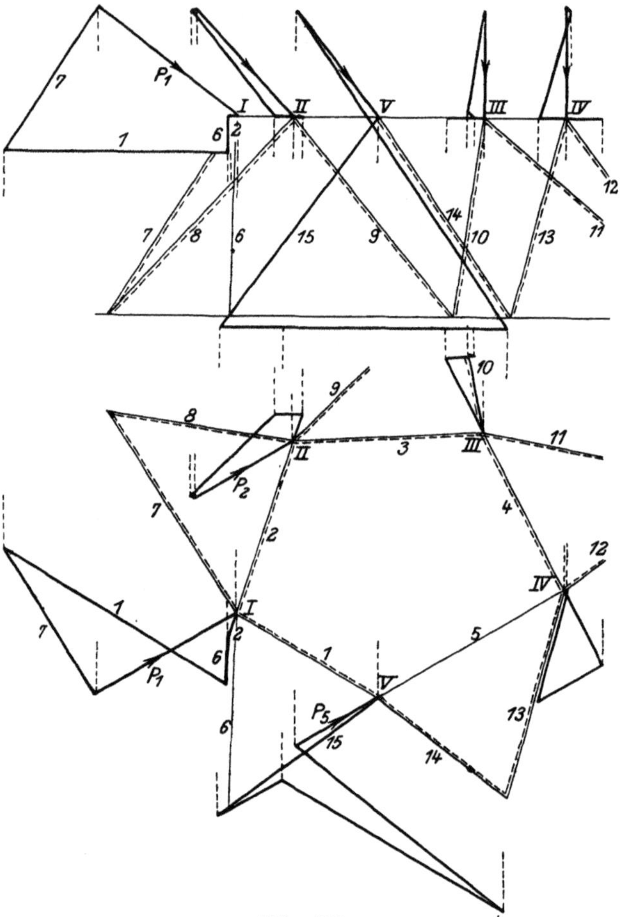

Abb. 613.

nach irgendeinem der in den Nummern **56** bis **59** angegebenen Verfahren.

Hat man die S_i und die T_i gefunden, so kann man jedes T_i noch nach seinen Komponenten D_i und E_i zerlegen. Oder man geht nach Ermittlung der S_i sofort zum Aufriß über und sucht mit einem ebenen einfachen Kräfteplan an jedem Knotenpunkt die bei den Diagonalstabspannungen.

Die Abb. 611 erinnert an die Abb. 445 und 446, wo ebenfalls ein Ring von vier Stäben durch vier Auflagerstäbe festgehalten wurde. Dort wurde diese Stabverbindung als Ausnahmefall gefunden, also auch aus dieser Betrachtung geht hervor, daß eine symmetrische Netzwerkkuppel mit gerader Seitenzahl in statischer Hinsicht den Ausnahmefall charakterisiert.

Bei beliebiger Belastung der Kuppel ist das analytische Verfahren zur Ermittlung der Stabspannungen mit Vorteil dann anzuwenden, wenn die Kuppel symmetrisch ist; wenn man für eine neue Konstruktion eine unsymmetrische Kuppel zu berechnen hat, wird es freilich unter Umständen auch empfehlenswert sein, analytische Formeln für die auftretenden Spannungen aufzustellen. Man wird dann am einfachsten wieder so vorgehen, daß man an jedem Knotenpunkt durch eine schiefe Projektion sich eine Gleichung verschafft, in der nur die beiden Ringstabspannungen auftreten. Die so erhaltenen n Gleichungen wird man dann genau so weiter behandeln, wie bei der symmetrischen Kuppel angegeben war. Handelt es sich aber nicht um eine eingehende statische Untersuchung, soll man für ein zahlenmäßig gegebenes Lastensystem die Spannungen aufsuchen, so wird man vorteilhaft das Komponenten-Verfahren in seiner graphischen Form anwenden.

Nämlich: Durch die am Knoten i angreifenden Füllungsstäbe d_i und e_i ist eine für den Knoten charakteristische Ebene ε bestimmt, in Abb. 610 beispielsweise am Knoten I die Ebene durch die Stäbe 6 und 7, die Ebene der zum Knoten I gehörigen unteren Fachwand. Eine in ihr angreifende Kraft F wird unmittelbar von den beiden Füllungsstäben aufgenommen und zur Erde weiter geleitet. Denn die Lösung: S_6 und S_7 im Gleichgewicht mit der Kraft F und alle anderen Spannungen vom Wert Null, ist eine mögliche und deswegen die einzig richtige. Andrerseits wird eine in der Ringebene angreifende horizontale Kraft H von Füllungs- und Ringstäben aufgenommen, und zwar so, daß die Resultierende T der Füllungsstabspannungen ebenfalls in der horizontalen Ebene liegen muß, wie oben gezeigt wurde.

Mit diesen Bemerkungen ist bereits der Weg gekennzeichnet, den das Komponentenverfahren einschlägt. Es zerlegt am Knoten i die dort angreifende Kraft P in zwei Komponenten, F in der Ebene ε und H in der Horizontalebene. Dann wird die Komponente F unmittelbar von den Füllungsstäben aufgenommen, leistet also zu den Ringstabspannungen keinen Beitrag; die Komponente H wird aufgenommen von den Ringstäben und Füllungsstäben, aber derart, daß die Resultierende der letzteren ebenfalls in der Horizontalebene liegen muß. Bezeichnet man diese Resultierende, die im Schnitte von ε mit der Horizontalebene liegt, mit T, so ist am Knoten i die Komponente H im Gleichgewicht mit den beiden Ringstabspannungen S_i und S_{i+1} und mit T_i.

Dadurch vereinfacht sich die Aufgabe zur folgenden ebenen im Grundriß gegebenen: vorgelegt ist ein ebener Fachwerkträger mit n Knoten, n Stäben, n Führungen, s. Abb. 611; an jedem Knotenpunkt i greift eine gegebene Kraft H_i an; gesucht sind die n Stabspannungen S_i und die n Auflagerkräfte T_i. Die Aufgabe ist im allgemeinen statisch bestimmt und unschwer zu lösen. Hat man die Ringstabspannungen gefunden, so kann man zum Aufriß übergehen und dort an jedem Knoten mit einem gewöhnlichen Krafteck die weitere Aufgabe lösen, zu der gegebenen Kraft P und den mittlerweile gefundenen Spannungen S_i und S_{i+1} noch die unbekannten Spannungen D_i und E_i, das sind diejenigen der Diagonalstäbe, aufzufinden.

Die Zerlegung von P nach H und F wird am besten folgendermaßen geschehen: Man legt durch P eine lotrechte Ebene λ und bringt sie zum Schnitt mit der Horizontalebene und der Fachwandebene ε. Dann liegt H im Schnitt mit der Horizontalebene und F im Schnitt mit der Ebene ε. Ist P zufällig horizontal, dann ist H identisch mit P; ist P zufällig lotrecht, dann wählt man unter den unendlich vielen lotrechten Ebenen, die jetzt durch P möglich sind, etwa diejenige durch einen Füllungsstab aus, dann liegt F in diesem Stab und wird deswegen unmittelbar von ihm aufgenommen.

Die Abb. 610 mit 613 geben die graphische Lösung für einen besonderen Fall. Die Zerlegung von P nach H und F ist am Knoten I durch die gestrichelte Konstruktion ausführlich dargestellt. Die lotrechte Ebene λ bildet im Grundriß die Spur I I′, in der P, H und F liegen. Im Aufriß gibt I I′ die Richtung von F, das schraffierte Krafteck die Zerlegung von P nach H und F. Man projiziert wieder in den Grundriß hinab und erhält auch dort H und F. Am Knoten III, wo P_3 lotrecht gegeben ist, hat man durch P_3 und den Stab 11 eine lotrechte Ebene λ_3 gelegt und in dieser die Zerlegung nach H und F vorgenommen; entsprechend am Knoten IV.

Abb. 611 gibt das in der Ebene beanspruchte System der H, T und S wieder. Die H sind so eingetragen, wie sie die Konstruktion der Abb. 610 ermitteln ließ, die T als Auflagerstabspannungen eingeführt. Der Fachwerkträger der Abb. 611 ist nichteinfach, die Spannungen werden mit dem Korrekturverfahren oder nach der Hennebergschen Methode der Stabvertauschung ermittelt.

Abb. 612 gibt den Cremonaplan für das System (H), (S, T), das ist die Ermittlung der Ringstabspannungen S und der Führungsstabspannungen T unter dem Einfluß der H.

Abb. 613 gibt noch einmal die Netzwerkkuppel mit allen gefundenen Spannungen.

94. Aufgabe a) mit e) Der durch axonometrische Zeichnung sowie Grund- und Aufriß gegebene Stabverband der Abb. 614 und 615 ist durch die Kräfte A, B, C beansprucht, so wie Abb. 614 angibt, dabei greift die Kraft C im Mittelpunkt M des Stabes 4 an.

a) Ist der Stabverband statisch bestimmt? b) Man ermittle die Spannungen, wenn nur $A = 1000$ kg angreift, c) ebenso, wenn nur $B = 1000$ kg, und d) wenn $C = 1000$ kg allein angreift, e) ebenso, wenn alle drei Kräfte gleichzeitig angreifen.

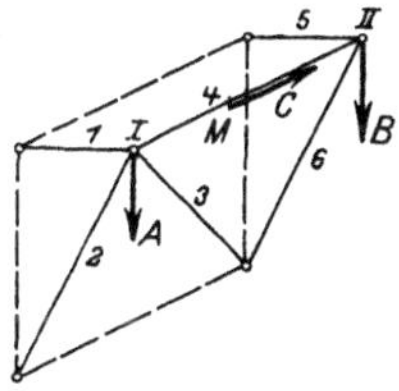

Abb. 614.

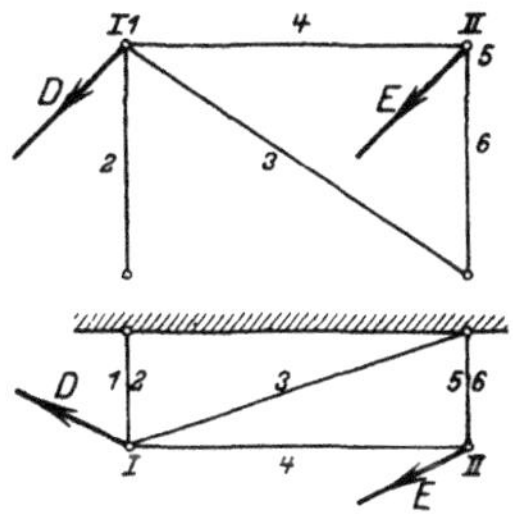

Abb. 615.

Lösung zu a) Der Mittelpunkt M des Stabes 4 ist natürlich nicht als Knotenpunkt zu betrachten, da ja der Stab I II oder 4 aus einem Stück besteht. [Wenn an früherer Stelle gesagt war, die Nutzlasten dürfen nur in den Knotenpunkten angreifen, so bezog sich diese Vorschrift natürlich nicht auf solche Kräfte, die wie im vorliegenden Fall die Kraft C in Richtung des Stabes angreifen, weil diese Kräfte den Stab auch nur auf Zug oder Druck beanspruchen können.] Den beiden Punkten I und II sind ihre sechs Freiheitsgrade durch die sechs Stäbe genommen. Die Konstruktion ist sonach statisch bestimmt, wenn nicht der Ausnahmefall vorliegt.

Lösung zu b) Wenn A allein angreift, werden die Stäbe 4, 5, 6 nach (**9**c) spannungslos, dann auch Stab 3 nach (**9**e), A wird also nur durch die Stäbe 1 und 2 aufgenommen. Einfacher sagt man: A kann durch die Stäbe 1 und 2 aufgenommen werden, ohne daß die anderen Stäbe in Spannung versetzt werden. Man ermittelt in einem Seitenriß mit einem gewöhnlichen Kraftеck die beiden Spannungen zu $S_1' = 500$ kg, $S_2' = -1110$ kg.

Lösung zu c) Wenn B allein angreift, wird nach (**9**e) Stab 4 spannungslos, und dann weiter nach (**9**c) auch die Stäbe 1, 2, 3; oder man sagt wieder einfach: B kann durch die Stäbe 5 und 6 allein aufgenommen werden, ohne daß die anderen Stäbe beansprucht werden. Mit einem Seitenriß findet man wieder $S_5'' = 500$ kg, $S_6'' = -1110$ kg.

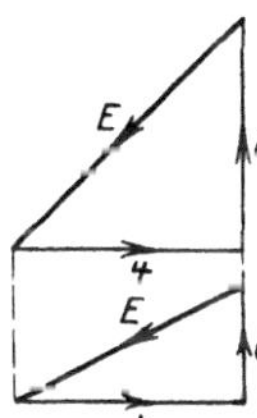

Abb. 616.

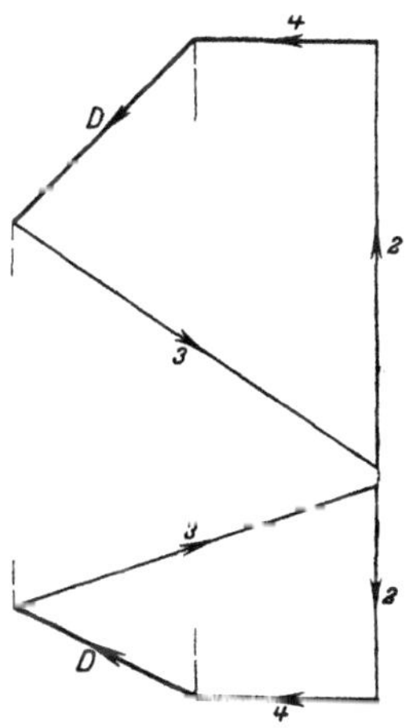

Abb. 617.

Lösung zu d) Am Knoten II werden die Stäbe 4, 5, 6 spannungslos nach (**9**c). Deswegen muß aber nicht der ganze Stab 4 spannungslos sein. Er leitet die Kraft C vom Mittelpunkt M an zum Punkt I, ist sonach in der

Hälfte M II spannungslos, in der anderen Hälfte IM ist seine Spannung $+1000$ kg. Am Knoten I ist $S_1 = 0$ nach (**9** e), so daß nur die Stäbe 2 und 3 eine Spannung aufnehmen. Man klappt die durch die Stäbe 2, 3 gegebene Ebene um und findet in der Umklappung die durch C erzeugten Spannungen $S_2''' = 740$ kg und $S_3''' = -1250$ kg in wahrer Größe.

Einfacher hätte man auch sagen können: die Kraft C wird im Punkt M vom Stab 4 aufgenommen und zum Punkt I weitergeleitet; dort wird sie von den Stäben 2 und 3 zur Mauer abgeführt.

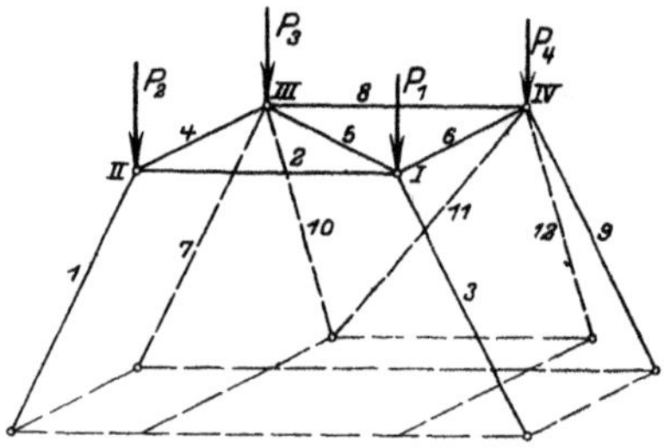

Abb. 618.

Lösung zu e) Man superponiert und findet $S_i = S_i' + S_i'' + S_i'''$, im vorliegenden Fall

$$S_1 = S_1' = +500 \text{ kg},$$
$$S_2 = S_2' + S_2''' = -370 \text{ kg},$$
$$S_3 = S_3''' = -1250 \text{ kg},$$
$$S_4 = S_4''' = +1000 \text{ kg};$$

diese Spannung tritt von I bis M auf, von M bis II ist der Stab spannungslos. $S_5 = S_5'' = +500$ kg, $S_6 = S_6'' = -1110$ kg.

Aufgabe f) Man ermittle die Spannungen in dem Stabverband der Abb. 614 und 615, wenn die durch Grund- und Aufriß im Kräftemaßstab 1 mm $= 400$ kg gegebenen Kräfte D und E angreifen.

Lösung: Man beginnt am Knotenpunkt II und findet im Aufriß mit einem einfachen Krafteck S_4 und S_6, beim Übergang zum Grundriß auch noch $S_5 = 0$, s. Abb. 616. Für den Knoten I liefert ein gewöhnliches Krafteck im Aufriß zunächst S_3 und S_2, beim Übergang zum Grundriß ein neues Krafteck auch noch $S_1 = 0$, s. Abb. 617.

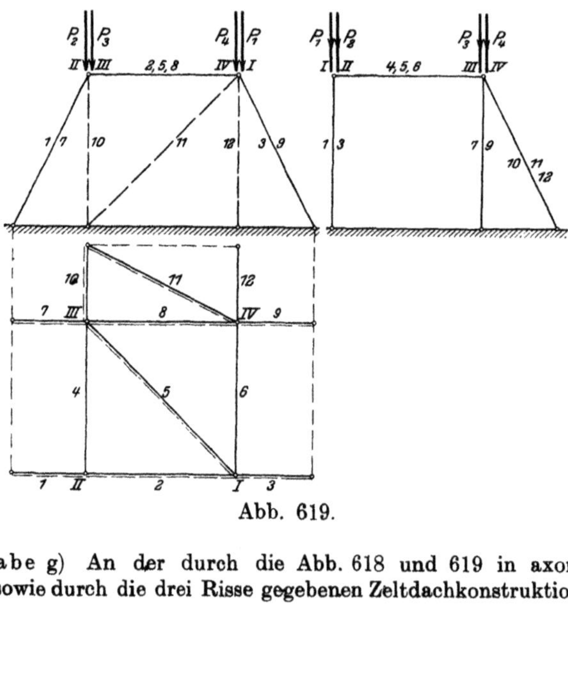

Abb. 619.

Aufgabe g) An der durch die Abb. 618 und 619 in axonometrischer Zeichnung, sowie durch die drei Risse gegebenen Zeltdachkonstruktion greifen die lotrechten Lasten $P_1 = 4000$ kg, $P_2 = 3000$ kg, $P_3 = P_4 = 5000$ kg an. Man ermittle die Spannungen.

Lösung: Die vier Knoten des oberen Ringes sind durch fünf Stäbe unter sich und durch weitere sieben Stäbe mit der Erde verbunden, es sind ihnen sonach ihre zwölf Freiheitsgrade genommen. Wenn nicht der Ausnahmefall vorhanden ist, ist die Konstruktion statisch bestimmt.

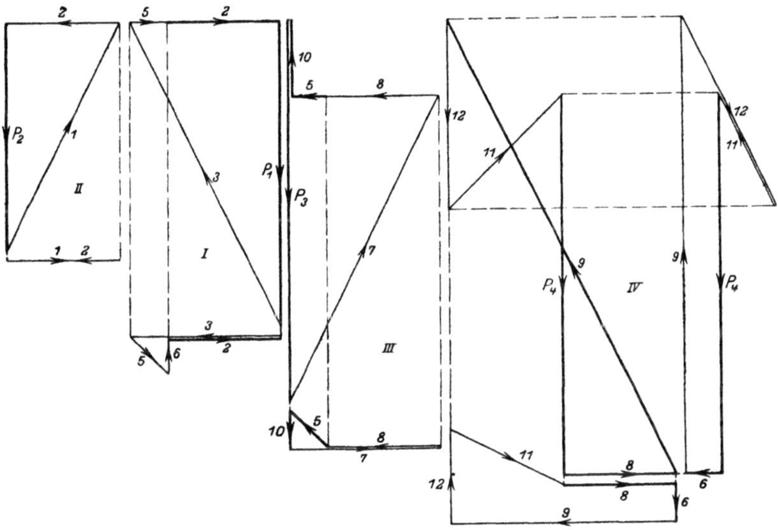

Abb. 620. K. M. 1 mm = 100 kg.

Der Kräfteplan beginnt am Knoten II; der Grundriß läßt ersehen, daß $S_4 = 0$ ist. Im Aufriß liefert ein einfaches Krafteck $S_1 = -3350$ kg und $S_2 = -1500$ kg in wahrer Größe, s. auch Abb. 620. Man geht zum Knoten I über und findet im Aufriß mit einem einfachen Krafteck S_3 und S_5, alsdann durch Hinabloten in den Grundriß noch S_6; die wahren Werte sind

$$S_3 = -4450 \text{ kg}, \quad S_5 = -700 \text{ kg}, \quad S_6 = +500 \text{ kg}.$$

Am Knoten III liefert im Grundriß die Gleichgewichtsbedingung gegen Verschiebung in Richtung des Stabes 10 die Grundrißprojektion $S_{10}' = -500$ kg; man geht zum Aufriß über und findet dort zunächst die Aufrißprojektion S_{10}' und dann die beiden Unbekannten S_7 und S_8 wieder mit einem einfachen Krafteck, alsdann auch noch ihre Grundrißprojektionen durch Hinabloten; es ist

$$S_7 = -4450 \text{ kg}, \quad S_8 = -1500 \text{ kg}, \quad S_{10} = -1100 \text{ kg}.$$

Am Knoten IV schließlich wird man am einfachsten den Seitenriß zu Hilfe nehmen und in ihm mit einem gewöhnlichen Krafteck zunächst S_9''' ermitteln; man geht zum Aufriß über und findet zunächst S_9'', alsdann wieder die beiden andern Unbekannten S_{12} und S_{11} mit einem einfachen Krafteck; die Grundrißprojektionen von S_9, S_{12}, S_{11} ergeben sich, wenn man in den Grundriß hinablotet; man erhält

$$S_9 = -6700 \text{ kg}, \quad S_{11} = -2250 \text{ kg}, \quad S_{12} = +2800 \text{ kg}.$$

Aufgabe h) Man beurteile die durch die Abb. 621 und 622 gegebene Fachwerkskonstruktion.

Lösung: Das Dreieck I II III, das für sich einen starren Körper bildet, ist durch sechs Stäbe gestützt. Die Bedingung (**85** a) für die statische Bestimmtheit der räumlichen Fachwerkskonstruktion wäre also gegeben, trotzdem ist sie nicht statisch bestimmt, weil der Ausnahmefall auftritt, was am besten der Grundriß zeigt, wenn man sich gleichzeitig noch an das durch Abb. 443 gegebene Beispiel erinnert. Die

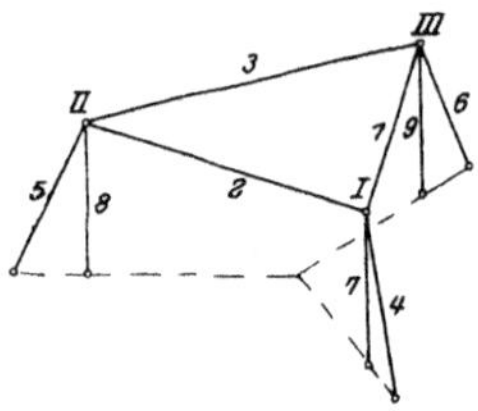

Abb. 621.

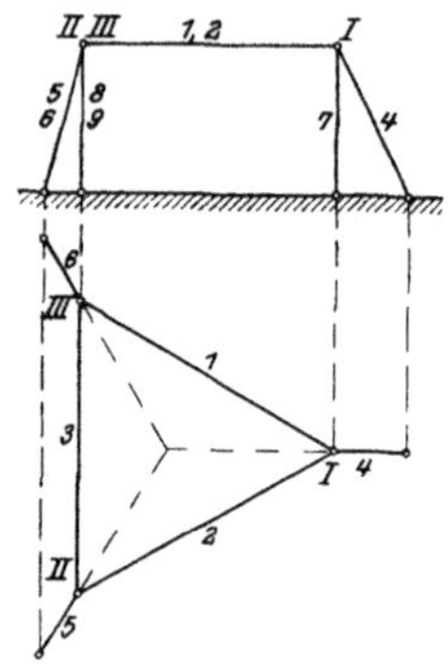

Abb. 622.

durch den Ausnahmefall gegebene kleine Bewegungsmöglichkeit ist die, daß das Dreieck in seiner Ebene sich etwas um den Dreiecksmittelpunkt drehen kann.

Aufgabe i) Man ermittle die Spannungen in der symmetrischen Netzwerkkuppel der Abb. 623. Die Nutzlasten sind im Kräftemaßstab 1 mm = 200 kg eingetragen.

Erste Lösung: Man wird die in Nr. **92** aufgestellten Formeln anwenden. Im vorliegenden Fall ist $\zeta = 60^0$, $h = 4$ m, $b = 0$. Formel (**92** g) geht damit über in

$$2 \cdot \sin 60^0 \cdot S_i = -A_i \qquad \text{oder} \qquad S_i = -A_i : \sqrt{3}.$$

Mit den Werten

$$Z_1 = Z_2 = Z_3 = 2000 \text{ kg}, \quad R_1 = 4000 \text{ kg}, \quad R_2 = 0, \quad R_3 = +650 \text{ kg},$$
$$T_1 = 4000 \text{ kg}, \quad T_2 = 0, \quad T_3 = -2300 \text{ kg}$$

wird

$$A_1 = R_1 - R_2 + R_3 = 4650 \text{ kg}, \quad A_2 = R_2 - R_3 + R_1 = 3350 \text{ kg},$$
$$A_3 = R_3 - R_1 + R_2 = -3350 \text{ kg};$$
$$B_1 = Z_1 - Z_2 + Z_3 = 2000 \text{ kg} = B_2 = B_3,$$

und deswegen

$$S_1 = -2670 \text{ kg}, \quad S_2 = -1930 \text{ kg}, \quad S_3 = +1930 \text{ kg}.$$

Für die Grundrißprojektion der Füllungsstabspannungen wird die Formel (**92** i) wegen $\delta = 0$ und $b = 0$ unbestimmt, nämlich

$$2 D_i' = T_i + (S_{i+1} - S_i) \cos 60^0 - Z \cdot 0 \cdot \infty.$$

Man wird daher an jedem Knotenpunkt die beiden noch unbekannten Spannungen D_i und E_i mit einem einfachen Krafteck graphisch ermitteln. Am Knoten I benötigt man noch den Seitenriß Die schraffierten Kraftecke der Abb. 623 geben die Werte aller auftretenden Spannungen durch Auf- und Grundriß.

Zweite rein graphische Lösung: Der Grundriß der Kuppel bildet eine statisch bestimmte Fachwerkaufgabe. Das Dreieck I II III ist nämlich eine statisch bestimmte Fachwerkscheibe, die in den Punkten I, II, III durch drei Auflagerstäbe T_1, T_2, T_3 als geführt zu betrachten ist. Man ermittelt deren Spannungen nach **45** und dann die Spannungen der Stäbe 1, 2, 3, so wie sie Abb. 623 wiedergibt. Die Ringstabspannungen werden in den Aufriß hinaufprojiziert, an jedem Knotenpunkt hat man nur noch die beiden Füllungsstabspannungen als Unbekannte, die auf die gewöhnliche Weise ermittelt werden, dann kann man wieder zum Grundriß zurückprojizieren. Schließlich ermittelt man noch die wahren Werte.

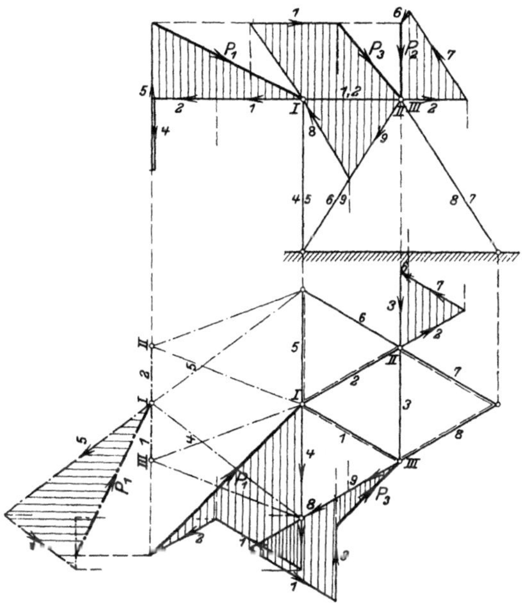

Abb. 623. L. M. 1 : 200, K. M. 1 mm = 200 kg.

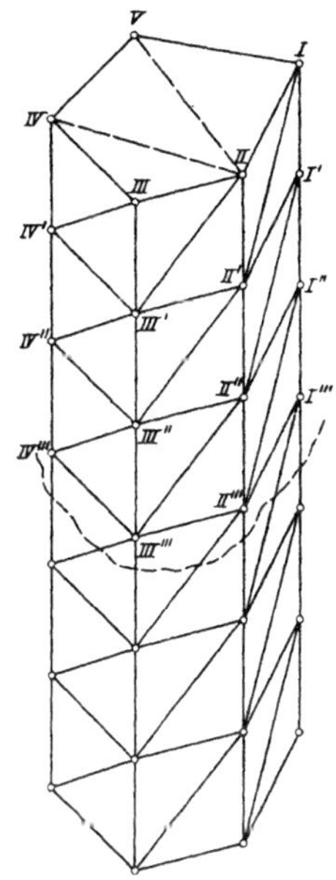

Abb. 624.

Aufgabe k) Man beurteile das räumliche Fachwerk der Abb. 624 hinsichtlich seiner statischen Bestimmtheit. Die nicht sichtbaren hinteren Wände sind ebenso wie die vorderen sichtbaren konstruiert, ebenso die untere Ebene wie die obere.

Lösung: Das Fachwerk umschließt einen inneren Raum vollständig mit einem Mantel, auf dem die Knoten und Stäbe liegen. Der Mantel ist aus Dreiecken gebildet, man hat also ein Tonnenflechtwerk, das statisch bestimmt ist, wenn nicht der Ausnahmefall vorliegt.

Oder man zählt die Knoten und Stäbe ab, es sind n Ringe und somit $n \cdot 5$ Knoten mit insgesamt $15n$ Freiheitsgraden. Den n Ringen entsprechen $5n$ Ringstäbe, $5(n-1)$ Gratstäbe, und $5(n-1)$ Diagonalstäbe; die Endflächen oben und unten sind ferner durch zusammen vier Stäbe noch in Dreiecke geteilt. Insgesamt hat man also

$$15n - 10 + 4 = 15n - 6 \text{ Stäbe},$$

die Bedingung (**85**a) für die statische Bestimmtheit des Fachwerkes ist erfüllt. Es ist nur noch zu untersuchen, ob nicht der Ausnahmefall vorhanden ist.

Aufgabe 1) Das Tonnenflechtwerk der Abb. 624 ist in zwei Teile zerlegt, so wie die gestrichelte Linie angibt; der obere Teil soll mit der Erde starr verbunden werden. Man beurteile diese Verbindung.

Lösung: Man kann etwa die von dem Schnitt getroffenen Stäbe beseitigen und in der unteren Endfläche des verbleibenden oberen Teils noch zwei Stäbe einschalten, so daß diese Endfläche auch aus Dreiecken besteht. Dann ist der obere Teil für sich wieder ein Flechtwerk und deswegen (bis auf den Ausnahmefall) statisch bestimmt und somit starr. Diesen starren Flechtwerkkörper verbindet man durch sechs Stäbe mit der Erde, etwa indem man die Gratstäbe wieder anbringt und noch einen Diagonalstab und diese sechs Stäbe zur Erde führt. Oder man schließt den Körper mit den vorher entfernt gedachten fünf Grat- und fünf Diagonalstäben wieder an die Erde an. Das wären zehn Auflagerstäbe. Um die statische Unbestimmtheit, die mit dieser Auflagerung einträte, zu verhindern, wird man noch vier Stäbe entfernen, am einfachsten die zwei Stäbe der oberen Endfläche und die zwei (eingesetzt gedachten) Stäbe der unteren.

Sachverzeichnis.

(Die Zahlen sind Seitenzahlen.)

GPSR Compliance

The European Union's (EU) General Product Safety Regulation (GPSR) is a set of rules that requires consumer products to be safe and our obligations to ensure this.

If you have any concerns about our products, you can contact us on ProductSafety@springernature.com

In case Publisher is established outside the EU, the EU authorized representative is:

Springer Nature Customer Service Center GmbH
Europaplatz 3
69115 Heidelberg, Germany

Batch number: 10682323

Printed by Printforce, the Netherlands